TECNOLOGIAS E APLICAÇÕES DA MANUFATURA ADITIVA

Blucher

Neri Volpato
(organizador)

TECNOLOGIAS E APLICAÇÕES DA MANUFATURA ADITIVA

Tecnologias e aplicações da manufatura aditiva

Publisher Edgard Blücher
Editor Eduardo Blücher
Coordenador editorial Rafael Fulanetti
Coordenadora de produção Ana Cristina Garcia
Produção editorial Ariana Corrêa e Andressa Lira
Preparação de texto Regiane da Silva Miyashiro
Diagramação Roberta Pereira de Paula
Revisão de texto Maurício Katayama
Capa Laércio Flenic
Imagem da capa Coração de recém-nascido Biodesign, Pontifícia Universidade Católica (PUC-RJ); Estrutura cerâmica porosa radial concêntrica e suporte de skate, Núcleo de Manufatura Aditiva e Ferramental (NUFER-UTFPR); Orelha bioimpressa 3D, Janaina Dernowsek; Poltrona sinuosa, Rodrigo Erthal e Pangeia Lab; Esqueleto do *Staurikosaurus pricei*, Laboratório de Processamento de Imagem Digital e Departamento de Geologia e Paleontologia do Museu Nacional (UFRJ); Pré-forma metálica de um flange hidráulico de alta pressão, Centro para Pesquisa e Desenvolvimento de Processos de Soldagem (Laprosolda-UFU)

Blucher

Rua Pedroso Alvarenga, 1245, 4º andar
04531-934 – São Paulo – SP – Brasil
Tel.: 55 11 3078-5366
contato@blucher.com.br
www.blucher.com.br

Segundo o Novo Acordo Ortográfico, conforme 6. ed. do *Vocabulário Ortográfico da Língua Portuguesa*, Academia Brasileira de Letras, julho de 2021.

Dados Internacionais de Catalogação na Publicação (CIP)
Angélica Ilacqua CRB-8/7057

Tecnologias e aplicações da manufatura aditiva / organizado por Neri Volpato. – São Paulo : Blucher, 2024.
566 p. : il.

Bibliografia
ISBN 978-85-212-2505-8

1. Impressão tridimensional – Tecnologias 2. Processos de fabricação – Tecnologia I. Volpato, Neri

24-5531 CDD 670

Índice para catálogo sistemático:
1. Impressão tridimensional – Tecnologias

Dedicatória

Este livro é dedicado à memória do amigo Jorge Vicente Lopes da Silva, um destacado autor e profissional que fez contribuições significativas à área de manufatura aditiva no Brasil. Jorge foi um pesquisador notável, cuja habilidade em unir pessoas e desenvolver ideias inovadoras teve um impacto profundo na vida de muitos. Entre suas realizações estão o InVesalius, Promed, Proind e Proexp, além de ter criado um laboratório reconhecido internacionalmente e contribuído para a formação e o desenvolvimento de muitos profissionais na área.

Ao refletirmos sobre suas contribuições e princípios, iremos sempre recordar com respeito e admiração o seu trabalho, seu legado e sua dedicação à ciência e à tecnologia nacional.

Obrigado, Jorge!

Agradecimentos

Os autores gostariam de agradecer às empresas que colaboraram com informações e ilustrações de casos de aplicação da manufatura aditiva (*additive manufacturing* – AM) descritos ao longo dos capítulos. Cabe salientar que as imagens apresentadas neste livro não indicam qualquer preferência de uma ou outra tecnologia, sendo utilizadas apenas como meios didático-ilustrativos.

Destacam-se também os agradecimentos às instituições de origens dos professores e pesquisadores diretamente envolvidos, por propiciarem o tempo requerido para a elaboração deste livro: Universidade Tecnológica Federal do Paraná (UTFPR) – Núcleo de Manufatura Aditiva e Ferramental (NUFER); Universidade de São Paulo (USP) – Escola de Engenharia de São Carlos; Pontifícia Universidade Católica do Rio de Janeiro (PUC Rio); Instituto Nacional de Tecnologia (INT); Universidade de Caxias do Sul (UCS) – Laboratório de Prototipagem Rápida, Área de Conhecimento de Ciências Exatas e Engenharias; Centro de Tecnologia da Informação Renato Archer (CTI) – Divisão de Tecnologias Tridimensionais (DT3D); Universidade Federal de Santa Catarina (UFSC) – Núcleo de Inovação em Moldagem e Manufatura Aditiva (NIMMA); Universidade Estadual de Campinas (Unicamp) – Instituto Biofabris, Instituto de Estudos Avançados (IEAv) – Divisão de Fotônica; e Universidade Federal de Uberlândia (UFU) – Centro de Pesquisa de Desenvolvimento de Processos de Soldagem e Manufatura Aditiva (Laprosolda).

Por fim, estendem-se os agradecimentos a todos os profissionais, colegas de trabalho e alunos dos grupos de pesquisa de cada instituição que contribuíram para a construção e o enriquecimento na elaboração deste livro.

Conteúdo

Prefácio

Neri Volpato

O mercado de tecnologias de manufatura aditiva (*additive manufacturing* – AM) é muito dinâmico, com um crescimento considerável na última década. Nos últimos sete anos, desde o lançamento do último livro (*Manufatura aditiva – Tecnologias e aplicações da impressão 3D*), as tecnologias evoluíram, novas surgiram, novas empresas do ramo foram fundadas, outras se fundiram e algumas até desapareceram do mercado. Assim, retratar um cenário atualizado do setor sempre será um desafio, pois sabe-se que, em breve, novas mudanças ocorrerão. Nesse sentido, a atualização e a ampliação do conteúdo deste livro buscaram enfatizar os princípios de adição da AM com menor atenção e detalhamento de equipamentos de mercado. Destaca-se que, visando transmitir as informações de forma mais didática, houve uma reorganização dos capítulos em relação ao livro anterior, apresentando inicialmente as tecnologias existentes e, na sequência, as suas aplicações. Tal reestruturação é, inclusive, refletida no título desta obra: *Tecnologias e aplicações da manufatura aditiva*.

Este livro tem o objetivo de apresentar os diferentes princípios de adição de material das tecnologias de AM e destacar aspectos relacionados a suas aplicações em diferentes setores, envolvendo o *design*, o desenvolvimento de produto, o planejamento de processo até a fabricação final. Salientam-se também os novos desafios e quebras de paradigmas impostos aos profissionais que atuam em soluções com essa tecnologia.

Para atingir esse objetivo, pesquisadores de diferentes universidades e institutos de pesquisa nacionais foram convidados a participar deste projeto. A maioria dos autores já havia participado do livro anterior e alguns novos se juntaram à equipe. Para cada capítulo, designou-se um autor responsável, ficando a critério deste convidar ou não coautores para participar. A escolha dos autores responsáveis observou alguns pontos: o tempo de atuação na área e o contato direto com as respectivas tecnologias de AM, ou com as tecnologias de base usadas pelos processos. No total, houve o envolvimento de 11 autores responsáveis e 23 coautores nos dezessete capítulos, dois a mais em relação ao livro anterior. Com esse processo, pode-se afirmar que o material aqui apresentado reflete a visão e a opinião de uma comunidade de especialistas na área. A pluralidade da equipe, sem dúvida, aumentou a qualidade do livro como um todo.

A elaboração dos capítulos contou com um processo de revisão por pares, conduzido pelo próprio grupo. Para tal, dois revisores escolhidos entre os autores responsáveis foram designados para cada capítulo. Por fim, uma revisão geral foi realizada no sentido de identificar possíveis inconsistências, principalmente de nomenclatura. Com essa metodologia, ressalta-se que este livro não é uma compilação de vários capítulos desconexos, e sim uma apresentação coordenada de temas considerados relevantes ao seu objetivo.

A nomenclatura utilizada na versão anterior foi mantida, somente com alguns pequenos ajustes. Algumas diferenças de terminologia em relação à recente norma ABNT podem ser observadas, mas, em função da vasta discussão realizada pela equipe de especialista na versão anterior e na atual, decidiu-se mantê-las.

Em linhas gerais, este livro visa contribuir com a formação de profissionais que estejam, direta ou indiretamente, ligados ao desenvolvimento dos mais variados tipos de produtos e que podem se beneficiar da AM. Destaca-se também o caráter multidisciplinar da obra, na parte de aplicações, sendo útil aos profissionais que utilizam biomodelos na área da saúde, como os cirurgiões médicos, dentistas e veterinários, ou ainda aqueles ligados às artes, setor de joias, arquitetura, entre outros.

Esta obra está organizada conforme segue. O Capítulo 1 apresenta uma introdução aos princípios da AM, também denominada impressão 3D, exibindo um contexto histórico e salientando suas vantagens e desvantagens. Esse capítulo foi estruturado de forma a direcionar o leitor a obter mais informações sobre determinado assunto nos demais capítulos do livro. Sendo assim, recomenda-se iniciar a leitura por esse capítulo, principalmente aos iniciantes da área. Do Capítulo 2 ao 8 são apresentadas as principais tecnologias separadas pelos princípios de adição de material: fotopolimerização em cuba, extrusão de material, jateamento de material, jateamento de aglutinante, fusão em leito de pó, adição de lâminas e deposição com energia direcionada. Este último princípio recebeu o reforço de um novo capítulo dedicado à deposição a arco, em função do grande interesse nessas tecnologias nos últimos anos. O Capítulo 9 descreve os formatos disponíveis para representar modelos geométricos 3D, fundamentais para o início do processo de fabricação. Uma visão geral do planejamento de processo para a AM é apresentada no Capítulo 10, destacando a influência das decisões tomadas na fabricação de um componente, procurando enfatizar o que está por trás da opção "imprimir" de algumas tecnologias.

A partir desse ponto, o livro se concentra nas diversas aplicações das tecnologias de AM. No Capítulo 11, a prototipagem é destacada como a primeira grande aplicação, apresentando a mudança de procedimentos no processo de desenvolvimento de produto com a chegada das tecnologias de AM, apontadas como um novo direcionador tecnológico. O Capítulo 12 aborda a AM no *design* de produtos e realça as contribuições e as mudanças de cultura nesse setor. Em função do grande impacto causado na manufatura de ferramental (moldes, gabaritos e dispositivos em geral), o Capítulo 13 foi dedicado especificamente para essa área. A aplicação crescente da AM na fabricação de produtos de uso final é apresentada no Capítulo 14. A aplicação na área da saúde teve também destaque no Capítulo 15. A bioimpressão 3D ganhou um capítulo exclusivo (Capítulo 16), abordando as principais tecnologias e avanços nesse setor. Por último, no Capítulo 17, procurou-se dar uma ideia do grande potencial dessas tecnologias nas mais diversas áreas, por meio de relatos de aplicações.

Espera-se que este livro contribua para a disseminação e a popularização das tecnologias de AM e encoraje os profissionais a conhecer e tirar proveitos desse revolucionário princípio de fabricação. Que ele mostre também as potencialidades do uso e da aplicação dessas tecnologias motivando maiores investimentos na área, alavancando a formação de pessoal e o desenvolvimento de novas tecnologias e materiais.

Bom início de jornada na área de manufatura aditiva.

CAPÍTULO 1
Princípio da manufatura aditiva: impressão 3D

Neri Volpato

Jonas de Carvalho

1.1 INTRODUÇÃO

As restrições e as potencialidades dos meios de fabricação disponíveis impactam diretamente as decisões tomadas durante o processo de desenvolvimento de produto (PDP), refletindo-se em vários aspectos relativos a forma, funcionalidades, materiais e custos. Com o aparecimento do controle numérico, no final dos anos 1950, mais flexibilidade e liberdade foram oferecidas ao processo de criação e desenvolvimento de produtos, uma vez que permitiu a automatização dos equipamentos tradicionais de fabricação. No entanto, algumas limitações antigas ainda permaneceram. Mais recentemente, no final dos anos 1980, o surgimento de um novo princípio de fabricação baseado na adição de material por camadas, denominado manufatura aditiva (*additive manufacturing* – AM) ou impressão 3D (tridimensional), revolucionou o setor ao adicionar novas potencialidades ao sistema produtivo. O impacto da AM tem sido significativo, pois tem causado grandes mudanças na forma de pensar, desenvolver e fabricar componentes e produtos.

Este capítulo apresenta o princípio geral da fabricação por adição de material por camadas e exibe uma categorização das diferentes tecnologias ou processos de AM disponíveis no mercado. Alguns dos eventos importantes que antecederam o surgimento da AM são descritos, apresentando um breve histórico do seu desenvolvimento. Por fim, uma visão geral das vantagens, limitações e campos de aplicações é discutida. Além de apresentar os conceitos básicos, este capítulo objetiva também direcionar o leitor para as várias tecnologias e principais aplicações que são detalhadas ao longo deste livro.

1.2 MANUFATURA ADITIVA: UM NOVO PRINCÍPIO DE FABRICAÇÃO

Os principais meios de fabricação mecânica implicam em transformar os materiais baseados nos princípios de *moldagem*, *remoção* (ou subtração), *conformação*, *união* e *divisão* (Quadro 1.1). No final da década de 1980, um novo princípio de fabricação baseado na *adição* de material foi apresentado comercialmente, sendo denominado manufatura aditiva ou impressão 3D.

Quadro 1.1 Princípios da fabricação mecânica

Princípio	Principais características
Moldagem	Dar forma ao material envolvendo ou não a sua fusão (por exemplo, vários tipos de fundição de metais em moldes permanentes ou não, moldagem por injeção de plástico, metalurgia do pó, moldagem de peças em fibra de vidro etc.)
Remoção	Subtração de material até chegar à forma desejada (por exemplo, torneamento, fresamento, furação, retífica, eletroerosão, usinagem química, eletroquímica etc.)
Conformação	Deformação plástica do material para gerar a geometria final (por exemplo, forjamento, conformação e estampagem de chapas, extrusão, laminação, entre outros)
União	Junção de partes ou componentes mais simples para compor uma peça mais complexa (por exemplo, soldagem, brasagem, colagem, entre outros)
Divisão	Separação de componentes, ou seja, o contrário da união (por exemplo, serragem, corte por *laser*, plasma, jato d'água, entre outros)
Adição	Adição sucessiva de camadas de material a partir de dados diretamente obtidos de um modelo geométrico 3D

A AM pode ser definida como **um princípio de fabricação por meio da adição sucessiva de camadas de material a partir de dados diretamente obtidos de um modelo geométrico 3D**. Conforme esquematizado na Figura 1.1, o processo inicia com a criação de um modelo geométrico 3D do objeto a ser produzido, normalmente em um sistema CAD (*computer-aided design*), que, na sequência, é processado por um sistema de planejamento de processo ou CAM (*computer-aided manufacturing*) para AM. Nessa etapa, o modelo 3D é "fatiado" digitalmente, obtendo-se as "curvas de níveis" (normalmente 2D) que serão utilizadas para definir, em cada camada, onde será ou não adicionado material. A peça física é, então, gerada automaticamente em um equipamento de AM por meio do empilhamento e da aderência (união, solidificação, polimerização) sequencial das camadas, iniciando na base até atingir o topo.

Modelo geométrico 3D (CAD)	Planejamento de processo (fatiamento, suporte, preenchimento e dados de máquina)	Adição das camadas – Fabricação	Peça fabricada e pós-processamento
Modelo digital 3D		Modelo físico	

Figura 1.1 Representação das principais etapas da AM ou impressão 3D.

De uma forma mais detalhada, as etapas gerais da AM compreendem:

1. A modelagem tridimensional, gerando-se um modelo geométrico 3D da peça por meio de um sistema CAD, de digitalização 3D, reconstrução de imagem médica ou outro.
2. A transformação do modelo geométrico 3D para um formato adequado para AM, geralmente na forma de uma malha de triângulos, como o STL (*STereoLithography*), o AMF (*Additive Manufacturing Format*), o 3MF (3D *Manufacturing Format*), ou outro. Esse tema é tratado no Capítulo 9.
3. O planejamento do processo para a fabricação por camada, envolvendo fatiamento, cálculo das estruturas de suporte e do preenchimento (estratégias de deposição de material), abordado em detalhes no Capítulo 10.
4. Envio dos dados gerados no planejamento do processo para o equipamento de AM ou impressora 3D e fabricação da peça.
5. O pós-processamento, que varia bastante de acordo com a tecnologia AM, podendo envolver limpeza, retirada das estruturas de suporte, etapas de tratamento térmico, acabamento por usinagem, pintura etc. Essas duas últimas etapas são apresentadas nos respectivos capítulos de cada tecnologia.

Uma característica importante da AM é o seu nível de automatização, minimizando consideravelmente a intervenção do operador durante o processo. Praticamente, a necessidade do operador ocorre na preparação do equipamento (*setup*), que pode envolver alimentação de material, nivelamento e outras necessidades de cada máquina, e, ao final do processo, na retirada e limpeza da peça. Como as informações geradas pelo sistema de planejamento do processo são enviadas na sequência planejada à máquina, esta executa o trabalho sem a assistência do operador.

Em virtude do seu princípio, a AM tem um enorme potencial para fabricar geometrias complexas, uma vez que transforma uma geometria 3D em uma sequência de geometrias de camadas mais simples, na grande maioria dos casos, geometrias 2D. A AM permite fabricar componentes físicos a partir de vários tipos de materiais, em diferentes estados e formas físicas (líquido, sólido em filamento, pó, lâmina, arame) e a partir de diversos princípios aditivos (Seção 1.5). A maioria dos processos de AM adiciona camadas planas de material, mas isso não é uma regra, pois existem tecnologias que permitem camadas não planas, de acordo com a geometria da peça (ver detalhes no Capítulo 10).

Em função do impacto causado na manufatura, o surgimento da AM tem sido considerado um marco em termos de métodos de fabricação. Nesse sentido, a AM foi descrita pela revista *The Economist*, em sua edição de 21 de abril de 2012, como a Terceira Revolução Industrial [1].

1.3 NOMENCLATURA

Apesar de, no início, vários autores terem sugerido denominações distintas para esse novo princípio de fabricação (Figura 1.2), a nomenclatura que persistiu por muito tempo foi a de prototipagem rápida [2]-[4]. A origem desse nome decorre do fato de, inicialmente, esse processo ter sido aplicado sobretudo na produção rápida de protótipos físicos (*i.e.*, uma primeira materialização de ideias, sem muitas exigências em termos de resistência e precisão). No entanto, os primeiros processos de AM evoluíram consideravelmente, e novas tecnologias surgiram, a ponto de atualmente vários poderem ser utilizados na fabricação final de peças (mais detalhes no Capítulo 14). Adicionalmente, apesar de o termo "rápido" representar o tempo decorrido entre a modelagem geométrica 3D e a materialização (impressão) do componente, o processo de construção é relativamente lento, quando comparado aos métodos tradicionais de fabricação. Assim, a nomenclatura inicial não representava adequadamente o princípio da AM.

Dessa forma, a partir de 2009-2010, houve um esforço da comunidade científica na direção de melhor definir e caracterizar esse princípio de adição como um importante meio de fabricação. Assim, a denominação que melhor o descreve e que se consolidou na academia e na indústria (inclusive com normas técnicas – ver Seção 1.5) é a de **manufatura aditiva**. Observa-se, no entanto, que, com a popularização de algumas tecnologias, o termo **impressão 3D** tem sido bastante adotado por usuários em geral e algumas empresas do setor. Acredita-se que isso se deva principalmente à facilidade de transmitir o conceito ou princípio fundamental dos processos de AM. Portanto, essas duas nomenclaturas são utilizadas como sinônimos neste livro. No entanto, cabe aqui a discussão contida na norma ISO/ASTM 52900:2015(E) [5] de que o termo impressão 3D vem sendo mais comumente aplicado em um contexto relativo aos equipamentos de menor custo e/ou capabilidade geral. Fica, então, a sugestão ao leitor que leve em consideração o tipo de equipamento e o público-alvo na escolha do termo a ser empregado.

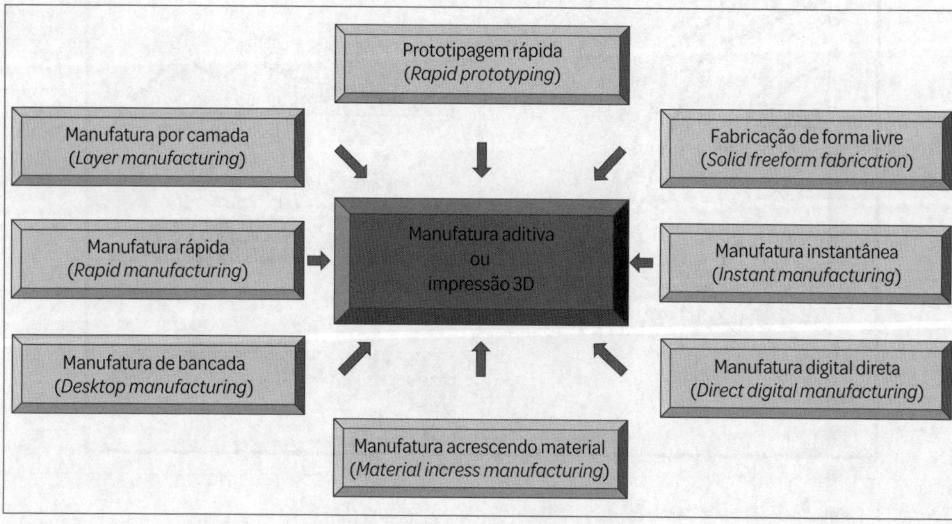

Figura 1.2 Algumas das principais variações iniciais da nomenclatura da área de AM.

1.4 HISTÓRICO

O conceito de construção de objetos físicos por meio de camadas não é uma ideia nova, remontando a aplicações bastante antigas, como a construção de pirâmides egípcias, com a sobreposição de blocos. Segundo Beaman *et al.* e Bourell *et al.* [3] [6], as raízes das tecnologias atuais de AM podem ser traçadas a partir de duas grandes áreas técnicas: a topografia e a fotoescultura, como explicado a seguir.

Na área da topografia, a primeira grande aplicação do método de construção por camadas deve-se a Blanther [7], que, por volta de 1890, desenvolveu um método para a construção de moldes para mapas de relevo topográfico em três dimensões. O método consistia na construção de diversos discos de cera com o contorno topográfico (curvas de nível) das cartas topográficas, obtendo-se, dessa forma, a reprodução de superfícies tridimensionais. A Figura 1.3 ilustra o método de Blanther.

Diversos refinamentos do método proposto por Blanther foram desenvolvidos nos anos seguintes com outros materiais, como papel cartão, por Perera (1940), e placas transparentes, por Zang (1964) e Gaskin (1973), conforme citado em Beaman *et al.* [3].

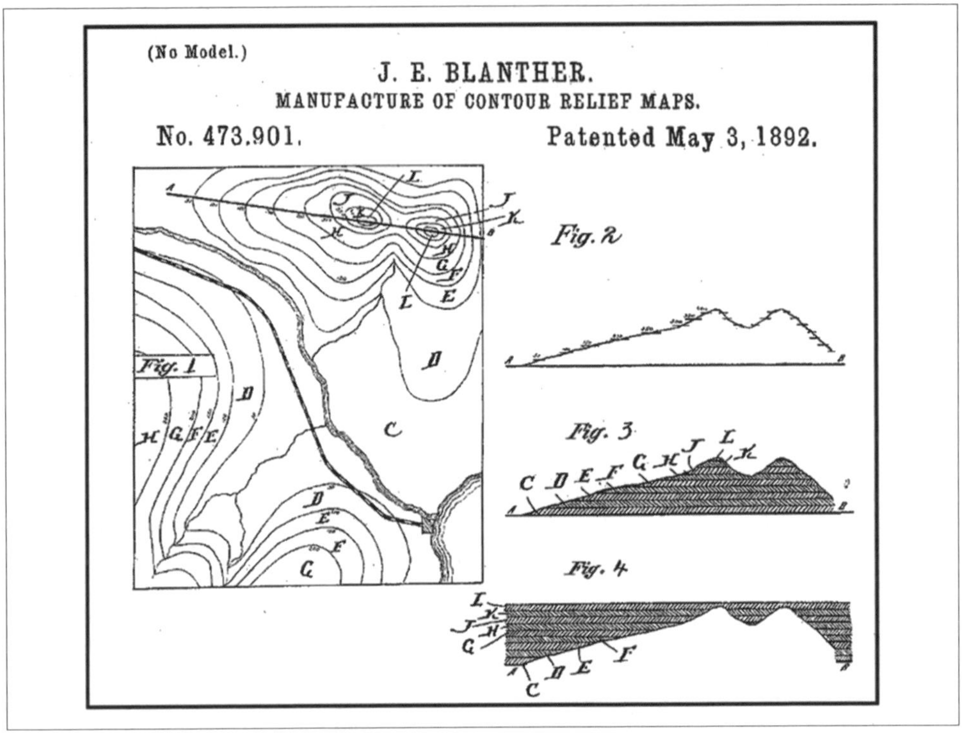

Figura 1.3 Método de Blanther para a construção de mapas topográficos [7].

Em 1972, Matsubara [8], da Mitsubishi Motors, propôs um método de construção a partir de uma resina fotopolimerizável. Essa resina era coberta com partículas refratárias (por exemplo, pó de grafite ou areia) e curada a partir da emissão de uma fonte de luz coerente, no caso específico, uma lâmpada de vapor de mercúrio, a qual era seletivamente projetada, provocando o endurecimento de uma determinada região. As finas camadas formadas a partir do método proposto eram sobrepostas sequencialmente, constituindo-se, depois, em um modelo de fundição.

DiMatteo [9], em 1974, verificou que a técnica aditiva poderia ter grande utilidade na fabricação de superfícies de geometria complexa, difíceis de serem obtidas pelos métodos tradicionais de fabricação, conforme ilustrado na Figura 1.4. Em 1979, o Professor Takeo Nakagawa [10], da Universidade de Tóquio, utilizou-se das técnicas de construção por adição de camadas para fabricar moldes para injeção, usando técnicas de laminação para a produção de ferramentas de estampagem.

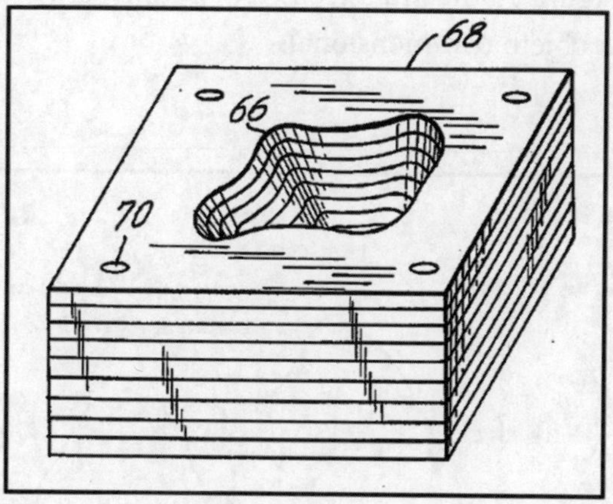

Figura 1.4 Molde fabricado com a técnica de adição de camadas por DiMatteo [9].

A segunda técnica, a fotoescultura, foi desenvolvida no século XIX com o intuito de criar réplicas exatas de objetos, incluindo-se formas humanas. Uma das realizações de sucesso dessa tecnologia foi desenvolvida pelo francês Frenchman François Willème (*apud* Bogart [11]) em 1860. Basicamente, sua técnica consistia em colocar, no centro de uma sala circular, um objeto e, em torno deste, posicionar 24 câmeras fotográficas, distribuídas uniformemente, acionando-as ao mesmo tempo. A silhueta de cada uma das fotos era utilizada depois por um artista para esculpir cada um dos 24 avos (1/24) da porção cilíndrica da figura, conforme citado por Beaman *et al.* [3].

Na primeira metade do século XX, mais especificamente em 1935, Morioka [12] desenvolveu, no Japão, um processo combinando técnicas de fotoescultura e topografia. O processo de Morioka consistia basicamente no uso de uma luz estruturada (luz negra) para criar linhas de contorno do objeto a ser reproduzido. As linhas eram, então, transferidas para folhas, as quais eram cortadas e empilhadas ou projetadas sobre o material a ser esculpido.

Munz (*apud* Beaman *et al.* [3]) propôs, em 1951, um sistema que possuía algumas das características da técnica atual de estereolitografia. A técnica de Munz consistia em um sistema com exposição seletiva de seções transversais de um objeto sendo digitalizado sobre uma emulsão fototransparente. Após a exposição de uma camada, um pistão era acionado, abaixando a plataforma e adicionando-se a quantidade apropriada de emulsão e do agente fixador para o início da produção da próxima camada, e assim sucessivamente. Ao final do processo, um cilindro transparente era formado com uma imagem do objeto no seu interior. Posteriormente, esse cilindro era esculpido manualmente ou atacado fotoquimicamente, obtendo-se o objeto tridimensional. A Figura 1.5 ilustra a técnica de Munz para o desenvolvimento de uma imagem de um objeto tridimensional.

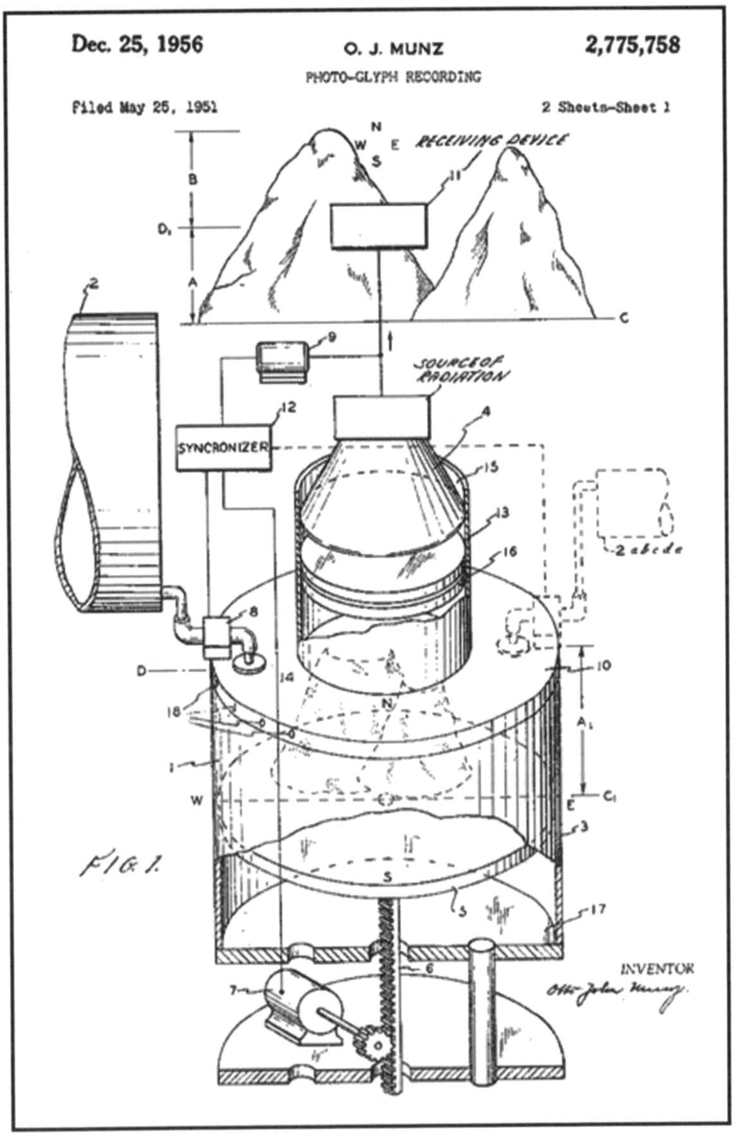

Figura 1.5 Processo de Munz (1956) para reprodução da imagem tridimensional de um objeto [13].

Em 1968, Swainson [14] propôs um processo para a fabricação direta de modelos de plástico pela polimerização seletiva de um polímero fotossensível com a interseção de dois feixes de *laser*. O processo de formação do objeto ocorre pelas reações fotoquímicas ou pela degradação do polímero em virtude da soma das energias causadas pela interseção dos feixes de *laser*, conforme ilustrado na Figura 1.6.

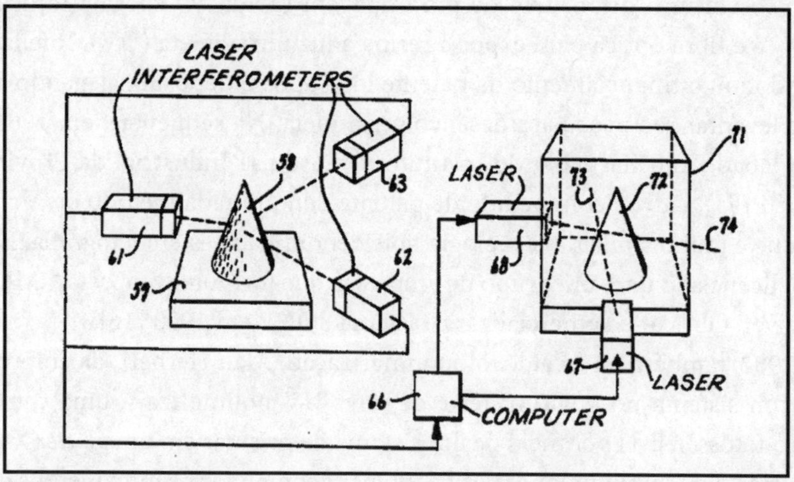

Figura 1.6 Processo de fotoescultura utilizando-se a interseção de *lasers* por Swainson [14].

Aproximando-se mais do conceito da AM atual, um processo utilizando pós de diversos materiais com a propriedade de serem fundidos pela exposição a feixes de *laser* ou plasma foi proposto por Ciraud [15] em 1972. Basicamente, as partículas eram aplicadas a uma matriz por gravidade, ação magnética ou eletrostática, sendo posteriormente fundidas pela ação de um ou mais feixes de *laser* ou plasma, formando camadas contínuas. A Figura 1.7 ilustra o processo proposto por Ciraud.

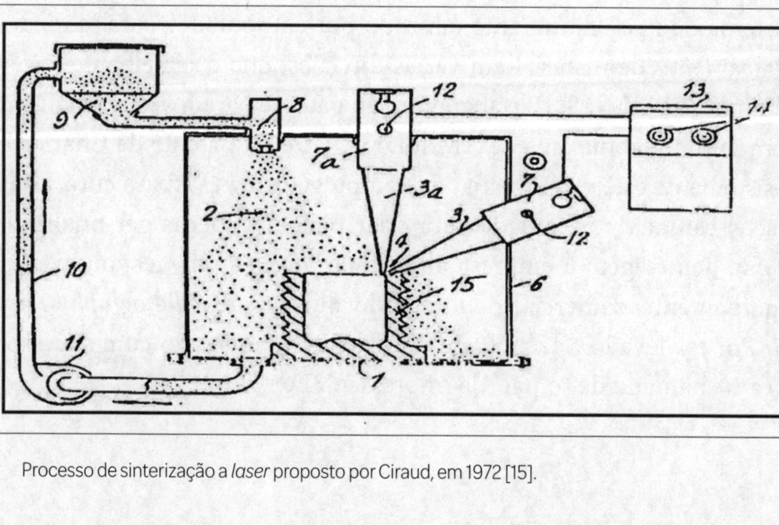

Figura 1.7 Processo de sinterização a *laser* proposto por Ciraud, em 1972 [15].

Outro fato importante em termos históricos foi a patente registrada em 1980 pelo inventor japonês Dr. Hideo Kodama, do Instituto Municipal de Pesquisa Industrial de Nagoya, sendo um dos primeiros a inventar a cura de resina por *laser* de feixe único em um "dispositivo de prototipagem rápida". O sistema utilizava um *plotter* X-Y e fibra óptica para expor a resina a luz ultravioleta (UV). Infelizmente, ele abandonou o financiamento da patente logo após o depósito, alegando dificuldade de levantar recursos para desenvolver a ideia. Na sequência, em 1984, também no Japão, Yoji Marutani, do Instituto de Pesquisa Industrial da Província de Osaka (OPIRI), entrou com pedido de patente denominada método de moldagem óptica, que é muito similar à tecnologia hoje denominada estereolitografia. Essa patente foi licenciada para um grupo de empresas que formou a empresa CMET para desenvolver, fabricar e comercializar o sistema SOUP em 1990 [16].

Em 1982, também na área de fotopolimerização, Alan Herbert, da empresa 3M, propôs um sistema no qual um feixe de *laser* UV polimerizava uma camada de polímero fotossensível por meio de um sistema de prismas em um *plotter* X-Y [17]. No processo, um computador era utilizado para comandar os movimentos do feixe de *laser* no plano X-Y. Após o término da polimerização da camada, esta era abaixada aproximadamente em 1 mm, e nova quantidade de polímero líquido era adicionada para a construção da próxima camada. Infelizmente, a empresa decidiu não investir na proposta [16].

Outro caso em que não houve recurso e interesse por parte dos financiadores foi a patente de 1984 do trio francês Jean-Claude André, Olivier de Witte e Alain le Méhauté, que trabalhava para a empresa de tecnologia francesa Cilas Alcatel e para o Centro Nacional Francês de Pesquisa Científica (CNRS). A proposta era também um dispositivo na linha de cura de resina por *laser* para produzir peças complexas. Também em 1984, o inventor americano William E. Masters depositou uma patente de um sistema de manufatura automatizado por computador para fabricar objetos 3D por jateamento de material em várias direções, que é semelhante aos sistemas atuais de impressão 3D [18]. Ele abandonou a patente para investir em outras áreas.

Por fim, um marco na área de AM foi o registro da patente de Charles Hull em 1984 do sistema de estereolitografia, que empregava luz UV para curar uma resina fotossensível camada por camada para criar pequenas peças personalizadas [19]. Essa patente deu origem à empresa americana 3D Systems, responsável pelo primeiro equipamento comercial denominado SLA-1 (*stereolithography apparatus*), em 1987. Por ter levado a tecnologia da patente ao mercado com sucesso, Hull é muitas vezes chamado de "o pai" da impressão 3D.

Várias outras patentes, logo nos anos seguintes, também foram muito importantes para o setor, como a de sinterização seletiva a *laser* (*Selective Laser Sintering* – SLS) de Carl Deckard em 1986, a tecnologia de modelagem por fusão e deposição (*Fused Deposition Modeling* – FDM) de Scott Crump em 1989 e a 3D Printing (3DP) pelo MIT, também em 1989. Mais detalhes sobre essas e outras tecnologias similares podem ser encontrados nos Capítulos 5, 3 e 4, respectivamente.

Observa-se, então, que a origem das atuais técnicas de AM decorre de vários trabalhos de pesquisas, técnicas e processos desenvolvidos inicialmente na fotoescultura e na topografia, e que convergiram para um princípio de fabricação de aplicação geral.

1.5 PRINCÍPIOS DE ADIÇÃO DAS TECNOLOGIAS DE AM

Todas as tecnologias de AM são baseadas no princípio geral da adição de material em camadas, mas elas diferem quanto a tipo, forma e método de processamento do material, ou seja, no princípio de adição (deposição, materialização) das camadas. Uma proposta simples de classificar os processos de AM foi feita com base no estado ou forma inicial da matéria-prima utilizada na fabricação. Nessa linha, os processos eram classificados como baseados em líquido, sólido e pó [4]. No entanto, essa forma de agrupar não fornece nenhuma informação sobre o princípio específico da adição do material das diferentes tecnologias, ou seja, como o material é processado e os mecanismos de adição e aderência envolvidos.

As tecnologias de AM tornaram-se possíveis pela integração de processos tradicionais de manufatura (como metalurgia do pó, extrusão, soldagem etc.) com diversas outras tecnologias (como controle numérico computadorizado – CNC, sistemas de acionamento de alta precisão, sistemas de impressão a jato de tinta, *laser*, feixe de elétrons etc.). Adicionalmente, houve o desenvolvimento de materiais adequados a cada uma das rotas adotadas. Nesse sentido, vários processos empregando diferentes princípios e materiais foram e continuam sendo desenvolvidos para materializar os objetos.

Visando justamente utilizar os diferentes princípios como método de classificação das tecnologias de AM disponíveis, a norma ISO/ASTM 52900:2015(E) [5] propõe o enquadramento em sete categorias ou grupos, conforme descritos no Quadro 1.2. A Figura 1.8 apresenta, de forma esquemática e simplificada, essas diferentes categorias da AM. Importante frisar que tais categorias estão descritas individualmente nos Capítulos 2 a 8, assim como as tecnologias citadas no quadro.

Quadro 1.2 Classificação das tecnologias de AM de acordo com o princípio de adição do material [5]

Categorias da AM	Descrição do método/princípio de adição	Algumas tecnologias disponíveis
Fotopolimerização em cuba (*vat photopolymerization* – VPP).	Polímero fotossensível líquido é curado seletivamente em uma cuba por polimerização ativada por luz (Capítulo 2).	Estereolitografia (*stereolithography* – SL), *continuous liquid interface production* (CLIP), *digital light processing* (DLP), tecnologia InvisionTEC, outros.
Extrusão de material (*material extrusion* – MEX).	Material é extrudado através de um bico ou orifício fino e é seletivamente depositado (Capítulo 3).	Modelagem por fusão e deposição (*fused deposition modeling* – FDM), *fused filament fabrication* (FFF), *direct ink write* (DIW), outros.
Jateamento de material (*material jetting* – MJT).	O material é jateado e depositado de forma seletiva em pequenas gotas (Capítulo 4).	PolyJet, impressão por múltiplos jatos (*MultiJet printing* – MJP), tecnologia da Solidscape, outros.
Jateamento de aglutinante (*binder jetting* – BJT).	Um agente aglutinante líquido é jateado para unir seletivamente partículas de material em um leito de pó (Capítulo 4).	Impressão colorida por jato (*ColorJet Printing* – CJP), tecnologia da VoxelJet, tecnologia da ExOne, outros.
Fusão em leito de pó (*powder bed fusion* – PBF).	Energia térmica funde seletivamente as partículas de material em um leito de pó (Capítulos 5 e 6).	Sinterização seletiva a *laser* (*selective laser sintering* – SLS), *high speed sintering* (HSS), sinterização direta de metal a *laser* (*direct metal laser sintering* – DMLS), fusão seletiva a *laser* (*selective laser melting* – SLM), fusão por feixe de elétrons (*electron beam melting* – EBM), *multi jet fusion* (MJF), outros.
Adição de lâminas (*sheet lamination* – SHL).	Lâminas de material são recortadas e unidas (coladas, soldadas, brasadas) para formar um objeto (Capítulo 7).	Manufatura laminar de objetos (*laminated object manufacturing* – LOM), *selective deposition lamination* (SDL), outros.
Deposição com energia direcionada (*directed energy deposition* – DED).	Energia térmica é empregada para fundir o material de adição (e o de base) à medida que este é depositado (Capítulos 7 e 8).	Forma final obtida com *laser* (*laser engineered net shaping* – LENS), deposição direta de metal (*direct metal deposition* – DMD), 3D *laser cladding*, manufatura aditiva por deposição a arco (*wire arc additive manufactuting* – WAAM), outros.

Acesse a versão colorida da figura pelo QR Code.

Figura 1.8 Ilustração das sete categorias da AM.

Outra forma de classificação da AM que ajuda a diferenciar as tecnologias e a entender a sua evolução em termos de velocidades de adição é a análise dimensional do princípio de processamento do material. A Figura 1.9 mostra que grande parte das tecnologias atuais processam o material de forma pontual (0D) e a camada é formada pela varredura desse princípio ao longo da seção transversal da peça. São exemplos as tecnologias MEX, VPP vetorial a *laser*, PBF a *laser*, DED e SHL. As tecnologias MJT e BJT, que geralmente utilizam um cabeçote de jateamento com um vetor (*array*) de furos, adicionam ou processam o material de forma linear (1D) e tendem a ser mais rápidas do que as anteriores. A camada de material pode ser também processada totalmente de uma única vez (2D), em tecnologias que utilizam projeção ou preparação seletiva da camada antes da exposição a uma fonte de energia. Nesse grupo, encontram-se as VPP de projeção (Capítulo 2) e as PBF por radiação infravermelha (Capítulo 5), com uma velocidade de processamento bem maior que as 0D e 1D. Por fim, recém-chegada e ainda com poucas opções no mercado, estão as VPP volumétricas (Capítulo 2), que processam todos os pontos da peça quase que simultaneamente. Estas vêm sendo denominadas AM volumétrica (3D) e o ganho de tempo é considerável, reduzindo o ciclo de impressão de horas para alguns minutos.

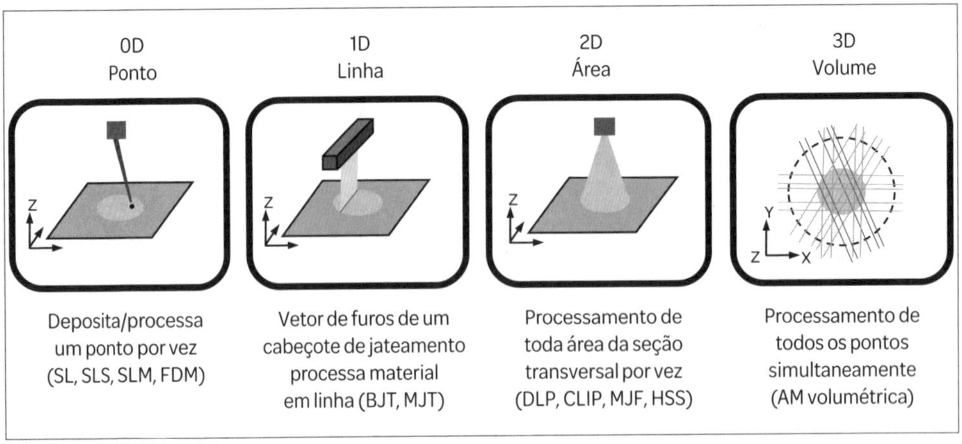

Figura 1.9 Classificação da AM pela dimensão do meio de processamento do material.

1.6 VANTAGENS E LIMITAÇÕES GERAIS DA AM

Quando comparado aos processos de fabricação tradicionais, em especial com a usinagem CNC, os processos de AM apresentam várias vantagens, mas também limitações. A seguir, são apresentados os pontos mais relevantes ao analisar o princípio de fabricação da AM. Outras vantagens gerais relativas às aplicações da AM (prototipagem no PDP, *design*, ferramental, fabricação final, saúde, bioimpressão e em áreas diversas) são apresentadas nos Capítulos 11 a 17.

Algumas das principais vantagens são:

- Grande liberdade geométrica oferecida ao projeto. A fabricação por AM praticamente independe da complexidade geométrica da peça. Geometrias normalmente impossíveis de serem fabricadas por outros processos (Quadro 1.1) podem ser obtidas por AM. Isso abre uma série de oportunidades em termos de projeto. Por exemplo, pode-se consolidar várias peças em uma só e, assim, reduzir o número de peças nas montagens, tem-se maior liberdade para criar projeto/*design* com formas livres (*freeform*), é possível ter um projeto com relação ótima entre peso e resistência por meio da otimização topológica ou do emprego de materiais celulares, é possível customizar o projeto para uma aplicação específica, entre outras características especiais. O Capítulo 14 mostra mais detalhes sobre essas potencialidades. Vale destacar também a vantagem na aplicação em ferramental (fabricação de moldes), com a obtenção de insertos com canais conformados que permitem reduzir o ciclo de processamento e melhorar a qualidade do moldado (ver mais detalhes no Capítulo 13).
- Pouco desperdício de material e maior eficiência energética. Na maioria das tecnologias de AM, o material gasto para fabricar um componente equivale aproxi-

madamente ao volume de material da peça. Isso depende da tecnologia empregada e é motivo de discussão nos capítulos específicos de cada classe de tecnologia.

- Fabricação sem ferramental (molde) ou dispositivo de fixação. A fabricação por AM não requer nenhum ferramental para dar forma à peça (*tool-less production*) e dispensa qualquer dispositivo específico, pois as peças são fixadas nas plataformas de construção por estruturas depositadas pela própria tecnologia. Este cenário é importante para organizar o fornecimento de peças de reposição, prevendo um baixo ou nenhum estoque e sem os custos de armazenagem, manutenção e *setup* de ferramental. Outro ponto a destacar é a flexibilidade em termos de *design* do produto quando não há amarração a um ferramental, ou seja, melhorias e ajustes no projeto são facilitados, pois podem ser implementados na produção imediatamente após aprovação.
- Processo em etapa única. O componente é fabricado em um único equipamento, numa única etapa e sem troca do meio de processamento do material durante a fabricação. No entanto, dependendo da tecnologia e da finalidade da peça, algumas etapas de pós-processamento podem ser necessárias. Adicionalmente, algumas tecnologias podem ser combinadas com outros processos, criando-se tecnologias híbridas. Mais detalhes estão disponíveis no Capítulo 10 e ao longo dos capítulos que descrevem cada processo.
- Planejamento de processo simplificado. Uma vez que o processista definiu a orientação, a posição, a escala e os parâmetros de processo, o *software* de planejamento de processo realiza, de forma automática, todos os cálculos para deposição de material, que envolvem principalmente a obtenção de trajetórias no plano 2D. Para as tecnologias que permitem trabalhar com camadas não planas, os cálculos das trajetórias se assemelham àqueles necessários à usinagem CNC.
- Passagem rápida do digital ao físico. A obtenção de uma peça ou de um pequeno lote é rápida quando comparada aos processos tradicionais. Isso porque é possível passar do CAD ao modelo físico em poucas horas, sendo assim importante tanto na obtenção de protótipos físicos quanto na produção de peças finais, dentro da lógica de estoque zero (*print on demand*). As grandes vantagens advindas da utilização da AM durante o PDP, permitindo uma utilização mais rápida e frequente de representações físicas do produto (por exemplo, *mock-up*, modelos volumétricos, vários tipos de protótipos), estão detalhadas nos Capítulos 11 e 12.
- Flexibilidade da produção. A AM permite uma mudança rápida dos componentes sendo produzidos, o que favorece a programação da produção estabelecendo lotes mais econômicos e ajustados às demandas, permitindo uma resposta rápida a elas. Como decorrência, tem-se menos estoques parados e os

custos associados a eles. Adicionalmente, pensando em escala global, há a possibilidade de reduzir custos de distribuição de peças, pois estas podem ser fabricadas próximos aos usuários finais.

- Potencial de variar material e/ou características e propriedades ao longo da peça. Algumas tecnologias permitem misturar materiais ou mudar suas características físicas (densidade, porosidade) e propriedades (resistência, dureza, flexibilidade etc.) durante o seu processamento, o que possibilita empregar o conceito de materiais com gradação funcional (*functionally graded materials* – FGM) na mesma peça. Isso abre novos campos de aplicações, até então impossíveis ou inimagináveis, sendo considerado um grande potencial disruptivo da AM para inovação (mais detalhes no Capítulo 14).

Algumas restrições ou deficiências atuais da AM como processo de fabricação são [4], [20]:

- Processo lento. Considerando que a fabricação é realizada pela adição de camadas finas de material, a AM é lenta quando comparada aos processos tradicionais. No entanto, para aplicações de elevado valor agregado, altamente customizadas e de baixa produção, esses processos têm, cada vez mais, ocupado um espaço como método de produção final (ver Capítulo 14).
- Anisotropia do material. Em geral, as propriedades dos materiais obtidos por AM não são as mesmas dos materiais processados de forma tradicional. Isso decorre do fato de a fabricação ser por adição de camadas, portanto, o material pode adquirir propriedades anisotrópicas. Isso implica em algumas restrições a serem consideradas no projeto ou até mesmo limitações na aplicação das peças produzidas.
- Limitação de materiais. A grande maioria das tecnologias de AM possui limitação quanto aos materiais que podem ser empregados. Em muitos casos, somente estão disponíveis alguns materiais desenvolvidos especificamente para cada tecnologia, que podem ainda ser ou não proprietários (específico para um dado equipamento). Isso se deve ao fato de que nem todos são controláveis dentro do princípio de adição em questão. Geralmente, os materiais disponíveis possuem propriedades semelhantes às dos convencionais, mas não iguais, o que pode limitar o emprego da tecnologia para certas aplicações.
- Baixa precisão e acabamento superficial. A precisão e o acabamento superficial das peças impressas são inferiores ao que se obtém por alguns processos convencionais, como a usinagem CNC. Vários fatores contribuem para isso, mas grande parte decorre do princípio básico de adição de camadas, que dá origem

aos degraus de escada nas superfícies de regiões inclinadas e curvas (ver Figura 1.1 – peça fabricada). Os desvios geométricos e outros efeitos inerentes da AM são detalhados no Capítulo 10. Geralmente, esses problemas podem ser sanados na etapa de pós-processamento.

- Custo elevado. O custo das tecnologias de AM de porte industrial ainda é muito elevado, principalmente pela aquisição e operação do equipamento, incluindo materiais e insumos dos processos. Outro ponto sobre o custo é que ele praticamente não reduz com o aumento da escala de produção, o que normalmente se observa nos processos convencionais. No entanto, o advento das impressoras 3D de baixo custo tem facilitado muito o seu emprego em várias áreas, a ponto de não haver hoje, por exemplo, justificativa para não utilizar protótipo físico em um PDP (ver Capítulo 11). Já para os casos de aplicação na produção de componentes finais (em especial os metálicos), a AM é justificada mais facilmente naqueles de alto valor agregado (mais detalhes no Capítulo 14).
- Pós-processamento. Todas as tecnologias de AM do mercado requerem algum tipo de pós-processamento, o qual pode variar de uma simples limpeza com remoção de suporte até etapas mais custosas e demoradas, como tratamento térmico, usinagem para melhorar o acabamento e a precisão de algumas regiões. O pós-processamento varia muito com a tecnologia e a finalidade da peça fabricada (mais detalhes nas descrições das tecnologias, Capítulos 2 a 8).
- Distorções e empenamento. Em virtude da natureza térmica/química/metalúrgica do princípio de adição e do material utilizado em alguns processos, tensões internas podem ser geradas causando problemas como distorções e empenamento do componente. Isso é mais crítico para alguns materiais específicos, podendo chegar ao ponto de ser inviável o seu processamento. Com a evolução das tecnologias de AM, esses problemas vêm sendo minimizados cada vez mais.
- Restrições quanto a tamanho da peça. Apesar de algumas tecnologias permitirem peças grande (na escala de metro), a maioria dos processos de mercado possui limitação quanto ao tamanho da plataforma que permite um controle aceitável (dimensional, distorções etc.).

1.7 VISÃO GERAL DAS APLICAÇÕES

Conforme comentado anteriormente, as primeiras tecnologias de AM se restringiam à obtenção de protótipos para os estágios iniciais do PDP, com menos exigências em termos de tipos de materiais, precisão dimensional e desempenho (função). Com o aumento da percepção do potencial oferecido pela AM, o campo de aplicações foi sendo ampliado. Em fases mais avançadas do PDP, cresce a necessidade de utilizar um número maior de protótipos com características funcionais, para uso dentro ou fora da empresa (testes de campo). Esses protótipos devem ser fabricados com o mesmo material da peça final (ou o mais próximo possível) e, em alguns casos, com o mesmo processo de fabricação que será empregado para a produção final. Nesses casos, a AM também pode auxiliar, de forma indireta, por meio da obtenção de ferramental (tipo moldes-protótipo), sendo que esse tipo de aplicação vem sendo buscado desde as primeiras gerações de equipamentos. Em particular, algumas técnicas de AM foram desenvolvidas e aperfeiçoadas para a produção de vários tipos de ferramentais (por exemplo, modelos-mestre e de sacrifícios, moldes-protótipo etc.) que são explicados no Capítulo 13. Mais recentemente, tem crescido o interesse de utilizar as tecnologias de AM como processos de fabricação final (ver Capítulo 14), o que tem exigido mais dos processos em termos de melhoria geral da qualidade dos componentes, novos materiais e funcionalidade.

Em resposta a essa ampliação das aplicações e as novas exigências impostas, as tecnologias de AM evoluíram, e novos processos foram criados. Observa-se, então, que a aplicação da AM, que se iniciou no projeto, foi estendida primeiramente para engenharia, análise e planejamento e, depois, para etapas de manufatura e ferramental [4]. A Figura 1.10 apresenta um retrato de 2018 de algumas aplicações da AM (*hype cycle* da concepção à maturidade), feito pela empresa Gartner [21], onde coloca-se que estas estão em estágio distintos. Destacam-se algumas aplicações que possuíam elevadas expectativas na época, como a impressão 4D (ver Capítulo 14), impressão de medicamentos e de tecidos, que evoluíram bastante, mas ainda carecem atingir estágios maiores de desenvolvimento.

Esse gráfico pode não refletir o quadro atual, como pode ser percebido pelos casos relatados ao longo deste livro, mas ele pode ser analisado pela óptica da evolução da percepção e expectativa de cada usuário quanto à utilização da AM, ou seja, pode ajudar a identificar em que estágio desse ciclo cada um se encontra. Não é difícil imaginar que, ao entrar em contato pela primeira vez com a AM (pela mídia, por exemplo), as expectativas podem ser demasiadamente elevadas, a ponto de achar que tudo será impresso no futuro. Ao iniciar um contato mais efetivo com as tecnologias e compará-las com os métodos tradicionais, é possível haver uma certa desilusão em vários aspectos (como os apresentados na Seção 1.6). É nessa fase em que há o risco de negligenciar ou até abandonar a tecnologia. No entanto, ao persistir e entender melhor as características e o real potencial das várias tecnologias, aos poucos, o usuário começará a identificar exatamente em que casos elas trarão benefícios para as suas atividades profissionais e cotidianas. A velocidade com que cada um adquire esse entendimento vai variar muito de caso a caso, e também com a aplicação almejada. Dessa forma, não é difícil concluir que é mais rápido identificar o potencial da AM como ferramenta de apoio à prototipagem do que o seu emprego para ferramental ou como processo de fabricação final.

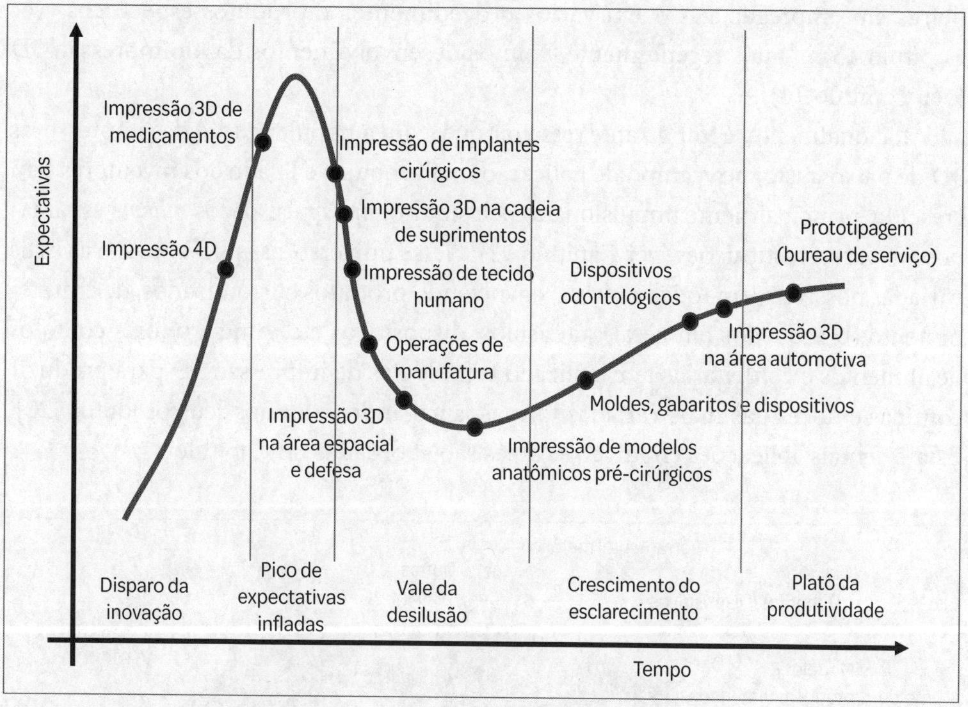

Figura 1.10 *Hype cycle* da AM.
Fonte: adaptada de [21].

Para ter uma ideia mais atualizada de como a AM está sendo utilizada de uma forma geral, um levantamento recente (publicado em 2023) realizado com 241 empresas prestadoras de serviço de impressão e fabricantes de máquinas reportou a distribuição apresentada na Figura 1.11 [16]. Ressalta-se que 37,1%, mais de um terço, das aplicações ainda está concentrada em prototipagem (protótipos funcionais e modelos visuais e de apresentação), mas as aplicações em manufatura de peças finais já chegam a 30,5%. Já as aplicações em ferramental continuam relevantes e chegam a 15,7% (modelos e moldes-protótipo de polímero, machos e moldes de areia, modelos para fundição de metal, componentes para gabaritos, dispositivos, guias etc.).

Vários setores estão se beneficiando do uso das tecnologias de AM, em especial o aeroespacial, automobilístico, saúde (medicina e odontologia), bioengenharia, linha branca (utensílios domésticos), eletrônicos, joalheria, artes, engenharia civil, arquitetura etc. Observa-se ainda que, cada vez mais, novos campos de aplicação estão surgindo, à medida que aumenta o número de profissionais e empresas que tomam conhecimento dessas tecnologias. Alguns exemplos dessas aplicações são apresentados nos capítulos que descrevem as principais tecnologias de AM e nos de aplicações específicas (Capítulos 11 a 14). A área da saúde tem sido uma das pioneiras em empregar a AM em vários procedimentos e produtos específicos (ver Capítulo 15) e, mais recentemente, com os desenvolvimentos da bioimpressão 3D (ver Capítulo 16).

Adicionalmente, é importante ressaltar que, com a popularização das impressoras 3D de baixo custo, um campo de aplicação mais popular e ligado aos inventores tem crescido, principalmente impulsionado pela cultura *maker* e espaços *makers* espalhados em várias instituições (ver Capítulo 12). Nesse universo, as aplicações são as mais variadas possíveis, em todas as áreas, envolvendo produtos customizados, de entretenimento (brinquedos em geral), utensílios, dispositivos etc. Ainda, setores como os de alimentos e confeitarias têm utilizado tecnologias de impressão 3D para produzir comidas e doces das mais variadas formas, agregando valor aos seus produtos [22]. Esta e demais aplicações em diversas áreas são abordadas no Capítulo 17.

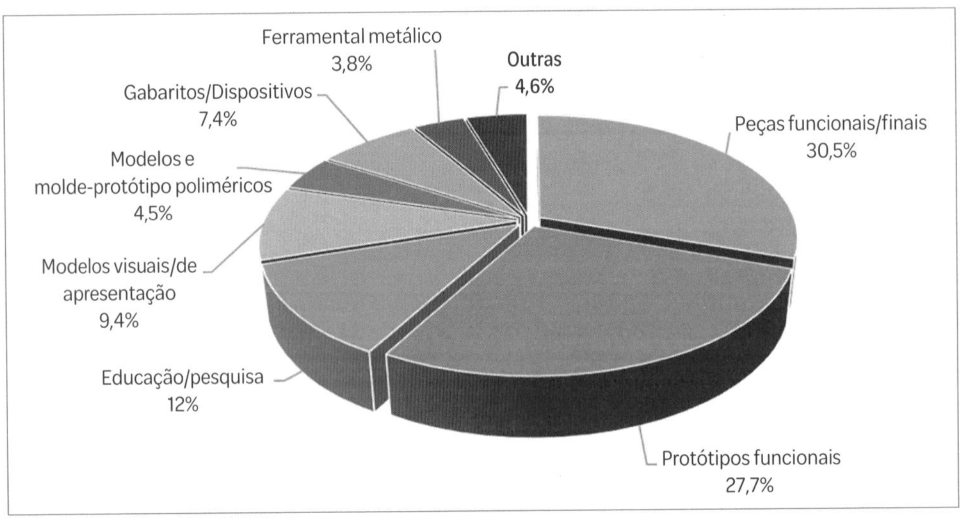

Figura 1.11 Áreas de aplicação da AM [16].

Por fim, destaca-se que a AM tem sido apontada como um dos pilares da Indústria 4.0, considerada por muitos autores como a Quarta Revolução Industrial [23]-[25] (Figura 1.12). O termo Indústria 4.0 foi criado em 2011 na Alemanha por meio de uma parceria do governo federal com universidades e empresas privadas, com o objetivo de criar um programa estratégico para o desenvolvimento de sistemas avançados de produção, visando ao aumento de produtividade e à eficiência dos meios produtivos [23].

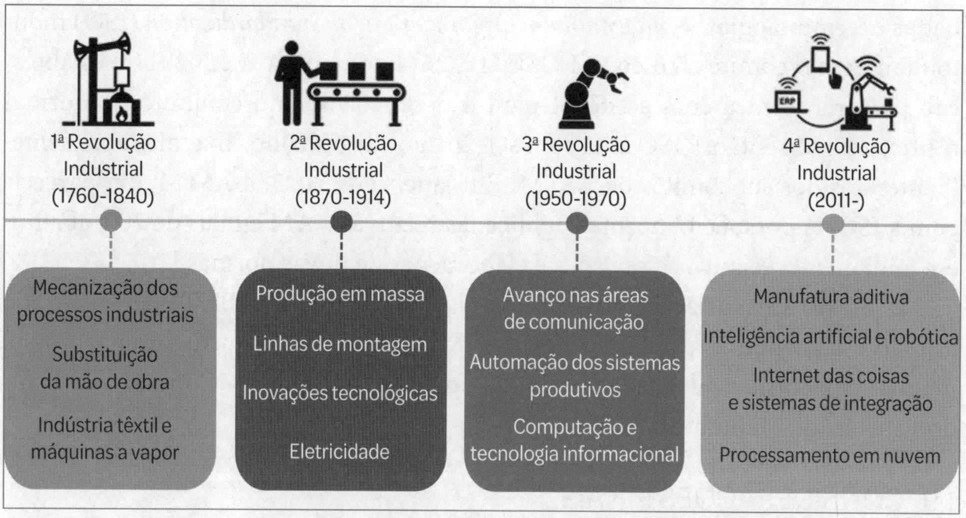

Figura 1.12 Desenvolvimento industrial ao longo do tempo [25].

De modo geral, os objetivos principais da Indústria 4.0 visam ao aumento de qualidade, produtividade e flexibilidade do modo com que os produtos são comercializados, produzidos e entregues aos consumidores, permitindo que, de uma forma sustentável, eles possam ser customizados, atendendo a necessidades especiais de cada indivíduo e/ou empresas [23], [25]. Para que isso seja possível, novos sistemas e conceitos têm sido estudados e desenvolvidos nos últimos anos, permitindo altos níveis de adaptabilidade das linhas de produção. Dentre essas tecnologias, sistemas e pilares, encontram-se, além da AM, inteligência artificial, internet das coisas (incluindo o processamento em nuvem), criptografia (incluindo *blockchain*) e robótica colaborativa. Nesse ambiente, algumas tecnologias de AM se destacam por possibilitarem a produção de maneira rápida de produtos personalizados, muitas vezes complexos, permitindo o que tem sido chamado de "customização em massa", reduzindo a necessidade de grandes estoques físicos, uma vez que os produtos podem ser armazenados digitalmente e fabricados somente quando necessários [23].

1.8 NORMATIZAÇÃO

Outro indicativo de que a AM já está consolidada como um importante princípio de fabricação é a quantidade de normas internacionais que surgiram e estão sendo definidas na área. A *American Society for Testing and Materials* (ASTM *International*) estabeleceu em 2009 um comitê técnico internacional, chamado F42, para tratar de tecnologias de AM. Atualmente, esse comitê possui mais de 1.150 membros em 39 países, divididos em vários subcomitês, entre eles os que abordam: métodos de teste, projeto, materiais e processos, saúde ambiental e segurança, aplicações, dados e terminologias. A *International Organization for Standardization* (ISO) montou também o comitê técnico 261 (ISO/TC 261) no tema AM em 2011 e estabeleceu parceria técnica com a ASTM para o desenvolvimento conjunto de normas técnicas. Desde então, a ISO atua com sete grupos de trabalho em temas bem semelhantes aos dos subcomitês da ASTM. Em janeiro de 2023, a ASTM, em parceria com a ISO, já possuía 43 normas publicadas relativas a AM e mais de 70 trabalhos em andamento, relativos a revisões e elaborações de novas normas [16].

No Brasil, a Associação Brasileira de Normas Técnicas (ABNT) tem realizado esforço em adaptar as principais normas ISO/ASTM para o português e já possui mais de dez normas publicadas por meio do ABNT/CEE-261 – Comissão de Estudo Especial de Manufatura Aditiva.

1.9 CONSIDERAÇÕES FINAIS

Este capítulo introduziu o conceito da manufatura aditiva (AM) ou impressão 3D como um princípio de fabricação baseado na adição de camadas sucessivas de material. Um breve relato histórico do surgimento das tecnologias foi apresentado e as diversas tecnologias existentes foram agrupadas de acordo com o princípio de processamento do material empregado (mecanismo de adição), com base na norma ISO/ASTM 52900:2015(E).

O aparecimento da AM vem sendo considerado um marco em termos de tecnologias de manufatura e, nesse sentido, uma ideia geral das vantagens e limitações da AM como princípio de fabricação foi apresentada. No entanto, para melhor assimilá-las e entender seu grande impacto em vários setores, recomenda-se entrar nos vários capítulos deste livro.

Com o aumento das exigências nas várias áreas de aplicação da AM, observa-se que existe ainda muito espaço para novos desenvolvimentos. Isso tem gerado um cenário de grandes oportunidades de pesquisas, tanto em materiais como em processos e aplicações, onde o limite passa ser a criatividade.

REFERÊNCIAS

[1] Editor, The third industrial revolution (Manufacturing). *The Economist*, Apr. 21, 2012. Disponível em: http://www.economist.com/node/21553017. Acesso em: 31 out. 2015.

[2] J. P. Kruth, Material incress manufacturing by rapid prototyping techniques. *Annals of the CIRP*, v. 40, n. 2, p. 603-614, 1991.

[3] J. J. Beaman, H. L. Marcus, D. L. Bourell, J. W. Barlow, R. H. Crawford, *Solid freeform fabrication: a new direction in manufacturing*. Norwell, Massachusetts: Kluwer Academic Publishers, 1997.

[4] C. K. Chua, K. F. Leong, C. S. Lim, *Rapid prototyping: principles and applications*. 3rd ed. Singapore: Manufacturing World Scientific Pub Co, 2010.

[5] ISO/ASTM International, ISO/ASTM 52900: 2015(E) Standard Terminology for Additive Manufacturing – General Principles - Terminology. *ISO/ASTM International*, 2015. Disponível em: http://www.ansi.org.

[6] D. L. Bourell, J. J. Beaman, M. C. Leu, D. W. Rosen, A brief history of additive manufacturing and the 2009 roadmap for additive manufacturing looking back and looking ahead. *In*: *US – TURKEY Workshop On Rapid Technologies*, p. 5-11, 2009.

[7] J. E. Blanther, Manufacture of contour relief maps. 473,901, 1892. Disponível em: www.uspto.gov. Acesso em: 5 nov. 2022.

[8] K. Matsubara, Molding method of casting using photocurable substance. Japanese Kokai Patent Application. *Sho,* 51[1976]-10813, 1974.

[9] P. L. DiMatteo, Method of generating and constructing three-dimensional bodies, Patente 3,932,923, 1976. Disponível em: www.uspto.gov. Acesso em: 5 nov. 2022.

[10] T. Nakagawa, Blanking tool by stacked bainite steel plates. *Press Technique*, p. 93-101, 1979.

[11] M. Bogart, In art the ends don't always justify means. *Smithsonian*, v. 10, p. 104-110, 1979.

[12] I. Morioka, Process for manufacturing a relief by the aid of photography. Patente 2,015,457, 1935. Disponível em: www.uspto.gov. Acesso em: 5 nov. 2022.

[13] O. J. Munz, Photo-glyph recording. Patente 2,775,758, 1956. Disponível em: www.uspto.gov. Acesso em: 5 nov. 2022.

[14] W. K. Swainson, Method, medium and apparatus for producing three-dimensional figure product. Patente 4,041,476, 1977. Disponível em: www.uspto.gov. Acesso em: 5 nov. 2022.

[15] P. A. Ciraud, Process and device for the manufacture of any objects desired from any meltable material. Patente 2263777, 1972.

[16] I. Campbell, O. Diegel, R. Huff, J. Kowen, T. *Wohlers, Wholers Report 2023 3D Printing and Additive Manufacturing Global State of the Industry*. Washington, DC, 2023.

[17] A. J. Herbert, Solid object generation. *Journal of Applied Photographic Engineering*, v. 8, n. 4, p. 185-188, 1982.

[18] W. E. Masters, Computer automated manufacturing process and system. Patente 4,665,492, 1987. Disponível em: www.uspto.gov. Acesso em: 5 nov. 2022.

[19] C. W. Hull, "Apparatus for production of three-dimensional objects by stereolithography. Patente 4,575,330, 1986. Disponível em: www.uspto.gov. Acesso em: 5 nov. 2022.

[20] I. Gibson, D. Rosen, B. Stucker, *Additive manufacturing technologies – 3d printing, rapid prototyping, and direct digital manufacturing*. Springer, 2015.

[21] Gartner, Hype cycle for 3d printing, 2019. Disponível em: https://www.gartner.com/en/documents/3947508-hype-cycle-for-3d-printing-2019. Acesso em: 9 nov. 2022.

[22] V. Carlota, A guide to 3D Printed Food – revolution in the kitchen? *3Dnatives*. Disponível em: https://www.3dnatives.com/en/3d-printing-food-a-new-revolution-in-cooking/. Acesso em: 7 nov. 2022.

[23] M. Khorasani *et al.*, A review of Industry 4.0 and additive manufacturing synergy. *Rapid Prototyping Journal*, v. 28, n. 8, p. 1462-1475, 2022.

[24] S. Mittal, M. A. Khan, D. Romero, T. Wuest, Smart manufacturing: Characteristics, technologies and enabling factors. *Proceedings of the Institution of Mechanical Engineers Part B Journal of Engineering Manufacture*, v. 233, n. 5, p. 1342-1361, 2019.

[25] A. C. Guastaldi *et al.*, *Bioimpressão 3D no contexto da Indústria 4.0 aplicada à saúde*. EDUFSCAR, 2021.

CAPÍTULO 2
Fotopolimerização em cuba

Carlos Henrique Ahrens

2.1 INTRODUÇÃO

Os processos de manufatura aditiva (*additive manufacturing* – AM) por fotopolimerização em cuba (*vat photopolymerization* – VPP) baseiam-se na construção, a partir de resinas poliméricas em estado líquido, de objetos solidificados por meio da irradiação de uma fonte de luz ultravioleta (UV) ou visível. A incidência da luz fornece a energia capaz de iniciar uma reação química na resina fotopolimérica líquida, permitindo a sua solidificação em uma cuba ou reservatório (bandeja). Essa reação de fotopolimerização, denominada reação de cura, decorre da presença de agentes químicos fotoiniciadores contidos na composição da resina fotocurável, que dão início à reação após sofrerem excitação eletrônica pela absorção da luz incidente [1].

Como o processo ocorre em meio líquido, o que permite a utilização de espessuras de camadas micrométricas, atribui-se a ele a fabricação de peças com elevada precisão dimensional e excelente acabamento superficial. O processo de VPP foi o primeiro a ser utilizado por um equipamento comercial de AM, o que evidencia sua importância no contexto das tecnologias de impressão 3D. Fotopolímeros sensíveis à luz UV também são usados em alguns equipamentos com base no princípio de jateamento de material ou de aglutinante, assunto que é apresentado no Capítulo 4.

Este capítulo tem por objetivo apresentar ao leitor uma visão geral das principais tecnologias por VPP, dividindo-as conforme o princípio básico de fabricação empregado no equipamento de AM. Nesse sentido, são apresentadas as tecnologias baseadas em fotopolimerização por escaneamento vetorial e por projeção de imagens. Em função da possibilidade única da técnica de fabricar objetos em escala micrométrica e nanométrica, a tecnologia de microestereolitografia (µSL), designada como litografia de dois fótons (*two-photon lithography* - TPL) é também abordada. Em decorrência da importância que vem sendo dada ao termo manufatura aditiva volumétrica (*volumetric additive manufacturing* - VAM), a recente tecnologia de litografia axial computadorizada (*computed axial lithography* - CAL) é brevemente apresentada. Além de descrever o funcionamento básico de cada processo, são apresentados aspectos relativos aos principais parâmetros de fabricação e aos tipos de materiais utilizados nessa tecnologia. Uma abordagem sobre aplicações, potencialidades e limitações desse processo é apresentada ao final do capítulo.

2.2 PRINCIPAIS TECNOLOGIAS E PRINCÍPIOS BÁSICOS DE FABRICAÇÃO

O primeiro equipamento de AM baseado no processo de fotopolimerização surgiu comercialmente na década de 1980. Experimentos desenvolvidos por Charles W. Hull mostraram ser possível curar resinas sensíveis à irradiação UV a partir de sua exposição à luz emitida por uma fonte de raios *laser* [2]. A partir dessa descoberta, foi patenteado o primeiro equipamento de AM, focado inicialmente em atender à fabricação de protótipos, sob a designação estereolitografia [3] [4].

Desde que surgiu no mercado, são vários os fabricantes de equipamentos de AM que oferecem soluções com base na fotopolimerização em cuba. O primeiro equipamento foi comercializado pela empresa estadunidense 3D Systems, fundada por Charles W. Hull e considerada até hoje uma das empresas líderes de mercado no segmento de AM.

Equipamentos de AM que utilizam fotopolímeros em estado líquido ou resinas fotocuráveis podem ser agrupados em dois tipos principais: (a) baseados em escaneamento vetorial, em que a irradiação de energia é direcionada pontualmente para uma região da camada a ser curada; e (b) baseados em projeção de imagens, em que a energia é direcionada em toda a extensão de uma camada da peça a ser construída.

Independentemente da tecnologia empregada (escaneamento vetorial ou projeção de imagens), os equipamentos de VPP se diferenciam também em função do sentido de construção das peças (sobreposição das camadas no eixo Z). Existem equipamentos que constroem as peças movimentando a plataforma de construção "de cima para baixo", e outros o fazem "de baixo para cima", variações estas detalhadas nas próximas seções.

O Quadro 2.1 apresenta algumas das principais empresas que comercializam equipamentos de VPP, evidenciando o princípio de fabricação empregado nos equipamentos. Cabe salientar que algumas empresas comercializam um único modelo, enquanto outras oferecem ao mercado equipamentos com diferenças em tamanhos (dimensões máximas de fabricação) e capacidades de processamento.

Quadro 2.1 Exemplos de fabricantes de equipamentos de VPP

Empresa	Endereço na internet	Equipamentos (exemplos)	Princípio de fabricação
3D Systems	https://br.3dsystems.com/	SLA750 series ProX950 Figure 4	Escaneamento vetorial Escaneamento vetorial Projeção de imagens
EnvisionTEC	https://etec.desktopmetal.com/	ETEC Xtreme	Projeção de imagens
Formlabs	https://formlabs.com/	Form 3 series	Escaneamento vetorial
Carbon	https://www.carbon3d.com/	Carbon M3 e L1	Projeção de imagens
Gizmo	https://www.gizmo3dprinters.com.au/	Gizi series	Projeção de imagens
Anycubic	https://www.anycubic.com/	Anycubic DLP Anycubic Photon	Projeção de imagens
Creality	https://www.creality.com/	Halot-one series	Projeção de imagens
Lumi Industries	https://www.lumindustries.com/	LumiFold TB LumiCube	Projeção de imagens

Um detalhamento dessas tecnologias, dos materiais disponibilizados e dos parâmetros de processo empregados é apresentado nos itens a seguir.

2.3 FOTOPOLIMERIZAÇÃO POR ESCANEAMENTO VETORIAL

Como já mencionado, nesse grupo de processos, o escaneamento vetorial é realizado predominantemente por uma fonte de energia *laser*. Outras fontes, como feixe de elétrons ou plasma, também podem ser utilizadas *a priori*. Todos os processos baseados em escaneamento vetorial têm como base o processo de estereolitografia (*stereolithography* – SL).

2.3.1 Estereolitografia

Nesse processo, patenteado pela empresa 3D Systems, a resina fotocurável é inserida em uma cuba que contém uma plataforma mergulhada, a qual se desloca para baixo conforme as camadas são construídas, como mostra a Figura 2.1. O feixe do *laser* é movimentado através de um conjunto óptico que reproduz a geometria 2D (direções X e Y) obtida no fatiamento e cálculo do preenchimento a partir da peça representada no sistema de projeto auxiliado por computador (*computer-aided design* – CAD). O sistema de varredura move o feixe de *laser* sobre a camada correspondente na superfície da cuba com a resina fotocurável. Quando exposta ao feixe de *laser*, a resina polimeriza, mudando do estado líquido para sólido, gerando uma camada da peça em construção. Em seguida, a plataforma de construção desce (direção Z) um valor correspondente à próxima camada a ser construída, recobrindo com nova resina a camada anteriormente solidificada. O procedimento de movimentação do *laser* é repetido para esta nova camada, que, então, adere à camada anterior, e assim sucessivamente; o processo se repete até que a peça seja construída por completo. Ao final do processo, a plataforma de construção com a peça aderida a ela sobe verticalmente no eixo Z até ficar totalmente não submersa na resina líquida presente na cuba, para que a resina líquida não curada, mas ainda em contato com a superfície da peça fabricada, possa ser escoada, por ação da gravidade, em direção à cuba. Posteriormente, a peça é removida da plataforma de construção e levada para um forno UV, onde a cura total da resina da peça é concluída. Trata-se, portanto, de uma tecnologia de processamento 0D em que o material é processado pontualmente, como descrito na Figura 1.9 do Capítulo 1.

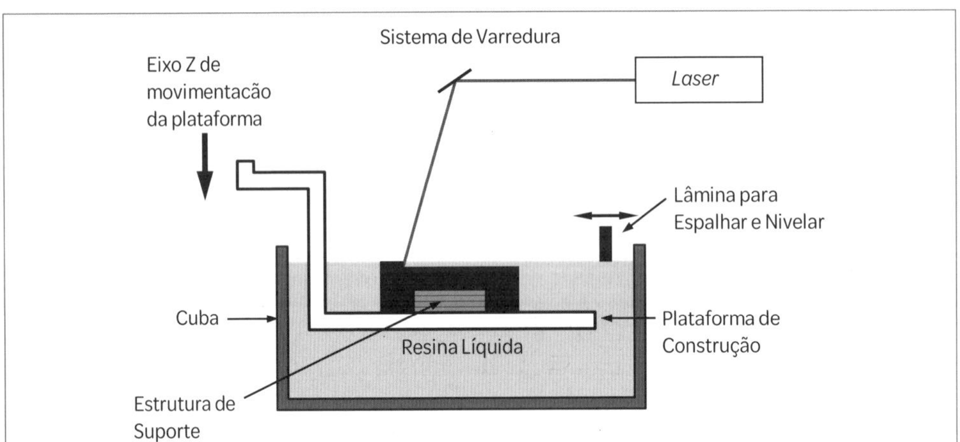

Figura 2.1 Princípio do processo SL [5].

Nessa tecnologia, peças que contenham em sua geometria partes desconectadas ou em balanço requerem a inclusão de estruturas de suporte (Figura 2.2), para evitar que, durante a construção, essas partes se deformem, afundem ou flutuem livremente na resina líquida. Uma recomendação geral é incluir suporte para regiões que apresentam ângulos menores que 45° em relação ao plano horizontal. Contudo, para evitar o risco de empenamento em regiões da peça que contenham partes em balanço, é necessário utilizar suportes em qualquer região em balanço que possua comprimento maior que 1 mm e ângulo menor que 19° [6]. Nesse processo, o material do suporte é o mesmo da peça, por isso, o volume dos suportes deve ser mantido ao mínimo. Normalmente, a identificação das regiões da peça que requerem suporte e o seu projeto são realizados automaticamente pelo sistema computacional de planejamento de processo que acompanha o equipamento de SL. Para aproveitar a área disponível da plataforma de construção, é recomendável fabricar o maior número possível de peças em uma mesma batelada, como ilustrado na Figura 2.3.

Figura 2.2 Exemplo de um crânio (biomodelo) fabricado por estereolitografia mostrando as respectivas estruturas de suporte.

Fonte: cortesia de NIMMA/UFSC.

Figura 2.3 Exemplo de peças sendo fabricadas simultaneamente na plataforma de construção.

Fonte: cortesia de NIMMA/UFSC.

Os primeiros *lasers* UV utilizados nos equipamentos de SL foram do tipo Hélio-Cádmio (He-Cd), com potência variando de 6 mW até 12 mW e comprimento de onda de 325 nm, ou do tipo Nd:YVO4 no estado sólido, com potência variando de 100 mW a 800 mW e comprimento de onda de 354,7 nm. Atualmente, os comprimentos de onda mais utilizados nos equipamentos de VPP estão na faixa de 355 nm a 405 nm, faixa na qual a maioria dos fotoiniciadores presentes na resina possuem máxima absorção da luz UV [7]. Alguns equipamentos têm empregado *lasers* de maior potência, chegando a valores em torno de 1.500 mW [8].

O deslocamento do feixe de *laser* na superfície da camada é realizado por um par de espelhos movimentados por galvanômetros. Por meio de um conjunto de lentes e um sistema de abertura, o foco do feixe de *laser* é calibrado para incidir na superfície da resina líquida. O diâmetro do *laser* normalmente utilizado está em torno de 0,25 mm, mas, em alguns equipamentos, pode ser reduzido até 0,075 mm para aplicações que requerem alta resolução. A espessura de camada é mantida constante ao longo de toda a peça, podendo variar entre 0,025 mm e 0,5 mm.

Ao final do processo de SL, tem-se a peça em estado "verde", ou seja, não completamente curada, em decorrência da geometria típica deixada pelo *laser* ao penetrar na resina líquida e da distância entre varreduras (estratégia de movimentação) utilizada. A Figura 2.4 ilustra a geometria resultante dessa situação, evidenciando as regiões de retenção da resina líquida (região não curada), regiões curadas e regiões sobrecuradas após a varredura do *laser*. Essa situação permite que sejam fabricadas peças com controle do volume de resina líquida a ser aprisionado em regiões não curadas, buscando assim melhorar a eficiência do processo e reduzir a presença de empenamentos após a obtenção da cura total alcançada no forno UV.

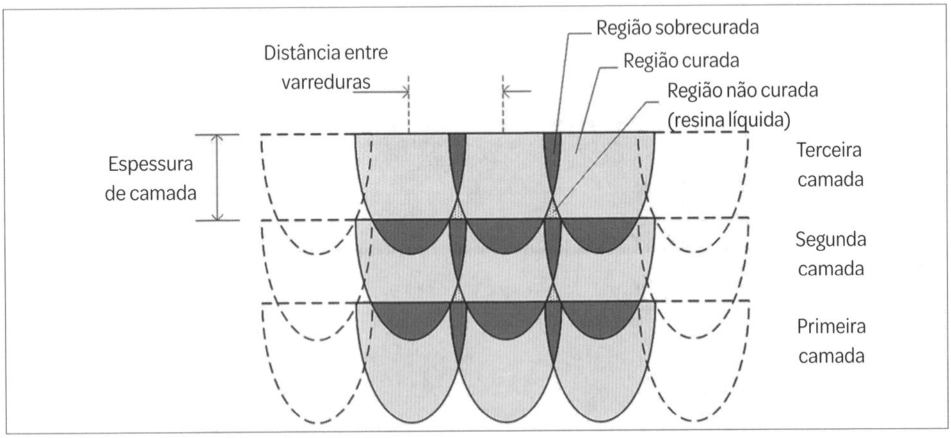

Figura 2.4 Representação dos efeitos de penetração do *laser* no processo de manufatura aditiva por SL.
Fonte: adaptada de [9].

Pelo fato de a resina convencional permitir que a luz UV passe através dela, a intensidade com que o *laser* se distribui através desse meio governa o processo de fotopolimerização e determina quais áreas são curadas. O feixe de *laser* utilizado na SL é do tipo gaussiano, o que indica que sua intensidade diminui a partir do centro do feixe e propaga-se ao longo do eixo Z até uma certa profundidade, resultando em uma geometria de simetria em torno de um eixo coincidindo com o eixo Z. Uma vez que o *laser* varre uma trajetória retilínea a uma velocidade constante sobre a superfície da resina, uma geometria obtida pela curva parabólica de revolução em torno do eixo Z é solidificada, gerando um cordão ao longo da trajetória. Portanto, o perfil 2D parabólico de cura da resina dependerá da distribuição da intensidade do feixe incidente. Cada cordão resultante terá uma profundidade e largura específicas conhecidas como profundidade de cura e largura de cura, respectivamente, que afetam as resoluções vertical (profundidade) e lateral do cordão [10].

Após retirar a peça da máquina, primeiro se realiza uma limpeza com solvente para remover a resina não curada. Usualmente, emprega-se álcool isopropílico. Em seguida, é necessário retirar as estruturas de suporte com cuidado, para não danificar a superfície da peça. A peça, então, é levada a um forno UV para se obter a cura completa da resina, aumentando a sua resistência mecânica. Finalmente, se necessário, um acabamento superficial é aplicado manualmente ou por algum processo automático específico para essa tecnologia.

No processo de consolidação das camadas, são empregadas diferentes estratégias de varredura que são válidas não somente para a SL, mas também para outras tecnologias que utilizam o princípio de escaneamento vetorial. Esse assunto é apresentado na Seção 2.7.

2.3.2 Outras tecnologias por escaneamento vetorial

Diversas empresas comercializam equipamentos com princípio similar ao da SL, construindo as peças movimentando o eixo Z "de cima para baixo". Basicamente, as diferenças entre os equipamentos estão na qualidade dos dispositivos ópticos e eletromecânicos, nas dimensões dos envelopes de construção e na resolução que o equipamento é capaz de garantir.

A configuração "de cima para baixo" apresenta diversas desvantagens em relação à abordagem "de baixo para cima". O movimento descendente da plataforma para cada nova preparação da camada a ser solidificada perturba o nivelamento de resina na cuba, consumindo tempo adicional no processo para a recuperação do estado de equilíbrio, o que reduz a agilidade de todo o procedimento. Além disso, logo após a deposição da nova camada de resina líquida no topo da camada previamente curada, não é possível garantir uma espessura uniforme da camada. A superfície de resina precisa então ser nivelada usando uma lâmina ou régua niveladora (*recoater*), tornando o processo mais demorado. Por esse motivo, resinas de baixa viscosidade são as mais recomendadas para uso nessa configuração [10], evitando-se ao máximo a formação de meniscos ou abaulamento da superfície da resina.

Alternativamente, o princípio de solução de movimentação do eixo Z no sentido "de baixo para cima" vem sendo cada vez mais adotado por novas empresas fabricantes de equipamentos de VPP. Ou seja, as peças são construídas de cabeça para baixo, na medida em que a plataforma de construção vai subindo e se afastando da cuba que contém a resina líquida. Nesse tipo de configuração, a cuba é rasa, sendo necessária menor quantidade de resina, diferentemente da configuração "de cima para baixo", que requer cubas maiores e maior quantidade de resina para iniciar a fabricação da peça. Um exemplo desse processo (Figura 2.5) é o empregado pela empresa Formlabs, que comercializa os equipamentos da série Form, possibilitando a construção em camadas de espessura da ordem de 25 μm a 100 μm [11]. No início do processo, a plataforma de construção desce (sentido Z) em direção ao reservatório que contém a resina líquida, adentrando-o de modo a estabelecer uma distância de uma camada entre a plataforma e a janela de material transparente. Após a irradiação, a camada da resina curada se adere à plataforma de construção. Posteriormente, a plataforma contendo a peça em construção sobe, permitindo que nova camada de resina líquida ocupe o espaço entre a janela e a camada já curada. Esse processo se repete até que toda a peça seja construída. Uma das vantagens atribuídas a esse princípio invertido de construção é que a cura acontece no fundo da cuba, em uma região onde não há a presença de oxigênio, e, portanto, mais rapidamente. No entanto, o desprendimento da camada solidificada em contato com a janela transparente é considerado um momento crítico do processo, uma vez que essa camada pode aderir à superfície da janela, sendo uma das maiores causas de falhas que ocorrem nesse tipo de processo de fabricação.

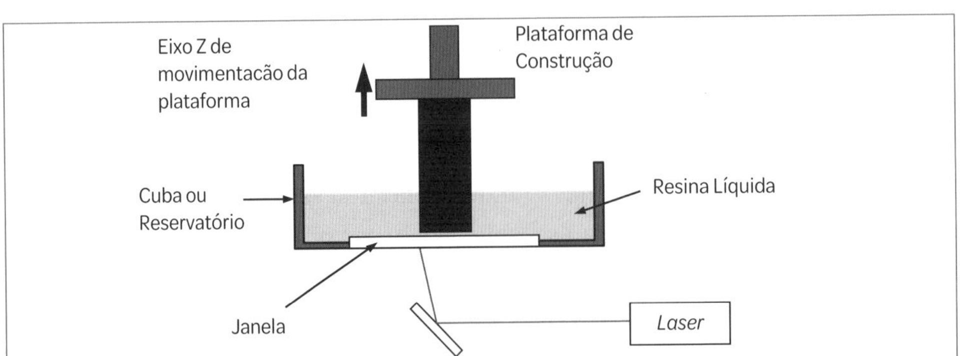

Figura 2.5 Princípio do processo "de baixo para cima" empregado pela empresa Formlabs.

Mais recentemente, a empresa Formlabs buscou empregar uma solução alternativa para a qual atribuiu o termo LFS (*low force stereolithography*). Nessa alternativa, o aparato óptico para direcionar o feixe de *laser* está inserido no interior da unidade de processamento da luz (*light processing unit* – LPU) cujo conjunto se movimenta na direção do eixo X, como mostra a Figura 2.6. Um galvanômetro posiciona o feixe de *laser* na direção Y, depois o direciona através de um espelho flexível e parabólico para entregar um feixe sempre perpendicular ao plano de construção, de modo que se mantenha sempre em linha reta vertical, o que proporciona mais precisão e acurácia [11]. Uma particularidade adicional que permite fabricar peças de elevada qualidade por meio dessa alternativa decorre do uso de uma janela em material transparente e flexível, garantindo leve deformação da janela flexível, nas etapas de descida e subida da plataforma entre as etapas de fabricação de cada camada.

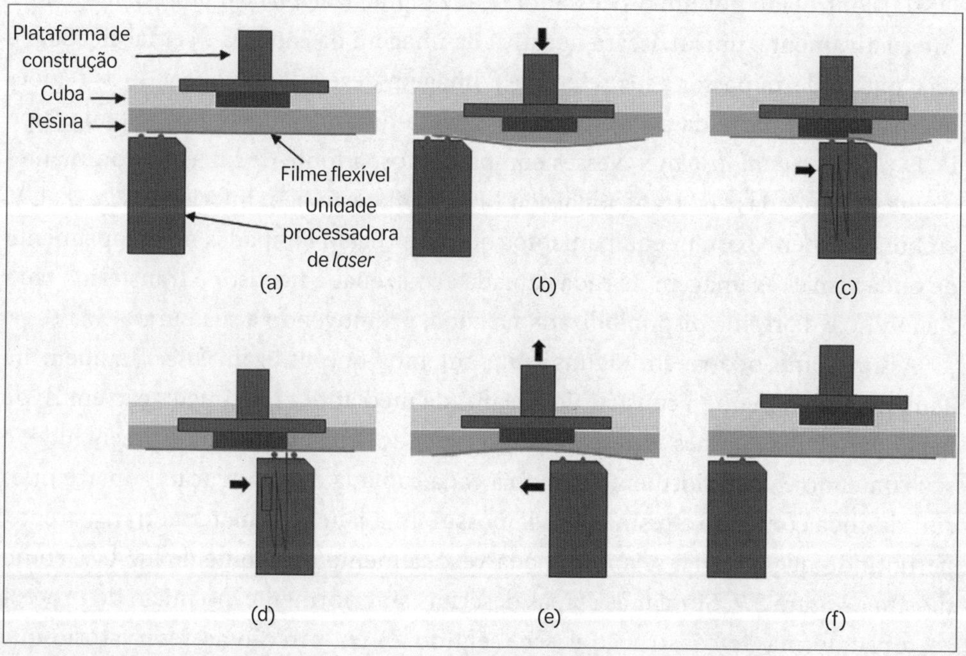

Figura 2.6 Etapas de construção pelo processo LFS da empresa Formlabs.

2.4 FOTOPOLIMERIZAÇÃO POR PROJEÇÃO DE IMAGENS

A tecnologia de projeção de imagens sobre uma superfície de resina com o objetivo de curar simultaneamente toda uma camada de uma peça foi inicialmente desenvolvida no início dos anos 1990 por pesquisadores que desejavam desenvolver equipamentos de SL especiais capazes de fabricar peças em escala microscópica. Equipamentos de AM que se utilizam desse princípio são designados de fotopolimerização por projeção de imagens. A grande vantagem desse tipo de equipamento é a rapidez na fabricação da peça, em função de a cura ocorrer instantaneamente em toda a extensão da camada. Conforme mencionado no Capítulo 1, trata-se de uma tecnologia de processamento 2D, uma vez que a cura ocorre simultaneamente em toda extensão da área projetada.

Similarmente ao princípio tradicional de fabricação por SL, os equipamentos de AM por projeção partem do fatiamento do modelo representado em CAD. Contudo, enquanto um sistema tradicional forma a geometria de uma camada baseada em *pixels*, nos equipamentos de projeção de imagens estas são geradas com base em dados gráficos. Cada seção fatiada é armazenada na forma de imagens *bitmaps*, formando uma imagem ou uma máscara a ser disponibilizada em um visor ou tela digital. As imagens digitais podem ser geradas diretamente, de forma dinâmica, por meio de um dispositivo de microespelho digital (*digital micromirror device* – DMD) controlado por um processador de luz digital (*digital light processing* – DLP). Alternativamente, uma máscara negativa da imagem da camada a ser fabricada, ou seja, que só deixa passar a luz referente à imagem desejada (bloqueando as regiões que não fazem parte da peça), pode ser gerada dinamicamente por sistemas tipo LCD (*liquid crystal display*). Nesses equipamentos, a fonte de luz é predominantemente de lâmpadas UV tradicionais ou LED, com custo bem inferior aos *lasers* UV, embora também existam equipamentos que empregam lâmpadas no comprimento de onda visível. A imagem de cada camada armazenada no visor é transferida para a superfície da resina disponibilizada na cuba, promovendo a sua cura.

Assim como ocorre em alguns equipamentos que utilizam *laser*, também há equipamentos em que a construção é realizada mediante a movimentação em Z "de baixo para cima". Nestes, o reservatório contendo a resina líquida é preenchido, e seu conteúdo é posteriormente curado a cada camada de construção. A parte inferior da cuba contendo a resina líquida possui uma janela de material transparente, permitindo que a resina seja iluminada verticalmente pela fonte de luz UV, como mostra a Figura 2.7. Similar às etapas descritas anteriormente, no início do processo, a plataforma de construção desce (sentido Z) em direção ao reservatório que contém a resina líquida, adentrando-o de modo a estabelecer uma distância de uma camada entre a plataforma e a janela de material transparente. Após a irradiação e a cura da camada da resina, esta se adere à plataforma de construção, que, posteriormente, sobe, permitindo que nova camada de resina líquida ocupe o espaço entre a janela e a camada já curada. Esse processo se repete até que toda a peça seja construída. Dependendo da geometria da peça, estruturas de suporte podem ser necessárias e deverão ser retiradas em etapa posterior à fabricação.

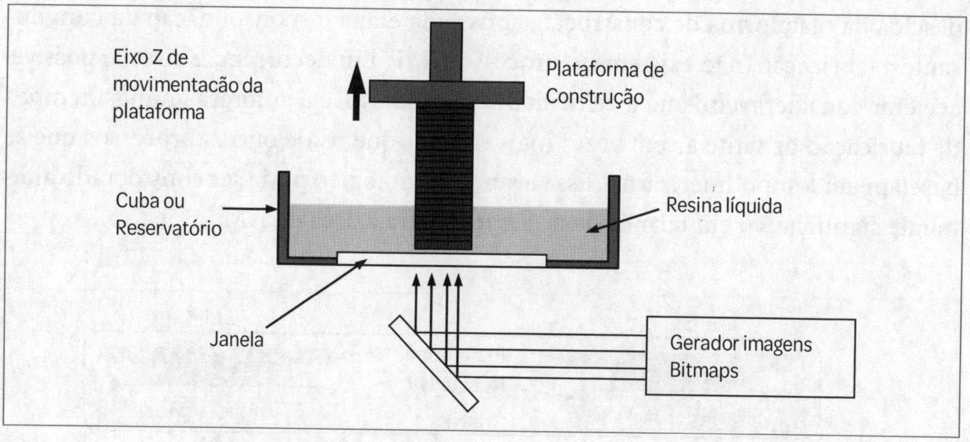

Figura 2.7 Princípio do processo por projeção de máscara ou imagens.

Dentre os processos de projeção de imagens, tem recebido destaque o processo CLIP (*continuous liquid interface production*), apresentado ao mercado pela empresa Carbon.

2.4.1 Processo CLIP – Produção contínua com interface líquida (*continuous liquid interface production*)

Novas alternativas de construção com pequenas variações em relação ao processo convencional têm surgido, como é o caso do processo CLIP. O processo se baseia em permitir a presença controlada de uma pequena quantidade de oxigênio na região ocupada pela resina, que fica situada entre a janela e a superfície da peça que está sendo construída no interior da cuba (zona morta mostrada na Figura 2.8). A presença de oxigênio nessa região tem por objetivo inibir a polimerização evitando, assim, a adesão da camada da peça no fundo da cuba no momento em que a luz UV está sendo irradiada. Para propiciar esse controle de oxigênio, a janela é de um material especial, denominado Teflon AF 2400, que possibilita a passagem de oxigênio através de sua estrutura, para o interior da cuba. Nesse caso, a cura acontece logo acima dessa zona morta. Isso é relevante pois o material curado não adere à superfície da janela, permitindo a elevação da plataforma sem a necessidade de subir e descer para formar uma próxima camada [12]. Assim, a empresa Carbon considera o processo de construção como sendo contínuo, ou seja, não pela adição de camadas discretas, uma vez que a camada de resina que está sendo curada não entra em contato direto com a janela de Teflon AF. A Figura 2.8 ilustra, de forma comparativa, as diferenças básicas entre as etapas tradicionais de fabricação por SL (sentido "de baixo para cima") e as empregadas no processo CLIP. Como pode ser observado, em decorrência da existência da região morta, as etapas de subida e descida da plataforma de construção, após cada etapa de consolidação da cura durante a fabricação, não existem no processo CLIP. Em decorrência disso, é possível acelerar consideravelmente a velocidade do processo, e a empresa anuncia tempos de fabricação de vinte a cem vezes mais rápidos que os de outros processos que se baseiam em fotopolimerização. Esse avanço tecnológico pode ser considerado altamente significativo em termos de aceleração para a área da AM.

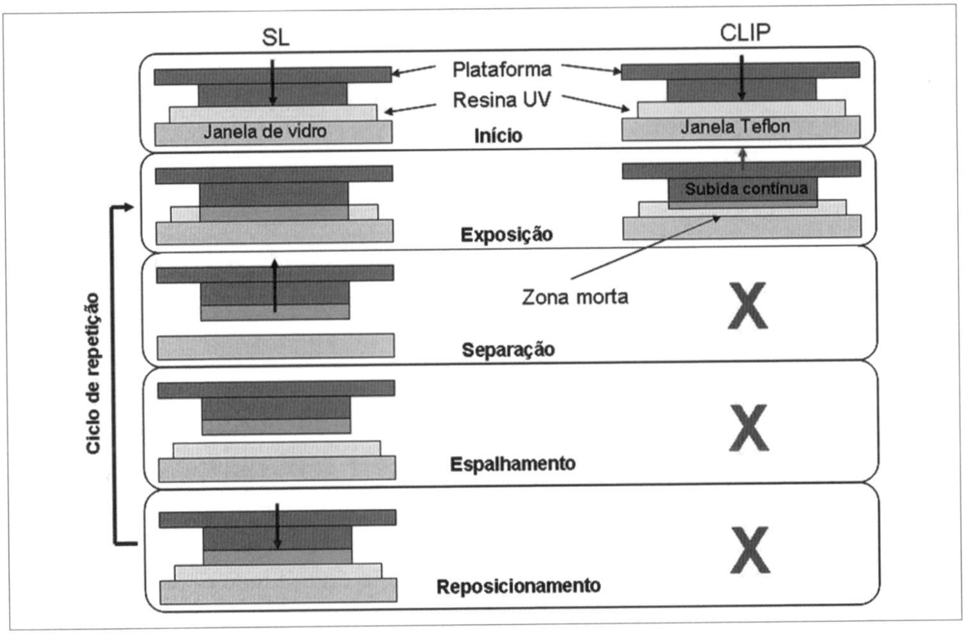

Figura 2.8 Diferenças básicas entre etapas dos processos SL por projeção de imagens e CLIP.

Com um princípio similar ao CLIP, o processo designado de HARP (*high area rapid printing*) substituiu a presença de oxigênio na região da "zona morta" pela inclusão da vazão de uma fina camada de um óleo fluorado imiscível, que se mantém entre a camada da resina curada e o fundo (janela) da cuba. Através dessa interface líquida móvel (camada de óleo), a adesão da camada curada ao fundo da cuba é reduzida [13].

2.4.2 Outras tecnologias por projeção de imagens

Uma vasta gama de equipamentos que utilizam o princípio de projeção de imagens também é disponibilizada pela empresa EnvisionTEC, também conhecida por ETEC. Dentre esses, há desde impressoras pequenas, com envelope de construção em torno de 90 mm × 56 mm × 180 mm, até impressoras maiores, com envelope de construção de 233 mm × 142 mm × 180 mm e resolução variando de 23 μm a 60 μm.

Entre as diferentes configurações de impressoras, vale destacar a impressora ETEC Xtreme 8k, que emprega o método de construção "de cima para baixo", similar ao utilizado originalmente na SL, substituindo, no entanto, o *laser* por um sistema de projeção DLP. Segundo o fabricante, o equipamento é capaz de produzir as maiores peças nessa categoria de projeção de imagens, por possuir um envelope de 450 mm × 371 mm × 399 mm com resolução X/Y de 100 µm [14]. Novas versões empregam até dois sistemas DLP simultâneos para acelerar a construção das peças.

Outra opção de fabricação considerada revolucionária e mais rápida que a tradicional SL foi apresentada pela empresa Gizmo. No equipamento Gizipro 2X, da mesma forma que a SL, as peças são construídas sobre uma plataforma móvel que vai sendo submersa durante o processo de fabricação [15]. Nessa alternativa, porém, são utilizados dois processadores de luz digital (DLP) de alta definição (*high definition* – HD), responsáveis pela projeção das imagens na superfície da resina contida na cuba, acelerando, assim, a velocidade de fabricação. De acordo com o fabricante, a tecnologia imprime camadas a uma velocidade de 3 mm/min com resolução X/Y de 36 µm a 200 µm.

Nesse segmento, destacam-se também as impressoras de VPP de baixo custo que utilizam sistemas DLP e até LCD. Exemplos são as impressoras *desktop* das empresas Anycubic e Creality que permitem elevada precisão na cura das resinas empregadas. Os fabricantes oferecem ao mercado impressoras capazes de construir peças com espessuras de camada da ordem de 10 µm a 100 µm, alcançando uma resolução nos eixos X/Y de 50 µm [16] [17].

Uma curiosidade nessa área é a utilização da tecnologia de projeção de máscaras da empresa Lumi Industries, que disponibiliza equipamentos capazes de fabricar objetos a partir de *smartphones* e *tablets* por meio de suas impressoras 3D LumiFold [18]. A fotopolimerização a partir de imagens é obtida mediante a luminosidade presente nas telas dos respectivos aparelhos de uso pessoal.

2.5 MICROESTEREOLITOGRAFIA E LITOGRAFIA AXIAL COMPUTADORIZADA

Nos últimos anos, tem crescido bastante o desenvolvimento de variantes da tecnologia VPP, como os processos designados microestereolitografia (*micro stereolithography* – µSL), quando são empregados *lasers*, ou microestereolitografia por projeção (*projection micro stereolithography* – PµSL), no caso de utilização de DLP. Essas tecnologias são capazes de confeccionar peças em escala micrométrica ou nanométrica, sendo desenvolvidas com o objetivo de produzir microestruturas 3D, especialmente em materiais biocompatíveis com dimensões da ordem de 7 µm a 25 µm. Sistemas microeletromecânicos e microestruturas geometricamente complexas empregadas na área médica são alguns exemplos onde essas tecnologias têm sido aplicadas [19]. A tecnologia tem sido designada também como litografia de dois fótons (*TPL – two-photon lithography*) ou polimerização de dois fótons (*2PP* ou *TPP – two-photon polimerization*). Diferentemente dos demais processos de VPP, nesse tipo de tecnologia, a energia luminosa fornecida à resina é a necessária para estimular a absorção de dois fótons, e não somente um, por parte do fotoiniciador presente na resina [20] [21]. A absorção da energia dos dois fótons é um fenômeno não linear que ocorre em todos os materiais quando a irradiação é suficientemente elevada e quando a energia combinada de dois fótons corresponde à energia de transição entre um estado estacionário da matéria e um estado excitado [22]. Pelo fato de a energia dos dois fótons ser absorvida pontualmente, a polimerização ocorre localmente em um *voxel* (elemento de volume, designado por Kruth [23] em alusão ao *pixel* em 2D), permitindo que sejam geradas superfícies mais suaves e de elevada resolução [21] [24] [25]. Nessa área, tem se destacado a tecnologia da empresa Nanoscribe, que comercializa a impressora Photonic Professional GT2, capaz de fabricar peças com dimensões entre 50 µm e 700 µm [26] [24]. O equipamento utilizado para a fabricação integra um conjunto de dispositivos que englobam um microscópio óptico, um *laser* de pulso na escala femtossegundo, um *scanner* galvonométrico a *laser* de elevada velocidade e um sistema piezoelétrico de elevada precisão. O conjunto integrado é controlado por um sistema computacional que permite a leitura e o planejamento de processo a partir de modelos geométricos 3D.

Mais recentemente, a AM volumétrica (*volumetric additive manufacturing* – VAM) surgiu como uma nova alternativa aos processos de fabricação a partir de camadas, prometendo revolucionar significativamente o segmento da impressão 3D. O processo conhecido por litografia axial computadorizada (*computed axial lithography* – CAL) é um exemplo de VAM tomográfico baseado em fotopolimerização que constrói objetos projetando sistematicamente padrões de iluminação em direção a um recipiente, contendo uma resina polimérica fotossensível, à medida que esse recipiente gira no interior de um segundo recipiente estacionário contendo um fluido com índice de refração ajustado em relação à resina contida no recipiente giratório, conforme ilustrado na Figura 2.9 [20].

Diferente dos demais processos, a VAM ocorre sem a adição de camada sobre camada. Como a projeção dos padrões de iluminação ocorre em sincronismo com o movimento giratório do recipiente que contém a resina, todas as regiões da peça são curadas simultaneamente. Recentes implementações demonstraram que o processo é capaz de fabricar peças sem necessidade de estruturas de suporte, à escala de centímetros, com baixa rugosidade superficial e propriedades mecânicas isotrópicas, em tempos que variam de segundos a minutos. A tecnologia possibilita fabricar peças em torno de objetos metálicos ou cerâmicos inseridos na resina, ampliando, assim, o espectro de possibilidades da AM.

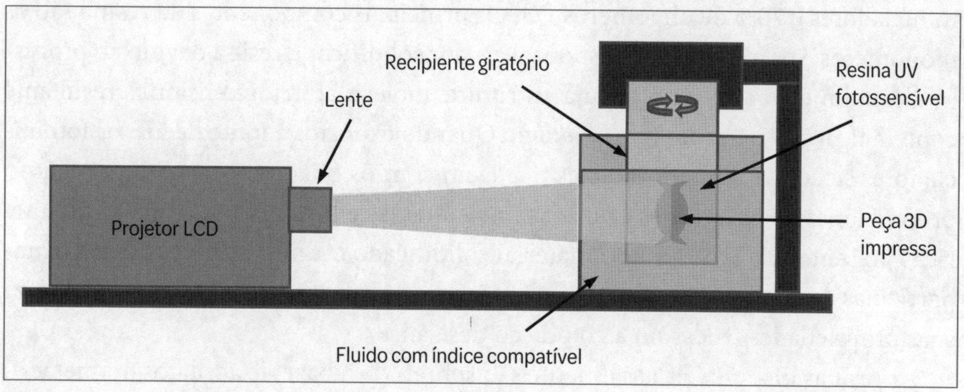

Figura 2.9 Princípio do processo de litografia axial computadorizada (CAL).

Ainda no contexto da AM volumétrica, porém com um princípio um pouco diferente, a empresa *start-up* alemã Xolo comercializa uma tecnologia que foi denominada *Xolography*. O processo se baseia no conceito designado por *dual-colour photoinitiator* (DCPI), no qual fotoiniciadores comutáveis contidos na resina são usados para induzir a polimerização local em um volume de monômero confinado, após sua excitação linear ter sido causada pela interseção de feixes de luz de diferentes comprimentos de onda. No processo, são utilizadas resinas especialmente desenvolvidas e otimizadas para fornecer alta reatividade química para polimerização e formação rápida das ligações cruzadas, com máxima transparência óptica, bem como alta viscosidade. Nesse processo, a cuba contendo a resina se desloca linearmente, enquanto é atravessada transversalmente por uma fonte *laser* de um primeiro comprimento de onda (375 nm) que excita os fotoiniciadores da resina, gerando uma folha planar de luz. Ao mesmo tempo, um projetor DLP de um segundo comprimento de onda (entre 450 nm e 700 nm), disposto ortogonalmente à fonte *laser*, gera energia luminosa suficiente para completar a polimerização, focalizando imagens seccionais do modelo tridimensional (3D) a ser fabricado no plano da folha de luz [27] [28]. Em comparação com os métodos de impressão volumétrica atualmente existentes, a empresa considera que a técnica tem uma resolução cerca de dez vezes maior do que a litografia axial computadorizada (CAL) e uma taxa de geração de volume de quatro a cinco ordens de magnitude maior do que a fotopolimerização de dois fótons (2PP).

2.6 MATERIAIS PARA AM POR FOTOPOLIMERIZAÇÃO EM CUBA

As resinas fotopoliméricas empregadas em VPP são constituídas basicamente de monômeros, oligômeros/aglutinantes, fotoiniciadores e alguns aditivos [24] [29]. A resina típica para SL consiste aproximadamente de 25% de monômeros, 5% de fotoiniciadores e 70% de oligômeros [7]. Os principais componentes da resina são os monômeros e os oligômeros, responsáveis por solidificar a resina devido ao processo de polimerização (cura), cuja estrutura molecular tridimensional resultante contém ligações cruzadas (*crosslinking*). Quando expostos à fonte de luz, os fotoiniciadores se convertem em radicais e reagem com os oligômeros e os monômeros, proporcionando as ligações cruzadas mencionadas e formando as cadeias poliméricas presentes na estrutura do material solidificado. Alguns aditivos, como nanopartículas ou pigmentos, podem ser incorporados na resina objetivando melhorar suas propriedades físicas ou a coloração desejada.

As resinas disponíveis atualmente são sobretudo à base de acrilatos ou metacrilatos (resinas acrílicas) e epóxis (resinas epoxídicas). As resinas epoxídicas apresentam menor contração e melhores propriedades mecânicas e térmicas que as resinas à base de acrilatos, tendo como desvantagem o fato de necessitarem de maior energia para a polimerização. Do ponto de vista de fabricação, isso implica maior tempo de processamento em comparação às acrílicas se utilizada a mesma potência do *laser* [30]. Por essa razão, são mais indicadas para equipamentos que utilizam *laser* pelo princípio de escaneamento vetorial, em decorrência da possibilidade de concentrar melhor a energia da irradiação luminosa. Já nos equipamentos por projeção, têm sido empregadas predominantemente resinas acrílicas. As resinas epoxídicas utilizadas possuem diferentes formulações capazes de imitar, visualmente e pelo manuseio, materiais como polipropileno (PP), acrilonitrila butadieno estireno (ABS), policarbonato (PC), polietileno (PE), ABS/PP, além de materiais elastoméricos e ceras. Mais recentemente, tem crescido o desenvolvimento de resinas compósitas à base de metacrilatos e epóxis.

Nos equipamentos por projeção de imagens, a oferta de resinas acrílicas tem crescido nos últimos anos no sentido de ampliar o espectro de cores, permitindo fabricar principalmente nas cores azul, vermelho, amarelo, branco, preto ou tons de cinza. As resinas também são fornecidas em diferentes formulações para atender a diferentes aplicações, buscando oferecer propriedades e características que vão desde elevada rigidez (típicas de materiais acrílicos) até alta flexibilidade (típicas de materiais elastoméricos), ou propriedades similares às dos termoplásticos ABS, PP ou PC.

A Tabela 2.1 exemplifica as características de duas resinas comercializadas pela empresa DuPont, uma acrílica e outra epoxídica, para emprego em equipamentos a *laser*. Já a Tabela 2.2 apresenta uma comparação entre propriedades de resinas acrílicas tipicamente utilizadas em equipamentos por projeção, de acordo com dados publicados pela empresa Formlab [11].

Tabela 2.1 Características gerais de resinas tipicamente acrílicas e epoxídicas para fotopolimerização por escaneamento vetorial a *laser* [30]

Características	SOMOS 3100 (acrílica)	SOMOS 6100 (epoxídica)
Precisão		
Contração volumétrica (%)	5 - 7	2 - 3
Propriedades mecânicas		
Módulo de elasticidade (MPa)	1.083	1.222
Resistência à tração (MPa)	24,2	58,3
Dureza (Shore D)	84,6	86,7
Resistência ao impacto (J/m)	65,4	42,3
Resistência à flexão (MPa)	23	103
Propriedade térmica		
Temperatura de deflexão ao calor (°C)	47,5	55
Velocidade de produção		
Energia crítica requerida (mJ/cm^2)	4	26

Tabela 2.2 Propriedades mecânicas de resinas acrílicas usadas em alguns equipamentos por projeção de imagens [11]

Propriedades	Formlabs Tough	InvisionTEC ABS-Tuff	3DS Visijet SL Tough
Resistência à tração (MPa)	52,2	48,6	41
Alongamento (%)	31	7	18
Resistência ao Impacto (J/m)	51,1	s/dados	43,8

Diferentemente das tradicionais resinas acrílicas e epoxídicas, resinas à base de poliuretano (PU) com metacrilatos também vêm sendo utilizadas, oferecendo alternativas para simular materiais poliméricos com diferentes níveis de rigidez e flexibilidade (como o termoplástico poliuretano – TPU) [11] [31].

2.7 PARÂMETROS DE PROCESSO

Nos processos de VPP, os principais parâmetros que influenciam na qualidade da peça a ser fabricada estão relacionados com o tempo de exposição da fonte de luz na superfície da resina a ser curada. Isso é particularmente importante no caso dos processos que empregam o princípio de escaneamento vetorial com *lasers* UV, que necessitam seguir trajetórias de movimentação em função de estratégias de varredura (*raster*). Nestes, a cura da resina ocorre pela exposição pontual do *laser* sobre o material. Com isso, o tempo de exposição em cada ponto leva à cura de um volume de material no interior de um *voxel*. Para garantir uma continuidade do material curado, especifica-se um sombreamento entre cada *voxel* e seu vizinho, formando, assim, uma linha contínua ou cordão. Em função do pequeno diâmetro do *laser* (~0,25 mm), seria necessário um tempo considerável para curar toda a área de cada camada. Dessa forma, existem alguns padrões de varredura das camadas pelo *laser* que foram desenvolvidos para reduzir tempo e evitar distorções, denominados estilos de construção (*build styles*).

Para as resinas acrílicas, um estilo denominado *Star-WEAVE* é o mais indicado [32]. Nesse estilo, é aplicada uma estratégia de forma a deixar algum material sem curar aprisionado em pequenas células dentro da peça. Com o intuito de evitar que o material não polimerizado escape desses volumes, a casca externa da peça (*3D shell*) deve ser processada de forma integral. Esse estilo requer um pós-processamento das peças em um forno após a remoção da máquina para a cura do material aprisionado nessas células. Com o desenvolvimento das resinas à base de epóxi, foi introduzido o estilo conhecido como ACES (*accurate clear epoxy solid*). Nesse estilo, um rastreamento mais denso, com um sombreamento de 40% entre as linhas de varredura, resulta em uma peça verde precisa, livre de tensões internas e sem conter resinas líquidas [30]. Segundo Jacobs [32], a contração na pós-cura da resina epóxi utilizando o estilo ACES é de 0,12%; já o da resina acrílica é de 0,72%. O desenvolvimento de estilos de construção em função do tipo de resina propiciou uma melhora considerável nos resultados da distorção de superfícies planas na pós-cura ao longo do tempo.

Para um determinado valor de potência, velocidade de deslocamento do *laser* e distância entre varreduras, a espessura da camada é um dos parâmetros de processo mais importantes a ser definido pelo usuário ao fatiar o modelo CAD da peça durante a preparação para o processamento. A profundidade da região sobrecurada entre as camadas (ver Figura 2.4), resultante da penetração de cada cordão na camada inferior adjacente, é a responsável por manter as camadas individuais conectadas umas às outras para construir uma peça 3D completa. Para assegurar a união entre essas camadas impressas, a distância de penetração do cordão na camada inferior é estimada entre 10% e 35% da espessura da camada, para evitar defeitos de impressão como delaminação [29].

Nos equipamentos por projeção de imagens, a fotopolimerização deve ocorrer de forma homogênea e rápida em toda a extensão da camada. Nesse sentido, a potência da luz UV também é um fator importante. Em equipamentos da Gizmo 3D, são empregadas lâmpadas de até 240 W. Segundo a empresa, com o uso de lâmpadas de 180 W, é possível curar uma camada de 0,05 mm em aproximadamente 2 s.

Uma camada de igual espessura é capaz de ser curada em apenas 0,5 s ao se utilizar um projetor com lâmpadas de 240 W [15]. Além do tempo de exposição da resina à luz durante a fabricação de cada camada, é usual, nos *softwares* de programação, indicar valores para espessura da camada e velocidades de subida e descida da plataforma de fabricação (eixo Z). Convém salientar que cada valor a ser definido/selecionado pelo usuário do equipamento dependerá do tipo de resina a ser empregada em cada tipo de equipamento. Para facilitar a utilização por parte do usuário, diversos fabricantes de equipamentos fornecem orientações dos melhores parâmetros para cada situação, como as contidas no endereço da internet da empresa Anycubic [16].

2.8 APLICAÇÕES, POTENCIALIDADES E LIMITAÇÕES

Os processos de VPP se apresentam como vantajosos, especialmente quando se considera a elevada precisão dimensional e a suavidade das superfícies das peças a serem fabricadas, podendo fabricar peças com características flexíveis ou rígidas. Sobretudo quando se consideram os processos baseados em projeção de imagens, a tecnologia é vantajosa em termos de velocidade de fabricação.

Atualmente, equipamentos para fotopolimerização permitem construir peças com elevada precisão que contenham dimensões na ordem de 300 μm com espessuras de camadas de 25 μm a 100 μm [11]. Como já mencionado, a μSL, capaz de fabricar em escala nanométrica, é apontada como importante vantagem em termos de dimensões impossíveis de serem atendidas por outro processo de AM. Em termos de limitação quanto ao tamanho máximo capaz de ser fabricado com a tecnologia, a empresa 3D Systems comercializa a impressora ProX 950, capaz de fabricar peças de até 1.500 mm de comprimento [4].

Para além de precisão dimensional e rapidez, esses processos são considerados vantajosos para aplicações em que se desejam peças transparentes ou semitransparentes, uma vez que facilitam a observação de detalhes internos das peças, como geometrias de estruturas internas e microcanais que permitam a passagem de fluidos. Como a resina não curada na fabricação permanece na cuba e pode ser continuamente utilizada em uma nova fabricação, o processo é considerado de baixo desperdício de material.

A Figura 2.10 ilustra exemplos de peças obtidas com a tecnologia SL. A Figura 2.10a mostra um conjunto montado de um controle de direção de empilhadeiras, consistindo de quatro partes, fabricado em um antigo equipamento SL 250A. A Figura 2.10b apresenta o protótipo de um sistema de túnel de vento da Lotus F1 em escala real, gerado em um equipamento modelo SLA 7000.

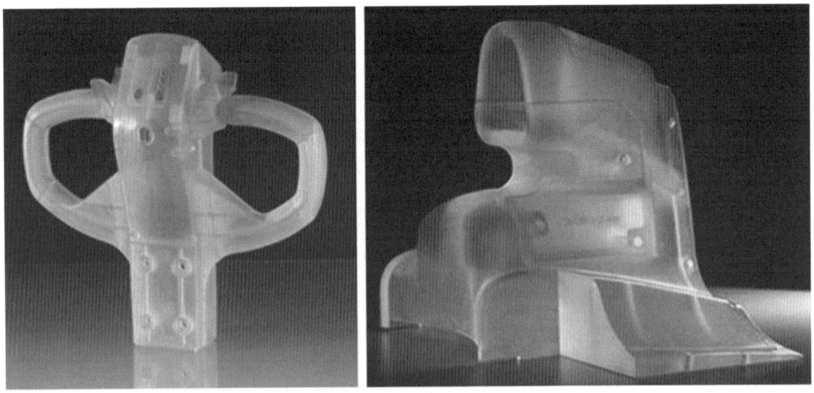

(a) (b)

Figura 2.10 Exemplos de peças obtidas com o processo SL.
Fonte: cortesia da empresa Robtec, antiga representante da 3D Systems no Brasil.

Além da fabricação de peças a partir de resinas puras, a tecnologia de VPP também é utilizada na fabricação indireta de peças em material cerâmico ou metálico. Demonstrado pela primeira vez em 1994, por Griffith *et al.*, para a obtenção de peças cerâmicas, o processo consiste em utilizar resinas convencionais incorporadas com um percentual de cargas na forma de pó para a construção de peças 3D geometricamente complexas. A peça fabricada pelo processo de VPP, designada de peça verde compósita, é posteriormente pós-processada. O pós-processamento consiste em remover a resina presente na peça verde por meio de sua queima em uma operação chamada *debinding*, seguida de sinterização da carga para obtenção das dimensões finais da peça cerâmica ou metálica densificada [10]. Ao término dessas etapas, o volume final da peça é reduzido em comparação ao volume da peça verde fabricada por VPP, podendo chegar a uma redução de até 30%. Até o momento, a tecnologia é predominantemente usada para materiais cerâmicos, como alumina (Al_2O_3), zircônia (ZrO_2), sílica (SiO_2), hidroxiapatita (HA) e nitreto de silício (Si_3N_4), com cargas contendo partículas de dimensões d50 da ordem de 0,5 μm a 12 μm [10] [13]. Embora a tecnologia tenha surgido inicialmente empregando equipamentos a *laser*, como é o caso da SL, tem crescido o uso de VPP por projeção de imagens utilizando DLP [13].

Apesar das vantagens atribuídas a esses processos de AM, a pouca diversificação de materiais, restrita àqueles que sofrem ação da luz UV, tem sido apontada como uma importante desvantagem ou limitação da tecnologia. Nesse mesmo sentido, o fato de ser necessária uma etapa posterior à fabricação para concluir o processo de cura em forno, que atribuirá as propriedades mecânicas finais das peças, é considerado desvantajoso em comparação a outras tecnologias de AM.

2.9 CONSIDERAÇÕES FINAIS

A importância dada às tecnologias de VPP é reconhecida desde o início da AM. A estereolitografia proporcionou o começo de uma nova era de processos de fabricação.

Com o crescente interesse por equipamentos voltados à AM para uso doméstico, de baixo custo e que alcançam escala micrométrica e nanométrica, os processos de VPP continuam tendo um lugar de destaque entre as tecnologias de AM. De acordo com Wohlers [33], os processos de VPP são os que detêm a maior participação no mercado de materiais para manufatura aditiva.

As várias alternativas de modelos e configurações de equipamentos de VPP surgidas na última década têm acirrado a disputa no mercado de equipamentos de AM de baixo custo. Exemplo disso são os recentes equipamentos apresentados pelas empresas Carbon, Gizmo, Creality e Anycubic, assim como o aumento considerável de resinas sensíveis à UV que são oferecidas ao mercado, especialmente em decorrência do crescimento de aplicações para as áreas médica e odontológica.

O surgimento da manufatura aditiva volumétrica (VAM), como a tecnologia de litografia axial computadorizada (CAL), tem-se revelado uma nova e importante quebra de paradigma na AM, colocando os processos de AM por fotopolimerização em um novo patamar. A técnica, no entanto, ainda requer avanços significativos em termos de resolução e produção quando comparada com os já consagrados métodos de camada a camada. Melhorias em termos do *hardware* e dos métodos computacionais que suportam a VAM ainda são consideradas necessárias para contribuir para o seu estabelecimento e até expansão de suas capacidades.

REFERÊNCIAS

[1] M. R. Rodrigues, M. G. Neumann, Fotopolimerização: Princípios e métodos. *Polímeros: Ciência e Tecnologia*, v. 13, n. 4, p. 276-286, 2003.

[2] I. Gibson, D. W. Rosen, B. Stucker, *Additive manufacturing technologies: Rapid prototyping to direct digital manufacturing*. Springer, 2010. p. 459.

[3] C. W. Hull, *Apparatus for production of three dimensional objects by stereolithography*, 1986. Disponível em: https://docs.google.com/viewer?url=patentimages.storage.googleapis.com/pdfs/US4575330.pdf. Acessado em: set. de 2015.

[4] 3D Systems. Disponível em: https://br.3dsystems.com/3d-printers. Acesso em: abr. 2023.

[5] N. Volpato, Os principais processos de prototipagem rápida. *In:* N. Volpato (ed.). *Prototipagem Rápida – Tecnologias e Aplicações*. Edgard Blücher, 2007. p. 244.

[6] HLHRapid Design Guide. Disponível em: https://hlhrapid.com/knowledge/design-guide-sla-3d-printing. Acesso em: nov. 2023.

[7] M. Shah, A. Ullah, K. Azher, A. U. Rehman, W. Juan, N. Aktürk, C. S. Tüfekci, M. U. Salamci, Vat photopolymerization-based 3D printing of polymer nanocomposites: current trends and applications. *RSC Advances*, v. 13, p. 1456-1496, 2023.

[8] C. K. Chua, K. F. Leong, C. S. Lim, *Rapid Prototyping: Principles and Applications.* 2nd ed. Manufacturing World Scientific Pub Co, 2003. p. 448.

[9] G. V. Salmoria, V. E. Beal, A. N. Pires, C. H. Ahrens, Manufacturing and post-processing parameters effect in the cure shrinkage of stereolithography parts built with the resin DSM SOMOS 7110. *Anais do COBEM*, 2003.

[10] S. Zakeri, M. Vippola, E. Levanen, A comprehensive review of the photopolymerization of ceramic resins used in stereolithography. *Additive Manufacturing*, v. 35, 2020.

[11] Formlab. Disponível em: http://formlabs.com. Acesso em: mar. 2023.

[12] J. R. Tumbleston, D. Shirvanyants, N. Ermoshkin, R. Janusziewicz, A. R. Johnson, D. Kelly, K. Chen, R. Pinschmidt, J. P. Rolland, A. Ermoshkin, E. T. Samulski, J. M. DeSimone, Continuous liquid interface production of 3D objects, *Science*, v. 347, n. 6228, p. 1349-1351, 2015.

[13] R. Chaudhary, P. Fabbri, E. Leoni, F. Mazzanti, R. Akbari, C. Antonini, Additive manufacturing by digital light processing: a review, *Progress in AM*, v. 8, p. 331-351, 2023.

[14] InvisionTec. Disponível em: http://envisiontec.com/3d-printers. Acesso em: abr. 2023.

[15] Gizmo3D. Disponível em: www.gizmo3dprinters.com.au/. Acesso em: mar. 2023.

[16] Anycubic. Disponível em: http://www.anycubic.com. Acesso em: 6 dez. 2022.

[17] Creality. Disponível em: https://www.creality.com/products/halot-mage-pro-3d-printer?spm=..index.header_1.1. Acesso em: abr. 2023.

[18] Lumi Industries. Disponível em: www.lumindustries.com/3d-printers. Acesso em: abr. 2023.

[19] Y. M. Ha, I. B. Park, H. C. Kim, S. H. Lee, Three-dimensional microstructure using partitioned cross-sections in projection microstereolitohgraphy. *International Journal of Precision Engineering and Manufacturing*, v. 11, n. 2, p. 335-340, 2010.

[20] I. Bhattacharya, J. Toombs, H. Taylor, High fidelity volumetric additive manufacturing. *Additive Manufacturing*, v. 47, 2021.

[21] F. Kotz, *et al.* Two-Photon Polymerization of Nanocomposites for the Fabrication of Transparent Fused Silica Glass Microstructures. *Advanced Materials*, v. 33, 2021.

[22] P. J. Bártolo, *Stereolithography: materials, processes and applications*, New York: Springer, 2011.

[23] J. P. Kruth, Material incress manufacturing by rapid prototyping techniques. *Annals of the CIRP*, v. 40, p. 603-614, 1991.

[24] F. Zhang, L. Zhu, Z. Li, S. Wang, I. Shi, W. Tang, N. Li, J. Yang, The recent development of vat photopolymerization: a review. *Additive Manufacturing*, v. 48, 2021.

[25] Y. He, Q. Shao, S. Chen, R. Zhou, Characterization of two-photon photopolymerization fabrication using high-speed optical diffraction tomography. *Additive Manufacturing*, v. 60, 2022.

[26] Nanoscribe, Disponível em: https://www.nanoscribe.com/en/products/photonic-professional-gt2/. Acesso em: abr. 2023.

[27] M. Regehly, Y. Garmshausen, M. Reuter, N. F. König, E. Israel, D. P. Kelly, C.-Y. Chou, K. Koch, B. Asfari, S. Hecht, Xolography for linear volumetric 3D printing. *Nature*, v. 588, p. 24-31, 2020.

[28] Xolo. Disponível em: https://www.xolo3d.com. Acesso em: nov. 2023.

[29] A. Al Rashid, W. Ahmed, M. Y. Khalid, M. Koç, Vat photopolymerization of polymers and polymer composites: Processes and applications. *Additive Manufacturing*, v. 47, 2021.

[30] J. P. Kruth, M. C. Leu, T. Nakagawa, Progress in Additive Manufacturing and Rapid Prototyping. *Annals of the CIRP*, v. 47, p. 525-540, 1988.

[31] Carbon3D. Disponível em: https://www.carbon3d.com/. Acesso em: nov. 2023.

[32] P. F. Jacobs, *Stereolithography & other RP&M technologies*: from rapid prototyping to rapid tooling, society of manufacturing engineers, 1996. p. 450.

[33] Wohlers. *Wohlers report 2019. 3D printing and additive manufacturing state of the industry*. Fort Collins, Colorado: Wohlers Associates, 2019.

CAPÍTULO 3
Extrusão de material

Neri Volpato

3.1 INTRODUÇÃO

Este capítulo tem como objetivo apresentar o princípio e as tecnologias de manufatura aditiva (*additive manufacturing* – AM) enquadradas na categoria de extrusão de material (*material extrusion* – MEX). São destacadas as peculiaridades dos equipamentos, os principais materiais disponíveis comercialmente, o planejamento de processo e seus principais parâmetros, bem como a influência destes nas características mecânicas e na qualidade das peças produzidas.

As tecnologias pertencentes a essa categoria são derivadas do primeiro processo comercial conhecido como modelagem por fusão e deposição (*fused deposition modeling* – FDM). Para evitar o uso dessa denominação comercial e representar de forma mais genérica aquelas que empregam materiais poliméricos, o termo FFF (*fused filament fabrication*) é muitas vezes encontrado na literatura. No caso de materiais cerâmicos, pode-se encontrar os termos *Robocasting* ou *Direct Ink Writing* (DIW). No entanto, a ISO define as tecnologias AM de modo independente do material e, recentemente, passou a adotar a sigla MEX para a categoria de extrusão de material. Por isso, ela é adotada de forma genérica neste capítulo.

3.2 PRINCÍPIO DE ADIÇÃO DA MEX

Os processos MEX são aqueles em que o material é extrudado na forma de um filamento de dimensão reduzida, por meio de um cabeçote extrusor contendo um bico calibrado, e é depositado seletivamente sobre uma plataforma ou sobre uma camada já adicionada previamente. Para se obter a geometria de cada camada, o cabeçote extrusor ou a plataforma de construção são montados em um sistema de movimentação automatizado, normalmente com controle no plano X-Y (Figura 3.1). Ao término de cada camada, o cabeçote extrusor e a plataforma se afastam na direção do eixo de adição de material (geralmente eixo Z) uma distância equivalente à espessura da camada. Isso pode ser realizado de forma controlada por um mecanismo elevador da plataforma ou do cabeçote extrusor, ou ainda por um braço robótico. O processo de deposição é repetido a cada camada, até que a peça seja fabricada.

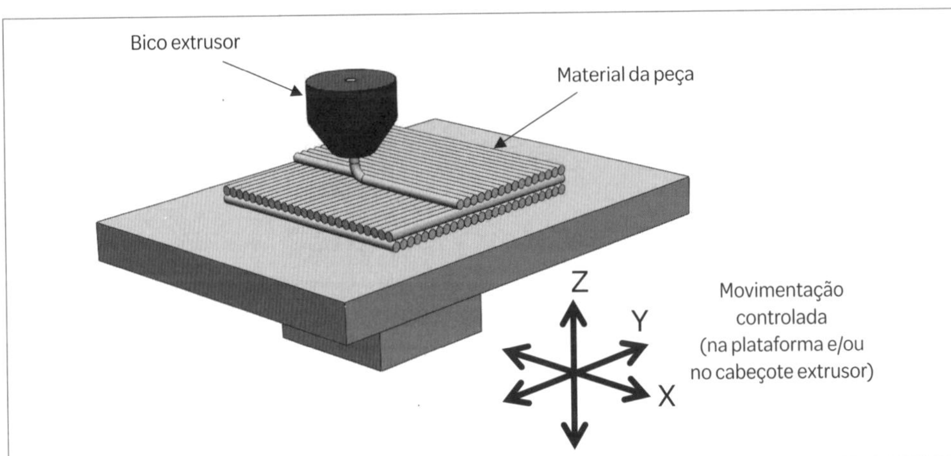

Figura 3.1 Princípio da AM por extrusão de material (MEX).

Em teoria, qualquer material que possa ser formulado em uma consistência pastosa e depois endurecido por ação física (por resfriamento, secagem, outro) ou química (fotopolimerização, cura, outra) pode ser processado com esse princípio de adição. Um ponto fundamental para o processo é que, ao sair do bico extrusor, o filamento de material se solidifique e adira rapidamente ao material já depositado ou, no caso da primeira camada, diretamente na plataforma de construção. A solidificação deve ser relativamente rápida para que o material tenha uma resistência estrutural para suportar o peso da adição das próximas camadas, porém lenta o suficiente para que o filamento sendo depositado possa ter a melhor aderência possível aos filamentos da camada anterior ou da mesma camada.

A extrusão do filamento deve ser controlada para iniciar e interromper a deposição de acordo com a necessidade geométrica da peça sendo impressa. É fundamental que o sistema de alimentação do cabeçote extrusor (ver Seção 3.2.1) mantenha constante a pressão interna do material durante a deposição, para que, combinado com a velocidade de deslocamento do cabeçote, a seção transversal do filamento se mantenha também constante.

Como o material nesse processo é depositado por meio de um bico de diâmetro pequeno, da ordem de décimos de milímetro em alguns casos, o tempo despendido para o preenchimento de uma área grande é elevado, tornando o processo lento quando comparado a outras tecnologias de AM. A velocidade mais baixa também está relacionada à necessidade de controlar as acelerações e desacelerações do cabeçote de extrusão durante os deslocamentos para alcançar as diferentes regiões da peça.

O sistema de coordenadas mais comum para guiar a posição do cabeçote extrusor é o cartesiano (X-Y-Z), mas, apesar de pouco empregado, também é possível utilizar o sistema polar (raio, ângulo e coordenada Z). Várias possibilidades de sistemas de movimentação relativa entre cabeçote extrusor e plataforma são encontradas (lineares, delta, coreXY, *scara*, outros), com algumas diferenças de respostas quanto a precisão e velocidades de impressão permitidas (detalhes podem ser encontrados em [1]). É possível também montar o cabeçote extrusor em sistemas com mais graus de liberdade, como em um braço robótico, e uma estrutura do tipo portal ou *gantry*, para máquinas de maior tamanho.

3.2.1 Formas de alimentação de material

Vários processos foram desenvolvidos e outros ainda estão em desenvolvimento com base no princípio de extrusão, sendo que uma das principais variações se refere à forma de alimentação do material (*feedstock*). A técnica mais comum de alimentar o cabeçote extrusor é via um filamento contínuo de maior diâmetro, que é tracionado e empurrado por roletes para o interior do cabeçote. A Figura 3.2a apresenta, de forma esquemática, essa opção. Esse filamento é acondicionado em um carretel (bobina ou rolo) de material para a alimentação contínua. Na entrada do cabeçote de extrusão, antes de amolecer no seu interior, o filamento de alimentação funciona como êmbolo, aplicando uma pressão no material aquecido à sua frente. Com uma alimentação contínua, essa pressão causa a expulsão do material pelo bico calibrado.

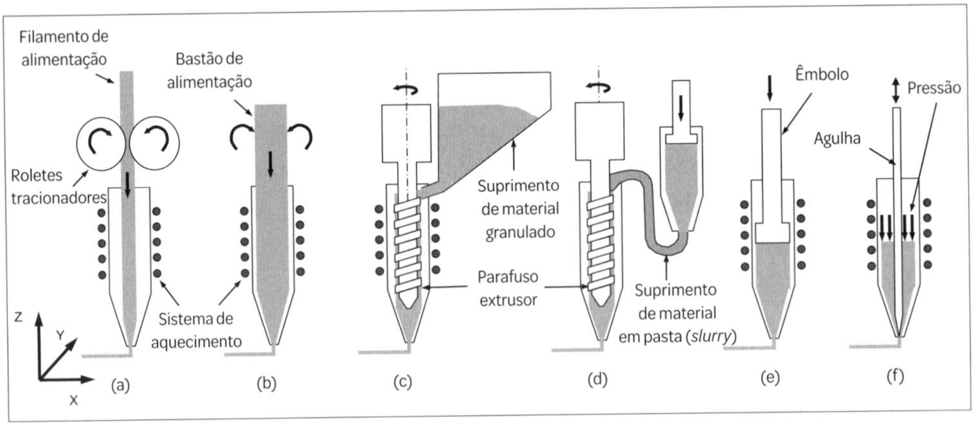

Figura 3.2 Diferentes princípios de alimentação da MEX: filamento contínuo (a), bastão (b), material granulado (*pellets*) ou em pó (c), pasta (d), processados por parafuso extrusor, êmbolo (e) ou pressão, com agulha controladora de vazão (f).

O sistema de tração do filamento de alimentação (motor e roletes) pode ser montado junto ao cabeçote extrusor (Figura 3.3a), sendo denominado sistema direto de extrusão, ou ficar longe do cabeçote, em um sistema conhecido como Bowden (Figura 3.3b). Nesse último, o filamento é guiado por um tubo de PTFE (politetrafluoretileno, popularmente chamado de Teflon®) conectando o sistema de tração ao cabeçote extrusor.

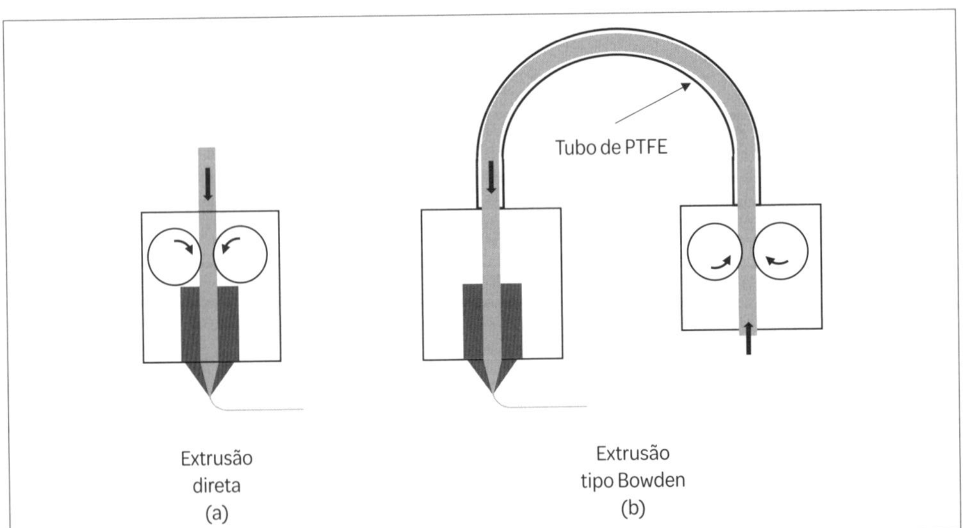

Figura 3.3 Sistema de extrusão direta (a) e do tipo Bowden (b).

O sistema Bowden reduz o momento de inércia gerado pelo peso dos motores nos eixos de movimentação do cabeçote observado no sistema direto e, assim, pode-se trabalhar com maiores velocidades e ter mais precisão dos deslocamentos, o que pode se refletir na qualidade da impressão. No entanto, as tensões de compressão e tração no filamento entre os roletes e a entrada do cabeçote extrusor geram deformação elástica que varia para cada material e equipamento (comprimento do tubo guia, motor do tracionador etc.), e isso requer ajustes específicos de parâmetros de extrusão, principalmente os relacionados à retração de fim e início de extrusão (mais detalhes na Seção 3.7.2). Quando se utilizam materiais abrasivos, o interior do tubo de PTFE pode sofrer desgaste com o passar do tempo, exigindo a sua substituição.

A deformação elástica e o desgaste são menos críticos no sistema direto de extrusão, obtendo-se uma resposta mais confiável para uma faixa maior de materiais.

Um limitante do sistema de alimentação por filamento é quanto aos tipos de materiais que podem ser utilizados, uma vez que, primeiro, devem estar na forma de filamento contínuo, e então devem possuir propriedades mecânicas que assegurem que não ocorrerá a flambagem do filamento antes da entrada no cabeçote [2]. Além disso, as propriedades de escoamento do material (reologia) devem permitir um fluxo contínuo e constante durante o processamento.

O sistema de alimentação com roletes tracionadores também está sujeito a falhas. Por exemplo, pode haver o escorregamento do filamento nos tracionadores, o que reduz a pressão para empurrá-lo para dentro do extrusor. Isso pode decorrer de variações no diâmetro ao longo do filamento ou ainda de um resfriamento do cabeçote extrusor (variação na temperatura de extrusão), o que causa aumento da pressão necessária para expulsar o material. Outra falha comum é o aumento da temperatura do filamento antes da entrada no cabeçote, o que compromete sua função como êmbolo.

Uma alternativa de alimentação que chegou a ser testada para evitar essas falhas foi utilizar o material na forma de varetas finas dentadas, com o perfil de uma cremalheira nas laterais. Como as varetas tinham que ser obtidas por meio da moldagem por injeção e eram mais caras, esse sistema não teve a aceitação esperada do mercado. No entanto, a alternativa que chegou ao mercado foi a de utilizar material na forma de bastão (ver Figura 3.2b). Nesse caso, um sistema de alimentação automático dos bastões é necessário para uma deposição contínua, sem interrupção [3].

Outra opção de alimentação que vem despertando interesse é o uso de material granulado (*pellets*) ou em pó, podendo ser processado por parafuso extrusor (ver Figura 3.2c), similar a uma mini ou microextrusora. A alimentação com granulado apresenta um potencial interessante, pois permite ampliar a gama de materiais poliméricos que podem ser empregados, reduzindo o tempo de preparação da matéria-prima, uma vez que é desnecessário obter um filamento extrudado. Dessa forma, evita-se ainda um processamento adicional no material (aquecimento e resfriamento na extrusão do filamento de alimentação), o que pode ser relevante para as propriedades finais do polímero. Ressalta-se também que as matérias-primas poliméricas estão disponíveis principalmente na forma granulada (*pellets*). Como esse mercado é muito grande, servindo vários processos tradicionais de moldagem de plástico (injeção, sopro, rotomoldagem etc.), o custo dos materiais nessa forma tende a ser bem mais baixo. Assim, utilizar diretamente *pellets* implica reduzir custo, ter disponível uma maior gama de materiais e reduzir o tempo de impressão de grandes componentes (necessidade de elevado volume de material). Também é permitido ao usuário utilizar a mesma formulação de material empregada em peças finais, como adicionar carga para reduzir custos ou para atribuir alguma característica específica [4] [5]. Além disso, é possível desenvolver novos polímeros para impressão 3D e empregar materiais reciclados, triturando materiais e estruturas de suporte, o que oferece um grande benefício ambiental.

A alimentação pode ocorrer também com material inicial já na forma pastosa (*slurry*), sendo que a extrusão do material pode ser realizada com um parafuso extrusor (Figura 3.2d), êmbolo (Figura 3.2e) ou pressão (Figura 3.2f), e ainda com a combinação desses. O sistema extrusor pode ser aquecido ou não, em função das propriedades do material sendo processado.

3.2.2 Plataforma e câmara de construção

A plataforma (ou mesa) sobre a qual a peça é fabricada nas impressoras MEX para polímero de baixo custo (geralmente não enclausuradas – abertas, Figura 3.4a) pode ou não ser aquecida, sendo que, atualmente, o sistema de aquecimento tem se tornado um item de série. Alguns polímeros (tipo poli(ácido lático) – PLA) até podem ser impressos sem mesa aquecida, mas, em geral, tem-se um melhor resultado com o seu aquecimento, sendo praticamente obrigatório para vários materiais.

O aquecimento da plataforma é vantajoso, pois permite uma melhor aderência da primeira camada e evita que o resfriamento excessivo do material, após ter sido depositado, cause contração elevada e, como consequência, empenamentos. A falta de aderência ou empenamento pode causar falhas ou defeitos, como soltar totalmente a peça da mesa ou levantar algumas regiões causando variação dimensional. Outra vantagem do sistema de aquecimento é permitir o resfriamento da plataforma ao final do processo, o que facilita a remoção da peça pela contração da superfície de contato entre a peça e a mesa. A temperatura da mesa varia com o tipo de material e normalmente é definida em torno da temperatura de transição vítrea (Tg) do polímero, mas sugere-se verificar a recomendação do fornecedor do material para definir essa temperatura.

Além da mesa aquecida, outro aspecto importante para a qualidade da fabricação de material polimérico é haver uma câmara de construção enclausurada (Figura 3.4b) e, de preferência, com controle de temperatura e umidade. Quando um filamento quente é depositado sobre um mais frio, sua contração gera tensões internas e possíveis deformações da peça. Se o equipamento for fechado, o calor da mesa aquecida e do sistema de extrusão mantém o ambiente interno mais aquecido que o externo, e isso ajuda a diminuir as tensões geradas pela contração. Se, no entanto, houver uma câmara com controle de temperatura, geralmente com um sistema de fluxo de ar para reduzir o gradiente térmico, a temperatura interna pode ser mantida em um patamar específico que auxilia no relaxamento do material e na redução das deformações. Desse modo, é possível manter uma melhor precisão dimensional e níveis aceitáveis de distorções, principalmente no caso de peças maiores. O controle da temperatura permite também manter a estabilidade do processo, pois o torna independente do ambiente externo. Se houver também um sistema de controle de umidade, em que o carretel de material é mantido protegido, a estabilidade e a repetibilidade do processo são ainda mais garantidas, oferecendo peças de melhor qualidade.

Adicionalmente, os equipamentos com o controle da temperatura da câmara podem trabalhar com uma gama maior de materiais poliméricos, sobretudo aqueles com maior contração e que sejam mais higroscópicos. No entanto, ressalta-se que a temperatura da câmara deve ser bem inferior à de extrusão, de forma que o material depositado se solidifique quando em contato com a camada anterior antes de iniciar a próxima camada. Nessa mesma linha, com ou sem câmara aquecida, o tempo entre uma camada e outra não deve ser muito curto, uma vez que o material depositado pode não se solidificar a tempo para receber a pressão de deposição da próxima camada, causando instabilidade dimensional e perda do controle geométrico do processo. Essa situação pode ser contornada programando-se um tempo de espera mínimo entre as camadas para permitir a devida solidificação do material.

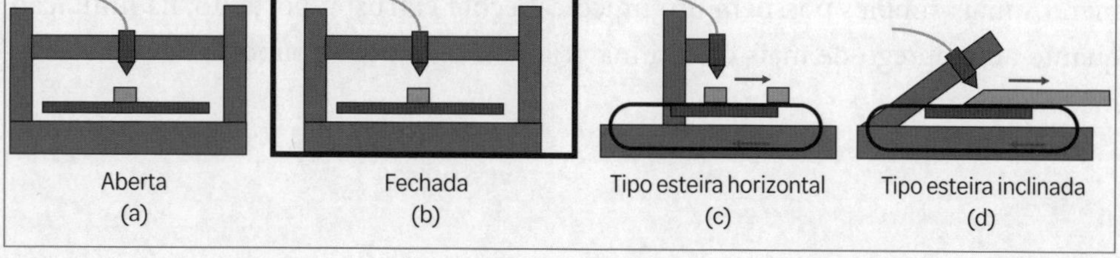

Figura 3.4 Representação esquemática de impressora 3D aberta (a), fechada (b), tipo esteira horizontal (c) e inclinada (d).

Considerando que os materiais poliméricos mais empregados na tecnologia MEX (por exemplo, PLA puro ou com cargas) se comportam razoavelmente bem apenas com o controle da temperatura da mesa, as impressoras de mais baixo custo não dispõem de câmara de construção fechada nem de controle de temperatura interna, uma vez que estes encarecem o equipamento. Por fim, observa-se ainda que, no caso de equipamentos muito grandes, o controle da temperatura da câmara torna-se muito custoso e, provavelmente, inviável.

Quando se deseja produzir peças em sequência, uma alternativa é empregar uma de plataforma tipo esteira transportadora, dando origem às impressoras chamadas do tipo esteira (*belt*). Nesse caso, a esteira se move automaticamente ao final da impressão, gerando espaço para uma nova peça (ver Figura 3.4c). Algumas dessas impressoras empregam o sistema de deslocamento do cabeçote extrusor montado em um plano X-Y inclinado em relação à esteira (ver Figura 3.4d). Dessa forma, a esteira vai se movendo a cada camada impressa, o que permite a fabricação de peças longas, *i.e.*, maiores do que a área útil da impressora. Apesar da vantagem de produzir peças longas e em sequência, esse tipo de impressora apresenta restrição quanto a empregar plataforma aquecida.

3.2.3 Estruturas de suporte e número de cabeçotes extrusores

Em geral, as tecnologias MEX precisam de estruturas de suporte para fabricar regiões suspensas da peça e também aquelas com superfícies negativas com inclinação abaixo do ângulo de autossuporte (ângulo abaixo do qual a camada anterior não consegue sustentar a superior sem uma elevada deformação – essas características são detalhadas no Capítulo 10). Esse ângulo pode variar com o tipo de material, mas, para polímeros, gira em torno de 45°, sendo um parâmetro que pode ser alterado pelo usuário. A Figura 3.5 apresenta um exemplo de uma peça (a) e as respectivas camadas oriundas do fatiamento (b), destacando as estruturas de suporte criadas para o processo FDM (ver detalhes dessa tecnologia na Seção 3.3.1).

Existem duas possibilidades de gerar as estruturas de suporte na MEX: utilizando-se o mesmo material da peça ou um material de suporte específico. Os equipamentos mais simples possuem um único cabeçote extrusor, portanto, há limitação quanto ao emprego de mais de um material, ou seja, peça e suporte devem ser do mesmo material.

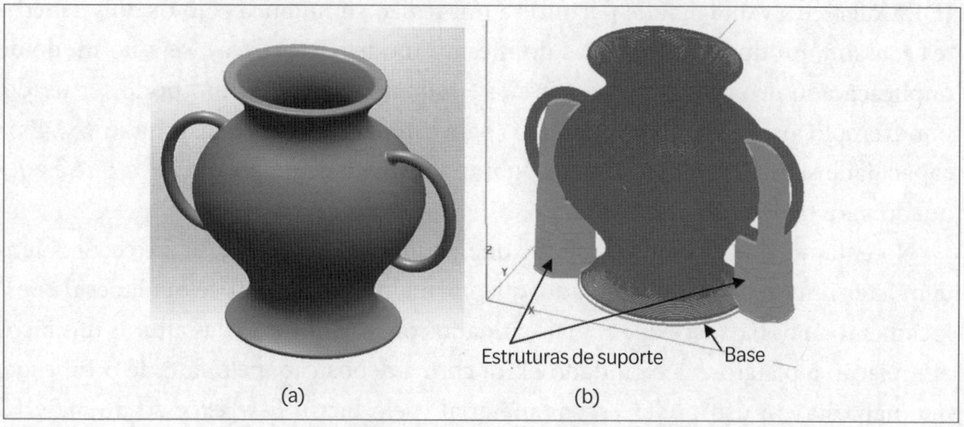

Figura 3.5 Exemplo de geometria do suporte gerado pelo *software* Insight® da Stratasys para a tecnologia FDM.

Com um pouco mais de investimento, é possível dispor de uma impressora com mais de um cabeçote extrusor. Com isso, pode-se empregar um material específico para suporte que tenha uma menor aderência com a peça, facilitando a sua retirada após a fabricação. O material de suporte também pode ser solúvel em alguma solução, sendo uma opção importante para permitir a remoção de regiões pequenas e de difícil acesso. Utilizar um material específico para suporte também reduz as marcas na região de contato da peça e estruturas de suporte quando da sua remoção.

Outras possibilidades que surgem quando é empregado mais de um cabeçote extrusor são: a fabricação de peças com materiais de diferentes composições, materiais com cores distintas e até o uso de bicos com diâmetros diferentes. A troca de cor ou de material durante o processo é normalmente permitida ao longo das camadas quando se tem dois extrusores. No entanto, já existe no mercado acessório que corta e emenda os filamentos de forma automática, com base nos dados advindos do *software* de planejamento de processo. Um modelo é o Mosaic Palette 3 Pro, que permite receber até oito tipos diferentes de filamentos [6]. Isso possibilita a troca relativamente "rápida" e contínua do material ao longo de uma mesma camada com um único cabeçote extrusor. Fabricar peças com cores ou com materiais diferentes também exige um trabalho extra nas etapas de modelagem 3D e no planejamento de processo (mapeamento das regiões do modelo 3D).

Existem duas configurações de equipamento com sistema de dupla extrusão, o dependente e o independente. No dependente, os dois extrusores fazem parte de um único cabeçote, ou seja, movimentam-se juntos, mas só um funciona ao mesmo tempo. No sistema independente, chamado de IDEX (*independent dual extrusion*), tem-se dois cabeçotes separados que permitem movimentos independentes no eixo X durante a impressão, mas continuam dependentes nos eixos Y e Z. O sistema

IDEX oferece a vantagem de permitir a impressão simultânea com os dois cabeçotes e, assim, produzir duas cópias do mesmo modelo 3D (peça), seja no modo de duplicação ou de espelhamento (direita e esquerda). Esse último pode ser usado, por exemplo, para fazer duas palmilhas para um par de sapatos de uma só vez. Essa capacidade significa potencial para dobrar a velocidade de produção, o que é adequado para fabricação em lote.

No entanto, é importante lembrar que equipamentos com dois extrusores tendem a ter um cabeçote mais pesado, que normalmente exigem velocidades de deslocamento mais baixas, exigem mais cuidado com a calibração das alturas dos bicos em relação à plataforma e cuidado extra com a deposição, pelo fato de o cabeçote que não está em uso poder escoar material (pelo bico). Esse excesso de material escoado pode ser levado para a peça quando for necessário mudar de um extrusor para o outro, danificando a qualidade da deposição. Uma solução prática para reter esse excesso pode ser construir uma geometria adicional (algum tipo de parede ou torre de sacrifício) junto com a peça, por onde o extrusor que não estava em utilização tenha que passar (depositar material) antes de ir para a peça sendo fabricada.

3.3 TECNOLOGIAS MEX PARA FILAMENTOS POLIMÉRICOS

As tecnologias MEX para material polimérico alimentadas por filamento são as mais populares atualmente. Nesta seção, pelo seu pioneirismo e importância histórica para a área de AM, a tecnologia comercial FDM é descrita separadamente.

3.3.1 Tecnologia FDM e seus materiais

A tecnologia FDM foi desenvolvida em 1988, e o primeiro equipamento foi comercializado no início de 1992, pela empresa Stratasys Ltd., Estados Unidos [7]. A Figura 3.6 apresenta o esquema de funcionamento da tecnologia, com seu sistema de alimentação baseado em filamento e roletes tracionadores (sistema direto). O princípio de adição da FDM confere ao processo uma simplicidade que o diferencia das outras categorias de tecnologias de AM.

O processo FDM possui um conjunto extrusor com dois cabeçotes, um para o material da peça e outro utilizado para o material da base e estruturas de suporte. Um mecanismo é responsável por abaixar e levantar o cabeçote do suporte, permitindo, assim, intercalar o uso deste. Isso evita que o extrusor que não está na posição de trabalho possa colidir com a última camada impressa da peça. O procedimento adotado para evitar o problema já relatado (material que escoa pelo bico do extrusor que não estava sendo utilizado ser levado à peça) é, a cada troca, passar o bico do extrusor por uma escova em um ponto de limpeza. Um diferencial da tecnologia, desde os primeiros equipamentos, é dispor de uma câmara de fabricação enclausurada com controle interno de temperatura.

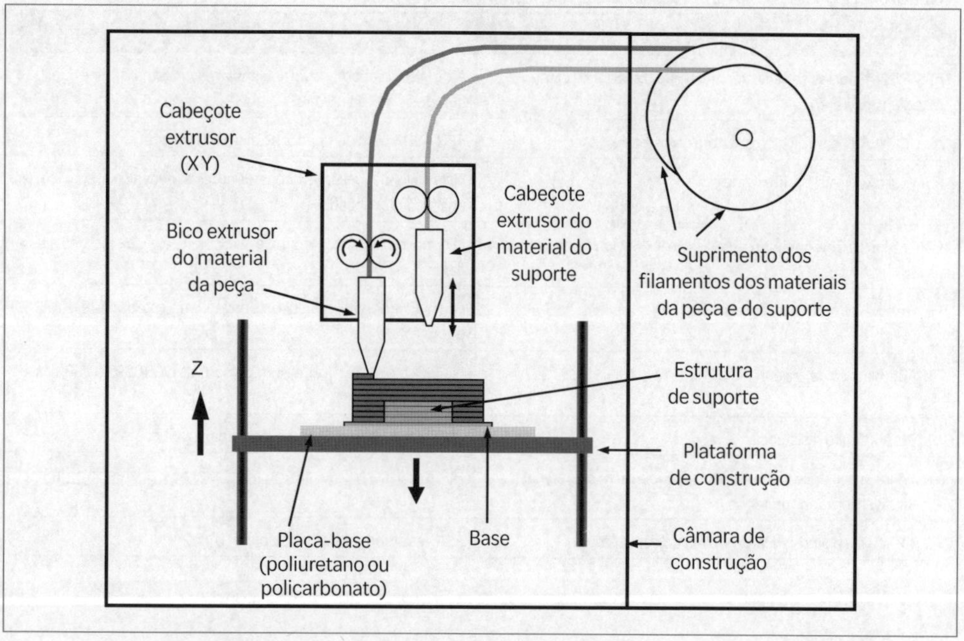

Figura 3.6 Princípio do processo FDM da Stratasys, Ltd.

As opções típicas de bicos nos equipamentos FDM são os de 10, 12 e 16 milésimos de polegada, correspondendo a um diâmetro calibrado de 0,254 mm, 0,305 mm e 0,406 mm, respectivamente. A escolha de cada um depende da geometria da peça, mas também do material a ser extrudado, pois nem todos os materiais disponíveis podem ser extrudados com os bicos de menor diâmetro. Com tais bicos, é possível obter espessuras de camada típicas de 0,127 mm, 0,178 mm, 0,254 mm e 0,330 mm. O *software* específico da tecnologia limita as espessuras que são possíveis para cada material utilizado, ou seja, nem todas as espessuras de camadas são possíveis com todos os bicos.

O diâmetro do filamento do material de alimentação é de 1,778 mm. Os filamentos são oferecidos em carretéis fechados, selados e contendo um sistema eletrônico embutido responsável pela identificação e gerenciamento do seu uso. O fabricante não permite a utilização de materiais que não sejam os homologados (comercializados) pela empresa. O número de matérias vem crescendo a cada ano, sendo os mais recentes os com fibra de carbono. Exemplos de materiais disponibilizados pela empresa são listados no Quadro 3.1, sendo que uma lista completa e atualizada pode ser encontrada na página da internet da empresa [8]. A Figura 3.7 apresenta algumas peças obtidas pelo processo FDM.

Quadro 3.1 Materiais na forma de filamento para tecnologia FDM – Stratasys

Materiais	
ABS-M30: maior resistência mecânica que o ABS (acrilonitrila butadieno estireno)	ABS-M30i: biocompatível não implantável, esterilizável e que atende às normas ISO 10993 e USP classe VI
ABS-CF10: ABS com a rigidez da fibra de carbono	ABS-ESD7: com dissipador de eletricidade estática
FDM náilon 6: resistência e rigidez	FDM náilon 12: poliamida com resistência mecânica (impacto) para aplicações avançadas
FDM náilon 10 CF: com fibra de carbono de elevada resistência flexão	FDM náilon 12 CF: com fibra de carbono de elevada resistência flexão
PLA: renovável, prototipagem em geral	PC (policarbonato): plástico de engenharia, estabilidade, durabilidade
PC-ABS: plástico de engenharia de alto impacto	PC-ISO: biocompatível, atende às normas ISO 10993 e USP classe VI, classificação 1
ULTEM 9085: alta resistência	ULTEM 1010: alta resistência com aditivo antichama
PPSF/PPSU (polifenilsulfona): alta resistência química e ao calor, esterilizável por vários métodos	HIPS (poliestireno de alto impacto): elevada resistência ao impacto
FDM TPU 92A (poliuretano termoplástico): elastômero	ASA: resistente a raios ultravioleta (UV)

(a) (b)

Figura 3.7 Peças obtidas pelo processo FDM: manípulo/punho de uma serra em PC-ABS (a) e componente em náilon 12 de um sistema de ar condicionado (b).

Fonte: cortesia da empresa Stratasys Ltd.

A empresa oferece materiais de suporte que são destacáveis manualmente (remoção física), sistema denominado de Break Away®, e solúveis, denominado de WaterWorks®. No primeiro, o material do suporte é mais frágil que o da peça e pode ser retirado por uma operação mecânica manual. Essa opção é aplicada quando um material semelhante ao da peça é utilizado como material para suporte. Esse é o caso, por exemplo, dos materiais de engenharia, como PC-ISO, ULTEM 9085,

ULTEM 1010 e PPSF. A retirada das estruturas de suporte na etapa de pós-processamento fica mais dificultada em virtude da resistência do material.

No sistema WaterWorks®, o material de suporte é removido por imersão em solução líquida detergente, à base de hidróxido de sódio (soda cáustica), aquecida, utilizando-se uma lavadora de ultrassom [8]. No entanto, mesmo com o uso dessa solução, o material de suporte pode não ser completamente removido ou demorar muito tempo em banho para que isso aconteça.

Uma prática comum nas tecnologias FDM, antes de iniciar a deposição do material da peça, é fabricar umas camadas de base com o mesmo material de suporte para fixar a peça sobre a placa-base de construção. As primeiras gerações de equipamentos utilizavam poliuretano poroso rígido como placa-base e, para obter uma superfície lisa e plana para depositar a peça, algumas camadas de material de suporte eram depositadas. Atualmente, essa placa é uma lâmina de policarbonato fixada a vácuo, exigindo uma menor frequência de substituição. Nesse caso, para uma melhor aderência da peça na placa, também é necessário depositar uma base, mas esta é formada por uma primeira camada de material da peça, seguida de camadas de material de suporte, para só então começar a fabricação da peça.

3.3.2 Demais tecnologias MEX e seus materiais

Após finalizado o tempo de vigência das primeiras patentes do processo FDM, em 2009, e em função da simplicidade do princípio de adição e seus sistemas (alimentação por filamento, cabeçote extrusor, controle de movimentação X-Y e Z) [2], o número de fabricantes e opções de tecnologias MEX de custo mais baixo cresceu consideravelmente.

Algumas dessas tecnologias surgiram como iniciativas de instituições de pesquisa que disponibilizaram seus projetos na forma de arquitetura aberta (*open source*). Destacam-se os projetos pioneiros denominados Fab@Home e RepRap. O primeiro foi baseado no princípio de pistão e êmbolo (Figura 3.2e), podendo extrudar vários tipos de material em pasta, sendo comum o uso de silicone, chocolate, massas, queijo, pasta de amendoim, massa de modelar etc. [9]. O projeto RepRap era baseado na alimentação por filamento contínuo de PLA ou ABS (acrilonitrila butadieno estireno) (Figura 3.2a) [10]. A proposta do projeto era ter um equipamento que se poderia replicar rapidamente, ou seja, com capacidade de produzir várias peças utilizadas em novas máquinas RepRap.

Alguns equipamentos podem ser adquiridos na forma de *kits* de componentes desmontados, e o usuário se responsabiliza pela montagem e instalação. Apesar de mais baratos, essa não é uma boa opção para um usuário leigo, pois é exigido um conhecimento mínimo de eletrônica e de *software* para se lograr sucesso. Atualmente, é mais comum a aquisição da impressora previamente montada e testada.

Para um usuário interessado em adquirir uma impressora de MEX polimérica, sugere-se observar detalhes como tamanho da plataforma, plataforma aquecida, nivelamento automático da plataforma, máquina com câmara fechada ou aberta, utilização de um ou dois cabeçotes de extrusão, resolução alcançada nos eixos X-Y e mínima espessura de camada possível. Além disso, facilidades como conexão WiFi, entrada USB, entre outras, podem ser relevantes.

Uma característica geral das impressoras de mais baixo custo é que, diferente da tecnologia FDM, não há restrição quanto ao fabricante de material (filamentos) que pode ser utilizado. O usuário pode escolher entre vários fornecedores do mercado. Isso foi um grande avanço para a área de AM, uma vez que favoreceu a concorrência e provocou a redução do custo dos materiais.

Os primeiros materiais empregados em grande escala nas impressoras MEX foram o PLA e o ABS. No entanto, o número de materiais tem crescido consideravelmente nos últimos anos. Para dar uma ideia, o Quadro 3.2 apresenta uma lista de filamentos comerciais disponíveis atualmente, sendo que nem todos são facilmente encontrados no mercado nacional.

Quadro 3.2 Materiais na forma de filamento para MEX [11]

Materiais	
PLA (poli(ácido lático))	ABS (acrilonitrila butadieno estireno)
PETG (polietileno tereftalato com glicol)	PC (policarbonato)/PC com fibra de vidro (GF)/PC/ABS
PA (poliamida) – náilon/PA com fibra de carbono (CF) / PA + GF	PA e CPE (copoliéster)
PP (polipropileno) / PP + GF / PP + CF	POM (poli(óxido de metileno) – poliacetal)
ASA (acrilonitrilo estireno acrilato): resistente às intempéries	CPE (copoliéster – tipo Tritan)
PEEK (poliéter-éter-cetona) / PEEK + CF	PEKK (poliéter-cetona-cetona)
PEI (ULTEM) (polieterimida)	PPSU (polifenilsulfona)
TPU (poliuretano termoplástico): flexível	TPE (elastômero termoplástico): flexível
TPC (copoliéster termoplástico): flexível	PLA ou ABS + CF
PLA com pó de madeira	PLA ou ABS com pó metálico (bronze, latão, cobre, alumínio, aço, outros)
PLA ou ABS com partículas de carbono condutivas (filamento condutor)	PLA ou ABS com materiais fosforescentes
Filamento de cera (tipo MOLDLAY)	Argila/cerâmica com polímero (tipo LAYCeramic)
PVA (álcool polivinílico): solúvel em água, utilizado como material de suporte	HIPS (poliestireno de alto impacto): pode ser utilizado como material de suporte; solúvel em limoneno

Recentemente, vários polímeros de engenharia foram apresentados, sendo alguns formados por blendas poliméricas. Outras opções são os compósitos, com a adição de algum tipo de carga no filamento (fibra de carbono, de vidro, pó metálico, cerâmico, outros) com o intuito de melhorar certas propriedades ou mesmo a aparência do material final, mas sem a necessidade de operações de pós-processamento em forno. Alguns polímeros de engenharia, como PEEK, PEKK, PEI ULTEM, exigem impressoras especiais, contendo cabeçote extrusor de alta temperatura (até 450 °C ou mais).

Para utilização como material de suporte, destacam-se o acetato de polivinila (PVA), que é solúvel em água, e o poliestireno de alto impacto (HIPS), que é solúvel em limoneno. A remoção do PVA pode ser obtida por imersão em água por um período que pode variar de 6 horas a 24 horas, dependendo do caso.

Normalmente, encontram-se no mercado filamentos de alimentação com diâmetro de 1,75 mm ou 2,85 mm. Quanto ao diâmetro do bico extrusor, tipicamente se emprega o de 0,4 mm para polímero, no entanto, já existe uma grande variedade disponível (0,20 mm, 0,25 mm, 0,30 mm, 0,35 mm, 0,40 mm, 0,50 mm, 0,60 mm, 0,80 mm, 1 mm e maiores). Dependendo do material a ser extrudado (temperatura de processamento, abrasividade etc.), pode ser necessário empregar bicos especiais, com materiais e tratamentos térmicos e superficiais específicos. Os mais comuns são os de latão, mas pode-se encontrar bicos de aço inox, aço endurecido, tungstênio, vanádio, níquel e com ponta de rubi [12].

Inúmeras opções de impressoras de custo acessível podem ser encontradas no mercado. No Brasil, algumas empresas possuem seu próprio equipamento, outras são montadoras ou representantes. Os projetos variam bastante, dispondo desde equipamentos muito simples e mais baratos até aqueles com melhor estrutura e qualidade dos componentes utilizados. A lista dos fabricantes e modelos comercializados é longa e pode ser facilmente obtida na internet procurando-se pelo termo "impressoras 3D".

A Figura 3.8 apresenta exemplos de peças fabricadas com impressoras 3D disponíveis no mercado nacional que têm custo mais baixo que a tecnologia FDM. As informações foram fornecidas pelos fabricantes. A Figura 3.9 apresenta um exemplo de uma impressora de grande porte (volume útil de impressão de 1.000 mm × 1.000 mm × 1.000 mm) de um fabricante nacional.

	Finalidade: duto direcionador Tamanho: 125 mm × 125 mm × 65,5 mm Material: PC GF30 (PC com fibra de vidro) Tempo de impressão: 12 h e 23 min (com 20% de preenchimento, 0,2 mm de espessura de camada, 2 paredes) Equipamento: Syncraft X1 Cortesia da Empresa Wishbox
	Finalidade: cano de bifurcação Tamanho: 112 mm × 50 mm × 111 mm Material: PAHT CF (PA com fibra de carbono) Tempo de impressão: 8 h e 27 min (com 20% de preenchimento, 0,15 mm de espessura de camada) Equipamento: Ultimaker 5S Cortesia da Empresa Wishbox
	Finalidade: suporte de parede para skate Tamanho: 81,3 mm × 81,3 mm × 139,6 mm Material: PLA azul Tempo de impressão: 2 h e 11 min (com 0,2 mm de espessura de camada) Equipamento: Prusa I3D Produzida no NUFER – UTFPR
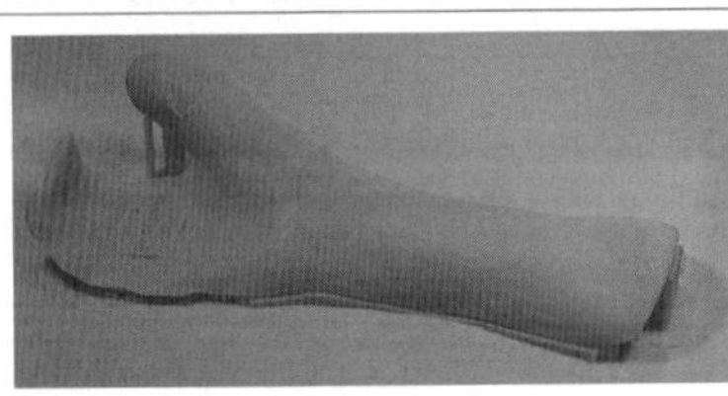	Finalidade: órtese estática para punho, mão e dedo Tamanho: 267 mm × 110 mm × 56 mm Material: PLA amarelo Tempo de impressão: 8 h e 30 min (com 100% de preenchimento, 0,25 mm espessura de camada) Equipamento: 3DCloner DH+ Produzida no NUFER - UTFPR
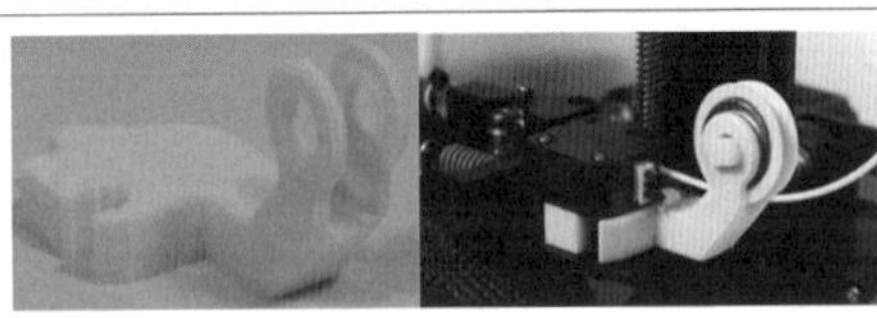	Finalidade: guia de filamento Tamanho: 61,5 mm × 39 mm × 32 mm Material: PLA Slim 3D Yellow Tempo de impressão: 56 minutos (0,2 mm espessura de camada, 60 °C temperatura da mesa, 190 °C temperatura do extrusor) Equipamento: Biqu Hurakan Cortesia empresa: Slim3D

Figura 3.8 Exemplos de peças fabricadas com impressoras 3D disponíveis no mercado nacional.

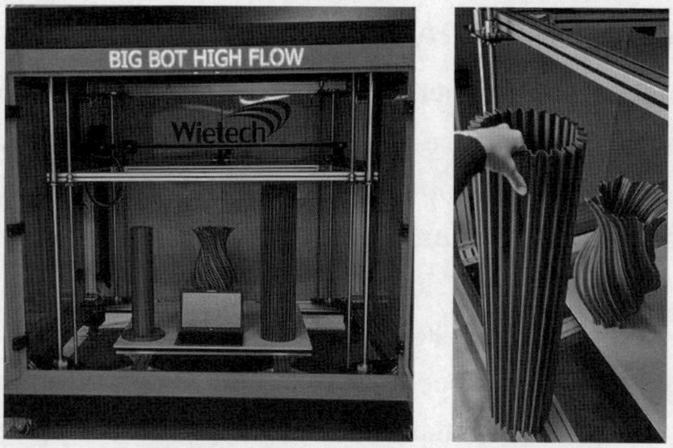

Figura 3.9 Impressora 3D de grande porte (Big Bot High Flow) disponível no mercado nacional e algumas peças fabricadas.
Fonte: cortesia da empresa Wietech.

3.4 TECNOLOGIAS MEX PARA POLÍMEROS GRANULADOS

Apesar da alimentação por filamento ser a mais popular, conforme comentado anteriormente, ela exige um pré-processamento do material, o que encarece o valor da matéria-prima e diminui as alternativas de materiais disponíveis. Além disso, para impressões de peças maiores, que exigem volume e taxa de deposição de material maiores, o emprego de alimentação por filamento torna-se injustificável.

Nesse sentido, o número de impressoras 3D (*pellet 3D printers*) com esse tipo de alimentação tem crescido nos últimos anos. Segundo levantamento recente, mais de trinta empresas no mundo já comercializam ou estão em vias de comercializar impressoras alimentadas por *pellets*, entre elas algumas empresas tradicionais da área de injeção de plástico, como Arburg e Cincinnatti [13]. Ressalta-se ainda que alguns dos fornecedores que oferecem impressoras com alimentação por filamento passaram a oferecer também a opção por *pellets*. Já existem também *kits* adaptadores que prometem transformar impressoras de filamento em impressoras de *pellets* [13].

O grande desafio desse tipo de impressora, que geralmente emprega um parafuso extrusor (ver Figura 3.2c), é dispor de um sistema de microextrusão que permita um bom controle do processo. É fundamental não ter bolhas no material, manter a pressão interna para garantir a continuidade e a dimensão do material extrudado, evitando sub e sobre-extrusão, e também controlar a retração de material durante a interrupção da deposição. Nesse sentido, já existem impressoras com soluções específicas para permitir um bom controle da retração nesse tipo de extrusor, como o da empresa Colossus, que utiliza um sistema de bomba de retração do polímero fundido [14].

3.5 TECNOLOGIAS MEX PARA MATERIAIS METÁLICOS

Seja com alimentação por filamento, bastão ou granulado, uma opção que tem atraído a atenção recentemente é a possibilidade de imprimir metal com MEX, em uma alternativa indireta para se obter uma peça 100% metálica. Para tanto, emprega-se um material composto de uma matriz polimérica (podendo ser mais de um polímero) e uma elevada quantidade de pó metálico (fração de carga metálica acima de 80%, podendo chegar a 90%). É um processo considerado indireto, pois, na impressora 3D, obtém-se uma peça verde que deve passar por operações de pós-processamento para se obter o material final [15]-[17]. A etapa inicial de pós-processamento envolve a remoção parcial do material polimérico, denominada *debinding*, que pode ser térmico e/ou químico (com solvente ou catalítico), obtendo-se uma peça marrom (*brown*) de baixa resistência. Na sequência, deve ocorrer a passagem por um forno a alta temperatura, responsável pela eliminação total do polímero e pela sinterização do metal para alcançar as propriedades desejadas do material. Em alguns casos, essas duas etapas podem ser realizadas em uma única passagem pelo forno, contendo estágio de *debinding* e sinterização.

A atmosfera do forno de sinterização tem que ser controlada e inerte. Além do vácuo, existe a possibilidade de se empregar gases como argônio, hidrogênio e nitrogênio nesse processo. Vários fatores afetam significativamente o processo de sinterização, como a taxa de aquecimento, a temperatura, a duração e a atmosfera do forno [18].

As etapas de pós-processamento se assemelham muito às do processo MIM (*Metal Injection Molding*), assim como as propriedades mecânicas do material final [19] [20]. No entanto, um dos desafios para melhorar as propriedades mecânicas é reduzir a quantidade de vazios (porosidade) gerada pelo processo MEX. Mesmo com os parâmetros de processo definidos para obter uma peça totalmente preenchida (ver detalhes na Seção 3.7.3), os vazios de preenchimento permanecem após a etapa de sinterização.

Vários materiais metálicos já foram testados e estão disponíveis comercialmente na forma de filamento para impressoras abertas (por exemplo: cobre, prata, alumínio, aço inox 316L, 17-4PH, Ti-6Al4V, outros) [20]. Uma das empresas pioneiras a lançar filamentos metálicos oferece uma vasta lista de filamentos na linha Filamet™, empregando *debinding* térmico [21]. Recentemente, outra empresa renomada lançou dois materiais com a denominação Ultrafuse® (316L e 17-4PH) e um específico para suporte, empregando *debinding* químico catalítico [22]. Algumas empresas oferecem esse tipo de material, mas para uso dedicado no próprio equipamento (Markforged, Inc., Desktop Metal, Inc., entre outras). Cresce também no mercado a opção de imprimir metal indiretamente a partir de *pellets*, com opções de materiais comuns para MIM, como é o caso das empresas AIM3D, Pollen, Cosine e várias outras [13].

Em função da etapa de sinterização, na qual ocorre a contração dimensional da peça, é necessário aplicar um fator de escala no modelo geométrico 3D para compensar a redução do volume. A contração ocorre geralmente de forma anisotrópica em virtude de fatores como a adição camada a camada, não homogeneidade na distribuição do pó metálico na peça e ação da gravidade durante a sinterização. Por exemplo, os filamentos Ultrafuse® têm contração da ordem de 16% no eixo X-Y e 20% no eixo Z. Os filamentos Filamet™ apresentam uma contração em torno de 7 a 10%, dependendo do material. Mas, nesse último caso, a densidade final do material tende a ser menor, a menos que seja aumentado o tempo de sinterização.

Ainda existem várias restrições tecnológicas quanto ao emprego da impressão de metal por MEX. Por exemplo, o tamanho máximo das peças está limitado pelo volume do forno para pós-processamento; a espessura máxima de parede deve ser aquela que permita uma retirada eficiente do polímero na etapa de *debinding* e as estruturas de suporte devem permanecer com as peças até a última etapa de sinterização, pois estas devem desempenhar a sua função também durante a sinterização. Em relação a facilitar a extração das estruturas do suporte no final do processo, uma solução é imprimir uma ou mais camadas de um material cerâmico entre a estrutura do suporte e a peça. Esse material cerâmico impede que as estruturas fiquem aderidas na peça durante a sinterização [23].

Recomendações sobre as etapas do processo e do pós-processamento de cada opção de material podem ser encontradas em instruções específicas de cada fabricante. A Figura 3.10 apresenta um exemplo de peça metálica (ponteira de ferramenta especial) impressa em Ultrafuse®17-4PH no estado verde e final.

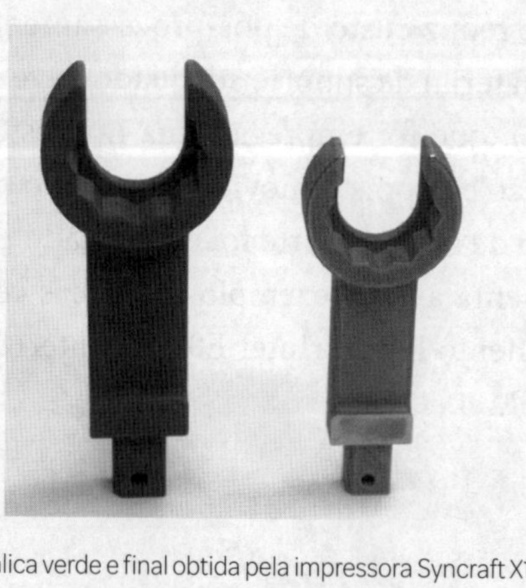

Figura 3.10 Exemplo de peça metálica verde e final obtida pela impressora Syncraft X1.
Fonte: cortesia da empresa Whishbox.

3.6 TECNOLOGIAS MEX PARA MATERIAIS CERÂMICOS

Quando se parte de uma matéria-prima na forma de uma pasta cerâmica (*slurry*), esse grupo de tecnologia é normalmente referenciado como *Robocasting* ou *Direct Ink Writing* (DIW). Nesse grupo de tecnologias entram também as alternativas MEX para biomateriais, que estão apresentadas no Capítulo 16.

A ideia é preparar a pasta cerâmica e extrudá-la para obter uma peça verde utilizando um sistema de extrusão adequado (ver Figura 3.2d, e ou f). Assim como no caso dos equipamentos MEX para metal, a peça verde exige operações de pós-processamento para alcançar as propriedades finais do material, que envolvem secagem e posterior passagem por forno a alta temperatura, onde ocorre a eliminação de qualquer ligante e a sinterização da cerâmica. Existem várias possibilidades de formulação da pasta, desde a utilização de água, praticamente sem aglutinante polimérico (menos de 1%), até pastas poliméricas ou suspensão (à base de cera) com baixa viscosidade. Alguns exemplos de processo são o *freeze-form extrusion fabrication* (FEF) [24], que utiliza uma pasta à base de água misturada com um pó de alumina (Al_2O_3), e o *extrusion freeforming* [25], que possui um sistema de pistão/êmbolo para extrudar também pasta cerâmica com pó de alumina.

Além da pasta, pode-se trabalhar também com material granulado (*pellets*), filamentos ou bastão, onde o pó cerâmico é preparado com um polímero termoplástico. No caso de filamento, como é necessário que ele seja relativamente flexível, a quantidade de polímero na composição é maior do que quando se trabalha com pastas ou material cerâmico granulado [20].

A variedade de materiais cerâmicos já testados e utilizados em várias aplicações inclui: alumina, zircônia, carboneto cimentado (WC-8Co, WC-10Co), carboneto de silício e nitreto de silício [20]. Diferente da etapa de sinterização de material metálico, essa etapa pode ser realizada em forno sem atmosfera controlada (forno a ar), o que simplifica e reduz custo de pós-processamento.

Se necessário, um material de suporte adequado deve ser utilizado, como carbonato de cálcio ($CaCO_3$), que foi empregado na impressão de alumina, sendo decomposto na sinterização e depois removido com ácido ou água [26]. Nesse estudo em particular, o ângulo de autossuporte foi encontrado em torno de 55°.

A Figura 3.11 apresenta alguns exemplos de peças cerâmicas (porcelanas) impressas em um equipamento DuraPrinter E01, já sinterizadas, produzidas no laboratório NUFER/UTFPR.

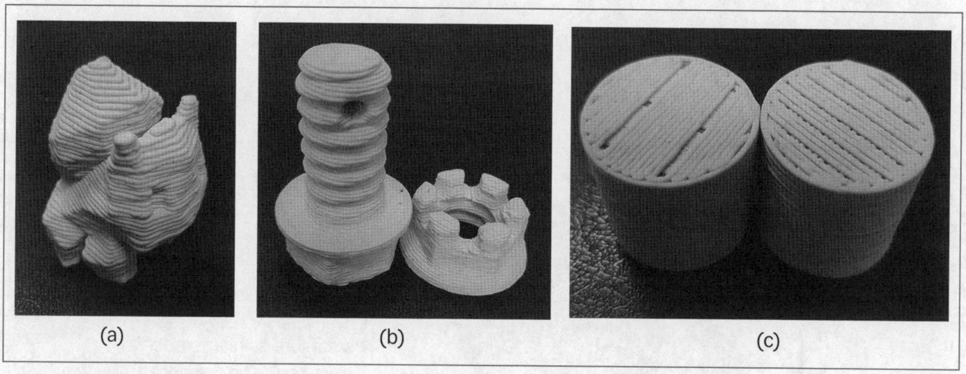

Figura 3.11 Exemplos de peças de porcelana impressas no equipamento DuraPrinter E01: Bulbassauro (a), parafuso e porca (b) e meio poroso com diferentes preenchimentos (c).

Fonte: cortesia de Marcelo O. Shigueoka, NUFER/UTFPR.

3.7 PRINCIPAIS PARÂMETROS DE PROCESSO DA MEX

Independentemente da forma de alimentação e do material empregado, vários parâmetros de controle do processo são semelhantes para as diferentes tecnologias MEX. As seções a seguir apresentam algumas considerações sobre os principais parâmetros de processo.

3.7.1 Parâmetros relativos ao filamento extrudado

Vários parâmetros precisam ser definidos para se ter um bom resultado com a MEX, mas a base do processo está no controle da geometria do filamento extrudado. O bico extrusor geralmente possui seção circular, no entanto, depois de depositado, o filamento apresenta uma seção transversal que se "assemelha" à de uma elipse, com a largura maior que a espessura (Figura 3.12). Isso ocorre porque o filamento é pressionado contra a camada anterior para melhorar a sua aderência, promovendo um achatamento durante a deposição. Nos processos de extrusão de polímeros, a largura do filamento extrudado (w) é também influenciada pelo fenômeno conhecido como inchamento. Segundo Agarwala *et al.* [27], o diâmetro do filamento ao sair do bico calibrado pode chegar a 1,2 a 1,5 vez o diâmetro do bico, variando conforme o tipo de material. Isso decorre da reologia do material com a liberação da energia elástica armazenada na sua estrutura ao deixar o bico extrusor.

A espessura de camada (t), em outras palavras, do filamento depositado, é obtida pela distância entre o bico e a camada anterior (ou plataforma). Quanto menor a distância, mais achatada a forma "elíptica" do filamento depositado. A espessura de camada pode ser escolhida dentro de uma faixa de variação de acordo com o diâmetro do bico extrusor e o material utilizado. Geralmente, ela é mantida constante ao longo da fabricação da peça, mas, apesar de ainda não ser uma opção muito difundida, a utilização de espessura variável ao longo da peça é uma possibilidade na MEX (ver Seção 3.10).

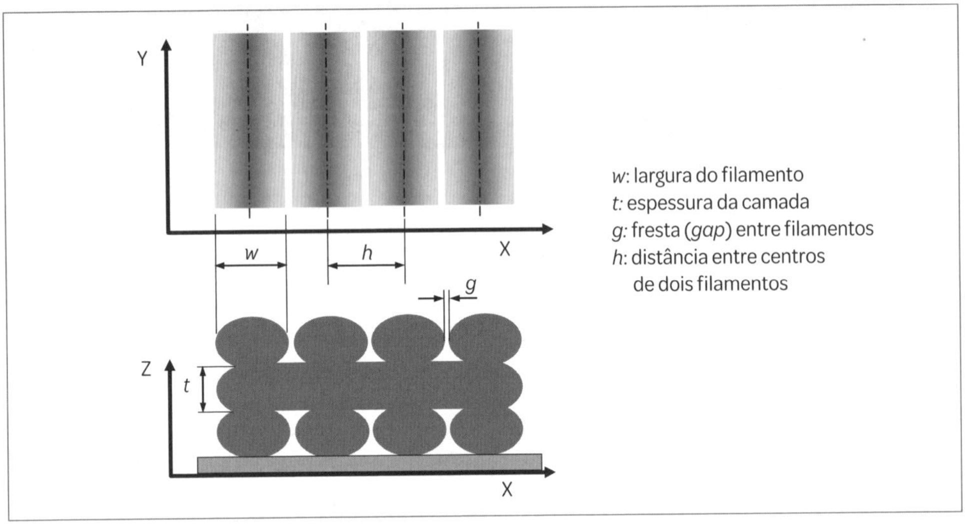

Figura 3.12 Representação da geometria transversal do filamento extrudado com os parâmetros de controle: largura do filamento, espessura da camada, *gap* e distância entre filamento.

Além da espessura da camada, a largura do filamento (w) é uma consequência de parâmetros como a velocidade de deslocamento do extrusor, também chamada de velocidade de impressão (parâmetro F no código G), o comprimento de alimentação da extrusão, normalmente chamado simplesmente de extrusão (parâmetro E no código G), e a temperatura de extrusão.

O cálculo do parâmetro E é realizado pelo *software* de planejamento de processo visando atender a largura do filamento desejada pelo usuário e aplicando uma equação de conservação de massa que, para alimentação por filamento, pode ser conforme a Equação 3.1.

$$E \times Aa = l \times t \times w \tag{3.1}$$

onde Aa significa a área da seção transversal do filamento de alimentação e l, o comprimento do filamento extrudado/depositado.

Como a área da seção transversal do filamento extrudado não é trivial de mensurar, ela pode ser aproximada por $t \times w$ (ou ainda substituindo w pelo diâmetro do bico extrusor). Assim, para acertar a quantidade de material a ser extrudado quando se deseja uma certa largura do filamento, existe um parâmetro de correção do fluxo (*flow*, em porcentagem). Dessa forma, em função das características (dinâmica e térmicas) de cada impressora e do material a ser impresso, é recomendável que a largura do filamento seja ajustada experimentalmente. Para tanto, recomenda-se uma etapa de calibragem da extrusão, que consiste em definir o valor do parâmetro *flow* que garanta que a largura do filamento depositado seja a programada. Isso pode ser feito imprimindo o contorno de um cubo, por exemplo, com um ou dois perímetros de parede lateral, e medindo a largura do filamento da parede. Havendo diferença entre o valor medido e o programado, o percentual do parâmetro *flow* é ajustado e a impressão repetida até se atingir a largura desejada.

A velocidade de deslocamento do cabeçote extrusor (de impressão) e o comprimento de alimentação da extrusão são parâmetros interligados nas impressoras. Quando há variação na velocidade de impressão, a rotação do motor de alimentação também varia para garantir que o filamento depositado permaneça com a largura constante [2] [28]. Isso porque o *software* de controle (*firmware*) das impressoras está programado para receber, para cada segmento de linha a ser impresso, o comprimento do filamento de alimentação (ou outro parâmetro correspondente à forma de alimentação) (E) e à velocidade de deslocamento do cabeçote (F). Assim, quando apenas a velocidade de impressão é aumentada, mantendo o valor de w constante e, como consequência, também o E, a impressora tem que ter potência suficiente para aquecer, fundir e extrudar o mesmo volume de material em um tempo menor.

Como o comportamento dos materiais varia com a temperatura, ao mudar a temperatura da impressão, pode ser necessária uma nova calibração da largura do filamento depositado. A temperatura de processamento deve ser definida seguindo as recomendações de cada fornecedor de material, ficando geralmente acima da temperatura de fusão (Tm) para polímeros semicristalinos e da temperatura de transição vítrea (Tg) para os amorfos.

3.7.2 Início e fim da deposição

Quando o sistema de aquecimento do extrusor estiver próximo da temperatura de trabalho, o material começará a escoar (ou purgar) no bico pela ação da gravidade. Assim, no início da impressão, se não for removido esse excesso, ele será levado para a peça, comprometendo sua qualidade. Para contornar esse problema, é recomendável iniciar a deposição em uma posição fora da peça, adicionando um contorno que não faça parte dela (conhecido como *skirt*).

Quando o sistema de extrusão estiver em regime (*i.e.* escoamento estabilizado) e tiver que interromper a extrusão e se deslocar em vazio para iniciar a deposição em outra região, o material continuará purgando devido à pressão interna no cabeçote, somada à ação da gravidade. Nesse cenário, no caso de polímeros, o material escoado será estirado com o deslocamento do cabeçote extrusor, gerando fios sobre a peça (defeito do tipo *strings*). Para reduzir esse efeito, deve-se utilizar uma retração (*retract* ou *suck-back*) do material, invertendo o sentido de alimentação (roletes, rosca, êmbolo etc.), para aliviar a pressão interna e facilitar o rompimento do filamento extrudado. Uma vez reposicionado para reiniciar a deposição, a retração empregada na interrupção deve ser compensada (avanço do material no interior do cabeçote extrusor) para evitar falta de material no início da deposição. Essa falta de material é crítica, em especial na deposição de um contorno fechado da peça, em que os pontos de início e fim precisam ser coincidentes.

O valor da retração depende da reologia do material, do sistema de alimentação (direto ou Bowden) e de outros detalhes construtivos da impressora, portanto, deve ser calibrado e ajustado de acordo.

3.7.3 Estratégias de preenchimento e construção

O processo de fabricação de uma camada da peça inicia com a deposição do filamento que vai formar um contorno (*contour*) fechado, também chamado de perímetro, onde os pontos inicial e final são coincidentes. Esse contorno delineia e delimita a seção transversal da camada, ou seja, as regiões que conterão material (Figura 3.13). Na sequência, o material do interior desse perímetro é depositado, empregando-se uma estratégia de preenchimento. O usuário pode definir o número de contornos desejados, gerando, então, uma "casca" ou parede na peça, com espessura especificada pelo número de contornos. Um maior número de contornos aumenta a rigidez das peças quando não se emprega um preenchimento completo da área interna. A largura do filamento do contorno pode ser especificada como um valor diferente da largura do filamento do preenchimento.

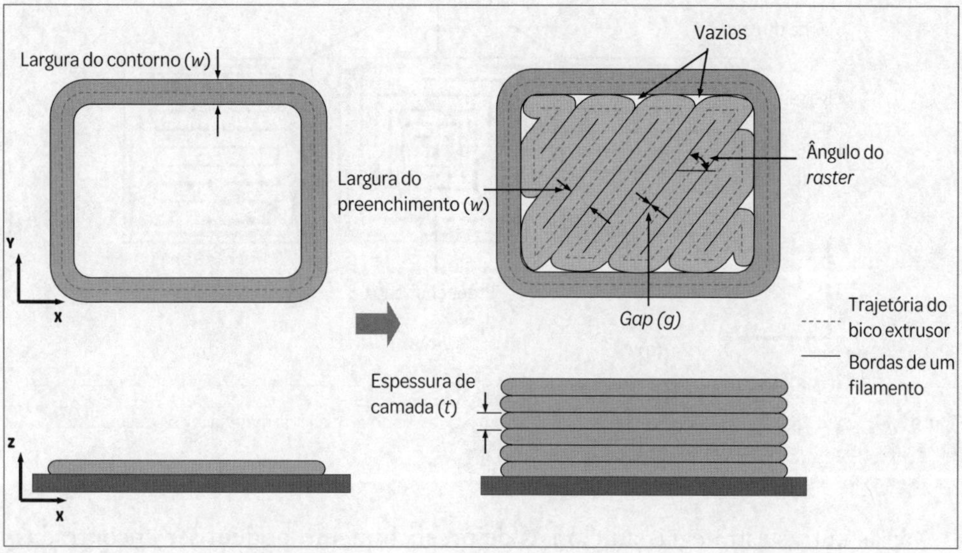

Figura 3.13 Representação da sequência básica de deposição do processo MEX e dos parâmetros de controle: largura do filamento (*w*), do contorno e do preenchimento, espessura da camada (*t*), *gap* e ângulo de *raster*.

Existem várias opções de estratégias de preenchimento do interior dos contornos e elas variam bastante, inclusive na nomenclatura, entre os *softwares* de planejamento de processo de AM. As mais tradicionais são denominadas estratégia de preenchimento zigue-zague *raster* (ou *rectilinear* ou somente *raster*) e de preenchimento concêntrico (*concentric*), conforme apresentadas esquematicamente na Figura 3.14a e b.

Como pode ser observado na Figura 3.14a, o preenchimento zigue-zague *raster* gera uma trajetória que envolve deslocamentos lineares paralelos alternados, tipo vai e vem. Para facilitar a discussão ao longo do texto, essa trajetória pode ser entendida como sendo formada por duas entidades: as linhas de *raster* paralelas e as ligações (*links*) entre duas linhas de *raster* consecutivas. Cada ligação entre linhas de *raster* segue a trajetória do perfil do contorno, a uma certa distância deste (*gap* entre contorno e preenchimento).

O preenchimento tipo concêntrico gera uma trajetória contendo vários contornos fechados paralelos, obtidos a partir da operação de deslocamento (*offset*) da geometria do polígono que representa a fatia da camada (Figura 3.14b).

Como o número de contornos pode ser definido pelo usuário, é comum a combinação das estratégias, iniciando com alguns contornos paralelos formando uma parede na peça e finalizando com o preenchimento com a estratégia do tipo zigue-zague *raster* (Figura 3.14c).

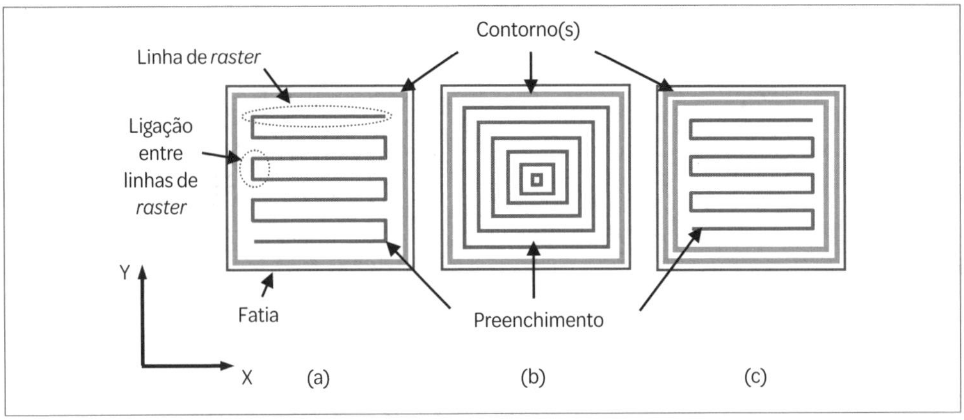

Figura 3.14 Estratégias de preenchimento das camadas em processos de extrusão de material: zigue-zague *raster* (a), concêntrico (b) e combinação de *raster* e concêntrico (c).

Várias outras estratégias adicionais de preenchimento podem ser encontradas, como as disponíveis no sistema de planejamento de processo Slic3r (Figura 3.15) [29] e no Cura (triangular, delta, giroide, cúbico, octeto, triângulos, tri-hexágono etc.) [30]. Cada uma das estratégias possui um conjunto de parâmetros que controla o resultado do preenchimento; assim, é necessário recorrer a cada *software* de planejamento para a correta especificação desses parâmetros.

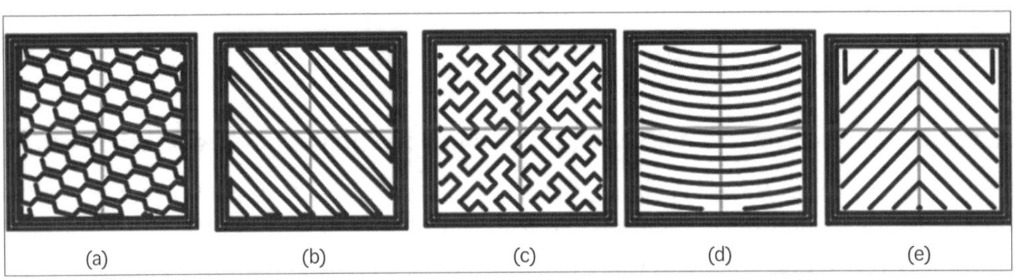

Figura 3.15 Exemplos de estratégias adicionais de preenchimento do sistema Slic3r: colmeia (a), linha (b), curva Hilbert (c), acordes de Arquimedes (d) e espiral Octagram (e) [29].

De uma maneira geral, um parâmetro importante em várias estratégias é o espaço ou fresta (*gap*) entre filamentos adjacentes, ou então a distância entre filamentos (h) adjacentes, do preenchimento (ver Figuras 3.12 e 3.13) ou entre contorno e preenchimento. O preenchimento pode ter como objetivo depositar 100% do volume de material de uma camada, ou seja, prevendo-se um contato lateral entre filamentos vizinhos (*gap* zero). O *gap* pode ser inclusive negativo, o que propiciará um contato mais forçado entre os filamentos, aumentando o empacotamento de material. No entanto, se este for muito negativo, causará uma sobreposição excessiva de material e, como consequência, uma deformação da superfície sendo depositada. A escolha de um *gap* negativo é adequada quando for desejável um melhor comportamento mecânico do componente.

Em casos em que a resistência mecânica não é tão relevante, visando reduzir o tempo de fabricação e a quantidade de material no interior de peças, ou ainda quando o objetivo é obter uma estrutura porosa, é desejável empregar uma deposição espaçada, ou seja, um *gap* positivo (distância maior entre filamentos). É comum, nesses casos, os sistemas de planejamento de processo tratarem o espaçamento entre filamentos do preenchimento como sendo um percentual. Por exemplo, um preenchimento 100% significa um *gap* zero entre filamentos. Contudo, essa forma de definição implica que o usuário não tem controle direto sobre a distância *h* (entre os filamentos adjacentes), uma vez que esta será uma consequência do percentual de preenchimento especificado.

Quando é utilizado um preenchimento com *gap* positivo (preenchimento menor do que 100%), as camadas de base e topo da peça ficarão vazadas (o interior da peça ficará visível). Assim, da mesma forma que o número de contornos gera uma parede lateral mais espessa na peça, é comum definir um número de camadas que terão um preenchimento 100% (*gap* 0) nas faces de topo e de base da peça, obtendo-se assim um volume fechado.

Como o preenchimento tipo *raster* é empregado com frequência, algumas considerações particulares sobre ele são aqui tratadas. Um aspecto importante dessa estratégia é a possibilidade de realizar o cruzamento dos filamentos entre uma camada e outra, gerando uma "amarração" entre elas. Isso é possível por meio do parâmetro ângulo de inclinação das linhas de *raster* (ver Figura 3.13), que pode ser alternado de uma camada para outra de 90° (ou qualquer outro ângulo), conforme mostrado na Figura 3.16. A alternância do ângulo de preenchimento entre as camadas melhora a resistência mecânica do material devido à "amarração" dos filamentos. Adicionalmente, tem-se ainda um máximo empacotamento e um mínimo de vazios entre filamentos das camadas, o que também contribui para aumentar a resistência do material [31].

A velocidade de impressão (*F*) pode ser variada ao longo do processo para atender cada entidade da deposição ou para camadas específicas. Por exemplo, os valores aplicados podem ser menores para contornos externos, para melhor acabamento, e maiores para os internos para ganhar tempo – no caso de utilizar mais de um. O preenchimento interno pode ser depositado com velocidades maiores para reduzir tempo de processo e mais reduzidas nas superfícies de topo (fechamento) para um melhor acabamento. Também pode-se adotar velocidade menor para a primeira camada para favorecer a aderência na plataforma e maiores para as demais camadas da peça.

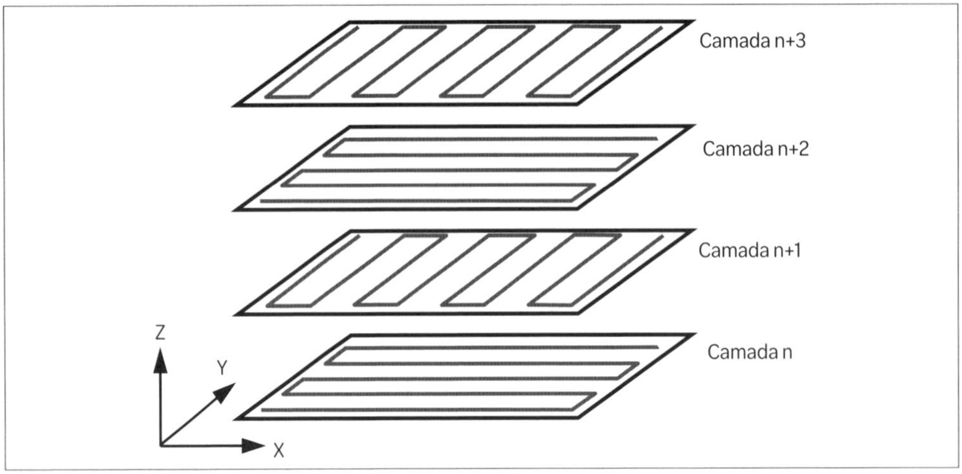

Figura 3.16 Preenchimento com alternância do ângulo de *raster* de 90° entre camadas.

Outro aspecto geral das estratégias de deposição é que provavelmente será necessário interromper a deposição do filamento, reposicionar o cabeçote extrusor e reiniciá-la em outra posição. Os deslocamentos entre o final e o início de uma deposição devem ser realizados sem extrusão de material (deslocamento em vazio). O número de deslocamentos sem extrusão pode ser grande a depender de fatores como: o número de contornos da peça (regiões desconectadas), a complexidade dos contornos e do número de peças na mesa. Por exemplo, a Figura 3.17 apresenta, de forma esquemática, a seção de uma fatia do preenchimento do tipo *raster*, contendo três contornos fechados (C1, C2 e C3) e cinco trechos de *raster* desconectados (TR1 a TR5). Dentro do C3, com a orientação do *raster* adotada, foram criados os trechos TR1, TR2 e TR5. Observa-se então que, além do deslocamento sem extrusão de um contorno para outro, o cabeçote extrusor deverá também se deslocar do final de um trecho de *raster* para o início do outro.

Um primeiro aspecto a ser considerado nesse cenário, no caso de polímero, é a possibilidade de gerar fios sobre a peça (defeito do tipo *strings*) em função de um valor de retração do filamento não adequado (comentado na seção anterior). Outro aspecto é que, dependendo do número de contornos e de trechos interrompidos, o tempo despendido nos deslocamentos sem extrusão pode ser significativo. Nesse sentido, é possível aplicar algoritmos de otimização de rotas visando à definição de um caminho mais curto para o cabeçote extrusor "visitar" todos os contornos e trechos de preenchimento em cada camada. Nesse caso, busca-se definir a melhor sequência de deposição com o objetivo de reduzir a distância de deslocamentos quando não há deposição do material, tendo como consequência a redução no tempo de fabricação [32]-[34].

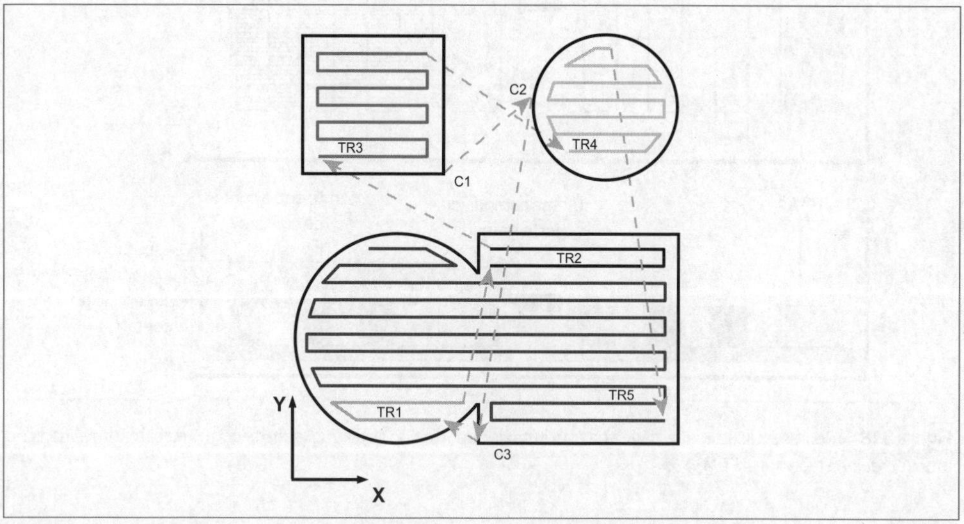

Figura 3.17 Exemplo de trajetórias de deposição de uma camada destacando os contornos (C), os trechos de *raster* (TR) e os deslocamentos em vazio identificados pelas setas tracejadas.

3.7.4 Estratégias das estruturas de suporte

As estratégias adotadas para construir as estruturas de suporte variam entre as tecnologias, mas o objetivo geral é o mesmo, ou seja, dispor de uma estrutura que desempenhe o seu papel, empregando a menor quantidade de material, economizando tempo de processo e que facilite a sua remoção posterior das peças.

Uma estrutura de suporte básica é obtida utilizando a estratégia de preenchimento do tipo zigue-zague *raster* com uma distância grande entre filamentos ($h_{espaçado}$), que vai sendo empilhada pelo número necessário de camadas, como mostrado na Figura 3.18. Obviamente, não é recomendável apoiar diretamente a primeira camada da peça sobre essas estruturas vazadas. Uma alternativa é construir uma ou mais camadas refinadas ($h_{refinado}$), *raster* com preenchimento 100%, com um ângulo de 90° em relação à estrutura espaçada, gerando-se uma superfície plana (base para depositar a peça). Cabe salientar que a superfície da camada refinada possui ondulações decorrentes tanto do perfil elíptico dos filamentos depositados quanto da deformação dos filamentos em função de serem apoiados entre dois pontos do preenchimento espaçado (ponte entre duas colunas adjacentes – Figura 3.18). A qualidade dessa superfície afetará a geometria da peça, como detalhado na Seção 3.8.1.

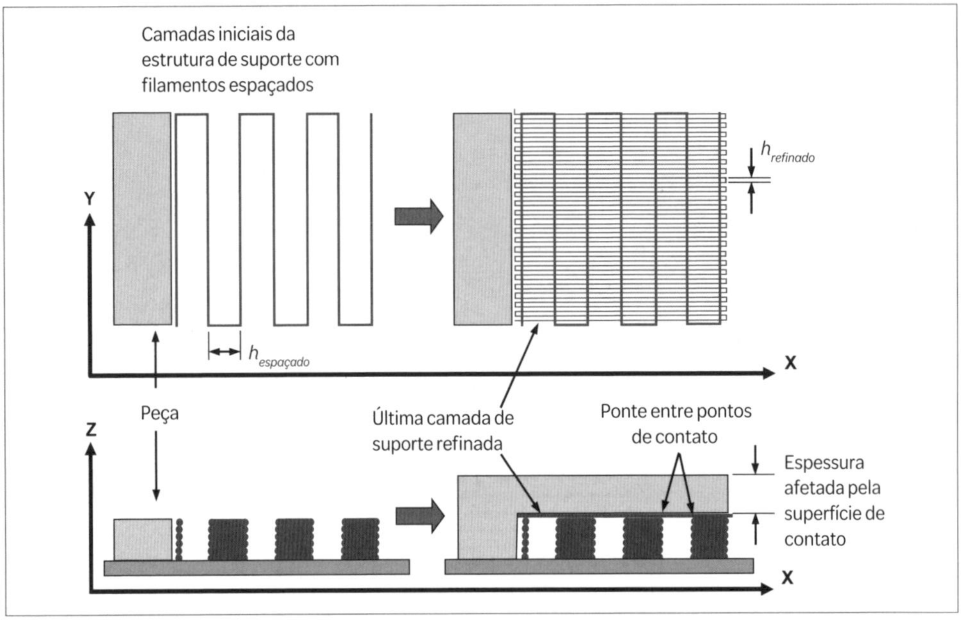

Figura 3.18 Representação esquemática da estrutura de suporte tipo zigue-zague *raster* com uma camada refinada no topo (*default* na tecnologia FDM).

A interface entre a peça e a camada refinada da estrutura de suporte deve ser planejada para reduzir os efeitos negativas nessa região. Se o material do suporte e da peça for o mesmo, programa-se uma distância entre as superfícies de contato maior do que a espessura normal de uma camada. Dessa forma, a camada da peça não será tão pressionada contra a camada refinada, resultando em uma aderência mais fraca e facilitando a sua remoção no final do processo. No entanto, a dimensão em Z (espessura) dessa região da peça ficará comprometida (como indicado na Figura 3.18). Quando os materiais de suporte e da peça forem distintos e não apresentarem uma aderência muito forte, não é necessário empregar essa solução, uma vez que não apresentarão esse problema dimensional.

Outras estruturas de suporte encontradas, que visam reduzir o volume de material do suporte, são as do tipo pilares (quadrados ou circulares), do tipo árvore e a combinação desses [35]. Investir em um bom projeto de estruturas de suporte pode levar a uma considerável economia, principalmente se uma peça deve ser fabricada em maior quantidade.

As estruturas de suporte podem também desempenhar funções adicionais no processo, como auxiliar na aderência e fixação da peça na plataforma do equipamento, prevenindo empenamentos, descolamento e tombamento. Na tecnologia

FDM, como comentado na Seção 3.3.1, é comum a fabricação de uma base sobre a plataforma, com material específico para suporte, antes de iniciar a deposição da peça. Nesse caso, a base é utilizada para facilitar a retirada do componente no final do processo e corrigir qualquer imperfeição na plataforma. Nas tecnologias MEX em geral, é normal imprimir diretamente sobre a plataforma, não sendo necessário depositar sobre alguma base inicial. No entanto, nos casos em que a peça tem pouca área de contato com a plataforma, é esbelta (grande relação entre altura e seção transversal) e de materiais de difícil aderência e propensos a empenamento (tipo ABS), pode-se ter problema de descolamento da plataforma (Figura 3.19a). Nesses casos, é recomendável utilizar uma base (Figura 3.19b, às vezes denominada *raft*) formada por algumas camadas do material de suporte e com uma borda ao redor que aumenta a área da base. As deformações tendem a ficar nas bordas da base, não atingindo a peça. Em casos menos críticos, em vez da base, pode-se empregar uma aba (*brim*) formada por alguns contornos paralelos ao redor da peça na primeira camada, sendo de mais fácil remoção que uma base (Figura 3.19c). E no caso particular de geometrias muito esbeltas, e que precisam ser fabricadas na vertical, há risco de tombamento durante a deposição das camadas mais próximas do topo (Figura 3.19d). Uma alternativa para reduzir esse risco é criar estruturas de suporte ao redor da base até uma certa altura da peça (Figura 3.19d). Cabe ao usuário identificar essa necessidade e especificar a altura necessária para essa estrutura.

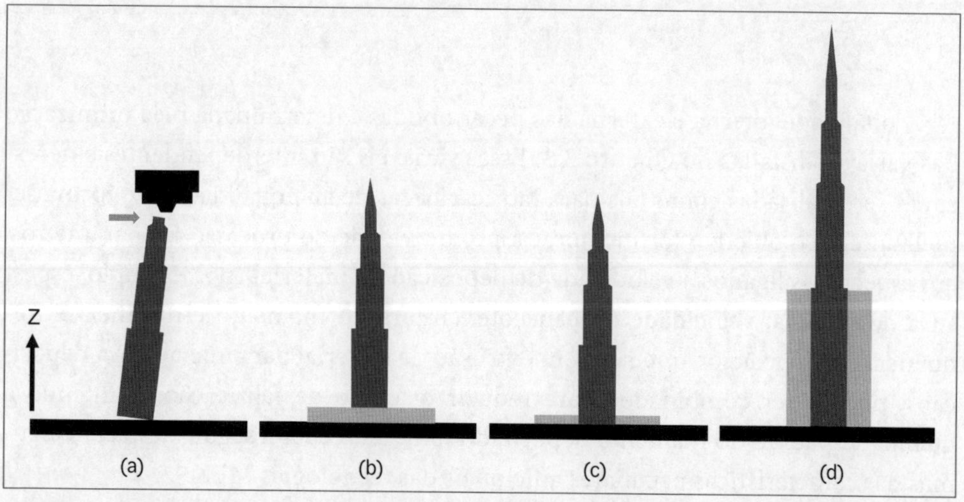

Figura 3.19 Provável tombamento/descolamento da mesa em peças com pouca área de contato e esbeltas (a) e alternativas de incluir uma base (b), uma aba (*brim*) na primeira camada (c) ou estrutura de suporte ao redor até uma certa altura (d).

3.8 DEMAIS CARACTERÍSTICAS DO PROCESSO MEX

As variáveis que afetam as características finais do material nos processos MEX podem ser divididas em quatro categorias de parâmetros específicos: de operação, da máquina, do material e da geometria [27]. O Quadro 3.3 apresenta um detalhamento dessas categorias, listando as principais variáveis de processo.

Quadro 3.3 Principais variáveis do processo MEX [27] [31]

Operação	Máquina	Material	Geometria
Espessura da camada (fatiamento)	Diâmetro do bico	Natureza amorfa ou cristalina do material	Variação do comprimento do vetor de preenchimento
Largura do filamento depositado	Taxa de alimentação do material (filamento, granulado ou pasta)	Viscosidade	Estrutura de suporte
Velocidade de deslocamento do cabeçote	Velocidade dos roletes tracionadores, do parafuso extrusor ou êmbolo	Rigidez do filamento	Quantidade de trechos de preenchimento (*raster*, outro)
Temperatura de extrusão	Vazão	Flexibilidade	Tempo entre deposição de camadas
Temperatura da mesa ou envelope	Sistema de extrusão direto ou Bowden	Higroscopia	Tempo entre deposição dos trechos adjacentes na estratégia *raster*
Padrão de preenchimento	Diâmetro do filamento ou dimensão do granulado	Condutividade térmica	Pequenas dimensões dos detalhes
Gap ou percentual de preenchimento	Gradiente térmico no interior do envelope	Filamentos com carga (características do polímero e da carga – pó)	

A qualidade interna e externa das peças obtidas é determinada pela otimização das variáveis listadas no Quadro 3.3. Essas variáveis são interdependentes e necessitam ser analisadas como tais para fabricar peças de alta qualidade. De forma semelhante, se o objetivo for melhorar a produtividade do processo, os parâmetros, em especial os ligados à velocidade de deposição de material (por exemplo, espessura de camada, velocidade do cabeçote, largura do filamento e distância e frequência dos reposicionamentos sem extrusão de material para iniciar nova deposição), podem ser combinados para reduzir o tempo de fabricação, mantendo a qualidade-padrão do filamento depositado [36]. As seções a seguir destacam algumas das características peculiares adicionais das tecnologias MEX.

3.8.1 Qualidade das superfícies da peça

Da mesma forma que para as demais tecnologias de AM, a peça produzida por MEX possui acabamento distinto para cada superfície da peça, ou seja, uma anisotropia de acabamento ao longo da peça [37]. O acabamento de uma superfície dependerá da sua posição e orientação em relação ao plano de construção (Figura 3.20). Superfícies planas paralelas ao plano XY oriundas de camadas de topo (a última camada da peça, por exemplo) resultam em um acabamento corrugado característico do processo, ou seja, com a ondulação da geometria dos filamentos depositados lado a lado. As que estão em contato com a plataforma terão um acabamento melhor (menor rugosidade) em função do maior achatamento da primeira camada, copiando a superfície da plataforma. Superfícies planas na direção vertical (90° em relação ao plano XY) tendem a ter uma rugosidade que é função do formato "elíptico" do filamento e da espessura de camada [2]. Nas superfícies inclinadas ou curvas, a qualidade do acabamento irá variar com o ângulo de inclinação, em função do efeito degrau de escada, como descrito no Capítulo 10.

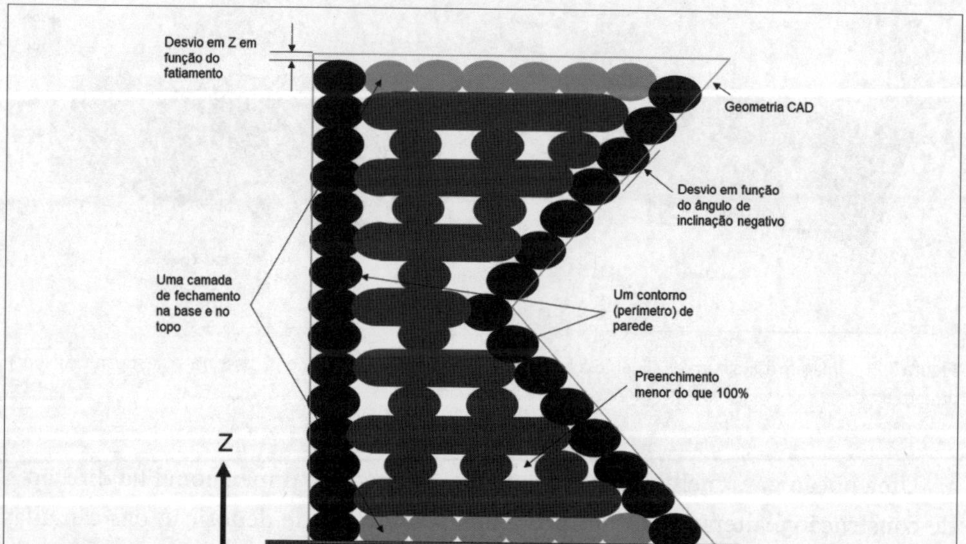

Figura 3.20 Representação esquemática da seção transversal de uma peça fabricada com um perímetro de parede, uma camada de fechamento (topo e base) e preenchimento menor do que 100%.

Adicionalmente, as superfícies da peça que ficam em contato com as estruturas de suporte são afetadas pelos defeitos causados durante a retirada do suporte (mais críticos se a estrutura do suporte for do mesmo material da peça) e pela qualidade da superfície dessas estruturas. De uma maneira geral, as camadas da peça acabam copiando as irregularidades das superfícies que servem de apoio ao material da peça durante o processamento, prejudicando, assim, a qualidade do acabamento e a precisão dimensional da peça na direção de construção [38]. Como exemplo, a Figura 3.21 mostra o resultado da digitalização da superfície superior da estrutura de suporte (última camada antes de depositar a peça, construída sobre um preenchimento $h_{\text{espaçado}}$ de 1,78 mm) e a respectiva superfície inferior da peça produzida sobre essa base refinada, ambas obtidas com a tecnologia FDM. Para a análise dessas figuras, recomenda-se recorrer também à Figura 3.18, que apresenta a estratégia de deposição da estrutura de suporte. Como pode ser observado na Figura 3.18a, a superfície resultante da última camada refinada (com h_{refinado}) apresenta alguns picos justamente sobre os pontos de apoio do maior espaçamento da camada precedente ($h_{\text{espaçado}}$). O perfil da superfície da peça (Figura 3.21b) apresenta um formato periódico com picos e vales que têm correlação com o perfil superior da camada refinada que foi copiado para a peça como um efeito negativo entre picos e vales.

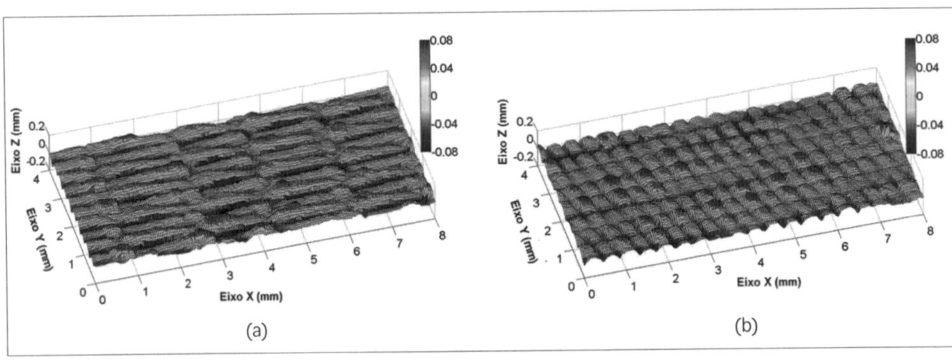

Figura 3.21 Imagem digitalizada da superfície superior da camada refinada do suporte (base) (a) e da superfície inferior da peça em contato com essa base (b), produzidas pela tecnologia FDM.

Uma opção para melhorar o acabamento e a precisão dimensional na direção Z de construção é alterar a configuração dos parâmetros de deposição das camadas refinadas das estruturas de suporte, por meio da redução do $h_{\text{espaçado}}$ e/ou da duplicação da última camada refinada da base [38].

3.8.2 Vazios decorrentes do preenchimento

Mesmo quando é planejada a impressão de uma peça maciça (preenchimento completo da camada), alguns vazios de preenchimento serão gerados ao seguir a trajetória de deposição do filamento [39]. Em particular, o preenchimento tipo zigue-zague *raster* tende a gerar vazios nas regiões de contato entre contorno e preenchimento (ver Figuras 3.13 e 3.22a), junto às ligações entre as linhas de *raster*, pontos em que ocorrem mudanças bruscas de direção da trajetória. O preenchimento é incompleto nessa região devido à geometria do filamento. Uma das formas mais simples de reduzir esses vazios é reduzir a distância entre os filamentos do contorno e do *raster* (Figura 3.22a). Reduzindo-se essa distância, haverá uma sobreposição maior de material junto ao contorno. Uma calibração dessa distância é necessária, pois, se for muito pequena, reduz o tamanho dos vazios, mas pode causar uma deformação excessiva da região em virtude da elevada sobreposição de material. Outra possibilidade é a alteração da trajetória das ligações entre linhas de *raster*, aproximando-se os pontos extremos das linhas ao contorno, de forma a compensar a falta de preenchimentos nessas regiões (Figura 3.22b).

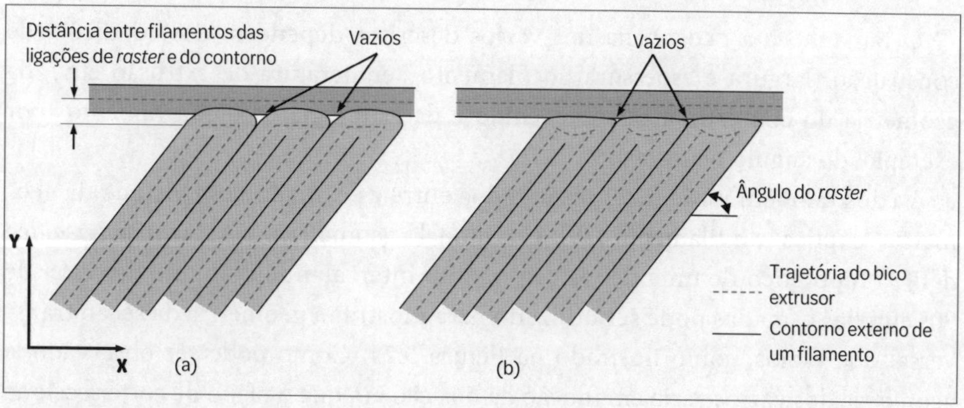

Figura 3.22 Possibilidades de redução de vazios ao longo do preenchimento: redução da distância entre filamentos de *raster* e perímetro (a) e alteração da trajetória de deposição (b).
Fonte: adaptada de Agarwala *et al.* [27].

Outro vazio de preenchimento característico dessa estratégia é a divisão geralmente não exata da área a ser impressa pelo número de linhas de *raster* (largura do filamento). Em função da geometria do contorno, é possível que não haja espaço suficiente para incluir mais um filamento de fechamento da área, e esse espaço é deixado sem preenchimento (Figura 3.23). A estratégia de preenchimento tipo concêntrico também pode apresentar divisão não exata, o que implica deixar de incluir um último contorno [27]. Em função da estratégia, o vazio de preenchimento nesse caso é mais crítico, pois pode chegar a um espaço de até quase dois filamentos, enquanto na zigue-zague *raster*, pode ser de até um filamento. Alguns estudos já possuem rotina de identificação desses tipos de vazios e propõem alterar a largura do filamento nas regiões de divisão não exatas para permitir o encaixe de mais um filamento ou um contorno [40].

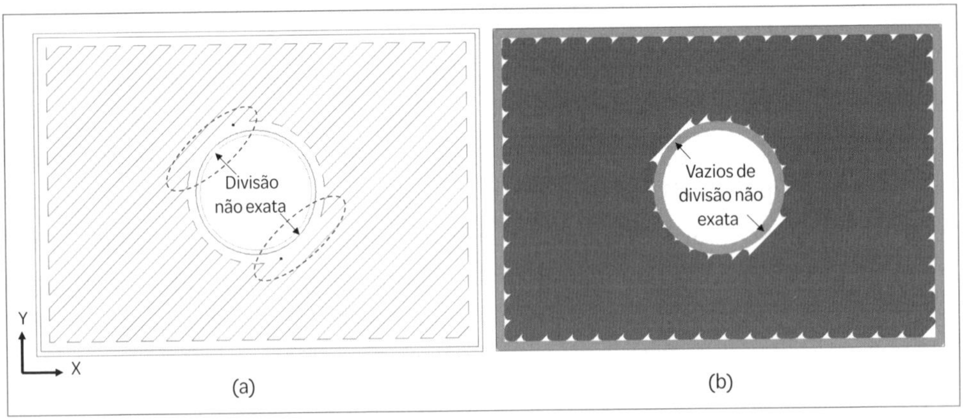

Figura 3.23 Vazios ao longo do preenchimento e do contorno devido à divisão não exata entre a área a ser impressa e o número de linhas de *raster*: trajetória (a) e simulação dos vazios (b).

O tamanho e a ocorrência dos vazios descritos dependem das condições de construção (largura e espessura do filamento, temperatura de extrusão etc.), da geometria do contorno a ser preenchido e da estratégia de preenchimento (por exemplo, do ângulo de *raster*).

Vazios também podem ser observados entre as camadas, em virtude da geometria "elíptica" do filamento [39]. Um modelo geométrico CAD (*computer-aided design*) hipotético de uma deposição-padrão intercalando o ângulo de *raster* de 90° entre as camadas pode ser utilizado para mostrar a geometria da seção transversal dos vazios, como ilustrado na Figura 3.24. Como pode ser observado, a geometria dos vazios varia em função da posição em que o plano de corte secciona o volume dessas regiões. Numa peça real, a deformação do material, em função das suas propriedades reológicas e da temperatura durante a deposição, reduz esses vazios, alterando a sua geometria, mas eles continuam existindo, conforme demonstrado em estudo que utilizou a microtomografia computadorizada para analisar amostras de material obtidas por FDM [41]. Esse estudo mostrou também que, quanto maior a temperatura de extrusão do material e da câmara de fabricação, menor será o percentual de vazios na peça, no entanto, podem ocorrer deformações indesejadas, sendo sempre uma solução de compromisso.

A existência de vazios na camada e entre camadas é um dos principais motivos pelos quais as peças fabricadas por MEX apresentam falta de estanqueidade.

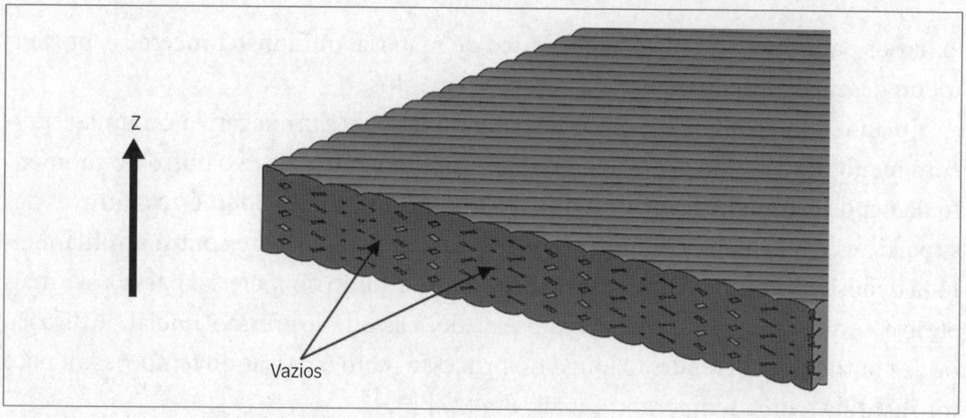

Figura 3.24 Geometria da seção transversal dos vazios obtida de um modelo geométrico CAD hipotético em corte no qual o preenchimento das camadas foi intercalado com ângulo de *raster* de 90°.

A existência de vazios e a possibilidade de planejar sua localização e geometria nas peças pode ser vista como um potencial interessante da MEX para aplicações em que se deseja obter uma estrutura treliçada (*lattice*), porosa ou um arcabouço (*scaffold*) para a área da saúde. A estratégia tipo zigue-zague *raster* permite fabricar diferentes configurações de estruturas, com espaçamento variável entre filamentos, agrupamento de filamentos e com variação da largura do filamento para controlar, por exemplo, a permeabilidade nesse meio [28] [42].

3.8.3 Aderência entre filamentos depositados

A aderência entre os filamentos adjacentes (ou vizinhos) é importante para a resistência de uma peça obtida por MEX. No caso de polímeros, a aderência depende da difusão do material e, para que esta ocorra, é necessário atender às exigências térmicas (temperatura acima da transição vítrea Tg) e a fatores físicos, como tempo e pressão. A difusão se reflete na formação de um "pescoço" de ligação entre filamentos adjacentes. Sun *et al.* [31] analisaram o comprimento e a resistência dessas ligações em ABS por meio de teste de flexão em três pontos. Os autores salientaram que o comprimento da ligação entre filamentos é um fenômeno conduzido pela energia térmica que circula na região ao redor deles. Essa energia advém do material extrudado, mas também da radiação do cabeçote extrusor ao passar por essa região após a deposição do filamento. Ao analisarem o perfil de temperatura em determinado ponto de uma peça, ao longo do processo, verificaram que, mesmo após a deposição de algumas camadas, a temperatura da primeira camada ultrapassava a Tg do ABS sempre que o cabeçote extrusor passava por esse ponto. Assim, o material depositado acabava ficando boa parte do tempo de fabricação acima da Tg, evidenciando uma contribuição significativa da condução do calor do cabeçote extrusor para a peça no histórico térmico do material durante o processo e, portanto, no desenvolvimento da ligação entre filamentos.

Quanto a fatores físicos, um espaçamento lateral (*gap*) negativo ou uma espessura menor de camada pressionarão mais um filamento contra o outro no momento da deposição, o que favorece a difusão mútua das cadeias poliméricas através das superfícies em contato. Quando a pressão da deposição ocorre contra um filamento já depositado a uma temperatura mais alta, a difusão do material passa a ser mais efetiva. Adicionalmente, como já observado, cessada a pressão inicial, a difusão pode continuar ocorrendo ao longo do processo (com o passar do tempo), se a peça for mantida a uma temperatura mais alta [27] [31].

Observa-se, então, que o histórico térmico do material depositado (substrato) é fundamental para a qualidade da aderência entre filamentos. Assim, um aspecto também relevante para a difusão é a temperatura em que o material já depositado se encontra, sendo que esta é uma consequência de fatores como: temperatura de impressão, temperatura da câmara de construção (se houver) e também da trajetória de deposição adotada.

Todo material polimérico tem uma faixa de temperatura de extrusão recomendada. Para favorecer a aderência e a resistência final do material, recomenda-se escolher uma temperatura mais próxima ao limite máximo permitido. Quando os equipamentos possuem controle da temperatura da câmara, pode-se garantir que a temperatura de contato (entre substrato e filamento recém-extrudado) vai ocorrer sempre acima dessa temperatura, favorecendo a aderência do material. No caso de equipamentos mais simples, a temperatura do material já depositado no momento do contato pode chegar até o limite do ambiente externo, e essa maior variação implicará em piora na aderência.

O controle da aderência torna-se mais complicado quando se analisa a trajetória de deposição, pois alguns fatores geométricos afetam a temperatura de contato. Nesse sentido, a aderência entre filamentos pode ser analisada considerando aspectos da mesma camada e entre camadas sucessivas.

Um ponto a ser ressaltado quanto à aderência na mesma camada é o tempo que o filamento leva para receber o contato do seu vizinho (tempo entre contato) e, por consequência, a temperatura no momento do contato. Esse tempo é diretamente dependente da estratégia de preenchimento. Por exemplo, na estratégia zigue-zague *raster*, o tempo é afetado pelo comprimento das linhas de *raster*, que vai depender da geometria da peça (contorno 2D) e do ângulo de *raster* (Figura 3.25). Quanto menor o comprimento da linha de *raster*, menos tempo o filamento depositado terá para resfriar antes de receber o contato do seu vizinho, melhorando a aderência entre eles [31]. Na prática, em uma mesma camada, o tempo entre contato pode ser mais curto em uma região do que em outra (por exemplo, região A e B da Figura 3.25). Como resultado, a aderência entre os filamentos será melhor na região A do que na região B. No estudo de Sun *et al.* [31], foi demonstrado que a temperatura média do material reduziu em 10% ao passar do comprimento da linha do preenchimento *raster* de 28 mm para um de 200 mm.

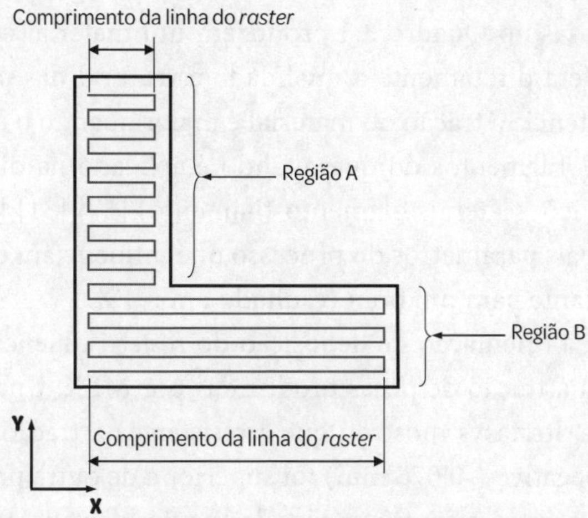

Figura 3.25 Influência do comprimento da linha do *raster* no tempo entre contato dos filamentos adjacentes.

Outra origem de variação na aderência lateral na mesma camada advinda da estratégia de preenchimento zigue-zague *raster* é a necessidade de interrupção e reposicionamento do cabeçote extrusor. Como observado na Figura 3.17, os trechos de *raster* criados podem não ser depositados em sequência. Dessa forma, pode ocorrer um maior resfriamento do material na região de interface; consequentemente, o contato entre os filamentos vizinhos desses trechos pode se dar de forma não adequada, comprometendo a aderência lateral [27] [43].

Analisando a aderência entre camadas adjacentes, observa-se que a temperatura de contato entre os filamentos também pode variar de uma região para outra ou de uma peça para outra. Um dos fatores que afeta a temperatura da camada precedente é o tempo entre camadas. Em geral, quanto maior esse tempo, menor é a temperatura do material já depositado. Um caso típico em que isso é observado é quando se aumenta o número de peças na plataforma, ou seja, peças fabricadas ao mesmo tempo. Quanto mais peças forem fabricadas juntas, maior será o tempo entre camadas e, por decorrência, menor a temperatura de contato e a resistência das peças [44]. Em outras palavras, uma peça fabricada isolada tende a ser mais resistente na direção de construção (Z) do que essa mesma peça fabricada junto com outras peças.

Obviamente, os equipamentos que operam com controle de temperatura da câmara permitem minimizar os problemas de aderência. Isso porque, mantendo-se a temperatura da câmara em um patamar adequado, as variações de temperatura continuam existindo, mas serão menores que nos equipamentos abertos.

3.8.4 Anisotropia do material impresso

O princípio básico de adição de material em camadas e as variações dos parâmetros de processo destacadas no Quadro 3.3 produzem um material com característica anisotrópica, que afeta diretamente a qualidade estrutural das peças produzidas. Por exemplo, a resistência à tração do material é maior quando o esforço é aplicado na direção axial dos filamentos do que quando é aplicado na direção transversal (esforço sobre as ligações laterais filamento-filamento) [27] [31] [45] [46]. A identificação dos principais parâmetros do processo que influenciam essa característica é uma tarefa importante para um bom resultado em MEX.

O valor do *gap* e a orientação de deposição do *raster* influenciam significativamente na resistência à tração de peças produzidas por MEX. Um estudo realizado com o ABS P400 da Stratasys mostrou que a resistência à tração de uma amostra fabricada com *gap* negativo (-0,076 mm) foi superior à de outra produzida com *gap* nulo, independentemente das configurações de ângulos de *raster* testadas [45]. Nesse estudo, a maior variação na resistência à tração foi um aumento de 30% quando se utilizou o *gap* negativo para o ângulo de *raster* 0/90°. Outro estudo confirmou que, para o material PC, quando o *gap* negativo de -0,013 foi comparado ao nulo, a resistência à tração foi em média 16% maior para todas as orientações de *raster* testadas (ângulos de *raster* 0/90°, 30/-60° e 45/-45°) [47]. Resultados semelhantes também foram obtidos com o material ULTEM 9085 [46]. Assim, é possível inferir que esse comportamento é inerente ao processo e independente do material utilizado.

A orientação de deposição dos filamentos em uma camada tem grande influência na propriedade do material impresso. Com base nisso, essa orientação pode ser planejada combinando diferentes ângulos de *raster* em uma mesma amostra, em configurações na forma de "sanduíche". O conceito é melhorar as propriedades de uma peça na direção em que esta será submetida à maior solicitação de carga, sem maiores prejuízos para outras direções. Nesse contexto, o estudo realizado por Magalhães *et al.* [48], com ABS-P400 em tecnologia FDM, mostrou que todos os materiais obtidos nas configurações "sanduíche" testadas possuíam módulo de elasticidade maior (maior rigidez) que o da configuração-padrão (variação do ângulo de deposição de 45/-45° entre as camadas), isso nas duas direções principais de solicitação (longitudinal e transversal) (Figura 3.26). Já a resistência à tração na principal direção de aplicação da carga foi similar ou superior à configuração-padrão, mas com pouca redução na direção transversal.

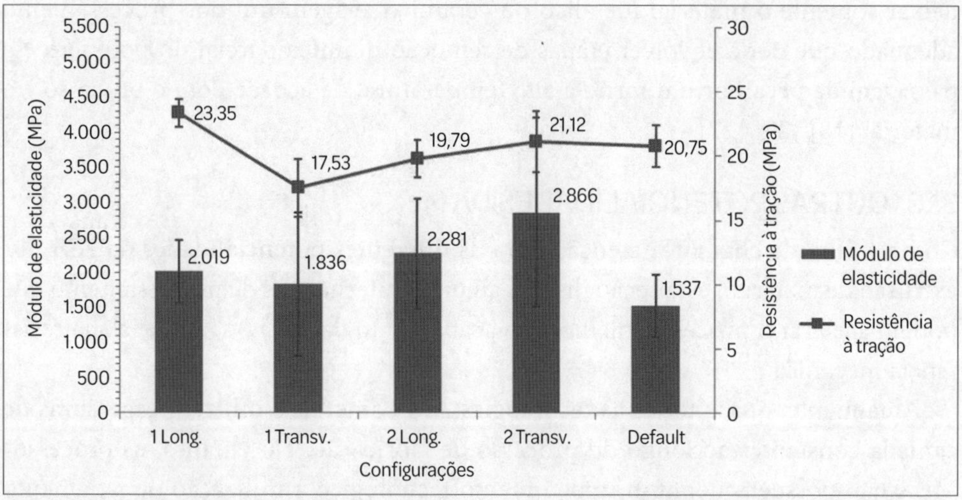

Figura 3.26 Resistência à tração e módulo de elasticidade do ABS P400 com diferentes configurações "sanduíches" variando ângulos de *raster*.
Fonte: adaptada de Magalhães *et al.* [48].

Em adição a esses pontos, conforme mencionado na seção anterior, a resistência mecânica do material impresso também está relacionada com a qualidade da aderência entre os filamentos ao longo do processo. Informações adicionais sobre modelagem e parâmetros de processo de extrusão, bem como suas implicações na peça final, podem ser encontradas na literatura [2] [31] [46] [47] [49].

3.9 PÓS-PROCESSAMENTO PARA MEX

Os processos de extrusão dos materiais mais comuns exigem pouco pós-processamento, restringindo-se, muitas vezes, à retirada de material de suporte. Como mencionado, essa remoção pode ser manual ou por dissolução em solução aquosa detergente, dependendo do material do suporte.

A melhoria do acabamento das superfícies das peças pode ser conseguida por meio de lixamento ou recobrimento da superfície (camada de *primers*, pintura ou metalização). O ataque químico (com solvente líquido ou vapor) também pode ser aplicado em alguns polímeros, como o metiletilcetona, que pode ser utilizado para suavizar a superfície de peças em ABS.

A infiltração do material impresso com resinas, como as epóxis, em uma câmara de vácuo é uma alternativa para melhorar a sua estanqueidade e resistência mecânica (incluindo em temperatura mais altas) [8].

Já os processos que utilizam a mistura de polímeros com carga metálica ou cerâmica (comentados nas Seções 3.5 e 3.6), cujo objetivo é extrair o polímero e deixar somente o material metálico ou cerâmico, exigem um pós-processamento adequado que pode envolver etapas de remoção química parcial do polímero e a passagem da peça por um forno a alta temperatura, de acordo com o processo e o material [18] [20] [27].

3.10 OUTRAS POTENCIALIDADES DA MEX

Como forma de chamar a atenção para as diferentes potencialidades da AM por extrusão de material, esta seção discute algumas alternativas de processamento que podem acelerar o processo, melhorar o acabamento da peça ou, ainda, a sua resistência mecânica.

Atualmente, quase todas as tecnologias AM comerciais utilizam espessuras de camada constantes ao longo do processo de fabricação. No entanto, os processos MEX não possuem nenhum impedimento tecnológico à utilização de fatiamento adaptativo. Com o fatiamento adaptativo, é possível utilizar uma espessura de camada variável ao longo da peça, com as vantagens de reduzir o efeito escada e o tempo de fabricação (mais detalhes no Capítulo 10). A única consideração a ser feita é que as espessuras das camadas possíveis seriam aquelas permitidas com um dado diâmetro de bico calibrado. Alguns estudos com o fatiamento adaptativo foram realizados utilizando, inclusive, sistemas comerciais FDM adaptados, mesmo sem essa possibilidade de fatiamento estar disponível originalmente no sistema de planejamento de processo comercial do referido equipamento [50] [51].

Uma variação dessa abordagem, visando reduzir ainda mais o tempo de fabricação, é aplicar o fatiamento adaptativo somente em uma casca externa de uma peça, com espessura refinada, e deixar o interior para ser preenchido com uma camada mais espessa [52]. A Figura 3.27 apresenta esquematicamente esse conceito. Para sua aplicação, a espessura da camada do interior deve, obrigatoriamente, ser um múltiplo da espessura das camadas mais refinadas da casca. Durante a fabricação, as camadas refinadas da casca são depositadas primeiro, em um número adequado, sendo seguidas por uma camada mais espessa do interior, mantendo o bico do extrusor na mesma altura da última camada refinada. Com isso, atinge-se o preenchimento do mesmo nível das camadas da casca. Essa sequência é repetida até a finalização da peça.

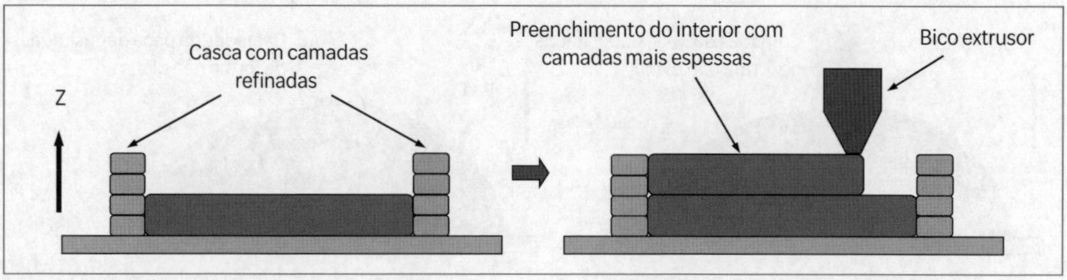

Figura 3.27 Possibilidade de fatiamento adaptativo na casca externa da peça, com o exterior refinado e o interior preenchido de forma mais rápida (camada mais espessas).

Os processos de extrusão de material possuem também potencial para a adição de camadas não planas [53]. Essa opção tem particular interesse para aplicações em peças do tipo casca e peças curvas, possibilitando reduzir o efeito degrau de escada, diminuir o número de camadas e aumentar a resistência dessas peças. Nas peças tipo casca, uma possibilidade é depositar, inicialmente, as camadas de suporte de forma plana convencional e, depois, depositar as camadas curvas da peça (Figura 3.28a). Para outras geometrias, o interior da peça pode ser depositado com camadas planas e, então, segue-se com as camadas curvas de acabamento (Figura 3.28b). Esse conceito tem algumas limitações e exigências adicionais em relação ao equipamento. Por exemplo, o sistema de controle da movimentação deve permitir o deslocamento do cabeçote nos três eixos simultaneamente (X, Y e Z). O ideal seria dispor de equipamento com a possibilidade de inclinar o extrusor (eixos adicionais de rotação) para mantê-lo o mais ortogonal possível à superfície depositada. No entanto, existe uma limitação física para essa inclinação e também para a curvatura máxima da superfície que pode ser atendida, para evitar colisão com a plataforma de construção, com as estruturas de suporte ou mesmo com as camadas da peça já depositadas. Nesse sentido, essa alternativa tem se restringido à peça com pouca curvatura.

Os processos de extrusão apresentam também a facilidade de serem escaláveis para dimensões muito maiores, em especial quando se trata de deposição de materiais que não necessitam de um controle térmico refinado. Assim, a sua utilização na construção civil, como na fabricação de casas e até prédios, tem sido um foco de estudo [54] [55]. Um trabalho pioneiro na área é o do Prof. Koshnevis, da University of Southern California [54]. A utilização do vidro como matéria-prima também tem sido explorada e tem apresentado resultados promissores para outros tipos de aplicações, desde a arte até produtos para o uso residencial [56].

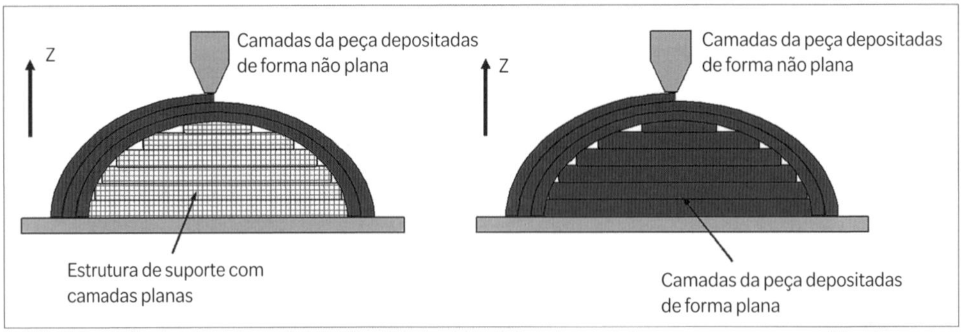

Figura 3.28 Possibilidade de deposição de camadas não planas em peça tipo casca (a) ou não (b).

3.11 VANTAGENS E LIMITAÇÕES DA AM POR MEX

Após ter-se apresentado vários aspectos das tecnologias MEX, pode-se destacar, de uma maneira geral, algumas das principais vantagens quando comparadas às outras tecnologias de AM. Assim, as principais vantagens são:

- Simplicidade do princípio de deposição de material (extrusão de material).
- Variedade de termoplásticos que podem ser processados, incluindo os polímeros classificados como de engenharia.
- Utilização de materiais cerâmicos e metálicos em um processo indireto (requerem pós-processamento).
- Materiais utilizados estáveis, ou seja, respondem relativamente bem, mecânica e quimicamente, às variações do ambiente.
- Fabricação de peças com propriedades mecânicas que, em alguns casos, podem ser utilizadas em testes funcionais ou em componentes de uso final.
- Uso em ambiente de escritório sem exaustão para alguns dos materiais. Alguns plásticos de engenharia exalam odores (gases), o que pode ser considerado inadequado ao ambiente de escritório.

Como principais limitações, tem-se:

- O processo é relativamente lento, sendo limitado pela vazão do material em um bico no extrusor e por um sistema mecânico de movimentação.
- A precisão dimensional e a resolução dos detalhes que podem ser reproduzidos são restritas, pois estão relacionadas ao diâmetro do bico utilizado, que define a faixa de diâmetro do filamento depositado e as espessuras de camada que podem ser configuradas.

- Necessita de estruturas de suporte em regiões suspensas ou com geometrias com ângulo de inclinação abaixo do ângulo de autossuporte (negativas). Dependendo da peça, o gasto com material de suporte é considerável.
- Dependendo do tipo de material de suporte utilizado (solúvel ou de remoção física) e da geometria da peça, essa tarefa pode ser simples ou bastante trabalhosa.

3.12 CONSIDERAÇÕES FINAIS

Neste capítulo, foram apresentados vários aspectos dos processos de AM baseados no princípio de extrusão de material. As tecnologias desse grupo estão entre as mais utilizadas atualmente, seja nas aplicações industriais ou nas mais populares ou domésticas. De fato, a grande popularização da AM, observada na última década, está fortemente associada ao princípio de extrusão de material, pois a maioria das impressoras 3D de baixo custo e pequeno porte baseiam-se nesse princípio, em particular com alimentação por filamento.

A extrusão de material é bastante adequada e flexível, podendo trabalhar com polímeros puros, com compósitos de polímero com metais, cerâmicos etc. ou com qualquer outro material que esteja ou possa ser transformado em uma pasta, possibilitando a sua extrusão e posterior solidificação ou secagem. Várias alternativas de alimentação de material, de parâmetros e de planejamento de processo foram discutidas, bem como suas influências na qualidade das peças. Um entendimento desses aspectos do processo e das suas limitações é fundamental para a obtenção de bons resultados com essas tecnologias.

REFERÊNCIAS

[1] J. O'Connell, *The Types of FDM 3D Printers: Cartesian, CoreXY, & More.* Disponível em: https:// all3dp.com/2/cartesian-3d-printer-delta-scara-belt-corexy-polar/. Acesso em: 13 out. 2024.

[2] B. N. Turner, R. Strong, S. A. Gold, A review of melt extrusion additive manufacturing processes: I. Process design and modeling. *Rapid Prototyping Journal*, v. 20, n. 3, p. 192--204, 2014.

[3] Inc. Desktop Metal, *Deep Dive: Bound Metal Deposition (BMD).* Disponível em: https://www.desktopmetal.com/resources/deep-dive-bmd. Acesso em: 13 out. 2024.

[4] Z. C. Silveira, M. S. De Freitas, Study of the technical feasibility and design of a mini head screw extruder applied to filament deposition in desktop 3-D printer. *Key Engineering Materials*, v. 572, n. 1, p. 151-154, 2014.

[5] N. Volpato, D. Kretschek, J. A. Foggiatto, C. M. Gomez da Silva Cruz, Experimental analysis of an extrusion system for additive manufacturing based on polymer pellets. *The International Journal of Advanced Manufacturing Technology*, v. 81, n. 9-12, p. 1519--1531, 2015.

[6] Mosaic Manufacturing, *Print in up to 8 colours or materials with Palette 3 Pro*. Disponível em: https://www.mosaicmfg.com/products/palette-3-pro. Acesso em: 13 out. 2024.

[7] C. K. Chua, K. F. Leong, C. S. Lim, *Rapid prototyping: principles and applications*. 3rd ed. Singapore: Manufacturing World Scientific Pub Co, 2010.

[8] Stratasys Ltd. Disponível em: www.stratasys.com

[9] E. Malone, and H. Lipson, Fab@Home: The personal desktop fabricator kit. *Rapid Prototyping Journal*, v. 13, n. 4, p. 245-255, 2007.

[10] R. Jones *et al.*, RepRap-The replicating rapid prototyper proof for review only RepRap-The Replicating Rapid Prototyper. *Robotica*, v. 29, n. 1, p. 177-191, 2011.

[11] All3DP, *Os melhores filamentos para impressoras 3D*. Disponível em: https://all3dp.com/pt/1/filamento-impressora-3d-comparacao-melhor-tipo/. Acesso em: 13 out. 2024.

[12] Impressoras3D.com, *Guia de bocal para impressoras 3D*. Disponível em: https://www.impresoras3d.com/pt/guia-de-bico-para-impressoras-3D/. Acesso em: 13 out. 2024.

[13] Ampower, *Polymer Additive Manufacturing technology landscape*, 2023. [Online]. Disponível em: www.ampower.eu. Acesso em: 13 out. 2024.

[14] Colossus, *Colossus gigantic 3D printing*. Disponível em: https://colossusprinters.com/. Acesso em: 13 out. 2024.

[15] G. Wu, N. A. Langrana, R. Sadanji, S. Danforth, Solid freeform fabrication of metal components using fused deposition of metals. *Materials & Design*, v. 23, p. 97-105, 2002.

[16] S. H. Masood, W. Q. Song, Development of new metal/polymer materials for rapid tooling using Fused deposition modelling. *Materials & Design*, v. 25, n. 7, p. 587-594, 2004.

[17] A. Bandyopadhyay, K. Das, J. Marusich, S. Onagoruwa, Application of fused deposition in controlled microstructure metal-ceramic composites. *Rapid Prototyping Journal*, v. 12, n. 3, p. 121-128, 2006.

[18] A. I. Nurhudan, S. Supriadi, Y. Whulanza, and A. S. Saragih, Additive manufacturing of metallic based on extrusion process: a review. *Journal of Manufacturing Processes*, v. 66, p. 228-237, 2021.

[19] C. Suwanpreecha, A. Manonukul, A review on material extrusion additive manufacturing of metal and how it compares with metal injection moulding. *Metals (Basel)*, v. 12, n. 3, p. 1-56, 2022.

[20] K. Rane, M. Strano, A comprehensive review of extrusion-based additive manufacturing processes for rapid production of metallic and ceramic parts. *Advances in Manufacturing*, v. 7, n. 2, p. 155-173, 2019.

[21] The Virtual Foundry, *The virtual foundry*. Disponível em: https://thevirtualfoundry.com/. Acesso em: 13 out. 2024.

[22] BASF, *Ultrafuse® Filaments for Fused Filament Fabrication (FFF)*.

[23] Markforged, *Markforged*. Disponível em: https://markforged.com/. Acesso em: 13 out. 2024.

[24] T. Huang, M. S. Mason, X. Zhao, G. E. Hilmas, M. C. Leu, Aqueous-based freeze-form extrusion fabrication of alumina components. *Rapid Prototyping Journal*, v. 15, n. 2, p. 88-95, 2009.

[25] X. Lu, Y. Lee, S. Yang, Y. Hao, J. Evans, C. Parini, Extrusion freeforming of millimeter wave electromagnetic bandgap (EBG) structures. *Rapid Prototyping Journal*, v. 15, n. 1, p. 42-51, 2009.

[26] W. Li, A. Ghazanfari, D. McMillen, M. C. Leu, G. E. Hilmas, J. Watts, Fabricating ceramic components with water dissolvable support structures by the Ceramic On-Demand Extrusion process. *CIRP Annals Manufacturing Technology*, v. 66, n. 1, p. 225-228, 2017.

[27] M. K. Agarwala, V. R. Jamalabad, N. A. Langrana, A. Safari, P. J. Whalen, S. C. Danforth, Structural quality of parts processed by fused deposition. *Rapid Prototyping Journal*, v. 2, n. 4, p. 4-19, 1996.

[28] F. G. Di Nisio, H. T. Ventura, R. Minetto, R. Dutra, N. Volpato, A variable bead width filling pattern to print porous media with material extrusion additive manufacturing. *The International Journal of Advanced Manufacturing Technology*, v. 121, n. 5-6, p. 3919-3933, Jul. 2022.

[29] G. Hodgson, A. Ranellucci, M. Jeff, *Slic3r manual*. Disponível em: https://manual.slic3r.org/. Acesso em: 13 out. 2024.

[30] B. Goldschmidt, *Cura guide to the best infill patterns*. Disponível em: https://all3dp.com/2/cura-infill-patterns-all-you-need-to-know/. Acesso em: 13 out. 2024.

[31] Q. Sun, G. M. Rizvi, C. T. Bellehumeur, P. Gu, Effect of processing conditions on the bonding quality of FDM polymer filaments. *Rapid Prototyping Journal*, v. 14, n. 2, p. 72-80, 2008.

[32] N. Volpato, L. C. Galvão, L. F. Nunes, R. I. Souza, K. Oguido, Combining heuristics for tool-path optimisation in material extrusion additive manufacturing. *Journal of the Operational Research Society*, v. 71, n. 6, p. 867-877, 2020.

[33] N. Volpato, T. R. Weller, Tool-Path Optimization in Material Extrusion Additive Manufacturing. In H. K. Dave, J. P. Davim (ed.), Cham, Switzerland: Springer, 2021, p. 465-482.

[34] T. R. Weller, D. R. Weller, L. C. de A. Rodrigues, N. Volpato, A framework for tool-path airtime optimization in material extrusion additive manufacturing. *Robotics and Computer-Integrated Manufacturing*, v. 67, p. 101999, 2021.

[35] R. Feng, X. Li, L. Zhu, A. Thakur, X. Wei, An improved two-level support structure for extrusion-based additive manufacturing. *Robotics and Computer-Integrated Manufacturing*, v. 67, 2021.

[36] W. Han, M. A. Jafari, K. Seyed, Process speeding up via deposition planning in fused deposition-based layered manufacturing processes. *Rapid Prototyping Journal*, v. 9, n. 4, p. 212-218, 2003.

[37] T. R. Thomas, B.-G. Rosen, N. Aminí, Fractal characterisation of the anisotropy of rough surfaces. *Wear*, v. 232, p. 41-50, 1999. Disponível em: www.elsevier.comrlocaterwear. Acesso em: 13 out. 2024.

[38] N. Volpato, J. A. Foggiatto, D. Coradini Schwarz, The influence of support base on FDM accuracy in Z. *Rapid Prototyping Journal*, v. 20, n. 3, p. 182-191, 2014.

[39] Y. Tao *et al.*, A review on voids of 3D printed parts by fused filament fabrication. *Journal of Materials Research and Technology*, v. 15, p. 4860-4879, 2021.

[40] Y. Jin, J. Du, Z. Ma, A. Liu, Y. He, An optimization approach for path planning of high-quality and uniform additive manufacturing. *International Journal of Advanced Manufacturing Technology*, v. 92, n. 1-4, p. 651-662, 2017.

[41] I. Gajdoš, J. Slota, Influence of printing conditions on structure in FDM prototypes. *Tehnički Vjesnik*, v. 20, n. 2, p. 231-236, 2013.

[42] M. O. Shigueoka, N. Volpato, Expanding manufacturing strategies to advance in porous media planning with material extrusion additive manufacturing. *Additive Manufacturing*, v. 38, p. 101760, 2021.

[43] N. Volpato, T. T. Zanotto, Analysis of deposition sequence in tool-path optimization for low-cost material extrusion additive manufacturing. *The International Journal of Advanced Manufacturing Technology*, v. 101, n. 5-8, p. 1855-1863, 2019.

[44] M. Faes, E. Ferraris, D. Moens, Influence of inter-layer cooling time on the quasi-static properties of ABS components produced via fused deposition modelling. *Procedia CIRP*, v. 42, n. Isem Xviii, p. 748-753, 2016.

[45] S. H. Ahn, M. Montero, D. Odell, S. Roundy, P. K. Wright, Anisotropic material properties of fused deposition modeling ABS. *Rapid Prototyping Journal*, v. 8, n. 4, p. 248--257, 2002.

[46] A. Bagsik, V. Schöppner, *Mechanical properties of fused deposition modeling parts manufactured with ULTEM*9085*, 2011.

[47] M. S. Hossain, J. Ramos, D. Espalin, M. Perez, R. Wicker, Improving tensile mechanical properties of FDM-manufactured specimens via modifying build parameters. *In*: *Solid Freeform Fabrication Symposium*, Austin, Texas, 2013, p. 380-392.

[48] L. C. Magalhães, N. Volpato, M. A. Luersen, Evaluation of stiffness and strength in fused deposition sandwich specimens. *Journal of the Brazilian Society of Mechanical Sciences and Engineering*, v. 36, n. 3, p. 449-459, 2014.

[49] B. N. Turner, S. A. Gold, A review of melt extrusion additive manufacturing processes: II. Materials, dimensional accuracy, and surface roughness. *Rapid Prototyping Journal*, v. 21, n. 3, p. 250-261, 2015.

[50] E. Sabourin, S. A. Houser, J. H. Bøhn, Adaptive slicing using stepwise uniform refinement. *Rapid Prototyping Journal*, v. 2, n. 4, p. 20-26, 1996.

[51] J. Tyberg, J. H. Bøhn, FDM systems and local adaptive slicing. *Materials & Design*, v. 20, p. 77-82, 1999.

[52] N. Volpato, J. A. Foggiatto, A. L. Radigonda, Implementação de uma variação do fatiamento adaptativo no processo FDM. *In*: *Anais do 6° Congresso Brasileiro de Engenharia de Fabricação – COBEF*, Caxias do Sul – RS: ABCM, 2011, p. 1-9.

[53] R. J. A. Allen, R. S. Trask, An experimental demonstration of effective Curved Layer Fused Filament Fabrication utilising a parallel deposition robot. *Additive Manufacturing*, v. 8, p. 78-87, 2015.

[54] B. Khoshnevis, Automated construction by contour crafting-related robotics and information technologies. *Journal of Automation in Construction*, v. 13, n. 1, p. 5-19, 2004. Disponível em: www.calearth.org. Acesso em: 13 out. 2024.

[55] R. Guamán-Rivera, A. Martínez-Rocamora, R. García-Alvarado, C. Muñoz-Sanguinetti, L. F. González-Böhme, and F. Auat-Cheein, Recent Developments and Challenges of 3D-Printed Construction: A Review of Research Fronts. *Buildings*, v. 12, n. 229, p. 1-32, 2022.

[56] J. Klein *et al.*, Additive Manufacturing of Optically Transparent Glass. *3D Printing and Additive Manufacturing*, v. 2, n. 3, p. 92-105, 2015.

CAPÍTULO 4
Jateamento de material e jateamento de aglutinante

Neri Volpato
Jonas de Carvalho
Carlos Alberto Fortulan

4.1 INTRODUÇÃO

Com o advento da manufatura aditiva (*additive manufacturing* – AM) no final dos anos 1980, muitos processos de adição de material foram desenvolvidos aproveitando tecnologias que eram empregadas para outras finalidades. Em particular, a tradicional tecnologia de jato de tinta (*inkjet printing*) teve e tem um papel importante nessa área, servindo de base para os processos que envolvem o jateamento direto do material da peça e o jateamento de um fluido aglutinante sobre um leito de pó. A norma ISO/ASTM 52900:2015(E) [1] define a primeira como a tecnologia de AM por jateamento de material (*material jetting* – MJT), no qual pequenas gotas de material de construção, geralmente fotopolímeros e ceras, são depositadas seletivamente sobre uma plataforma ou camada já depositada da peça. Já a segunda é definida por jateamento de aglutinante (*binder jetting* – BJT), na qual um fluido é depositado seletivamente para unir partículas de pó em um leito. Outra aplicação das tecnologias de jato de tinta na AM inclui o jateamento de um agente facilitador (em alguns casos, também inibidor) da fusão de um leito de pó polimérico. No entanto, por envolver a fusão do material, essa alternativa de processamento é apresentada no Capítulo 5.

Além do cabeçote de jateamento, esses processos possuem em comum o fato de utilizarem imagens digitais (matriz de *pixels*) das camadas a serem impressas, que são geradas pelo *software* de planejamento de processo (na etapa de preenchimento, após o fatiamento, ver Capítulo 10).

O mercado da AM em 2023 foi estimado em cerca de US$ 15 bi e calcula-se que as tecnologias de BJT e MJT respondam por 15% desse mercado. Para 2030, é projetado algo em torno de US$ 90 bi, mas a participação das tecnologias aqui referidas deve cair para 10%. De qualquer forma, a expectativa é que haja um crescimento global no período de 300% em valores absolutos para as tecnologias citadas [2]. Observa-se que essas tecnologias desempenham um papel de grande relevância para os principais campos de aplicações da AM nos vários setores produtivos, ou seja, na prototipagem, no ferramental e para a fabricação final, permitindo empregar materiais poliméricos, cerâmicos e metálicos.

Este capítulo apresenta as principais tecnologias de AM que possuem o jateamento como elemento-chave do processo. Para um melhor entendimento, o fundamento básico das tecnologias tradicionais de jato de tinta é apresentado inicialmente. Na sequência, são destacados o funcionamento, os parâmetros de processo, os materiais utilizados e alguns exemplos de aplicações dos principais processos comerciais.

4.2 TECNOLOGIAS DE JATO DE TINTA

Os processos AM que envolvem jateamento tiveram como base as tecnologias tradicionais de impressão por jato de tinta, cujo desenvolvimento ocorreu durante os anos 1970 e 1980 para a impressão 2D. Existem, basicamente, duas abordagens de jato de tinta: a contínua (*continuous inkjet* – CIJ) e a sob demanda (*drop-on-demand* – DOD) [3]-[5]. Na tecnologia de CIJ, a tinta é bombeada através de um orifício por um sistema formador de um jato. Em virtude da tensão superficial da tinta e do efeito de uma perturbação periódica (trem de pulsos), o jato se divide em microgotas uniformes e igualmente espaçadas (Figura 4.1). Um sistema de deflexão binário é então utilizado, no qual, por ação de um eletrodo, as microgotas são carregadas ou não com uma carga elétrica. Nesse sistema, as microgotas com carga se deslocam diretamente para o substrato (por exemplo, papel), enquanto as não carregadas são desviadas para uma calha coletora de um sistema de recirculação.

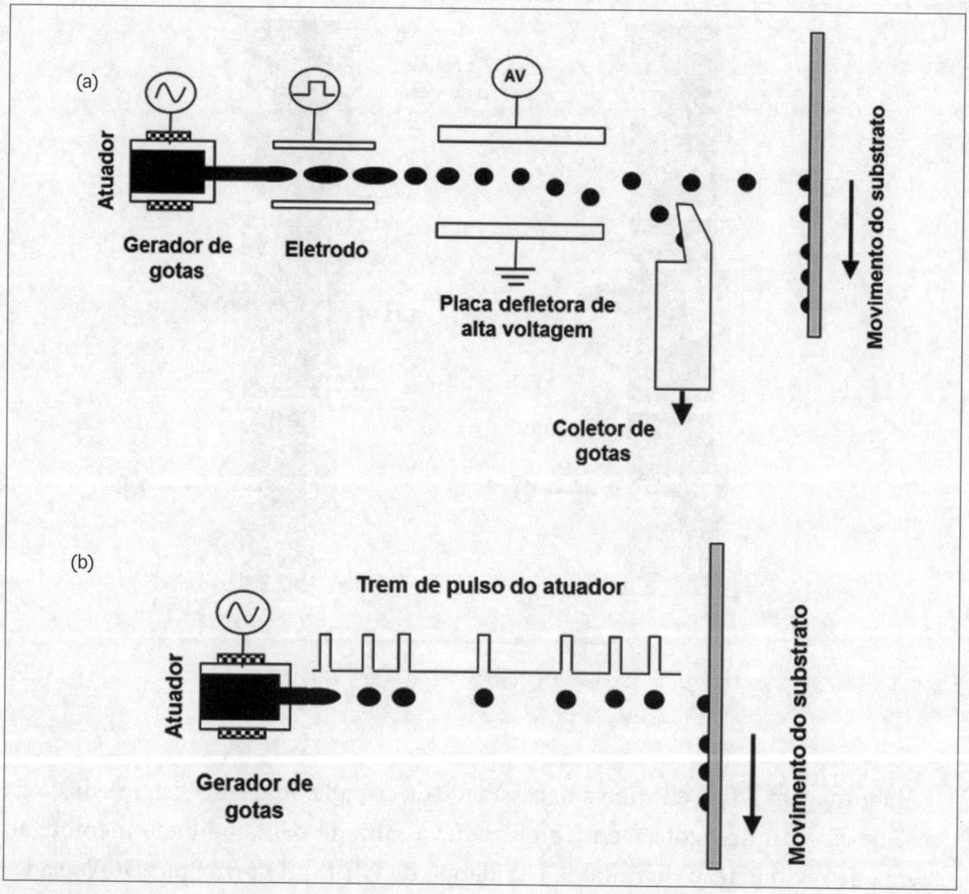

Figura 4.1 Princípio da tecnologia de jateamento contínuo (CIJ) (a) e sob demanda (DOD) (b).
Fonte: adaptada de Le [3].

Na tecnologia de DOD, o cabeçote de impressão forma uma microgota somente quando recebe um pulso do sistema de controle, que, então, ativa um dispositivo normalmente térmico ou piezoelétrico (Figura 4.2). No caso do princípio térmico, um aquecimento rápido do fluido provoca a sua evaporação, formando uma bolha de vapor que se expande rapidamente gerando aumento da pressão e a formação de uma microgota. Esse princípio normalmente utiliza água como solvente da tinta, o que limita o número de polímeros que podem ser empregados [4]. Já no princípio piezoelétrico, a geração da microgota é alcançada pela deformação desse material, causando uma alteração repentina do volume de tinta na câmara do cabeçote.

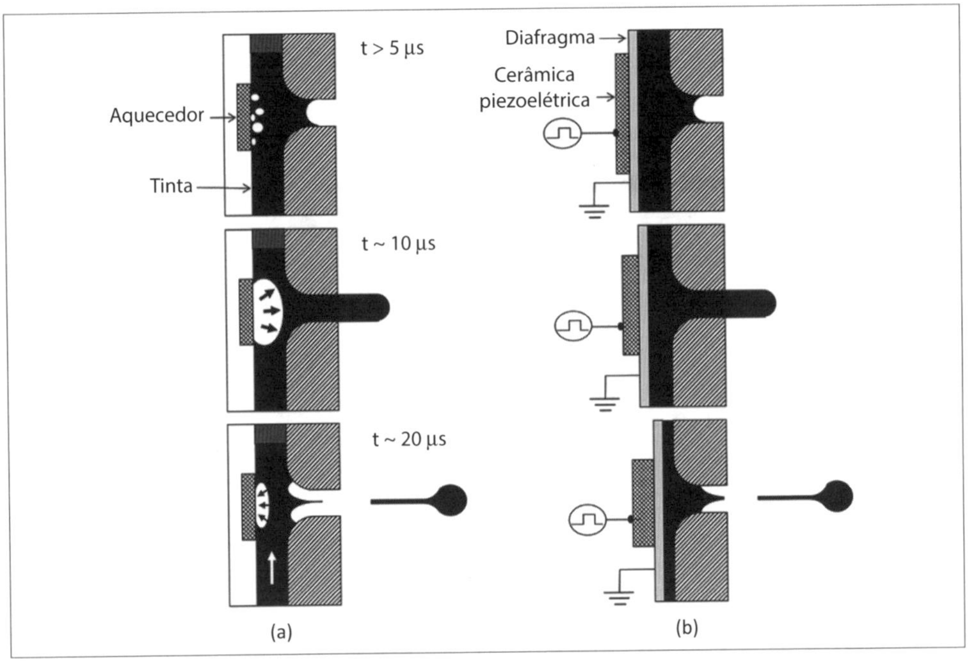

Figura 4.2 Princípio da tecnologia de jateamento sob demanda (DOD): térmico (a) e piezoelétrico (b).
Fonte: adaptada de Le [2].

A abordagem DOD elimina a necessidade da complexidade do sistema de carga e a deflexão da microgota, bem como reduz a falta de confiabilidade inerente ao sistema de recirculação de tinta da tecnologia de CIJ [3]. O princípio DOD é adequado para uma variedade de fluidos e é o mais empregado para as tecnologias de AM [4] [5].

Uma parte crucial da tecnologia de impressão por jato de tinta é o conjunto de propriedades físicas da tinta, em particular a viscosidade e a tensão superficial. A viscosidade da tinta deve ser suficientemente baixa para permitir o jateamento, em geral inferior a 20 mPa.s. A tensão superficial é responsável pela forma esferoidal da microgota que emerge do bocal, tendo-se registro de materiais jateados com tensão na faixa de 28 $mN.m^{-1}$ a 350 $mN.m^{-1}$ [4].

Alguns polímeros podem ser impressos pela tecnologia de jato de tinta a partir da sua fusão, ou seja, quando o sistema completo (cabeçote e material) for aquecido. Essa opção é bastante utilizada para a impressão de ceras na indústria gráfica. Outra possibilidade para impressão de polímeros é a utilização de suspensões coloidais de polímeros reticulados, que permitem que um polímero de elevado peso molecular seja apresentado em uma forma de baixa viscosidade e, portanto, com propriedades adequadas ao jateamento por cabeçotes [4] [6].

Meira *et al.* [7] experimentaram variações na formulação de fluido aglutinante para aplicação em cabeçotes de atuação piezoelétrica e verificaram que o fluido deve apresentar resistividade acima de 290 kΩ. Observaram ainda que o cabeçote de impressão é muito pouco tolerante à presença de materiais sólidos, tanto em quantidade como em dimensão e formato.

Algumas tecnologias de AM, destacadas mais adiante, utilizam cabeçotes comerciais de impressoras 2D de jato de tinta, em que a tinta é substituída por um fluido aglutinante. Outras tecnologias tiveram desenvolvimento de seus próprios cabeçotes com características adequadas ao jateamento de um fluido específico. Portanto, a combinação fluido e cabeçote de impressão tem uma relação de grande dependência.

4.3 JATEAMENTO DE MATERIAL (MJT)

As tecnologias de MJT se caracterizam por realizar o jateamento direto do material da peça, na forma líquida, sobre uma plataforma (primeira camada) ou sobre uma camada já depositada, que é rapidamente solidificada por ação física ou química. A primeira geração comercial dessas tecnologias limitava-se basicamente ao jateamento de cera aquecida como material de construção e, portanto, era mais adequada para a aplicação na obtenção de modelos conceituais e para fundição por cera perdida. Atualmente, os materiais mais utilizados são as resinas acrílicas fotossensíveis que são polimerizadas por uma fonte de luz ultravioleta (UV) e permitem uma ampla variação das suas propriedades mecânicas e de cores. Nesse caso, a polimerização da resina é programada para não ser completa ao final do jateamento de uma camada, permitindo assim uma boa integração com a camada seguinte. Mais recentemente, nanopartículas de cerâmicas ou metais vêm sendo dispersas em suspensão líquida servindo de material de impressão, ampliando, assim, a versatilidade desse princípio de adição.

Os processos de jateamento de material trazem como principais vantagens a elevada precisão dimensional, uma vez que as cabeças de impressão podem liberar volumes muito pequenos de material, permitindo trabalhar com camadas na escala micrométrica, e a flexibilidade de variar as propriedades dos materiais (do rígido ao flexível), além de cores, na mesma peça. Essa flexibilidade dá origem ao conceito de material digital, que pode ser planejado no interior do componente (*voxel* + material).

Um dos pontos contraproducentes a serem considerados é o fato de as tecnologias de MJT necessitarem de estruturas de suporte em todas as faces negativas, independentemente do ângulo de inclinação, ou seja, todas as superfícies ou paredes menores que 90° precisarão de suporte (*i.e.*, o ângulo de autossuporte é 90°). Somado a isso, não existe muita opção de reduzir a quantidade de material gasto nas estruturas de suporte, sendo ocupado praticamente todo o volume de projeção das faces negativas. Em função dessa necessidade, normalmente a disposição das peças a serem fabricadas na plataforma de construção é realizada somente no plano XY (disposição 2D), ou seja, não são empilhadas. Isso limita a quantidade de peças em uma batelada do processo. Por fim, pelo fato de os cabeçotes de jateamento serem bastante sensíveis às variações das propriedades dos fluidos a serem jateados, os materiais disponíveis são, geralmente, somente aqueles oferecidos pelos fabricantes dos equipamentos, e isso tende a encarecer os custos dos processos.

Algumas empresas pioneiras nessa linha são relatadas a seguir como forma de exemplificar os processos MJT.

4.3.1 Tecnologia de MJT da Solidscape

A empresa americana Solidscape Inc., que iniciou suas atividades em 1994 e atualmente é subsidiária da Stratasys Ltd., desenvolveu impressoras que combinam a tecnologia de DOD e o fresamento de alta precisão de cada camada depositada para conferir exatidão ao processo [8]. A empresa se especializou na oferta de equipamentos para a produção de modelos de pequenas dimensões e de alta precisão, visando principalmente a aplicação em processos de fundição por cera perdida, sobretudo para aplicações na indústria de pequeno porte, em especial, de joias e odontologia.

A tecnologia Solidscape utiliza dois materiais diferentes. O material da peça, que contém, entre outros componentes, resina de poliéster, tem ponto de fusão entre 95 °C e 115 °C. Já o material de suporte é composto de cera natural, cera sintética, diestearato de glicol e ácidos graxos, com ponto de fusão entre 50 °C e 72 °C [8]. Durante o processamento, o material que forma a peça é liquefeito e jateado, solidificando-se ao contato com a plataforma (no caso da primeira camada) ou com o material da camada precedente (demais camadas da peça). O segundo cabeçote deposita o material de suporte nas regiões necessárias (Figura 4.3). Após a impressão de uma camada, uma pequena ferramenta de usinagem (fresa) é passada sobre a superfície depositada para garantir a planicidade e a espessura corretas da camada. As partículas removidas são coletadas por um aspirador. Além das regiões negativas, que requerem estruturas de suporte, o material de suporte é depositado ao redor de toda a peça, aumentando, assim, a sua resistência para suportar o processo de fresamento a cada camada depositada. Após a finalização da fabricação, o bloco contendo a peça e o material de suporte é retirado e o material de suporte é dissolvido em uma etapa de pós-processamento, sendo submerso em um banho de água aquecida até a temperatura de derretimento do material de suporte.

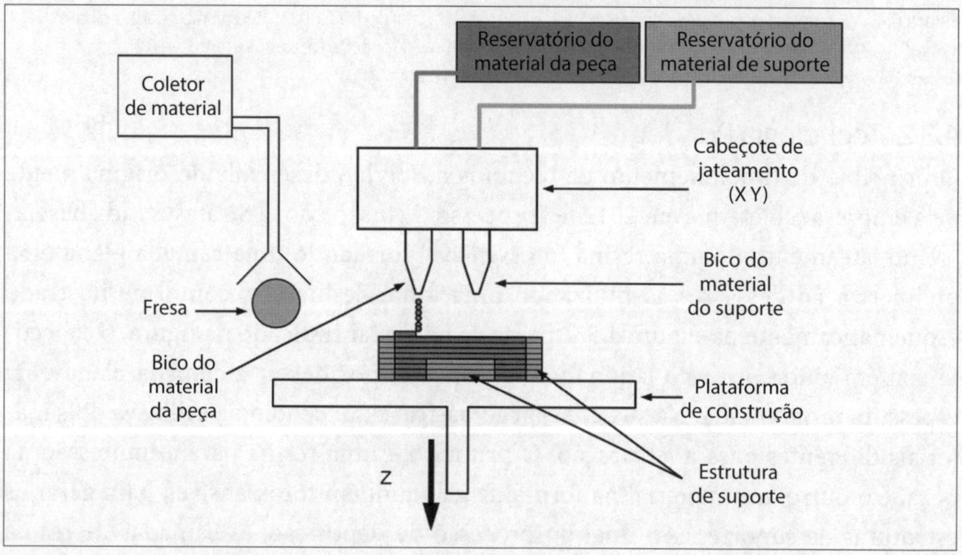

Figura 4.3 Princípio da tecnologia de impressão da Solidscape [9].

Os materiais disponíveis para esse processo se aplicam, principalmente, para obtenção de modelos para fundição pelo processo de cera perdida (ver Capítulo 13), podendo ser aplicados também para avaliação visual de *design* e prova de conceito. A tecnologia Solidscape tem alta precisão dimensional e a possibilidade de se obter pequenos detalhes, além de superfícies suaves. Como exemplo de resolução disponível, um dos equipamentos pode trabalhar com 5.000 dpi × 5.000 dpi no plano XY, e a espessura da camada pode chegar a 6,3 μm [8]. Essas características tornam o processo bastante atrativo para a confecção de peças pequenas com formas complexas e/ou de precisão. A Figura 4.4a mostra o exemplo de um modelo produzido por essa tecnologia, ainda envolto em material de suporte, e a Figura 4.4b, o modelo de um anel depois de removidas as estruturas de suporte, que, em seguida, poderá ser utilizado para o processo de fundição.

(a) (b)

Figura 4.4 Exemplo de um modelo de anel impresso na Model Maker II com o plusCAST como material principal e o InduraFill como o material de suporte, antes da retirada das estruturas de suporte (a) e após a remoção (b).
Fonte: cortesia de Guilherme Lorenzoni de Almeida, Instituto Nacional de Tecnologia (INT).

4.3.2 Tecnologia PolyJet

O princípio de funcionamento da tecnologia PolyJet, desenvolvido originalmente pela empresa Objet, que em 2012 fez processo de fusão com a Stratasys Ltd., baseia-se no jateamento de uma resina fotossensível formando uma camada plana e na polimerização dessa resina utilizando uma fonte de luz UV, conforme ilustrado esquematicamente na Figura 4.5. Apesar de não estar indicado na figura, o cabeçote contém ainda um rolo laminador responsável por deixar a camada plana e na espessura programada. Na sua concepção básica, essa tecnologia utilizava dois materiais diferentes para a fabricação. O primeiro é uma resina para a impressão da peça, e o outro, um material na forma de gel, também fotossensível, para gerar as estruturas de suportes. Ao final do processo de deposição, as camadas de resina estão totalmente curadas, não sendo necessária a pós-cura da peça. Finalizado o processo, o material de suporte pode ser removido manualmente, com uma escova e água ou com o auxílio de um jato de água. A empresa também possui um material de suporte solúvel para facilitar a sua remoção, principalmente de peças contendo detalhes pequenos e frágeis e cavidades pequenas [10]. Essa opção é importante porque, dependendo do tamanho, da geometria e dos detalhes da peça, a remoção do material do suporte não solúvel pode ser trabalhosa ou mesmo impossibilitada, dado o seu difícil acesso.

Em virtude da disposição linear dos furos de jateamento do cabeçote de impressão, entre uma camada de deposição e outra, o cabeçote é deslocado lateralmente na direção Y (no plano XY), conforme indicado esquematicamente na Figura 4.6. Isso faz com que as linhas de jateamento de material (peça e suporte) entre as camadas sejam intercaladas (desalinhadas), melhorando a disposição de material na peça.

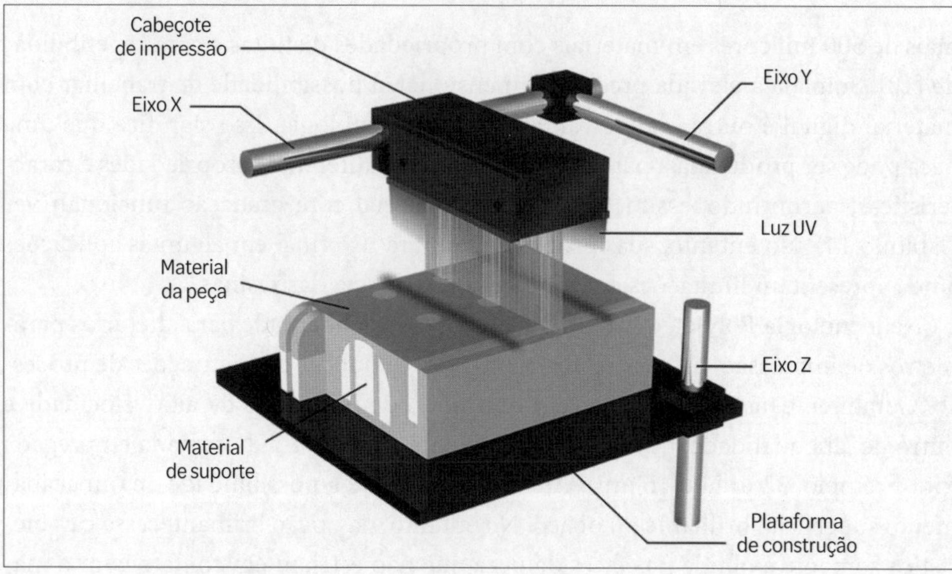

Figura 4.5 Princípio de funcionamento da tecnologia PolyJet.
Fonte: cortesia da Stratasys Ltd.

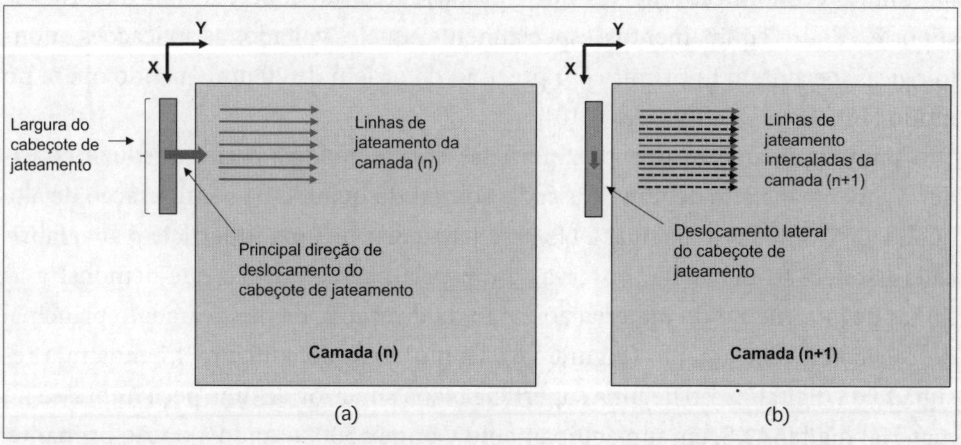

Figura 4.6 Representação do deslocamento do cabeçote de jateamento para permitir que os jatos dos materiais possam ser intercalados entre a camada n (a) e n + 1 (b).

As gerações mais recentes da tecnologia PolyJet permitem a deposição simultânea de resinas com diferentes cores e propriedades mecânicas (dureza, resistência à tração, flexão etc.), incluindo materiais rígidos e flexíveis (elastômeros), além da combinação destes durante a deposição, em proporções predefinidas, criando o que o fabricante denomina material digital. Como exemplo, existem equipamentos que podem combinar diferentes materiais para formar a peça, permitindo produzir mais de 500 mil cores em materiais com propriedades distintas e com repetibilidade [10]. Somada à elevada precisão dimensional, a possibilidade de trabalhar com material digital é outra grande vantagem dessa tecnologia. Isso significa que uma peça pode ser produzida a partir de materiais com diferentes propriedades e características, permitindo, assim, o projeto de material com gradação funcional (ver Capítulo 14). No entanto, suas propriedades para uso final em algumas aplicações ainda apresentam limitações em função da resistência das resinas.

Na tecnologia PolyJet, o usuário dispõe de pouca liberdade para alterar os parâmetros de impressão, ou seja, o fabricante oferece poucas configurações de processo. Geralmente, as opções envolvem um modo de impressão de alta velocidade e outro de alta qualidade, que altera basicamente a espessura de camada empregada (por exemplo, 32 µm ou 16 µm). Além disso, tem-se a possibilidade de um acabamento superficial brilhante ou opaco. No entanto, na opção brilhante, essa característica somente é obtida nas faces da peça que não estejam em contato com o material de suporte. Isso porque as faces em contato com o suporte ficam sempre com acabamento opaco e, se for necessário um acabamento brilhante, elas devem ser polidas. A opção de acabamento opaco para toda a peça é oferecida de uma forma não muito econômica, uma vez que todas as faces são cobertas com material de suporte. Alguns equipamentos, especialmente aqueles voltados às aplicações odontológicas, permitem imprimir com precisão da ordem de 20 µm, quando opera no modo HQS (*high quality speed*) [10].

Com relação ao acabamento superficial, essa tecnologia permite reduzir consideravelmente o efeito degrau de escada, sobretudo quando na configuração de alta qualidade (camadas mais finas). No caso particular de uma superfície plana, fabricada paralela ao plano XY, observa-se um perfil característico que demonstra as linhas de jateamento do material ao longo da direção X de deslocamento principal do cabeçote de jateamento (Figura 4.6). Como exemplo, a Figura 4.7 mostra o resultado da digitalização de uma superfície plana superior de uma peça impressa no material digital ABS, em um equipamento Connex 500, usando a opção brilhante. Em aplicações em que a peça produzida é utilizada como modelo para copiar a sua geometria para um produto de uso final, esse perfil é transferido para o produto [11]. Para esse tipo de aplicação, torna-se necessária uma etapa de pós-processamento de polimento para melhorar a qualidade superficial.

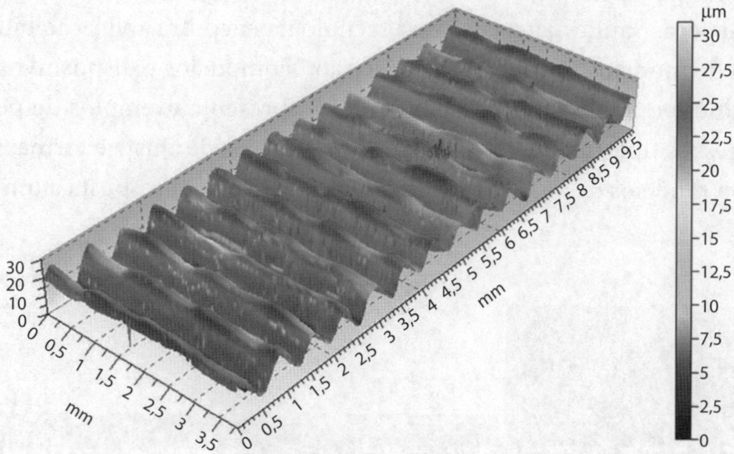

Acesse a versão colorida da figura pelo QR Code.

Figura 4.7 Digitalização de uma superfície plana superior de uma peça impressa em equipamento Connex 500 em resina denominada "digital ABS", mostrando o perfil característico do processo PolyJet [11].

Em função da largura do cabeçote de jateamento, na disposição das peças a serem fabricadas na plataforma de construção (disposição no plano XY), recomenda-se posicionar as peças da mais alta para a mais baixa, iniciando no canto superior esquerdo da bandeja e seguindo para a sua direita (ver mais detalhes na Seção 10.5.2 do Capítulo 10).

Existe uma gama de materiais que podem ser utilizados nas tecnologias PolyJet e que pode ser obtida na página do fabricante. Como exemplo, a Tabela 4.1 apresenta as principais propriedades mecânicas de três resinas rígidas disponíveis comercialmente.

Tabela 4.1 Propriedades mecânicas de três resinas rígidas utilizadas nas tecnologias PolyJet [10]

Propriedade	Norma	Durus™ (RGD430)	DraftWhite (MED857)	VeroDentPlus (MED690)
Resistência à tração (MPa)	D-638-03	20-30	40-50	54-65
Módulo de elasticidade (MPa)	D-638-04	1.000-1.200	2.200-3.000	2.200-3.200
Alongamento na ruptura (%)	D-638-05	40-50	5-20	15-25
Resistência à flexão (MPa)	D790-03	30-40	70-85	80-110
Módulo de flexão (MPa)	D790-04	1.200-1.600	2.000-2.500	2.400-3.300
Resistência ao impacto (*Notched Izod*) (J/m)	D256-06	40-50	20-30	20-30
Temperatura de distorção pelo calor (ºC) (a 0,45 MPa)	D648-06	37-42	45-50	45-50

Em função da qualidade superficial, da precisão dimensional e da possibilidade de obtenção de peças "multimateriais", essa tecnologia encontra aplicação também na construção de modelos funcionais de precisão, biomodelos e dispositivos para aplicações médicas e odontológicas. A Figura 4.8 apresenta exemplos de peças e produtos impressos tipicamente para realizar verificações de ajuste e forma, montagem ou como modelos de análise de *marketing* para avaliar a resposta a um novo *design* ou cor.

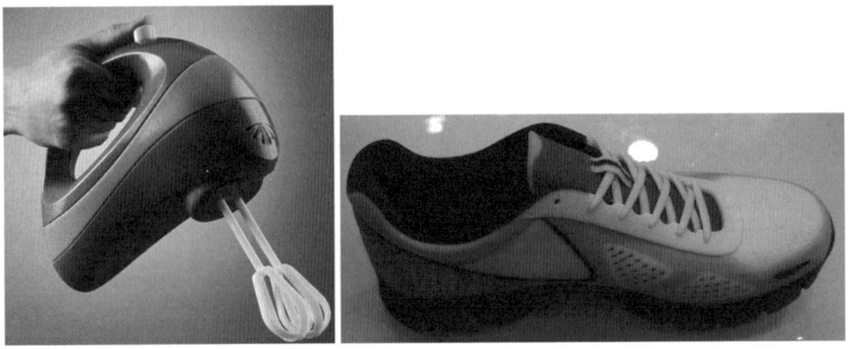

(a) (b)

Figura 4.8 Modelos fabricados por tecnologias de impressão PolyJet com diferentes resinas e cores: modelo de batedeira produzido no equipamento Connex3 (a) e modelo de tênis produzido no equipamento J750 (b).
Fonte: cortesia da Stratasys Ltd.

4.3.3 Impressão por múltiplos jatos (*MultiJet Printing* – MJP)

As tecnologias de jateamento de material da 3D Systems tiveram início com a linha ThermoJet, de cera, seguida pela série InVision, de resina, e atualmente com a geração denominada *MultiJet Printing* (MJP) [12]. A tecnologia MJP utiliza cabeça de impressão a jato de tinta com sistema DOD piezoelétrico para depositar dois grupos distintos de materiais, as resinas fotossensíveis e/ou as ceras fundidas. De acordo com o fabricante, um sistema proprietário de controle de mudança de fase do material aquecido é utilizado para reduzir o espalhamento da microgota jateada e, com isso, melhorar a resolução na definição dos detalhes da peça [13].

O princípio de funcionamento é semelhante às outras MJT, envolvendo o jateamento de uma camada de resina fotossensível sobre uma plataforma ou camada anterior, com posterior exposição de luz UV para a sua fotopolimerização, conforme ilustrado esquematicamente na Figura 4.9. Um rolo nivelador é acoplado ao cabeçote, de forma a melhorar a planicidade e a espessura da camada depositada. Nesse processo, também é necessária a criação de estruturas de suporte para todas as regiões negativas da peça. O material das estruturas de suporte é uma cera que pode ser facilmente retirada por meio de aquecimento. Segundo o fabricante, isso facilita muito a etapa de pós-processamento, por evitar trabalho manual, permitindo que características mais delicadas das peças e de cavidades internas complexas possam ser limpas, sem danos [13].

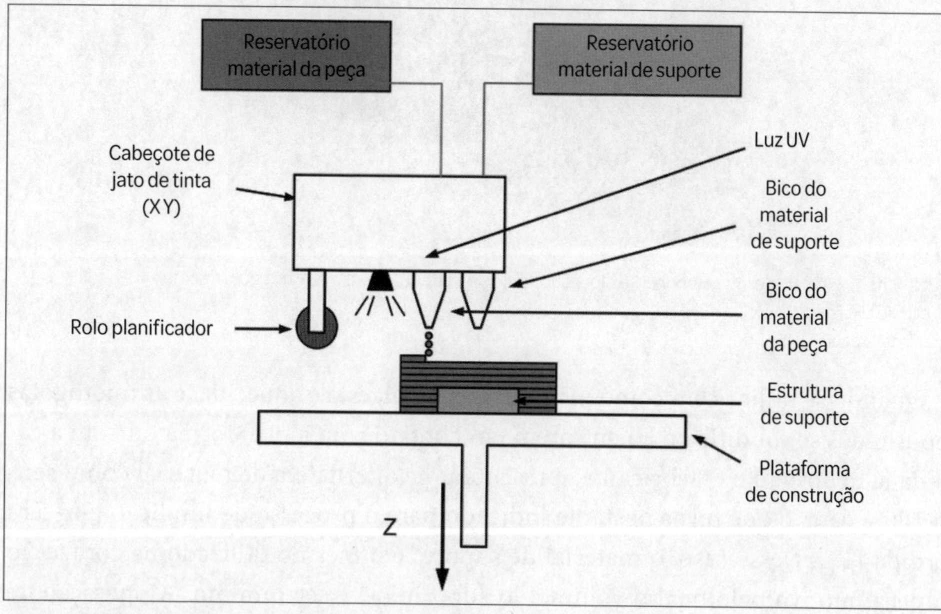

Figura 4.9 Princípio de funcionamento do processo MJP.

As gerações mais recentes de equipamentos MJP para resinas fotossensíveis permitem imprimir em uma variedade de cores e tons, incluindo tons opacos, transparentes, pretos, brancos e cinzas, além de imprimir simultaneamente materiais flexíveis e rígidos, gerando camada de compósitos com resolução na ordem de pixels. Mais de cem combinações de compósitos podem ser configuradas para a obtenção de objetos de aparência realista e para algumas aplicações funcionais [13]. Essa tecnologia também permite o projeto de material com gradação funcional (ver Capítulo 14). A Figura 4.10 mostra um exemplo de uma peça monolítica (um único componente) para uma carcaça de uma bomba que integra dutos de entrada e saída de fluxo de ar, junto com um flange para sua montagem. A peça foi impressa no equipamento ProJet 3500 HDMax, usando o material VisiJet M3 preto, e utilizada como peça final em um carro de competição da Nissan [14].

Figura 4.10 Exemplo de um componente monolítico produzido pelo processo MJP no equipamento ProJet 3500 HDMax.
Fonte: cortesia da 3D Systems Inc.

Quando se utiliza cera como material principal, esta é aquecida, e as microgotas depositadas se solidificam ao entrarem em contato com a plataforma ou com a camada já depositada. O fabricante apresenta uma alternativa de material como sendo 100% cera, o que torna bastante indicado para o processo de fundição por cera perdida [13]. Nesse caso, o material de suporte é o mesmo utilizado na confecção da peça, motivo pelo qual o volume do suporte deve ser mínimo. A operação de remoção das estruturas de suporte deve ser realizada com cuidado para não danificar o modelo impresso.

Tanto para resina fotossensível como para cera, para acelerar o processo de fabricação, é utilizado um cabeçote com vários jatos de impressão. As últimas gerações desses equipamentos trabalham com resolução de 1.200 × 1.200 dpi nos eixos X e Y, com espessura de camada de 16 μm e alta produtividade, podendo chegar a 147 cm^3/h. Em um modo denominado ultradefinição, esses equipamentos podem apresentar a resolução de impressão de 1.200 × 1.200 dpi nos eixos X e Y, trabalhando com espessura de camada de 8 μm [15].

Uma variedade considerável de resinas está disponível comercialmente e, para exemplificar as principais propriedades mecânicas, três resinas rígidas são listadas na Tabela 4.2.

Tabela 4.2 Propriedades mecânicas de três materiais rígidos utilizados pelas tecnologias MJP [13]

Propriedade	Norma	VisiJet M2R-TN	VisiJet M2G- série	VisiJet CR-série
Resistência à tração (MPa)	ASTM D 638	67	30-35	33-48
Módulo de elasticidade (MPa)	ASTM D 638	3.000	1.500-3.000	1.400-2.500
Alongamento na ruptura (%)	ASTM D 638	4	20-65	5-22
Resistência à flexão (MPa)	ASTM D 790	100	40-100	47-80
Temperatura de distorção pelo calor (°C)	ASTM D 648 @ 66 PSI	70	47-71	48-61
Descrição		Alta rigidez, uso geral, opaco, alto contraste visual e cor bege	Alta resistência e flexibilidade, opaco, preto, transparente, tipo ABS	Alta rigidez, diferentes cores, tipo ABS ou PC

4.3.4 *Nanoparticle Jetting* (NPJ) da Xjet

A tecnologia MJT da Xjet, de Israel, denominada *Nanoparticle Jetting* (NPJ), foi lançada em 2016 e vem sendo aprimorada desde então. O processo emprega nanopartículas sólidas de cerâmica ou metal dispersas em uma suspensão líquida, formando o material de construção. O material de suporte utilizado é solúvel em água. Os materiais são jateados na bandeja de construção e um rolo laminador é responsável por deixar a camada plana e na espessura programada. A temperatura dentro da câmara de construção do sistema é alta (~300 °C), fazendo evaporar a matriz líquida ao redor das nanopartículas e deixando densas camadas ultrafinas do material de construção. Os materiais disponíveis até o momento são a zircônia (ZrO_2) e a alumina (Al_2O_3), e mais recentemente o aço inoxidável 316L. Para se ter uma ideia da resolução do processo na direção de construção, a espessura da camada utilizada fica na faixa de 10 a 15 μm para zircônia e de 3 a 8 μm para aço.

Depois de concluída a impressão, o suporte é lavado com água em um processo automático, no qual a estrutura de suporte é desintegrada. A fase final de sinterização é feita em um forno padrão industrial, mas em uma temperatura significativamente mais baixa do que as tecnologias à base de pó.

O fabricante ressalta que a liberdade de *design* que a NPJ oferece ao imprimir peças cerâmicas (alumina e zircônia) abre várias oportunidades de aplicações industriais, principalmente pela alta resistência ao calor, corrosão e isolamento elétrico desses materiais. Adicionalmente, reforça que a tecnologia não utiliza pós perigosos e de difícil manuseio, pois os materiais são oferecidos em cartuchos selados. Além disso, todo o processo foi otimizado e automatizado para simplificar o uso, resultando no que a XJet chama de "*print-wash-sinter*", três etapas que diminuem as barreiras de entrada na impressão em metal e cerâmica. A Figura 4.11 mostra uma peça industrial de aço inoxidável impressa pelo processo NPJ.

No entanto, cabe ressaltar que a tecnologia é totalmente dependente do fabricante em termos de matéria-prima, o que tende a encarecer o processo. Adicionalmente, tem-se ainda poucas alternativas de materiais disponíveis no mercado.

Figura 4.11 Peça metálica obtida pelo processo NPJ da XJet.
Fonte: cortesia da empresa XJet.

4.3.5 Jateamento de material reativo

Outra abordagem que vem sendo pesquisada há algum tempo é o jateamento de material reativo que, em processamento, polimeriza e forma o material final da peça impressa. Um exemplo é a pesquisa que trata da impressão de componentes funcionais em poliamida 6 (náilon 6) [6] [16]. O conceito é combinar a tecnologia de impressão por jato de tinta e a polimerização aniônica de caprolactama, que é um monômero de náilon 6. O princípio prevê a deposição de misturas de caprolactama com ativador (mistura A) e um catalisador (mistura B), um sobre o outro, como representado esquematicamente na Figura 4.12. Com a irradiação térmica, obtêm-se a reação dos componentes e a formação de uma camada de náilon 6. Os componentes das misturas foram testados com um cabeçote de jateamento tipo DOD piezoelétrico [6] [16].

Outro exemplo mais recente é a obtenção de policarbonato de bisfenol A (BPA-PC) pelo jateamento de uma composição do monômero (bisfenol A), catalisador e solvente, sendo polimerizado também por ação térmica. Essa rota utiliza somente um cabeçote de jato de tinta, o que facilita o processo em comparação aos que empregam a mistura de dois componentes [17].

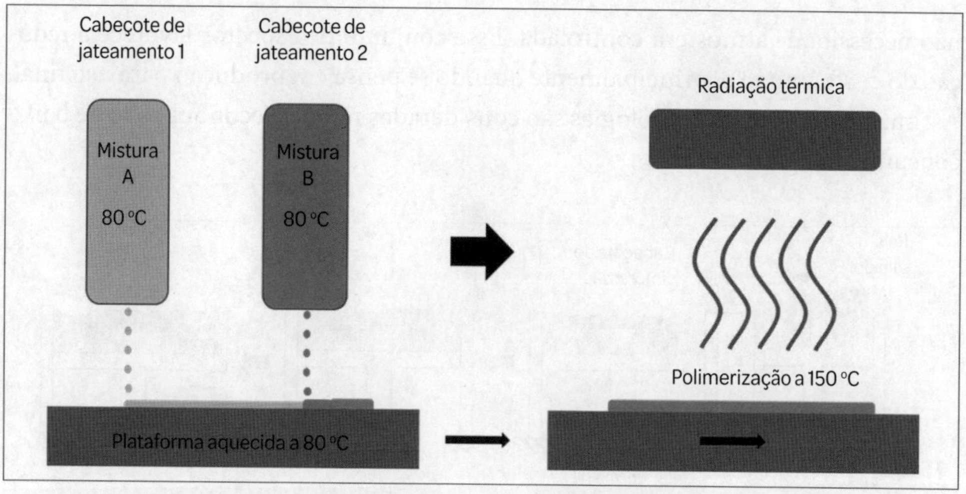

Figura 4.12 Processo de AM por jateamento de material para obter peça em náilon 6.
Fonte: adaptada de Fathi e Dickens [6].

A abordagem de jateamento de material reativo apresenta um potencial interessante, pois monômeros de baixas viscosidades podem ser processados diretamente, em vez de dissolver ou fundir polímeros de alto peso molecular, ampliando, assim, as opções de materiais para AM [17]. Desse modo, abrem-se oportunidades para trabalhar com polímeros termoplásticos de engenharia por meio do processo de jateamento direto do material.

4.4 JATEAMENTO DE AGLUTINANTE (BJT)

O princípio da tecnologia de BJT foi desenvolvido pelo Massachusetts Institute of Technology (MIT) no início dos anos 1990 e, pela semelhança com a impressão 2D, foi batizado na época de impressão tridimensional (*three dimensional printing* – 3DP) [9]. De uma maneira geral, essa tecnologia se baseia no jateamento seletivo sobre um leito de pó de um fluido aglutinante, ou um fluido que ativa um agente aglutinante contido no pó, unindo assim as partículas de acordo com a geometria 2D da camada sendo processada. Uma nova camada de pó é depositada e o ciclo é repetido (Figura 4.13). Nesse processo, o aglutinante é também responsável pela união entre as camadas depositadas.

Esse princípio de adição não requer estrutura de suporte durante a fabricação de componentes com geometrias negativas ou suspensas, pois o pó não processado atua como suporte natural. Como consequência disso, várias peças podem ser empilhadas e distribuídas no volume de construção e fabricadas em uma única batelada. O pó envolto, que não recebe o fluido aglutinante, é removido ao final do processo, podendo ser reutilizado. A câmara de construção dos equipamentos BJT não necessita de atmosfera controlada. Esse conjunto de aspectos favorece a redução do custo unitário, principalmente quando se pensa em produção para uso final. Assim, em geral, essas tecnologias são consideradas rápidas, econômicas e de baixo consumo energético [18].

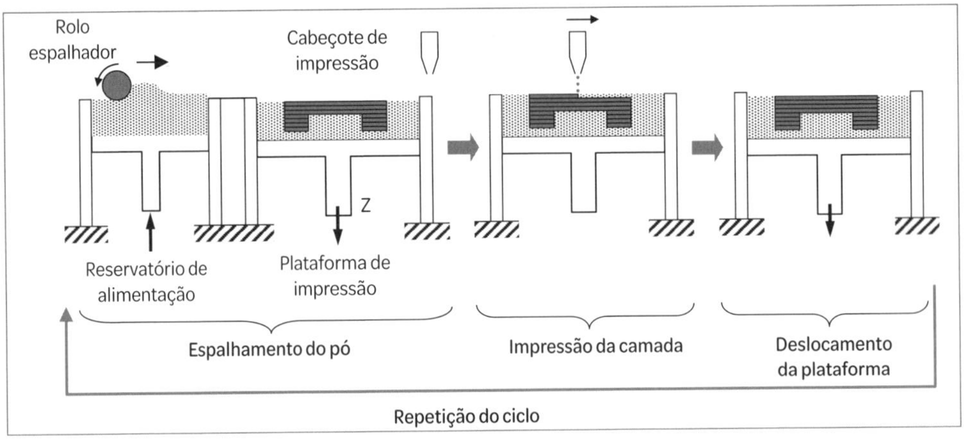

Figura 4.13 Princípio de funcionamento da tecnologia de BJT – 3DP.

Aparentemente, não há limitação quanto aos materiais que podem ser utilizados, sendo comum processar pós cerâmicos, metálicos, poliméricos e compósitos. No entanto, a tecnologia de BJT apresenta alguns desafios quanto ao uso desses materiais. Por exemplo, eles devem ser preparados para se adequarem ao processo, principalmente quanto à fluidez do pó (espalhamento no leito) e ao mecanismo de aglutinação. O aglutinante deve ser desenvolvido especificamente para cada tipo de pó e, em função do princípio básico da tecnologia, a combinação de diferentes materiais em uma única peça, apesar de possível, não é comum. Observa-se, no entanto, que, apesar da necessidade de se ter um pó preparado para o processo, alguns fornecedores de tecnologias de BJT oferecem assistência para o usuário desenvolver materiais de fornecedores locais, o que tende a baratear os seus custos. Por fim, essa tecnologia oferece amplas possibilidades de formulação de pós, o que se torna um motivador para o seu desenvolvimento.

O pós-processamento da peça após a impressão pode requerer etapas que vão além da limpeza, que, em alguns casos, pode gerar excessiva quantidade de poeira. Quando se utiliza material cerâmico ou metálico, a BJT é considerada um processo indireto, uma vez que é necessária uma etapa posterior de sinterização a alta temperatura em forno para conferir a resistência mecânica final. Apesar de não requerer estruturas de suporte para a impressão de superfícies negativas (menor do que um certo ângulo) no estágio a verde, é necessário incluí-las pois, caso contrário, essas regiões podem se deformar ou colapsar durante a sinterização [19]. Mesmo após a etapa de sinterização, em geral, ainda se obtém material com elevada porosidade [20]. Assim, para aplicações finais que requerem elevada resistência mecânica, resistência à fadiga ou mesmo estanqueidade, as propriedades dos materiais podem não ser adequadas. Em alguns casos, recorre-se à infiltração de um terceiro material para fechamento da estrutura porosa intrínseca do processo [21]. Por outro lado, a possibilidade de se produzir estruturas com diferentes topologias de poros, que podem ser previamente projetadas nos sistemas CAD, é uma grande vantagem quando em aplicações na área da saúde, associada à impressão de materiais biocompatíveis. Por exemplo, dos estudos levantados por Du *et al.* [22], com materiais cerâmicos, 56% eram de aplicações em ortopedia (*scaffolds* e implantes para ossos), 35% na área estrutural, 3% em odontologia, 3% em eletrônica e o restante em áreas diversas.

Vários aspectos são considerados pontos-chave para o sucesso da tecnologia BJT, entre eles, a morfologia e a distribuição granulométrica do pó, a preparação do pó, o mecanismo aglutinante empregado, os parâmetros do processo e de pós-processamento para os diversos tipos de materiais que podem ser empregados. Esses pontos são comentados brevemente a seguir.

4.4.1 Sistema aglutinante

De uma maneira geral, os processos BJT podem utilizar métodos de aglutinação nos quais o agente ligante está contido no líquido (ou ser o próprio líquido) de jateamento (*in-liquid*) ou, então, está contido no leito de pó (*in-powder* ou *in-bed*). No primeiro caso, o agente ligante é transportado pelo líquido sendo jateado e a ligação das partículas ocorre via evaporação do veículo que o transporta. No caso em que o ligante é o próprio fluido, resina fotossensível, por exemplo, a ligação ocorre pela sua cura (polimerização). Quando se emprega aglutinante no leito, o material aglutinante seco é misturado diretamente no pó, e as ligações interpartículas são iniciadas após a sua hidratação, que é realizada pelo líquido de jateamento. Nesse método, o líquido de jateamento é formado por uma solução aquosa de menor viscosidade e a ligação das partículas é finalizada também após a evaporação do fluido de jateamento [18] [22].

Uma das primeiras diferenças entre os métodos de aglutinação está na exigência do cabeçote de impressão. A opção pelo aglutinante no fluido exige um cabeçote piezoelétrico, pois eles são mais precisos, robustos e podem conduzir fluidos mais viscosos à baixa temperatura. No entanto, são mais caros e essa opção de aglutinação pode causar falhas mais prematuras da cabeça de impressão devido à secagem do agente adesivo nos pequenos furos [23].

A opção do aglutinante no leito permite o emprego de cabeçotes térmicos, que são facilmente encontrados no mercado e são considerados itens de baixo custo. No entanto, a presença do aglutinante entre as partículas tende a deixar mais espaços vazios quando é feita sua remoção no pós-processamento, gerando peças mais porosas e com menor resistência do que as obtidas pelo método *in-liquid* [18]. Além disso, nesse método, é necessária uma etapa adicional de preparação do pó antes de ser usado na impressora e, a cada novo material selecionado, uma nova formulação do pó precisa ser definida [23]. Adicionalmente, dependendo da forma de preparação do pó, pode ocorrer a falta de homogeneidade na dispersão do material ligante, além de surgir fenômenos de segregação nesses sistemas. Em função disso, observa-se que a maioria das impressoras BJT comerciais de metal trabalha com ligantes no fluido de jateamento e cabeças de impressão piezoelétricas, uma vez que se obtém peças mais densas e elimina-se a etapa de preparação do pó metálico [18].

Em suma, um aglutinante líquido ideal é aquele que pode ser impresso, tem baixa viscosidade para permitir que o bocal jateie gotículas individuais, tenha boa penetração e interação com o pó, deixe pouco resíduo durante a sinterização, tenha um longo prazo de validade e riscos ambientais aceitáveis [18] [23].

4.4.2 Características do pó

Algumas propriedades dos pós influenciam diretamente a processabilidade e a qualidade das peças em BJT. O pó deve ter fluidez para um espalhamento homogêneo, além de apresentar a maior densidade de empacotamento possível. A morfologia do pó e a distribuição do tamanho das partículas são características essenciais para controlar a densidade final, sendo que o tamanho das partículas afeta ainda a reatividade do ligante com o pó, a molhabilidade, a resolução e a rugosidade da peça produzida.

A densidade de empacotamento das camadas (volume de sólidos em uma unidade de volume total, diretamente associada ao índice de vazios) é uma preocupação básica para a qualidade do processo e deve ser superior a 50% para se atingir um desempenho satisfatório das peças produzidas [24]. A densidade da peça verde determina, além das propriedades mecânicas, a contração sofrida pelo material na etapa de pós-processamento. A densidade de empacotamento pode ser melhorada durante a deposição do pó utilizando sistemas de rolo vibratório, dupla deposição ou energia acústica aplicada no leito [18]. Os pós com partículas esféricas geralmente resultam em densidades de empacotamento mais altas e são mais fáceis de espalhar. Nesse sentido, a fluidez do pó é também um pré-requisito básico para uma boa formação de camadas, pois determina a sua espalhabilidade [18] [25]. De uma maneira geral, é recomendado que os pós tenham partículas esféricas menores que 90 μm de diâmetro. Porém, partículas menores não significam bons resultados no espalhamento, pois quanto menor o tamanho, pior é a propriedade de fluidez [18] [22]. Essa correlação decorre da relação entre área superficial e o volume das partículas. Em razões elevadas, as forças de Van der Waals passam a ser significativas em comparação com a força peso das partículas, aumentando o atrito interpartículas e comprometendo o fluxo e a capacidade de empacotamento do pó [18] [25].

Geralmente, os pós acima de 20 μm são espalhados a seco. Para o caso de partículas muito pequenas (entre 1 e 5 μm), deve-se optar por aglomerá-las, para facilitar o processo de espalhamento, ou por um espalhamento úmido, preparando uma pasta cerâmica (*slurry*) [23]. Nesse caso, a pasta é espalhada sobre um meio poroso, que permite uma secagem da camada antes do jateamento do aglutinante. As propriedades finais de peças tendem a melhorar com partículas menores devido a maior densidade do material depois da sinterização, além de permitir espessuras de camadas menores e uma melhor resolução dos detalhes impressos [18].

A molhabilidade determina como o ligante líquido será absorvido e distribuído pelo leito de pó e, assim, interfere na resolução da impressão. Um umedecimento deficiente pode levar ao rearranjo das partículas, enquanto um excessivo pode ser prejudicial à reprodução de detalhes geométricos menores das peças [26]. O planejamento da impressão deve permitir o ajuste do volume de fluido depositado, ou seja, do nível de saturação do fluido aglutinante (ver próxima seção), em função da molhabilidade do pó e das características desejadas das peças [24].

4.4.3 Principais parâmetros de processo

A espessura da camada em BJT é um parâmetro do processo que está associado diretamente ao tamanho das partículas, devendo ser, no mínimo, maior que o tamanho da maior partícula do pó sendo processado. Para melhores densidades de empacotamento e acabamento mais liso do leito, há recomendações para se utilizar a espessura de camada três vezes maior que a maior partícula, mas valores menores são também comumente empregados. Por exemplo, Lu e Reynolds [26] recomendam que a distribuição de frequência do tamanho das partículas deva ser analisada para se obter uma espessura de camada ótima, sugerindo empregar um valor igual a três vezes o tamanho alcançado por 95% das partículas.

Um segundo parâmetro fundamental em BJT é o nível de saturação do líquido aglutinante, que é definido como o percentual do espaço vazio (poros) do pó que é preenchido com o ligante. Considerando a penetração do aglutinante, uma gota se espalha por capilaridade no leito na direção vertical e horizontal. Desse modo, se a espessura da camada for muito fina, o aglutinante irá saturar primeiro a espessura (vertical), e o excesso se espalhará para as laterais (Figura 4.14a). Por outro lado, se a camada for muito grossa, a gota pode não penetrar o suficiente para chegar à camada anterior (Figura 4.14c). O aumento da saturação gera ligações mais fortes entre as partículas, ou seja, uma maior resistência da peça verde. No entanto, o excesso causa espalhamento lateral e perda da precisão dimensional, além de prejudicar a sinterabilidade no pós-processamento das peças. Um baixo nível de saturação, ou um aumento da espessura de camada (Figura 4.14c), tende a gerar aumento da porosidade do material das peças, além da queda na resistência e potencial delaminação das camadas durante as etapas do pós-processamento. Assim, para garantir uma boa aderência entre as camadas, o volume jateado deve garantir sua penetração um pouco mais que a espessura de uma camada de pó. A relação ótima entre espessura de camada/saturação de líquido aglutinante é aquela em que o aglutinante é espalhado igualmente na horizontal e na vertical. Os níveis de saturação podem chegar a 100% ou mais, sendo que o valor adequado (otimizado) é, normalmente, obtido por tentativa e erro [18]. A determinação desse parâmetro é fundamental para o bom resultado do processo [26]. A Figura 4.14b apresenta, esquematicamente, a definição da relação desejada entre espessura de camada e saturação de líquido aglutinante.

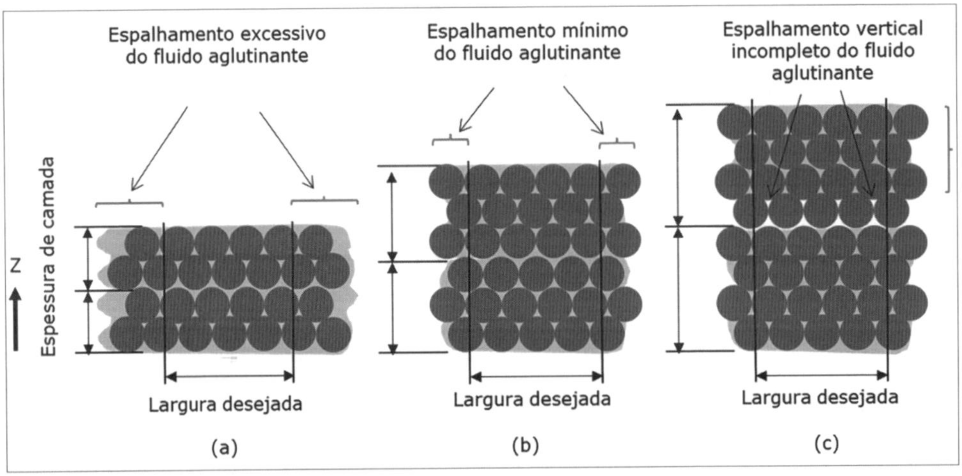

Figura 4.14 Camada de pó muito fina (a), ótima (b) e muito espessa (c).
Fonte: adaptada de [26].

No início do processo, para evitar um excesso de penetração do fluido no leito de pó (efeito *bleeding*), que afeta diretamente a questão dimensional da peça na direção de construção, recomenda-se utilizar uma saturação menor nas primeiras camadas [18].

Para alguns materiais, como o polifosfato amorfo de cálcio e álcool polivinílico (PVA) como ligante e o pó de gesso, o empacotamento das partículas tende a ser maior no plano XY (da camada) do que entre camadas (direção Z) [18] [27]. Nesses casos, a orientação de fabricação das peças afeta a porosidade final e, consequentemente, as suas propriedades. Como resultado, a fabricação em uma orientação que implique um menor número de camadas (na horizontal) tende a produzir peças mais densas do que aquelas fabricadas em uma orientação que exige mais camadas (na vertical). No entanto, em estudo com o pó de aço 420, diferenças desprezíveis nas propriedades mecânicas foram observadas com a variação da orientação, indicando uma isotropia do material após sinterizado [18].

4.5 TECNOLOGIAS DE BJT COMERCIAIS

Algumas tecnologias de BJT comerciais são apresentadas a seguir para exemplificar processos, materiais e aplicações.

4.5.1 Tecnologia *ColorJet Printing* (CJP)

A tecnologia *ColorJet Printing* (CJP) da 3D Systems Inc. corresponde ao antigo processo denominado 3DP, que era comercializado pela empresa Z Corporation, originalmente desenvolvido pelo MIT. Basicamente, essa tecnologia possui um reservatório para alimentação do pó, uma plataforma para a construção da peça, um rolo espalhador, responsável por espalhar e nivelar o material, e um cabeçote do tipo jato de tinta, para o jateamento de fluido aglutinante (ver Figura 4.13). O processo de construção da peça inicia pelo depósito de uma camada de pó, seguido pela aplicação de um fluido aglutinante pelo cabeçote de impressão. O fluido depositado reage com o pó, consolidando o material. A plataforma de construção desce o equivalente à espessura de uma camada e uma nova é depositada. A nova camada consolidada adere à precedente por meio da penetração do fluido aglutinante até essa camada prévia. Esse processo é repetido até que a peça seja impressa por completo.

Nesse processo, o rolo tem a função de distribuir uniformemente o pó e garantir uma camada depositada de espessura constante e com uma superfície lisa. Butscher *et al.* [24] relatam que as informações sobre os pós e os dados de saída para a impressão são pouco conhecidas e, geralmente, restritas aos fabricantes e aos fornecedores de material.

O material comum para esse processo é o pó baseado em gesso. Nesse caso, o ligante utilizado é à base de água e, após a impressão de cada camada, é iniciada uma reação química que confere uma resistência inicial ao manuseio da peça. O gesso mais comum é o sulfato de cálcio semi-hidratado ($CaSO_4 \cdot ½H_2O_{(s)}$), que se estabiliza na forma reidratada ($CaSO_4 \cdot 2H_2O_{(s)}$), tornando-se um material endurecido. Por ser uma matéria-prima de custo relativamente baixo, desperta interesse para aplicações em modelos conceituais. A maioria dos equipamentos dessa tecnologia trabalha com uma espessura de camada da ordem de 100 μm.

A tecnologia CJP faz uso de cabeçotes de jato de tinta de impressoras comerciais pelo princípio térmico de jateamento para a impressão do aglutinante. Nesse caso, existe a opção de descarga da tinta original contida no cabeçote e a recarrega com um fluido próprio. O fluido aglutinante deve ser compatível com o cabeçote de impressão, apresentando características semelhantes às da tinta [13].

O fluido de impressão pode receber uma carga de corante, e alguns equipamentos trabalham com múltiplos cabeçotes e reservatórios de fluido aglutinante em diferentes cores, sendo possível a impressão de peças coloridas. Nesses casos, são usados quatro cartuchos, sendo um deles com o fluido transparente e os outros três com as cores do sistema CMYK de cores subtrativas formadas por ciano (*cyan*), magenta (*magenta*), amarelo (*yellow*) e preto (*black*), também denominado chave (*key*), por ser uma união das três cores anteriores. Dessa forma, é possível, por exemplo, imprimir o modelo de um produto utilizando cores em um só processamento.

Na etapa de preenchimento no planejamento de processo, após o fatiamento, o sistema discretiza cada camada em uma região de contorno e uma região de preenchimento interno. O contorno recebe uma maior quantidade de aglutinante (maior densidade de *pixels*), enquanto a parte interna é preenchida de uma forma menos densa, utilizando padrões estabelecidos pelo fabricante, para evitar a saturação excessiva do pó pelo fluido. A Figura 4.15 mostra um exemplo de uma camada jateada em que as regiões mais escuras correspondem àquelas de maior densidade de aglutinante.

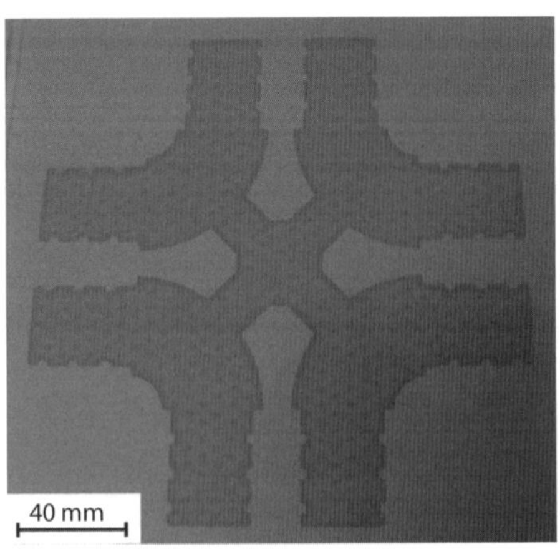

Figura 4.15 Estratégias de saturação do pó pelo fluido aglutinante, diferenciadas para os contornos e o preenchimento das camadas na tecnologia CJP.

Processo de impressão e remoção da peça

O início do processo se faz pelo carregamento do reservatório de alimentação, que deve ter volume superior ao previsto para a construção da peça, pois todo material excedente ao final do espalhamento é transbordado para um reservatório auxiliar de coleta. Após a última camada da peça ter sido jateada, algumas camadas de pó são adicionadas, de forma a cobrir toda a peça. Em seguida, é necessário que se aguarde um determinado tempo para que as reações ocorram e a peça adquira resistência inicial para manuseio. Após esse tempo, eleva-se o pistão da plataforma de construção, ficando parcialmente exposta a peça com o pó não processado. Em seguida, o pó não aglutinado deve ser removido com auxílio de pincel e aspirador (Figura 4.16). É comum retirar a peça junto com uma quantidade de pó, para ser levada a uma estufa que oferece maior facilidade de manuseio na limpeza, menor tempo de secagem das peças e maior qualidade superficial e dimensional. O método mais empregado de limpeza final é pela aplicação cuidadosa de um jato fino de ar dentro de uma câmara aspirada. Dessa forma, eventuais aglutinamentos de pó que permanecem ancorados na superfície impressa são removidos.

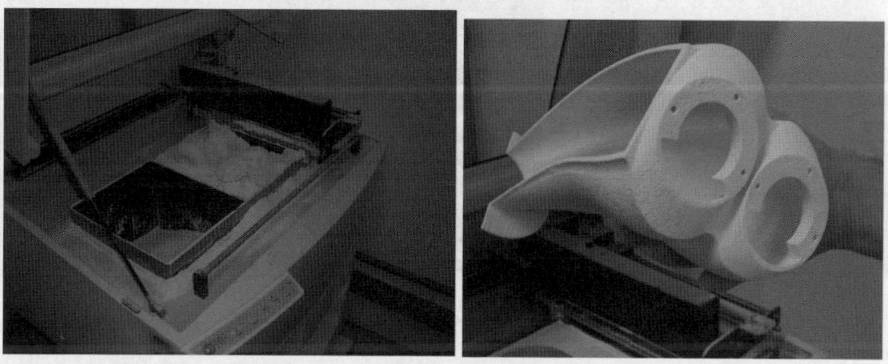

(a) (b)

Figura 4.16 Remoção da peça ao final do processo (a) e peça após remoção do excesso de pó (b).
Fonte: cortesia do Laboratório de Tribologia e Compósitos da EESC-USP.

Como a peça nesse estado verde encontra-se com resistência mecânica relativamente baixa, da ordem de 0,5 MPa à flexão [28], para material à base de gesso, é recomendado infiltrar a peça com um verniz ou adesivo que, em função de sua viscosidade e sua tensão superficial, penetra para o interior da peça até uma determinada profundidade, melhorando sua resistência. O material mais utilizado é um adesivo à base de cianoacrilato com várias viscosidades possíveis que, quando viscoso, pode ser aplicado com espátula de silicone ou, quando menos viscoso, pode ser aplicado por imersão. São preferíveis os de baixa viscosidade, pois garantem uma profundidade de penetração maior em relação aos mais viscosos. Dependendo do verniz/adesivo utilizado, um cuidado especial deve ser observado com relação à possível inalação de gases tóxicos e ao contato com os olhos e a pele. Sugere-se que essa operação seja feita, preferencialmente, em uma capela com fluxo de ar e com utilização de luvas. Alternativamente, máscaras apropriadas para vapores tóxicos podem ser utilizadas em substituição à capela, porém o manuseio em local não apropriado pode representar riscos. A peça pode ainda receber algumas operações de acabamento, como pintura e acabamentos abrasivos, visando melhorar a sua aparência.

Aplicações

Em virtude da relativa baixa resistência do material (à base de gesso) e dos custos reduzidos de produção, as peças produzidas com essa tecnologia são usadas como modelos visuais, táteis (*design*) ou para réplica e moldes para serem preenchidos com cera, resina ou até mesmo metais não ferrosos fundidos. A Figura 4.17 exemplifica modelos visuais fabricados em gesso pela tecnologia CJP.

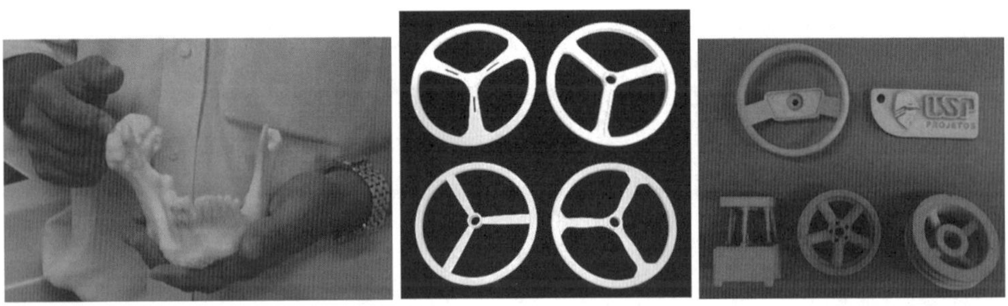

(a) (b) (c)

Figura 4.17 Exemplos de modelos visuais obtidos pelo processo CJP: mandíbula com patologia para estudo e planejamento cirúrgico (a), modelos conceituais de aros para cadeira de rodas (b) e elementos de máquinas (c).
Fonte: cortesia do Laboratório de Tribologia e Compósitos da EESC-USP.

Um exemplo de modelo tátil (teste de empunhaduras de ferramentas e aparelhos) é ilustrado na Figura 4.18a, em que um modelo de aro para propulsão de cadeira de rodas é experimentado quanto à adaptabilidade de mão e dedos na superfície arredondada com sulcos. A Figura 4.18b mostra o projeto conceitual aplicado na cadeira de rodas.

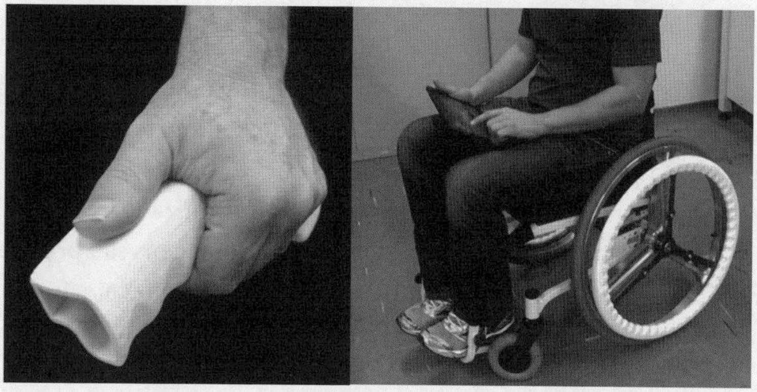

(a) (b)

Figura 4.18 Exemplo de modelo tátil de um aro de propulsão de cadeira de rodas: segmento do aro para avaliação tátil (a) e aro montado em uma cadeira de rodas (b) [29] [30].

Os modelos da tecnologia CJP também podem ser utilizados para a obtenção de moldes de elastômeros como o silicone, que podem ser utilizados para moldagem de peças em poliuretano ou epóxi. A Figura 4.19 ilustra peças para modelagem de coletores e para moldagem de segmentos de um aro de propulsão de cadeira de rodas, respectivamente. Mais detalhes sobre moldes de silicone podem ser encontrados no Capítulo 13.

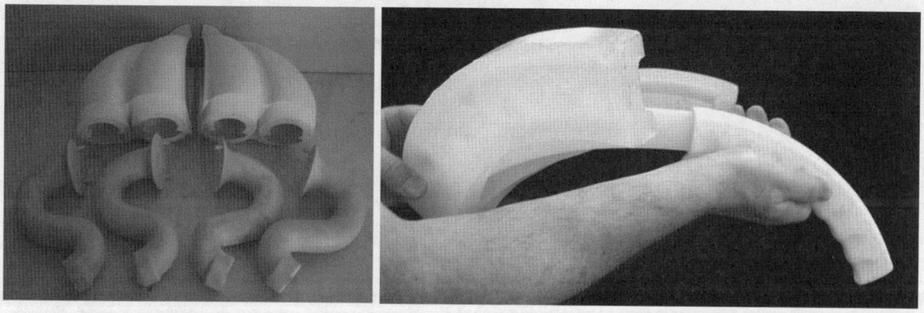

(a) (b)

Figura 4.19 Exemplos de modelos-mestre: para coletores de admissão de carros (a) e segmento de aro de propulsão de cadeira de rodas sendo removido de um molde de silicone (b) [29].

A área de *design* e arte tem se beneficiado desse processo devido à possibilidade de se trabalhar com cimentos, geopolímeros, argilas e outros materiais, com e sem reforço de fibras e particulados, além da possibilidade de confecção de peças de grandes dimensões. É possível produzir obras artísticas, móveis e até mesmo réplicas de obras de arte e, nesses casos, as peças manufaturadas adquirem propriedades adequadas para uso [31].

É possível também a aplicação no segmento de moldes de fundição. Para tanto, o pó refratário reativo ao aglutinante deve ser formulado de maneira a não se decompor na temperatura de fusão do metal. O fluido de impregnação deve ser totalmente consumido pela reação com o pó ou removido o excedente antes da fundição para que os subprodutos orgânicos sejam minimizados. Dependendo do projeto da peça e dos materiais empregados, várias moldagens são possíveis em um mesmo molde. A Figura 4.20 mostra uma peça de alumínio recém-fundida em um molde manufaturado pela tecnologia CJP (pó Visijet PXL Core-ZP151 e aglutinante Visijet PXL Clear-ZB63 da 3D Systems Inc.).

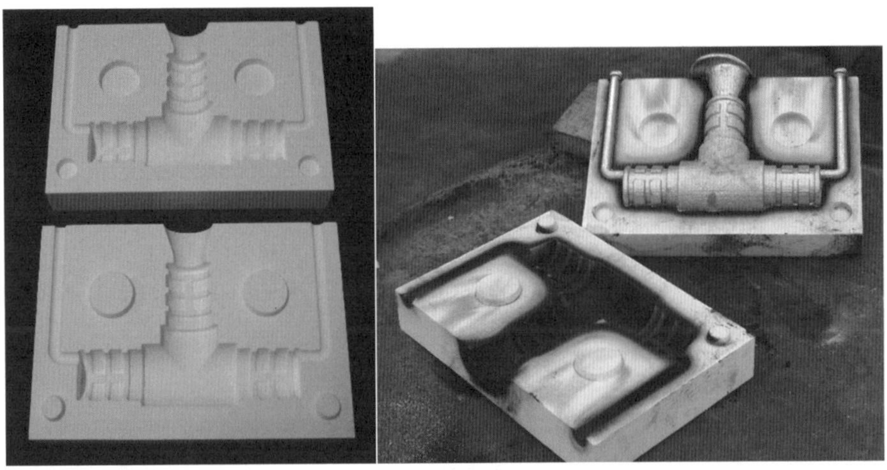

(a) (b)

Figura 4.20 Exemplo de molde para fundição direta de alumínio: as duas metades do molde manufaturado (a) e molde aberto após a quarta fundição (b) [32].

Apesar de as primeiras tecnologias CJP não terem sido desenvolvidas para materiais cerâmicos, muitos estudos as empregaram para o desenvolvimento de materiais como alumina, zircônia, carbeto de silício e vários outros [22]. Uma alternativa interessante para reduzir ou eliminar os desvios dimensionais em função da contração durante o pós-processamento em forno é utilizar a técnica de sinterização reativa, como a do alumínio. Uma composição empregou pó de alumínio e alumina (por exemplo, 30% vol. de Al em relação a Al_2O_3), para obter peças finais em pura alumina, sem nenhum tipo de material contaminante. Nessa técnica, durante a sinterização em atmosfera oxidativa, o Al é oxidado e compensa a densificação típica do pó de alumina em função da sinterização [33].

A área de aplicação biomédica foi fortemente influenciada pela tecnologia CJP, principalmente para manufatura de *scaffolds* (matrizes porosas para suporte e crescimento celular, utilizadas na medicina regenerativa) [34], em que estruturas porosas, tanto micro quanto macro, são desejadas, e a permeabilidade, exigida. A técnica permite a fabricação rápida de *scaffolds* com formatos personalizados e estrutura porosa comunicante, similar ao tecido ósseo humano. Nessa área biomédica, destacam-se alguns materiais cerâmicos como a alumina, a hidroxiapatita, a zircônia e os cimentos baseados em apatita [7] [28]-[29] [30] [32] [35].

4.5.2 Tecnologia de BJT da ExOne

Desde 1997, a empresa Extrude Hone Corporation, dos Estados Unidos, vem oferecendo soluções baseadas no processo 3DP do MIT para obtenção de componentes metálicos. Em 2005, a ExOne Company surgiu como uma *spin-off* da Extrude Hone para se concentrar em suas tecnologias de AM [36]. A primeira tecnologia de AM oferecida para componentes metálicos foi inicialmente denominada ProMetal. A Figura 4.21 representa esquematicamente o princípio do processo da ExOne: um sistema de deposição de material avança e derrama o pó metálico do reservatório de suprimento, que é espalhado e nivelado por um rolo sobre a superfície da plataforma de fabricação. Após a deposição, o sistema retorna para a posição inicial. O cabeçote de jateamento avança e deposita um líquido aglutinante fotopolimérico sobre as partículas do pó, descrevendo a geometria da camada. Em seguida, o sistema de deposição avança novamente com uma lâmpada de luz UV para curar o fluido ligante da camada impressa. Após a cura do fluido ligante, a plataforma desce verticalmente, na direção Z, um incremento correspondente à espessura de uma camada, e o sistema retorna e deposita mais uma camada de pó. Esse ciclo é repetido automaticamente até a finalização da peça [36].

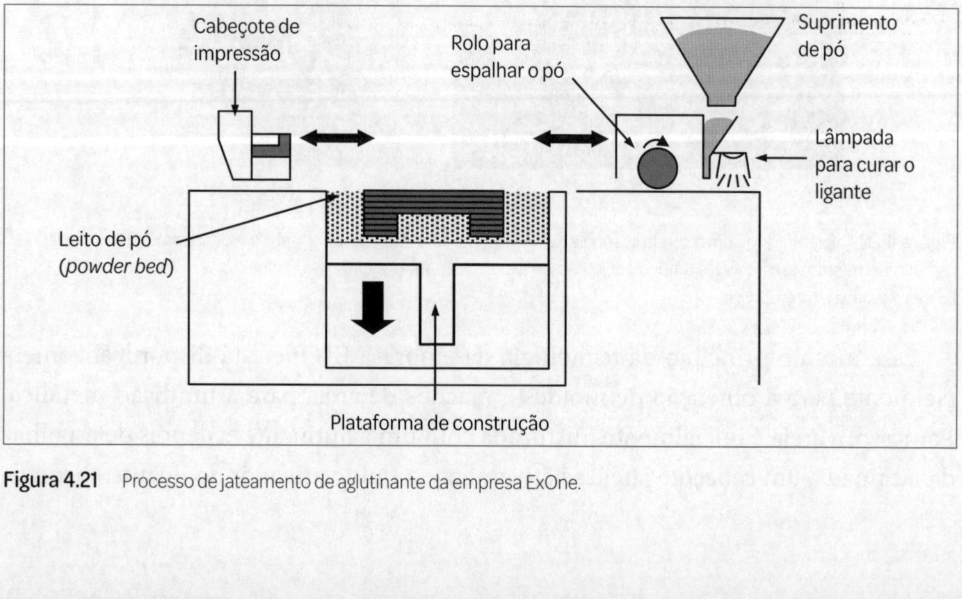

Figura 4.21 Processo de jateamento de aglutinante da empresa ExOne.

Ao final do processo, todo o conjunto que contém o volume de construção é retirado da máquina e levado a um forno para finalizar a cura do aglutinante, conferindo resistência à peça verde. Após essa operação, a peça pode ser retirada do "bolo" formado pela peça verde envolta por pó solto. Como a peça verde não possui resistência suficiente para aplicação final, é necessária uma etapa de pós-processamento em um forno a alta temperatura, com atmosfera controlada, em que ocorre a sinterização e, caso necessário, a infiltração de uma liga de bronze. No primeiro estágio do pós-processamento, o aglutinante da peça é queimado, seguido da sinterização metálica das partículas. Se necessário, a temperatura é elevada até a fusão da liga de bronze, que é infiltrada pela ação da capilaridade, obtendo-se uma peça completamente densa. Geralmente, ao final dessa etapa, as regiões consideradas funcionais necessitam de operações de acabamento, que podem envolver usinagem, polimento e tratamento superficial.

Alguns dos materiais disponibilizados são: aço, aço inox, ligas de níquel-cromo, aço-cromo-alumínio, cromo-cobalto e tungstênio, que podem ser infiltrados ou não com bronze na etapa de pós-processamento. A menor espessura de camada disponível está em torno de 30 μm [36]. Esse processo pode ser utilizado para fabricação de componentes metálicos em geral, sendo uma área particular de interesse na aplicação em ferramental (ver mais detalhes no Capítulo 13). A Figura 4.22 apresenta duas peças de aço inox 420 impressas por BJT e infiltradas com bronze.

(a) (b)

Figura 4.22 Exemplos de um rotor de bomba e de um conjunto de rotor e estator (fabricados separadamente e depois usinados e montados) metálicos obtidos por jateamento de aglutinante da empresa ExOne.
Fonte: cortesia da empresa ExOne.

Esse mesmo princípio da tecnologia da empresa ExOne está disponível comercialmente para a obtenção de moldes e machos de areia para a fundição metálica. Para isso, a areia é inicialmente misturada com um aglutinante e, depois de espalhada a camada, um cabeçote jateia seletivamente o fluido ativador do ligante, formando a geometria do molde ou macho. O fluido de jateamento reage com o aglutinante na areia e confere resistência ao componente construído. A espessura de camada, no caso de areia, varia de 200 μm a 500 μm. Mais detalhes sobre tipos de areias e aglutinantes para o setor de ferramental podem ser encontrados no Capítulo 13.

4.5.3 Tecnologia de BJT da VoxelJet

A tecnologia de BJT da empresa alemã VoxelJet AG é similar às apresentadas anteriormente, sendo o principal diferencial o sistema de deposição do pó, que utiliza uma tremonha com lâmina em vez de um rolo. A empresa utiliza cabeçote de impressão próprio. Uma das aplicações dessa tecnologia é na fabricação de modelos para microfusão, obtidos a partir de pó polimérico de poli(metacrilato de metila) (PMMA), também denominado polimetilmetacrilato, que são, em seguida, impregnados com cera. Adicionalmente, essa tecnologia aplica-se na obtenção de macho ou molde de fundição em areia. A espessura de camada disponível nessa tecnologia está em torno de 80 μm para polímero e de 150 μm a 300 μm para areia [37]. Mais detalhes podem ser encontrados no Capítulo 13. A Figura 4.23 apresenta um modelo em PMMA de um corpo de motor de combustão, impregnado com cera, com dimensões externas de 72 mm × 59 mm × 75 mm, e um macho complexo de areia obtidos pela tecnologia da VoxelJet sendo retirado do leito de areia.

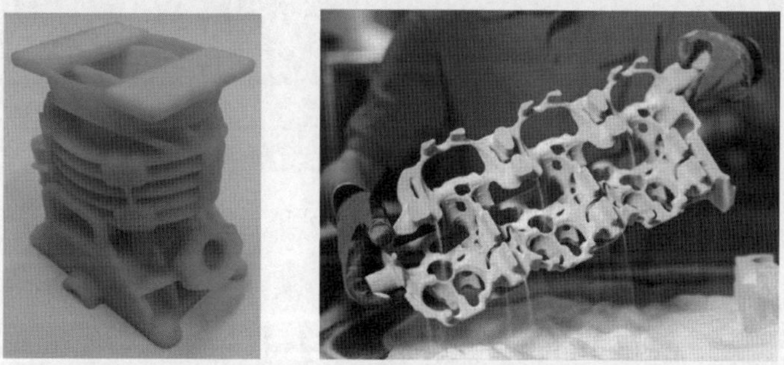

(a) (b)

Figura 4.23 Exemplo de um corpo de motor de combustão (a) e um macho de areia (b) obtidos pela tecnologia de BJT da VoxelJet.

Fonte: cortesia da empresa VoxelJet AG.

4.5.4 Outras tecnologias de BJT

A empresa Höganäs AB, da Suécia, uma das maiores produtoras de pó metálico do mundo, com mais de duzentos anos de mercado, entrou no mercado de equipamentos de AM com a aquisição da Fcubic AB, de Gotemburgo, em 2012. A Fcubic vinha desenvolvendo a sua tecnologia de BJT metal desde 2003 [38]. No entanto, em

2022, essa divisão da empresa Höganäs AB foi repassada para a americana Markforged, ficando a empresa sueca focada somente na obtenção de pós metálicos para AM [39]. A tecnologia comercial é denominada Digital Metal® e foi desenvolvida para oferecer um material metálico final sem a necessidade de infiltração de outro metal na etapa de pós-processamento. O principal material disponível é o aço inoxidável, mas outros metais, como titânio, prata e cobre, estão em desenvolvimento. A tecnologia é destacada como opção para peças pequenas e precisas, trabalhando com espessura típica de camada de 45 μm. A tecnologia oferece tolerâncias de 100 μm, possibilitando a obtenção de detalhes (furos e paredes) com dimensões reduzidas de até 200 μm [38]. Como exemplo do seu potencial, a Figura 4.24 apresenta duas peças que destacam os detalhes que podem ser reproduzidos.

Figura 4.24 Exemplo de um parafuso oco de parede fina e de uma pequena peça de xadrez, obtidos pelo processo Digital Metal® da empresa Höganäs AB, atual Markforged.

Outra empresa, a MicroJet Technology Co. Ltd., estabelecida em 1996 em Taiwan, com experiência em projeto e fabricação de cartuchos, impressoras de jato de tinta e dispositivos piezoelétricos, oferece tecnologia própria de impressão 3D colorida [40]. A tecnologia é denominada ComeTrue e utiliza princípio similar ao 3DP, ou seja, baseia-se em jateamento de fluido aglutinante colorido sobre um leito de pó à base de gesso. Após a fabricação, também é necessário pós-processamento para infiltrar a peça e obter maior resistência e melhor acabamento. A empresa utiliza sistema de planejamento de processo próprio e destaca como vantagens a qualidade, a velocidade de impressão e o custo-benefício dos equipamentos [40].

A empresa chinesa EasyMFG também oferece a tecnologia de BJT para metal e areia. No caso de metal, o ciclo de forno pode ser definido para a obtenção de peças estanques, sem a necessidade de infiltração de outro metal. Exemplos em que a estanqueidade é importante são as válvulas hidráulicas impressas em aço inoxidável apresentadas na Figura 4.25 (peças verdes, peças sinterizadas e algumas válvulas montadas), obtidas pelo equipamento EASY3DP-M400 PRO. Para uma melhor análise, o tamanho de uma das peças dessa figura é de 107 mm × 62 mm × 53 mm. Atualmente, o processo está sendo analisado como alternativa para a produção final dessas válvulas. Segundo a fabricante, para essa aplicação, a tecnologia de BJT oferece um *design* mais flexível e permite obter canais internos complexos, enquanto os métodos tradicionais são demorados, complicados e com longos ciclos de produção.

(a) (b) (c)

Figura 4.25 Válvulas hidráulicas impressas por BJT de metal: peças verdes (a), sinterizadas (b) e algumas válvulas montadas (c).

Fonte: cortesia da empresa EasyMFG.

4.6 CONSIDERAÇÕES FINAIS

As tecnologias tradicionais de impressão por jato de tinta foram fundamentais para o desenvolvimento de importantes processos de AM. A sua adequação para a impressão 3D permitiu processos com várias possibilidades de adição de material em camadas, seja na forma de pós ou líquidos (ou liquefeitos por temperatura). Os fluidos jateados podem ser o próprio material da peça ou um agente aglutinante que, ao reagir com um leito de pó, forma a estrutura do material da peça. Após a deposição, o material jateado passa por um processo que pode envolver evaporação de um solvente, reações químicas ou simplesmente arrefecimento do material. Novos processos e/ou o amadurecimento de tecnologias baseadas no jateamento aparecem com frequência.

Os processos de jateamento de material destacam-se pela versatilidade em produzir peças multimateriais (resinas com diferentes propriedades), possibilitando que peças com gradação funcional possam ser projetadas e fabricadas diretamente. Em função da precisão e das pequenas espessuras de camadas empregadas, esse princípio tem concorrido diretamente com a tradicional tecnologia de estereolitografia (ver Capítulo 2), com a vantagem de não utilizar *laser*, além de não necessitar de pós-processamento em forno. Um ponto negativo desse grupo de tecnologias é o custo atual dos equipamentos e dos insumos, em especial das resinas proprietárias utilizadas.

Já as tecnologias por jateamento de aglutinantes se apresentam como uma forma simples e de custo relativamente baixo para a fabricação de peças, sejam aquelas voltadas à validação de conceitos (prototipagem), para ferramental ou mesmo visando um produto de uso final. Em particular, as tecnologias de BJT de metal e de areia têm ganhado destaque como alternativas para a produção de baixa tiragem de componentes metálicos. O emprego dessa tecnologia também com materiais cerâmicos para aplicação na área da saúde tem sido bastante investigado nos últimos anos, sendo de grande interesse na engenharia tecidual.

REFERÊNCIAS

[1] ISO/ASTM International, ISO/ASTM 52900: 2015(E) Standard Terminology for Additive Manufacturing – General Principles – Terminology. *ISO/ASTM International*, 2015. Disponível em: http://www.ansi.org. Acesso em: 15 out. 2024.

[2] New smartech publishing report: Polymer additive manufacturing market shows multidisciplinary $16b opportunity, 2018. Disponível em: https://www.globenewswire.com/en/news-release/2018/07/10/1535574/0/en/New-SmarTech-Publishing-Report-Polymer-Additive-Manufacturing-Market-Shows-Multidisciplinary-16B-Opportunity.html. Acesso em: 15 out. 2024.

[3] H. P. Le, Progress and trends in ink-jet printing technology. *Journal of Imaging Science and Technology*, v. 42, n. 1, p. 49-63, 1998.

[4] B.-J. De Gans, P. C. Duineveld, U. S. Schubert, Inkjet printing of polymers: state of the art and future developments. *Advanced materials*, v. 16, n. 3, p. 203-213, 2004.

[5] K. K. B. Hon, L. Li, I. M. Hutchings, Direct writing technology – Advances and developments. *CIRP annals*, v. 57, n. 2, p. 601-620, 2008.

[6] S. Fathi, and P. Dickens, Droplet analysis in an inkjet-integrated manufacturing process for nylon 6. *The International Journal of Advanced Manufacturing Technology*, v. 69, p. 269-275, 2013.

[7] C. R. de Meira, J. de Carvalho, B. de M. Purquerio, C. A. Fortulan, Desenvolvimento de pó à base de gesso e binder para prototipagem rápida. *Cerâmica*, v. 59, p. 401-408, 2013.

[8] Solidscape, Inc. Disponível em: https://www.solidscape.com/. Acesso em: 15 out. 2024.

[9] N. Volpato, "Os principais processos de prototipagem rápida". *In*: N. Volpato (ed.), *Prototipagem rápida – Tecnologias e aplicações*. São Paulo: Edgard Blücher, 2007, p. 55-100.

[10] Stratasys Ltd. Disponível em: www.stratasys.com. Acesso em: 15 out. 2024.

[11] N. Volpato, D. M. Solis, C. A. Costa, An analysis of Digital ABS as a rapid tooling material for polymer injection moulding. *International Journal of Materials and Product Technology*, v. 52, n. 1-2, p. 3-16, 2016.

[12] I. Gibson, D. Rosen, and B. Stucker, *Additive manufacturing technologies – 3D printing, rapid prototyping, and direct digital manufacturing*. 2nd ed. Springer, 2015.

[13] 3D Systems, Disponível em: www.3dsystems.com.

[14] 3D Systems, Australia's Nissan motorsports uses additive manufacturing to rev up performance. Disponível em: https://www.3dsystems.com/learning-center/case-studies/australias-evok3d-uses-direct-digital-manufacturing-rev-performance. Acesso em: 15 out. 2024.

[15] 3D Systems, ProJet MJP 2500W Plus. Disponível em: https://br.3dsystems.com/3d-printers/projet-mjp-2500w-plus. Acesso em: 15 out. 2024.

[16] S. Fathi, P. Dickens, Jettability of reactive nylon materials for additive manufacturing applications. *Journal of Manufacturing Processes*, v. 14, n. 3, p. 403-413, 2012.

[17] Q. Qian *et al.*, 3D reactive inkjet printing of bisphenol A-polycarbonate. *Additive Manufacturing*, v. 54, p. 102745, 2022.

[18] M. Ziaee, N. B. Crane, Binder jetting: A review of process, materials, and methods. *Additive Manufacturing*, v. 28, p. 781-801, 2019.

[19] S. S. Borujeni, A. Shad, K. A. Venkata, N.Günther, V. Ploshikhin, "Numerical simulation of shrinkage and deformation during sintering in metal binder jetting with experimental validation. *Materials and Design*, v. 216, 110490, 2022.

[20] M. Srivastava, and S. Rathee, Additive manufacturing: recent trends, applications and future outlooks. *Progress in Additive Manufacturing*, v. 7, n. 2, p. 261-287, 2022.

[21] T. Colton, N. B. Crane, Influence of droplet velocity, spacing, and inter-arrival time on line formation and saturation in binder jet additive manufacturing. *Additive Manufacturing*, v. 37, p. 101711, 2021.

[22] W. Du, X. Ren, Z. Pei, C. Ma, Ceramic binder jetting additive manufacturing: a literature review on density. *Journal of Manufacturing Science and Engineering, Transactions of the ASME*, v. 142, n. 4, 2020.

[23] B. Utela, D. Storti, R. Anderson, M. Ganter, A review of process development steps for new material systems in three dimensional printing (3DP). *Journal of Manufacturing Processes*, v. 10, n. 2, p. 96-104, 2008.

[24] A. Butscher *et al.*, Printability of calcium phosphate powders for three-dimensional printing of tissue engineering scaffolds. *Acta Biomater*, v. 8, n. 1, p. 373-385, 2012.

[25] S. Mirzababaei, S. Pasebani, A review on binder jet additive manufacturing of 316L stainless steel. *Journal of Manufacturing and Materials Processing*, v. 3, n. 3, p. 82, 2019.

[26] K. Lu, W. T. Reynolds, "3DP process for fine mesh structure printing", *Powder Technol*, v. 187, n. 1, p. 11-18, 2008.

[27] M. Vlasea, R. Pilliar, E. Toyserkani, Control of structural and mechanical properties in bioceramic bone substitutes via additive manufacturing layer stacking orientation. *Additive Manufacturing*, v. 6, p. 30-38, 2015.

[28] C. R. de Meira, P*rocessamento de hidroxiapatita bovina associada com prototipagem rápida visando implantes ósseos*. Tese (Doutorado) – Universidade de São Paulo, 2014.

[29] F. O. Medola, *Projeto conceitual e protótipo de uma cadeira de rodas servo-assistida*. Tese (Doutorado) – Universidade de São Paulo, São Carlos, 2013.

[30] F. O. Medola, B. M. Purquerio, V. M. C. Elui, C. A. Fortulan, Conceptual project of a servo-controlled power-assisted wheelchair. *In*: *5th IEEE RAS/EMBS International Conference on Biomedical Robotics and Biomechatronics*, p. 450-454, 2014.

[31] P. Shakor, S. H. Chu, A. Puzatova, E. Dini, Review of binder jetting 3D printing in the construction industry. *Progress in Additive Manufacturing*, v. 7, n. 4, p. 643-669, 2022.

[32] D. A. B. Assad, *Desenvolvimento de barra de apoio modular removível para indivíduos com aparelho locomotor acometido*. Disseração (Mestrado) – Universidade de São Paulo, São Carlos, 2013.

[33] D. M. Solis, A. V. Silva, N. Volpato, L. F. Berti, Reaction-bonding of aluminum oxide processed by binder jetting. *Journal of Manufacturing Processes*, v. 41, p. 267-272, 2019.

[34] M. M. Carvalho, *Metodologia para otimização do projeto e fabricação de implantes ósseos personalizados em estruturas porosas (SCAFFOLDS)*. Tese (Doutorado) – Universidade de São Paulo, São Carlos, 2012.

[35] S. Bose, S. Vahabzadeh, A. Bandyopadhyay, Bone tissue engineering using 3D printing. *Materials Today*, v. 16, n. 12, p. 496-504, 2013.

[36] ExOne. Disponível em: https://www.exone.com/en-US/3D-printing-systems. Acesso em: 15 out. 2024.

[37] VoxelJet AG. Disponível em: https://www.voxeljet.com/. Acesso em: 15 out. 2024.

[38] Höganäs Digital Metal produces highly complex and intricate designs with 3D printing. Disponível em: https://www.metal-am.com/hoganas-digital-metal-produces-highly-complex-and-intricate-designs-with-3d-printing/. Acesso em: 15 out. 2024.

[39] I. Campbell, O. Diegel, R. Huff, J. Kowen, T. Wohlers, Wholers Report 2023 3D Printing and Additive Manufacturing Global State of the Industry. Washington, DC, 2023.

[40] Microjet, Disponível em: www.microjet.com.tw. Acesso em: 15 out. 2024.

CAPÍTULO 5
Fusão em leito de pó não metálico

Jorge Vicente Lopes da Silva (in memoriam)
Neri Volpato

5.1 INTRODUÇÃO

Os processos de manufatura aditiva (*additive manufacturing* – AM) por fusão em leito de pó (*powder bed fusion* – PBF) permitem a construção de objetos físicos, camada a camada, a partir de matéria-prima na forma de pó, cujas partículas são termicamente coalescidas por efeito de uma fonte de calor. Este capítulo apresenta as tecnologias PBF para os materiais não metálicos, que foram separadas das aplicadas aos metais (Capítulo 6) em função das diferenças consideráveis em relação ao processamento desses dois grupos de materiais.

Atualmente, duas fontes de calor se destacam para o caso dos materiais não metálicos: o feixe de *laser* e a radiação infravermelha (*infrared* – IR). Quando se emprega feixe de *laser*, uma varredura seletiva na superfície do leito define a seção transversal da peça em função do modelo geométrico 3D (digital). A fusão do pó ocorre apenas nos locais onde o feixe de *laser* incide. Já a radiação IR normalmente incide sobre toda a superfície do leito. Assim, a seção transversal da peça é seletivamente preparada com agentes que irão absorver mais a energia, promovendo a fusão do material somente nessa área. Essa opção da energia possui algumas vantagens sobre o *laser* e vem ganhando cada vez mais espaço como processo produtivo.

Neste capítulo, os princípios de funcionamento dessas duas fontes de energia são abordados, destacando características, materiais e algumas aplicações. O maior foco é dado aos polímeros termoplásticos, apresentando, inicialmente, os mecanismos de aglutinação e as suas características, importantes no processo de PBF. Essas informações são relevantes para uma melhor compreensão das transformações sofridas pelo material, bem como dos principais parâmetros de processo de cada tecnologia. Alguns sistemas comerciais e seus materiais disponíveis são destacados. O processamento de materiais cerâmicos é tratado com menos detalhes, justamente por não estarem presentes comercialmente. Por fim, as características ligadas à degradação e à reciclagem dos materiais poliméricos são abordadas em função da relevância para essa tecnologia.

5.2 CARACTERÍSTICAS DO PÓ PARA PBF

Para os processos de PBF, o material particulado tem que ser espalhado em finas camadas, a superfície do leito deve ser lisa e a densidade de empacotamento do leito deve ser a maior possível. Nesse sentido, em geral, os pós devem ter uma estreita distribuição de tamanhos de partículas, formato quase esférico e boa fluidez [1].

A fluidez é uma das características mais importantes para a espalhabilidade do pó, fundamental para se obter uma distribuição homogênea com alto empacotamento. A fluidez é definida como a capacidade de um pó fluir sob condições específicas. Ela está diretamente correlacionada com as forças atrativas interpartículas, como as forças intermoleculares de Van der Waals, ligações químicas e forças eletrostáticas. A magnitude dessas forças depende fortemente das propriedades superficiais dos pós, como textura e rugosidade da superfície, química da superfície e área de contato local após deformação [1].

No que tange à morfologia, a forma esférica das partículas é a mais adequada, pois geram menor fricção interna, o que acarreta melhor espalhamento no leito de pó. Essa morfologia é mais comum nos materiais poliméricos, mas não é o caso de materiais cerâmicos, que são mais irregulares e precisam recorrer à adição de lubrificantes para reduzir o atrito entre as partículas.

De um modo geral, o tamanho das partículas define a espessura da camada a ser utilizada. Tamanhos menores permitem camadas mais finas e, assim, melhor acabamento superficial e maior precisão do componente produzido. Adicionalmente, partículas mais finas apresentam uma razão entre área de superfície e volume maior, e absorvem mais a energia do *laser* (mais eficiência na absorção) do que partículas mais grossas [2]. Contudo, à medida que o tamanho das partículas diminui, o atrito entre elas e as forças eletrostáticas aumentam, reduzindo a fluidez do pó. Partículas muito pequenas agravam também os problemas relativos ao fato de serem mais reativas (risco de ignição e explosão na presença de oxigênio) e de suspensão no ambiente (nuvem de partículas). Nas máquinas de PBF, as partículas suspensas se depositam nas superfícies livres, o que pode turvar a janela óptica, diminuir a transmissibilidade do feixe, reduzir a sensibilidade dos sensores, desviar o feixe de *laser* e danificar as partes móveis [2].

Para Bonilla *et al.* [1], o tamanho médio de partículas de polímero deve ficar entre 50 μm e 80 μm. O tamanho médio típico para as tecnologias de PBF por radiação IR (ver Seção 5.7) é de, aproximadamente, 55 μm [3].

A distribuição do tamanho das partículas (distribuição granulométrica) é bastante relevante ao processo de PBF, pois influencia diretamente a densidade da camada espalhada, *i.e.*, a densificação do leito de pó. Geralmente, uma distribuição granulométrica com partículas grosseiras e finas (multimodal) leva a camadas mais densas. Isso porque as partículas menores completam os vazios deixados pelas maiores, o que tende a melhorar o acabamento superficial e aumentar o empacotamento. No entanto, um desafio dessa opção é evitar a segregação por tamanhos de grãos das partículas. Vock *et al.* [4] reportam que, para um bom fluxo de pó, é necessária uma distribuição granulométrica estreita (monomodal), o que evita também a segregação, e para uma alta densidade de leito de pó, é necessária uma distribuição mais ampla. Portanto, uma relação de compromisso entre esses requisitos do processo de PBF precisa ser equacionada.

Ainda em relação à densidade do leito de pó, Gibson *et al.* [2] relatam que ela varia entre 50 e 60% para a maioria dos pós comerciais, mas pode ser tão baixa quanto 30% para pós cerâmicos irregulares. A densidade do leito de pó é importante para a qualidade da peça, pois geralmente quanto maior essa densidade, maior será a condutividade térmica do leito e melhores serão as propriedades mecânicas da peça final, em função da menor quantidade de poros a serem eliminados durante o processamento [2].

Como pode ser observado, a produção de pós poliméricos com boa fluidez para PBF é um desafio. As forças exercidas sobre as partículas durante a PBF são, principalmente, o peso e as forças coesivas de Van der Waals. Devido às densidades relativamente baixas típicas dos polímeros ($> \approx 1$ g/cm^3) e aos tamanhos de partículas pequenos (50 μm a 100 μm), as forças de Van der Waals superam a força peso das partículas. Consequentemente, os pós poliméricos finos são normalmente pós coesivos caracterizados por baixa densidade de compactação e baixa fluidez. Os pós poliméricos têm, então, que ser modificados para melhorar a sua fluidez. Mais detalhes sobre as possíveis modificações dos pós podem ser encontrados em [1].

Normalmente, os fornecedores de pós comerciais não divulgam detalhes desse tipo de seus materiais.

5.3 MECANISMOS DE AGLUTINAÇÃO DE PÓ NÃO METÁLICO

O termo sinterização geralmente vem à tona quando se fala em processamento térmico de pó em um leito. No entanto, o mecanismo de sinterização tradicional necessita da elevação da temperatura do pó a um patamar abaixo do seu ponto de fusão, e que o material seja mantido nesse patamar por um determinado período. A sinterização dos pós é, então, um processo que não envolve uma fase líquida. A sinterização leva a uma redução da área específica de cada partícula de pó, interagindo com as suas vizinhas de modo a formar "pescoços" de ligação. Os pescoços são formados pela difusão atômica de material das partículas para essas regiões e são resultantes de um fenômeno de transporte de massa por meio de difusão superficial, difusão volumétrica, diluição, evaporação-condensação e difusão nos contornos de grão [5]. Nesse processo, inicialmente, há uma coalescência do material em pó, formando ligações fortes, ocorrendo um aumento gradativo da densidade do material. Com o decorrer do tempo, as ligações entre as partículas se tornam cada vez mais fortes, com aumento significativo na densidade e diminuição da porosidade da peça. Assim, a sinterização é um processo lento, tornando esse mecanismo de coalescência pouco adequado para a PBF.

Entretanto, apesar de não ser o principal mecanismo de aglutinação, é importante discutir a sinterização em PBF de polímeros, pois o material não processado ao redor da peça tende a ficar muito tempo a uma elevada temperatura, induzindo esse efeito. Dependendo do tamanho e da quantidade de peças em uma batelada, um ciclo do processo pode levar mais que 30 horas. Durante esse tempo, o pó em contato com a parede da peça tende a sinterizar e a fazer parte da peça. Geralmente, a porosidade do material sinterizado vai aumentando com a distância da parede inicial da peça, causando um acréscimo em suas dimensões, o qual precisa ser equacionado e compensado durante o planejamento do processo para manter as tolerâncias dimensionais sob controle [2].

Para acelerar o processo de aglutinação, alguns processos de PBF recorrem ao que Kruth *et al.* [6] denominam sinterização de fase líquida (*liquid phase sintering*), que envolve dois tipos de materiais: um material estruturante, que se mantém sólido durante o processo, e um material aglutinante, que é fundido durante o processo e se encarrega de manter o material coeso. Esse processo deriva da brasagem, que é um dos processos metalúrgicos mais antigos que se tem conhecimento. De acordo com Kruth *et al.* [6], a sinterização de fase líquida pode utilizar, como matéria-prima, pós nas seguintes condições:

1. Pós na forma de diferentes materiais: o material estruturante e o aglutinante são apresentados na forma separada. O material estruturante pode ser um polímero de maior temperatura de fusão, cerâmica, metal ou outros materiais na forma de microesferas, microfibras (ou outras estruturas), enquanto o material aglutinante é, normalmente, um polímero. Durante o processo, o material aglutinante será completamente fundido para aglutinar o material estruturante. A dificuldade maior dessa opção é manter a mistura homogênea de diferentes materiais em pó fluindo no leito. Devido às diferenças de densidade, os materiais podem sofrer segregação na manipulação. Essa dificuldade pode ser contornada com a opção a seguir.
2. Pós na forma em que o material estruturante é revestido com aglutinante: essa alternativa é mais comum para pó metálico ou cerâmico, em que cada partícula é recoberta com um polímero aglutinante. Durante o processamento, a energia provoca a fusão parcial do material polimérico e, por consequência, a aglutinação do material estruturante. Tanto nessa quanto na condição anterior, no caso de se empregar material metálico ou cerâmico, será formada uma "peça verde", a qual não possui resistência mecânica suficiente para sua aplicação final devido a sua alta porosidade e às ligações polímero-polímero. Para aumentar a resistência da peça verde, esta é submetida a um processo de pós-tratamento que consiste na queima controlada em fornos especiais, com atmosfera controlada e rampas de aquecimento/resfriamento específicas, seguida ou não, no caso de metal, por infiltração de metal de menor ponto de fusão. A alternativa de se recorrer a uma peça verde pode ser considerada um processo PBF indireto, pois a peça não sai do equipamento com a sua resistência final desejada.
3. Pós na forma de materiais compósitos: nessa opção, cada partícula tem material estruturante e aglutinante, o que facilita a homogeneização da peça resultante. Em geral, usa-se na forma de materiais compósitos poliméricos como aglutinante e outros materiais estruturantes chamados de reforço. Como exemplos, estão os materiais comerciais compostos de poliamida com carga de vidro, como o Duraform GF da 3D Systems Inc., e o PA 3200 GF, da EOS GmbH. Nesses casos, o objetivo é que o material final do modelo possa ter melhores propriedades, como resistência mecânica, resistência ao desgaste e a temperaturas mais elevadas durante o uso.

A sinterização de fase líquida também pode ocorrer envolvendo somente um único material, o estruturante. Nesse caso, o material funde parcialmente preenchendo, também parcialmente, os espaços ou poros entre as partículas. Isso porque a energia cedida ao material não é suficiente para sua completa fusão e parte dele se torna aglutinante e outra parte, o material estruturante original, mantendo o núcleo dos grãos intactos, especialmente os de maior diâmetro. Esse é o caso ao se processar um material aglutinante com distribuição bimodal de tamanhos de partícula, sendo as menores mais fusíveis que as maiores. De acordo com Kruth *et al.* [7], esse grupo de tecnologias não apresenta distinção nítida entre materiais aglutinantes e estruturantes, mas entre materiais fundidos e não fundidos e, portanto, uma melhor classificação seria como fusão parcial e não sinterização de fase líquida. Essa forma de consolidar material, apesar de possível, não vai render um material final com a mesma resistência que poderia ser alcançada se todas as partículas fossem fundidas. Sendo assim, a forma mais adequada de consolidar material para os processos PBF de polímeros é envolver a fusão completa das partículas, em que as melhores propriedades são obtidas.

5.4 PROPRIEDADES DOS POLÍMEROS PARA A PBF

Os polímeros são estruturas formadas por moléculas organizadas em grandes cadeias cujas ligações intramoleculares são covalentes (fortes). As moléculas são formadas por um processo de ligações intermoleculares das várias unidades químicas menores que se repetem (monômeros) e formam o polímero (polimerização). Os polímeros podem ser classificados em termoplásticos (podem ser fundidos inúmeras vezes), termofixos (polímeros que, depois de sua reação de polimerização, não mais se fundem, mas só degradam com a temperatura) e elastômeros (flexível em temperaturas mais baixas, ou seja, as borrachas). No caso dos processos de PBF, a classe de polímeros mais utilizada é a dos termoplásticos, sendo que os termofixos não são adequados em função da sua degradação, e não fusão, ao serem aquecidos. Os termoplásticos podem, ainda, ser classificados em cristalinos (cujas cadeias são dispostas de maneira organizada) e amorfos (cujas cadeias são distribuídas de forma aleatória). Os polímeros cristalinos são, na verdade, semicristalinos, por nunca serem 100% cristalinos.

As propriedades térmicas dos polímeros cristalinos e amorfos são bastante diferentes, sendo que os primeiros, por apresentarem temperaturas características relativas a fusão (Tm) e cristalização (Tc) bem determinadas, possuem melhores atributos para o processamento em PBF. Para melhor entender a razão dessa afirmação, é importante conhecer as transições térmicas dos polímeros. Um dos métodos para esse estudo é a calorimetria diferencial de varredura (*differential scanning calorimetry* - DSC) [8]. A Figura 5.1 mostra um termograma típico de um polímero termoplástico semicristalino e suas temperaturas médias de transição vítrea (Tg), cristalização e fusão. Por meio da técnica DSC, uma amostra de um material polimérico que será analisado e uma amostra de referência são submetidas a uma rampa lenta e equivalente de aquecimento. O fluxo de calor para cada uma das amostras é continuamente monitorado. Dessa forma, é possível detectar no gráfico termograma as temperaturas características Tg, Tc e Tm. A Tg está associada à fase amorfa do polímero e é considerada uma transição de segunda ordem, por não envolver uma mudança significativa na entalpia. Acima dessa temperatura, o polímero apresenta uma maior mobilidade de suas cadeias, o que leva a um estado de amolecimento, que se apresenta, nessa fase, mais pastoso. As temperaturas de cristalização e de fusão são consideradas de primeira ordem, por envolver mudanças marcantes na entalpia, apresentando um pico exotérmico e outro pico endotérmico, respectivamente. Nesse intervalo, há mudança significativa nas propriedades de fluidez e tensão superficial do material, fatores fundamentais para um bom processamento em AM. Por outro lado, há uma grande variação no volume dos polímeros semicristalinos, o que não é bom para o processo.

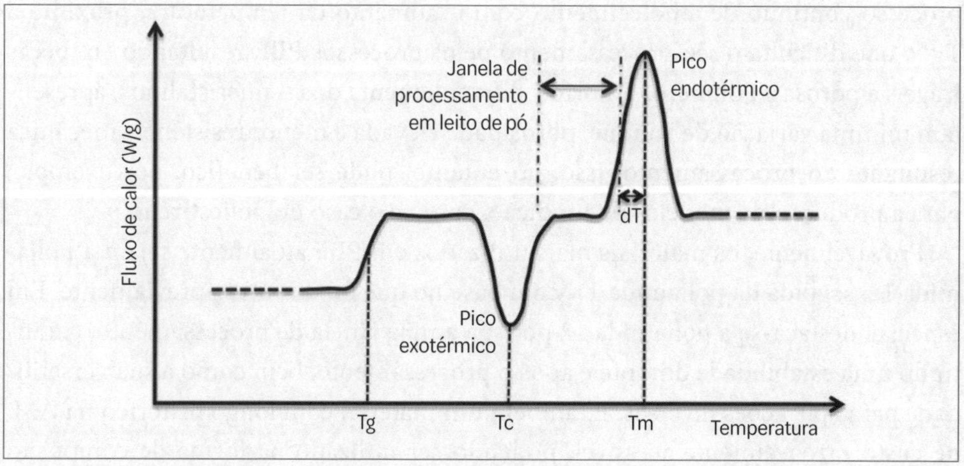

Figura 5.1 Transições térmicas em um polímero semicristalino típico.
Fonte: adaptada de Kruth *et al.* [11] e Schmid *et al.* [12].

Um material polimérico semicristalino que apresenta propriedades desejáveis para ser processado em PBF é o que possui uma maior diferença entre o vale e o pico (Tc e Tm), para que a janela de processamento seja a maior possível. Uma janela maior resulta em um processo mais controlável em termos de objeto final, com menor porosidade (fusão mais homogênea) e menores distorções, como os empenamentos, resultantes de regiões com diferentes temperaturas durante o processamento [9]. Materiais como o náilon 11 e, em especial, o náilon 12 (poliamida) são de amplo uso devido à larga janela de processamento. A Figura 5.1 mostra a janela de processamento e um diferencial de temperatura (dT) a ser aplicado ao material, por meio da fonte de energia, normalmente menor que a temperatura de fusão. Para Bourell *et al.* [10], o valor do diferencial de temperatura dT para PBF a *laser* deve estar compreendido entre 2 °C e 4 °C para que seja utilizada uma menor energia do *laser* para fundir o pó e, ao mesmo tempo, o polímero fundido seja mantido nesse estado, evitando sua cristalização localizada e consequentes empenamentos e distorções na peça. Adicionalmente, para que o material seja considerado de bom potencial de processamento, é desejável que os picos e vales sejam únicos, pronunciados e estreitos, o que significa uma faixa de fusão e cristalização estreita, ou seja, uma mudança de estado do polímero em uma temperatura bem definida.

Próximo à Tm, o volume de um polímero semicristalino muda significativamente, o que provoca uma grande variação em suas dimensões. Isso significa que, em seu processamento, um resfriamento inadequado e sem controle no processo de recristalização pode implicar distorções significativas.

Os polímeros amorfos não apresentam Tm e Tc características, mas sim um processo contínuo de amolecimento com o aumento da temperatura, próximo à Tg, o que dificulta o seu processamento pelos processos PBF, resultando em peças frágeis e porosas. Polímeros amorfos, diferentemente dos semicristalinos, apresentam mínima variação de volume, porosidade elevada e menor resistência mecânica resultante do processamento. Isso, no entanto, pode ser benéfico, por exemplo, para a produção de modelos de fundição, como é o caso do poliestireno.

Provavelmente, os materiais mais utilizados em PBF atualmente sejam a poliamida 12, seguida da poliamida 11, com base no que foi discutido previamente. Em especial, destaca-se a poliamida 12 por sua ampla janela de processamento, garantindo uma estabilidade durante e após o processamento, bem como a sua versatilidade para aplicações diversas. É também um material com longo histórico na AM, de custo razoavelmente acessível, podendo ser utilizado na forma de compósito com vários outros materiais, além da facilidade de pós-processamento por meio de processos convencionais, como usinagem, infiltração com outro polímero para reduzir a porosidade e conferir melhores propriedades mecânicas. Esse material também aceita muito bem os tratamentos superficiais, como pintura, deposição metálica, entre outros.

5.5 PRINCÍPIO DA PBF A *LASER* PARA NÃO METÁLICO

No processo de PBF a *laser* não metálico, o feixe de *laser*, de comprimento de onda específico, incide e interage aquecendo o material particulado do leito na proporção adequada e sob controle, promovendo sua sinterização ou fusão seletiva em cada camada, que é depositada sucessivamente até a formação completa da peça [2] [13]-[17].

A Figura 5.2 ilustra os componentes básicos de um sistema típico de PBF a *laser* não metálico. Os principais subsistemas são: um *laser* acoplado a um sistema de varredura (escaneamento) X-Y programável, uma mesa com movimento vertical (eixo Z), um sistema de alimentação de pó, um sistema de espalhamento do pó sobre o leito e uma câmara inertizada e pré-aquecida, que envolve o leito de pó. Cada fabricante desses sistemas possui variações na estrutura do equipamento que podem divergir dessa apresentada.

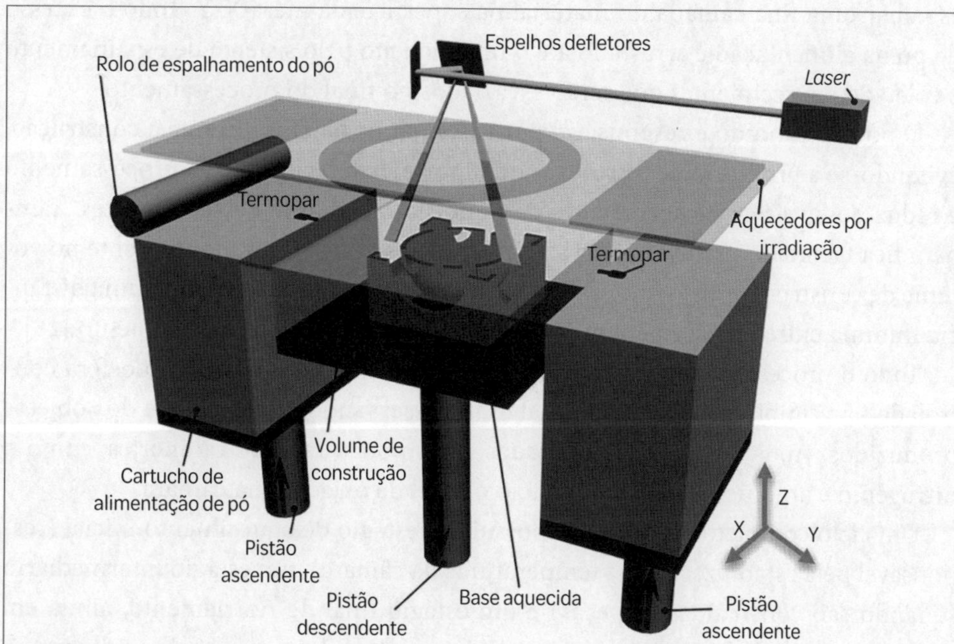

Figura 5.2 Sistema típico de PBF a *laser* não metálico.

A fonte geradora de *laser* é integrada a um sistema óptico, composto por lentes, fibras ópticas e espelhos, e a um sistema de varredura X-Y do feixe de *laser* controlado computacionalmente, também conhecido como sistema galvanométrico. O feixe de *laser* penetra na câmara de processamento por meio de uma abertura transparente ao seu comprimento de onda, chamada de janela. A camada de material depositada é pré-aquecida por uma fonte irradiadora de calor e, então, é varrida pelo feixe de *laser*. Essa fonte de calor, situada acima do leito de pó, eleva a temperatura do material na câmara até um ponto próximo a Tm, de modo que o feixe de *laser* entrega somente a energia necessária para que ocorra a fusão na superfície do pó, de maneira localizada e controlada. Depois de processada, a plataforma abaixa o equivalente à espessura da camada no eixo Z. A energia do *laser* é suficiente para a fusão das partículas da camada sendo processada e também, parcialmente, do material da camada precedente, promovendo a aderência entre elas. Esse processo se repete de forma automática até que todo o objeto seja finalizado, criando um volume chamado "bolo", que contém as peças produzidas e o material em pó não processado.

Um sistema de alimentação de material, também pré-aquecido, associado a um sistema de espalhamento de pó, normalmente um rolo ou lâmina, encarrega-se de espalhar uma fina camada do material na superfície da mesa X-Y. Todo o excesso de pó na alimentação é arrastado até o final do leito pelo sistema de espalhamento e coletado em recipientes que serão esvaziados no final do processamento.

O pó não fundido é responsável por sustentar os objetos durante a construção, evitando-se a produção de estruturas de suporte. Isso facilita o pós-processamento e reduz possíveis erros decorrentes da remoção ou resíduo desses suportes. Também fica facilitado planejar a fabricação de vários objetos simultaneamente no volume de construção, visto que estes podem ser empilhados, guardando uma distância mínima entre eles, aumentando, assim, a produtividade do equipamento [18].

Todo o processamento é realizado dentro de uma câmara com atmosfera controlada para inibir a oxidação do material, preservando a integridade dos objetos produzidos. Após a purga, são injetados gases pouco reativos ou inertes, como o nitrogênio e argônio, para manter baixo o nível de oxigênio na câmara.

Um ciclo completo do processo possui um estágio de aquecimento inicial (responsável pela estabilização das temperaturas na câmara), um estágio intermediário (quando são construídas as peças) e um estágio final de resfriamento, ainda em atmosfera controlada. Esse estágio final é importante para evitar a deterioração do material não processado por exposição ao oxigênio ambiente e possíveis comprometimentos no objeto, como alteração da coloração e propriedades, empenamento e distorções. A câmara só poderá ser aberta depois de atingir uma temperatura mínima especificada que não comprometa o material nem o objeto produzido. Após atingir essa temperatura mínima, o volume construído é retirado e colocado em uma estação de limpeza para o seu posterior resfriamento até a temperatura ambiente. Esse resfriamento final pode ser feito no próprio equipamento, porém, indisponibilizando-o para um próximo ciclo de operação. Vários equipamentos comerciais já permitem a troca rápida do volume de produção logo após o processamento, liberando o equipamento enquanto o material processado resfria fora da câmara até atingir a temperatura adequada para a limpeza.

Na estação de limpeza, as peças, depois de retiradas do bolo, passam por processo mais apurado de limpeza por meio de escovas e/ou jateamento de areia para retirada de material aprisionado, principalmente em cantos ou dentro de pequenos detalhes. O pó retirado pode ser avaliado e reciclado para uso futuro. A reciclagem e a deterioração do material durante o processamento no leito de pó serão brevemente discutidas na Seção 5.9.

Os processos de PBF a *laser* apresentam uma importante vantagem quando comparados às outras tecnologias de AM, pelo fato de praticamente qualquer material na forma de pó, que possa ser fundido pelo feixe de *laser*, ser candidato a matéria-prima. Isso o torna um processo versátil para a pesquisa e o desenvolvimento de novos materiais ou a adaptação de materiais existentes aos processos comercialmente disponíveis [9]. De uma maneira geral, quando envolve a fusão do material, pode-se afirmar que esse processo é capaz de produzir peças com propriedades mecânicas próximas daquelas produzidas pelos processos convencionais, como a injeção de plástico, por exemplo, o que o caracteriza como um processo capaz de obter componentes funcionais.

5.5.1 Principais parâmetros do processo PBF a *laser*

A Figura 5.3 ilustra a compilação de alguns dos parâmetros mais importantes para o processo de PBF a *laser* não metálico. Foram divididos em dois grandes grupos: os parâmetros de processo e os parâmetros de materiais, que concorrem para os resultados da peça produzida do ponto de vista dimensional, morfológico e estrutural. Todos esses devem ser considerados e otimizados para se obter uma peça de qualidade, minimizando seus defeitos.

Para evitar distorções durante o processamento, é muito importante garantir a estabilidade e a uniformidade das temperaturas no leito de pó e também na direção vertical, com o aquecimento do recipiente em que está sendo construída a peça. Bourell *et al.* [10] afirmam que, se a temperatura do leito de pó estiver muito alta, haverá fusão em regiões do polímero com menor massa molecular, com endurecimento do bolo de material dentro da cuba de pó, além de distorções dimensionais. Por outro lado, se a temperatura do leito for muito baixa, não haverá fusão suficiente e a peça se apresentará porosa, ou, nos casos de recristalização de regiões do leito de pó, haverá empenamentos.

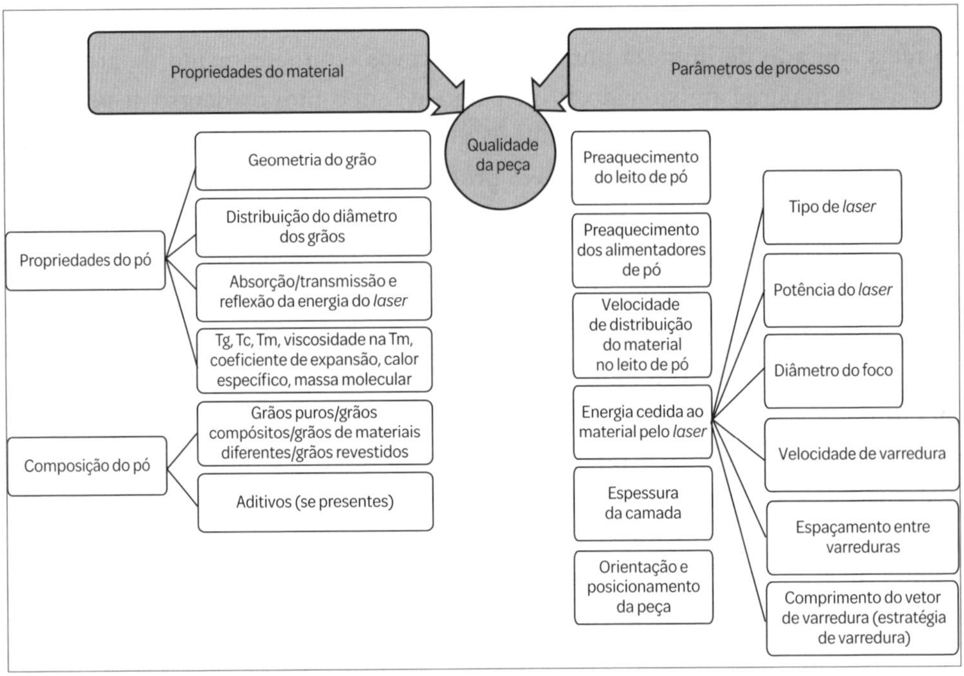

Figura 5.3 Parâmetros de processo e propriedades dos materiais para PBF a *laser* não metálico.

A Figura 5.4 apresenta os parâmetros principais ligados a varredura do *laser*, a saber: a potência (P), o diâmetro do foco (D), o espaçamento entre as linhas da varredura (*hatch space/distance* – Hs), a velocidade de varredura (V) e o comprimento do vetor de varredura (L). A estratégia de varredura do *laser* envolve percorrer o contorno da camada, seguido pelo preenchimento interior, ou o inverso, dependendo do material. A estratégia de preenchimento para materiais não metálicos geralmente segue o padrão de linhas paralelas (estratégia *raster*, uni ou bidirecional). Entre uma camada e outra, o ângulo de varredura pode ser alterado em 90°, causando uma amarração entre as trilhas de varredura e reduzindo a anisotropia do material no plano de X-Y.

A interação entre os principais parâmetros de varredura do *laser* influencia na densidade de energia depositada na superfície do material, que é definida pela Equação 5.1.

$$ED = P / V \times H_S \times t \quad (5.1)$$

Onde:

ED = densidade volumétrica de energia (J/mm³); P = potência do *laser* (W); H_S = distância entre linhas de varreduras do *laser* (mm); V = velocidade de varredura (mm/s); t = espessura da camada (mm).

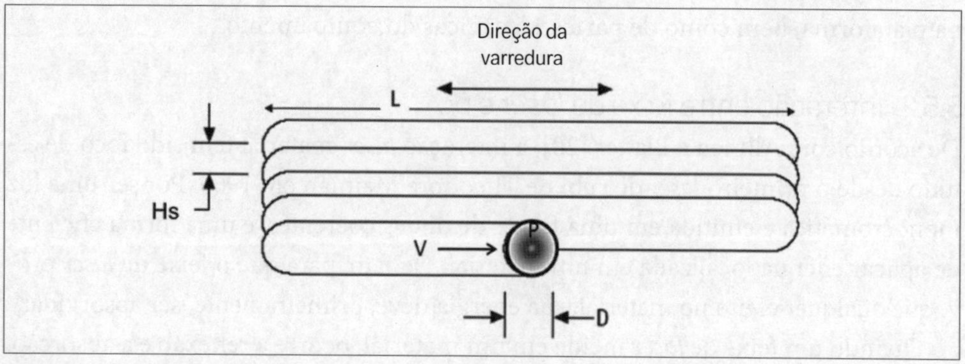

Figura 5.4 Parâmetros da varredura do feixe de *laser* no leito de pó.
Fonte: adaptada de Williams e Deckard [19].

Vale notar que, na Figura 5.4, o espaçamento Hs é sempre menor que o diâmetro do foco de *laser*, para evitar áreas sem incidência (interação entre as duas trilhas adjacentes) e para manter uma densidade de energia mais uniforme na superfície. Isso garante uma certa sobreposição (*overlap*) da poça de fusão entre as trilhas adjacentes. A correta definição dessa sobreposição é importante pelo fato de a distribuição de intensidade no plano focal do feixe de *laser* não ser uniforme, mas sim gaussiana. Na distribuição gaussiana, quanto mais próximo ao eixo óptico (centro do feixe), mais intensa é a energia por área, e não há uma fronteira clara onde termina o diâmetro do feixe que é capaz de fundir o material – largura da poça de fusão. Portanto, a calibração prévia e a manutenção do foco do *laser* durante o processamento são de grande importância para essa definição, auxiliando na estabilidade do processo e na melhoria da qualidade das peças resultantes.

As estratégias de varredura do *laser* são importantes também para evitar concentração ou dissipação excessiva de calor em pontos específicos do leito de pó, em função das massas e do material da peça que está sendo construída, o que igualmente causa empenamentos e deformações nos objetos construídos. O número de vezes que o feixe entrega energia a uma certa região do leito de pó é também uma estratégia a ser considerada [9], bem como a sequência das regiões do leito a serem fundidas. Essa última também depende do material, sendo que cada fabricante sugere as suas estratégias. Normalmente, os parâmetros de varredura estão disponíveis para que um operador experiente possa escolher a melhor estratégia para cada geometria de peça. Uma estratégia de varredura mal definida pode, nos casos mais extremos, causar empenamentos irreversíveis em algumas regiões das peças, inviabilizando a sua produção. Havendo empenamento no decorrer do processo, a passagem do sistema espalhador de pó da nova camada pode provocar um deslocamento da peça, colocando em risco a sua integridade e também a das peças vizinhas na plataforma, bem como de partes mecânicas do equipamento.

5.5.2 Interação entre feixe de *laser* e pó

De acordo com Allmen e Blatter [20], a interação *laser*-material tem sido foco de estudo desde o primeiro *laser* de rubi de Theodore Maiman em 1960. Por ser uma luz monocromática e emitida em uma frente de ondas coerentes, é uma forma eficiente de aplicar energia localizada em um material. De fato, para que o feixe de *laser* provoque qualquer efeito no material, sua energia deve, primeiramente, ser absorvida.

Quando um feixe de *laser* incide em um material, ocorre a reflexão e a absorção. A absorção considera a energia que o material absorve efetivamente na sua superfície somada àquela que é absorvida internamente por efeito da transmissibilidade do meio. Assim, a absortividade de um material pode ser definida como a razão entre a radiação absorvida e a radiação incidente. A soma da absortividade e da reflectância da radiação pelo material resulta em um valor unitário [21] [22]. O valor máximo de absortividade de 1 é chamado de "corpo negro", ou seja, 100% da radiação incidente é absorvida. Ao contrário, o "corpo branco" tem valor de absorção 0, ou seja, nenhuma radiação incidente é absorvida por ele.

A interação do material ao feixe de *laser* é uma função de vários fatores, entre eles o comprimento de onda do *laser*, a natureza do material, a geometria da superfície, o ambiente ao redor da peça e a temperatura. Além disso, o tempo e o número de irradiações, bem como o intervalo entre eles, podem provocar mudanças nas propriedades da superfície e na densidade do material durante o processamento [21]. Como uma regra geral, materiais particulados têm uma maior capacidade de absorção do que o mesmo material mais denso, ou agregado. Isso se deve ao fato de que parte da radiação é absorvida pela superfície externa das partículas e outra parte penetra nos interstícios das partículas soltas, interagindo com partículas mais abaixo da superfície, ocorrendo reflexões múltiplas e, portanto, multiplicando o valor da absorção efetiva do material. A Tabela 5.1 ilustra os valores de referência da absortividade de certos materiais para dois diferentes tipos de *lasers* (radiação eletromagnética) mais usados em PBF, incluindo metais. Observam-se diferenças significativas de absortividade para alguns materiais, o que é determinante para a definição da relação processo e material a ser processado. Note que a tabela tem apenas caráter informativo e os valores reais de absortividade podem variar amplamente, mesmo para um dado material e comprimento de onda (λ).

Tabela 5.1 Absortividade de alguns materiais na forma de pó sob ação de *lasers* Nd:YAG (λ = 1,06 μm) e CO_2 (λ = 10,6 μm)

Material	Nd:YAG	CO_2
Cobre	0,59	0,26
Titânio	0,77	0,59
Alumina	0,03	0,96
Óxido de silício	0,04	0,96
Politetrafluoroetileno (PTFE)	0,05	0,73
Poli(metacrilato de metila) (PMMA)	0,06	0,75

Fonte: baseada em Tolochko *et al.* [21].

5.5.3 Modelos de interação *laser*-pó

A modelagem de qualquer sistema permite a simulação e um melhor entendimento dele em várias condições operacionais e paramétricas, bem como permite refinar o seu controle, atingindo condições operacionais otimizadas e seguras. Isso tudo sem colocar em risco o sistema real e com diminuição de custos. No entanto, a interação da radiação eletromagnética com materiais não é simples de ser modelada, apresentando alto grau de empirismo. Há, na literatura científica especializada, vários modelos propostos de interação *laser*-pó para os processos por PBF a *laser*. Alguns desses modelos serão apresentados a seguir de maneira sucinta. Dessa forma, esta parte do livro tem como objetivo fornecer uma breve revisão sobre o estado da arte referente à simulação numérica da fusão em leito de pó, abrangendo abordagens baseadas em malhas, como modelagem de elementos finitos, modelagem de volumes finitos e métodos livres de malha, como a modelagem de elementos discretos, o método de Boltzmann em rede, o método de transporte ótimo e a abordagem da hidrodinâmica de partículas suavizadas. Abordagens combinadas de diferentes métodos também são discutidas.

O modelo de Williams e Deckard [19] avalia a quantidade de energia cedida à superfície do leito de pó em função de vários parâmetros do *laser* e das características de varredura sobre a superfície, como apresentado nas Figuras 5.4 e 5.5. Nesse modelo, os resultados de um processo PBF a *laser* são avaliados pelas propriedades geométricas e mecânicas das peças produzidas. Alguns dos problemas geométricos envolvem empenamento, distorções, bordas sem definição e alteração nas propriedades físicas, como densidade, resistência e degradação, que determinam as propriedades mecânicas. Todas essas propriedades são influenciadas pela quantidade e pelo tempo em que a energia é aplicada à superfície do material.

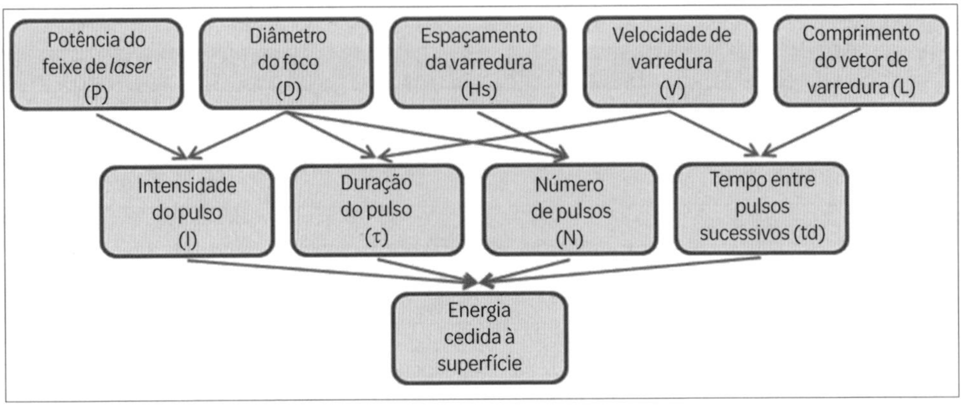

Figura 5.5 Parâmetros que influenciam a densidade de energia depositada na superfície do material.
Fonte: adaptada de Williams e Deckard [19].

A Figura 5.6 mostra um diagrama básico da PBF e a interação do feixe de *laser* com o material. Observa-se que a radiação do feixe é responsável por ceder energia ao pó de forma localizada, fundindo as partículas atingidas, enquanto o restante do pó se mantém desagregado. Nessa interação, a fusão liga as partículas de uma mesma camada e esta com a camada anterior logo abaixo. Assim, a energia absorvida pelo material é transmitida sob a forma de condução do calor no espaço tridimensional, internamente ao material, além da irradiação e da convecção na superfície, para fora do leito. Williams e Deckard [19] consideram, em seu modelo, que a região do leito de pó é um sólido semi-infinito com determinadas propriedades térmicas, e utilizam equações diferenciais de difusão térmica para modelar o fenômeno de transferência de calor. Nesse modelo, as condições de contorno devem considerar a temperatura ambiente, a emissividade (capacidade do material em emitir energia) e a temperatura próxima ao foco, para o cálculo da energia perdida por irradiação e convecção na superfície, além de considerar que não há perda de calor pelo fundo do leito (adiabático). Portanto, combinando os parâmetros que influenciam a densidade de energia depositada na superfície do material, já descritos, as propriedades do material e o equacionamento proposto, é possível determinar a quantidade de energia cedida ao material. O modelo foi validado por meio de resultados de modelos numéricos simulando tais fenômenos, comparando com corpos de prova produzidos em plataformas de PBF.

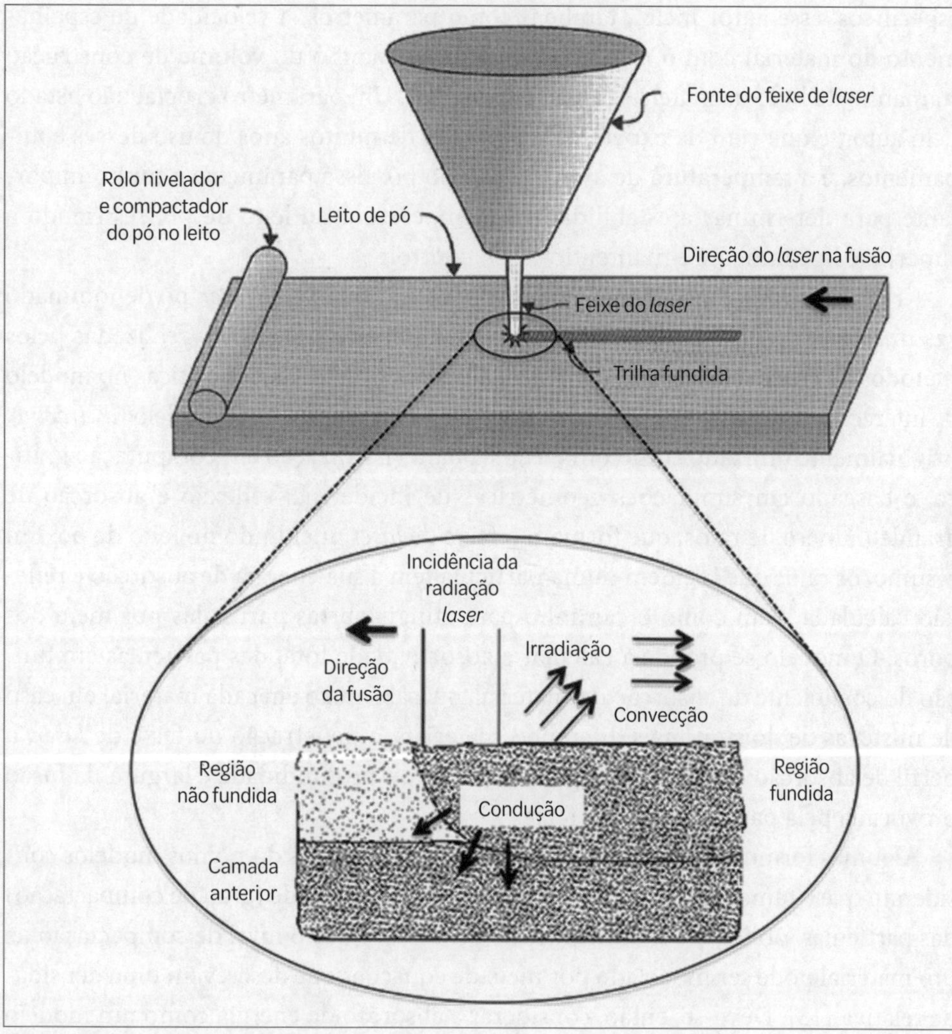

Figura 5.6 Diagrama esquemático do processo de PBF básico e a interação *laser*-pó.
Fonte: adaptada de Liou [17] e Williams e Deckard [19].

Kumar [23] propõe um modelo de interação *laser*-pó tendo como princípio a modelagem do processo de sinterização ou fusão do leito de pó, sua profundidade e largura. Para tal, devem ser considerados os seguintes parâmetros: velocidade de varredura do *laser*, densidade do pó, frequência e largura dos pulsos de *laser*, potência do *laser*, diâmetro do foco, distribuição de potência no foco, espaçamento entre linhas de varredura, temperatura do leito de pó, espessura da camada, tamanho médio dos grãos e relação entre elementos aglutinante e estruturante (para os processos de fusão parcial ou sinterização de fase líquida). Para o caso de sistemas PBF específicos, esse autor inclui, também como parâmetros, a velocidade de espalhamento do material com o rolo no leito de pó, tamanho do volume de construção (tamanho do bolo de material) e volume da peça. Um parâmetro crucial não listado pelo autor, e que vem da experiência ao longo de muitos anos de uso desses equipamentos, é a temperatura de alimentação do pó. Esse parâmetro é muito importante para determinar a estabilidade da temperatura do leito de pó, resfriando a superfície ligeiramente e mantendo-a sob controle.

Kruth *et al.* [6] propõem um modelo de interação feixe de *laser*-pó denominado *ray tracing* (traçado de raios), que, diferentemente de simulações realizadas pelos métodos de elementos finitos, considera algumas simplificações críticas no modelo de interação, como a distribuição de calor apenas na superfície. O modelo *ray tracing*, originalmente utilizado como uma técnica para visualização em computação gráfica, é baseado em simulações geométricas de incidência, reflexão e absorção de grande número de raios, que formam o feixe de *laser*, incidindo no leito de pó. Em resumo, os raios que incidem numa partícula têm a sua energia de absorção e reflexão calculada, bem como o caminho para atingir outras partículas por meio dos poros. O modelo se propõe a calcular a absortividade total das partículas em função do coeficiente de absorção do material, ou a absorção em cada material em caso de misturas de dois ou mais diferentes materiais, a penetração do feixe de *laser*, o perfil de absorção em função da profundidade e a profundidade e largura da fusão provocada pela passagem de um feixe.

Algumas formulações específicas sobre as propriedades do pó nos modelos consideram que o tamanho, a distribuição, a forma e a densidade (grau de compactação) das partículas são fatores significantes no processo, e que o nível de compactação de um material pode ser modelado por meio de equações que descrevem uma densidade relativa [13]. Deve-se, então, considerar a absorção da energia como um modelo tridimensional poroso [6] que modifica as suas propriedades de absorção em função do tempo de processamento [19] [21].

Drummer *et al.* [24] utilizaram a formulação dada pela Equação 5.1 para determinar, em função da variação dos parâmetros de processo, a estratégia de irradiação em dois materiais comerciais e outros três experimentais, utilizando um equipamento comercial, Sinterstation 2000 (3D Systems) modificado. A variação dos parâmetros foi então realizada até que as camadas dos materiais pudessem ser completamente fundidas, umas nas outras, e propriedades mecânicas ótimas pudessem ser alcançadas.

Outras formulações, como a de Das [25], postulam que uma das formas mais simples de modelar o processo de PBF a *laser* é considerar o pó como um sólido semi-infinito, em que uma fonte *laser* provoca um aquecimento num determinado tempo. Para isso, os parâmetros que influenciam na profundidade da sinterização são o diâmetro do feixe, a velocidade de varredura, a potência do *laser* e a temperatura inicial do meio. Soundararajan *et al.* [26] fornecem uma revisão sobre a simulação numérica da PBF utilizando diferentes modelos e abordagens.

Em resumo, a interação *laser*-material não é uma modelagem simples, em especial pelo fato de o material ser em pó, o que lhe confere outras propriedades e, portanto, maiores complicações na formulação de um modelo matemático. Apesar de complexos, os modelos discutidos qualitativamente nesta seção são incompletos, e há ainda muito espaço para investigações nessa área. No entanto, a contribuição desses modelos para os processos é de grande valia. Vale, portanto, a citação do estatístico inglês George E. P. Box, de que "essencialmente, todos os modelos são errados, mas alguns são úteis" [27].

5.6 SISTEMAS DE PBF A *LASER* COMERCIAIS MAIS IMPORTANTES

Os sistemas de PBF a *laser* não metálico comerciais mais tradicionais são os disponibilizados pela empresa americana 3D Systems Inc., por meio da tecnologia de sinterização seletiva a *laser* (*selective laser sintering* – SLS), e os equipamentos da empresa alemã EOS GmbH, que disponibiliza a tecnologia de sinterização a *laser* (*laser sintering* – LS). Essas duas empresas oferecem sistemas de diferentes portes, além de materiais-base. Essas tecnologias são descritas a seguir, apresentando-se a evolução histórica, as principais particularidades dos sistemas e os materiais mais comumente disponíveis no momento. Essas informações, obviamente, têm validade limitada e temporária. No entanto, não são observadas mudanças significativas nos últimos anos nesse cenário, mas sim melhorias e modificações nos materiais básicos.

5.6.1 Sinterização seletiva a *laser* (SLS)

O processo SLS teve a patente americana concedida em 1989 (solicitada em 1986) sob o número 4863538 em favor de Carl R. Deckard da Universidade do Texas, em Austin [28]. Essa patente foi adquirida pela DTM Corporation, empresa fundada em 1987 como subsidiária da BF Goodrich [29]. O primeiro sistema comercial foi disponibilizado em 1992. Em 2001, a DTM foi incorporada pela 3D Systems Inc., que obteve os direitos sobre a tecnologia SLS. Desde a sua patente, a tecnologia tem experimentado uma grande evolução tecnológica, tanto do ponto de vista de automatização do sistema comercial quanto dos materiais que podem ser utilizados.

A tecnologia SLS utiliza *laser* de CO_2 com potência variando entre 30 W e 200 W, dependendo do modelo do equipamento e sua configuração para fundir parcialmente um material polimérico na forma de pó, cujo maior fornecedor é a própria empresa.

Os sistemas de grande porte dessa empresa já permitem a reciclagem do material e a limpeza das peças produzidas com alto grau de automatização.

Estão disponíveis pelo menos dez materiais baseados em poliamida 12 e poliamida 11 (não declarado nas especificações dos materiais), chamados comercialmente de DuraForm®. Os materiais não necessariamente podem ser utilizados em todos os equipamentos da linha de produtos SLS, em virtude de configurações específicas para maior produtividade e automação, em especial nos equipamentos de maior volume de produção. Algumas informações dos principais materiais oferecidos pela 3D Systems Inc. podem ser encontradas na base de informações públicas da empresa [30]. A Figura 5.7 mostra uma válvula para adaptação de máscara de mergulho autônomo para uso em ventilação não invasiva para mitigar a crise de equipamentos durante a pandemia de covid-19 [31].

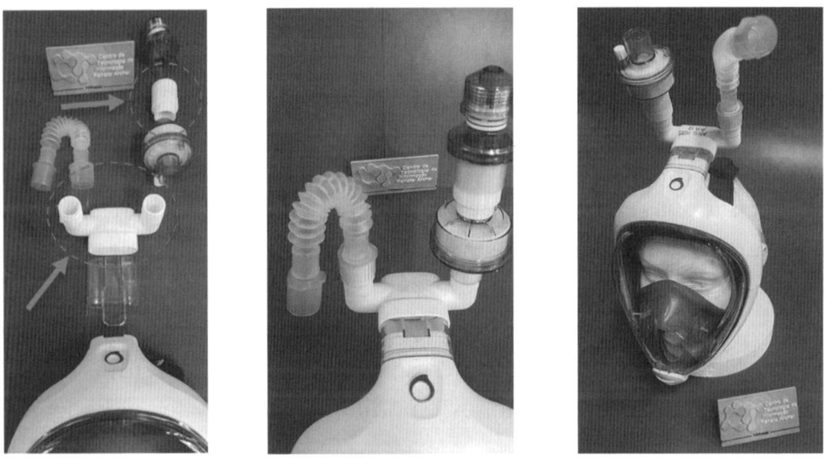

(a) (b) (c)

Figura 5.7 Válvula para adaptação de máscara de mergulho autônomo em equipamento de ventilação não invasiva durante a pandemia de covid-19 desmontada (a), montada (b) e montada e em um modelo de cabeça (c) (em destaque, os componentes fabricados por SLS).

Fonte: cortesia do CTI Renato Archer.

5.6.2 Sinterização seletiva (LS)

Quase simultaneamente, Hans Langer e Miguel Cabrera, na Alemanha e na França, respectivamente, trabalharam em um processo similar ao de Deckard e depositaram patente na base alemã no final de 1990. Em 1989, Hans J. Langer e Hans Steinbichler fundaram a EOS GmbH Electro Optical Systems, que até hoje comercializa a tecnologia. A empresa depositou também patente na base americana, em 1995, sob o número 5460758 [28]. O primeiro sistema comercial foi disponibilizado em 1995.

Em 1997, as empresas EOS GmbH e 3D Systems Inc. entraram em acordo de comercialização, e a LS passou a ser oferecida mundialmente.

A tecnologia LS também utiliza *laser* de CO_2, com potência variando entre 30 W e 70 W. Dependendo do modelo e da configuração do equipamento, pode utilizar dois sistemas de *laser* de 50 W cada um, em particular, em equipamentos maiores ou para processar materiais especiais, como o PEEK HP3. O princípio básico da LS é o mesmo da SLS, com a deposição controlada de camadas de pó e a fusão do material pelo *laser* a cada camada, até o final de produção da peça. As maiores diferenças desses sistemas estão no sistema de alimentação do pó e na forma de distribuição do material no leito. A EOS utiliza alimentação majoritariamente realizada por gravidade, em vez de sistemas de elevadores com pistões, como o da 3D Systems. Utiliza também um sistema de palheta ou raspador (*recoater*) no lugar do rolo espalhador. Há também inúmeras diferenças no que diz respeito a configurações de equipamentos, óptica, ajustes de parâmetros, sistemas supervisórios e de controle, entre outros, porém não serão aqui explorados.

Os materiais da EOS GmbH são, na sua maioria, também baseados na poliamida 12 e poliamida 11. Porém, são oferecidos também materiais exclusivos. Algumas informações dos materiais oferecidos pela empresa podem ser encontradas na sua base de informações públicas [32]. A Figura 5.8 mostra um capacete desenvolvido pela HEXR, pequena empresa inglesa, fabricado a partir de uma poliamida 11, feita 100% de óleo de mamona, com a tecnologia LS, oferecido ao mercado como produto customizado.

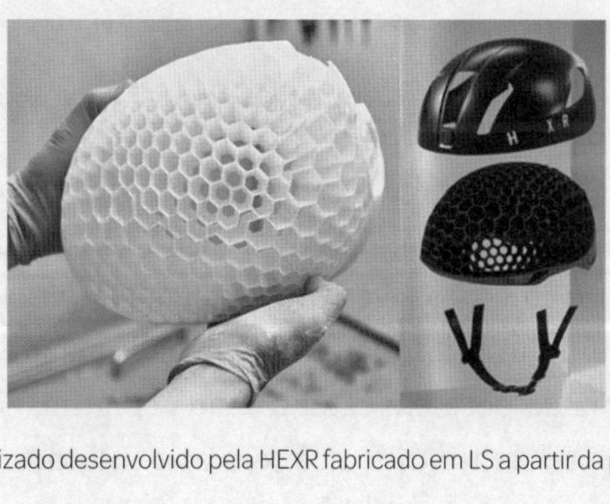

Figura 5.8 Capacete customizado desenvolvido pela HEXR fabricado em LS a partir da poliamida 11.
Fonte: cortesia da empresa HEXR.

5.7 SISTEMAS PBF POR RADIAÇÃO INFRAVERMELHA

Os processos de PBF poliméricos que utilizam radiação infravermelha (*infrared* – IR) como fonte de calor são mais recentes. A maioria combina o jateamento de um fluido sobre o leito de pó com a função de absorver mais energia e promover a fusão seletiva ou, então, um fluido para inibição da sua fusão, durante o processo. Esses dois tipos de fluidos podem, inclusive, ser usados em um mesmo processo. Uma alternativa bem recente é direcionar seletivamente a radiação IR de acordo com a geometria da camada, dispensando o jateamento de agente fundente.

Essas tecnologias competem com as já tradicionais a *laser*, oferecendo vantagens ligadas sobretudo à velocidade de processamento e ao potencial para redução de custos. O processo por radiação IR é mais rápido porque toda a área da camada da peça, e de todas as peças no volume de construção, se funde de uma só vez, num tempo que é independente do tamanho, da forma e da quantidade dos perfis 2D em cada camada. Como toda a camada é irradiada de uma vez, as partículas possuem um tempo maior para fundir e coalescer, quando se compara ao tempo disponível durante a varredura do feixe de *laser*. Isso é um potencial positivo para redução dos empenamentos. O fato de não utilizar *laser* e todo o sistema associado tende a reduzir o custo dos equipamentos [2] [33].

As exigências das propriedades e características de fluidez (espalhabilidade) dos pós, os mecanismos de aglutinação, o *setup* dos equipamentos e os parâmetros de processo são semelhantes aos processos que empregam *laser* (tirando-se, obviamente, os parâmetros ligados ao *laser* e a sua varredura). Tem-se, assim, os ciclos de inertização e aquecimento da câmara, de processamento, com o controle do tempo de irradiação de cada camada, e de resfriamento do bolo, ao final do processo. Os materiais disponíveis são, geralmente, da mesma família. Em função de os fluidos para aumentar a absorção do calor serem de cor escura (preto ou cinza), as peças fabricadas incorporam essa característica, limitando, assim, a impressão de materiais mais claros.

5.7.1 Tecnologia *Selective Inhibition Sintering* (SIS)

A Universidade do Sul da Califórnia foi uma das pioneiras em pesquisar a alternativa de PBF por irradiação térmica, desenvolvendo um processo baseado no conceito de sinterização por inibição seletiva (*selective inhibition sintering* – SIS) [34]. Nessa proposta, um fluido inibidor da fusão é jateado na área externa ao contorno que contém a geometria da peça em cada camada (Figuras 5.9a e 5.9b). A área interna da camada da peça a ser fundida fica sem esse inibidor. Para reduzir a área do leito que precisa ser jateada com o inibidor, ou seja, que não se deseja fundir, placas refletoras móveis eram ajustadas automaticamente sobre o leito de pó (Figura 5.9c). Isso servia para reduzir o volume de pó a ser exposto à irradiação. Em seguida, uma fonte de radiação IR é ativada e funde somente a área da secção transversal desejada da peça (deixada sem o inibidor). O pó com o inibidor torna-se aglomerado, mas sem ser fundido (Figura 5.9d). Após o final do processo, esse pó aglomerado ao redor da peça é retirado e pode ser moído e reutilizado [34]. Existe, no entanto, uma preocupação com a reutilização desse pó moído, em função da contaminação com o inibidor utilizado [2]. Não se tem informação se a tecnologia SIS chegou a ser desenvolvida comercialmente, em função da complexidade da proposta. De qualquer forma, definiu algumas ideias importantes, que ajudaram a desenvolver os processos a seguir.

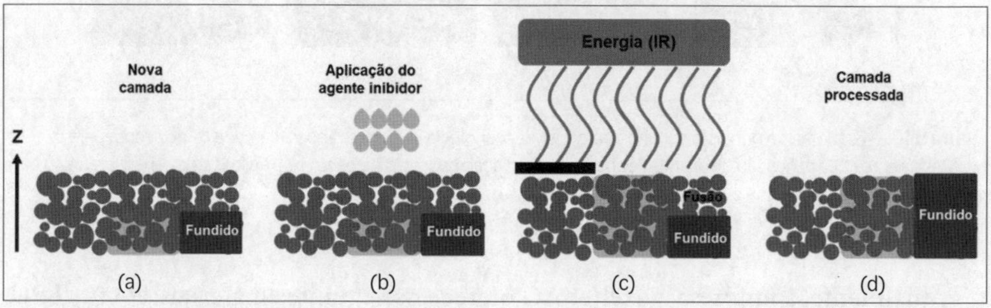

Figura 5.9 Esquema do princípio de funcionamento da tecnologia SIS mostrando a camada de pó pronta para o processamento (a), a aplicação do agente inibidor da fusão na região externa ao contorno da peça (b), a proteção de parte do leito com uma placa refletora e a aplicação da energia provocando a fusão da região da peça (c), e a camada processada no final do ciclo (d).

Fonte: adaptada de HP [35].

5.7.2 Tecnologia *High Speed Sintering* (HSS)

O processo identificado como de sinterização a alta velocidade (*high speed sintering* – HSS) começou a ser desenvolvido na Universidade de Loughborough, na Inglaterra, em 2003 [22], para o processamento de pó de poliamida (PA) por irradiação térmica. A empresa VoxelJet AG adquiriu a licença em 2016 e comercializa essa tecnologia desde 2017 [3].

Nesse processo, o material particulado é espalhado formando um leito, e a seção transversal de cada camada da peça é jateada com um fluido denominado material absorvente à radiação (*radiation absorbing material* – RAM) (Figuras 5.10a e 5.10b). Em seguida, todo o leito de pó é exposto a uma lâmpada IR causando a fusão do material (Figuras 5.10c e 5.10d) somente na área jateada. O ponto-chave do processo é que o RAM causa uma absorção da radiação a uma taxa maior do que a do pó não jateado. Segundo Hopkinson *et al.* [22], em questão de segundos, o pó impregnado com o RAM absorve energia térmica suficiente para atingir a sua temperatura de fusão. Por causa da fusão do pó, a câmara de construção deve ter atmosfera controlada, semelhante às dos processos PBF a *laser*. Os desenvolvedores defendem que o HSS é capaz de competir com o processo tradicional de moldagem por injeção de plástico em termos de propriedades do material [22] [36].

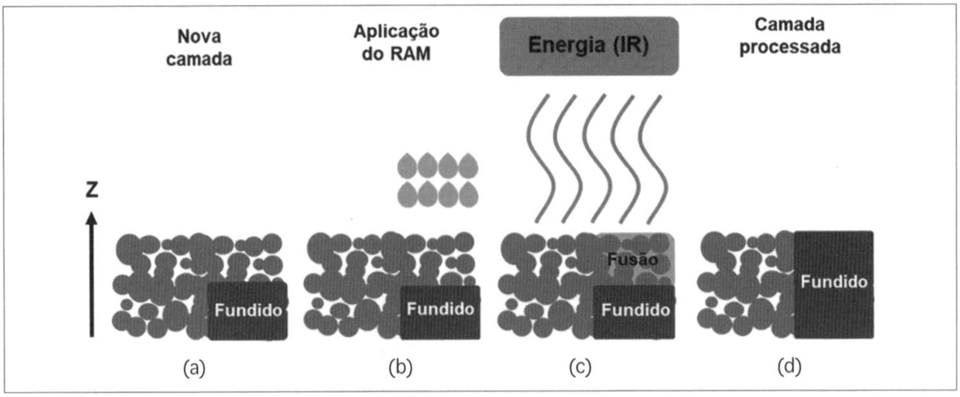

Figura 5.10 Esquema do princípio de funcionamento da tecnologia HSS mostrando a camada de pó pronta para o processamento (a), a aplicação do agente de absorção à radiação na região da peça (b), a aplicação da energia e fusão da região da peça (c), e a camada processada no final do ciclo (d).
Fonte: adaptada de HP [35].

Atualmente, a empresa VoxelJet AG oferece os seguintes materiais: PA12, TPU, EVA, PP e o elastômero termoplástico bloco de poliéter e amida (PEBA). Ainda em relação aos materiais, é importante observar a abordagem de código aberto da empresa, em que os clientes podem acessar livremente todos os parâmetros de processo de suas máquinas, ajustando-os aos seus próprios materiais, sem qualquer obstáculo. Isso é uma estratégia que tem impacto positivo no mercado de materiais de AM, uma vez que oferece a opção de diferentes desenvolvedores de materiais fornecerem material para HSS. Esse é um passo importante no sentido de reduzir os custos da matéria-prima pelo aumento da concorrência e, assim, deve aumentar a competitividade frente ao tradicional processo de injeção de plástico.

É importante destacar também que o sistema de planejamento de processo e de controle dos bicos de injeção permite que as propriedades do material (resistência mecânica, elasticidade e densidade do material) sejam variadas parcialmente nas três dimensões da peça, obtendo um material com gradação funcional (ver Capítulo 14). Isso possibilita obter produto como o solado de tênis da Figura 5.11, em que a densidade do material foi programada em função do amortecimento necessário em cada região do solado. Uma ideia de comparação entre a HSS e a SLS (e também com a tecnologia detalhada na próxima seção), em termos de resistência mecânica, precisão dimensional, resolução e custo, pode ser encontrada em [3].

Figura 5.11 Sola de tênis impresso com a tecnologia HSS da VoxelJet AG.
Fonte: cortesia da empresa VoxelJet AG.

5.7.3 Tecnologia *Multi Jet Fusion* (MJF)

A empresa Hewlett-Packard (HP) também investiu em uma tecnologia de PBF própria, que se assemelha, em parte, à SIS e à HSS. Um protótipo dessa tecnologia, denominada *Multi Jet Fusion* (MJF), foi apresentado em outubro de 2014, mas a comercialização iniciou somente no final de 2016 [35].

Nessa tecnologia, emprega-se o jateamento de dois fluidos sobre o leito de pó, sendo um deles definido como agente fundente, que favorece a fusão do pó ao receber a irradiação no IR, e outro como não fundente, que inibe a fusão do pó ao redor da peça. Após o pó polimérico ter sido espalhado, um cabeçote jateia o agente fundente sobre a área interna da camada da peça (Figura 5.12a). Em seguida, ocorre o jateamento do fluido não fundente em toda a área do leito de pó que não contém a peça (Figura 5.12b). Segundo a empresa, esse segundo agente é importante para a melhor definição das bordas da peça. Com a aplicação de uma fonte de energia IR sobre todo o leito, a fusão do pó ocorre somente nas áreas jateadas com o agente fundente, produzindo a camada desejada (Figuras 5.12c e 5.12d).

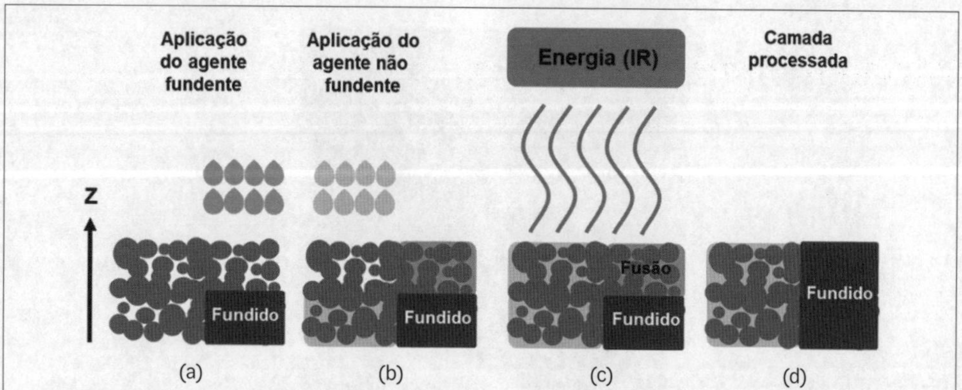

Figura 5.12 Esquema do princípio de funcionamento da tecnologia MJF mostrando a aplicação do agente fundente na região da peça (a), a aplicação do agente não fundente no restante do leito de pó (b), a aplicação da energia e fusão da região da peça (c), e a camada processada no final do ciclo (d).
Fonte: adaptada de HP [35].

O primeiro material disponível para MJF foi a poliamida, mas atualmente estão disponíveis PA11, PA12, PA12 com esferas de vidro, TPU, TPA e PP [37]. Nesse sentido, para o desenvolvimento de materiais, várias parcerias foram estabelecidas pela HP com grandes empresas, como BASF, Arkema, Evonik, Dressler Group e Lehmann & Voss. A HP oferece um pacote para os desenvolvedores que desejarem homologar material para MJF. Segundo a empresa, essa é uma estratégia no sentido de reduzir os custos da matéria-prima pelo aumento da concorrência. O sistema de jateamento DOD térmico da HP com a arquitetura de controle proprietária é capaz de imprimir mais de 30 milhões de microgotas por segundo em cada polegada quadrada da área de trabalho. Ainda segundo a HP, essa tecnologia é mais rápida que as existentes no mercado a um custo menor [35].

Assim como já ocorre no caso da HSS, a HP tem a expectativa de imprimir seletivamente cada *voxel* com características distintas, obtendo-se um material com gradação funcional. Atualmente, já é possível imprimir cores diferentes nas peças, aplicando agentes contendo corantes ciano, magenta, amarelo ou preto (CMYK), e espera-se poder variar as propriedades mecânicas do material ao longo da peça, por meio da combinação dos agentes utilizados. Assim, seria possível obter peças funcionais, com controle sobre textura, fricção, rigidez, elasticidade, propriedades elétricas, térmicas, entre outras [35]. Apesar desse potencial, essas opções de sistemas ainda não foram disponibilizadas no mercado.

A Figura 5.13 apresenta um conjunto montado de um protótipo funcional de caixa de transmissão com coroa e o parafuso com rosca sem-fim desenvolvido pelo Senai Cimatec e impressa no equipamento MJF 5210 da HP em PA12 (HP 3D High Reusability PA 12).

Figura 5.13 Protótipo de caixa de transmissão impressa no equipamento MJF 5210 da HP em PA12.
Fonte: cortesia do Senai Cimatec.

5.7.4 Tecnologia *Selective Absorption Fusion* (SAF)

A Stratasys, tradicional empresa na área de AM, também disponibilizou em 2021 uma tecnologia de PBF envolvendo jateamento e fusão por absorção térmica de pó polimérico, denominada *Selective Absorption Fusion* (SAF). A SAF é derivada da HSS e emprega um único fluido de absorção IR (HAF). Nesse processo, as cabeças de impressão piezoelétricas jateiam o fluido HAF na área interna da camada da peça. Quando o fluido é exposto às lâmpadas de IR, ele aquece as partículas de pó a uma temperatura mais elevada do que o material circundante (sem o agente), fundindo-as seletivamente. Após a impressão, o bolo, contendo as peças e o pó não fundido, é retirado da impressora e deixado esfriar antes de se extrair as peças impressas.

As vantagens dessa tecnologia destacadas pelo fabricante são: utilizar os cabeçotes de impressão piezoelétricos industriais, não sendo itens consumíveis; necessitar de apenas um fluido de fusão, o que reduz a manutenção contínua e os custos operacionais; ter um sistema de gerenciamento de pó que fornece distribuição confiável de pó em toda a área de construção, onde todos os pontos experimentam temperaturas iguais, resultando em maior consistência na qualidade e propriedades de impressão.

Atualmente, dois materiais estão disponíveis para a tecnologia SAF, o PA11 e o PA12 [38]. A Figura 5.14 apresenta alguns exemplos de peças impressas em PA11 no equipamento H350, que são utilizadas como componentes finais na montagem do próprio equipamento.

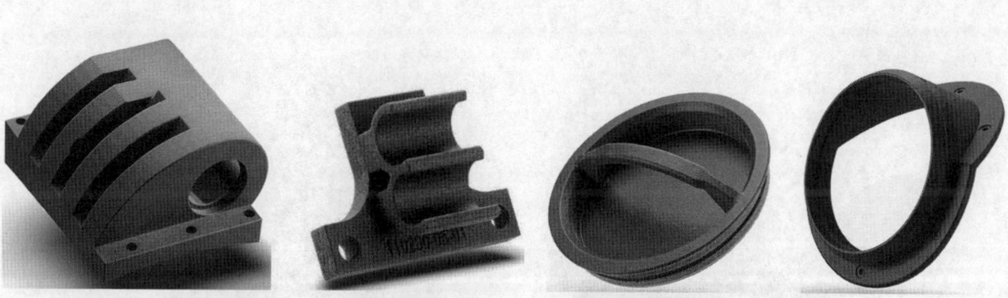

Figura 5.14 Exemplos de peças impressas em PA11 no equipamento SAF H350.
Fonte: cortesia da empresa Stratasys.

5.7.5 Tecnologias que não utilizam jateamento

A empresa alemã Sintermask GmbH, fundada em 2009, com base na tecnologia desenvolvida na Speed Part AB (Suécia), comercializou um sistema no qual a sinterização seletiva era alcançada pela energia delimitada por uma máscara (*selective mask sintering* – SMS). Nesse sistema, a energia térmica é fornecida por um aquecedor infravermelho e a camada da peça é irradiada integralmente pela energia que passa por uma máscara. Um sistema de máscara dinâmica, semelhante ao usado em fotocopiadora de papel, é usado para delinear a geometria da camada da peça. Não se tem informações sobre a continuidade da atuação dessa empresa no mercado.

Nessa linha de não utilizar jateamento de agente fundente, recentemente, a empresa Visitech, da Noruega, especializada em fornecimento de soluções DLP (*digital light processing*) para processamento de resina fotossensíveis, chamou a atenção do mercado ao desenvolver um sistema que combina um projetor DLP e radiação IR para ser empregado em PBF de polímero. A empresa lançou, no final de 2022, um sistema capaz de projetar imagem no IR e chamou o processo de *direct image sintering* (DIS). Essa proposta é inovadora e, diferentemente das tecnologias anteriores, não requer jateamento prévio do pó para a sua fusão seletiva. O sistema de projeção forma diretamente a imagem da camada a ser fundida sobre o leito de pó. Adicionalmente, esse projetor DLP pode trabalhar fixo ou acoplado a um sistema de deslocamento, permitindo a varredura da projeção sobre o leito de pó, o que amplia consideravelmente a área de trabalho que pode ser coberta.

A empresa montou um equipamento de AM protótipo com o sistema proposto e provou a viabilidade da impressão de peças em PA. A Figura 5.15 mostra uma das primeiras peças impressas em DIS como prova de conceito. Ainda é cedo para prever o impacto dessa inovação nas tecnologias de PBF não metálicos, mas o potencial é grande, no sentido de acelerar ainda mais o processo, reduzindo insumos (fluido absorvedor), melhorando a resolução e possibilitando aumentar o tamanho da área de trabalho.

Figura 5.15 Exemplo de uma peça protótipo impressa com a tecnologia DIS da Visitech.
Fonte: cortesia da empresa Visitech.

5.8 FUSÃO DE LEITO DE PÓ CERÂMICO E OUTROS MATERIAIS

A obtenção de peças integralmente cerâmicas por meio de PBF é possível, mas tem-se mais sucesso com um processo indireto, no qual uma peça verde é obtida, precisando passar por um pós-processamento em forno para obter as propriedades finais do material. Conforme discutido na Seção 5.3, as peças verdes podem ser obtidas por meio do processamento do material cerâmico com recobrimento polimérico, ou mesmo dois componentes cerâmicos diferentes, em que um seja de menor ponto de fusão.

Nessa linha indireta, o sistema LSD (*layerwise slurry deposition*), patenteado em 2002 pela Universidade de Tecnologia de Clausthal, na Alemanha, propõe a sinterização seletiva a *laser* de cerâmica molhada que, depois de seca e retirada do bolo cerâmico, passa por pós-processamento em forno. Com o emprego de cerâmica molhada, ocorre um melhor empacotamento das partículas, o que gera peças com melhores propriedades finais [39].

A fusão direta de cerâmica por *laser* foi estudada, mas não obteve o mesmo sucesso dos materiais poliméricos ou metálicos. As características inerentes do material, como o alto ponto de fusão e a possibilidade de vitrificação, dificultam o seu processamento. A alta taxa de aquecimento e resfriamento durante o processamento provoca tensões/deformações térmicas que levam à formação de trincas. Isso demanda um controle preciso do gradiente térmico, que é normalmente controlado por meio de estratégias de varredura do *laser* e controle do aquecimento do leito de pó. Outra opção analisada foi o emprego de dois tipos de *lasers*. O *laser* de CO_2 é altamente absorvido por materiais cerâmicos, no entanto, o foco é relativamente grande e não concentra energia suficiente para atingir o ponto de fusão. Por outro lado, o *laser* de Nd:YAG possui foco com diâmetro em torno de dez vezes menor que o CO_2, mas a absorção de energia pelo material cerâmico é baixa. Assim, sistemas experimentais utilizando um *laser* de CO_2 para o pré-aquecimento do leito de pó e outro *laser* de Nd:YAG para sinterizar o material cerâmico foram desenvolvidos para fundir um sistema eutético ZrO_2-Al_2O_3 (zircônia-alumina) em que o ponto de fusão da liga é menor que o de seus componentes individualmente. Houve, nesse caso, uma redução da temperatura de fusão de quase 1.000 °C no leito de pó, obtendo peças quase 100% densas, de baixa contração dimensional, nenhuma formação de trincas devido às características de superplasticidade da zircônia-alumina em altas temperaturas e propriedades mecânicas superiores às da alumina ou da zircônia individualmente [40].

Em relação ao controle da atmosfera da câmara de processamento, este pode ser feito por meio de vácuo ou por gases inertes, como o argônio. No entanto, algumas reações durante o processamento podem ser de interesse, como é o caso de atmosfera contendo oxigênio ou nitrogênio, em que reações de redução e oxidação podem ocorrer, formando oxinitretos ou nitretos [41]. Em virtude de suas características de obter transformações e reações químicas localizadas, essa alternativa pode produzir peças com estrutura heterogênea, o que dificilmente poderia ser conseguido com processos convencionais de sinterização cerâmica, criando um grande potencial tecnológico.

Vários materiais cerâmicos têm sido testados em ambientes de pesquisa, com a montagem de equipamentos experimentais para realizar estudos para um melhor entendimento desses sistemas [40] [41]. Em 2013, a empresa 3D Systems adquiriu o sistema Phenix, criado em 2000, na França, com o propósito de oferecer um sistema que combinasse a possibilidade de fundir metais e cerâmicos em um mesmo equipamento. Na época, eram oferecidos a alumina e o *cermet* com diâmetro de 6 μm a 9 μm para serem fundidos por um *laser* de fibra de comprimento de onda de 1.070 nm, com potência entre 300 W e 500 W [30]. Apesar do seu grande potencial para produção de peças cerâmicas, esse sistema foi descontinuado. Assim, atualmente, não há oferta de sistemas para a obtenção direta de peças cerâmicas por PBF no mercado.

Há também, em nível de desenvolvimento, materiais sendo testados para a produção de estruturas porosas, denominadas *scaffolds*, para engenharia tecidual (ver Capítulo 16). As tecnologias de PBF têm o potencial intrínseco de poder processar materiais diversos e produzir formas complexas com porosidade controlada. Dentre os materiais estudados para tecido ósseo, destacam-se policaprolactona (PCL), poli(L-ácido lático) (PLLA), poli(3-hidroxibutirato-co-3-hidroxivalerato) (PHBV), nano-hidroxiapatita (HA), betafosfato tricálcico (β-TCP), fosfato de cálcio (CaP)+-PHBV e hidroxiapatita carbonatada (CHAp)+PLLA [42]. Os três primeiros são polímeros, os dois seguintes cerâmicos e os dois últimos são compósitos polímero-cerâmicos. Na Divisão de Tecnologias Tridimensionais do CTI Renato Archer, foram processados experimentalmente com PBF a *laser* vários biomateriais para a engenharia tecidual, como o biovidro, o polimetacrilato de metila (PMMA), o poli-hidroxibutirato (PHB) e a policaprolactona (PCL) [43]-[47].

5.9 DEGRADAÇÃO E RECICLAGEM DE POLÍMEROS

Um tema bastante relevante em PBF de materiais poliméricos é a degradação do pó com o passar dos ciclos, uma vez que esse é exposto a elevada temperatura durante o processamento. Em geral, a degradação de polímeros ocorre sempre quando eles são expostos a condições ambientais (temperatura, umidade, iluminação, radiação etc.) e pode ser acelerada com a intensificação de qualquer um desses fatores em sistemas artificiais. Em especial, calor, radiações e reações químicas provocam quebra de ligações covalentes e consequente degradação com modificação nas cadeias moleculares [48]. De acordo com Callister [5] e Venuvinod e Ma [13], a oxidação no polímero ocorre pela reação do oxigênio ambiente com o hidrogênio do polímero, formando hidroperóxidos que são decompostos em radicais livres. Assim, invariavelmente, a degradação dos polímeros leva a um enfraquecimento de sua estrutura mecânica e a uma perda da sua integridade física [13]. A degradação acarreta também um pior acabamento e menor densidade da peça. Em casos extremos de uso, a superfície da peça passa a apresentar grandes deformações, um efeito conhecido como "casca de laranja".

Observa-se que, a cada novo ciclo de processamento, em função da degradação, há um estreitamento da janela de processamento dos polímeros, com necessidade de se aumentar as temperaturas de trabalho e a energia fornecida ao material (por exemplo, a potência do *laser*), com o consequente prejuízo para a peça produzida em termos estruturais e dimensionais.

Como a temperatura não pode ser eliminada da tecnologia de PBF, a quantidade de oxigênio deve ser reduzida ao mínimo no interior da câmara de construção. Para isso, a câmara deve ser inertizada com a injeção de nitrogênio ou de outro gás inerte não reativo ao polímero, de modo a reduzir ao máximo a oxidação.

Em função dessas transformações internas dos polímeros, a reciclagem de 100% do material que passa por um ciclo do processo é comprometida. Segundo Dotchev e Yusoff [49], a reciclagem recomendada pela 3D Systems Inc. para o seu material poliamida 12 (DuraForm) é de, no mínimo, 30% a cada rodada. Já a empresa EOS recomenda a adição de 30 a 50% de material virgem (PA2200), também poliamida 12, a cada rodada. Acrescentam também que as variações das propriedades do material novo e reciclado são ainda problemas em aberto na prática dos usuários de processos de PBF não metálico.

A experiência do CTI Renato Archer, que utiliza PBF a *laser* desde 1999, mostra que é possível otimizar o uso do material sem a reciclagem a cada novo processamento, apenas monitorando alguns parâmetros básicos das peças produzidas, como o desvio dimensional e distorções. Logicamente, há uma variação estrutural no material, e, dessa forma, o monitoramento determina o momento da troca de toda a carga do material, sem adição de material virgem. A utilização do material parcialmente degradado tem ocorrido desde o ano 2000 dentro do programa ProExp (Tecnologias 3D para a aceleração de experimentos científicos). Esse programa foi criado em 2006 para apoiar a execução de experimentos científicos de universidades e centros de pesquisa, sendo a poliamida 12 um dos materiais amplamente utilizados [50]. Assim, pode-se oferecer, sem custos, peças de grande porte e massa de material para a área médica, odontologia, forense, paleontologia, egiptologia, arquitetura, veículos experimentais e dispositivos especiais para várias aplicações.

Há aplicações, no entanto, que exigem o uso de 100% de material virgem a cada processamento e seu descarte posterior. Esse é o caso, por exemplo, de peças estruturais para aplicações aeroespaciais. Como esse tipo de peças tem alto valor agregado, todas são inspecionadas individualmente, e os materiais nunca são reutilizados, para evitar peças de qualidade dimensional e estrutural duvidável. Para a validação das peças, elas são construídas conjuntamente com corpos de prova que são submetidos a testes mecânicos, de modo a validar ou não o conjunto de peças para a aplicação a que se destina [51].

5.10 VANTAGENS E DESVANTAGENS DA PBF NÃO METÁLICO

As principais vantagens e desvantagens das tecnologias de PBF em geral, comparada com outros processos de AM [13] [15] [16] [22] [29], são resumidas a seguir.

5.10.1 Vantagens

1. Possibilita a produção de peças funcionais e resistentes com propriedades semelhantes àquelas dos processos convencionais.
2. Necessita de pouco pós-processamento (limpeza e jateamento) e não exige pós-cura da peça (exceto rotas indiretas de materiais metálicos e cerâmicos).
3. Não necessita de estruturas de suporte, já que o pó não fundido cumpre essa função. Isso gera peças sem marcações ou sinais de retirada de suportes.
4. Permite a construção de peças complexas com partes móveis (montagem) numa mesma estrutura, pois não exige remoção de suportes e tem fácil remoção do pó remanescente.
5. Potencialmente, qualquer material polimérico semicristalino na forma de pó pode ser usado nesse processo.
6. Disponibiliza vários materiais puros e compósitos. A poliamida 12, por ser muito adequada ao processo e por sua grande gama de aplicações, é de amplo uso nesse processo. Alguns polímeros amorfos e compósitos também são processados com sucesso.
7. Permite empacotamento das peças no volume de construção, otimizando a distribuição por meio de encaixes de espaços vazios, desde que sejam respeitados critérios mínimos de distanciamento, orientação e posicionamento em função de detalhes das peças e sua aplicação.
8. Oferece materiais duráveis e, muitas vezes, prontos para uma aplicação final.

5.10.2 Desvantagens

1. A superfície é rugosa e altamente dependente do tamanho do grão do material particulado.
2. O processo pode ser demorado em função dos necessários ciclos de aquecimento e resfriamento de toda a câmara de processamento.

3. Os sistemas são de alto custo de aquisição, operação e manutenção (principalmente os que operam com *laser*).
4. Materiais poliméricos sofrem forte degradação durante o processamento, pelo efeito da temperatura, obrigando a descarte excessivo de material.
5. O processo gera, inevitavelmente, muito resíduo de pó no ambiente, em virtude de sua manipulação, mesmo que cuidados sejam tomados. Essa afirmação pode não ser válida para os processos automatizados de reciclagem e carregamento de pó. De toda forma, é necessário a limpeza constante do ambiente.
6. Mesmo com toda a evolução e os automatismos, exige que a operação seja feita por um técnico especializado, para adequada escolha dos parâmetros de processo e decisões sobre a qualidade e reciclagem do material em uso.
7. Dependendo do estado do material e dos parâmetros de processo, a fusão do material pode ser incompleta, o que pode gerar peças não totalmente homogêneas, apresentando pontos frágeis ou mais porosos. As regiões não homogêneas e a possível concentração de tensões em pontos da superfície podem reduzir as propriedades mecânicas e a resistência à fadiga.
8. Pode gerar peças com alto grau de anisotropia, em função da não observação de parâmetros ideais.
9. Tem precisão dimensional inferior aos processos de fotopolimerização em cuba de resinas fotossensíveis (ver Capítulo 2).

5.11 CONSIDERAÇÕES FINAIS

Os processos por fusão em leito de pó (PBF) não metálico foram uma das primeiras tecnologias de manufatura aditiva (AM) disponibilizadas comercialmente, com a primeira máquina a *laser* sendo colocada no mercado em 1992. Por sua versatilidade, essa tecnologia pode ser aplicada com diferentes materiais, como polímeros, cerâmicas e metais, além de compósitos. No entanto, de uma maneira geral, há ainda limitações de materiais não metálicos disponíveis, concentrando-se normalmente em poliamida 12 e 11, e suas composições com outros materiais de carga. O foco principal do capítulo foi o processamento de polímeros por sua importância econômica atual. O processamento de cerâmica foi tratado de forma marginal, por estar ainda em estágio de pesquisa, devido à grande complexidade envolvida.

Apesar de ser um dos processos mais utilizados, inclusive para peças de uso final, ainda são necessários desenvolvimentos científicos e tecnológicos para o seu melhor entendimento. As propriedades fundamentais dos materiais na forma de pó e o seu processamento por PBF, bem como as caracterizações e as propriedades do material após ser processado, ainda requerem maiores estudos [9], porque o processo não é de fácil entendimento, principalmente aqueles que utilizam feixes de *laser*. A modelagem dos fenômenos envolvidos nas complexas interações *laser*-material pode ser uma ferramenta de ajuda, reduzindo o empirismo e facilitando o seu controle e, consequentemente, a estabilidade e a qualidade dos resultados.

Os processos mais recentes que utilizam a radiação IR como fonte de calor aceleraram e simplificaram bastante a tecnologia, principalmente por processarem simultaneamente toda a área das camadas (não vetorial) e pela redução de vários parâmetros de processo. Essas tecnologias estão se tornando cada vez mais competitivas em comparação aos processos tradicionais de moldagem de polímeros, que dependem de um molde para fabricação.

O processo de degradação do material polimérico após os ciclos de fabricação e as considerações sobre a sua reciclagem merecem atenção especial nessa categoria de tecnologias de AM, em função da quantidade de desperdícios que podem ser gerados.

AGRADECIMENTOS

Jorge Vicente Lopes da Silva (*in memoriam*) agradece a contribuição dos colegas do laboratório LaPrint do Centro de Tecnologia da Informação Renato Archer (CTI) pelos resultados e as inúmeras sugestões e discussões apresentadas neste capítulo. Os autores agradecem os professores Milton S. F. Lima e André Jardini pela revisão técnica detalhada do texto.

REFERÊNCIAS

[1] J. S. Gómez Bonilla *et al.*, Improvement of polymer properties for powder bed fusion by combining in situ PECVD nanoparticle synthesis and dry coating. *Plasma Processes and Polymers*, v. 18, n. 6, 2021.

[2] I. Gibson, D. Rosen, B. Stucker, *Additive manufacturing technologies – 3D Printing, rapid prototyping, and direct digital manufacturing*. 2nd ed. Springer, 2015.

[3] K. Sertoglu, Industrial polymer 3D printing review: our engineers compared VoxelJet HSS, HP MJF, and SLS. 2022. Disponível em: https://3dprintingindustry.com/news/industrial-polymer-3d-printing-review-our-engineers-compared-voxeljet-hss-hp-mjf-and-sls-208159/. Acesso em: 24 set. 2023.

[4] S. Vock, B. Klöden, A. Kirchner, T. Weißgärber, B. Kieback, Powders for powder bed fusion: a review. *Progress in Additive Manufacturing*, v. 4, n. 4, p. 383-397, 2019.

[5] W. D. Callister, *Materials science and engineering: an introduction*. 5th ed. New York: John Wiley & Sons, 2008.

[6] J.-P. Kruth, X. Wang, T. Laoui, L. Froyen, Lasers and materials in selective laser sintering. *Assembly Automation*, v. 23, n. 4, p. 357-371, 2003.

[7] J.-P. Kruth, P. Mercelis, J. Van Vaerenbergh, L. Froyen, M. Rombouts, Binding mechanisms in selective laser sintering and selective laser melting. *Rapid Prototyping Journal*, v. 11, n. 1, p. 26-36, 2005.

[8] J.-P. Kruth, G. Levy, F. Klocke, T. H. C. Childs, Consolidation phenomena in laser and powder-bed based layered manufacturing. *CIRP Annals*, v. 56, n. 2, p. 730-759, 2007.

[9] R. D. Goodridge, C. J. Tuck, R. J. M. Hague, Laser sintering of polyamides and other polymers. *Progress in Materials Science*, v. 57, n. 2, p. 229-267, 2012.

[10] D. L. Bourell, T. J. Watt, D. K. Leigh, B. Fulcher, Performance limitations in polymer laser sintering. *Physics Procedia*, v. 56, p. 147-156, 2014.

[11] J.-P. Kruth, G. Levy, R. Schindel, T. Craeghs, E. Yasa, Consolidation of polymer powders by selective laser sintering. *In*: *Proceedings of the 3rd international conference on polymers and moulds innovations*, 2008, p. 15-30.

[12] M. Schmid, A. Amado, K. Wegener, Polymer powders for selective laser sintering (SLS). *In*: *AIP Conference proceedings*, 2015.

[13] P. K. Venuvinod, W. Ma, *Rapid Prototyping: laser-based and other technologies*. Kluwer Academic Publishers, 2004.

[14] D. Pham, S. S. Dimov, *Rapid manufacturing: the technologies and applications of rapid prototyping and rapid tooling*. New York: Springer-Verlag New York Inc., 2001.

[15] C. K. Chua, K. F. Leong, C. S. Lim, *Rapid Prototyping: Principles and Applications*, 3rd ed. Singapore: Manufacturing World Scientific Pub Co., 2010.

[16] R. Noorani, *Rapid prototyping: principles and applications*. New Jersey: John Wiley & Sons, Inc., 2006.

[17] F. W. Liou, *Rapid prototyping and engineering applications: a toolbox for prototype development*. Boca Raton: Crc Press, 2007.

[18] F. Xu, H. T. Loh, Y. S. Wong, Considerations and selection of optimal orientation for different rapid prototyping systems. *Rapid Prototyping Journal*, v. 5, n. 2, p. 54-60, 1999.

[19] J. D. Williams, C. R. Deckard, Advances in modeling the effects of selected parameters on the SLS process. *Rapid Prototyping Journal*, v. 4, n. 2, p. 90-100, 1998.

[20] M. V Allmen, A. Blatter, *Laser-beam interactions with materials: physical principles and applications*. Berlin: Springer Verlag, 1998.

[21] N. K. Tolochko, Y. V Khlopkov, S. E. Mozzharov, M. B. Ignatiev, T. Laoui, V. I. Titov, Absorptance of powder materials suitable for laser sintering. *Rapid Prototyping Journal*, v. 6, n. 3, p. 155-161, 2000.

[22] N. Hopkinson, R. Hague, P. Dickens, *Rapid manufacturing: an industrial revolution for the digital age*. John Wiley & Sons, Ltd., 2006.

[23] S. Kumar, Selective laser sintering: a qualitative and objective approach. *Journal of the Minerals, Metals and Materials Society*, v. 55, p. 43-47, 2003.

[24] D. Drummer, D. Rietzel, F. Kühnlein, Development of a characterization approach for the sintering behaviour of new thermoplastics for selective laser sintering. *Phys Procedia*, v. 5, p. 533-542, 2010.

[25] S. Das, Selective laser sintering of polymers and polymer-ceramic composites. *In*: *Virtual Prototyping & Bio Manufacturing in Medical Applications*, New York: Springer, 2008, p. 229-260.

[26] B. Soundararajan, D. Sofia, D. Barletta, M. Poletto, Review on modeling techniques for powder bed fusion processes based on physical principles. *Additive Manufacturing*, v. 47, 2021.

[27] G. E. P. Box, N. R. Draper, *Empirical model-building and response surfaces.* John Wiley & Sons, 1987.

[28] USPTO – United States Patent and Trademark Office. Disponível em: http://www.uspto.gov. Acesso em: 16 out. 2024.

[29] K. Cooper, *Rapid prototyping technology: selection and application*. Marcel Dekker, 2001.

[30] 3D Systems. Disponível em: www.3dsystems.com. Acesso em: 16 out. 2024.

[31] G. A. Longhitano *et al.*, 3D-printed valves to assist noninvasive ventilation procedures during the COVID-19 pandemic: a case study. *Journal of 3D Printing in Medicine*, v. 4, n. 4, p. 193-202, 2020.

[32] EOS GmbH. Disponível em: https://www.eos.info/en. Acesso em: 16 out. 2024.

[33] VoxelJet AG. Disponível em: https://www.voxeljet.com/. Acesso em: 16 out. 2024.

[34] B. Khoshnevis, B. Asiabanpour, M. Mojdeh, and K. Palmer, SIS–a new SFF method based on powder sintering. *Rapid Prototyping Journal*, v. 9, n. 1, p. 30-36, 2003.

[35] L. P. HP Development Company, HP Multi Jet Fusion technology A disruptive 3D printing technology for a new era of manufacturing, 4AA5-5472EEW. Oct. 2016. Disponível em: https://europac3d.com/hp-3d-printers-transform-traditional-manufacturing-technologies/. Acesso em: 16 out. 2024.

[36] D. Rouholamin, and N. Hopkinson, Understanding the efficacy of micro-CT to analyse high speed sintering parts. *Rapid Prototyping Journal*, v. 22, n. 1, p. 152-161, 2016.

[37] HP, Multi Jet Technology. Disponível em: https://www.hp.com/us-en/printers/3d-printers/products/multi-jet-technology.html. Acesso em: 16 out. 2024.

[38] Stratasys Ltd. Disponível em: www.stratasys.com. Acesso em: 16 out. 2024.

[39] T. Mühler, C. M. Gomes, J. Heinrich, and J. Günster, Slurry-based additive manufacturing of ceramics. *International Journal of Applied Ceramic Technology*, v. 12, n. 1, p. 18-25, 2015.

[40] J. Wilkes, Y.-C. Hagedorn, W. Meiners, K. Wissenbach, Additive manufacturing of ZrO2-Al2O3 ceramic components by selective laser melting. *Rapid Prototyping Journal*, v. 19, n. 1, p. 51-57, 2013.

[41] B. Qian, Z. Shen, Laser sintering of ceramics. *Journal of Asian Ceramic Societies*, v. 1, n. 4, p. 315-321, 2013.

[42] S. Bose, S. Vahabzadeh, A. Bandyopadhyay, Bone tissue engineering using 3D printing. *Materials today*, v. 16, n. 12, p. 496-504, 2013.

[43] T. F. Pereira *et al.*, Porous scaffolds of poly (3-hydroxybutyrate) fabricated by Selective Laser Sintering technology (SLS) for bone engineering. *In*: *10th World Biomaterials Congress*, Montreal, Canada, 2016.

[44] S. Saska *et al.*, Three-dimensional printing and in vitro evaluation of poly (3-hydroxybutyrate) scaffolds functionalized with osteogenic growth peptide for tissue engineering. *Materials Science and Engineering: C*, v. 89, p. 265-273, 2018.

[45] C. F. Higa *et al.*, Influence of selective laser sintering process parameters on microstructure and physicochemical properties of poly (vinyl alcohol) for the production of scaffolds. *Rapid Prototyping Journal*, v. 26, n. 6, p. 1155-1164, 2020.

[46] L. M. Pontes *et al.*, Hydroxyapatite incorporation into polyamide membrane. *Mater Chem Phys*, v. 271, p. 124877, 2021.

[47] J. V. G. de Faria *et al.*, Incorporation of silver nanoparticles into polyamide powder for application in 3D printing. *Progress in Additive Manufacturing*, p. 1-9, 2023.

[48] T. L. Starr, T. J. Gornet, J. S. Usher, The effect of process conditions on mechanical properties of laser-sintered nylon. *Rapid Prototyping Journal*, v. 17, n. 6, p. 418-423, 2011.

[49] K. Dotchev, W. Yusoff, Recycling of polyamide 12 based powders in the laser sintering process. *Rapid Prototyping Journal*, v. 15, n. 3, p. 192-203, 2009.

[50] M. F. Oliveira, *Aplicações da prototipagem rápida em projetos de pesquisa*. Universidade Estadual de Campinas, Campinas, 2008.

[51] I. Campbell, O. Diegel, R. Huff, J. Kowen, and T. Wohlers, *Wholers report 2023 3D printing and additive manufacturing global state of the industry*. Washington, DC, 2023.

CAPÍTULO 6
Fusão em leito de pó metálico

André Luiz Jardini Munhoz
Éder Sócrates Najar Lopes
Guilherme Arthur Longhitano
Aulus Roberto Romão Bineli
Jorge Vicente Lopes da Silva (in memoriam)
Fabio Sanches Sant'Ana
Julian Arnaldo Avila Diaz

6.1 INTRODUÇÃO

O interesse por tecnologias de manufatura aditiva (*additive manufacturing* – AM) de metais tem crescido exponencialmente nos últimos anos devido ao amadurecimento da tecnologia e da disponibilidade de novos materiais. Essas tecnologias começaram a ser utilizadas no início dos anos 1990 e têm sido continuamente desenvolvidas e implementadas em diversos ramos de atividades, como ferramentaria, energia, biomedicina, automobilístico e aeroespacial. A cada ano, um número cada vez maior de indústrias passa a utilizar as tecnologias de AM como uma alternativa para os seus negócios. O mercado de AM de metais apresentou um crescimento global de 16% entre os anos de 2020 e 2022, e a expectativa é que haja um aumento na casa de 18% até o final de 2026 [1].

Nos métodos convencionais de fabricação de peças metálicas, como na manufatura subtrativa (usinagem por torneamento, fresamento, retificação etc.), elas são produzidas por meio da remoção de material utilizando ferramentas de corte. Embora tenham sido realizados grandes avanços com o advento do controle numérico computadorizado (CNC) e das tecnologias de usinagem em altas velocidade, uma das maiores limitações desses métodos consiste na produção de peças com maior complexidade geométrica. Determinadas geometrias, como furos muito pequenos não retos ou cavidades no interior de um bloco, são difíceis ou até impossíveis de serem realizadas por usinagem mecânica. Mesmo para peças de pequenas dimensões, o tempo de planejamento para a produção pode constituir uma parcela significativa dos custos para esses processos [2].

O objetivo deste capítulo é abordar a AM por fusão em leito de pó (*powder bed fusion* – PBF) de metais, como aço e ligas de níquel, alumínio, titânio e cobre, e que, diferentemente dos métodos subtrativos, é uma técnica aplicada para fabricação de componentes complexos diretamente a partir do pó metálico. Nesses processos, um feixe de *laser* ou um feixe de elétrons varre a superfície de um leito recoberto de pó metálico, fundindo as partículas do metal camada por camada até a obtenção das peças [3]. Devido à flexibilidade de aplicação dos materiais, formas geométricas e controle dos parâmetros do processo, componentes metálicos com propriedades mecânicas controladas podem ser obtidos [4], o que abre novas possibilidades para a produção de peças metálicas. Outras tecnologias de interesse que utilizam pós metálicos – as tecnologias de *directed energy deposition* (DED) – poderão ser consultadas nos Capítulos 7 e 8, e as tecnologias de *binder jetting* (BJT), no Capítulo 4. As tecnologias mais utilizadas são PBF e DED, no entanto, a PBF consegue produzir peças com melhor qualidade dimensional e superficial, enquanto a DED leva vantagem quando o importante é taxa de deposição.

Os corpos normativos da *American Society for Testing and Materials* (ASTM) e da *International Organization for Standardization* (ISO) – que, na área de AM, discutem e publicam normas em conjunto – já possuem diversos documentos na área. Alguns desses documentos já foram adotados pela Associação Brasileira de Normas Técnicas (ABNT), como o documento ABNT NBR ASTM ISO 52900 – Manufatura Aditiva – Princípios gerais – Terminologia, que define as tecnologias de fusão em leito de pó metálico a *laser* com a abreviação PBF-LB e de fusão em leito de pó metálico por feixe de elétrons com a abreviação PBF-EB, ou simplesmente PBF, que harmoniza com a forma geral e independente das características específicas de cada processo e/ou nomenclatura usada por cada fabricante de equipamento.

6.2 PROCESSOS DE FUSÃO EM LEITO DE PÓ METÁLICO

As tecnologias de PBF-LB têm sido desenvolvidas e comercializadas por empresas que utilizam diferentes denominações comerciais para designar processos similares. A sinterização seletiva a *laser* (*selective laser sintering* – SLS) foi o primeiro processo do qual derivaram muitos outros processos de PBF, como o de sinterização direta de metais por *laser* (*direct metal laser sintering* - DMLS), adotada pela empresa EOS GmbH - Electro Optical Systems [5]-[8], e o de fusão seletiva a *laser* (*selective laser melting* - SLM), adotada pelas empresas MCP Realizer, atualmente incorporada pela DMG MORI, Renishaw e SLM Solutions [9]-[11]. A empresa EOS foi pioneira na Europa, com seu primeiro equipamento (EOSINT M250) produzido em 1994 [3] [5]. No ano de 2017, a GE (General Electric) adquiriu duas empresas do setor: a alemã Concept Laser e a sueca Arcam AB. A primeira comercializa uma linha de equipamentos para PBF-LB, e a segunda é a marca da sua linha de equipamentos para PBF-EB. O processo de PBF-EB teve origem com a empresa Arcam AB, fundada em 1997. A primeira patente desse processo foi depositada na base estadunidense (USPTO) em abril de 2001 e concedida sob o número US 7,537,722 B2 em 26 de maio de 2009. O primeiro sistema produzido foi entregue em 2003. A PBF-EB tem similaridades com os outros processos de PBF-LB, no entanto, utiliza um feixe de elétrons em vez de *laser* como fonte de energia para fundir o material. A velocidade de construção das peças com feixes de elétrons é mais alta devido à alta velocidade de varredura e elevada temperatura da plataforma de construção alcançadas. Essa maior capacidade energética é utilizada para se manter uma poça de fusão maior, o que consequentemente gera uma rugosidade superficial mais alta [11] [12]. Ademais, o processo de PBF-EB só é possível quando a peça se encontra em alto vácuo.

Os equipamentos de PBF-LB normalmente contam com fontes de *laser* entre 100 W e 3.000 W de potência, plataformas de fabricação montadas sobre êmbolos com áreas de fabricação que variam entre 100 × 100 mm^2 e 250 × 250 mm^2. Embora, em geral, o objetivo da PBF não seja a produção de peças de grande porte, peças com até 350 mm de altura podem ser obtidas em alguns equipamentos. A precisão geométrica é atingida com os parâmetros de fabricação adequados e pode chegar a valores de 50 µm, o que permite a fabricação de canais internos de refrigeração de moldes ou até mesmo estruturas arquitetadas (celulares ou de rede) com grande precisão. Os equipamentos de PBF-EB possuem caraterísticas similares, no entanto, devido ao seu princípio de funcionamento, possibilitam também o controle da temperatura entre camadas.

A Figura 6.1 apresenta o número de empresas que fabricam máquinas para as tecnologias de AM tendo como matéria-prima o pó metálico. Vale a pena destacar o grande número de empresas focadas na produção de equipamentos do tipo PBF, destacando-se dois fabricantes nacionais: a Omnitek e a Alkimat. Isso mostra a consolidação da tecnologia de PBF como meio de AM preferida do mercado industrial.

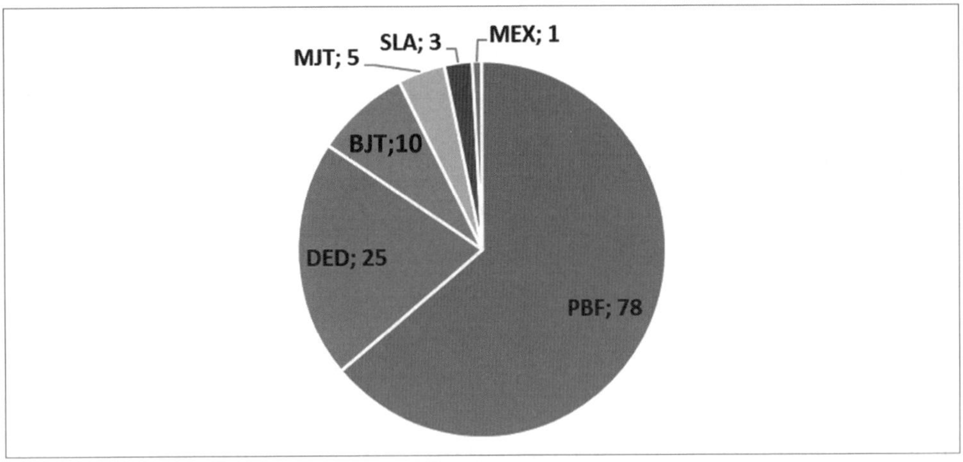

Figura 6.1 Número de fabricantes de equipamentos de AM que utilizam pó como matéria-prima [13].

6.3 FUSÃO EM LEITO DE PÓ METÁLICO A *LASER* (PBF-LB)

6.3.1 Princípio de funcionamento de PBF-LB

As tecnologias por PBF-LB utilizam um feixe de *laser* na faixa do infravermelho, controlado por um conjunto de espelhos, para irradiar a superfície do leito fundindo as partículas de pó. Os princípios operativos são semelhantes nos equipamentos das empresas, como DMLS (EOS), DMLM (Concept Laser) e SLM (SLM Solutions, DMG MORI, Renishaw). Uma fina camada de pó metálico é espalhada pela lâmina do espalhador (*rake*) sobre a plataforma de construção, formando uma camada nivelada (leito). A espessura de cada camada costuma variar entre 20 µm e 70 µm. O feixe de *laser* percorre todas as regiões e trajetórias definidas pelo sistema de planejamento de processo (CAM para AM), com base no modelo geométrico 3D, fundindo e consolidando as partículas do leito. Após a formação de uma camada, a plataforma de construção da peça se desloca verticalmente para baixo e uma nova camada de pó é distribuída na área do leito. Esse processo é repetido camada a camada até a conclusão da peça final. Uma atmosfera de gás inerte no interior da câmara protege a peça do oxigênio do ar para que não ocorra oxidação [3] [7] [9] [14] [15]. O pó não fundido é removido ao final do processo e pode ser reutilizado em novos ciclos de construção até um certo número de ciclos, a depender do tipo de matéria-prima utilizada. A Figura 6.2 mostra um diagrama esquemático do processo.

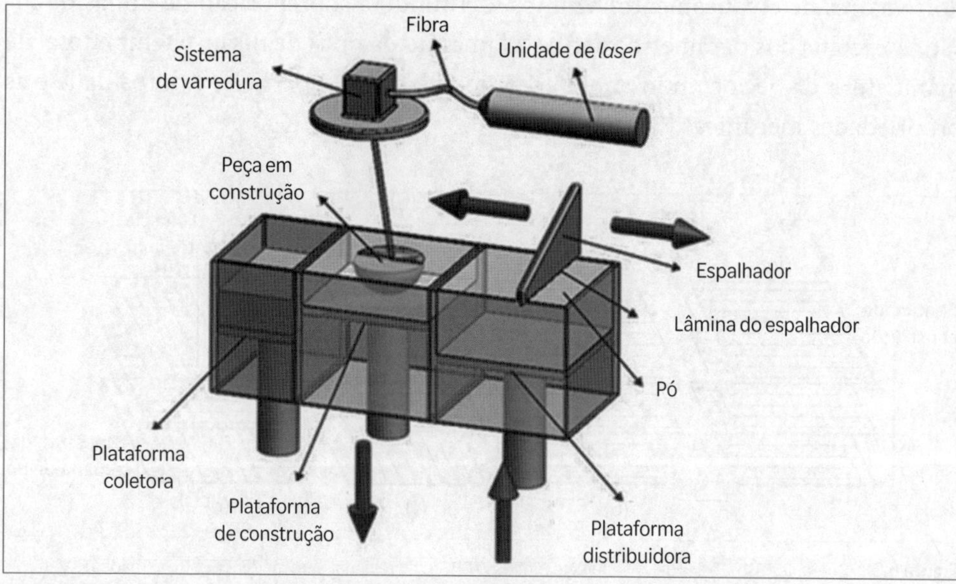

Figura 6.2 Diagrama esquemático do processo de PBF-LB [7].

Conforme a aplicação da peça, podem ser necessárias etapas de pós-processamentos, como tratamento térmico para alívio de tensões residuais e normalização, ou tratamentos de superfície, como jateamento ou polimento [16].

6.3.2 Parâmetros de processamento de PBF-LB

Os principais parâmetros de processamento da tecnologia são a estratégia de varredura (contorno e preenchimento) e velocidade de deslocamento (varredura) do *laser*, potência do feixe de *laser*, distância entre linhas de fusão e espessura da camada de pó. A estratégia de varredura envolve o modo e a trajetória de varredura do feixe de *laser* sobre a superfície. A Figura 6.3 ilustra quatro estratégias de varredura para preenchimento diferentes: unidirecional sem (a) e com (c) mudança entre camadas, em zigue-zague (bidirecional) sem mudança entre camadas (b) e girando em 90° a cada camada (d) [17] [18]. Já a estratégia de varredura para contorno pode variar no número de passadas do *laser* sobre as regiões do contorno da superfície da peça (causando a refusão do material), a espessura da região considerada como contorno, assim como os pontos iniciais e finais e o sentido da varredura do feixe.

A potência do *laser* e a velocidade de varredura na superfície do leito definem a energia a ser aplicada na fusão do material. A incidência do *laser* sobre o pó forma uma poça de fusão, com dimensões ("diâmetro" e profundidade) decorrentes da combinação de parâmetros. A distância entre linhas de fusão é a distância entre dois vetores de escaneamento vizinhos, definindo a sobreposição de linhas de fusão. A escolha dos parâmetros define o tamanho da poça de fusão, o tempo total de manufatura da peça e, indiretamente, a qualidade da superfície, a porosidade e as propriedades mecânicas [7] [17] [19].

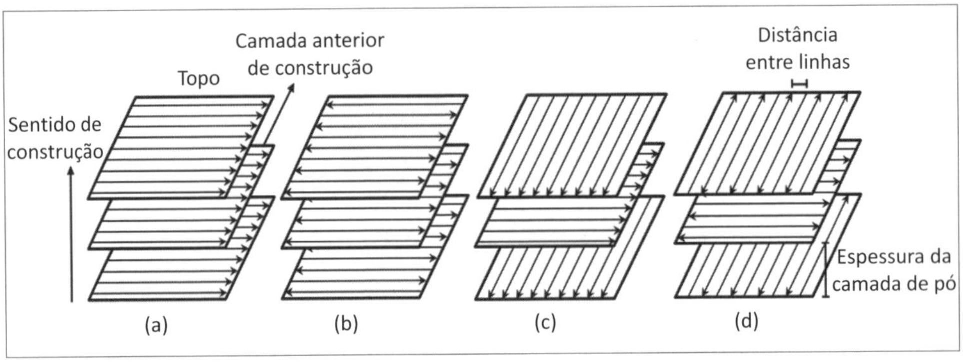

Figura 6.3 Diferentes estratégias de varredura no processo PBF: unidirecional, sem mudança entre camadas (a); em zigue-zague, sem mudança entre camadas (b); unidirecional, girando em 90° a cada camada (c); e em zigue-zague, girando em 90° a cada camada (d).

Para que seja atingida uma qualidade microestrutural desejada na peça durante sua construção, é necessário o entendimento de alguns parâmetros do processo. Nesse aspecto, as altas velocidades de resfriamento e elevadas temperaturas localizadas levam a um gradiente térmico elevado, o que pode ter implicações no comportamento mecânico da peça. Alguns efeitos inerentes ao gradiente térmico podem ocorrer, como surgimento de trincas e empenamentos [20]. Ademais, há sempre o fenômeno da retração de solidificação (*shrinkage*) que leva a uma diferença de volumes entre o pó compactado original, o material fundido e o sólido resultante da solidificação rápida. Como o processo é baseado na sobreposição de camadas, esses efeitos se amplificam, podendo engendrar tensões residuais elevadas, resultando em distorções e empenamentos [21]. Ademais, há o efeito do plasma e ablação do material durante o processo, como pode ser visto na Figura 6.4, gerando perdas adicionais na carga de pó.

Acesse a versão colorida da figura pelo QR Code.

Figura 6.4 Efeito da varredura do *laser* durante a produção por DMLS.

A estratégia de varredura da peça também condiciona o produto, podendo ser efetuada em linhas, em bandas (faixas) ou em quadrados (ilhas ou *chessboard*). Pode-se realizar a varredura do *laser* em X ou em Y (com esses eixos localizados no plano horizontal, perpendicular ao sentido de fabricação), ou, alternadamente, em X e Y. As Figuras 6.5 e 6.6 mostram esquematicamente os tipos de estratégias de varredura [22]. A forma com que o feixe de *laser* efetua essa varredura determina não só a densificação do material como o tempo de construção das peças. Por exemplo, a estratégia de varredura em quadrados é utilizada em alguns tipos de materiais para minimizar o aparecimento de tensões residuais que podem ocasionar empenamentos na peça [23], como nas ligas de cobalto e cromo (CoCr). Adicionalmente, o uso de contornos externos nas geometrias é necessário para suavizar os detalhes da superfície dos componentes, uma vez que as estratégias de varredura cumprem a função de preenchimento dentro das fronteiras definidas.

Existem na literatura recomendações para que não sejam utilizadas linhas de varreduras muito longas. Alguns autores recomendam reduzir o tamanho dos vetores, como na estratégia em quadrados (Figura 6.6) [24]. No entanto, esse é um assunto em aberto para muitas pesquisas, pois as características da microestrutura, como tamanho de grão, interrupção de grãos colunares e presença de fases, podem ser alteradas com a estratégia de varredura [25]. Além disso, uma estratégia possível é a refusão dos contornos da camada para melhorar o acabamento superficial das peças e, consequentemente, a resistência à fadiga [23].

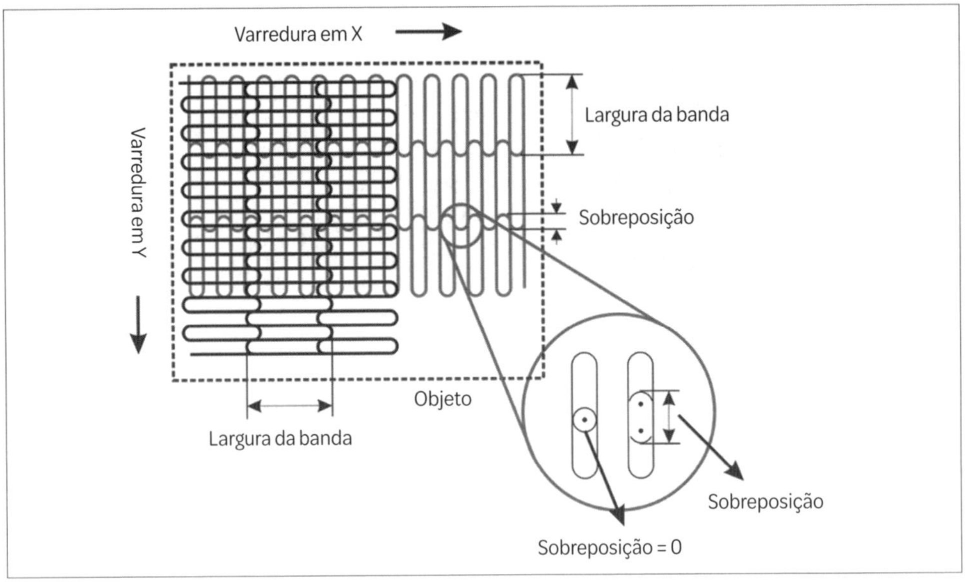

Figura 6.5 Varredura do tipo *up-down stripes*.

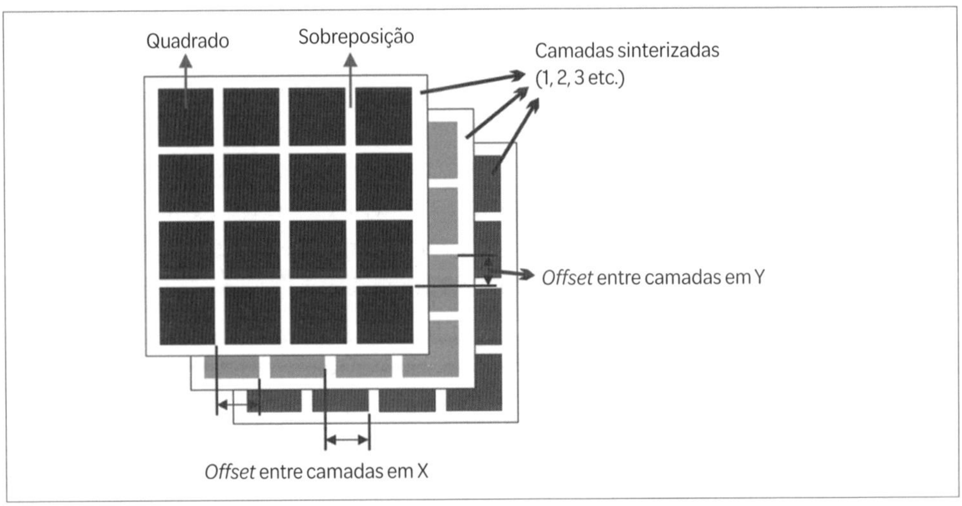

Figura 6.6 Varredura do tipo quadrados (ilhas ou *chessboard*) com destaque para deslocamento entre camadas (*offset*). Regiões em branco entre quadrados denotam áreas com sobreposição de varredura.

As variáveis que condicionam o tempo de construção são: a área da camada fundida, a altura de construção, a velocidade de varredura do *laser*, a distância entre linhas de varredura do *laser* e a estratégia de varredura.

A Figura 6.7 apresenta um esquema de varredura da tecnologia PBF-LB que ilustra os parâmetros de velocidade de varredura, distância entre linhas e espessura da camada de pó. Nota-se que é adotado um ajuste da área irradiada do feixe de *laser* com relação às dimensões originais do projeto, visto que o diâmetro da poça de fusão gerada é maior do que o diâmetro do feixe de *laser* [7]. A Figura 6.7 também ilustra esquematicamente a varredura do contorno da camada formando uma secção bidimensional do objeto, com uma determinada potência e velocidade de varredura. Segundo Senthilkumaran *et al.* [26], como o diâmetro da região fundida é sempre maior que o diâmetro do feixe de *laser* (um valor comum gira em torno de 0,05 mm), o erro dimensional no contorno é corrigido por meio do parâmetro de deslocamento do feixe (*beam offset*) para que haja uma boa correspondência às dimensões originais da peça projetada. Na etapa de preenchimento, o *laser* move-se várias vezes, linha a linha, para assegurar que o processo de fusão se desenvolva por completo. Em geral, a distância entre as linhas de varredura é normalmente configurada como 1/4 do diâmetro do feixe do *laser*. Nesse ponto, o valor de deslocamento do feixe é novamente definido com relação ao contorno, pois, se este for alto, o tamanho da poça de fusão, assim como a zona termicamente afetada pelo calor, será maior; se for baixo, pode haver falta de fusão [27]. Esse tipo de varredura permite que o feixe de *laser* irradie a superfície do metal, dependendo da geometria da peça, podendo ser deslocado de forma contínua ou descontínua (desliga na extremidade das linhas).

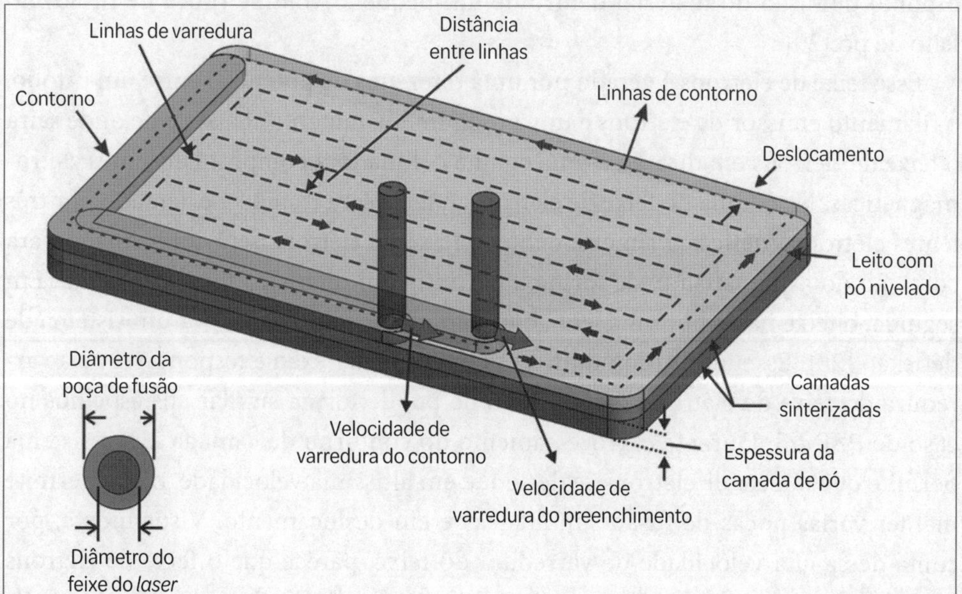

Figura 6.7 Exemplo de estratégia de varredura envolvendo contorno e preenchimento zigue-zague [7].

6.4 FUSÃO EM LEITO DE PÓ METÁLICO POR FEIXE DE ELÉTRONS (PBF-EB)

6.4.1 Princípio de funcionamento de PBF-EB

A Figura 6.8 apresenta um diagrama esquemático do processamento por PBF-EB. Como nas outras tecnologias de AM, no planejamento de processo, após definido o posicionamento e a orientação do modelo virtual, é realizado o fatiamento e a geração de suportes da peça no volume de construção, seguido da geração do preenchimento com os parâmetros de processamento definidos pelo usuário ou preestabelecidos para cada material e modelo de equipamento. Similar ao processo anterior, a cada fatia enviada para ser fundida, um sistema de distribuição espalha automaticamente uma fina camada de pó metálico, dependendo do modelo de equipamento, para formar o leito de pó. Um controle automático da quantidade de pó atua a cada camada depositada para evitar falhas na alimentação do material. O tamanho das partículas do pó varia entre 45 μm e 100 μm [28].

No processo PBF-EB, um feixe de elétrons provenientes de um cátodo aquecido é acelerado, colimado e focalizado em um leito de pó. Quando os elétrons atingem a superfície do leito, sofrem uma desaceleração repentina e a energia cinética dos elétrons é convertida em energia térmica, elevando bruscamente a temperatura até o ponto de fusão do material dentro de um pequeno volume (poça de fusão) do leito de pó [29].

Esse feixe de elétrons é gerado por uma diferença de potencial entre um cátodo, o filamento emissor de elétrons e um ânodo imediatamente abaixo, e de onde sairá o feixe de elétrons em direção a uma coluna colimadora composta de lentes eletromagnéticas. Na coluna do feixe de elétrons, o feixe será tratado e orientado por três lentes eletromagnéticas. Primeiramente, o feixe de elétrons será conformado para correção do astigmatismo, de forma a permitir um diâmetro focal constante. Em seguida, o feixe passa por uma lente que o colima e, por último, por um sistema de deflexão [28]. Esse último conjunto de bobinas de deflexão é responsável pela varredura do feixe de elétrons sobre o leito de pó, de forma similar aos espelhos no caso de PBF-LB. Durante o processamento do contorno da camada 2D, o sistema permite que o feixe de elétrons se desloque em altíssima velocidade, o que permite manter várias poças de fusão simultâneas e em deslocamento. Visualmente, por conta dessa alta velocidade de varredura do feixe, parece que o feixe de elétrons atua simultaneamente em vários pontos do leito de pó. Os vários pontos descontínuos de fusão do contorno se conectam, então, para formar os contornos completos da camada. Essa tecnologia, denominada *MultiBeam*™ pela Arcam AB, permite uma melhoria no acabamento superficial, na precisão e na velocidade de construção da peça. A parte interior dos contornos é varrida pelo feixe de elétrons com o foco maior segundo a estratégia de varredura [28].

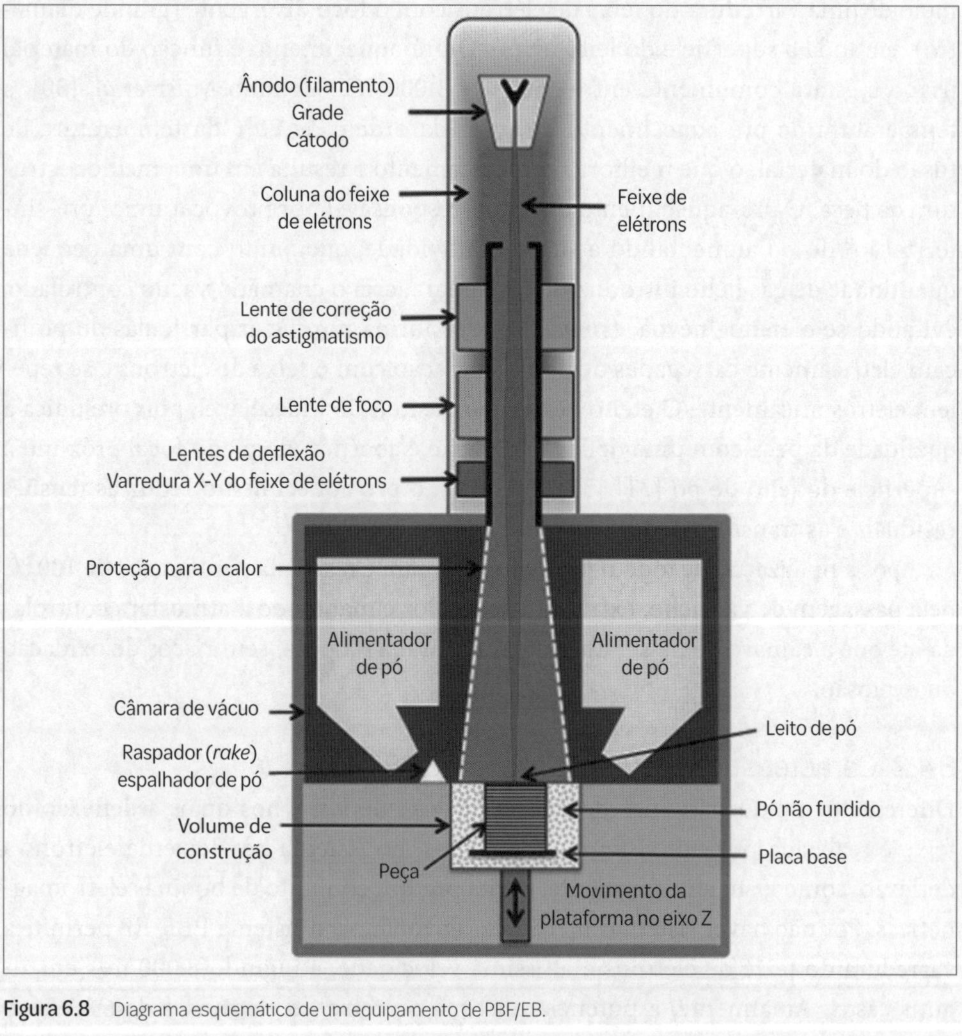

Figura 6.8 Diagrama esquemático de um equipamento de PBF/EB.

A fusão do material no leito de pó ocorre em uma câmara com atmosfera de vácuo controlado de aproximadamente 5×10^{-4} mbar. A coluna do feixe de elétrons fica sob vácuo mais alto de 8×10^{-7} mbar. As duas regiões são conectadas por um orifício de 3 mm de diâmetro, por onde passa o feixe de elétrons, sendo o volume da coluna muito menor do que o da câmara e, portanto, havendo pouca interferência de vácuo entre elas. Como a pressão de vapor dos metais tem relação com o vácuo do ambiente em que este está sendo processado, o gás hélio é introduzido para controlar o ambiente da câmara e, por consequência, a estequiometria do material processado [28].

Tipicamente, logo após ser espalhada, cada camada de pó é pré-aquecida por meio de uma varredura do feixe de elétrons com o foco divergente (grande diâmetro), em toda a superfície do leito de pó. O pré-aquecimento é função do material usado e estará comumente entre 650 °C e 1.000 °C. Segundo Murr *et al.* [30], a temperatura de pré-aquecimento deve ser da ordem de 80% da temperatura de fusão do material, o que melhora o processamento e resulta em uma melhor estrutura da peça. O pré-aquecimento do leito é responsável por provocar uma "pré-sinterização" do pó aumentando a sua condutividade, que, junto com uma pequena quantidade de gás hélio introduzido na câmara, cria o chamado vácuo controlado, evitando-se o efeito "névoa" (*smoke*), que se forma porque as partículas do pó ficam eletricamente carregadas devido à interação com o feixe de elétrons e se repelem eletrostaticamente. O efeito névoa é uma situação indesejável, pois prejudica a qualidade da peça com uma deflexão do feixe e abertura do plano focal próximo à superfície do leito de pó [31] [32]. Ademais, o pré-aquecimento reduz as tensões residuais e as transformações martensíticas em aços [28].

Após a finalização de todo o processo, a câmara é resfriada para menos de 100 °C pela passagem de gás hélio, extraindo-se o calor e mantendo a atmosfera controlada até que a câmara possa ser aberta para retirada da peça, sem riscos de oxidação ou explosão.

6.4.2 Características gerais do processo PBF-EB

Diferentemente dos sistemas de fusão por feixe de *laser*, nos quais a deflexão do feixe é realizada por um sistema de espelhos, no sistema por feixe de elétrons a deflexão, como visto anteriormente, é feita por um conjunto de bobinas eletromagnéticas. Por não haver sistemas mecânicos envolvidos, o sistema PBF-EB permite a varredura do feixe de elétrons a altíssima velocidade, atingindo 8.000 m/s em alguns casos. Atualmente, a potência máxima do feixe de elétrons é de 6 kW e o diâmetro mínimo de 100 μm. Algumas variações nas especificações do diâmetro do feixe de elétrons e do vácuo podem ocorrer em função do modelo e do fabricante do equipamento [28].

Uma das grandes vantagens da tecnologia é que praticamente 100% da energia do feixe de elétrons é transferida para o material, ou seja, o processo é de altíssima eficiência energética [33]. Em razão disso, é capaz de atingir altas temperaturas no ponto de incidência do feixe de elétrons. A alta velocidade de varredura, bem como as altas temperaturas possíveis de serem alcançadas e o pré-aquecimento, possibilitam materiais processados com melhores propriedades mecânicas e estruturais, além de menores concentrações de tensões térmicas [34].

Dentre as limitações do PBF-EB, o acabamento das superfícies das peças tende a ser pior que o obtido nos processos utilizando *laser* [34]. Além disso, somente metais e ligas metálicas podem ser utilizados devido ao efeito do feixe de elétrons. Embora a maior rugosidade resultante possa relacionar-se com menor resistência à fadiga por facilitar a propagação de trincas, quando gerada pelo processo PBF-EB, ela pode ser uma vantagem, favorecendo a osseointegração em implantes cirúrgicos.

O processo PBF-EB é ainda de difícil entendimento e a modelagem analítica com foco na simulação desse processo pode levar ao seu aprimoramento quanto ao processamento e aos materiais resultantes, tanto nas propriedades estruturais quanto dimensionais e na qualidade da superfície. Gong *et al.* [35] ressaltam a importância desse processo e a carência de literatura disponível sobre a modelagem e sua simulação computacional.

6.4.3 Parâmetros de processamento do PBF-EB

De acordo com Murr [36], os principais parâmetros e estratégias que podem ser modificados e otimizados em um sistema PBF-EB, e que influenciam a estrutura ou microestrutura da camada de pó fundida, incluem tensão e corrente para produzir o feixe de elétrons, diâmetro do foco, velocidade de varredura e estratégia de varredura. Aumento na corrente e redução na velocidade de varredura implicam uma maior transferência de energia localmente e consequente maior fusão do pó. Outros elementos, como a espessura da camada e o nível de compactação, são importantes e dependem da distribuição no diâmetro das partículas de pó. A taxa de resfriamento também é fundamental na determinação estrutural e microestrutural da peça. Peças grandes e volumosas naturalmente promovem um resfriamento mais lento, enquanto peças pequenas e com pouco volume promovem uma taxa de resfriamento rápido e efeitos significantes na microestrutura, em especial as que envolvem a transformação de fase do material metálico. Para manter a temperatura mais estável e no nível mais alto para uma completa fusão de cada camada da peça, aplica-se uma varredura do feixe de elétrons no leito a cada camada de pó depositada. Isso provoca um pós-aquecimento na peça decorrente da estratégia e da velocidade de varredura, bem como da corrente produtora do feixe de elétrons. Sem o devido controle, pode levar a outros efeitos na microestrutura, como o crescimento de grãos, recozimento (*annealing*) ou mesmo a destruição estrutural (*annihilation*), com resultados prejudiciais às propriedades mecânicas da peça final.

Também é necessário realizar calibrações do feixe de elétrons, do espalhador de pó (*rake arm*) e da quantidade de material que ele retira nos alimentadores laterais de pó, além da calibração do alinhamento da mesa onde o leito de pó é inicialmente espalhado. Na tecnologia PBF-EB, em geral é possível realizar o monitoramento contínuo das camadas tomando imagens durante o processo, por meio de câmera infravermelho, para avaliar a qualidade do processamento e uma possível validação das peças.

Novas estratégias de varredura do feixe de elétrons, notadamente a "ponto a ponto", têm sido importantes no desenvolvimento de propriedades diferenciadas nos componentes fabricados por PBF-EB. Essa estratégia permite um maior controle da aplicação da energia e, consequentemente, da temperatura, reduzindo gradientes e necessidade de pré-sinterização. Como resultado, há redução da necessidade de dissipadores de calor e melhora na qualidade superficial. Em adição, ela permite um melhor controle da poça de fusão e, por consequência, das propriedades mecânicas, tornando possível produzir peças com gradientes funcionais de propriedades.

6.5 MATÉRIAS-PRIMAS PARA PBF METÁLICO

Os processos de PBF metálico têm disponíveis, atualmente, uma ampla gama de materiais. Além das ligas comerciais, há também ligas desenvolvidas por grupos de pesquisa ou até por empresas de forma pré-competitiva, de acordo com suas necessidades. Além disso, desde que sejam respeitadas as capacidades dos equipamentos, novas ligas podem ser desenvolvidas e estudadas para diferentes aplicações.

Normalmente, as faixas de tamanhos de partícula disponíveis comercialmente se dividem entre 15 μm e 45 μm para PBF-LB e entre 45 μm e 106 μm para PBF-EB, devido às limitações de capacidade de fusão da fonte, espessura de camada e estratégia de varredura. Espera-se, no entanto, que as partículas sejam esféricas, com pequena presença de partículas do tipo satélite aderidas nas suas superfícies. As partículas esféricas podem fluir mais facilmente, permitindo camadas de pó mais homogêneas e, consequentemente, camadas fundidas mais regulares. A fusão de camadas irregulares pode ser obtida com a aplicação de uma maior potência do feixe de *laser* ou de elétrons. Porém, o aumento do aporte térmico na poça de fusão pode trazer a geração de tensões residuais elevadas ou a formação de fases cristalográficas deletérias às propriedades mecânicas.

Alternativas de misturar pós metálicos comerciais com pós metálicos elementares (constituídos por apenas um elemento químico) permitem a modulação composicional de ligas e, com a adição de partículas cerâmicas, pode-se produzir compósitos de matriz metálica (*metal matrix composites* – MMC). Em ambos os casos, recomenda-se o uso de moinhos de alta energia para garantir uma homogeneização na mistura. Atualmente, e dependendo dos equipamentos de PBF, vários reservatórios de pó permitem fazer camadas de pó com diferentes composições químicas, ou até produzir gradientes composicionais.

A Figura 6.9 apresenta alguns dos materiais disponibilizados comercialmente por empresas. Percebe-se que várias ligas de titânio, aços inoxidáveis e ligas de cobalto-cromo são utilizadas principalmente em aplicações médicas, mas também na indústria aeronáutica, automotiva e petroleira. Também podem ser usadas nessas indústrias ligas com base ferro, aços para fabricar moldes, aços para altas temperaturas e ligas de alumínio. Já as ligas de cobre são resistentes a corrosão, podendo ser utilizadas em carcaças de bombas, turbinas hidráulicas, e, pela alta condutividade, na fabricação de componentes elétricos.

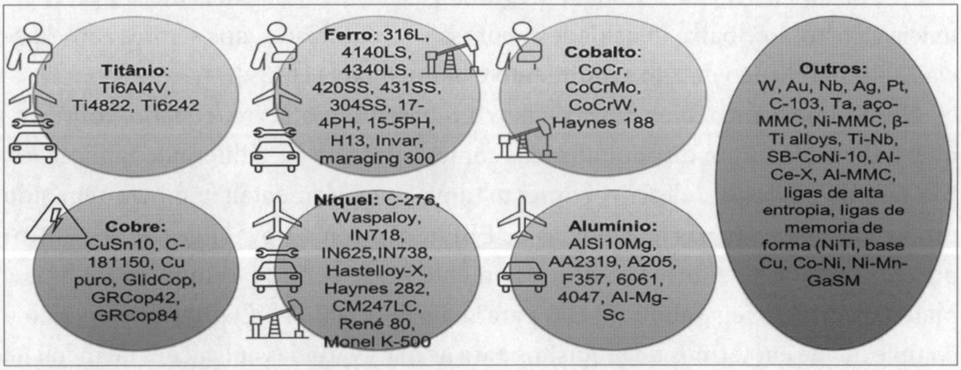

Figura 6.9 Materiais disponíveis comercialmente, aplicações e ligas experimentais para PBF de metais [37] [38].

Dentre as ligas comerciais, a liga AlSi10Mg possui boas propriedades mecânicas e é utilizada em aplicações em que há solicitação mecânica, necessidade de boas propriedades térmicas e redução de peso, por exemplo, na indústria automobilística e aeroespacial. Além disso, caso necessário, as peças produzidas podem ser pós-processadas por meio de soldagem, usinagem, jateamento e recobrimento. Dentre os materiais para PBF metálico também estão disponíveis comercialmente as ligas de cobalto-cromo (Co-Cr), indicadas para aplicações com altas solicitações mecânicas e altas temperaturas, junto com resistência à corrosão, como em turbinas e motores. Além disso, essa liga possui aplicações biomédicas, em especial para ortodontia. Ainda, existem várias ligas comerciais de níquel, destacando-se o Inconel, por sua resistência à fadiga e à fluência. Essas ligas de níquel possuem alta resistência à corrosão e elevadas propriedades mecânicas em altas temperaturas, tendo suas principais aplicações na indústria química, aeroespacial e automobilística de alto rendimento, em câmaras de combustão, ventiladores, rolamentos e fornos industriais.

Os aços inoxidáveis e aços endurecíveis por precipitação (*precipitation hardening* – PH), como 316L, PH17-4 e PH15-5, possuem aplicações biomédicas, assim como em produtos customizados (pequenos lotes), protótipos, joias, itens decorativos e em locais onde há a necessidade de resistência mecânica e à corrosão. Essas ligas possuem ótimas propriedades mecânicas, boa usinabilidade e podem ser levadas ao tratamento de envelhecimento para obtenção de elevadas resistência e dureza. Suas principais aplicações são em ferramentas e moldes de injeção.

Os aços *Maraging* são de ultra alta resistência mecânica com aplicação desde vasos de pressão, moldes, componentes aeronáuticos até cascos de submarinos. Atualmente, estão sendo estudados para a utilização em rotores de alta velocidade em motores elétricos.

Adicionalmente, existem duas ligas de titânio disponíveis, a Ti6Al4V e a Ti6Al4V ELI (*extra low intersticial*). Ambas apresentam excelente resistência mecânica, resistência à corrosão e baixa densidade e, por isso, são utilizadas nos setores aeroespacial, automobilístico de alto rendimento e biomédico [11] [39].

Nos últimos cinco anos, novas ligas com base titânio, ferro, cobalto, cobre, níquel e alumínio foram disponibilizadas comercialmente para diferentes aplicações. Em fase de pesquisa e desenvolvimento, novos pós elementais também têm sido produzidos para uso nas tecnologias de PBF, assim como novas ligas de alta entropia e de memória de forma e MMC. Somente nesse período, o número de ligas e materiais disponíveis saltou de 500 para mais de 1.000 [1]. O grau de inovação e complexidade em termos de requisitos para as mais variadas aplicações de metal na indústria em geral tem crescido exponencialmente, o que demanda não somente processos melhores, mas também novos materiais. De acordo com o relatório Wohlers 2022 [1], o número de fornecedores de materiais em pó metálico para AM está em torno de setenta, utilizando-se pelo menos treze diferentes processos de produção com preços por quilo variando entre US$20 e US$250, dependendo da liga, precursores, tamanho da partícula, quantidade demandada, entre outros.

6.6 CONSTRUÇÃO DE ESTRUTURAS DE SUPORTES PARA PBF METÁLICO

Uma característica dos processos de PBF é a necessidade de estruturas de suportes em determinadas faces da peça a ser produzida. Essas estruturas atuam como ancoragem do componente, evitando o seu deslocamento durante a produção e o empenamento devido às tensões residuais remanescentes da fabricação em camadas. Os suportes também atuam como aletas, dissipando parte do calor incorporado à peça e reduzindo os gradientes térmicos. Para geometrias com superfícies negativas (*overhangs*), voltadas para baixo, ou com inclinações abaixo de um determinado ângulo em relação ao plano XY de fabricação, há o risco de colapso do material, havendo a necessidade de suportes. O ângulo de inclinação que determina o uso de suportes é variável de acordo com o material e o processo de fabricação.

Em função do princípio de adição, os suportes são gerados no mesmo material em pó usado para fabricar a peça e podem ser definidos em diferentes formas geométricas (blocos, linhas, pontos, sólidos, entre outros). Além de diferenças geométricas, podem ser definidas diferenças entre os contornos, preenchimento, robustez e fragilidade, de forma que os suportes cumpram sua função primária, mas também facilitem sua remoção. A remoção dos suportes pode ser realizada com ferramentas simples como alicates de corte ou microrretíficas. Para os casos em que o suporte precise ser mais robusto (sólido), a separação da peça com suportes da placa de construção é comumente realizada por eletroerosão a fio, fresamento ou até mesmo eletroerosão por penetração, em que um eletrodo é construído para remover o suporte. Portanto, a presença e o posicionamento das estruturas de suportes dependerão da geometria da peça a ser produzida e da qualidade superficial e geométrica requerida, uma vez que a peça poderá ser construída obedecendo orientações específicas que podem possibilitar maior extração de calor e menor empenamento, por exemplo.

Ao projetar peças a serem fabricadas por PBF metálico, é importante que o projetista tenha em mente tanto a liberdade de forma proveniente da AM quanto a necessidade de utilização de estruturas de suportes em determinadas superfícies. Dessa forma, é possível focar em projetos que são otimizados para a fabricação por AM, evadindo a necessidade de suportes em regiões desnecessárias, reduzindo o uso de material, o tempo de fabricação e a necessidade de pós-processamentos. A Figura 6.10a representa a geração de estruturas de suporte em regiões de superfícies negativas e ângulos de inclinação pequenos em uma turbina eólica a ser produzida por PBF-LB. Esse é um exemplo de um projeto otimizado para AM: com a utilização de superfícies com ângulos acima do mínimo, evita-se colocar suportes em toda a região das aletas da turbina. A Figura 6.10b mostra as estruturas de dissipação de calor para o processo PBF-EB. Nesse caso, como não há necessidade de fixação dos suportes na plataforma de construção, os componentes podem ser "empilhados" durante a fabricação, o que aumenta a capacidade produtiva do processo. Portanto, não basta ter a geometria da peça correta ou os melhores parâmetros de fabricação, é preciso também a maneira mais correta em orientar os componentes na plataforma de construção. Adicionalmente, deve-se ter em mente o tempo de processo (quanto maior a altura no eixo Z, maior o tempo de construção), as superfícies mais críticas onde se requer um acabamento de superfície melhor, a minimização de suportes, as direções das solicitações mecânicas às quais a peça será submetida (devido à anisotropia), a possibilidade de se fabricarem várias peças em um mesmo lote, entre outros. Nessa nova área, cabe mencionar a utilização de ferramentas mais adequadas para tal propósito, como o projeto para manufatura aditiva (*Design for Additive Manufacturing* - DFAM), em que todos esses aspectos são levados em consideração. Nesse contexto, já existem *softwares* comerciais em contínuo desenvolvimento que ajudam o usuário no projeto, na preparação de suportes, na escolha de material e no planejamento das fabricações de PBF em metal. Podem ser citados, mas sem ordem de importância ou relevância, os *softwares* Amphyon® (Additive Works), Genoa 3DP® (AlphaSTAR), Inspire Print3D® (Altair), Additive Print® (Ansys), Fusion 360® (Autodesk), Live Sinter® (Desktop Metal), Digimat® (e-Xstream) e Simufact Additive® (Simufact) [1].

Acesse a versão colorida da figura pelo QR Code.

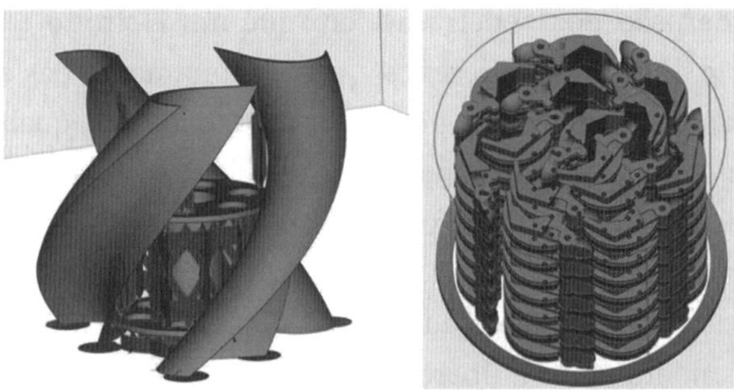

(a) (b)

Figura 6.10 Estruturas de suporte durante planejamento de produção de turbina eólica geradas no software Materialize Magics. Suportes em cinza escuro, componente em cinza claro. a) PBF-LB e b) PBF-EB.

6.7 PÓS-PROCESSAMENTO DE PEÇAS OBTIDAS POR PBF METÁLICO

As peças produzidas por PBF metálico possuem algumas características intrínsecas que, para a maioria das aplicações, exigem a realização de etapas de pós-processamento para atender requisitos de normas ou melhorar o desempenho em serviço. Uma dessas etapas é a remoção das peças produzidas da plataforma de construção e dos suportes, já tratadas no item anterior.

Em termos de acabamento das superfícies da peça, como o processo envolve a fusão em um leito de pó, nas regiões de fronteira entre a poça de fusão e o pó metálico adjacente, ocorre a aderência de partículas de pó que são apenas parcialmente fundidas. Após a produção, essas partículas permanecem unidas à superfície da peça (Figura 6.11), resultando em altos valores de rugosidade e levando a um efeito de concentração de tensões, podendo ocasionar, por exemplo, uma falha prematura de um componente sujeito a esforços cíclicos [40]. Um segundo efeito negativo possível é o desprendimento dessas partículas durante o tempo de serviço da peça, como no caso de um implante [41]. Por fim, a fabricação em camadas e a presença de suportes também apresentam um efeito de aumento nos valores de rugosidade obtidos.

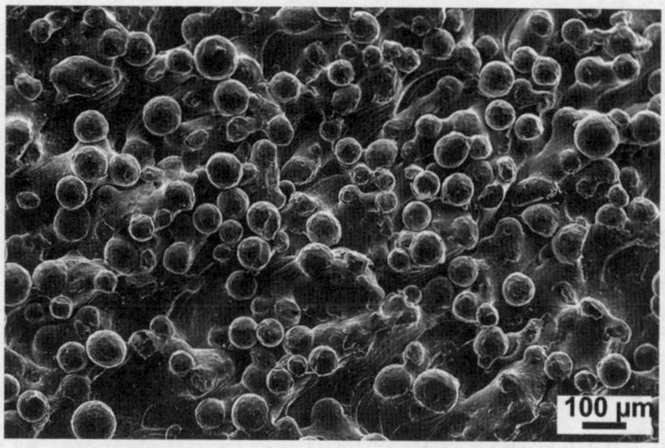

Figura 6.11 Imagem obtida por microscópio eletrônico de varredura de partículas de pó esféricas aderidas às superfícies laterais de uma peça produzida por PBF metálico.

Dessa forma, processos de acabamentos de superfície devem ser adotados para remover essas partículas de pó e reduzir os valores de rugosidade. Para tal, podem ser adotados: métodos mecânicos, como usinagem, jateamento, tamboreamento ou lixamento; métodos químicos, como polimento químico; e/ou métodos eletroquímicos, como eletroerosão ou polimento eletroquímico. O processo deve ser escolhido de acordo com o material, a geometria e os requisitos de serviço da peça. Por exemplo, em peças porosas com geometrias complexas (estruturas arquitetadas), os métodos mecânicos são ineficientes, em razão do pequeno alcance da ferramenta que remove material (seja uma pastilha de corte ou uma partícula abrasiva) para atingir zonas de difícil acesso, como os interiores dos furos e/ou poros. Nesse caso, são recomendados métodos químicos [42]. Não obstante, o método mecânico de usinagem é necessário em superfícies funcionais, onde haverá encaixes ou montagem de peças, como em furos roscados, pinos de guia etc.

A fabricação em camadas e a fusão local de metal expõem a peça a um ciclo térmico, resultando em tensões residuais internas. Além disso, a poça de fusão possui pequenas dimensões comparada ao material de substrato, ocasionando altas taxas de resfriamento nessas regiões adjacentes. Como resultado, são obtidas microestruturas refinadas e fora do equilíbrio termodinâmico (metaestáveis), que são diferentes das obtidas por métodos convencionais [43]. A microestrutura de um material está diretamente ligada às suas propriedades mecânicas. Portanto, a necessidade de tratamentos térmicos para mudanças da microestrutura é dada pela aplicação da peça, assim como pelo material e pelo processo de fabricação.

Por fim, uma última característica dos processos de PBF em metais é a presença de porosidade intrínseca (não desejada). Durante o processo de fabricação, podem ser aprisionadas porções de gás ou ocorrer a formação de vazios no preenchimento pela falta de molhabilidade entre substrato e poça de fusão (fenômeno chamado de *balling*), levando à presença de poros indesejados na peça final. Dependendo da aplicação, os poros podem atuar como concentradores de tensão, reduzindo a resistência mecânica do material e a vida em serviço da peça. Dessa forma, quando for necessário diminuir a formação de porosidade durante a manufatura dos componentes, pode-se recorrer a um refino dos parâmetros de processo, pensar em refusão das camadas ou até realizar o tratamento termomecânico de prensagem isostática a quente após a manufatura (*hot isostatic pressing* – HIP) [44].

6.8 VANTAGENS E LIMITAÇÕES DOS PROCESSOS DE PBF METÁLICO

As vantagens dos processos de PBF metálico são a liberdade geométrica de construção (formas livres), a disponibilidade de várias ligas metálicas, a produção tanto de protótipos como de peças funcionais, a reutilização do pó não processado, a possibilidade de empilhamento de mais de uma peça na fabricação no PBF-EB, a possibilidade de trabalhar com materiais com alto ponto de fusão e a capacidade de fabricar peças com alto grau de complexidade, como estruturas arquitetadas.

Como desvantagens, pode-se citar a necessidade de um equipamento ou configuração especial para cada tipo de material, alto custo da matéria-prima e operação do equipamento, presença de tensões residuais e elevada rugosidade superficial nas peças [9] [17] [19].

6.9 APLICAÇÕES

Do ponto de vista de aplicação, o processo de PBF metálico fornece boas propriedades mecânicas e geometrias complexas. Atualmente, os maiores mercados de aplicação da tecnologia são a indústria médica de implantes e dispositivos e a indústria aeroespacial. A gama de materiais atualmente processados por PBF metálico abrange ligas Ti6Al4V e Ti6Al4V ELI, titânio puro grau 2, liga Co-Cr e níquel superliga 718 (conhecida como Inconel 718), cobre, ligas de aço de ferramenta e metal duro.

A fabricação de insertos e cavidades para moldes de injeção de plástico constitui uma das áreas de aplicação das tecnologias de PBF metálico. Nessa área, destaca-se a vantagem de poder incluir canais complexos de resfriamento nos insertos. Esse aspecto é importante sobretudo quando o canal de resfriamento é projetado em função do contorno da superfície da cavidade do molde (*conformal cooling*) (Figura 6.12), assunto detalhado no Capítulo 13. Entretanto, a possibilidade de se utilizar vários tipos de materiais (alumínio, níquel, bronze, aço inoxidável, titânio, entre outros) permite que tal tecnologia seja empregada em diversas outras aplicações, como no setor automotivo, aeroespacial, médico e na indústria de eletrodomésticos e produtos em geral.

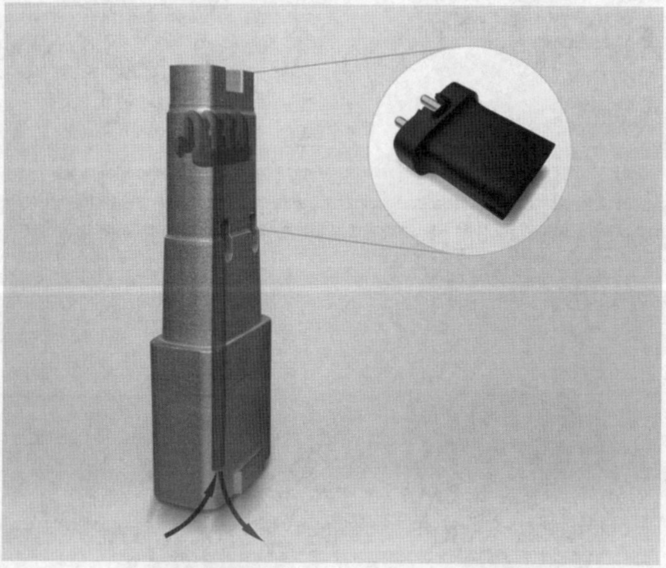

Figura 6.12 Exemplo de inserto fabricado por PBF metálico e componente moldado por injeção.
Fonte: cortesia da empresa EOS.

A Figura 6.13 apresenta exemplos de aplicação da tecnologia de PBF metálico para a área aeroespacial utilizando diferentes materiais, como Inconel (IN718), Ti6Al4V, entre outros.

A Figura 6.14 apresenta exemplos de aplicação de PBF metálico para a área automotiva, utilizando diferentes materiais, como alumínio, aço inoxidável, entre outros.

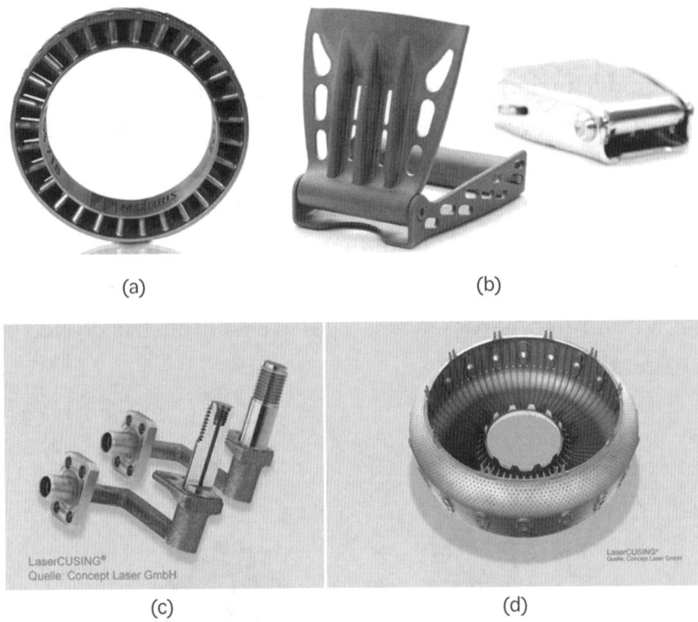

Figura 6.13 Exemplos de aplicações na área aeroespacial: (a) anel extrator, em material Inconel IN718, (b) presilha do cinto do assento, em material Ti6Al4V (cortesia da empresa EOS), (c) válvula de alimentador de oxigênio, (d) câmara de combustão.

Fonte: cortesia da empresa Concept Laser.

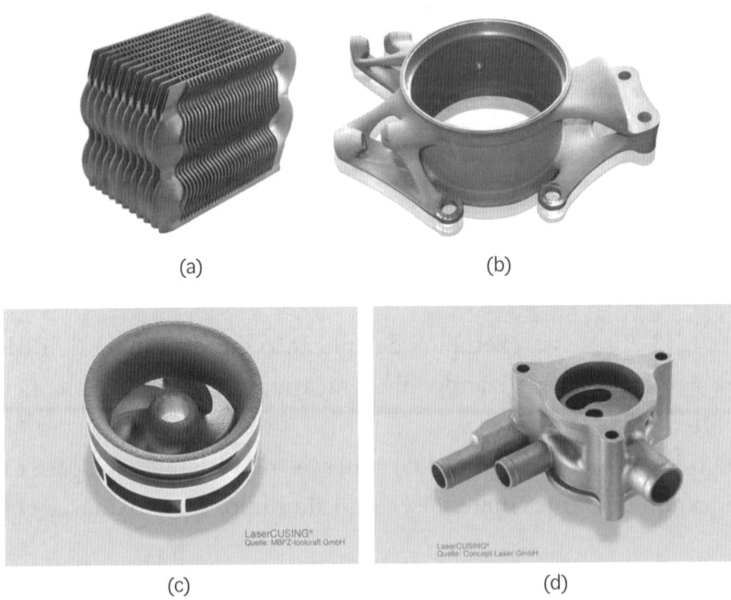

Figura 6.14 Exemplos de aplicação na área automotiva: (a) trocador de calor e (b) junta, fabricados em liga de alumínio, (c) turbina para bomba de água e (d) corpo de bomba de óleo.

Fonte (a) e (b): cortesia da empresa EOS; (c) e (d): cortesia da empresa Concept Laser.

A Figura 6.15 apresenta exemplos de aplicação para a área médica e odontológica, utilizando materiais biocompatíveis, como Ti6Al4V, Co-Cr-Mo, entre outros.

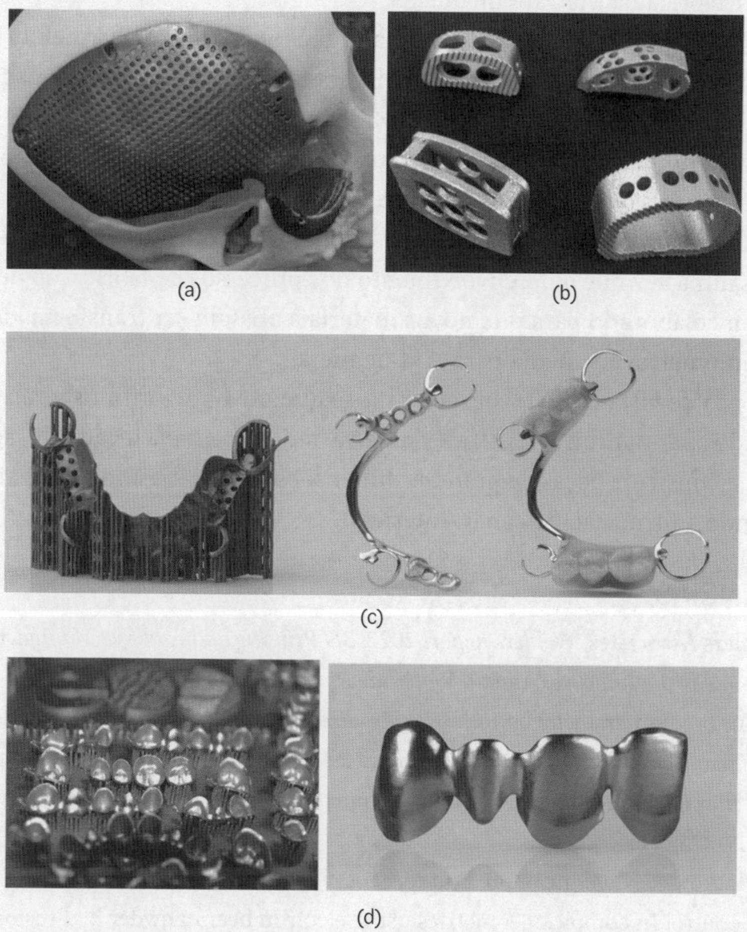

Figura 6.15 Exemplos de aplicação na área médica e odontológica: (a) próteses customizadas fabricadas em Ti6Al4V para uso no tratamento de deformidade de crânio, (b) próteses fabricadas em Co-Cr-Mo na área odontológica, (c) implantes customizados intervertebrais lombares fabricados em Ti6Al4V, (d) plataforma de construção para área odontológica e produto polido.

Fonte (a) (b) e (c): cortesia Biofabris; (d): cortesia da empresa EOS.

6.10 CONSIDERAÇÕES FINAIS

As tecnologias de AM dentro do princípio de PBF metálico permitem a fabricação rápida e precisa de componentes e ferramentas de produção com forma quase definitiva, necessitando apenas da remoção de suporte e acabamento superficial, a partir da fusão de pós metálicos, com base numa geometria virtual gerada em sistemas CAD. As propriedades dos pós e os parâmetros do processo condicionam a fusão das partículas e o grau de densificação do material, que, por sua vez determinam as propriedades mecânicas e térmicas do sólido e a precisão dimensional da peça. Além disso, algumas geometrias complexas, como estruturas arquitetadas, só podem ser fabricadas via PBF metálico.

Como todo processo inovador e de alta tecnologia, algumas melhorias ainda devem ser realizadas para aperfeiçoamento da tecnologia e qualidade das peças finais obtidas. Esforços estão sendo realizados pelos fabricantes para que plataformas maiores de fabricação possam ser utilizadas e, assim, peças com dimensões acima de 1 m possam ser fabricadas. Outro avanço deverá ser o desenvolvimento e a oferta de uma maior gama de materiais e ligas que poderão ser utilizadas nesses processos, uma vez que o desenvolvimento dos processos de fabricação de pós metálicos tem colaborado para que novos materiais possam ser transformados em pó com granulometria adequada para AM de metal.

Do ponto de vista de *software*, acredita-se que novos algoritmos virão a ser implementados para otimizar a estratégia de varredura camada a camada, agilizando o modo de construir peças de grandes dimensões, ou até mesmo otimizando e automatizando a formação de canais internos.

REFERÊNCIAS

[1] Wohlers Associates, *Wohlers Report 2022. 3D Printing and Additive Manufacturing Global State of the Industry: Annual Worlwide Progress Report*, 2022.

[2] N. Yu, *Process parameter optimization for direct metal laser sintering (DMLS)*, 2005.

[3] M. Khaing, J. Y. Fuh, L. Lu, Direct metal laser sintering for rapid tooling: processing and characterisation of EOS parts. *Journal of Materials Processing Technology*, v. 113, p. 269-272, 2001.

[4] A. Plotkowski, J. Ferguson, B. Stump, *et al.*, A stochastic scan strategy for grain structure control in complex geometries using electron beam powder bed fusion. *Additive Manufacturing*, v. 46, p. 102092, 2021.

[5] M. Shellabear, O. Nyrhilä, *DMLS – Development history and state of the art*, 2004.

[6] A. L. Jardini, *et al.*, Application of direct metal laser sintering in titanium. *In*: *6th Brazilian Conference on Manufacturing Engineering*, 2011.

[7] A. R. R. Bineli, *Projeto, fabricação e teste de um microrreator catalítico para produção de hidrogênio a partir da reforma a vapor do etanol.* Tese (Doutorado) – Faculdade de Engenharia Química/Unicamp, Campinas, 2013.

[8] L. Ciocca, *et al.*, Direct metal laser sintering (DMLS) of a customized titanium mesh for prosthetically guided bone regeneration of atrophic maxillary arches. *Medical & Biological Engineering & Computing*, v. 49, p. 1347-52, 2011.

[9] L. E. Murr, *et al.*, Microstructure and mechanical behavior of Ti-6Al-4V produced by rapid-layer manufacturing, for biomedical applications. *Journal of the Mechanical Behavior of Biomedical Materials*, v. 2, p. 20-32, 2009.

[10] M. Thöne, S. Leuders, A. Riemer, T. Tröster H. A. R., Influence of heat-treatment on Selective Laser Melting products – e.g. Ti6Al4V. *Solid Free Fabrication Symposium*, p. 492-498, 2012.

[11] N. Guo, M. C. Leu, Additive manufacturing: technology, applications and research needs. *Frontiers of Mechanical Engineering*, v. 8, p. 215-243, 2013.

[12] L. E. Murr, *et al.*, Microstructures and mechanical properties of electron beam-rapid manufactured Ti-6Al-4V biomedical prototypes compared to wrought Ti-6Al-4V. *Materials Characterization*, v. 60, p. 96-105, 2009.

[13] *Technology overview for metal Additive Manufacturing and 3D printing*. Disponível em: https://ampower.eu/infographics/metal-additive-manufacturing/#next-section. Acesso em: 25 maio 2023.

[14] L. S. Bertol, W. K. Júnior, F. P. Silva, C. Aumund-Kopp, Medical design: Direct metal laser sintering of Ti-6Al-4V. *Materials & Design*, v. 31, p. 3982-3988, 2010.

[15] M. Salmi, *et al.*, Patient-specific reconstruction with 3D modeling and DMLS additive manufacturing. *Rapid Prototyping Journal*, v. 18, p. 209-214, 2012.

[16] G. A. Longhitano, Estudo de tratamentos térmicos e acabamentos de superfície na liga Ti-6Al-4V produzida via DMLS para aplicação em implante. Dissertação de Mestrado – Faculdade de Engenharia Mecânica, 2015.

[17] L. Thijs, *et al.*, A study of the microstructural evolution during selective laser melting of Ti-6Al-4V. *Acta Materialia*, v. 58, p. 3303-3312, 2010.

[18] L. Facchini, *et al.*, Ductility of a Ti-6Al-4V alloy produced by selective laser melting of prealloyed powders. *Rapid Prototyping Journal*, v. 16, p. 450-459, 2010.

[19] B. Vrancken, L. Thijs, J-P. Kruth, J. Van Humbeeck, Heat treatment of Ti-6Al-4V produced by selective laser melting: Microstructure and mechanical properties. *Journal of Alloys and Compounds*, v. 541, p. 177-185, 2012.

[20] A. Simchi, Direct laser sintering of metal powders: Mechanism, kinetics and microstructural features. *Materials Science and Engineering A*, v. 428, p. 148-158, 2006.

[21] M. Held, C. Pfligersdorffer, Correcting warpage of laser-sintered parts by means of a surface-based inverse deformation algorithm. *Engineering with Computers*, v. 25, p. 389-395, 2009.

[22] A. O. Esperto, Rapid tooling sinterização directa por laser de metais. *Revista da Associação Portuguesa de Análise Experimental de Tensões*, v. 15, p. 117-124, 2008.

[23] M. Benedetti, *et al.*, Architected cellular materials: a review on their mechanical properties towards fatigue-tolerant design and fabrication. *Materials Science & Engineering R: Reports*, v. 144, p. 100606, 2021.

[24] J. Kruth, *et al.*, Part and material properties in selective laser melting of metals. *In: 16th International Symposium on Electromachining (ISEM XVI)*, 2010.

[25] A. Alhuzaim, S. Imbrogno, M. M. Attallah, Controlling microstructural and mechanical properties of direct *laser* deposited Inconel 718 via laser power. *Journal of Alloys and Compounds*, v. 872, p. 159588.

[26] K. Senthilkumaran, P. M. Pandey, P. V. M. Rao, Influence of building strategies on the accuracy of parts in selective laser sintering. *Materials & Design*, v. 30, p. 2946-2954, 2009.

[27] EOS EOSINT M 270. Disponível em: www.eos.info. Acesso em: 17 out. 2024.

[28] Arcam, *Arcam Q10 User Manual*, 2016.

[28] M. Sigl, *et al.*, Transient physical effects in electron beam sintering. international solid freeform fabrication symposium, p. 464-477, 2006.

[30] L. E. Murr, *et al.*, Metal fabrication by additive manufacturing using laser and electron beam melting technologies. *Journal of Materials Science & Technology*, v. 28, p. 1-14, 2012.

[31] J. Karlsson, Optimization of electron beam melting for production of small components in biocompatible titanium grades. Acta Universitatis Upsaliensis, p. 80, 2015.

[32] O. Cansizoglu, *et al.*, Properties of Ti-6Al-4V non-stochastic lattice structures fabricated via electron beam melting. *Materials Science and Engineering A*, v. 492, p. 468-474, 2008.

[33] Y. Kok, *et al.*, Fabrication and microstructural characterisation of additive manufactured Ti-6Al-4V parts by electron beam melting. *Virtual and Physical Prototyping*, v. 10, p. 13-21, 2015.

[34] W. E. Frazier, Metal additive manufacturing: a review. *Journal of Materials Engineering and Performance*, v. 23, p. 1917-1928, 2014.

[35] X. Gong, T. Anderson, K. Chou, Review on powder-based electron beam additive manufacturing technology. *Manufacturing Review*, v. 1, p. 2, 2014.

[36] L. E. Murr, Metallurgy of additive manufacturing: examples from electron beam melting. *Additive Manufacturing*, v. 5, p. 40-53, 2015.

[37] A. N. Alagha, S. Hussain, W. Zaki, Additive manufacturing of shape memory alloys: A review with emphasis on powder bed systems. *Materials & Design*, v. 204, p. 109654, 2021.

[38] T. M. Pollock, A. J. Clarke, S. S. Babu, Design and tailoring of alloys for additive manufacturing. *Metallurgical and Materials Transactions*, v. 51, p. 6000-6019, 2020.

[39] M. Shellabear, O. Nyrhilä, Advances in materials and properties of direct metal laser-sintered parts. *European Technology Platform in Additive Manufacturing*, 2004.

[40] B. Van Hooreweder, *et al.*, Improving the fatigue performance of porous metallic biomaterials produced by Selective Laser Melting. *Acta Biomaterialia*, v. 47, p. 193-202, 2017.

[41] ASTM, *ASTM F3335 Standard Guide for Assessing the Removal of Additive Manufacturing Residues in Medical Devices Fabricated by Powder Bed Fusion*, v. I, p. 1-7, 2020.

[42] G. A. Longhitano, *et al.*, Fracture behavior under compression loading of surface-cleaned metallic lattice structures. *The International Journal of Advanced Manufacturing Technology*, v. 121, p. 3309-3321, 2022.

[43] G. A. Longhitano, *et al.*, Correlation between microstructures and mechanical properties under tensile and compression tests of heat-treated Ti-6Al-4 V ELI alloy produced by additive manufacturing for biomedical applications. *Journal of Materials Processing Technology*, v. 252, p. 202-210, 2018.

[44] D. Bourell, *et al.*, Materials for additive manufacturing. *CIRP Annals – Manufacturing Technology*, v. 66, p. 659-681, 2017.

CAPÍTULO 7
Adição de lâminas, deposição com energia direcionada e processos híbridos

Milton Sergio Fernandes de Lima

7.1 INTRODUÇÃO

A manufatura aditiva (*additive manufacturing* – AM) compreende uma série de tecnologias nas quais um objeto tridimensional é fabricado, camada a camada, com uso de um sistema computacional de planejamento e controle. Dois exemplos de AM são a adição de lâminas e a deposição com energia direcionada.

O princípio de adição de lâminas (*sheet lamination* – SHL) implica a produção de estruturas tridimensionais pela sobreposição de laminados cortados na geometria correspondente a cada camada. Essa categoria de AM é a menos expressiva em termos de participação no mercado, provavelmente devido ao material de refugo gerado. A manufatura laminar de objetos (*laminated objects manufacturing* – LOM) foi um dos processos de AM pioneiros na produção de objetos complexos feitos em papel. A alimentação do papel pode ser por meio de esteira ou cilindro, os quais são mais comuns para o processo LOM. Outras tecnologias seguiram essa linha, mas atualmente muitas iniciativas comerciais foram descontinuadas.

A deposição com energia direcionada (*directed energy deposition* – DED) é um processo de AM no qual o material é projetado sobre a peça ao mesmo tempo que uma fonte de calor direcionada atinge tanto o substrato como o material de adição, promovendo fusão e consolidação [1]. Embora o feixe de *laser* seja o meio clássico de aporte térmico, outras fontes, como um feixe de plasma ou arco elétrico constrito ou um feixe de elétrons, pode ceder entalpia direcionada ao sistema [2]. No que concerne ao DED, a combinação de tecnologias aditivas e subtrativas oferece a possibilidade de fabricação de peças com acabamento melhorado.

Este capítulo trata dos dois tipos de tecnologias de AM, a SHL e a DED, e também do conceito de tecnologia híbrida, a qual se caracteriza pelo uso conjugado de duas técnicas de fabricação num mesmo equipamento.

7.2 O USO DE *LASER* NA MANUFATURA ADITIVA

Uma característica comum à maioria dos processos modernos de AM é o emprego do *laser* como fonte concentrada de calor. Atualmente, existem vários tipos de *lasers* no mercado, havendo variação do meio ativo, do comprimento de onda e da qualidade do feixe. É de grande importância o conhecimento das características do equipamento para a especificação correta do tipo de *laser* a ser usado em cada aplicação e, em particular, na AM.

A palavra *laser* é um acrônimo de *light amplification by stimulated emission of radiation*, ou amplificação da luz por emissão estimulada de radiação. Os *lasers* são fontes de radiação monocromática, coerente e com baixa divergência, ou seja, produzem ondas de luz com o mesmo comprimento de onda, em fase e na mesma direção [3]. Os comprimentos de onda característicos dessas radiações estão contidos entre o infravermelho e o ultravioleta do espectro eletromagnético [4].

Um *laser* é um oscilador quântico consistindo basicamente de um meio ativo (amplificador), uma fonte de alimentação (bombeamento) e uma cavidade ressonante (realimentação positiva). Entre os dois espelhos que limitam a cavidade ressonante, há um meio *laser* ativo capaz de amplificar as oscilações de luz pelo mecanismo de emissão estimulada [5]. O meio ativo é excitado por uma fonte de energia externa, também chamada de fonte de bombeamento, que se dá por meio de uma descarga elétrica ou outra fonte de luz. Finalmente, uma parcela da radiação deixa o meio para ser usada em aplicações. Então, resumidamente, o *laser* é composto de três partes principais: a) uma fonte de energia externa para excitar o meio; b) o meio ativo, que pode ser sólido, líquido ou gasoso, no qual será viável a inversão de população; e c) um oscilador óptico, geralmente composto por dois espelhos, sendo um totalmente reflexivo e outro parcialmente reflexivo.

Para a AM, empregam-se cinco tipos de *lasers*: CO_2, Nd:YAG, a fibra, a disco e semicondutores. Iniciando-se com o *laser* a gás, a molécula de CO_2 é composta de três átomos alinhados com um átomo de carbono no meio. Ao ser excitada, a molécula de CO_2 vibra e rotaciona segundo seus estados quantizados de energia e emite um fóton, preferencialmente na linha com comprimento de onda 10,6 μm (infravermelho) [6]. Esse comprimento de onda possui uma baixa absortividade nos metais, como cobre e alumínio, mas é bem absorvido pelos materiais cerâmicos, sendo um importante meio *laser* para o corte de celulose, polímeros e cerâmicas em LOM e para outros processos de AM de materiais cerâmicos.

O *laser* do tipo Nd:YAG possui um comprimento de onda de 1,06 μm, o qual é mais apropriado para a absortividade em materiais metálicos. A radiação proveniente dessa fonte advém de um cristal de granada de ítrio-alumínio dopado com neodímio, e a inversão da população se faz pela excitação dos elétrons do íon de Nd^{3+} [7]. Esses *lasers* estão se tornando obsoletos em virtude da necessidade constante de manutenção e alinhamento, e também devido à baixa qualidade do feixe, dando lugar aos *lasers* a fibra, a disco e semicondutores.

No *laser* a fibra, o meio ativo é a própria fibra óptica dopada com terras raras. As redes de Bragg, inscritas diretamente na própria fibra, limitam a cavidade ressonante para determinado comprimento de onda e são transparentes à radiação do bombeamento [8]. Essa classe de *lasers* é a mais vendida no mundo para operações de AM de materiais metálicos, sobretudo porque são livres de manutenção e pelo fato de possuírem uma excelente qualidade de feixe [9].

O *laser* a disco é composto por um fino disco de vidro dopado por terras raras, e a amplificação da radiação se faz pela reflexão múltipla entre suas paredes [10]. Tem características semelhantes aos *lasers* a fibra, tanto no comprimento de onda como na qualidade do feixe, e compete com estes no mercado de processamento de materiais metálicos (corte, furação, soldagem, tratamento de superfície, marcação, gravação microprocessamento e AM). Tanto o *laser* a disco como o *laser* a fibra operam em comprimentos de onda em torno de 1 μm.

O último tipo de *laser* à disposição para a AM é o *laser* semicondutor, também chamado popularmente de *laser* diodo. Esses *lasers* são fabricados de forma que a cavidade ressonante, tipicamente do tipo Fabry-Perrot, emita luz quando se estabelece uma diferença de potencial entre duas junções do tipo p-n [11]. Esse é o *laser* com maior eficiência energética, chegando a 60%, comparativamente com os *lasers* CO_2 (10 a 20%) e a fibra ou a disco (30 a 50%) [12]. A eficiência energética é definida como a razão entre a potência óptica na saída do *laser* e a potência de alimentação de energia elétrica.

A entrega do feixe de *laser* se faz de duas formas: por meio de espelhos ou com uso de fibras ópticas. Os espelhos montados em servomotores de corrente contínua, chamados no mercado de cabeças galvanométricas, são aqueles que conferem as maiores velocidades de processamento, até m/s, com resolução espacial da ordem de μm [13]. Nesse caso, um feixe de *laser* colimado é emitido na direção de dois espelhos montados sobre galvanômetros. O movimento angular de ambos os espelhos, combinado com a óptica de focalização, permite o deslocamento nos eixos X e Y no plano da amostra. Normalmente, os sistemas galvanométricos para AM permitem potências da ordem de centenas de watts. No entanto, a intensidade máxima está ligada ao limite de dano nos espelhos do sistema [14]. As cabeças galvanométricas equipam os sistemas de gravação e marcação comerciais e foram os precursores da AM por fusão de leito de pó metálico.

A entrega do feixe de *laser* por fibras ópticas é a opção de escolha quando se utiliza uma cabeça de processamento em DED, seja em mesa de coordenadas, seja por meio de um braço robótico. As fibras ópticas de sílica possuem uma baixa atenuação de feixe com comprimento de onda de 1 μm (< 0,1 dB/km), o que permite a transmissão em longas distâncias [15]. O arranjo típico para DED é, portanto, *laser*, fibra óptica com conectores com abertura numérica definida [16], conectores de fibra óptica, colimador e a cabeça AM dotada de sensores, resfriamento e bico de injeção de pó ou guia de arame.

A movimentação do cabeçote acoplado ao braço robótico ou eixo de coordenadas é notavelmente mais lenta que no caso de cabeças galvanométricas – mm/s comparado com m/s. Isso decorre de limitações intrínsecas às acelerações e desacelerações de componentes com vários quilogramas em peso, às limitações de carga dinâmica e, também, por segurança operacional. Ademais, o feixe de *laser* em DED necessita de maior tempo de interação com o substrato para garantir a agregação de material de adição ao substrato. O uso de braços robóticos pode resultar em um processo mais flexível, mas os robôs ordinários têm uma resolução espacial inferior às mesas de controle numérico computadorizado (CNC).

Independentemente das características de entrega, a qualidade do feixe tem papel fundamental sobre a eficiência da AM. Embora a potência óptica forneça um indicativo de energia entregue num determinado intervalo de tempo, a sua focalização e o seu parâmetro confocal (comprimento de Rayleigh) é função da qualidade do feixe [17]. Quanto melhor a qualidade do feixe, menor o diâmetro na cintura do feixe e mais afunilado se torna o perfil do feixe. Um feixe perfeitamente gaussiano é chamado de limitado por difração e possui um fator de qualidade $M^2 = 1$ [18]. Em aplicações industriais, é comum que a qualidade do feixe seja representada por um M^2 maior que a unidade, e a degeneração do feixe é associada a uma baixa resolução espacial da linha de deposição, uma rejeição lateral de calor acima do esperado e uma baixa focabilidade, todas prejudiciais aos processos de AM. De forma geral, quanto mais espessa a camada a ser fabricada por passe e mais fina a parede, mais importante é a qualidade do feixe. Embora a qualidade do feixe assuma um papel importante nos componentes fabricados, não há um estudo sistemático sobre o tema, salvo raras inserções [19] [20].

De um modo geral, quando se pretende escolher um *laser* para um processo de AM, deve-se ter em mente a interação da luz com a matéria, o comprimento de onda, a qualidade do feixe, o seu modo de operação, a intensidade, a distribuição de intensidade, a polarização, a escolha da óptica, entre outros fatores. A escolha do *laser*, certa ou errada, influenciará decisivamente o sucesso da operação de manufatura e impactará diretamente nos custos diretos e indiretos. Portanto, para uma escolha correta da óptica, do *laser* e das condições operacionais, é importante o conhecimento dos fundamentos da tecnologia e das metodologias a serem aplicadas.

Por último, mas não menos importante, o feixe de *laser* aplicado em AM possui riscos à saúde dos operadores, principalmente no que tange danos a olhos e pele. *Lasers* de classe IV precisam de sistemas de segurança e critérios rígidos de operação para evitar acidentes sérios. Ao que tange os riscos associados a operação, calibração e manutenção de *lasers* industriais, deve-se sempre procurar o supervisor de segurança em *lasers* e tomar conhecimento das normas pertinentes, iniciando-se com a norma ANSI Z136 [21].

7.3 MANUFATURA LAMINAR DE OBJETOS

O processo de AM por SHL se vale do corte de lâminas que, uma vez sobrepostas, permitem a fabricação da peça [22]. Essa técnica se faz presente nas áreas de arte e de mobiliário, uma vez que o corte, a colagem e a prensagem de laminados têm sido empregados desde muito cedo na fabricação de objetos de decoração. A ferramenta de corte para produzir um dado segmento pode ser estilete, fio quente ou serra, até de forma manual, como preferem os artistas. Porém, por questões de eficiência e automatização, é comum que o cortador seja um *laser*. Como dito anteriormente, a qualidade do feixe influencia na interação com a placa de base. Como é comum o uso de papel, papelão e madeira nos processos SHL que utilizam *laser*, a energia concentrada de um feixe de alta qualidade promove um corte limpo e com baixa rugosidade [23]. Um feixe de qualidade inferior transfere muita energia luminosa fora da região de corte, favorecendo a queima e aumentando a zona carbonizada.

O projeto original de LOM foi concebido, inicialmente, pela empresa Helisys Inc. (depois Cubic Technologies Inc., Torrance, Estados Unidos) [24]. A patente 5.876.550, de 1999 [25], não trata somente do corte de laminados, mas também da consolidação de um pó seguida por compressão e corte. No entanto, o foco principal é o corte a *laser* de papel seguido de colagem sobre um substrato.

A tecnologia LOM se baseia na deposição sucessiva de folhas de materiais contendo adesivo em um dos lados para construir a peça camada por camada [26]. O material utilizado vem enrolado em uma bobina. Após a deposição de uma folha, um rolo aquecido é passado sobre a sua superfície, ativando o adesivo da parte inferior da folha e unindo-a à anterior. Um feixe de *laser* CO_2, com potências típicas entre 25 e 50 W, e direcionado por um conjunto de espelhos galvanométricos, é utilizado para cortar um perfil na folha. Adicionalmente, o *laser* também picota em pequenos retângulos o material que não faz parte da peça, facilitando, assim, a sua posterior retirada. A plataforma desce verticalmente e uma nova seção de material avança. O processo continua até que a peça seja finalizada. A Figura 7.1 mostra um desenho esquemático do processo LOM, no qual um *laser* (A) interage com uma combinação de espelhos (B) de forma que o feixe seja desviado (C) criando um padrão bidimensional que comporá o objeto tridimensional (a letra A no presente exemplo). Compõem o LOM, ainda, um rolo de papel com cola termossensível (D) e um rolo de papel picotado (E), além de dois roletes que esticam a folha (F) e um êmbolo e uma plataforma (G) no qual o modelo é puxado para baixo durante cada finalização do corte a *laser*.

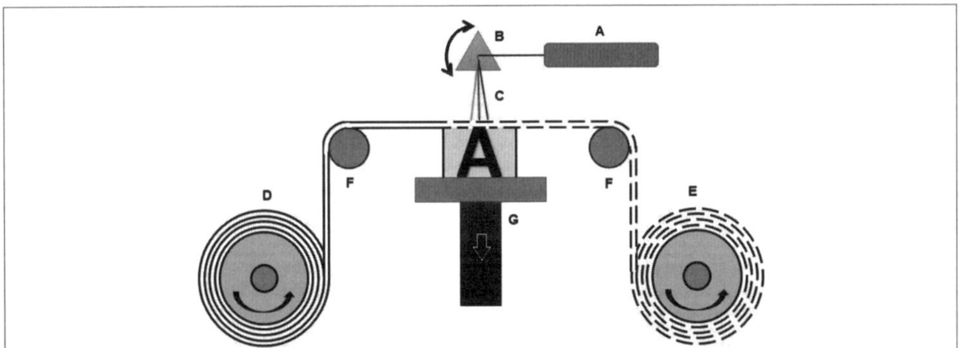

Figura 7.1 Desenho esquemático do processo LOM: (A) *laser*; (B) conjunto de espelhos; (C) feixe defletido; (D) rolo de papel termossensível; (E) rolo de papel picotado; (F) roletes; (G) plataforma e êmbolo.

Outra empresa que desenvolveu aplicações de SHL em papel é a Mcor Technologies Ltd. (Dunleer, Irlanda) por meio da variante *Selective Deposition Lamination* (SDL) [27]. A empresa ofereceu modelos de equipamentos nos quais o corte é executado por uma lâmina com controle numérico, camada a camada, com possibilidade de intercambiar cores e texturas diferentes.

Em ambas as tecnologias, o material que não pertence à peça, ou seja, que fica ao seu redor, serve como suporte para esta durante a construção. Assim, torna-se desnecessária uma etapa de programação das regiões que deveriam prover suporte durante o processamento. Ao final do processo, tem-se um bloco retangular de material com a peça no seu interior, a qual necessita ser extraída por uma operação manual.

Em LOM, o planejamento do picotamento é de fundamental importância para o pós-processamento [28]. O picotamento segue a mesma programação da interface e pode produzir aparas descontínuas para reciclagem ou serem usadas para gerar outro tipo de peça incluso no planejamento da peça principal. A retirada das aparas ao redor da peça é manual, assim como as demais operações de acabamento necessárias para a peça. No pós-processamento, quase sempre é necessário aplicar selante (verniz) para impedir delaminação e inchamento por umidade.

A questão da sustentabilidade é um problema importante para a SHL em função das aparas produzidas. No entanto, no caso de papel ou papelão, estes podem ser reciclados posteriormente. O uso de colas ambientalmente corretas para a união das folhas tem sido relatado também como algo importante [29]. Atualmente, as empresas responsáveis pelas tecnologias LOM e SDL descontinuaram seus produtos. As tecnologias SHL podem ser consideradas como de pequena penetração e baixo valor comercial, estando basicamente voltadas para produção artística [30] e alguns nichos de mercado [31].

7.4 PROCESSO POR DEPOSIÇÃO COM ENERGIA DIRECIONADA

O princípio de DED cobre uma extensa variedade de tecnologias, como a fabricação próxima à forma final obtida com *laser* (*laser engineered net shaping* – LENS), fabricação direta com luz (*directed light fabrication* – DLF), deposição direta de metal (*direct metal deposition* – DMD) e revestimento a *laser* tridimensional (*3D laser cladding*). Trata-se de um princípio de AM de múltiplas variáveis e possibilidades, normalmente associado ao reparo ou à construção 3D sobre substratos especialmente preparados [32].

Nas tecnologias que caracterizam o DED, o material é projetado sobre a peça ao mesmo tempo que o *laser* atinge tanto o substrato como o material de adição, promovendo fusão e consolidação [33]. Atualmente, a norma mais aceita nos fundamentos de DED é a ASTM F3187-16 [34]. O DED foi uma evolução natural do revestimento com uso de *lasers* (*laser cladding*), no sentido de que as camadas de revestimento foram se sobrepondo, de forma a constituir uma estrutura ou volume [35]. No entanto, conforme se realiza o crescimento de camadas sobre camadas, os desafios aumentam em relação à aplicação do revestimento sobre o substrato. Os principais desafios estão ligados aos defeitos gerados pela evolução térmica e microestrutural, ao controle dimensional, a tensões e deformações e à epitaxia. A epitaxia é caracterizada pela continuidade da estrutura cristalina do substrato em relação ao material depositado. Considerando os desenvolvimentos atuais, os processos de revestimento com *lasers* e DED podem ser realizados na mesma cabeça de processo *laser*.

Uma máquina DED típica consiste em um cabeçote, montado sobre um braço robótico ou eixos cartesianos, o qual deposita material fundido sobre uma superfície na qual a solidificação ocorre. O cabeçote de deposição pode mover-se em múltiplas direções, uma vez que não está fixado a um eixo específico, como nos processos convencionais de fundição. O material de adição, que pode ser depositado a partir de qualquer ângulo, é fundido com uso de um feixe de *laser* de alta intensidade ou, menos comumente, com uso de um feixe de elétrons ou de plasma. O processo pode ser realizado também com uso de polímeros [36] ou cerâmicos [37], mas é normalmente realizado com metais, sob a forma de pó ou arame [33]. Aplicações típicas incluem o reparo e o recondicionamento de peças estruturais de alto valor agregado [38].

Talvez o primeiro documento relatando o desenvolvimento de um tipo de DED, chamado de LENS, veio de Sandia National Laboratories (SNL, Novo México, Estados Unidos), em 1998 [39], embora se saiba que o SNL já trabalhava secretamente em processos de AM com *lasers* desde a década de 1980. Essa tecnologia é considerada estratégica para o U.S. Department of Energy's National Nuclear Security Administration (NNSA), tanto do ponto de vista comercial quanto de defesa nacional, e também recebeu aportes significativos de recursos da Lockheed Martin Corporation nos últimos trinta anos [40]. O nome LENS é uma marca registrada do SNL [41] e comercializada pela empresa Optomec [42]. Atualmente, a empresa vende desde máquinas para um envelope de 25 cm × 25 cm × 25 cm^3, utilizando um *laser* a fibra com potências entre 500 e 2000 W, até equipamentos para a fabricação de peças de 90 cm × 150 cm × 90 cm, utilizando um *laser* a fibra de 1 kW, em uma câmara com atmosfera controlada.

Um diagrama esquemático do processo de DED é apresentado na Figura 7.2a, e a Figura 7.2b mostra uma cabeça de processo realizando um produto tubular [43]. Nota-se, ao observar o diagrama esquemático, que há uma confluência do fluxo particulado em uma posição focal do feixe de *laser*, ambos contidos por uma proteção gasosa. Nota-se, ainda, que uma parcela do substrato é refundida juntamente com o pó, de forma a obter uma camada consolidada. Na Figura 7.2b observa-se que o cabeçote apresentado é dotado de quatro bicos para injeção de pó. Nesse caso, o bico central constringe o feixe de *laser* ao mesmo tempo que sopra argônio (gás de proteção da poça fundida) sobre a peça. A proteção gasosa é garantida por esse fluxo axial e pelo gás de assopramento dos outros quatro bicos de injeção de pó. A formação de uma poça de fusão dimensionalmente estável, com uma pequena zona termicamente afetada e uma frente de solidificação contínua, é preferível para estabilizar o processo [44].

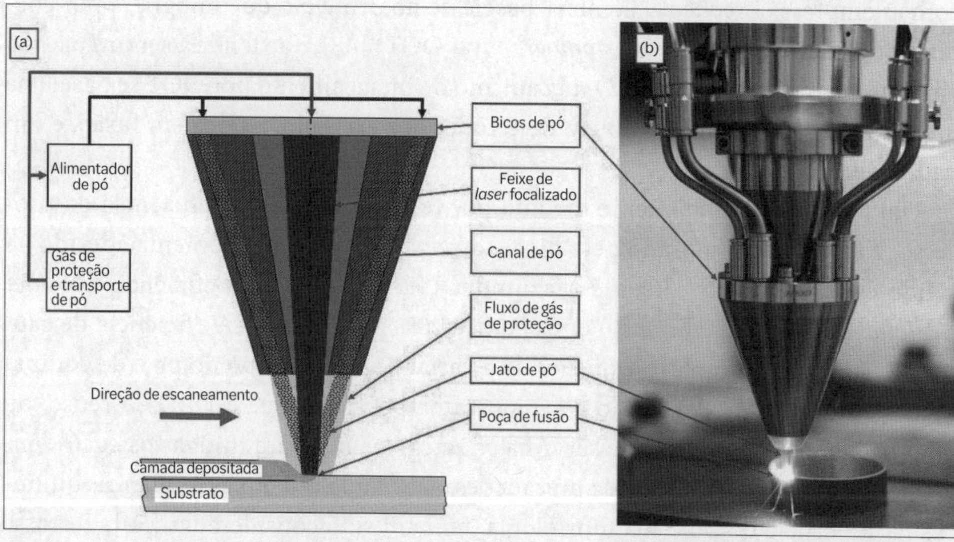

Figura 7.2 Exemplo de aplicação de DED na manufatura metálica: diagrama esquemático (a) e processo em curso (b). Fonte: reprodução autorizada pelo autor e permissão de acesso aberto *Creative Common CC BY license* [49].

A altura da camada depositada durante a DED é um parâmetro complexo a ser definido *a priori* por um número de variáveis de processo. Dessa forma, há vantagens evidentes no uso de um algoritmo que permita o aprendizado da máquina durante o processamento. Por exemplo, a precisão do modelo *least square support vector machine* (LS-SVM) aplicado à teoria de aprendizado estatístico se mostrou uma metodologia viável para a produção de peças metálicas 3D por DED [45]. Essas ferramentas computacionais se mostraram viáveis frente aos desenvolvimentos de sensores e atuadores específicos para os processos com *laser*.

Purtonen *et al.* [46] revisaram o estado da arte em monitoramento e controle adaptativo dos processos *laser*. Segundo esses autores, o monitoramento de um processo de DED é semelhante ao processo de revestimento, consistindo no sensoriamento da temperatura da poça com imageamento térmico ou por pirômetros, além do controle em tempo real da distância do cabeçote à peça por meio tátil ou óptico. Entretanto, o controle do processo por imagem é sensível à evolução térmica durante o processo, uma vez que a emissividade não é constante durante toda a construção. Ademais, a resolução espacial do sensor é restrita, uma vez que é comum a poça em fusão ter dimensões da ordem de milímetros.

A empresa BeAM, atualmente AddUp Co., Cebazat, França, noticiou o desenvolvimento de um sensor de distância em tempo real entre o bico e a superfície sendo construída (vide Figura 7.2) [47]. O novo sistema, criado em cooperação com as empresas Precitec e Siemens, baseia-se no princípio de tomografia por coerência óptica (*optical coherence tomography* – OCT) [48], que tende a ser um padrão em sensoriamento para DED. O mecanismo de imageamento por OCT se baseia na interferência óptica entre o objeto de estudo, por exemplo, a poça em fusão, e um dado padrão.

Um fator que é dificilmente medido por técnicas ópticas é a eficiência do processo. Nem todo pó soprado pelo bico e aspersor de pó é efetivamente aderido ao sólido em crescimento. Steen e Mazumder [49] indicam uma eficiência (*powder catchment* ou *capture efficiency*) entre 30% e 40% para o DED. A eficiência de captura do pó é algo complexo e que tende a variar segundo o tipo do pó e de equipamento, estratégia de deposição e evolução temporal durante a DED. O reúso, ou reaproveitamento, do pó pode ser uma estratégia viável para mitigar os custos envolvidos desde que uma série de precauções, sobretudo quanto às mudanças químicas na superfície do pó e sua morfologia, tenham sido consideradas [50]. Terrassa *et al.* [51] mostraram que é possível reutilizar o pó não agregado em peças de aço inoxidável em até dez ciclos de processo. Esses autores indicaram o uso de atmosfera controlada numa câmara DED, assim como peneiramento, como etapas mandatórias para o reúso.

Além da eficiência de deposição, outra questão que se faz pertinente na análise do processo de assopramento de partículas metálicas no espaço entre o cabeçote do *laser* e a superfície da peça é a quantidade de transferência térmica feixe-pó durante o seu tempo de voo. Lia *et al.* [52] apresentaram resultados para a energia efetiva absorvida pelo pó em fusão e pelo substrato, quando empregadas ligas de níquel e de titânio, e mostraram que há uma perda térmica entre 11% e 14% devido ao aquecimento sem fusão do pó.

Ibarra-Medina e Pinkerton [53] realizaram um estudo fluidodinâmico sobre o processo de revestimento com *lasers* (*laser cladding*), considerando a interação do pó com a irradiância do feixe de *laser* durante o trajeto até o substrato. Embora a trajetória da partícula seja bastante complexa, os autores mostraram que a distância de trabalho influencia significativamente o calor absorvido pelo pó e pelo substrato, a massa depositada e a distribuição de partículas sobre a superfície. Foi visto que a distância de trabalho não precisa ser, necessariamente, a distância focal da óptica do *laser*, mas deve ser alterada conforme as qualidades tanto do depósito quanto do feixe de *laser*. De uma forma prática, a absorção de energia pelo pó é mais efetiva ao redor de uma faixa imediatamente abaixo do plano focal [54]. Para fins de comparação, foram reportados experimentos usando pó esférico de aço inoxidável com diâmetros entre 50 μm e 150 μm aspergido sobre uma superfície de aço inoxidável com uso da DED. Para um *laser* diodo com potência de 1 kW, fluxo de pó de 0,58 g/s e fluxo de argônio de $8{,}33 \times 10^{-5}$ m^3/s, a temperatura máxima do pó no entorno do plano focal se situou em 686 °C e aumentou rapidamente com a distância, chegando à fusão cerca de 15 mm abaixo do plano focal [47]. Sabe-se que, para revestimentos relativamente largos, pode-se trabalhar em posições bem abaixo do plano focal, pois a energia extra, absorvida durante o tempo de voo, permitirá a consolidação do pó. Por outro lado, para linhas mais refinadas, o feixe de *laser* precisa estar confinado ao plano focal. Nesse caso, como o tempo de voo é menor, uma potência maior de *laser* precisa ser utilizada.

Fenômeno correlato ao aquecimento durante o tempo de voo, deve-se ter em mente que a partícula de pó que sai do bico DED não é a mesma que atinge o substrato. Liu e Lin [55] fizeram um modelo simples para o aquecimento de uma partícula esférica iluminada por um feixe de CO_2 no trajeto até o substrato. Esses autores mostraram que a partícula pode perder até 25% de massa por evaporação e sublimação. Contribuem mais para essa massa perdida os elementos que possuam uma maior pressão de vapor e, dessa forma, há efetivamente uma perda de estequiometria, conforme já visto em deposição com *lasers* [56]. Tais particularidades afetam o comportamento do componente e seu desempenho em serviço.

Quando a AM substitui as operações tradicionais, como fundição ou forjamento, é importante assegurar que as propriedades físicas do material para a aplicação específica sejam preservadas. Na área de fabricação mecânica, é comum iniciar as investigações pelas características microestruturais e, depois, realizar ensaios mecânicos, como dureza, tensão uniaxial, dobramento, absorção de impacto ou fadiga. Por exemplo, Lima e Sankaré [57] mostraram que a formação de poros e trincas é algo a ser mitigado em estruturas obtidas por AM com alta razão de aspecto, pois longarinas de aço inoxidável 316L tiveram o seu comportamento mecânico prejudicado por trincas a frio. Nesse aspecto, deve-se analisar cuidadosamente as tensões residuais intrínsecas ao processo de adição de energia por feixe de *laser*, as quais podem causar trincas, empenamentos e distorções [58]. Entre os procedimentos para normalização, ou adequação, das propriedades da peça fabricada por DED incluem-se a prensagem isostática a quente (*hot isostatic pressing* – HIP) [59], têmpera e revenimento convencional [60] e o *laser shot peening* [61].

7.4.1 Práticas fabris

Com o crescimento da demanda comercial e a regulamentação das operações de DED, várias empresas aumentaram o seu portfólio nos últimos anos. A empresa BeAM (atualmente AddUp Co.) usa um bico de *laser cladding* montado no eixo Z de uma máquina CNC dedicada a até cinco eixos de liberdade para a deposição. A máquina usa controles CNC tradicionais e códigos G (ISO), as quais são comuns no ambiente fabril e tornam o aprendizado mais simples que as várias versões de *softwares* de robôs.

Um grande esforço industrial é dirigido para desenvolver novas ópticas para essa tecnologia de AM [62]. Como exemplo, a Optomec (NM, Estados Unidos) dispõe de um cabeçote DED a *laser* com lentes de óptica variável que pode criar até três perfis de distribuição de potência com diâmetros focais discretos para acomodar mudanças na intensidade do *laser*. O sistema óptico suporta uma variedade de potências de 500 W a 3 kW para garantir um processamento ideal em uma variedade de peças e aplicações, inclusive as ligas de cobre, para as quais o DED apresenta desafios ligados à baixa absortividade do feixe infravermelho e alta condutividade térmica.

Uma tendência atual é mudar as características ópticas do feixe para permitir diferentes produtos por DED. Na óptica variável ou adaptativa, há pelo menos um elemento óptico que é mudado durante o processo, podendo ser espelho, lente, prisma ou até mesmo o bombeio da fibra óptica. As mudanças mais comuns em sistema de AM são o modo transversal eletromagnético do feixe, fase, polarização, parâmetro confocal ou mesmo o uso de múltiplos feixes de *laser*. A empresa nLight (Camas, Estados Unidos) possui a opção de ressonador tipo Corona®, o qual ajusta o tamanho e o formato do modo transversal eletromagnético do feixe de *laser* com vantagens evidentes no processamento por DED [63]. A empresa Meltio (Linares, Espanha) utiliza seis módulos de *laser* semicondutor para prover 1.200 W de energia óptica para fundir arames metálicos, com bitola entre 0,8 mm e 1,2 mm, no seu modelo M450 [64].

Como dito, o feixe de *laser* não é a única fonte de calor disponível para DED. Por exemplo, a empresa Sciaky Inc. (Chicago, Estados Unidos) desenvolve tecnologia de DED com uso de feixe de elétrons [65]. O princípio da AM com feixe de elétrons (*electron beam additive manufacturing* – EBAM) é semelhante ao DED com feixe de *lasers*, com a diferença que a fonte emissora, lentes eletromagnéticas e câmara de processamento precisam estar contidas em uma câmara de alto vácuo. No caso das máquinas da Sciaky, o aporte de material é via arame e as taxas de deposição variam de 3 a 11 kg/h, dependendo dos parâmetros selecionados do material e da peça. Como comparação, essa taxa é o dobro daquela observada na DED com *lasers* utilizando um equipamento BeAM instalado na Escola de Engenharia de São Carlos,

Universidade de São Paulo [66]. A empresa também oferece um sistema de fios duplos, que permite que os usuários combinem duas ligas de metais diferentes em uma única poça de fusão para criar componentes de ligas sob medida, ou com gradiente composicional. O EBAM é bastante usado para ligas de titânio [67], pois elas precisam de vácuo ou atmosfera controlada mesmo com uso de *lasers*, com destaque para a empresa ARCAM, atualmente GE Additive (West Chester, Estados Unidos) [68], uma das mais tradicionais do mercado. A empresa Lima Co. (Udine, Itália) fabrica copos acetabulares de titânio para implantes de quadril por EBAM desde 2007 [69].

A empresa Efesto (MI, EUA) [70] oferece sistemas de DED de grandes dimensões tanto para feixe de elétrons (EBAM) como *lasers* (LMD). Para EBAM, utiliza máquinas da Sciaky para produzir peças de até 1,2 × 1,2 × 5,8 m^3 em atmosfera normal ou controlada. O diferencial da empresa Efesto é a fabricação de componentes muito grandes, os quais exigem ferramental complexo.

Um dos mais reputados centros de desenvolvimento em aplicações industriais de *lasers*, o Fraunhofer Institute for Laser Technology (ILT, Aachen, Alemanha), possui um amplo portfólio em sistemas para *laser cladding*, os quais equipam muitos sistemas de DED [71]. As soluções do ILT para DED incluem bicos aspersores laterais, com fluxo de pó fora do eixo óptico do feixe de *laser*, e coaxiais (semelhantes à Figura 7.2), além de soluções sob medida para óptica adaptativa e revestimentos em superfícies internas de tubos. O ILT apoia diretamente o esforço alemão para competência em AM.

A experiência e a capacidade de institutos de pesquisa alemães geraram uma série de empresas de renome mundial em AM, particularmente em DED. O destaque fica para a empresa Trumpf (Ditzingen, Alemanha) que possui diferentes máquinas completas para DED, bem como um kit de deposição (*deposition line*) particularmente interessante para integração em outros sistemas de manufatura flexível, como braços robóticos [72]. Uma das vantagens desses sistemas é a integração com a matriz da empresa via rede de dados, o que permite atuar de forma mais rápida tanto em manutenção como em reparos dos sistemas em chão de fábrica.

A empresa francesa AddUP (Cébazat, França) [73] desenvolve, desde os anos 1990, aplicações *laser* em materiais, inclusive na área chamada de *laser cladding* 3D. O cabeçote de processo patenteado pela empresa possui um sistema de aspersão de pó, o qual permite o controle preciso da quantidade e da direção do fluxo. O sistema provou ser efetivo na AM de peças para as indústrias metalmecânica, aeroespacial e relojoeira, tanto para reparo quanto para criação de paredes tão finas como 0,4 mm. Utilizando o cabeçote de *microcladding* AddUP 3D da IREPA (Illkirch-Graffenstaden, França), Lima e Sankaré [39] propuseram a construção 3D de longarinas de aço inoxidável 316. Os autores verificaram a possibilidade de construção de estruturas com alta razão de aspecto e com propriedades mecânicas similares às do material volumétrico. A fase delta, responsável pelo decréscimo das características de resistência à corrosão, não foi verificada nas estruturas fabricadas.

Embora exista uma grande quantidade de modelos comerciais disponíveis, vários grupos de pesquisa projetaram e construíram as suas próprias máquinas de DED. Por exemplo, Lewis *et al.* [74] projetaram e construíram uma máquina de cinco eixos para o que chamaram de *direct light fabrication* (DLF), na qual o depósito pode ser efetuado em qualquer direção, inclusive de ponta-cabeça. Esses autores realizaram estudos com a liga de aço inoxidável AISI 316 para formar capas esféricas em várias posições.

Devido às complexidades inerentes da DED como processo industrial, há vantagens na simulação numérica e computacional dos fenômenos envolvidos. Além da evolução termometalúrgica, oriunda de transferência de calor e massa descontínuas no tempo, há o estudo mecânico da parte em crescimento. Em vez de realizar uma grande quantidade de experimentos para acessar uma carta de processo que permita obter componentes com as características necessárias, a seleção de materiais e processos se faz por meios computacionais. Entre as ferramentas mais utilizadas nesse sentido está a análise por elementos finitos (*finite element analyses* – FEA), a qual permite determinar uma série de respostas do modelo eletrônico frente aos parâmetros de processo, sendo mais ou menos aproximados à realidade segundo a escolha das condições de contorno. Kiran *et al.* [75] mostraram que há uma boa aproximação entre os resultados dimensionais e de temperatura entre o modelo numérico e o real para blocos de aço inoxidável 316L. Lu *et al.* [76] mostraram que a FEA pode ser aplicada para ajudar a resolver o problema de bandeamento de estruturas no crescimento de ligas de titânio, e.g. Ti6Al4V, por meio de um controle do aporte térmico.

Esses exemplos mostram como grupos de pesquisa podem apoiar seus desenvolvimentos a partir da resolução de equações diferenciais relativamente simples. No entanto, em empresas, há uma tendência em utilizar *softwares* comerciais ou contratar empresas especialistas para o desenvolvimento de simulação numérica. Um dos motivos, além da falta de pessoal especialista em modelamento numérico computacional, é que peças reais são geralmente complexas no ambiente industrial, divergindo de superfícies ou volumes simples da literatura. Entre as empresas que fornecem soluções em engenharia virtual aplicadas da DED de materiais metálicos pode-se citar Ansys (San Jose, CA) [77], Flow Science (Santa Fe, NM) [78] e Comsol Multiphysics (Burlington, MA) [79], todas nos Estados Unidos.

7.4.2 Exemplos de aplicação

Em termos de aplicação, a DED tem adquirido notoriedade na fabricação de peças com alto valor agregado nas áreas biomédica, industrial e aeroespacial. O desenvolvimento de próteses biocompatíveis de titânio por meio da AM já é uma realidade em vários países, inclusive no Brasil. A vantagem do processo aditivo é a liberdade de projetos possíveis, permitindo ao clínico determinar as dimensões e o acabamento necessários para a necessidade do paciente. Além disso, a vantagem da AM é que o titânio é conhecido como um material de difícil usinagem e relativamente caro para se permitir muito refugo e desperdício de matéria-prima.

Existem vantagens evidentes em DED de ligas biocompatíveis, como o Ti6Al4V, em relação aos processos convencionais de fundição e forjamento. Primeiro, a economia no material justifica a sua implementação em AM. Segundo, as características mecânicas e químicas, assim como a sua qualidade de superfície, mostram-se perfeitamente adequadas para o uso *in vivo*. Carroll *et al.* [80] investigaram o efeito da direção de crescimento de camadas sobre a isotropia do comportamento mecânico em tensão uniaxial do Ti6Al4V. Segundo esses autores, independentemente da direção na qual o corpo de prova é retirado, seu comportamento mecânico é semelhante ao do material volumétrico, sem necessidade de tratamentos térmicos adicionais. No entanto, a ductilidade é significativamente maior na direção transversal ao crescimento. Os autores associaram esse efeito aos contornos de grão da fase alfa que sofrem dano acelerado na direção longitudinal ao feixe de *laser*. Segundo esses autores, a contaminação com 0,0125% (em peso) de oxigênio não alterou a tenacidade da liga processada. As primeiras camadas apresentaram grãos mais finos que as últimas e, portanto, as camadas mais juntas à base são mais resistentes que aquelas próximas ao topo.

Na maioria das vezes, o processo de consolidação de camadas visa a um objeto com o mínimo de porosidades. No entanto, em alguns nichos de aplicação, é necessário criar material poroso. No caso de implantes ortopédicos, é comum o uso da liga CoCrMo, por ser resistente a desgaste e corrosão. Peças tratadas a 1200 °C por 45 min e envelhecidas a 830 °C por 2 horas apresentaram dureza de 520 HV, comparada com 440 HV do material como fabricado, o que confere vantagens adicionais ao controle do desgaste em ortopedia.

Esse também é o caso de implantes porosos de titânio fabricados por DED [81]. Por meio do controle de parâmetros de processo, é possível produzir estruturas com porosidade entre 17% e 58%, com poros de até 800 μm, promovendo uma região propícia ao crescimento de células osteoblásticas humanas. No trabalho, as condições de processamento também puderam ser ajustadas de modo a equalizar as propriedades mecânicas do titânio próximas às do osso.

No campo dos materiais com memória de forma (*shape memory alloys*), existe a possibilidade de manufatura de próteses customizadas, as quais são difíceis de serem obtidas por usinagem convencional. Hamilton *et al.* [82] mostraram ser possível o depósito de camadas da liga de memória de forma NiTi, obtendo resultados de temperatura de transformação martensítica semelhantes aos do material volumétrico. Gao *et al.* [83] realizaram experimentos com a liga NiTi obtida por DED e mostraram a possibilidade de estruturas monolíticas com memória de forma, desde que a estratégia de deposição fosse estritamente controlada.

Em condições bem controladas, é possível crescer camadas cerâmicas com uso de DED. No entanto, o material cerâmico será fundido, e o produto é comumente um vidro. Uma vez que os vidros são conhecidos pela sua baixa tenacidade em condições de tensão de origem térmica, fissuras podem ocorrer. Isso foi verificado por Balla *et al.* [84], que desenvolveram o processo de crescimento de camadas de zircônia estabilizada com ítria com uso de DED. Diferentemente dos métodos tradicionais de aspersão térmica por HVOF (*high velocity oxygen fuel*), o uso do *laser* provou ser eficiente na aderência e na densificação das camadas sobre o substrato de aço 316L.

Uma das áreas que está recebendo especial atenção dos processos de DED é a formação de ligas para estocagem de hidrogênio. Uma das tendências mais atuais para a mobilidade urbana é o uso do hidrogênio como alternativa limpa à queima de combustíveis fósseis. O uso de hidretos metálicos tem sido amplamente divulgado [85], embora ainda existam obstáculos para a fabricação tradicional desses metais. A AM oferece a vantagem de permitir a elaboração de uma série de ligas de difícil metalurgia, em dimensões próximas à da célula combustível. Nesse sentido, Kunce *et al.* [86] produziram a liga de alta entropia ZrTiVCrFeNi por meio de DED, seguido de tratamento de homogeneização a 1000 °C por 24 horas. A capacidade de estocagem de hidrogênio foi de 1,8% em peso após o processamento. No entanto, a segregação do hidrogênio foi dificultada pela presença de uma fase de hidreto C14.

Polanski *et al.* [87] utilizaram o processo de DED para a elaboração de ligas binárias FeTi e ternárias FeTiNi a partir dos pós elementares. Desse modo, foi possível verificar qual composição se adequa melhor a uma característica específica, como a absorção de hidrogênio (1,6% peso para o FeTi). No entanto, a capacidade de estocagem de H é menor nas ligas obtidas por DED em comparação com as ligas volumétricas. No caso da liga TiZrNbMoV, os autores obtiveram uma absorção de 2,3% em peso após a síntese, com dessorção limitada pela formação de hidretos.

Na área aeroespacial, tem recebido particular atenção os métodos de DED para o reparo de elementos de turbinas [88] e elementos de satélites [89] [90]. Turbinas a gás são equipamentos projetados para converter a energia química de um combustível líquido em energia mecânica por combustão interna e expansão de produtos gasosos, no que é conhecido em termodinâmica como ciclo de Brayton. As turbinas a gás consistem, basicamente, de três partes principais: o compressor, a área de combustão e a turbina. Particularmente na propulsão aeronáutica, as palhetas das turbinas são compostas por superligas de níquel monocristalinas e são extremamente caras.

Uma das aplicações mais avançadas da AM visa ao recondicionamento de palhetas de turbinas monocristalinas compostas por superligas de níquel e usadas na fabricação de turbinas para motores a jato [91]. Em virtude das condições extremas de temperatura e tensões mecânicas às quais esses componentes estão sujeitos, fissuras normalmente ocorrem. Uma vez que o preço unitário desses componentes é muito elevado, um procedimento para o seu reparo e recondicionamento é particularmente desejável. O uso da DED a *laser* já provou ser eficaz nesse aspecto, contanto que a epitaxia e a direção cristalográfica original sejam obedecidas [92].

A empresa canadense Liburdi (Ontario, Canadá) especializou-se no reparo de palhetas de turbinas por *laser* e microplasma com uso de ligas especialmente desenvolvidas para estender o tempo de vida das peças em condições normais de operação [93]. Em 2013, a empresa recebeu o certificado de autorização para reparo de quatro tipos de turbinas aeronáuticas da Rolls-Royce, mostrando, assim, a maturidade da tecnologia.

Wilson *et al.* [94] demonstraram que a remanufatura de palhetas de turbinas com deposição a *laser* é um método economicamente viável para a extensão do tempo de vida desses componentes. Os autores puderam reparar vazios em turbinas quando estes são relativamente pequenos (< 5 mm). No que tange ao impacto ambiental, quando o volume a reparar é de 10% (1,56 kg), existe uma melhoria da pegada ambiental (*carbon footprint improvement*) em cerca de 45% e uma economia de 36% no consumo de energia total, em comparação com a substituição por uma nova palheta.

Em um estudo conjunto entre o Instituto Tecnológico de Aeronáutica (ITA, Brasil) e a Ryerson University (Canadá) para a manufatura por DED de seis tipos de palheta de turbina aeroespacial (*Laminar*, *Later*, *Early*, *Clark*, *Arc* e *Super*) em aço inoxidável AISI 430, foi visto que a epitaxia se perde entre o substrato de aço ferrítico e o depósito. A Figura 7.3 mostra um exemplo de observação metalográfica por *electron backscatter diffraction* (EBSD) de uma interface entre material de base e depósito mostrando que a epitaxia, ou seja, a continuidade cristalográfica, não é obedecida no plano de estudo. O efeito dessa condição de crescimento necessita de estudos adicionais visando a continuidade, ao menos parcial, da condição mecânica entre o substrato e o depósito.

Acesse a versão colorida da figura pelo QR Code.

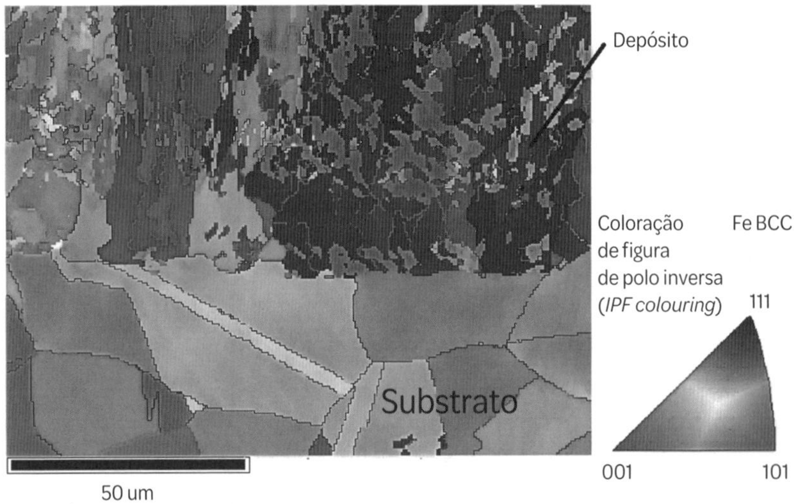

Figura 7.3 Aplicação da técnica EBSD (*electron backscatter diffraction*) na análise de grãos observados entre o substrato e o depósito DED de um aço ferrítico AISI 430. As regiões de substrato e depósito estão marcadas na imagem. A figura à direita mostra as direções cristalográficas em relação ao plano de visualização.

7.5 TECNOLOGIAS HÍBRIDAS

No contexto de DED, as tecnologias híbridas concernem ao uso concomitante de técnicas aditivas e subtrativas em um mesmo equipamento, corroborando o dito em Zhu *et al.* [95] e Dávila *et al.* [96]. Difere, portanto, de um pós-processamento de peças crescidas por DED, pois há efetivamente a programação da cabeça de DED como uma das opções do magazine de ferramentas de uma máquina CNC. Ademais, o pós-processamento termomecânico ou termoquímico de peças obtidas por DED já faz parte da rotina de fabricação desde os primórdios da técnica.

Diferentes procedimentos são empregados durante a manufatura híbrida, entretanto, a etapa de preparação prévia da superfície para acabamento fino antes da deposição, a preparação entre uma camada e outra e o acabamento da peça crescida indicam que as operações subtrativas podem ocorrer no início, no meio e no final da fabricação [97]. Os passes de retificação de superfície depositada ajudam a manter as características dimensionais da peça e permitem crescer peças maiores. O uso de metrologia durante o crescimento, por exemplo, usando apalpadores inclusos na máquina CNC, também ajuda a melhorar a correspondência entre o modelo eletrônico e real do sólido. Os modelos mais modernos utilizam um sistema de precisão cinemática para quatro ou cinco eixos para autorregulagem e calibração das coordenadas [98].

Existem ainda muitos desafios à manufatura híbrida [99]. Embora o conhecimento técnico em usinabilidade dos materiais seja bem conhecido da indústria, a tecnologia de DED ainda precisa de desenvolvimentos para produzir peças com poucos defeitos e que tenham tolerâncias dimensionais semelhantes ao material produzido subtrativamente. A integração do cabeçote de DED ao centro de usinagem ainda precisa de melhorias, seja em *software* de controle, seja em *hardware* que se comunique entre sistemas [100]. Além disso, a contaminação da óptica da cabeça de DED dentro da câmara na qual há emanação de fumos e cavacos ainda preocupa os desenvolvedores.

São muitas empresas envolvidas na manufatura híbrida, com maior ou menor sucesso, mas, para exemplificar, tomemos duas empresas conhecidas do meio. Com relação ao uso de tecnologia aditiva-subtrativa no mesmo equipamento, a empresa Sauer Lasertec, em conjunto com a empresa DMG Mori, foi uma das primeiras a unir as tecnologias subtrativa (usinagem) e aditiva (DED), sem necessidade de adquirir duas máquinas em separado. A família de equipamentos chamada Lasertec [101] permite fabricar peças de até 3 toneladas com uso de um cabeçote de *cladding* conectada a um *laser* semicondutor com potência entre 1,5 kW e 3 kW. A empresa disponibiliza um pacote Siemens NX CAD/CAM com ampla gama de ferramentas.

A empresa Romi S.A. [102] oferece dois modelos de centros de usinagem nos quais um dos itens do magazine é uma cabeça de deposição Ambit da empresa Hybrid Manufacturing Tech (Dallas, TX, Estados Unidos). O conjunto óptico da Ambit possui conector de fibra óptica, colimador e sistema de aspersão semelhante ao apresentado na Figura 7.2. O *laser* a fibra pode ter uma potência entre 500 W e 1.500 W para um diâmetro focal na peça de 1 mm ou 3 mm, com taxas de deposição entre 0,1 e 0,7 kg/h ou 0,7 e 3,5 kg/h, respectivamente. A integração com o centro de usinagem permite realizar operações de acabamento durante cada etapa da deposição, intercamadas, ou ao fim da deposição para reduzir a rugosidade e o efeito escada da AM. O pacote Ambit para a DED é particularmente interessante para manufatura híbrida, pois permite o retrofit de praticamente qualquer equipamento CNC ou braço robótico para operação com a DED.

7.6 CONSIDERAÇÕES FINAIS

Este capítulo sumarizou as oportunidades e os desafios de duas tecnologias de AM, a adição de lâminas (SHL) e a deposição com energia direcionada (DED), além de discutir sobre uma variante desta última chamada de manufatura híbrida. Como toda área de AM, há uma franca expansão na utilização desses processos na indústria e uma maturidade tecnológica constantemente aperfeiçoada. Há dez anos, haveria um certo risco em se iniciar qualquer atividade em AM por falta de conhecimento técnico no país. Atualmente, este não é mais o problema, e sim questões de ordem econômica, dada a flutuação dos preços no mercado. Ainda, como em toda área STEM (*science, technology, engineering and mathematics*), existe e existirá falta de mão de obra qualificada no mercado nacional. No início do capítulo, o uso de *laser* na manufatura aditiva foi apresentado, o que se faz muito pertinente para adequar os conhecimentos na área. A literatura citada permite uma visão mais clara sobre a tecnologia e permitirá corrigir alguns vícios e incorreções.

Propositadamente, foi dado um destaque menor para SHL, pois há uma clara limitação no estado da técnica, sobretudo fruto de uma grande oferta de soluções para corte de celulose e madeira, pois existe retração clara no mercado SHL.

Por outro lado, o DED de materiais metálicos se consolidou com um dos principais processos de AM no mercado. Aqui, o enfoque foi no uso de feixes de *lasers* como diretor de energia luminosa, mas sabe-se que há várias fontes de calor disponíveis. Vários exemplos foram dados, desde pesquisas aplicadas até produtos industrializados, nas quais a DED permite ganhos de eficiência e de produtividade. Há desafios ainda a vencer em DED, mas a consolidação das operações nos últimos dez anos mostra que já se possui bom conhecimento do estado da técnica. Um dos problemas – o acabamento superficial – já foi parcialmente resolvido por meio de manufatura híbrida. Esta última ainda está em maturação, mas já permite produzir produtos de alto valor agregado na sua forma final.

REFERÊNCIAS

[1] I. Gibson, D. Rosen, B. Stucker, Directed energy deposition processes. *Additive manufacturing technologies*. New York: Springer, 2015. p. 245-268.

[2] D. G. Ahn, Directed energy deposition (DED) process: state of the art. *International Journal of Precision Engineering and Manufacturing-Green Technology*, v. 8, n. 2, p. 703--742, 2021.

[3] N. A. S. Rodrigues, *Lasers: notas de aula*. São Paulo: Editora Livraria da Física, 2019.

[4] W. S. C. Chang, *Principles of lasers and optics*. Cambridge: Cambridge University Press, 2005.

[5] J. F. Ready, *Industrial applications of lasers*. San Diego: Academic Press, 1997.

[6] C. K. N. Patel, Continuous-wave laser action on vibrational-rotational transitions of CO_2. *Physical Review*, v. 136, n. 5A, p. A1187, 1964.

[7] T. M. Baer, M. S. Keirstead, *Nd-YAG laser*. Patent US Patent Office US4653056A, 1985-05-01 Priority to US06730002, Expired Lifetime.

[8] G. Verhaeghe, The fiber laser: a newcomer for material welding and cutting. *Welding Journal*, v. 84, n. 8, p. 56-60, 2005.

[9] D. Belforte, 2012 Annual economic review and forecast. *Industrial Laser Solutions*, v. 28, p. 6-16, 2013.

[10] A. Giesen, J. Speiser, Fifteen years of work on thin-disk lasers: results and scaling laws. *IEEE Journal of Selected Topics in Quantum Electronics*, v. 13, n. 3, p. 598-609, 2007.

[11] T. Numai, T. Numai, *Fundamentals of semiconductor lasers*. Springer Japan, 2015. p. 89-186.

[12] Weber, M. J. *Handbook of lasers*. CRC Press, 2000. v. 18.

[13] J.-P. Kruth, M.-C. Leu, T. Nakagawa, Progress in additive manufacturing and rapid prototyping, *CIRP Annals*, v. 47, n. 2, p. 525-540, 1998.

[14] H. Schleifenbaum, W. Meiners, K. Wissenbach, C. Hinke, Individualized production by means of high power Selective Laser Melting. *CIRP Journal of Manufacturing Science and Technology*, v. 2, n. 3, p. 161-169, 2010.

[15] A. A. Boechat, D. Su, D. R. Hall, J. D. Jones, Bend loss in large core multimode optical fiber beam delivery systems. *Applied Optics*, v. 30, n. 3, p. 321-327, 1991.

[16] W. J. Wadsworth, R. M. Percival, G. Bouwmans, J. C. Knight, T. A. Birks, T. D. Hedley, P. S. J. Russell, Very high numerical aperture fibers. *IEEE Photonics Technology Letters*, v. 16, n. 3, p. 843-845, 2004.

[17] A. E. Siegman, Defining, measuring, and optimizing laser beam quality. *Laser Resonators and Coherent Optics: Modeling, Technology, and Applications*, v. 1868, p. 2-12, 1993.

[18] B. Panda, *A simple method for measurement of high power, inline beam quality of high-power lasers* (Doctoral dissertation), 2021.

[19] G. N. Levy, The role and future of the laser technology in the additive manufacturing environment. *Physics Procedia*, v. 5, p. 65-80, 2010.

[20] M. Brandt, The role of lasers in additive manufacturing. *Laser Additive Manufacturing*, p. 1-18, 2017.

[21] American National Standard for Safe Use of Lasers, ANSI Z136.1-2014. Disponível em: https://webstore.ansi.org/Standards/LIA/ANSIZ1362014?source=blog&_ga=2.72872211.1010116707.1662483419-480972873.1662483419. Acesso em: 1 set. 2022.

[22] M. Feygin, B. Hsieh, Laminated object manufacturing (LOM): a simpler process. *1991 International Solid Freeform Fabrication Symposium*, 1991.

[23] D. Ahn, J. H. Kweon, J. Choi, S. Lee, Quantification of surface roughness of parts processed by laminated object manufacturing. *Journal of Materials Processing Technology*, v. 212, n. 2, p. 339-346, 2012.

[24] Cubic Technologies. Disponível em: http://www.cubictechnologies.com. Acesso em: 11 jul. 2015.

[25] M. Feygin, S. S. Pak, *Laminated object manufacturing apparatus and method. US5730817 A*. Disponível em: http://www.google.com/patents/US5730817. Acesso em: 11 jul. 2015.

[26] J. Park, M. J. Tari, H. T. Hahn, Characterization of the laminated object manufacturing (LOM) process. *Rapid Prototyping Journal*, 2000.

[27] Mcor Technologies Ltd. Disponível em: http://www.mcortechnologies.com/. Acesso em: 26 set. 2022.

[28] B. G. Mekonnen, G. Bright, A. Walker, A study on state of the art technology of laminated object manufacturing (LOM). *In: CAD/CAM, Robotics and Factories of the Future*. New Delhi: Springer, 2016. p. 207-216.

[29] N. Yousefi Shivyari, M. Tajvidi, D. W. Bousfield, D. J. Gardner, Production and characterization of laminates of paper and cellulose nanofibrils. *ACS Applied Materials & Interfaces*, v. 8, n. 38, p. 25520-25528, 2016.

[30] Uzair Khaleeq Uz Zaman. Intégration Produit-Process appliquée à la sélection de procédés de Fabrication Additive. Génie des procédés. Ecole nationale supérieure d'arts et métiers – ENSAM; National University of Sciences and Technology (Pakistan), 2019. NNT: 2019ENAM0006.

[31] Online 3D Druck Service, 3D Druck Kalkulator, 2022. Disponível em: https://3d-druckmuenchen.com/. Acesso em: 26 set. 2022.

[32] I. Gibson, D. W. Rosen, B. Stucker, *Additive manufacturing technologies: rapid prototyping to direct digital manufacturing*. New York: Springer-Verlag, 2010.

[33] S. H. Li, P. Kumar, S. Chandra, U. Ramamurty, Directed energy deposition of metals: processing, microstructures, and mechanical properties. *International Materials Reviews*, p. 1-43, 2022.

[34] Standard Guide for Directed Energy Deposition of Metals. Disponível em: https://www.astm.org/f3187-16.html. Acesso em: 26 jan. 2023.

[35] E. W. A. Figueredo, L. H. R. Apolinario, M. V. Santos, A. C. S. Silva, J. A. Avila, M. S. F. Lima, T. F. A. Santos, Influence of laser beam power and scanning speed on the macrostructural characteristics of AISI 316L and AISI 431 stainless steel depositions produced by laser cladding process. *Journal of Materials Engineering and Performance*, v. 30, n. 5, p. 3298-3312, 2021.

[36] Design World. *What is polymer directed energy deposition (DED) for 3D printing and how can it benefit you?* Disponível em: https://www.designworldonline.com/what-is--polymer-directed-energy-deposition-ded-for-3d-printing-and-how-can-it-benefit--you. Acesso em: 26 set. 2022.

[37] D. Wu, J. Shi, F. Niu, G. Ma, C. Zhou, B. Zhang, Direct additive manufacturing of melt growth Al2O3-ZrO2 functionally graded ceramics by laser directed energy deposition. *Journal of the European Ceramic Society*, v. 42, n. 6, p. 2957-2973, 2022.

[38] A. Saboori, A. Aversa, G. Marchese, S. Biamino, M. Lombardi, P. Fino, Application of directed energy deposition-based additive manufacturing in repair. *Applied Sciences*, v. 9, n. 16, p. 3316, 2019.

[39] C. Atwood, *et al.*, Laser Engineered Net Shaping (LENSTM): a tool for direct fabrication of metal parts. *Sandia Report SAND98-2473C*, 1998.

[40] How lockheed martin is using 3D printing to build the next starship. Disponível em: https://connectedmanufacturing.wbresearch.com/blog/lockheed-martin-using-3d--printing-strategy-to-build-next-generation-spaceships. Acesso em: 14 set. 2022.

[41] W. Hofmeister, *et al.*, Investigating solidification with the Laser-Engineered Net Shaping (LENSTM) Process. *Journal of Materials*, v. 51, n. 7, 1999. Disponível em: http://www.tms.org/pubs/journals/JOM/9907/Hofmeister/HofmeisDter-9907.html. Acesso em: 11 jul. 2015.

[42] Optomec. Disponível em: www.optomec.com. Acesso em: 17 out. 2024.

[43] M. Schmidt, P. Huke, C. Gerhard, K. Partes, In-Line Observation of Laser Cladding Processes via Atomic Emission Spectroscopy. *Materials*, v. 14, n. 16, p. 4401, 2021.

[44] A. E. Odermatt, F. Dorn, V. Ventzke, N. Kashaev, Coaxial laser directed energy deposition with wire of thin-walled duplex stainless steel parts: Process discontinuities and their impact on the mechanical properties. *CIRP Journal of Manufacturing Science and Technology*, v. 37, p. 443-453, 2022.

[45] Z. L. Lu, *et al.*, The prediction of the building precision in the Laser Engineered Net Shaping process using advanced networks. *Optics and Lasers in Engineering*, v. 48, p. 519-525, 2010.

[46] T. Purtonen, A. Kalliosaari, A. Salminen, Monitoring and adaptive control of laser processes. *Physics Procedia*, v. 56, p. 1.218-1.231, 2014.

[47] BeAM, BeAM machines to integrate In-Process Standoff Distance control in partnership with Precitec and Siemens – BeAM Machines – Directed Energy Deposition. Disponível em: https://www.beam-machines.com/press-events/standoffdistance. Acesso em: 26 set. 2022.

[48] T. M. A. Mcelroy, J. Beaman, S. Fish, *Optical-coherence-tomography guided additive manufacturing and laser ablation of 3d-printed parts, patent WO2016183210A1 WIPO (PCT)*, 2016.

[49] W. M. Steen, J. Mazumder, *Laser material processing*. 4th ed. Londres: Springer, 2010.

[50] J. Gutjahr, *Reutilização do pó metálico no processo Laser Directed Energy Deposition (L-DED): um estudo sobre a degradação da matéria prima e suas consequências no processo e no comportamento de peças fabricadas por manufatura aditiva*. Tese (Doutoramento). Programa de Pós-graduação em Engenharia Mecânica, Universidade Federal de Santa Catarina, 2022.

[51] K. L. Terrassa, J. C. Haley, B. E. MacDonald, J. M. Schoenung, Reuse of powder feedstock for directed energy deposition. *Powder Technology*, v. 338, p. 819-829, 2018.

[52] F. Lia, J. Park, J. Tressler, R. Martukanitz, Partitioning of laser energy during directed energy deposition. *Additive Manufacturing*, v. 18, p. 31-39, 2017.

[53] J. Ibarra-Medina, A. J. Pinkerton, Numerical investigation of powder heating in coaxial laser metal deposition. *Surface Engineering*, v. 27, p. 754-761, 2011.

[54] P. Y. Lin, F. C. Shen, K. T. Wu, S. J. Hwang, H. H. Lee, Process optimization for directed energy deposition of ss316l components. *The International Journal of Advanced Manufacturing Technology*, v. 111, n. 5, p. 1387-1400, 2020.

[55] C. Y. Liu, J. Lin, Thermal processes of a powder particle in coaxial laser cladding. *Optics & Laser Technology*, v. 35, p. 81-86, 2003.

[56] D. R. Norton, Pulsed laser deposition of complex materials: progress. *Pulsed laser deposition of thin films: applications-led growth of functional materials*. Hoboken: John Wiley & Sons, 2007. v. 1.

[57] M. S. F. de Lima, S. Sankaré, Microstructure and mechanical behavior of laser additive manufactured AISI 316 stainless steel stringers. *Materials & Design*, v. 55, p. 526-532, 2014.

[58] Lu, X., Lin, X., Chiumenti, M., Cervera, M., Hu, Y., Ji, X., ... & Huang, W. Residual stress and distortion of rectangular and S-shaped Ti-6Al-4V parts by Directed Energy Deposition: Modelling and experimental calibration. *Additive Manufacturing*, 26, p. 166-179, 2019.

[59] J. S. Keist, S. Nayir, T. A. Palmer, Impact of hot isostatic pressing on the mechanical and microstructural properties of additively manufactured Ti–6Al–4V fabricated using directed energy deposition. *Materials Science and Engineering: A*, v. 787, p. 139454, 2020.

[60] W. Chen, L. Xu, Y. Han, L. Zhao, H. Jing, Control of residual stress in metal additive manufacturing by low-temperature solid-state phase transformation: An experimental and numerical study. *Additive Manufacturing*, v. 42, p. 102016, 2021.

[61] C. A. R. P. Baptista, M. S. F. Lima, R. Riva, R. H. M. Siqueira, Fatigue crack growth behavior of laser-shock processed aluminum alloy 2024-T3. *Procedia Structural Integrity*, v. 17, p. 324-330, 2019.

[62] C. N. D. Peters, J. D. C. Jones, D. P. H. Francis, M. Haran. Focus control of lasers in material processing operations. Patent EP0811453B1 European Patent Office, 2003.

[63] nLIGHT Expands Corona Family with Launch of Two New Corona Fiber Lasers — nLIGHT. Disponível em: https://www.nlight.net/press-releases-content/nlight-expands-corona-family-with-launch-of-two-new-corona-fiber-lasers. Acesso em: 27 set. 2022.

[64] Metal 3D Printing. Multi-Metal Laser Metal Deposition – Meltio. Disponível em: https://meltio3d.com/. Acesso em: 1 fev. 2023.

[65] Sciaky, Inc., Metal Additive Manufacturing, EB Welding. Disponível em: https://www.sciaky.com/. Acesso em: 27 set. 2022.

[66] K. S. Ribeiro, F. E. Mariani, R. T. Coelho, A study of different deposition strategies in direct energy deposition (DED) processes. *Procedia Manufacturing*, v. 48, p. 663-670, 2020.

[67] P. Edwards, A. O'Conner, M. Ramulu, Electron beam additive manufacturing of titanium components: properties and performance. *Journal of Manufacturing Science and Engineering*, v. 135, n. 6, 2013.

[68] General Electric Co. Additive Manufacturing Machines & Materials. Disponível em: https://www.ge.com/additive/. Acesso em: 27 jul. 2023.

[69] Lima Corporate. Disponível em: https://limacorporate.com/. Acesso em: 27 set. 2022.

[70] Efesto – 3D Printed Metals. Additive Manufacturing. Disponível em: http://www.efesto.us/. Acesso em: 27 set. 2022.

[71] Ihr Partner für Innovationen – Fraunhofer ILT. Disponível em: https://www.ilt.fraunhofer.de/. Acesso em: 27 set. 2022.

[72] Trumpf SE + Co. KG. Disponível em: https://www.trumpf.com/pt_BR/. Acesso em: 27 set. 2022.

[73] IREPA Laser. Centre de recherche et de développement de l'Institut Carnot Mica. Disponível em: http://www.irepa-laser.com. Acesso em: 20 maio 2016.

[74] G. K. Lewis, R. B. Nemec, J. O. Milewski, D. J. Thoma, M. Barbe, D. Cremers, Direct light fabrication. *Proc ICALEO*, p. 556-565, 1994.

[75] A. Kiran, J. Hodek, J. Vavřík, M. Urbánek, J. Džugan, Numerical simulation development and computational optimization for directed energy deposition additive manufacturing process. *Materials*, v. 13, n. 11, p. 2666, 2020.

[76] X. Lu, G. Zhang, J. Li, M. Cervera, M. Chiumenti, J. Chen, W. Huang, Simulation-assisted investigation on the formation of layer bands and the microstructural evolution in directed energy deposition of Ti6Al4V blocks. *Virtual and Physical Prototyping*, v. 16, n. 4, p. 387-403, 2021.

[77] Additive Manufacturing & 3D Printing Simulation Software – Ansys. Disponível em: https://www.ansys.com/products/additive. Acesso em: 17 out. 2024.

[78] FLOW-3D AM. Additive Manufacturing Simulation Software. Disponível em: https://www.flow3d.com/products/flow3d-am/. Acesso em: 17 out. 2024.

[79] Numerical Modeling of Wire Directed Energy Deposition Additive Manufacturing (Wire-DED) Process. Disponível em: https://www.comsol.com/paper/numerical-modeling-of-wire-directed-energy-deposition-additive-manufacturing-wir-92791. Acesso em: 17 out. 2024.

[80] B. E. Carroll, T. A. Palmera, A. M. Beese, Anisotropic tensile behavior of Ti-6Al-4V components fabricated with directed energy deposition additive manufacT turing. *Acta Materialia*, v. 87, p. 309-320, 2015.

[81] W. Xue, *et al.*, Processing and biocompatibility evaluation of laser processed po4 rous titanium. *Acta Biomaterialia*, v. 3, p. 1007-1018, 2007.

[82] R. F. Hamilton, T. A. Palmer, B. A. Bimber, Spatial characterization of the thermal-induced phase transformation throughout as-deposited additive manufactut red NiTi bulk builds. *Scripta Materialia*, v. 101, p. 56-59, 2015.

[83] S. Gao, F. Weng, O. P. Bodunde, M. Qin, W. H. Liao, P. Guo, Spatial characteristics of nickel-titanium shape memory alloy fabricated by continuous directed energy deposition. *Journal of Manufacturing Processes*, v. 71, p. 417-428, 2021.

[84] V. K. Balla *et al.*, Compositionally graded yttria-stabilized zirconia coating on stainless steel using laser engineered net shaping (LENSTM). *Scripta Materialia*, v. 57, p. 861-864, 2007.

[85] M. V. Lototskyy, *et al.*, Metal hydride systems for hydrogen storage and supply for stationary and automotive low temperature PEM fuel cell power modules. *International Journal of Hydrogen Energy*, v. 40, n. 35, p. 11491-11497, 2015.

[86] I. Kunce, M. Polanski, J. Bystrzycki, Structure and hydrogen storage properties of a high entropy ZrTiVCrFeNi alloy synthesized using Laser Engineered Net Shaping (LENS). *International Journal of Hydrogen Energy*, v. 38, p. 12.180-12.189, 2013.

[87] M. Polanski, *et al.*, Combinatorial synthesis of alloy libraries with a progressive composition gradient using laser engineered net shaping (LENS): Hydrogen storage alloys. *International Journal of Hydrogen Energy*, v. 38, p. 12159-12171, 2013.

[88] M. K. Keshavarz, A. Gontcharov, P. Lowden, A. Chan, D. Kulkarni, M. Brochu, Turbine Blade Tip Repair by Laser Directed Energy Deposition Additive Manufacturing Using a Rene 142–MERL 72 Powder Blend. *Journal of Manufacturing and Materials Processing*, v. 5, n. 1, p. 21, 2021.

[89] B. Blakey-Milner, P. Gradl, G. Snedden, M. Brooks, J. Pitot, E. Lopez, A. du Plessis, Metal additive manufacturing in aerospace: a review. *Materials & Design*, v. 209, p. 110008, 2021.

[90] S. M. Carvalho, R. H. M. Siqueira, M. S. F. Lima, Laser welded titanium cubesats. *Lasers in Manufacturing Conference 2019.*

[91] B. P. Bewlay, M. R. Jackson, *Method for replacing blade tips of directionally solidified and single crystal turbine blades. US5822852 A*. Disponível em: https://www.google.com/patents/US5822852. Acesso em: 11 jul. 2015.

[92] M. Gaumann, *et al.*, Epitaxial laser metal forming: analysis of microstructure formation. *Materials Science and Engineering A*, v. 271, n. 1, p. 232-241, 1999.

[93] Liburdi. Enabling Technologies. Disponível em: http://www.liburdi.com/turbine-services-enabling-technologies. Acesso em: 14 maio 2016.

[94] J. M. Wilson, *et al.*, Remanufacturing of turbine blades by laser direct deposition with its energy and environmental impact analysis. *Journal of Cleaner Production*, v. 80, p. 170--178, 2014.

[95] Z. Zhu, V. G. Dhokia, A. Nassehi, S. T. Newman, A review of hybrid manufacturing processes–state of the art and future perspectives. *International Journal of Computer Integrated Manufacturing*, v. 26, n. 7, p. 596-615, 2013.

[96] J. L. Dávila, P. I. Neto, P. Y. Noritomi, R. T. Coelho, J. V. L. da Silva, Hybrid manufacturing: a review of the synergy between directed energy deposition and subtractive processes. *The International Journal of Advanced Manufacturing Technology*, v. 110, n. 11, p. 3377-3390, 2020.

[97] X. Peng, L. Kong, J. Y. H. Fuh, H. Wang, A review of post-processing technologies in additive manufacturing. *Journal of Manufacturing and Materials Processing*, v. 5, n. 2, p. 38, 2021.

[98] X. Zhang, Y. Zhang, M. D. Pandey, Global sensitivity analysis of a CNC machine tool: application of MDRM. *The International Journal of Advanced Manufacturing Technology*, v. 81, n. 1, p. 159-169, 2015.

[99] K. A. Lorenz, J. B. Jones, D. I. Wimpenny, M. R. Jackson, A review of hybrid manufacturing. *In*: *2014 International Solid Freeform Fabrication Symposium*. University of Texas at Austin, 2015.

[100] L. Ren, T. Sparks, J. Ruan, F. Liou, Integrated process planning for a multiaxis hybrid manufacturing system. *Journal of Manufacturing Science and Engineering*, v. 132, n. 2, 2010.

[101] LASERTEC 65 DED hybrid – Additive Manufacturing Machines by DMG MORI. Disponível em: https://en.dmgmori.com/products/machines/additive-manufacturing/powder-nozzle/lasertec-65-ded-hybrid. Acesso em: 17 out. 2024.

[102] ROMI S.A. Disponível em: https://www.romi.com/. Acesso em: 20 set. 2022.

CAPÍTULO 8
Deposição com energia direcionada – Deposição a arco (MADA)

Américo Scotti

8.1 INTRODUÇÃO

O arco elétrico tem sido usado como fonte de calor em processos metalúrgicos há muito tempo. O arco elétrico é basicamente um conversor de energia elétrica em calor. Possivelmente é um dos conversores elementares para energia calorífica mais eficientes, do ponto de vista econômico, e dos mais eficazes, pelo alto rendimento. Um dos contratempos do arco elétrico como conversor é que parte da energia elétrica é também transformada em outras formas de energia, como energia luminosa (em comprimentos de onda visível e invisível). Para uso metalúrgico, somente a energia térmica é de interesse, e o contratempo da energia luminosa é contornado às custas de proteção do operador frente às radiações. Contudo, apesar de serem aparentemente significantes, felizmente apenas uma pequena parcela da energia é transformada em energia luminosa.

Uma das formas mais difundidas da utilização do arco elétrico em processos metalúrgicos é a soldagem a arco. A física pertinente ao arco de soldagem é bastante complexa e ainda assunto de estudos. De maneira simplificada, pode-se dizer que, em um arco de soldagem, o calor é gerado pela passagem de uma elevada corrente (normalmente de 50 A, até no máximo 1.000 A) por um meio plasmático (o quarto estado da matéria) criado entre o eletrodo e a peça. O plasma mantém-se basicamente pelo calor gerado pelos choques dos elétrons com átomos não ionizados. Uma diferença de potencial (d.d.p.) razoavelmente baixa (menor do que 40 V) é fornecida por uma fonte elétrica para garantir que os elétrons possam viajar de um polo ao outro (peça ao eletrodo ou vice-versa). Em regime, sustenta-se um equilíbrio entre o calor gerado e o calor transferido para o meio e para as conexões do arco com os polos (chamados de regiões anódica, a do polo positivo, e catódica, a do polo negativo). A maior fonte de calor para se realizar a soldagem a arco se dá exatamente pelo calor gerado nas regiões anódicas e catódicas (choques de elétrons, e entre elétrons e íons, nessas regiões). Uma menor parcela de calor é ainda gerada por efeito joule no eletrodo, assim como transferida para a peça por radiação e convecção.

E é exatamente o mesmo arco elétrico usado em soldagem a fonte de calor para se realizar a manufatura aditiva por deposição a arco (MADA). Neste capítulo, incialmente a tecnologia MADA é definida, seguida de seções com considerações iniciais sobre a aplicação dessa tecnologia e dos fundamentos envolvidos. A próxima seção se dedica aos processos de soldagem a arco aplicáveis em MADA, seguida pela seção que descreve e explica o ciclo de processamento para se planejar a sequência de produção (a cadeia de produção informatizada, a digitalização da peça, a otimização topológica, o fatiamento e as trajetórias de deposição). Em sequência, o capítulo finaliza dedicando-se à impressão e à geração de códigos de máquina.

8.2 DEFINIÇÃO DA MADA

A manufatura aditiva por deposição a arco (MADA) é a mais utilizada em português e significa a manufatura aditiva (*additive manufacturing* – AM) de metais que se utiliza do arco elétrico como fonte de calor para a deposição de material fundido. A matéria-prima empregada pode ser um arame metálico, maciço ou tubular, ou mesmo pó metálico. O material é depositado camada a camada com a finalidade de formar uma peça tridimensional. Existem várias outras denominações para essa tecnologia, sendo a mais popular a usada na língua inglesa e expressa pela sigla WAAM (*wire arc additive manufacturing*, portanto excluindo o uso de pó como material de adição). A sigla inglesa também é usada em outras línguas, incluindo a portuguesa, tamanha a difusão dessa terminologia no meio industrial, comercial e acadêmico.

A MADA é uma classe da categoria deposição com energia direcionada (*directed energy deposition* – DED), como ilustra a Figura 8.1. A sigla DED, de acordo com a norma ISO/ASTM 52900, cobre os processos AM nos quais a energia térmica é usada para fundir materiais por fusão à medida que eles estão sendo depositados, sendo o arco elétrico uma das formas de energia térmica. Portanto, DED é assumida aqui como uma família de tecnologias. É importante esclarecer que a variabilidade de terminologias não é um privilégio da MADA, acontecendo também para outras tecnologias AM dos metais. Também é importante destacar que as classificações, como aquelas esquematizadas na Figura 8.1, são reflexo da cultura na qual se inserem as tecnologias AM. Dessa forma, classificações como estas são mais de cunho didático, por existirem muitas interseções entre a classes, dificultando a separação de um processo ou técnica entre uma categoria ou outra.

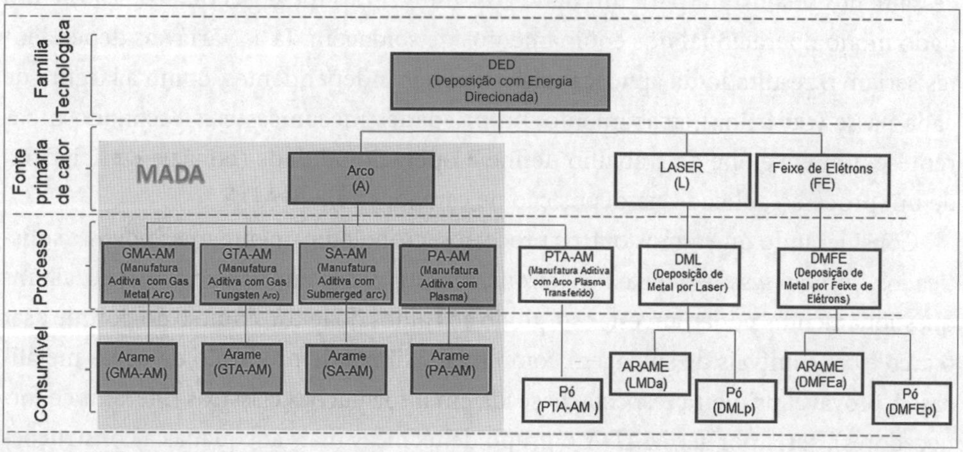

Figura 8.1 Classificação da AM de metais por deposição com energia direcionada, com destaques para a tecnologia MADA (sombreado).

A Figura 8.1 também enfatiza que a fonte de calor para operar com a MADA é o plasma de arco elétrico, já tradicionalmente usado em soldagem a arco e a arco plasma. Chama-se a atenção ao fato de que o processo plasma a arco (PA-AM), também utilizado e classificado como DED, não se enquadra na mesma classificação dos processos a arco, apesar de ambos usarem um plasma (plasma de arco elétrico) e a passagem de corrente elétrica por ele como fonte primária de calor. Aconselha-se a consulta de literatura especializada em processos de soldagem e em física do arco elétrico para maior esclarecimento acerca das diferenças entre as mencionadas classes. No entanto, o PA-AM foi mantido na rota de MADA neste capítulo pelas semelhanças intrínsecas com os demais processos a arco. Já o plasma com arco transferido (PTA-AM) foi excluído, pois os fundamentos desta classe de processo diferem mais dos relativos aos outros processos a arco (assim como foram excluídos o *laser* e o feixe de elétrons, abordados no Capítulo 7).

8.3 CONSIDERAÇÕES SOBRE A APLICAÇÃO DA MADA

Em teoria, qualquer processo de soldagem a arco ou a arco plasma poderia ser usado em MADA. No entanto, cada um tem suas particularidades que o tornam mais utilizável do que o outro, como é discutido mais à frente. A seleção do processo afetará, em particular, os custos de construção (tempo de produção e qualidade de construção) e o envelope de trabalho. Abrindo um parêntese, um envelope de trabalho para MADA pode ser definido por um diagrama cujas variáveis independentes são a velocidade de deposição (ou velocidade de deslocamento da tocha) e velocidade de alimentação do arame (que, por sua vez, está relacionada à corrente e ao comprimento livre energizado do arame). Esses parâmetros operacionais do processamento se ajustam para um dado consumível (arame e gás de proteção) e um dado modo operacional dos equipamentos de soldagem. Já as variáveis dependentes seriam o resultado da aplicação das variáveis independentes, como a largura de cada passe (ou trilha), acabamento, propriedades mecânicas etc. Fechando o parêntese, um envelope de trabalho define a operacionalidade (eficácia e eficiência) de um processo aplicado na deposição de camadas pela MADA.

Considerando que tantos outros processos, cronologicamente mais novos e sofisticados, como o *laser* e o feixe de elétrons, são utilizados em AM com metais, alguns questionamentos poderiam estar surgindo aos olhos do leitor, como o do porquê usar o arco e consumíveis de soldagem como meio aditivo de produção de peças metálicas. A provável primeira resposta, baseada em informações clássicas (literatura e fornecedores), seria por ser MADA o grupo de técnicas mais adequadas a construções de peças grandes e com relativamente baixa complexidade geométrica e quando não é exigida alta resolução dimensional (em relação à dimensão alvo de projeto). Essas duas últimas razões podem ser questionáveis, uma vez que os pós-processamentos por usinagem poderiam corrigir facilmente desvios dimensionais e aumentar a complexidade geométrica. Porém, pensando na realidade da aceitabilidade da tecnologia MADA no meio industrial, sobressaem-se três outras razões:

a. Os processos de soldagem a arco são bem conhecidos, razoavelmente estabelecidos e, consequentemente, mais aceitáveis pelos utilizadores finais.
b. Os consumíveis de soldagem a arco estão prontamente disponíveis, padronizados e testados em campo.
c. A soldagem a arco é muito flexível em relação a equipamentos e características (vários modos operacionais e parametrização), com menor investimento e custos operacionais.

Ressalta-se que, como qualquer outro processo AM com materiais metálicos, os custos de fabricação usando-se a tecnologia MADA são altos. Arames de soldagem têm maior custo por massa/volume do que um material semiacabado (tarugos, barras, chapas, tubos etc.), que poderiam ser usados como matéria-prima para fabricação da mesma peça por outras tecnologias (usinagem, soldagem, conformação etc.). O consumo de gases de proteção é muito alto. Por outro lado, em geral o tempo entre projeto e fabricação usando a MADA pode ser bem menor do que os de abordagens de fabricação concorrentes, compensando alguns custos. Por isso, a aplicação da abordagem de fabricação por MADA tem de ser analisada de forma global, levando-se em conta aspectos como redução do desperdício de matéria-prima, o uso do atributo de *just-in-time* para programação de compras e política de estoque, custo de transporte e manuseio entre o início de produção (matéria-prima) e o produto pronto colocado em operação, lucro-cessante por demora em importação ou encomendas de componentes "fora de prateleira", harmonização de projeto e otimização paramétrica para redução de retrabalho (imperfeições) e pós-operação (usinagem de acabamento e tratamentos térmicos). Torna-se ainda essencial para a aplicação eficiente e eficaz da MADA a racionalização econômica por meio do projeto da peça (otimização topológica, customização e reaproveitamento de componentes visando à economia circular) e do planejamento de fabricação (posicionamento eficaz da peça a ser impressa, otimização de trajetória, seleção de equipamento). Essas características expandem a liberdade de projeto e permitem a construção de componentes funcionais com base na eficiência de suas funções, e não nas limitações de fabricação.

Com todas essas características, a MADA, como um conjunto de técnicas (Figura 8.1), encontra maior aplicação na fabricação de componentes funcionais (peças de reposição e customizadas para *upgrade*), feitas com materiais de engenharia de valor agregado médio (aços de baixa liga e alta resistência, aços inoxidáveis e ligados, ligas de alumínio e bronzes), de desvios das tolerâncias dimensional de projeto não muito estreitos (caso não se espere gastar ainda com usinagem para correção dimensional) e até de componentes formados por camadas de materiais diferentes (*functionally graded materials*). A Figura 8.2 ilustra artefatos fabricados por MADA, no caso empregando a tecnologia GMA-AM.

Ligas nobres, como de titânio ou superligas de níquel, normalmente são aplicadas em componentes menores, de maior complexidade geométrica e rigor de tolerância de dimensões. Esses materiais são aplicados em ramos específicos, como na indústria aeroespacial, cujo maior valor agregado pela aplicação compensa o uso de outras tecnologias AM. Um termo muito usado na indústria aeroespacial para justificar o uso de AM é o *buy-to-fly* (comprar para voar), que significa a relação mássica do quanto se precisa comprar de um material nobre para fabricar um componente a ser utilizado em voo. Em contraponto, o melhor termo para justificar o uso da MADA seria *buy-to-apply* (comprar para usar), pois a sua maior aplicação é em componentes que não sairão do chão. Concluindo, o parâmetro *buy-to-apply* deve ser o que os tomadores de decisão gerencial devem conhecer. Esse parâmetro engloba os custos globais de fabricação eficiente e eficaz de um componente funcional, e não só a economia de custo do material. Para se optar pelo uso da MADA em um processo produtivo, outros custos devem ser considerados em conjunto, embora quanto mais próximo da unidade o fator *buy-to-apply*, menor será a quantidade de material a ser removido pós-impressão para se adequar o componente às suas dimensões de projeto.

(a) (b) (c) (d)

Figura 8.2 Exemplos de componentes funcionais metálicos fabricados por MADA por GMA-AM para indústria de óleo e gás: luva de redução (a); flange (b); grampo de tubulação (c); grampo para fechamento de caixa (d).
Fonte: cortesia do Grupo Laprosolda da Universidade Federal de Uberlândia, Brasil.

8.4 FUNDAMENTOS DA IMPRESSÃO POR MADA

Ao se planejar a fabricação de um componente usando MADA, como os componentes funcionais mencionados, a primeira preocupação é a de garantir a geometria desejada (de projeto). As propriedades mecânicas, que, por sua vez, dependem da metalurgia (composição do material e microestrutura), só se tornam uma preocupação prática após satisfeitos os requisitos geométricos. Porém, a geometria (forma e dimensão) controla indiretamente a formação metalúrgica, por influenciar as taxas de resfriamentos para uma dada energia de arco empregada (da mesma forma que a espessura das chapas e formato de juntas afetam a formação da microestrutura em soldagem, só que agora de forma mais complexa). Sendo assim, cabe aqui colocar alguns fundamentos que devem ser lembrados antes de se planejar a fabricação por MADA.

Inicialmente, deve-se atentar para a precisão dimensional, pois pode inviabilizar economicamente a utilização da tecnologia. A precisão dimensional é definida como a diferença entre as dimensões alvo (largura e altura nominais de projeto) e a medida (espessura e altura útil), considerando no projeto uma sobremedida para usinagem, quando preciso. Quanto mais estreita a precisão dimensional exigida, menos material terá de ser subtraído após a deposição de camadas. No entanto, uma grande ondulação da superfície após a deposição de camadas também significa uma grande quantidade de material a ser subtraído, mesmo que a dimensão alvo possa ter sido alcançada (no caso, o alvo seria a dimensão efetiva, considerando os vales das oscilações). Porém, para dificultar mais ainda a solução dessa problemática, com a MADA são feitas impressões de paredes finas (ou partes esbeltas de uma peça) e/ou paredes grossas (ou partes volumosas de uma peça), isoladamente ou unidas entre si. E os conceitos ligados ao volume das peças a serem impressas serão os primeiros a serem discutidos nesta seção.

Mas o que seriam partes esbeltas e volumosas de uma peça no contexto da MADA? É comum ocorrer discordâncias entre autores e usuários ao se definir o que seriam paredes finas (ou partes esbeltas) e o que seriam paredes grossas (ou partes volumosas) em MADA. Do ponto de vista prático, este autor define peças compostas por paredes esbeltas como aquelas impressas utilizando uma única trilha por camada, usando ou não oscilação transversal do arco. Destaca-se que a oscilação transversal do arco, também referenciada em soldagem como tecimento, ocorre quando a poça de fusão se mantém líquida por toda a amplitude do movimento transversal do arco. Já partes grossas (volumosas) demandam múltiplas trilhas por camada (mesmo plano) para permitir a formação de maiores larguras ou um movimento em zigue-zague, o qual não mantém a poça de fusão líquida por toda a amplitude do movimento transversal do arco. É bom esclarecer que uma parte volumosa pode também ser uma parede espessa.

O entendimento da diferença entre partes esbeltas e volumosas da peça é muito importante, pois impacta em como o calor oriundo do arco é dissipado, como ilustra a Figura 8.3. Quando calor é aportado em uma peça metálica impressa por MADA, seja esbelta ou volumosa, condução é o mecanismo predominante de difusão de calor dentro do material. A radiação e a convecção natural nas superfícies de cima e laterais das camadas, quando acontecem em temperaturas mais baixas (como aquelas abaixo da metade do ponto de fusão do metal), são mecanismos menos influentes (ver a direção e a densidade dos vetores de fluxo de calor na Figura 8.3).

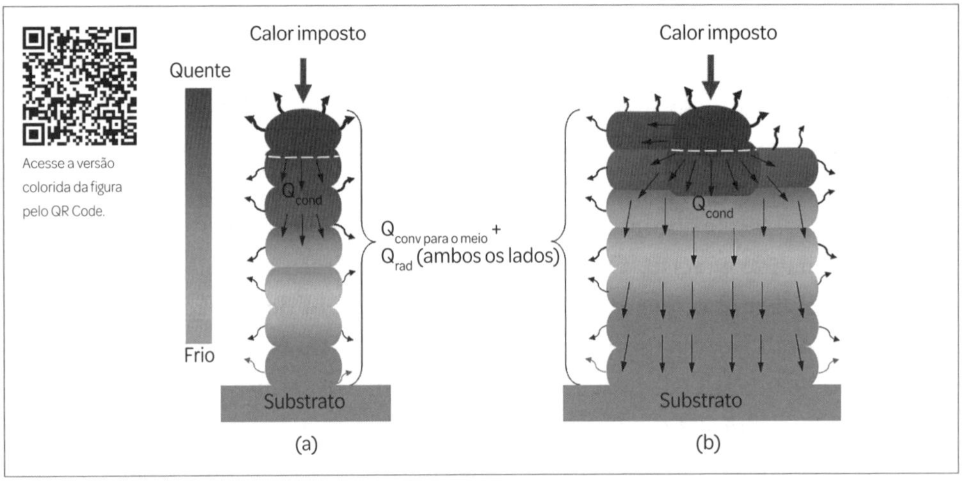

Figura 8.3 Esquematização da perda de calor em MADA, onde Q_{rad} representa a transferência de calor por radiação, Q_{conv} por convecção natural e Q_{cond} por condução: paredes esbeltas (uma trilha por camada) (a) e paredes volumosas (simulando três trilhas paralelas) (b).

Em partes esbeltas, o calor nas regiões mais quentes (camada sendo depositada) segue um fluxo descendente e quase unidirecional, prioritariamente pelo mecanismo de condução térmica (Figura 8.3a). A perda de calor para o meio ambiente por radiação ou convecção se dá apenas nas regiões mais quentes, onde se está depositando. Como consequência de uma baixa perda de calor imposto (basicamente por condução, em uma seção transversal pequena), acontece o chamado acúmulo de calor nas camadas já depositadas, dificultando ainda mais a própria condução de calor pela peça e alterando o perfil térmico. Faz-se lembrar que a deposição de paredes finas não é favorecida pelo uso de parâmetros com alta energia de arco (que reduziriam o tempo de produção pela maior produção), já que baixa energia minimiza, até certo ponto, o acúmulo de calor. Chama-se atenção para não confundir também o conceito de acúmulo de calor. Para alguns, acúmulo de calor é quando a entrada de calor oriundo do arco torna-se maior do que a perda (conceito equivocado, pois se não houver o equilíbrio, a parede continuaria a aquecer até se fundir inteiramente). Assim, acúmulo de calor em MADA de paredes finas (principalmente, mas nas grossas também) deve ser visto como aquecimento acumulativo das camadas anteriores pelo dificultado fluxo de calor pela peça. Sendo um sistema aberto, o equilíbrio térmico que entra e sai continua quando a deposição está em regime. Também é bom lembrar que esse equilíbrio é interativo. Por exemplo, um aumento do volume da poça em consequência de um dado parâmetro de deposição que cause acúmulo de calor é contrabalançado pelo aumento em si de perdas de calor da própria poça para o meio ambiente, por radiação e convecção, e não só por condução para o volume metálico.

Já em partes volumosas das peças, o calor se dissipa tridimensionalmente (Figura 8.3b), de modo semelhante a cordões em soldagem multipasses depositados dentro de um chanfro. Se, por um lado, a difusão de calor é facilitada (menor concentração de calor nas camadas precedentes, pois o fluxo de calor tem maior área para se difundir), por outro lado, a trajetória da tocha para se alcançar maiores larguras pode provocar pontos de acúmulos de calor, também conhecidos como pontos quentes (*hot spots*), como em regiões de mudança de sentido/direção da tocha. Deve-se lembrar que a própria parametrização da deposição de partes volumosas requer normalmente maior energia de arco, para evitar falta de fusão na camada precedente (maior perda de calor).

Cabe ainda ressaltar a consequente formação de tensões residuais e/ou distorções na confecção de partes esbeltas e volumosas. Pode-se dizer que pontos quentes comuns em deposição de paredes grossas são mais suscetíveis à geração de tensões térmicas do que o acúmulo de calor que acontece na impressão de paredes finas. As referências [1] e [2] sugerem que partes volumosas são mais inclinadas a produzir mais tensões residuais (e até trincas). As partes esbeltas, pela menor rigidez mecânica, são mais inclinadas a distorções. Bom lembrar que tensões residuais em componentes impressos por MADA podem ser facilmente mitigadas por tratamentos térmicos pós-operação de alívio de tensões, enquanto distorções só são removidas por usinagem, às custas da necessidade de se deixar maior sobremedida durante a impressão.

As trincas, por sua vez, são relacionadas com a composição química do material depositado e com as tensões térmicas. Porém, não se encontram relatos substanciados sobre existência de trincas quando depositando paredes esbeltas por MADA. Talvez aconteçam ao se imprimir com materiais muitos suscetíveis a trincas, menos comuns em MADA (ao depositar arames-eletrodos, a composição do consumível já é de baixíssimo teor de carbono, além de controle sobre elementos químicos segregantes, como S e P). Deformações (principalmente os curvamentos nas regiões de primeiras camadas das paredes), por outro lado, são uma preocupação. Estas são normalmente minimizadas por seleção correta de parâmetros, restrições de movimentação da peça (substrato rígido) e posterior tratamento térmico de alívio de tensões antes de remoção dos grampos de fixação. Por outro lado, trincas são uma preocupação quando depositando partes volumosas. Além de segregações químicas estarem mais presentes, o grau de autorrestrição (aquela exercida pelo próprio corpo metálico, por uma região com massa e em baixa temperatura) para movimentação da parte aumenta. Aliado a esses fatos, ocorrem, em peças volumétricas, gradientes térmicos de maior magnitude (regiões quentes e frias na mesma peça, sob restrição). Por esses fenômenos serem intrínsecos a partes volumosas, a definição da trajetória de deposição (ver Seção 8.6.3) se apresenta como a melhor forma de mitigar a existência de trincas em partes volumosas.

Outro ponto relevante é entender os fundamentos que governam o acabamento (ondulações) da superfície de paredes construídas por MADA, sejam em peças esbeltas ou volumosas. A questão está em controlar a formação da poça fundida em cada camada depositada. Esse acabamento é caracterizado por ondulações na superfície, caracterizadas pela diferença de picos e vales entre as camadas. Em paredes esbeltas, esse controle é mais sensível, pois suas baixas capacidades de perda de calor (Figura 8.3a) e as dimensões da largura da poça em disposição fazem com que a poça seja alongada. O esperado seria que a poça se solidificasse na forma de um semicírculo sobre a camada precedente (o que por si só provocaria picos e vales lateralmente entre camadas, mas de maneira mais controlável). Evitar que essa poça fluida se esmoreça e solidifique (de forma achatada, em relação ao semicírculo) é o desafio. Esse assunto pode ser sistematizado em três mandamentos para se obter paredes finas menos onduladas.

O 1º mandamento diz que a pressão do arco deve ser minimizada para evitar a queda lateral da poça (escorrimento lateral). Isso pode ser alcançado, para um determinado material e espessura de parede, usando-se menores intensidade de corrente, arcos curtos, menores razão corrente-velocidade da fonte de calor (velocidade de deslocamento da tocha), transferência por curto-circuito com menor razão entre tempos de arco aberto e em curto-circuito, e composição dos gases de proteção menos "quentes" (baixos teores de CO_2 e He) e que favoreçam a emissão catódica concentrada na linha central do arco. Todos esses parâmetros e seus efeitos sobre a formação da poça de fusão são conhecidos dos especialistas em soldagem a arco elétrico, mas infelizmente não são apresentados de maneira isolada na bibliografia corrente. Aconselha-se o leitor com menor conhecimento da física da formação da poça a procurar um especialista para maiores esclarecimentos, pois discorrer aqui sobre o assunto demandaria muito tempo e fugiria do escopo do capítulo.

Já o 2º mandamento é que a poça deva apresentar um volume adequado para uma dada taxa de deposição e corrente. Um volume de poça muito pequeno significa que pouco calor foi transferido para a camada anterior, podendo levar à falta de fusão entre camadas. Uma poça muito grande, por outro lado, está propensa a escorrer. Há sempre uma faixa adequada de volumes de poça para um determinado material, espessura de parede e energia de arco. Essa faixa pode ser determinada aumentando-se progressivamente a velocidade de deslocamento da fonte de calor para uma determinada velocidade de alimentação de arame previamente definida. O limite inferior da faixa seria a menor velocidade capaz de evitar o escorrimento da poça, e o superior seria a maior velocidade que previna o aparecimento do efeito conhecido como "costa de dragão".

Finalmente, o 3º mandamento é que o material abaixo de cada camada sob deposição seja o mais frio possível, para que a transferência de calor através da parede esbelta se torne mais fácil. Contudo, o material abaixo de cada camada não pode ser tão frio a ponto de resfriar a poça e dificultar que ela "molhe" a camada prévia. Quanto mais rápida a transferência de calor da poça das camadas sob deposição, menor e menos fluida se torna a poça, impedindo o colapso da poça para os lados.

Esses mandamentos já não se aplicam em partes volumosas, quando a forma de difusão de calor se modifica (Figura 8.3b), passando-se a ser preferencialmente por condução tridimensional. Nesse caso, com exceção das regiões nas arestas das partes volumosas, é salutar que a poça seja mais aquecida, para que o cordão formado seja o mais plano possível. Dessa forma, maiores energias de deposição (mas sem exagero, evitando criar pontos quentes e as consequentes condições para tensões residuais), processos com arcos mais longos, como pulsado, e gases mais "quentes", são recomendados. O volume da poça não é mais uma restrição tão rígida como para partes esbeltas.

8.5 PROCESSOS DE SOLDAGEM A ARCO APLICÁVEIS EM MADA

Como já introduzido, todos os processos de soldagem a arco ou a arco plasma se adequam à MADA, ou seja, pode-se usar o GMAW, GTAW, PAW e até o SAW.[1]

---

1 As siglas que representam os processos de soldagem a arco são mundialmente conhecidas por uma terminologia inglesa, sob a credibilidade de normas técnicas. Segue um resumo do significado de cada sigla citada:

GMAW: *Gas Metal Arc Welding*, processo também conhecido como MIG (*Metal Inerte Gas*) ou MAG (*Metal Active Gas*). Nesse processo, um arame consumível é alimentado continuamente e um gás (inerte ou ativo) protege da contaminação atmosférica a poça de fusão e o metal fundido em transferência. O arco elétrico é criado entre a ponta do arame e a peça de trabalho.

GTAW: *Gas Tungsten Arc Welding*, também conhecido como *Tungsten Inert Gas* (TIG). Nesse processo, utiliza-se um eletrodo de tungstênio não consumível e um gás de proteção inerte. Pode ser autógeno (não usando material de adição) ou alimentado por um arame não energizado através da poça de fusão. O arco elétrico é estabelecido entre o eletrodo de tungstênio e a peça de trabalho. O metal de enchimento, quando utilizado, pode ser adicionado manualmente ou mecanizado.

PAW: *Plasma Arc Welding*. É um processo de soldagem que emprega um arco constrito entre um eletrodo de tungstênio e a peça de trabalho. A constrição do arco, que dá um formato mais colunar a ele, se dá dentro de um bocal especial. Por esse bocal, é fornecido um gás inerte ou levemente redutor para

Quando aplicados como processos na MADA (para produzir calor e alimentar com metal), utiliza-se a nomenclatura estadunidense para processos de soldagem sem o "W", por não ser mais para soldagem (ou seja, GMA, GTA e PA), seguido de um hífen e do sufixo AM (abreviatura do termo *additive manufacturing*, em inglês), como visto na Figura 8.1. Abrindo outro parêntese, o leitor pode estar estranhando ter sido citado aqui o processo Plasma (PA-AM), mas excluído o Plasma com Arco Transferido (PTA-AM). Os categorizados como processos Plasma não são, a rigor, um processo a arco, apesar de se usar um arco. Já o processo Plasma com uso de arame (PA-AM) se assemelha muito com o processo GTA-AM em termos de aplicação em MADA. Já o PTA-AM, por usar pó como consumível, tem outras características, muitas delas adversas aos processos com arame. Fechando o parêntese, menos provável é usar os processos a arco Eletrodo Revestido (SMAW) e Eletrodo Tubular (FCAW), autoprotegido ou não. O primeiro por não oferecer alimentação contínua, mas ambos devido à proteção com escória, que exigiria limpeza entre camadas, prejudicando a produção contínua da impressão (a exceção do Arco Submerso, também protegido por escória, cuja utilização será justificada adiante). Existem ainda versões de cada um desses processos, que impõem o modo de transferência metálica (curto-circuito, goticular ou pulsada), o modo operacional (corrente constante ou tensão constante), entre outros. Os processos também podem ser com transferência natural ou controlada [3].

Não é propósito deste capítulo descrever cada processo e suas variantes operacionais, tanto pela falta de espaço como pela perda do foco. Recomenda-se, porém, aos leitores que necessitarem dessas informações, procurarem literatura especializada no assunto, o que é amplamente disponível. No entanto, deve-se destacar aqui que, por características intrínsecas à MADA, o processo de deposição tem de ser mecanizado (movimentação da tocha e alimentação simultânea do arame) e com regulagem e variação de parâmetros de forma remota (comunicação entre o equipamento de soldagem a arco e a impressora). Ver a justificativa para tal na Seção 8.4.1. Também pelo valor agregado ao componente impresso, os equipamentos de deposição (equipamento de soldagem a arco) devem oferecer mais funções de controle, como

formar o plasma, através de orifício central onde se aloja o eletrodo. Um gás de proteção (similar ao de plasma) é fornecido concentricamente também através do bocal.

SAW: *Submerged Arc Welding*. É um processo similar ao GMAW, mas a proteção se dá por um fluxo (material não orgânico na forma de pó), alimentado pela tocha (portanto, não usa gases). O arco formado entre a ponta do arame e a chapa é submerso em um fluxo, o que cria uma barreira protetora muito eficiente contra contaminantes atmosféricos. Por isso, permite soldagens com maiores correntes e com arames de maiores diâmetros (maior taxa de deposição).

linhas sinérgicas, controle de abertura e fechamento de arco, transferência metálica com controle de corrente e/ou alimentação do arame etc. Portanto, são equipamentos um pouco mais caros do que as variantes mais básicas, mas que se mostram mais funcionais e eficazes.

Porém, concentrando na aplicação em MADA e não na descrição das variantes tecnológicas dos processos, a rigor, o processo GTA-AM (que usa eletrodo não consumível e material de adição alimentado a parte) seria provavelmente o mais utilizado, por ser similar às tecnologias DED que empregam o processo *laser* como fonte de calor. Além da independência entre o calor imposto e o material a ser depositado, o GTA-AM não possui transferência metálica através do eletrodo, evitando respingos. Analogamente, também seria o caso do Plasma com Arame (PA-AM). Essas características emprestam ao GTA-AM e ao PA-AM a habilidade de um maior controle da poça de fusão, conseguindo-se paredes esbeltas com menor espessura e melhor acabamento superficial. Por não usarem gases de proteção oxidantes, podem ser empregados com praticamente todos os materiais, sem perda de elementos de liga do arame na deposição e sem formação de escórias sobre ou entre camadas depositadas. Por trabalharem na maioria dos materiais com o eletrodo negativo, não dependem da emissão de elétrons pelo material de deposição, favorecendo a deposição de todos os materiais usados em engenharia. Por isso, o GTA-AM e o PA-AM são os mais indicados para depositar ligas de titânio usando a MADA.

A versão GTA-AM (ou PA-AM) pulsado, quando sistematicamente escolhidos os parâmetros, intensifica a capacidade de controlar a poça, ou seja, formar a poça no pulso e reduzir a viscosidade quando a corrente está na base. Efeito similar é obtido com pulsação de alimentação do arame. A possibilidade do uso de aditivo redutor (H_2) no gás de proteção beneficia também a deposição de aços inoxidáveis, pela formação de superfícies menos foscas. O aditivo redutor é recomendado em MADA principalmente (mas não exclusivamente) em partes mais volumosas, já que para partes esbeltas torna o arco "mais quente". Com custos de investimento e operacional bem mais acessíveis do que os do *laser*, é bem verdade que o GTA-AM e o PA-AM não são um processo com alta capacidade de produção, se comparado com a de outros processos utilizáveis em MADA (como GMA), tomando como base de comparação a intensidade de corrente. Capacidade de produção deve ser entendida aqui como o poder de produzir unidades de peças por unidade de tempo (operacional), diferenciando, portanto, de produtividade (econômico), que pode se balizar por outros parâmetros, como custo unitário por investimento ou despesas, produção por recurso humano etc. Porém, a faixa de produção do GTA-AM equivale à de outros processos utilizáveis em MADA, passando a capacidade de produção não ser um limitante, frente às vantagens. No entanto, exatamente por demandar que o processo seja mecanizado, o processo GTA-AM é limitado à primeira vista, pois torna-se difícil sincronizar a mudança de direção do bico de alimentação de arame com a direção da tocha, uma vez que são independentes. Porém, essa limitação é superável e já existem equipamentos comerciais cujo movimento tem mais um grau de liberdade capaz de mudar coerentemente a direção da alimentação.

Não obstante, por apresentar um vantajoso balanço entre capacidade de produção e qualidade da peça impressa (acabamento, forma e tolerância dimensional), o processo GMA-AM é o mais utilizado. Com esse processo, tem-se uma maior produção (taxa de deposição por unidade de tempo), mas com maiores dificuldades para produzir paredes muito finas, quando comparado com GTA-AM (ou PA-AM). Se, por um lado, a dependência entre intensidade de corrente e alimentação de arame é um fator de redução de flexibilidade na regulagem dos parâmetros para controle da poça, por outro, facilita a movimentação da tocha quando alterações de direção são impostas pela trajetória (ver Seção 8.4.3).

O processo GMA-AM permite trabalhar numa grande faixa de intensidade de corrente, com uso de poucos parâmetros de regulagem, principalmente se operado com curvas sinérgicas[2]. Normalmente, a transferência metálica por curto-circuito é a preferida, caracterizando-se por baixa corrente e, consequentemente, maior controle da poça de fusão, sobretudo para deposição de paredes finas ou partes esbeltas de peças. A mistura de CO_2 em argônio como gás de proteção favorece a regularidade da transferência por curto-circuito [3] [4], mas o teor de CO_2 não deve ser muito alto (não mais do que 5%) se o proposto é paredes esbeltas (tornando-se, assim, misturas menos "quentes"). Valores até 25% tornam-se aceitáveis para partes volumosas, por favorecer a formação da poça (maior molhabilidade). Para partes volumosas, arco pulsado também permite produção de trilhas menos convexas. Transferência goticular, também conhecida como *spray-arc*, por outro lado, impõe alto nível de energia [3], condição normalmente não satisfatória em MADA.

Os respingos, típicos da transferência curto-circuito, embora minimizados se os parâmetros são apropriadamente regulados, são indesejáveis em impressões, uma vez que afetam aspectos estéticos, mas também operacionais, como impregnação do bocal da tocha, considerando o caráter contínuo e longo da produção. Por isso, normalmente se usam equipamentos de soldagem sinérgicos para deposição com

2 Curvas sinérgicas são algoritmos no sistema de controle em malha aberta das máquinas de soldagem que, sinergicamente, ajustam um parâmetro dependente (como a tensão ou parâmetros de pulso) em resposta a uma entrada por parte do operador (como velocidade de alimentação ou corrente desejadas). As curvas sinérgicas são desenvolvidas experimentalmente pelos fabricantes para uma dada combinação arame-gás. Portanto, até certo ponto, são uma "caixa-preta" de cada tipo de equipamento.

controle de corrente ou corrente-velocidade de alimentação (transferência controlada), que se caracterizam por baixa geração de respingos. As funções tecnológicas desses equipamentos também favorecem o uso de arcos mais curtos. Portanto, condições quase essenciais para construção de partes esbeltas. A corrente pulsada, quando presente em equipamentos sinérgicos, também evita respingos, apesar da maior pressão de arco. A corrente pulsada é mais bem aproveitada na confecção de partes volumosas, desde que essa maior produção não prejudique tanto a qualidade da parte impressa. Alguns equipamentos mais modernos chegam a ter curvas sinérgicas que, de forma híbrida, impõem ciclicamente curto-circuito controlado e transferência pulsada.

Finalmente, o processo Arco Submerso tem recentemente sido considerado promissor como fonte de calor e material de enchimento em MADA (SA-AM). O Arco Submerso tem uma altíssima capacidade de produção, embora, para MADA, a intensidade de corrente deva ser baixa; caso contrário, só aumentaria a diluição de uma camada sobre a outra, além de dificultar o controle da poça. Assim, o arame usado é fino, de 1,6 ou 2 mm de diâmetro, operando em correntes médias na faixa de 180 a 220 A. Mesmo assim, atinge-se com o SA-AM uma produção mais alta do que com o GMA-AM, que já é maior do que com o GTA-AM. O fluxo (material de proteção do processo Arco Submerso) utilizado deve ser ácido, para proporcionar um melhor acabamento de cada camada e facilitar o destacamento da escória para se depositar as camadas subsequentes. O acabamento das superfícies no topo das camadas com o processo SA-AM, junto com a já mencionada maior capacidade de produção, são as principais características que embasam a opção por esse processo. Porém, a largura mínima de uma camada sem tecimento é bem superior àquela depositada com GTA-AM e GMA-AM, o que direciona esse processo para fabricação de partes volumosas e de grandes dimensões. Mesmo para essa aplicação, os desvios geométricos de forma previstos e das tolerâncias dimensionais alcançáveis quando do uso do SA-AM são também maiores do que com os processos concorrentes.

Dessa forma, o que diferencia a escolha de um processo ou outro na operação da MADA são o acabamento desejado para as paredes externas, a tolerância dimensional alcançável em relação às dimensões nominais de projeto, a faixa de largura de cada camada que se consegue obter e a capacidade de produção. Esses critérios são função, além dos processos, dos consumíveis usados e da faixa de parâmetros utilizados. Todavia, são também função do dimensional das peças a serem impressas, se esbeltas ou volumosas. Cabe esclarecer que existe a possibilidade de se usar dois processos de forma híbrida, vantajoso para peças muito grandes. Por exemplo, usar o GTA-AM ou GMA-AM para se fazer os contornos (menos desvios de forma e das tolerâncias dimensionais) e o Arco Submerso para enchimento de cada camada.

8.6 O CICLO DE PROCESSAMENTO

8.6.1 A cadeia de produção informatizada

Manufatura aditiva não é simplesmente a impressão 3D de uma peça. É toda uma cadeia de processamento. E a MADA não é diferente. A Figura 8.4 esquematiza todo o processamento para viabilizar a fabricação de um componente usando a MADA. É muito importante que essa cadeia seja informatizada, o que de fato credita a MADA como uma tecnologia englobada pela Indústria 4.0 (manufatura assistida por digitalização).

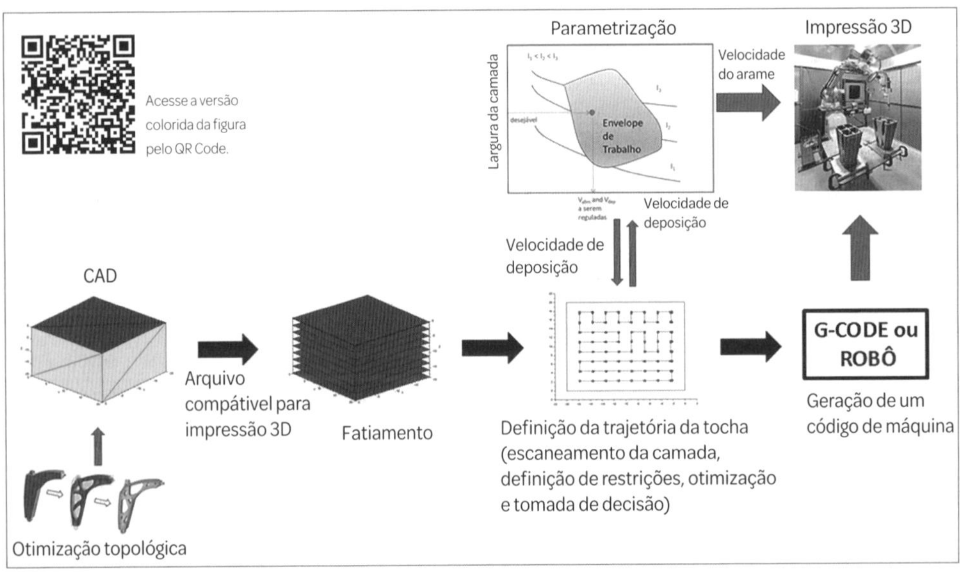

Figura 8.4 Fases do processamento para impressão de componentes usando a MADA (excluindo o pós-processamento).

Normalmente, pode-se chegar ao produto final com relativo sucesso (em termos de dimensões finais e qualidade funcional da peça) sem se seguir a cadeia esquematizada na Figura 8.4, ou mesmo sem informatizar cada etapa dela. Porém, dificilmente se consegue demonstrar por esse meio que a MADA é uma abordagem de produção adequada para a indústria, sobretudo do ponto de vista econômico. E, em consequência, aparecem e se difundem as famosas "experiências malsucedidas" e o descrédito por parte de potenciais usuários em inovar pela aplicação da

MADA no processo fabril ou como meio de produção de peças a serem usadas em seu processo produtivo. Ressalva-se, nesse momento, que utilizar tão somente a cadeia de produção informatizada também não é garantia de sucesso. É importante analisar outros aspectos para a tomada de decisão gerencial, os quais serão abordados adiante.

8.6.2 Digitalização da peça (modelo, adaptação de projeto e otimização topológica e fatiamento)

Como na maioria das tecnologias de AM, o ciclo de processamento da MADA inicia-se com um modelo geométrico 3D digitalizado da peça a ser impressa, normalmente usando sistema CAD (*Computer-Aided Design*). Esses modelos devem ser criados já prevendo geometrias que evitem dificuldades de fabricação e com previsão de sobremedidas, quando necessário. Baseando-se no nicho da aplicação da MADA (componentes funcionais), existem tecnologias disponíveis para se obter a forma e as dimensões brutas (antes de melhorias) da peça por meio da digitalização tridimensional de uma peça real, utilizando *scanners* 3D. Essa opção abre uma grande oportunidade para a produção de peças sobressalentes, já que muitas vezes não se têm arquivados os modelos 3D das peças alvo. Outra oportunidade é quando se deseja fazer uma customização do produto final.

Como se sabe, todo planejamento moderno de produção começa com o projeto do produto, e a atualização nos recursos de projeto será relacionada com a técnica de fabricação usada. A adaptação do projeto deverá ser sempre procurada para tornar a MADA viável. Normalmente, a fabricação usando os conceitos da MADA planeja o componente a ser impresso como um todo – o que ocorre muito também em outras técnicas de deposição com energia direcionada, como por *laser* ou feixe de elétrons –, mas nada impede que a impressão se dê sobre peças já existentes, como forma de reduzir custos ou agregar funcionalidade. Um exemplo clássico seria fazer reparo de peças desgastadas (é até discutível se essa operação poderia ser chamada de manufatura aditiva). A MADA encontra grande potencial para confecção de detalhes em matrizes de estampagem, por exemplo, a partir de uma base metálica poligonal (de material similar) ou de uma matriz existente, como reaproveitamento (*retro-fitting*). Aliás, essa abordagem hoje é desejada no conceito da Indústria 4.0, visando à economia circular.

Também é característica de projeto para MADA imprimir a peça sobre um substrato. Geralmente, esse substrato tem área maior do que a peça (para facilitar a fixação na mesa de trabalho), é espesso e de material de alta resistência (para evitar deformação durante ou após a impressão). As desvantagens dessa abordagem, além da necessidade de remoção *a posteriori* por usinagem (atividade demorada e de alto custo, que muitas vezes inviabiliza economicamente a fabricação de um item por MADA), é que o fluxo de calor é diferenciado em relação a quando as camadas posteriores são depositadas. Isso exige pré-aquecimento controlado do substrato ou parametrização diferenciada para as primeiras camadas, artifícios que consomem tempo e recursos. Por isso, em projetos mais avançados para MADA, deve-se planejar o substrato como parte integrante da peça, feitos com material e em forma compatíveis com a funcionalidade da peça. Essa oportunidade ainda não é tão explorada pelos usuários de MADA.

No entanto, pelo menos devem ser aplicadas aos modelos 3D modificações geométricas para evitar dificuldades de fabricação e com previsão de sobremedidas, quando necessário. Não menos importantes são as otimizações visando à customização geométrica do componente a fabricar. Porém, a MADA é uma tecnologia de fabricação disruptiva, com possibilidades consideráveis de engendrar componentes funcionais reais que consomem menos energia para fazer o mesmo trabalho (requisitos do projeto) e reduzem o custo do material. Nesse contexto, aplica-se a denominada técnica "otimização topológica" antes da exportação do modelo para a próxima etapa.

Neste capítulo, foi introduzida e definida a otimização topológica como uma metodologia de simulação numérica capaz de distribuir eficazmente a forma geométrica de uma peça dentro das condições de contorno determinadas pelo projeto (geometrias e dimensões), para dar base a um conjunto de cargas ou solicitação de serviço. Dessa forma, a otimização topológica está vinculada ao desempenho do projeto. A forma e a dimensão são restritoras do projeto otimizado, enquanto a resistência mecânica (ou às solicitações) e a redução de massa seriam as funções objetivo. Como ilustrado na Figura 8.5, se a forma e o dimensionamento forem fixos, a topologia da estrutura pode ser otimizada quando comparada a uma estrutura funcional prismática sólida. Hoje existem programas e técnicas computacionais para desenvolver essa otimização a partir do modelo CAD da peça. A estrutura otimizada pode ser mais "leve", sem perder a resistência mecânica para sua funcionalidade. A redução de peso é bem atrativa em termos de economia de energia para movimentar a peça em operação ou durante manipulação. Porém, para o caso da MADA, existem ainda outras grandes vantagens de se aplicar otimização topológica: menos material e menor tempo de deposição, fatores-chave para a otimização econômica e a respectiva definição pelo método de fabricação.

A exportação do modelo final se dá por arquivos em formato STL, 3MF ou AMF, que se tornaram padrões para as operações de AM em geral, incluindo MADA (existem ainda outros formatos, como OBJ e STEP). Arquivos STL podem armazenar informações de duas maneiras diferentes: em codificação binária ou em codificação ASCII (*American Standard Code for Information Interchange*). A codificação STL binária é hoje a mais utilizada na prática de impressão, por ser mais leve e, portanto, carregada mais rapidamente no *software* de planejamento de processo ou CAM para AM (popularmente denominado fatiador). A codificação STL ASCII, por sua vez, é mais utilizada nos termos de entendimento de como é representado o modelo tridimensional em dados. De todo modo, a descrição do sólido pelo STL é feita por uma superfície discretizada em triângulos com valores do vetor normal às suas superfícies e valores de seus vértices, por meio de coordenadas cartesianas tridimensionais, ou seja, não carrega consigo as cotas do desenho em si. O *software* que lê o arquivo (STL ou outro) deve receber todas as coordenadas cartesianas (x, y e z) das facetas triangulares e renderizar o sólido geométrico. Maiores informação sobre o assunto estão no Capítulo 9 deste livro.

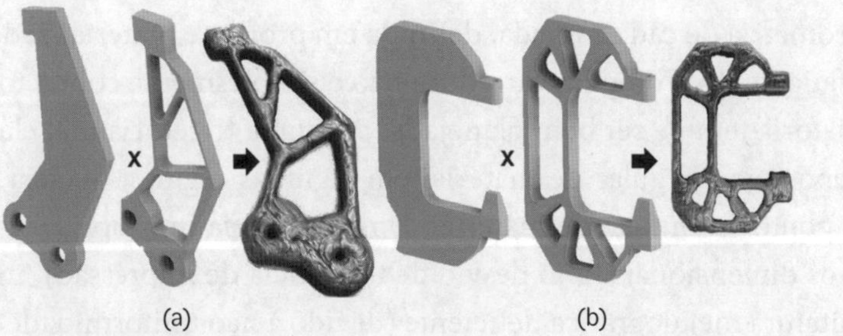

Figura 8.5 Exemplos de dois componentes funcionais que sofreram otimização topológica visando à MADA dos componentes: garras robóticas (a); pinças de soldagem a ponto (b).
Fonte: gentilmente cedido por Rafael Pereira Ferreira.

Na sequência, inicia-se o planejamento de processo, feito por um programa dedicado (CAM para AM). Após a leitura do modelo 3D, faz-se o fatiamento do modelo 3D em camadas (Figura 8.4), obtendo-se contornos bidimensionais paralelos de cada camada, cujas distâncias entre si, equidistantes ou não, se referem à espessura de camada de material que será aplicada na impressão. Uma vez que os incrementos de distâncias entre camadas dependem do processo de deposição e seus parâmetros, a definição dos incrementos deve ser feita por especialistas em MADA. Há geometrias que complicam o fatiamento quanto à impressão, mas existem tecnologias para resolver esse contratempo.

Uma etapa importante, embora nem sempre prevista nos programas de fatiamento, é a orientação do modelo 3D para planejar a operação de fatiamento, pensando na melhor posição para deposição. Nessa etapa do planejamento do processo, deve-se evitar orientações que gerem depósitos fora da posição plana ou em plano inclinado, por exemplo. É importante ressaltar que existe fatiamento fora do plano XY, e até fatiamento não planar para casos de peças com geometrias complexas. Isso envolve a decomposição da geometria da peça para se obter as direções de fatiamento de acordo com cada detalhe. Essa abordagem deve ser realizada com parcimônia, considerando as dificuldades a enfrentar na programação da produção.

Os mencionados programas CAM dedicados para operacionalizar essas duas primeiras etapas do fluxo principal do processamento por MADA são comerciais, de livre acesso ou não. Normalmente, os programas de livre acesso são mais flexíveis, mas demandam mais conhecimento por parte dos usuários. Sugere-se ao leitor uma busca entre os vários produtos disponíveis, que se atualizam e aperfeiçoam a cada dia.

8.6.3 Trajetória de deposição

Trajetória de deposição em MADA pode ser definida como o caminho a ser percorrido pela fonte de calor e ferramenta de deposição (tocha e alimentador de arame) para imprimir cada camada. Essa trajetória se perfaz pela varredura de toda a área da geometria de cada camada, definida em projeto e materializada após a operação de fatiamento. Porém, a varredura não é simplesmente cobrir toda a superfície. A trajetória tem de ser bem planejada, pois uma trajetória mal elaborada pode levar à deposição irregular de material em algumas regiões, ou seja, pontos com excesso e pontos com falta de material. Uma trajetória imprópria pode levar também a erros dimensionais (alto desvio de tolerância de impressão), imperfeições e uma arquitetura metalográfica deficiente (devido à não uniformidade do calor). As consequências não são só estéticas, podendo comprometer a eficácia funcional da peça impressa. Por isso, a trajetória de deposição é mais uma das etapas importantes do processamento para impressão de componentes usando a MADA (Figura 8.4).

O planejamento da trajetória de deposição, apesar de ser normalmente todo informatizado, é uma tarefa bem complexa, pois exige não só o conhecimento do funcionamento dos equipamentos e dos processos, mas o uso de soluções inteligentes. Um planejamento bem elaborado é importante não só para evitar problemas operacionais ou metalúrgicos, mas também para garantir que a impressão se dê no menor tempo e gastando menos energia da impressora. Por exemplo, as constantes interrupções da trajetória para se varrer toda uma área que contém furos são fontes de problemas operacionais, e mudanças bruscas de direção exigem mais das impressoras. Por isso, a tecnologia tem se aproveitado da criação e da utilização das chamadas estratégias de deposição que viabilizam a impressão sem pontos com falhas ou com concentração de material. Para cada dificuldade, ao usuário deve ser oferecida a melhor estratégia. Assim, a definição da trajetória passa pela programação do movimento de varredura, pela identificação de restritores (dificuldades que precisam ser superadas), pela otimização da trajetória em termos técnicos e econômicos e pela tomada final da decisão sobre o que se empregar.

É importante destacar que as estratégias de deposição comumente usadas para impressão de polímeros nem sempre são aplicadas satisfatoriamente em MADA, em razão da natureza das trilhas obtidas por essas diferentes tecnologias. No caso da MADA, destaca-se inicialmente que as maiores dimensões das impressoras de MADA requerem outras dinâmicas da movimentação dos eixos e flexibilidade para mudanças de direção. Inicialmente, chama-se a atenção para o fato de que trilhas largas são produzidas quando com MADA, devido à largura dos cordões obtidos por diferentes processos e técnicas que se utilizam do arco como fonte de calor. As larguras de trilhas sem oscilação confeccionadas com MADA variam de aproximadamente 3 mm a 10 mm, dependendo do processo de deposição, do material a depositar e dos parâmetros. Porém, as trilhas podem ser depositadas isoladamente, uma sobre a outra, para formar paredes finas, ou paralelamente, para formar paredes espessas.

Ainda tratando das larguras das trilhas, pode ocorrer discordância pelo uso do conceito de oscilação (por exemplo, utilizando um perfil retangular de movimento transversal do arco) e a estratégia de preenchimento zigue-zague (maiores informações sobre estratégias de preenchimento são fornecidas mais adiante). Como citado anteriormente, entende-se que, ao se oscilar a tocha, a poça de fusão se mantém líquida por toda a amplitude do movimento transversal do arco. Já com a movimentação do arco pela estratégia de zigue-zague, ocorre a solidificação durante esse movimento. Logo, a estratégia zigue-zague não é a rigor uma única trilha por camada, apesar de ter uma aparência final semelhante.

Desse modo, como paredes finas e grossas e oscilação e zigue-zague são conceitos diferentes com implicações operacionais, deve-se planejar, para cada tipo de peça, uma estratégia específica para se definir a trajetória e realizar a impressão.

Estratégias de deposição em MADA

Imprimir uma parede fina reta parece ser uma tarefa descomplicada, mas, mesmo para uma simples parede, é necessário um planejamento da deposição, principalmente para evitar, por exemplo, que os extremos iniciais fiquem mais altos do que os extremos finais (Figura 8.6). Existem basicamente duas estratégias de deposição para o caso de paredes finas [6], nas quais cada camada é formada por uma trilha. A primeira é usar camadas depositadas de forma bidirecional, ou seja, cada camada se inicia na posição do final da anterior. Essa estratégia, contudo, tem uma desvantagem grande em relação à unidirecional: a necessidade de um grande tempo de espera (tempo morto) entre camadas, para permitir que se atinja, no ponto de reinício de deposição, a temperatura de intercamada[3] desejada para se manter uma homogeneidade térmica entre as camadas. Ressalta-se que paredes de pequenos comprimentos, mesmo na condição unidirecional, demandam um tempo de espera para que o ponto de reinício se adeque à temperatura desejada. A segunda estratégia é variar parâmetros nos extremos, de modo a entregar menos calor e depositar menos material nessas regiões. Essa segunda solução tem sido evitada, pois exige ou um sistema de controle (sensores etc.) ou muitos experimentos para se achar a distância a ser aplicada e as respectivas variações de parâmetros.

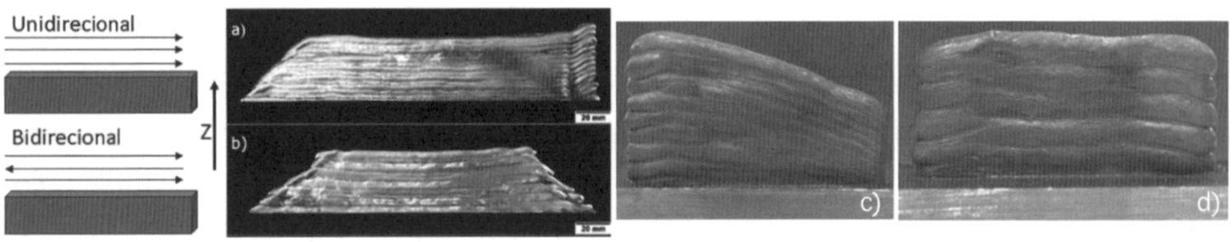

Figura 8.6 Confecção de paredes por GMA-MADA usando duas estratégias de deposição: unidirecional (a) e (c) e bidirecional (b) e (d). Notar que os extremos com a estratégia bidirecional se mantêm com a mesma altura (a, b: *aluminium alloy*; c, d: *mild steel*).

Fonte: (a) e (b) da referência [5]; (c) e (d) adaptada da tese de doutorado do dr. Prashant Kumar Chaurasia, Indian Institute of Technology Bombay, 2023.

A Figura 8.6 mostra que mesmo estratégias bem simples, como as de imprimir uma parede fina, apresentam opções, vantagens e limitações que devem ser ponderadas. Não é objetivo deste capítulo cobrir todos os aspectos das estratégias de deposição, seja para paredes esbeltas ou volumosas, assunto muito amplo e cujas abordagens são infinitas. O leitor poderá obter uma visão mais profunda sobre o assunto consultando as referências [7] [10], as primeiras mais especificamente para MADA de coparticipação deste autor, e o Capítulo 10 deste livro, para uma visão mais geral. A seguir, são apresentados outros casos para sustentar essa afirmação. Por exemplo, em peças com geometrias mais complexas de paredes finas, aparecerão problemas como interseções de paredes (em T reto ou oblíquo ou cruzamento direto), pontos de extinções e reignições do arco, cantos com diversos ângulos e sobreposição de cordões paralelos. Para citar apenas as interseções, a principal problemática é o excesso de material no cruzamento e os ângulos agudos formados na impressão que podem agir como concentradores de tensão. Estratégias específicas precisam ser usadas, como deposições em L opostas ou aumento da velocidade de deposição nos cruzamentos. Como desvantagens, a programação é mais complexa

3 Temperatura de intercamada é aquela em que a camada anterior deva estar para se dar início a uma nova camada.

e vazios podem ser encontrados no centro do cruzamento. Trajetórias não contínuas, por outro lado, além do problema do maior tempo de fabricação (tempo morto), podem resultar em irregularidades nos pontos de abertura e extinção do arco.

Por outras razões, demandam-se outras abordagens de planejamento da trajetória de deposição para erigir peças compostas de paredes finas. A Figura 8.7 ilustra quando o planejamento da trajetória visa reduzir os pontos de ignição e extinção de arco, além de percorrer a menor distância durante a deposição (menor tempo de impressão). A estratégia para imprimir uma trajetória otimizada, como para este caso, é usar o conceito clássico de otimização de trajetória para o problema do carteiro chinês, o qual consiste na procura da trajetória otimizada para um carteiro percorrer todas as ruas, sem repeti-las, e voltar para o seu ponto de partida. Sobreaquecimento e/ou excesso de material nos vértices/interseções são tipicamente restrições do problema de otimização da seleção da melhor trajetória para esses casos. Um circuito Euleriano (caminho em um grafo que visita toda aresta exatamente uma vez) ou semi-Euleriano é a busca dos desenvolvedores de planejamento de trajetórias. Também são utilizadas meta-heurísticas.[4] Programas computacionais (comerciais ou não) são feitos para implementar esta e outras estratégias com sucesso [9].

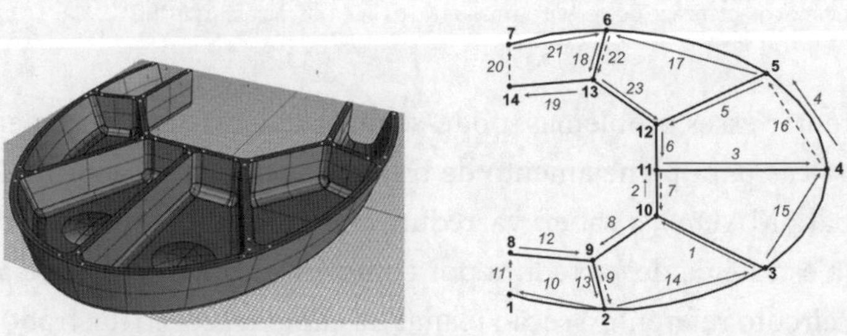

Figura 8.7 Representação esquemática de um componente funcional com paredes finas fabricável por MADA: peça a ser impressa (a); grafo (representações gráficas de vetores interligados entre vértices) do planejamento de uma camada (b). Fonte: adaptada de [11].

Em relação às peças volumosas, a complexidade geométrica é um entrave para garantir a qualidade da peça impressa. Um exemplo da dificuldade de impressão volumétrica são as peças com geometrias de camadas na forma de polígonos não convexos, com ou sem furos de vários formatos, passantes ou cegos. Para um melhor entendimento, os polígonos não convexos são aqueles que possuem um ou mais ângulos internos maiores que 180° (Figura 8.8). Ao se imprimir camadas

4 Meta-heurísticas aqui são definidas como procedimentos computacionais de alto nível que guiam o processo de busca das soluções otimizadas (solução suficientemente boa).

poligonais não convexas, ou com furos (que também se caracterizam por segmento(s) de reta fora do polígono), existem dificuldades em varrer toda a área de forma contínua, e vazios no interior da peça impressa podem ser encontrados. Trajetórias não contínuas (com movimento da fonte de calor sem deposição) são normalmente usadas, mas podem levar a uma baixa qualidade superficial, devido a irregularidades geométricas causadas por frequentes extinção e ignição do arco.

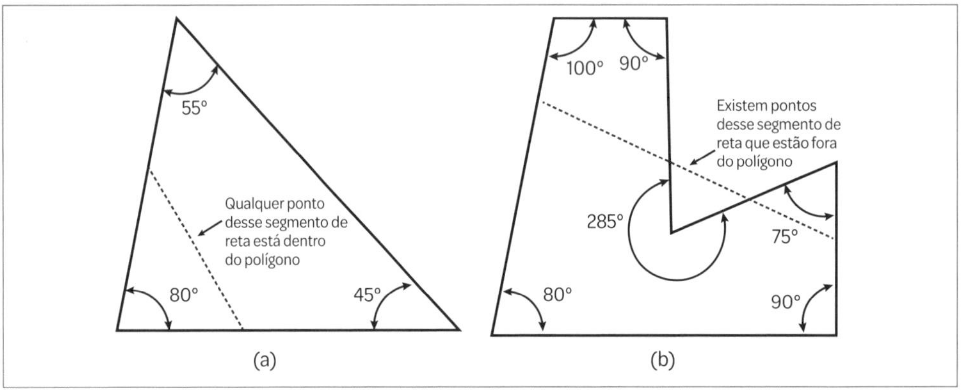

Figura 8.8 Ilustração de contornos de uma camada que caracterizam um polígono convexo (a) e um polígono não convexo (b), este último caracterizado por ter um ou mais ângulos internos maiores que 180°.

Para enfrentar esses problemas, pode-se dizer que existem pelo menos duas estratégias clássicas para planejamento de trajetórias utilizáveis em MADA (mesmo que não só para MADA), a saber: varredura por contorno e varredura progressiva por linha. Na estratégia de varredura por contorno, a trajetória segue as bordas do polígono ou círculo referente à seção planar da camada, como ilustrado nas Figuras 8.9a a 8.9e. Os deslocamentos são paralelos em relação às arestas, a uma distância preestabelecida (coerentes com a largura da trilha). A varredura por contorno pode ser paralela, como nas Figuras 8.9a, 8.9c e 8.9d, ou em espiral (Figuras 8.9b e 8.9e), esta última girando em torno de um centro. De fora para dentro (Figuras 8.9a e 8.9b) ou de dentro para fora (Figuras 8.9c e 8.9d). Finalmente, a varredura de contorno pode ser com trilhas adjacentes (uma do lado da outra e com intercessão lateral entre elas), como ilustram as Figuras 8.9a a 8.9d, ou trilhas intercaladas (inicialmente sem uma interseção lateral, unidas posteriormente pela deposição de outra trilha entre elas), como mostra a Figura 8.9e. Para MADA, essa abordagem não é sempre uma solução, pois pode gerar acúmulo/falta de material na região do eixo medial da geometria da camada, a menos que seja programado um ajuste progressivo de parâmetros (o que normalmente é evitado do ponto de vista operacional). Essas estratégias são facilmente aplicadas a polígonos convexos, porém podem não apresentar resultados satisfatórios quando se trata de polígonos não convexos (ângulos internos obtusos dificultam a operação).

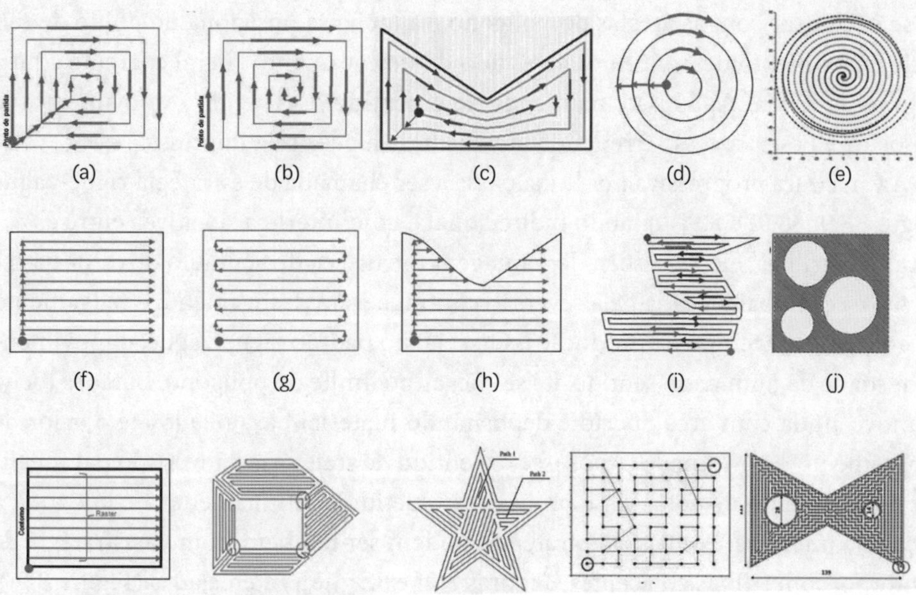

Acesse a versão colorida da figura pelo QR Code.

Figura 8.9 Principais estratégias de planejamento de trajetória em MADA: contorno (a) até (e); varredura progressiva por linha (*raster* e zigue-zague) (f) até (j); híbridas (k) e (m); sob zoneamento (l) e (m); enchimento de espaços (n) e (o).

A varredura progressiva por linha, cuja denominação vem do método de varredura existente nos antigos tubos de raios catódicos, caracteriza-se por linhas retas de uma aresta a outra, ilustradas pelas Figuras 8.9f e 8.9g. O preenchimento é ordenado a partir de uma aresta do contorno, preenchendo a seção ao final com o mesmo padrão de deposição, mesmo que a geometria da camada seja um polígono não convexo (Figuras 8.9h e 8.9j). A varredura progressiva por linhas é geralmente chamada de estratégia *raster* (Figuras 8.9f e 8.9h), quando não há interligação ativas entre as cabeças das trilhas (ou seja, sem haver continuidade de deposição em cada reversão ou reinício). Pode ser sempre na mesma direção (sempre reiniciando no mesmo lado) ou com reversão de direção (bidirecional). Porém, a rigor, em MADA não é muito comum aplicar a estratégia *raster* com a reversão de direção, pois teria apagamento e acendimento de arco em cada aresta do polígono. Esse padrão traz como desvantagem o acúmulo de calor em cada reversão (suscetível a não conformidades e tensões térmicas), a menos que respeitando na programação um longo período morto antes dos reinícios. Assim, com reversão ou não, o arco é desligado ao se encontrar com as arestas do polígono e a tocha se posiciona no ponto de reinício (movimento descontínuo) acrescido do deslocamento lateral coerente com a largura da trilha. Após isso, mantendo-se o sentido, é repetido o movimento de deposição. Esse processo é repetido até que toda a peça seja impressa.

A varredura progressiva por linha passa a ser chamada de estratégia zigue-zague (Figura 8.9g, 8.9i e 8.9j) quando bidirecional e com interligação ativas entre as cabeças das trilhas. Nesse caso, a desvantagem intrínseca de acúmulo de calor na reversão é contrabalanceada pela reversão contínua, sem desligamento e religamento do arco (menor tempo de produção). Ou seja, no padrão zigue-zague, o movimento de ida se dá num dado sentido até se chegar no limite do polígono. Então, a tocha se move ainda com arco aberto e depositando material para o lado até o valor de espaçamento determinado. Após isso, o sentido da trajetória é invertido para realizar o movimento de volta. Esse processo é repetido continuamente até que toda a peça seja impressa. Ambas as estratégias podem ser também, como a estratégia de contorno, com trilhas adjacentes (Figuras 8.9f e 8.9g) ou intercaladas (Figura 8.9i).

Devido à complexidade geométrica que algumas peças apresentam, essas estratégias foram adaptadas ou misturadas (estratégias híbridas) para garantir o total preenchimento das camadas a serem impressas. A Figura 8.9k apresenta o híbrido da estratégia contorno com a *raster*. Outra opção seria a subdivisão do plano de impressão (camada) em sub-regiões (zoneamento), preferencialmente polígonos convexos (Figuras 8.9l e 8.9m). Cada partição poligonal receberia a estratégia que melhor se adeque, porém, a interligação racional entre as partições deve ser planejada. A Figura 8.9m mostra também uma combinação de contorno (duas camadas externas) com um zoneamento poligonal com preenchimento por zigue-zague. Entretanto, de forma isolada ou híbrida, essas estratégias podem demandar controle de parâmetros para se adequar às geometrias. Uma alternativa para evitar problemas de falta (ou excesso) de deposição de material, sem a necessidade de adaptar os parâmetros durante a deposição, são as chamadas estratégias de preenchimento de espaços (*space-filling*), como a estratégia Pixel (Figuras 8.9n e 8.9o). Basicamente, a estratégia Pixel faz uma varredura por segmentos de forma aleatória em toda a área de varredura. Envolve o planejamento otimizado do caminho por meio de algoritmos computacionais, usando heurísticas e um conjunto de pontos distribuídos dentro dos contornos fatiados. Maior detalhamento pode ser encontrado nas referências [9] e [10].

Sinergia entre a trajetória de deposição e parametrização em MADA

Embora se possa rodar um programa de planejamento de trajetória sem se conhecer os parâmetros de deposição (gás de proteção e consumíveis, modo de operação da fonte de energia, corrente ou velocidade de alimentação, tensão, posicionamento da tocha etc.), com certeza a operação de impressão vai ser falha, pois uma entrada obrigatória para esses programas é a distância entre os centros de cada trilha. E são os parâmetros de deposição que definem tal valor. A parametrização deve ser eficaz e eficiente. Uma parametrização eficaz é aquela que atinge os seus propósitos, ou seja, garante as características geométricas e propriedades mecânicas pretendidas, enquanto uma parametrização eficiente é a realizada com o menor desperdício de tempo, esforços e recursos. Por outro lado, para se definir as variáveis do processamento, é necessário também se conhecer como a trajetória é definida. A Figura 8.10 ilustra como se faz a sinergia entre a trajetória de deposição e parametrização em MADA. A interação em mão dupla entre o processo de definição de trajetórias e dos parâmetros acontece sinergicamente durante as etapas de fatiamento e da geração de trajetória, em geral de forma *off-line* (interação entre pessoal de programação da impressão e de operação), mas a tendência é que ela seja feita de forma automatizada.

É importante ressaltar que a retroalimentação para o módulo "planejamento e definição dos parâmetros" após a impressão é de suma importância para se mitigar o aparecimento de inconformidades. A tendência é que essa etapa seja feita de forma sistemática, usando os conceitos de aprendizado de máquina, portanto, num nível mais elevado de automatização.

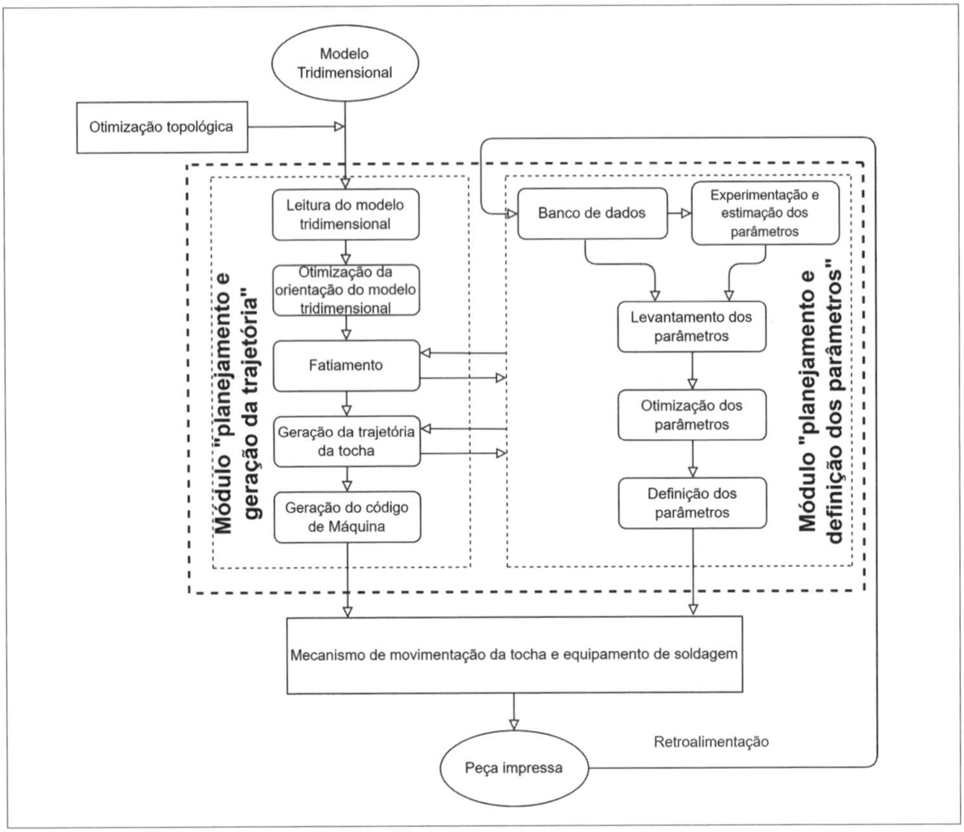

Figura 8.10 Fluxograma das etapas para programação da produção de peças pela MADA.

8.7 IMPRESSÃO E CÓDIGOS DE MÁQUINA

As impressões em MADA são feitas em geral em células robóticas ou em mesas de coordenadas (como forma de movimentação da tocha), assessoradas por fontes de energia tipicamente usadas em soldagem. As fontes de energia são, portanto, constituídas das unidades de potência, controle e do alimentador de arame. Tecnicamente falando, as mesas de coordenadas (conhecidas por mesas CNC - comando numérico computadorizado) são mais fáceis de programar, já que usam linguagem de comando numérico, muito conhecida em máquinas de usinagem. Em geral, as mesas CNC são equipamentos de maior custo de aquisição do que as unidades robóticas, pois são dedicadas à MADA (economia de escala). Já as unidades robóticas são as mesmas usadas para soldagem, portanto com custo de aquisição no mercado mais baixo por unidade. Alguns tipos de movimentos típicos de trajetórias planejadas são mais difíceis de realizar com precisão por unidades robóticas.

De uma forma ou outra (robôs ou máquinas CNC), as impressões são feitas por meio de instruções denominadas códigos de máquina. Assim, o planejamento de processo para impressão de componentes usando a MADA (Figura 8.4) termina com a geração de um código de máquina a ser interpretado pela impressora. Códigos de máquina consistem em uma sequência de *bytes* que correspondem às instruções a serem executadas de forma sequencial por um processador que vai comandar o movimento dos eixos da impressora. Em geral, um código de máquina é um arquivo binário, portanto, não visualizado em um editor de texto. Porém, editores hexadecimais são capazes de exibir o código de máquina como uma sequência de *bytes* em hexadecimal (Figura 8.11). Os códigos gerados para mesas de coordenadas CNC são usualmente conhecidos como código G (*Gcode*), enquanto os códigos para as unidades de robô são específicos para cada fabricante, que implementam seus próprios interpretadores.

```
MODULE Ele_clusterLayer_1

    !<Author>Rafael</Author>
    !<Created>13-Dec-2022 at 8:56</Created>

    !Weldingparameter
        !TASK PERS seamdata sm1:=[0,0,[0,0,0,0,0,0,0,0,0],0,0,0,0,0,[0,0,0,0,0,0,0,0,0],0,0,[0,0,0,0,0,0,0,0,0],0,0,[0,0,0,0,0,0,0,0,0],0];
        !TASK PERS welddata wd1:=[100,0,[52,0,0,0,0,0,0,0,0],[0,0,0,0,0,0,0,0,0]];

    !Robtargets
        CONST robtarget pRaf20:=[[94.93,499.05,9.69],[0.000194125,-0.901926,0.258789,-0.34577],[-1,-1,-4,1],[9E+09,9E+09,9E+09,9E+09,9E+09,9E+09]];
        VAR clock clock2;
        VAR num time;
        VAR string time2;
        VAR num answer;

    PROC Routine_Ele_clusterLayer_1()
        answer := UInumEntry(
        \Header:="UInumEntry Header"
        \Message:="What is the ongoing layer height?"
        \Icon:=iconInfo
        \InitValue:=0
        \MinValue:=0
        \MaxValue:=1000);
        Set doWb1LoadJob;
        ArcLStart Offs(pRaf20,78.3,-76.3,0), v100, seam1, weld1, fine, tABI_W500_22\WObj:=wobj_RafaelWAAM20L32;
        ClkReset clock2;
        ClkStart clock2;
        ArcL Offs(pRaf20,78.3,-72.6,0), v100, seam1, weld1, fine, tABI_W500_22\WObj:=wobj_RafaelWAAM20L32;
        ArcL Offs(pRaf20,78.3,-68.9,0), v100, seam1, weld1, fine, tABI_W500_22\WObj:=wobj_RafaelWAAM20L32;
        ArcL Offs(pRaf20,78.3,-65.2,0), v100, seam1, weld1, fine, tABI_W500_22\WObj:=wobj_RafaelWAAM20L32;
        ArcLEnd Offs(pRaf20,78.3,-76.3,0), v100, seam1, weld1, fine, tABI_W500_22\WObj:=wobj_RafaelWAAM20L32;
        Reset doWb1LoadJob:
```

Figura 8.11 Exemplo de um código de máquina (no destaque de cima, um pedido para o operador entrar com a altura de camada que estaria em uso (de forma *off-line*), enquanto no segundo (intermediário) e terceiro (mais abaixo) são ilustrados comandos para ligar e desligar o arco, respectivamente, de forma *online*.
Fonte: gentilmente cedida por Rafael Pereira Ferreira.

As principais instruções de um código de máquina para MADA são para o posicionamento espacial da tocha (eixos X, Y e Z), de acordo com a trajetória definida e do número da camada, e a velocidade de deslocamento. Porém, o código de máquina pode também permitir a interação com a impressora, como ilustra a Figura 8.11, intercalando comandos (retroalimentados ou não) para a sua operacionalidade, como tempo de espera entre camadas, inclinação da tocha (eixo suplementar) e abertura e desligamento do arco e/ou da alimentação do arame. Naturalmente, os códigos de máquina são dedicados a cada tipo de equipamento, assumindo formas dedicadas a eles.

8.8 CONSIDERAÇÕES FINAIS: TENDÊNCIAS E INOVAÇÕES

Como se percebe, este capítulo dedicado à Manufatura Aditiva por Deposição a Arco (MADA) se cultivou ao sentido conceitual da tecnologia. Foram apresentados seus conceitos básicos e fundamentos, apontando suas características. Considerou-se a aplicação da MADA, assim como os processos de soldagem a arco que suportam a tecnologia, sob um olhar crítico. Destacou-se o ciclo de processamento, mostrando a existência e a necessidade de uma cadeia de produção informatizada, a qual se iniciava na digitalização e no tratamento da peça (modelo, adaptação de projeto e otimização topológica e fatiamento). Enfatizou-se a trajetória de deposição, descrevendo suas nuances e importâncias para o sucesso da impressão de partes volumosas e esbeltas. Concluiu-se com a explicação de como todas as instruções são geradas em forma de códigos de máquina e transferidas para a impressora.

O leitor também deve ter percebido que se evitou comparar a MADA com outras tecnologias de fabricação, sejam no campo da manufatura aditiva (AM), subtrativa (usinagem) ou de transformação (fundição, metalurgia do pó e conformação), por se entender que cada uma tem sua eficácia e eficiência atreladas muitas vezes a valores não comparáveis da cadeia produtiva, como disponibilidade de matéria-prima, mão de obra, tamanho da produção e dimensão e complexidade geométrica do produto final, e até em sustentabilidade. Dessa forma, tentou-se não criar a imagem de ser a MADA melhor ou pior do que outras tecnologias manufatureiras da área metalmecânica. Por outro lado, espera-se ter aflorado muitos conhecimentos alicerces da tecnologia, deixando para o leitor a missão de discernir as oportunidades e iniciar-se como agente promotor da utilização da MADA no meio industrial, como uma tecnologia de manufatura viável para os casos certos.

Apesar de se basear em fontes de calor e consumíveis utilizados em soldagem, portanto conhecidos e aplicados na indústria como uma importante tecnologia de fabricação há muito tempo, a MADA é uma tecnologia disruptiva[5]. Por isso, achar que a aplicação direta de conhecimentos da soldagem a arco na MADA é garantia

5 A inovação disruptiva tem como objetivo trazer algo novo para uma demanda já existente, mudando a forma como a solução interage com o seu público. Ela visa segmentos desconhecidos e negligenciados pelo mercado com o intuito de apresentar uma oferta mais atraente, acessível e conveniente do que as já estabelecidas no mercado.

de sucesso tem sido um fator desmotivador para muitos iniciantes ou desapontante para o setor industrial. Embora o autor deste capítulo considere que o conhecimento em soldagem ajude muito a encontrar soluções e desafios da aplicação da MADA, o caráter inovador e multidisciplinar da tecnologia demanda que o leitor dê asas à imaginação. Indo além dos conhecimentos de soldagem, é importante ter também uma visão holística sobre o mercado e a tecnologia, muitas vezes subjetivos, cujos atores principais são o fornecedor (fabricantes de equipamentos), os usuários (clientes, como a indústria) e o desenvolvedor de tecnologias (centros acadêmicos e de pesquisas, sejam de indústria ou governamental).

No contexto da visão holística, cada ator tem seus objetivos. O fornecedor de tecnologia precisa ter um bom produto para manufaturar por MADA (satisfazer o cliente). Para isso, deve encontrar um mercado diferenciado para atrair clientes, a baixo custo. O potencial usuário de MADA demanda mais do que uma tecnologia de fabricação, pois normalmente (em relação ao tamanho da empresa) não quer criar um corpo de especialistas em uma área que não seja a do negócio da empresa (*core-business*). Contudo, eles também precisam satisfazer seus próprios clientes com pequeno tempo de entrega e preços competitivos ao atenderem as encomendas. Não querem gastar tempo fazendo testes para encontrar parâmetros exclusivos para se usar a tecnologia; preferem uma caixa-preta que funcione, informações prontas e na palma da mão. Na grande maioria dos casos, o cliente espera que a solução impressa em 3D não custe mais do que uma alternativa convencionalmente fabricada, mesmo que existam outras vantagens, como eficiência aprimorada; ele precisa crescer a produtividade. Já os desenvolvedores desejam realizar a missão de gerar novas tecnologias, tornando-se reconhecidos no assunto, de tal forma que satisfaçam os fornecedores e os usuários da tecnologia. Ressalta-se que os custos de equipamentos (*hardware*) estão baixando e funcionalidades computacionais agregam maior valor a um produto. Como visto no capítulo, informatização é o cerne da tecnologia MADA.

No entanto, como tecnologia disruptiva e ainda emergente, olhar MADA também no contexto do ciclo de vida da inovação é muito importante para o entendimento de sua aceitabilidade pela indústria. Os responsáveis pela produção em empresas são em geral muito precavidos e podem não se interessar em aplicar novas soluções, a menos que a tecnologia já seja estabelecida. E eles sempre se recordam do ciclo de vida das inovações quando novas tecnologias lhes são apresentadas. Usando a representação pelo Ciclo Hype de Gartner[6] (Figura 8.12), pode-se dizer

6 O Ciclo Hype do Gartner é uma representação que proporciona uma visão de como uma tecnologia ou aplicativo evoluirá com o tempo. Porém, existem outros modelos para descrever ciclos de inovação tecnológica. Ao leitor interessado sugere-se procurar mais informação na literatura corrente.

que MADA não encerrou seu ciclo, mas encontra-se já na rampa do iluminismo. Cada etapa do ciclo está associada a seus próprios riscos e oportunidades. Para superar essa rampa e alcançar o planalto da produtividade, quando a tecnologia se torna amplamente implementada (de 20 a 30% do potencial de usuários já adotam a inovação) e seu lugar no mercado e suas aplicações são bem compreendidas, muita coisa ainda precisa ser desenvolvida e implementada. Quem inovar será mais competitivo, mas não somente com inovação incremental. Ainda é necessária muita inovação disruptiva no seio da MADA. Porém, o tempo é curto, e somente alguns atores vão sobreviver. A seguir, exemplificam-se as inovações a serem perseguidas.

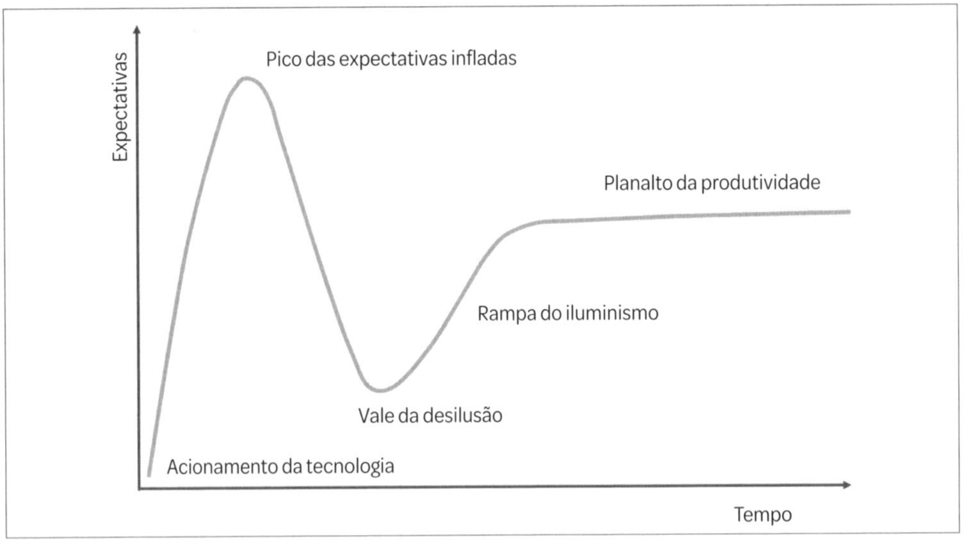

Figura 8.12 Representação simplificada do Ciclo Hype de Gartner.

8.8.1 Aspectos metalúrgicos e de propriedades mecânicas

Mesmo que de forma resumida, na Seção 8.3 estão discutidos os principais materiais aplicáveis com MADA. Até existe ampla literatura disponível sobre os aspectos metalúrgicos desses materiais quando impressos pelas tecnologias AM, na forma de artigos e revisões. Porém, na maioria dos casos, apresenta-se a arquitetura microestrutural e as potenciais imperfeições de origem metalúrgica (formação de poros, trincas, falta de fusão) com informações tiradas dos conhecimentos do uso em soldagem da liga em questão. Estudos mais específicos se concentram mais nas diferenças entre posições da camada (se próximo ao substrato, na região central ou na região superior) e nas consequências causadas pela diluição ou manutenção da solidificação primária. Também se encontram estudos sobre o crescimento unidirecional do grão no sentido da edificação da parte impressa. Muitas vezes, esses trabalhos não se dão conta de que os materiais próximos ao substrato e na região superior são pouco significantes frente ao volume total da peça impressa (podendo até serem removidos por pós-processamento). Comumente verifica-se também nesses estudos a heterogeneidade das propriedades mecânicas em relação à direção de deposição (X ou Y) ou de edificação (Z). Porém, tais problemas são, de modo geral, solucionados com a estratégia de deposição (assunto discutido na Seção 8.6.3(a)) e demonstrado em [5]. Uma vez que dissertar sobre os mesmos aspectos relacionados aos materiais tipicamente usados em MADA neste capítulo demandaria um número grande de páginas, podendo até tirar o foco do capítulo, optou-se por não o fazer (a mesma razão para não conter neste capítulo a descrição de sensores e simulação aplicada à MADA).

Entretanto, a tendência futura é de refinar os estudos sobre os aspectos metalúrgicos e de propriedades mecânicas, mas tomando como base que, em MADA, uma dada posição do material da peça em impressão sofre tratamento térmico de forma cíclica pelas camadas subsequentes. A Figura 8.13 ilustra esse efeito, assumindo o material ser um aço ao carbono. Essa posição do material, originalmente com estrutura bruta de fusão (como o material da camada C_n), alcançou, no primeiro ciclo da camada (C_{n-3}), uma alta temperatura de austenitização (crescimento de grão), mas essa mesma região sofreria normalização (refino de grão) devido à camada subsequente (C_{n-2}). Poderia ainda acontecer que uma terceira camada subsequente revenisse essa mesma posição do material pelo ciclo da camada (n-2). Deve-se lembrar que o acúmulo de calor que acontece em MADA de paredes finas, como mostrado na Seção 8.4, pode manter o material em altas temperaturas por um tempo mais longo. Importante ressaltar que a Figura 8.13 tem caráter didático, pois o efeito térmico de cada camada sobre as antecedentes depende de vários fatores. Entretanto, esse princípio fora demonstrado em [12], quando um aço de baixa liga e alta resistência sofreu realmente autorrevenido. Dessa forma, desenvolvimentos de metodologias que viabilizem o controle do fluxo de calor a ponto de controlar a temperatura e o tempo de permanência de cada região do material da peça em impressão (em função do material e solicitação) são inovações que tornarão a MADA mais viável economicamente, por promoverem o autotratamento térmico.

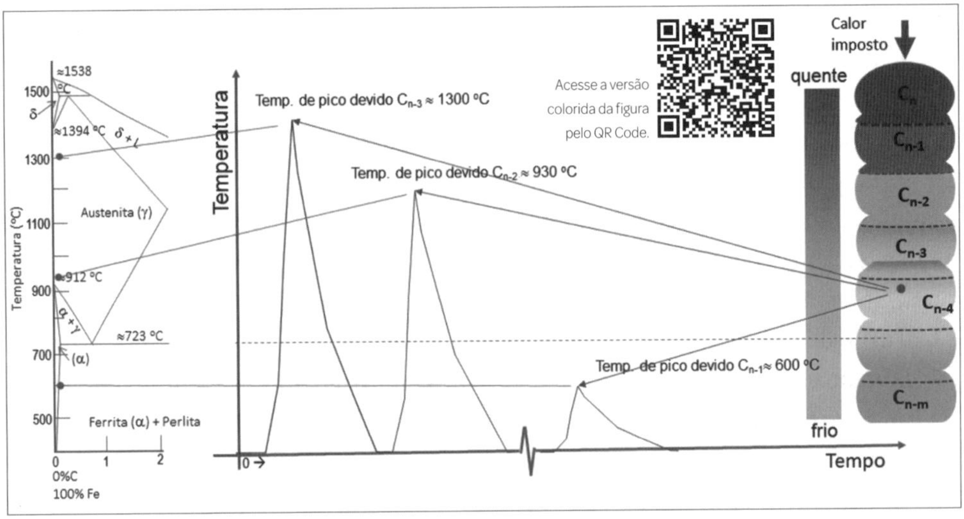

Figura 8.13 Diagrama hipotético com picos de temperatura e correspondentes posições num diagrama de fase Fe-C, em uma dada posição da seção transversal de uma parede fina impressa por MADA, como consequência de múltiplos ciclos térmicos.

8.8.2 Controle da temperatura entre camadas, resfriamento e aquecimento ativos

Mesmo a um patamar desenvolvimentista menos elevado do que o apresentado na Seção 8.8.1, métodos de controle de temperaturas entre camadas (TEC) já estão surgindo, como discutido em trabalhos científicos [13] [14]. O primeiro desafio é entender e superar a variação da TEC em função da posição do sensor e da fonte de calor. É possível prever que mesmo a taxa de resfriamento possa ser monitorada em tempo real [15], permitindo um controle da formação microestrutural. Porém, essa proposta de inovação ainda está em nível de maturação para aplicação prática. Ainda sobre as TEC, normalmente se procuram temperaturas baixas ou mesmo a temperatura ambiente entre camadas. Essa abordagem facilita a manutenção geométrica entre camadas e pode reduz tensões residuais e deformações, mas retarda a produção pelo tempo morto entre camadas. Resfriamento ativo durante a produção é uma forma reconhecida de diminuir o tempo morto entre camadas, mantendo-se a constância geométricas das camadas e ainda refinando os grãos. Um dos métodos assertivos de resfriamento ativo é a impressão com a peça parcialmente imersa. Esse método foi patenteado [16] e está também descrito em [17] [18]. Ele vem sendo amplamente utilizado pela equipe do Laprosolda[7] na impressão de peças pilotos para indústria. Uma abordagem similar foi desenvolvida na mesma época

7 Laprosolda é o acrônimo para o Centro para Pesquisa e Desenvolvimento de Processos de Soldagem e Manufatura Aditiva da Universidade Federal de Uberlândia.

pela empresa Plus Mfg, LLC Additive Manufacturing (USA), que usa desde então resfriamento ativo em sua linha de produção. Alternativamente, agora em escala de prova de conceito, há uma tendência de se desenvolver tecnologias para viabilizar a impressão com TEC em valores mais altos. Além do menor tempo de impressão (baixo tempo morto entre camadas), o controle da alta temperatura por toda a peça é esperado, sendo necessário impor autotratamentos térmicos e redução de gradientes térmicos, levando a menos tensões térmicas e distorções.

8.8.3 Aumento de produção

Há sempre a procura para se aumentar a produção dos processos utilizados em MADA. O raciocínio para justificar essa necessidade é normalmente economizar em mão de obra e alcançar menores prazos de entrega. Trata-se de um requerimento até certo ponto antagônico, uma vez que, de forma geral, a MADA não vai ser usada para produzir em série. Dificilmente seria competitiva com outras tecnologias nesse caso. A economia nos custos de mão de obra parece não ser algo tangível, uma vez que o processo é essencialmente informatizado por natureza. Reconhece-se que, em menos tempo de fabricação, gastam-se menos gases de proteção. Porém, a quantidade de arame depositado precisa ser a mesma, independentemente do tempo gasto para a fabricação. Mesmo pensando na necessidade de se construir peças de dimensões muito grandes e com geometrias mais complexas (pois, se a geometria for prismática, com certeza outra tecnologia de fabricação se mostraria mais econômica), será que os riscos de geração de tensão residual e trincas e a maior dificuldade em garantir as tolerâncias de fabricação sem usinagem posterior compensariam? As vantagens de um menor tempo de fabricação (pela maior produção do processo) podem ser minimizadas ou até anuladas pela perda da qualidade.

Independentemente de tais contra-argumentos, a procura por processos de maior produção é uma realidade. Essa busca se sustenta tecnologicamente se for usada uma forma híbrida de deposição da camada, com um processo de menor energia para produzir os contornos (e garantir as tolerâncias e acabamento), e um processo de maior energia para enchimento dentro dos contornos. A deposição híbrida de camada é funcional, mas é preciso sincronizar as diferenças em alturas das camadas entre contornos e enchimento no planejamento de trajetórias. Uma abordagem é conseguir uma maior produção em MADA pelo aumento da corrente.

Do ponto de vista prático, uma das tendências para se aumentar a taxa de deposição é o uso de GMA-MADA com duplo arame energizado, mas, com a maior energia dessa abordagem, várias dificuldades operacionais aparecem. Ou usar GMA duplo arame com um arame "frio" suplementar. Outra tendência é aumentar a taxa de deposição sem acrescer a energia. No caso, as tendências são no sentido de avaliar o GTA-AM com alimentação de arame quente no lugar de arame frio.

8.8.4 Parametrização sistemática para MADA

Como mencionado, os usuários esperam de uma tecnologia informatizada como a MADA que não seja preciso selecionar parâmetros para cada peça (diferentes dimensões, geometrias e materiais) a imprimir. Esperam ter essas informações prontas e na palma da mão (*plug and play*), mas essa situação ainda não é satisfeita no atual estágio de desenvolvimento da MADA. A seleção de parâmetros (parametrização) para MADA não é uma tarefa tão óbvia, frente ao grande número de variáveis e restrito grau de liberdade para variar parâmetros. Muitos fabricantes chegam até a ter bancos de dados para orientar seus clientes; são também baseados em tentativas e erros, após muita experimentação, mas dedicados aos seus produtos, o que reduz o número de variáveis. Por outro lado, como ilustra a Figura 8.10, a geração de trajetória trabalha sinergicamente com a definição de parâmetros. A geração de trajetórias é hoje uma operação totalmente informatizada, ao contrário da parametrização.

Sendo assim, uma inovação ainda requerida para a MADA é ter a parametrização também informatizada. Na maioria dos casos, os parâmetros de impressão necessários são a velocidade de alimentação do arame (ou corrente) e a velocidade de deslocamento da tocha, para uma dada condição (arame e gás de proteção, processo e seu modo operacional, fixação de alguns parâmetros secundários, como distância do bico de contato à peça). Tentativas nesse sentido já existem, como mostra a referência [19], que usa o conceito de envelopes operacionais. Estudos [20] mostraram que os envelopes operacionais podem ter transportabilidade quando se muda o material ou processo, pois alteram valores absolutos, mas não a forma do envelope. Com isso, poucos experimentos extras são necessários para se alimentar o banco de dados.

A Figura 8.14 ilustra como um sistema de parametrização informatizada para MADA pode ser funcional num futuro próximo (no caso, para confecção de paredes finas). Um modelo estocástico (com probabilística avançada) é criado a partir de um conjunto de instruções passado à impressora, que pode gerar todas as amostras desejadas de uma só vez. As respostas (parâmetros geométricos, qualidade das superfícies, caracterização metalúrgica e propriedades mecânicas) são medidas e repassadas ao banco de dados vetorial. Envelopes de trabalho são, então, carregados e apresentados de forma amigável para o usuário no monitor de um microprocessador, por meio de técnicas de computação gráfica. A partir desse ponto, o usuário entra com o valor alvo da largura da parede e, manipulando o envelope no monitor de acordo com seus conhecimentos, recebe como resposta a estimativa dos parâmetros necessários para a impressão (no caso, a velocidade de alimentação do arame e a velocidade de deslocamento da tocha). Contudo, o programa computacional pode também fazer uma escolha otimizada para o usuário, bastando inserir os valores dos restritores. Finalmente, usando-se técnicas de aprendizado de máquina, o modelo estocástico pode ser retroalimentado para aumentar sua confiabilidade a cada peça impressa.

A Figura 8.14 foi elaborada para paredes esbeltas, mas abordagem similar já foi idealizada para peças volumosas, criando e imprimindo diferentes formas típicas, como cubos, triângulos, cilindros maciços e vazados etc., que, se juntados (como em brinquedo *Lego*), formam a peça desejada. A metodologia tanto para peças finas como para peças volumosas é assunto em desenvolvimento pelo autor deste capítulo, citado apenas para ilustrar as tendências para o desenvolvimento pleno da MADA.

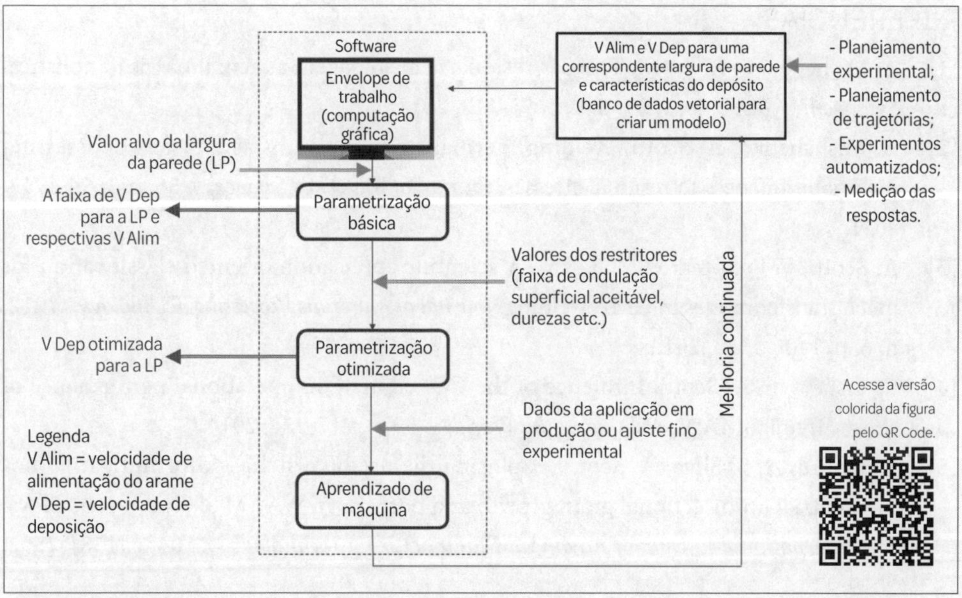

Figura 8.14 Fluxograma de um programa idealizado (hipotético) para parametrização de paredes finas em MADA.

8.8.5 Outros requerimentos de produção e tendências para inovações

O substrato, embora necessário, pode ser tornar um revés na MADA, pelo custo e pelas dificuldades de sua remoção. Por isso, uma outra inovação esperada para fomentar a aplicação da MADA é o desenvolvimento do autodestacamento da peça do substrato. Essa técnica tem sido implementada para alguns materiais pela empresa Plus Mfg (USA), mas, como alternativa, uma solução mais fácil, embora ainda pouco explorada, é ter o substrato como parte permanente da peça a ser impressa.

No caso, cabe ao projetista também projetar o substrato, incluindo formas de fixação na mesa de impressão que sejam facilmente removidas. O uso de mesa giratória para imprimir nos dois lados do substrato (ou dois substratos, um de cada lado) – e com isso aproveitar melhor o tempo morto entre camadas, balancear as tensões térmicas e mitigar deformações – também tem sido apresentado como inovação para a MADA.

AGRADECIMENTOS

O autor agradece a todos os alunos e colegas de trabalho que, direta ou indiretamente, contribuíram com o conhecimento gerado e transmitido no texto, mas em especial a Prof. Neri Volpato, Prof. Milton Lima, Prof. Ruham Pablo Reis, Prof. Leandro João da Silva, Dr. Vinicius Lemes Jorge, Dr. Rafael Pereira Ferreira e Dr. Felipe Ribeiro Teixeira, pela revisão do texto e discussões sobre o tema.

REFERÊNCIAS

[1] A. Mishchenko, A. Scotti, Tensões residuais em soldagem a arco: uma visão holística. *Soldagem & Inspeção*, v. 23, n. 1, p. 93-112, 2018.

[2] A. Mishchenko, A. Scotti, Welding thermal stress diagrams as a means of assessing material proneness to residual stresses. *Journal of Materials Science*, v. 56, p. 1694-1712, 2021.

[3] A. Scotti, V. Ponomarev, W. Lucas, A scientific application oriented classification for metal transfer modes in GMA welding. *Journal of Materials Processing Technology*, v. 212, n. 6, p. 1406-1413, 2012.

[4] O. Liskévych, A. Scotti, Influence of the CO_2 content on operational performance of short-circuit GMAW. *Welding in the World*, v. 59, p. 217-224, 2014.

[5] Y. Yehorov, L. J. Silva, A. Scotti, Exploring the use of switchback for mitigating homoepitaxial unidirectional grain growth and porosity in WAAM of aluminium alloys. *The International Journal of Advanced Manufacturing Technology*, v. 104, p. 1581-1592, 2019.

[6] Y. Ogino, S. Asai, Y. Hirata, Numerical simulation of WAAM process by a GMAW weld pool model. *Weld World*, v. 62, p. 393-401, 2018.

[7] R. C. Faust, R. Minetto, N. Volpato, Parallel tool-path generation for Additive Manufacturing: A GPU-based zigzag filling. *Advances in Industrial and Manufacturing Engineering*, v. 6, p. 1-13, 2022.

[8] E. C. Nakonetchnei, J. Stolfi, N. Volpato, R. D. Da Silva, R. Minetto, HotFill: A cooling time constrained raster-fill planning algorithm for extrusion 3D printing. *Advances in Engineering Software*, v. 173, p. 103219, 2022.

[9] R. P. Ferreira, A. Scotti, The concept of a novel path planning strategy for wire + arc additive manufacturing of bulky parts: PIXEL. *Metals*, v. 11, n. 3, p. 498-520, 2021.

[10] R. P. Ferreira, L. O. Vilarinho, A. Scotti, Development and implementation of a software for wire arc additive manufacturing preprocessing planning: trajectory planning and machine code generation. *Welding in the World*, v. 66, p. 455-470, 2022.

[11] M. Bähr, J. Buhl, G. Radow, J. Schmidt, M. Bambach, M. Breuß, A. Fügenschuh, Stable honeycomb structures and temperature based trajectory optimization for wire-arc additive manufacturing. *Optimization and Engineering*, v. 22, p. 913-974, 2021.

[12] M. Högström, A. Fadaei, A. Rahimi, P. Li, M. Igestrand, J. Andersson, A. Scotti, Proposal and assessment of a multiple cycle-continuous cooling transformation (MC-CCT) diagram for wire arc additive manufacturing of thin walls. *Metals*, v. 13, n. 9, p. 1533-1553, 2023.

[13] V. L. Jorge, F. R. Teixeira, A. Scotti, Pyrometrical interlayer temperature measurement in WAAM of thin wall: strategies, limitations and functionality. *Metals*, v. 12, n. 5, p. 765, 2022.

[14] F. R. Teixeira, F. M. Scotti, V. L. Jorge, A. Scotti, Combined effect of the interlayer temperature with travel speed on features of thin wall WAAM under two cooling approaches. *The International Journal of Advanced Manufacturing Technology*, v. 126, p. 273-289, 2023.

[15] P. K. Chaurasia, S.-F. Goecke, A. De, Real-time monitoring of temperature field, metal transfer and cooling rate during gas metal arc-directed energy deposition. *Science and Technology of Welding and Joining*, v. 27, n. 7, p. 512-521, 2022.

[16] Carta Patente n. BR 102018015314-5, expedida em 11 jul. 2023, Técnica de Resfriamento Ativo para Manufatura Aditiva. Depositante: Universidade Federal de Uberlândia (UFU), Inventores: Ruham Pablo Reis, Américo Scotti, Leandro Joao da Silva.

[17] L. J. Da Silva, D. M. Souza, D. B. De Araújo, R. P. Reis, A. Scotti, Concept and validation of an active cooling technique to mitigate heat accumulation in WAAM. *The International Journal of Advanced Manufacturing Technology*, v. 107, p. 2513-2523, 2020.

[18] L. J. Da Silva, H. N. Ferraresi, D. B. Araújo, R. P. Reis, A. Scotti, Effect of thermal management approaches on geometry and productivity of thin-walled structures of ER 5356 built by wire + arc additive manufacturing. *Coatings*, v. 11, n. 9, p. 1141, 2021.

[19] S. Dahat, K. Hurtig, J. Andersson, A. Scotti, A methodology to parameterize wire + arc additive manufacturing: a case study for wall quality analysis. *Journal of Manufacturing and Materials Processing*, v. 4, n. 1, p. 14, 2020.

[20] F. R. Teixeira, F. M. Scotti, L. O. Vilarinho, C. A. M. Mota, A. Scotti, Transferability of the working envelope approach for parameter selection and optimization in thin wall WAAM. *The International Journal of Advanced Manufacturing Technology*, v. 119, p. 969-989, 2022.

CAPÍTULO 9
Representação geométrica 3D para AM

José Aguiomar Foggiatto

Jorge Vicente Lopes da Silva (in memoriam)

9.1 INTRODUÇÃO

Todos os sistemas de manufatura aditiva (*additive manufacturing* – AM) dependem de uma representação geométrica tridimensional (3D) dos objetos a serem fabricados. Embora o formato denominado STL (*STereoLithography*) seja o mais utilizado nas tecnologias atuais, existem outras representações que podem ser empregadas, como AMF (*Additive Manufacturing Format*), 3MF (*3D Manufacturing Format*), OBJ (*Wavefront Object Format*), X3D (*Extensible 3D Format*), JT (*Jupiter Tessellation Format*), RPI (*Rapid Prototyping Interface Format*), STH (*Surface Triangles Hinted Format*), CFL (*Cubital Facet List Format*), SIF (*Solid Interchange Format*), SPF (*Steiner Patch Based File Format*), PLY (*Polygon Format*), SAT (*Standard ACIS Text Format*), B-Rep (*Non-manifold Boundary Representation Method*), entre outros [1].

As geometrias são geradas, principalmente, a partir da modelagem em sistemas CAD (*Computer-Aided Design*) 3D, mas também é possível obtê-las a partir de escâneres 3D, tomografia computadorizada, microtomografia, ressonância magnética, ultrassonografia 3D, fotogrametria etc. Normalmente, nesses casos, os modelos

3D resultantes são retrabalhados nos sistemas CAD 3D para corrigir eventuais falhas nas suas superfícies internas e externas de modo a possibilitar o seu uso nas tecnologias de AM. No entanto, atualmente, ainda se investe muito tempo na correção dos arquivos no formato STL, e nem todos os sistemas de CAD 3D têm as ferramentas adequadas para agilizar esse processo, sendo necessárias ferramentas computacionais específicas para esse fim.

O objetivo deste capítulo é apresentar alguns dos principais formatos de arquivos para representar um modelo geométrico 3D para ser utilizado em AM, identificando as características de cada um, suas peculiaridades, vantagens e desvantagens. Uma ênfase maior é dada ao formato STL, visto que ainda é o mais utilizado na maioria das tecnologias de AM.

9.2 FORMAS DE OBTENÇÃO DE MODELO GEOMÉTRICO 3D

9.2.1 Modelagem 3D em sistemas CAD

Os sistemas CAD permitem a geração de geometrias 3D a partir de operações de modelagem com sólidos e/ou superfícies. A modelagem sólida é a forma mais adequada para a obtenção de arquivos 3D para a AM, visto que apresenta menor possibilidade de erros na conversão do modelo geométrico nativo do sistema CAD para um dos formatos usados na AM. As geometrias geradas por modeladores de superfícies devem conter delimitações bem definidas, sem quebras, falhas nas conexões ou superposições das várias superfícies componentes do modelo 3D. O modelo deve ser totalmente fechado para definir o volume exato da peça final.

A maioria dos sistemas CAD 3D permite a modelagem sólida, por superfícies ou ambas simultaneamente (modelagem híbrida), e o usuário decide, baseado na complexidade da geometria e na sua familiaridade com cada programa de modelagem, qual é a mais adequada para o seu desenvolvimento. Atualmente, a maioria dos programas possui uma interface amigável, com os principais recursos (*features*) distribuídos em menus de fácil acesso aos usuários. As *features* – entidades geométricas que representam as características ou os detalhes de uma geometria – são diretamente acessadas por meio de ícones, o que torna a modelagem mais ágil e de fácil aprendizagem.

Diversas empresas surgiram no decorrer dos anos, oferecendo soluções de natureza proprietária ou gratuita, como: Catia (Dassault Systèmes), Solidworks (Dassault Systèmes), Creo (PTC), Fusion (Autodesk), Inventor (Autodesk), NX Unigraphics (Siemens), Solid Edge (Siemens), Rhinoceros (Robert McNeel & Associates) e Sketchup (Trimble Navigation).

9.2.2 Digitalização tridimensional

A digitalização 3D (também denominada escaneamento) permite a obtenção das superfícies externas de objetos por meio de escâneres ou uma sequência de fotografias. Essas tecnologias são capazes de capturar a geometria externa de um objeto físico, que, depois de tratada, é convertida em superfícies para serem utilizadas nos modelos de engenharia [2]. A digitalização 3D pode ser realizada por contato ou sem contato físico. Algumas tecnologias são relacionadas no Quadro 9.1.

As tecnologias mais difundidas utilizam o *laser* ou a luz estruturada para capturar as geometrias [3]. Outra forma de se obter a geometria externa é o uso de fotografias, em que o modelo 3D é reconstruído por meio de várias imagens de diferentes vistas do objeto. Atualmente, existem vários programas computacionais e aplicativos de celular que permitem a obtenção de modelos 3D a partir de fotos. Destaca-se mais recentemente o uso da inteligência artificial para geração e aprimoramento dos modelos.

Quadro 9.1 Algumas tecnologias de digitalização 3D

Com contato	Sem contato
• Apalpamento • Braço mecânico • Triangulação eletromagnética • Triangulação ultrassônica	• *Charge – coupled device* (CCD) linear • Fotogrametria digital • Radar *laser* • Triangulação por cores • Triangulação por *laser* • Tunelamento • Luz branca ou estruturada • Digitalização baseada em fotos

A obtenção de modelos 3D também pode ser feita por sistemas de medição de coordenadas ou por apalpamento, porém o processo de obtenção dos pontos da superfície do objeto é lento e difícil ou impossível de ser realizado em regiões oclusas. Para a maioria dos processos de digitalização 3D, inicialmente, é obtida uma nuvem de pontos distribuídos na superfície do objeto, os quais, em seguida, podem ser transformados em superfícies para edição e correção em um sistema CAD. Esse processamento da nuvem de pontos é feito por uma classe de sistemas de *softwares* especializados de modo a obter superfícies NURBS (*non-uniform rational b-spline*), que reproduzem com fidelidade a geometria digitalizada.

9.2.3 Tomografia computadorizada, ressonância magnética e ultrassom 3D

Outra forma de obter modelos geométricos 3D, inclusive com informações internas das estruturas, é por meio de tecnologias de imagens não invasivas, como a tomografia computadorizada (TC), a microtomografia (MTC), a ressonância magnética

(RM) e, mais recentemente, a ultrassonografia. Nessas modalidades, as informações da anatomia interna de um paciente ou a geometria de um objeto são tratadas por sistemas específicos de segmentação e reconstrução 3D. No caso da TC, é possível obter a radiodensidade dos tecidos ou materiais componentes da estrutura do objeto, isto é, a média de absorção de raios X por essas regiões. A radiodensidade é traduzida para imagens em níveis de cinza em uma escala denominada Hounsfield [4] de uso na área da saúde. Nessa escala, os tons mais claros representam regiões mais densas, como os ossos, e os mais escuros, as menos densas, como a pele e os músculos.

A TC e a MTC são recursos bastante utilizados na engenharia e na pesquisa em materiais. O uso desse tipo de equipamento para a engenharia reversa de estruturas internas permite obter detalhes internos de um objeto, impossível com qualquer outro escâner de superfície. É útil também na análise estrutural de peças ou sistemas, avaliando a sua integridade com ensaios não destrutivos da amostra e na estrutura e microestrutura dos materiais, no caso da MTC.

A RM utiliza um campo magnético de alta intensidade para alinhar os átomos de hidrogênio presentes no corpo analisado. Por meio da radiofrequência, utilizando uma bobina receptora, o decaimento dessa orientação é medido [5]. De uma maneira simplificada, o decaimento é proporcional ao hidrogênio presente nos tecidos ou estruturas, e, dessa maneira, é possível distinguir tecidos diferentes, medindo, assim, a composição de cada um e representando-os numa escala em níveis de cinza. Essa tecnologia não é a mais adequada para a representação de tecidos com pouca água, como ossos. No entanto, tem a vantagem de captar imagens de tecidos moles com excelente qualidade, diferenciando com um evidente contraste tecidos de diferentes densidades e composições, sem oferecer riscos ao paciente, por não envolver radiação ionizante, como na TC.

A ultrassonografia 3D é uma modalidade de imagem médica que tem sido bastante difundida ultimamente na área de saúde, em especial para diagnóstico de anomalias fetais [6] ou funcionamento inadequado de alguns órgãos e lesões. É baseada na emissão e na recepção de ondas acústicas e na forma como os tecidos refletem essas ondas, que são, em seguida, captadas por um sensor e processadas computacionalmente. A ultrassonografia 3D requer que a captação das imagens seja feita de forma estruturada para permitir a reconstrução 3D. É considerada uma modalidade inofensiva de captação de imagem, apesar de serem discutidos os possíveis danos da energia que é transferida e refletida pelos tecidos [7]. É uma modalidade em que a segmentação (separação dos diferentes tecidos) automática ou semiautomática é bastante dificultada, com resultados em termos de modelos 3D ainda pouco satisfatórios.

Todas as aquisições de imagens, realizadas por meio de escâneres utilizados por profissionais da área médica, objetivando a reconstrução 3D de tecidos ou órgãos, devem seguir protocolos adequados e ser feitas utilizando padrões de interoperabilidade da área médica, como o padrão internacional DICOM (*Digital Imaging and Communication in Medicine*), que é o formato adotado pela Organização Internacional para Padronização (*International Organization for Standardization*) sob o número ISO 12052 para transmissão, armazenamento, recuperação, impressão, processamento e apresentação de imagens médicas para várias finalidades, especialmente o diagnóstico médico [8].

Os programas de processamento de imagens são utilizados para a separação da anatomia de interesse e, em seguida, para a geração do arquivo 3D da estrutura anatômica, o qual poderá ser usado, junto com a AM, no planejamento de cirurgias complexas, em reconstruções de regiões lesionadas ou mesmo no projeto de próteses ou guias para osteotomias. O arquivo 3D obtido, normalmente em formato STL, também pode ser impresso em equipamentos de AM para servir como referência e simulação da cirurgia real. Esse tema é abordado com mais detalhes no Capítulo 15, que trata das aplicações da AM para a área da saúde.

9.3 FORMATO STL

O formato de arquivo STL (*STereoLithography*) foi desenvolvido em 1988 pelo Albert Consulting Group, sob demanda da 3D Systems Inc., dos Estados Unidos [9]. Esse formato caracteriza-se por ser uma forma simples de representar modelos tridimensionais por meio de uma malha triangular que recobre todas as superfícies de um objeto. Cada elemento triangular da malha STL é independente, possui três vértices e contém um vetor normal unitário que aponta sempre para onde não há material (parte externa da peça) (Figura 9.1). Assim, os vetores normais servem para distinguir em que região deve existir material.

O formato STL é considerado um padrão *de facto* da indústria de equipamentos de AM e está implementado em todos os sistemas CAD. A concepção básica dessa representação é oferecer a possibilidade de ser interpretada por qualquer sistema de AM, independentemente dos recursos computacionais ou do sistema operacional utilizados. Isso a torna altamente portável, conferindo um caráter de interoperabilidade muito útil no universo de equipamentos e programas que atuam nessa área.

9.3.1 Regras de formação dos triângulos no arquivo STL

Para a tecelagem (ou tesselação) da malha de triângulos sobre as superfícies, são observadas as seguintes regras básicas de formação:

1. Regra da mão direita: a sequência dos vértices (1, 2 e 3) de cada triângulo, com suas respectivas coordenadas cartesianas, deve ser tal que, utilizando essa regra,

seja possível definir o interior e o exterior das superfícies. A sequência dos vértices de cada triângulo é listada no sentido anti-horário (Figura 9.1).

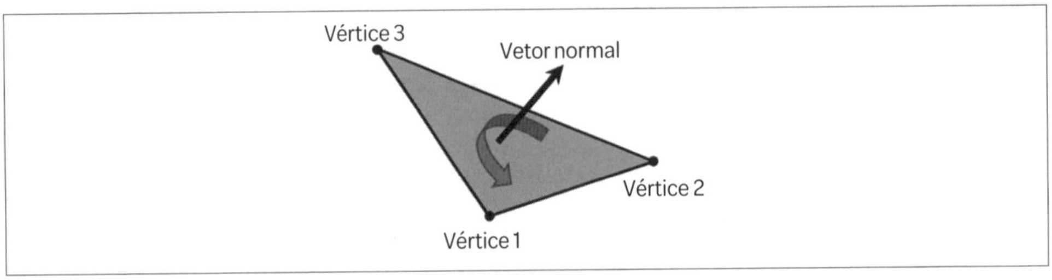

Figura 9.1 Regra da mão direita para a orientação do vetor normal.

2. Conexão vértice-vértice: dois triângulos vizinhos compartilham única e exclusivamente dois vértices, como na Figura 9.2a. Havendo compartilhamento de três ou mais vértices ou dois ou mais triângulos como vizinhos de um vértice, significa haver uma degeneração e a malha passa a ser considerada inválida, como na Figura 9.2b.

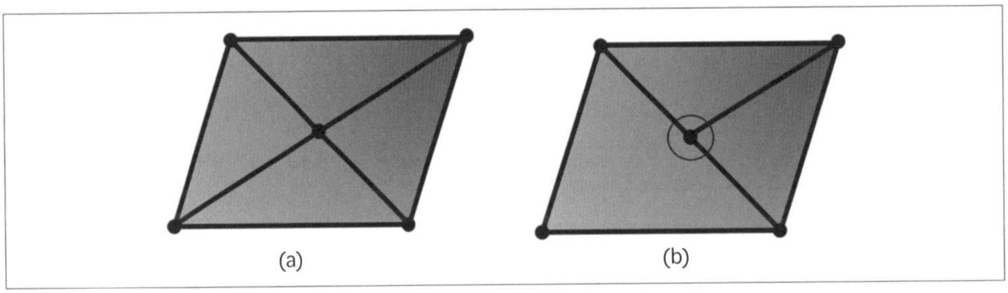

Figura 9.2 Configuração válida (a) e inválida (b) de triângulos em STL.

9.3.2 Formato de arquivo STL na representação ASCII

A representação de um arquivo STL na forma de caracteres de texto em ASCII (*American Standard Code for Information Interchange*) é utilizada de modo que sua sintaxe possa ser interpretada de forma fácil e inteligível, inclusive por pessoas, e por diferentes plataformas computacionais. Essa forma de representar é mais utilizada quando se desenvolvem sistemas computacionais ou, por algum motivo, é necessário que sejam interpretados para outros fins e desejada a interoperabilidade facilitada entre diferentes sistemas computacionais.

O arquivo STL na representação ASCII é editável (Figura 9.3a) e apresenta os valores numéricos em ponto flutuante das coordenadas cartesianas (x, y, z) dos vértices de cada triângulo da malha que representa o objeto. Associado a esses vértices, é definido o vetor de norma unitária de acordo com a regra da mão direita (Figura 9.3b).

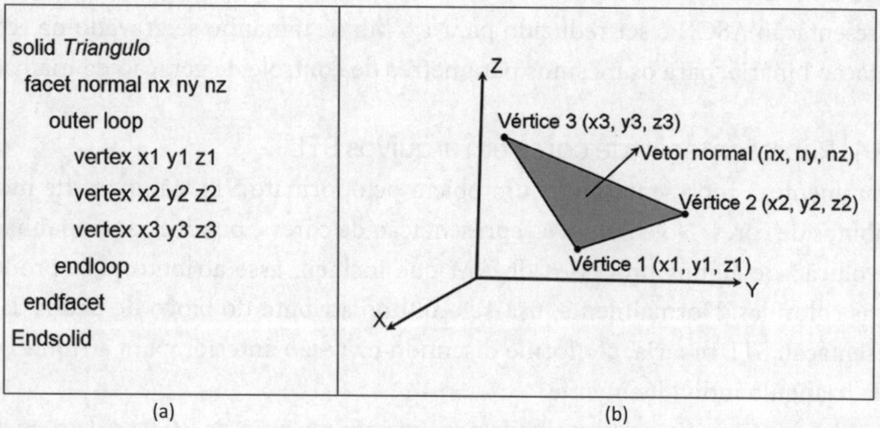

Figura 9.3 Representação de malha STL com a sintaxe do arquivo STL (ASCII) para o triângulo (a) e triângulo no formato STL (b).

9.3.3 Formato de arquivo STL na representação binária

A representação de dados em formato binário torna o arquivo mais compacto, porém pouco inteligível para fins de interpretação humana. Esse formato consiste em um cabeçalho de 84 *bytes* com informações do arquivo e o número de triângulos, seguido por blocos de dados representando os vários triângulos, como apresentado na Tabela 9.1. Cada bloco de dados contém 50 *bytes*, sendo que cada um dos três vértices e o vetor normal utilizam 12 *bytes*, e os 2 últimos *bytes* não são designados e podem ser utilizados para representação de cores, o que é mais bem detalhado na próxima seção.

Tabela 9.1 Estrutura de representação de arquivo STL binário

Cabeçalho	Tipo de dado	Tamanho
Descrição	ASCII	80 *bytes*
Nº de triângulos	Nº inteiro longo sem sinal	4 *bytes*
Dados:		
Vértice 1	3x flutuante	12 *bytes*
Vértice 2	3x flutuante	12 *bytes*
Vértice 3	3x flutuante	12 *bytes*
Normal	3x flutuante	12 *bytes*
Atributo	Nº inteiro sem sinal	2 *bytes* (para representar cores)

Por resultar em um tamanho do arquivo menor do que o formato ASCII, normalmente a representação binária é a forma mais utilizada e é configurada como opção *default* na maioria dos sistemas CAD. Como exemplo, um arquivo STL contendo o modelo de uma esfera de 100 mm de diâmetro pode ter mais de 9 Mb na representação ASCII e ser reduzido para 1,6 Mb de tamanho se gravado na representação binária, para os mesmos parâmetros de controle de geração da malha.

9.3.4 Representação de cores em arquivos STL

Comumente, a representação de um objeto pelo formato STL não permite incluir atributos de cores. No entanto, a representação de cores é possível, acompanhando a evolução de alguns processos de AM que incluem esse atributo para produzir peças coloridas. Normalmente, usa-se o último atributo do bloco de dados da representação STL binária, conforme discutido na seção anterior, para atribuir cor a cada triângulo individualmente.

A cor do triângulo é determinada por uma composição de RGB (*red, green, blue* - vermelho, verde e azul, representação padrão de cores em sistemas computacionais), utilizando, para cada uma das componentes básicas, 5 *bits*, o que soma um total de 15 *bits*. O último dos 16 *bits* reservados para essa representação não é utilizado, como mostrado na Tabela 9.2. Cada componente pode, então, assumir $2^5 = 32$ valores diferentes (entre 0 e 31) que, combinados, podem representar até $32 \times 32 \times 32 = 32.768$ diferentes cores. Esses arquivos podem ser interpretados normalmente por sistemas monocromáticos de AM que apenas ignoram a informação de cor.

Tabela 9.2 Representação de cores no formato STL

Bit	0	1	2	3	4	5	6	7	8	9	A	B	C	D	E	F
Cor	*Blue*					*Green*					*Red*					Não usado
Faixa	0-31					0-31					0-31					

9.3.5 Deficiências do formato STL

Apesar de ser relativamente simples, o formato STL apresenta algumas deficiências. Os arquivos STL não contêm informações topológicas que garantam a conectividade e a consistência da malha, a direção do vetor normal não é totalmente confiável e há redundância de dados, o que resulta em tamanho excessivo dos arquivos. Além disso, originalmente, este não representa cor, acabamento superficial, tipo de material e materiais com gradação funcional (*functionally graded materials* - FGM). Destaca-se também que os arquivos STL não trazem nenhuma informação sobre a unidade de medida utilizada, o que pode implicar erros, por exemplo, entre medidas em milímetros e polegadas. Em função disso, no momento da importação, cabe ao usuário estar atento à unidade de medida correta.

Em particular, a forma de representação de um modelo tridimensional, em que cada triângulo possui as coordenadas dos seus vértices individualmente e compartilha os mesmos vértices com os triângulos vizinhos, torna essa representação geométrica STL extremamente redundante. Isso implica que os valores das coordenadas dos vértices são repetidos para todo compartilhamento de vértice, conforme mostrado na Figura 9.4. Essa situação pode acontecer inúmeras vezes, dependendo da complexidade da representação, e resultar num arquivo muito maior que o gerado originalmente pelo sistema CAD. Quanto maior o número de vértices compartilhados, maior será a redundância e, consequentemente, o tamanho do arquivo resultante para representar o modelo 3D.

Por fim, a qualidade das malhas é diretamente dependente da qualidade dos algoritmos de tesselação que as geram por meio dos módulos de exportação dos sistemas CAD. Várias inconsistências podem ser criadas em função de esses algoritmos não serem suficientemente robustos. Em muitos casos, a reparação da malha gerada com defeitos é uma tarefa onerosa, necessitando da utilização de ferramentas especiais e muita atenção e paciência para garantir a fidelidade da geometria modelada. Mais detalhes sobre o formato de arquivo STL, defeitos e soluções para reparos estão disponíveis em Chua *et al.* [9].

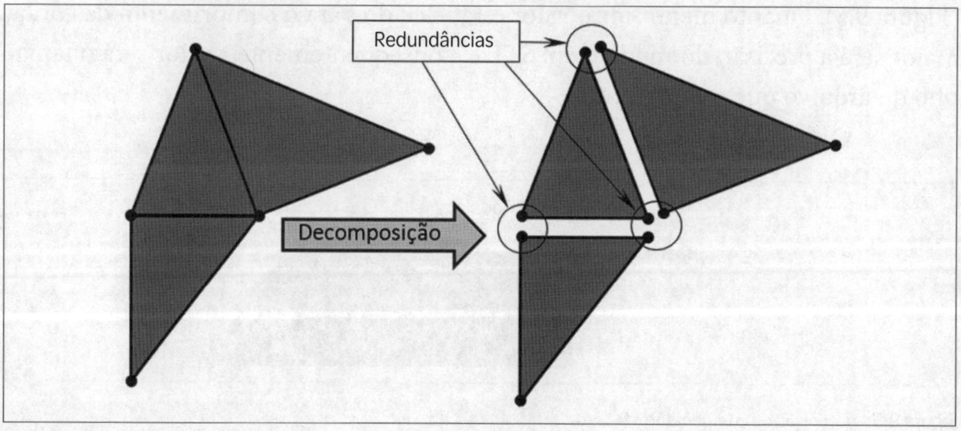

Figura 9.4 Redundâncias de vértices no formato de arquivo STL.

9.4 EXPORTAÇÃO DE ARQUIVOS STL EM SISTEMAS CAD

Como o formato STL tem sido considerado um padrão *de facto* para a transmissão de dados entre sistemas CAD e sistemas de AM, todos os programas CAD oferecem um módulo de exportação de dados de sua representação nativa para o STL. A utilização desses módulos apresenta certa facilidade, pois, normalmente, a exportação é uma simples operação de gravação de arquivo com diferente extensão (tipo de arquivo). Alguns sistemas CAD atribuem por padrão os parâmetros de geração de malha considerando a solução de compromisso entre qualidade e tamanho do arquivo, o que funciona bem na maioria dos casos. No entanto, essa não é uma regra, sendo possível que o usuário atribua os parâmetros durante a exportação para o formato STL.

Na conversão do modelo sólido ou de superfícies fechadas para a malha STL, existe uma aproximação das superfícies do modelo CAD por uma malha de triângulos. O número de triângulos que compõem essa malha é determinante para a precisão do modelo STL obtido. Partindo do princípio de que a representação perfeita seria possível somente com um número infinito de triângulos, é necessário determinar parâmetros de controle da malha como uma solução de compromisso entre obter a melhor precisão com o menor tamanho de arquivo. Existem vários parâmetros que poderiam ser utilizados para controlar a malha gerada, porém os mais utilizados pelos sistemas CAD são o comprimento da corda ou flecha e o ângulo de controle, como descrito na próxima seção.

9.4.1 Comprimento da corda (flecha) e ângulo de controle

O parâmetro comprimento de corda determina a máxima distância ou desvio entre a superfície do modelo 3D e a superfície do triângulo que compõe a malha STL (Figura 9.5). Quanto menor for o valor estabelecido para o comprimento da corda, maior será a precisão do modelo em STL e, consequentemente, maior será o tamanho do arquivo que o representa.

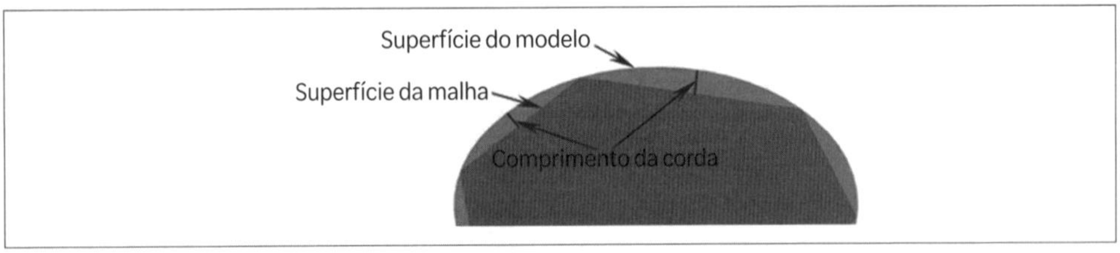

Figura 9.5 Definição de comprimento da corda.

Já o parâmetro ângulo de controle é utilizado para especificar uma tolerância para curvas com raios pequenos e os detalhes de pequenas dimensões do modelo.

Para esses detalhes de pequenas dimensões, o comprimento da corda não é suficiente para manter a integridade da geometria, mesmo especificando valores muito baixos para ele. Os sistemas CAD normalmente utilizam valores que variam entre 0 e 1, conforme a Equação (9.1), para definir um valor de corda efetivo a ser aplicado nos pequenos detalhes do modelo [10]:

$$Ce = [r / (D/10)]^{\alpha} \times C \tag{9.1}$$

Em que: Ce = comprimento efetivo da corda a ser aplicado nos pequenos detalhes do modelo; r = raio do menor detalhe do modelo; D = maior diagonal do paralelepípedo que envolve completamente o modelo (maior dimensão do modelo); α = ângulo de controle; C = comprimento da corda.

Aplicar valores de ângulo de controle igual a zero significa que o comprimento efetivo da corda aplicado aos pequenos detalhes é igual ao comprimento da corda, e não existe qualquer melhoria na representação de curvas com pequenos detalhes.

Os sistemas CAD têm a sua própria definição de ângulo de controle, podendo ser diferente desta aqui apresentada, não fornecendo detalhes de como são as relações. Em alguns desses sistemas, por exemplo, uma maior definição no modelo é conseguida com o parâmetro de controle mais próximo de zero, contrária à definição dada pela Equação (9.1).

9.4.2 Qualidade da representação STL

A conversão do modelo sólido em um modelo de representação de malhas de polígonos, como é o caso do STL, inevitavelmente conduz a erros devido à aproximação de superfícies contínuas e regulares por facetas que, por menores que sejam, não conseguem representar de forma suavizada essas superfícies. A título de ilustração, a Figura 9.6 apresenta as representações de uma esfera em STL com diferentes parâmetros de controle, conforme detalhado na Tabela 9.3, cujos tamanhos de arquivos estão descritos no formato binário. Se descritos em formato ASCII, teriam aproximadamente seis vezes o tamanho dos listados nessa tabela e, no caso mais restritivo de ângulo e flecha, o arquivo teria 143.124 *Kbytes* e, por consequência, uma maior exigência em processamento.

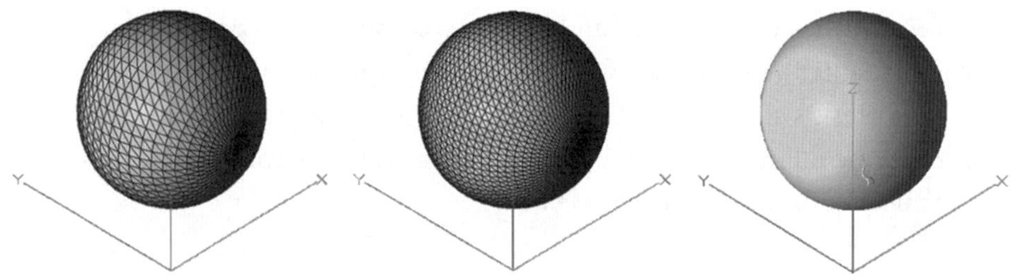

(a) 30° × 0,1030 mm (b) 5° × 0,0500 mm (c) 0,5° × 0,0042 mm

Figura 9.6 Esfera representada por malha STL com parâmetros de ângulo e flecha conforme Tabela 9.3.

Tabela 9.3 Parâmetros de controle dos arquivos STL da Figura 9.6.

Modelo	Esfera STL					
	(a)		(b)		(c)	
Parâmetros de controle STL	Ângulo (graus)	Flecha (mm)	Ângulo (graus)	Flecha (mm)	Ângulo (graus)	Flecha (mm)
	30	0,1030	5	0,0500	0,5	0,0042
Número de triângulos	2.352		5.040		516.960	
Tamanho do arquivo (*Kbytes*)	115		247		25.243	

Uma consideração importante a ser observada na representação STL é que a malha de triângulos depende da estratégia e da robustez do algoritmo implementado para a sua geração. Assim, diferentes malhas STL podem ser geradas para os mesmos parâmetros de controle e o mesmo modelo geométrico. É possível, então, que sejam obtidas diferenças significativas em termos de tamanho de arquivo, como ilustrado na Figura 9.7. Adicionalmente, isso pode causar sérias dificuldades para os programas de planejamento de processo que utilizam essa malha para gerar as fatias que serão processadas no equipamento de AM. Na Figura 9.7, a malha (a) tem 6.152 triângulos e a malha (b) tem 3.960 triângulos, o que significa uma redução substancial do número de triângulos para a mesma precisão na representação do modelo 3D. Pode-se observar, na Figura 9.7b, que, no lado direito da esfera (indicado pela seta), há uma melhor distribuição do tamanho dos triângulos. Essa melhoria se deve a procedimentos mais eficientes de geração de malhas STL.

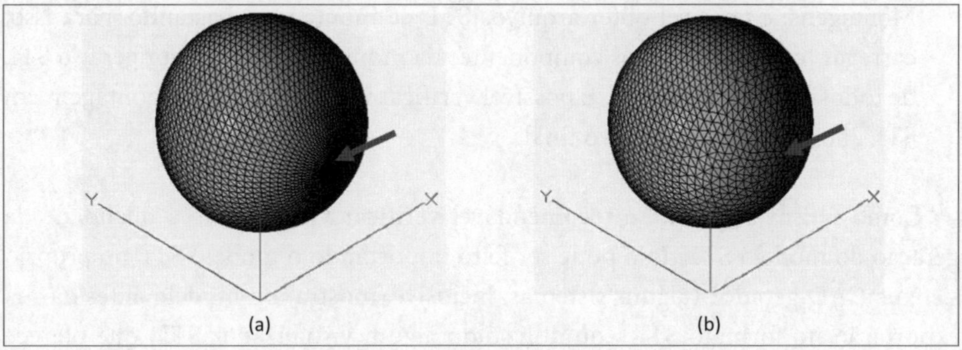

Figura 9.7 Diferentes malhas e tamanhos de arquivos para os mesmos parâmetros de controle da malha STL com a malha não otimizada (a) e com a malha otimizada (b).

9.4.3 Considerações práticas sobre geração de arquivos STL

Na maioria das vezes, as opções *default* garantem uma boa solução de compromisso entre qualidade do modelo em termos de precisão no facetamento e no tamanho do arquivo, mas recomenda-se que sejam verificados os limites dos parâmetros. Alguns sistemas utilizam valores normalizados entre 0 (melhor qualidade e maior tamanho do arquivo) e 1 (pior qualidade e menor tamanho do arquivo), devendo o usuário fazer alguns testes para definir os seus valores normalizados para uma boa solução de compromisso entre a precisão do modelo e um tamanho de arquivo aceitável.

Um erro muito comum e que ocorre principalmente com os novos usuários de AM é a geração de arquivos STL com um número reduzido de triângulos por desconhecimento dos parâmetros de controle e a não verificação do modelo obtido em STL. Isso causa um facetamento exagerado nas superfícies curvas, que é transmitido para o modelo físico fabricado por AM. Por outro lado, é também comum o usuário ser induzido a acreditar que gerar arquivos STL com parâmetros extremamente restritivos seria o ideal e, por consequência, uma excessiva utilização de memória computacional seria necessária para processar esses arquivos.

Outras considerações que devem ser levadas em conta na exportação do arquivo STL utilizando sistemas CAD são referentes a:

- Tolerância de adjacência: permite ao usuário atribuir o valor que o sistema utiliza como tolerância para definir se bordas adjacentes de duas superfícies são conectadas ou não. Se a distância entre duas bordas adjacentes for menor que o valor definido para a tolerância, as duas bordas são consideradas coincidentes, e as superfícies, conectadas.

- Montagens: é possível obter arquivos STL de montagens, bastando, para isso, carregar todos os modelos componentes da montagem e optar por gerar o STL de todos simultaneamente. É possível verificar interferências na montagem em STL antes de gerar o arquivo final.

Como última sugestão, é recomendável verificar visualmente a qualidade da geração do modelo STL. Isso pode ser feito importando o modelo STL no próprio sistema CAD gerador (alguns sistemas, inclusive, mostram o modelo antes da sua exportação no formato STL), ou utilizando algum visualizador STL, que oferece esse recurso. Existem vários visualizadores gratuitos para essa função.

A solução para a representação de uma geometria seguindo as regras de formação do arquivo STL não é única. Portanto, ainda há algum investimento, principalmente das empresas que fornecem produtos para a área de AM, em algoritmos eficientes para a geração da malha STL contendo uma quantidade de triângulos de forma a atender a parâmetros de controle mais restritos.

Quando se manipulam arquivos STL com geometria complexa e/ou vários arquivos STL simultaneamente, a memória RAM (*Random Access Memory*) utilizada durante o processamento e o processador propriamente dito do computador ficam sobrecarregados. Nesses casos, são necessários equipamentos com uma maior capacidade de processamento e, portanto, mais caros. Quando não há disponibilidade de um equipamento adequado, a atividade não poderá ser realizada ou o usuário deverá ter paciência para realizar o trabalho num tempo bem maior.

É importante observar que as dimensões físicas do modelo CAD não determinam o tamanho do arquivo STL. Em outras palavras, os modelos de componentes com grandes dimensões não necessariamente geram arquivos extensos em quantidade de triângulos, e vice-versa. A quantidade de triângulos depende exclusivamente da complexidade da geometria do modelo, sendo necessário o refinamento da malha para representar detalhes, mudanças de planos ou superfícies complexas.

9.5 DEFEITOS MAIS COMUNS NO PROCESSO DE REPRESENTAÇÃO GEOMÉTRICA 3D PARA AM

9.5.1 Defeitos geométricos decorrentes da modelagem CAD

A modelagem CAD deve ser realizada seguindo alguns critérios para que o modelo possa ser utilizado nos programas de planejamento de processo das tecnologias de AM. Quando isso não acontece, alguns defeitos geométricos impedem a formação de um sólido fechado e, consequentemente, a geração de uma malha apropriada para o uso na AM. A seguir, serão apresentados os principais defeitos que podem ser gerados nas geometrias das peças decorrentes de erros na modelagem 3D.

Superfícies não conectadas

Esse defeito ocorre geralmente em *softwares* de modelagem de superfícies quando duas superfícies próximas formam aparentemente um volume fechado. Dependendo da distância entre essas superfícies e da precisão numérica do algoritmo de modelagem utilizado nos sistemas CAD, pode haver uma interpretação de que as superfícies não estão conectadas, como indicado na Figura 9.8a. A forma correta de se modelar utilizando superfícies deve gerar volumes completamente fechados com todas as suas superfícies conectadas, como as da Figura 9.8b.

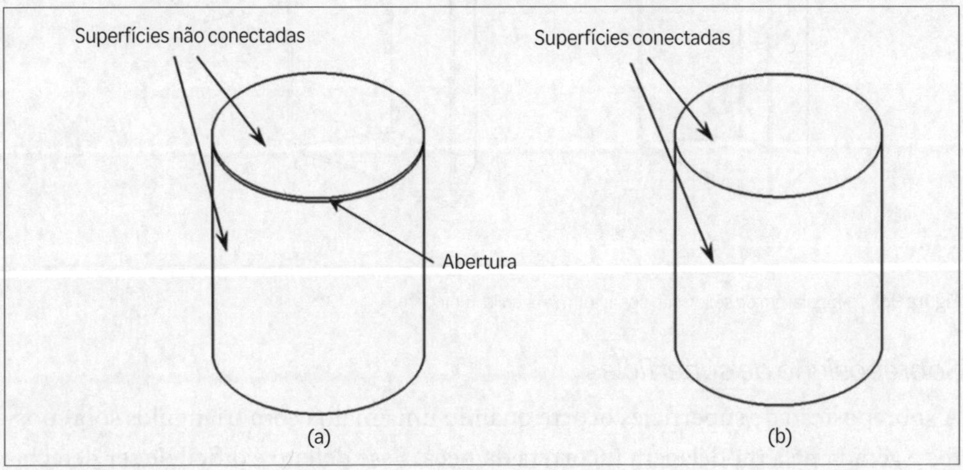

Figura 9.8 Volume gerado com superfícies não conectadas (a) e conectadas (b).

Sólidos não conectados

Esse é um defeito normalmente originado no momento de construir o modelo, ou seja, relacionado com o usuário do sistema CAD. Dois ou mais sólidos não conectados na modelagem 3D, mas aparentemente conectados em virtude da mínima distância entre eles, representam ser um modelo único. Isso faz com que as superfícies desses sólidos sejam quase coincidentes, mas, ainda assim, existe uma distância quase infinitesimal entre elas, que depende da precisão do programa CAD utilizado. Quando o modelo é convertido para algum formato para uso na AM, em geral o STL, o algoritmo de geração da malha reconhece essa configuração como dois sólidos, criando também duas malhas independentes e superfícies quase coincidentes. O resultado prático é que um estreito espaço entre esses sólidos é gerado, fragilizando a peça fabricada e podendo, nos casos mais graves, até causar descolamento das partes. A Figura 9.9a ilustra dois sólidos simples com a interface visível entre eles (em destaque ampliado). A mesma peça, obtida da união dos dois anteriores, não havendo uma interface entre eles, é mostrada na Figura 9.9b.

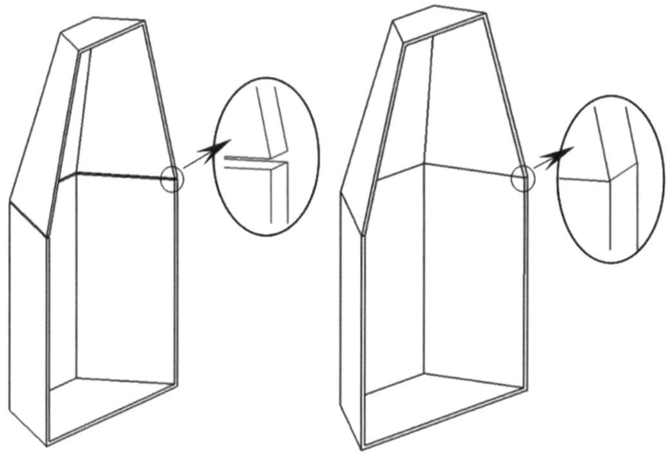

(a) (b)

Figura 9.9 Modelagem de sólido não conectado (a) e sólido único (b).

Sobreposição de superfícies

A sobreposição de superfícies ocorre quando uma malha com triângulos sobrepostos é gerada pela modelagem incorreta da peça. Esse defeito é difícil de ser detectado antes de iniciar o planejamento de processo da AM e deve ser corrigido na modelagem CAD.

Portanto, o uso correto de estratégias de modelagem é fundamental para se obter modelos adequados ao uso na AM. Deve-se, assim, evitar que esses defeitos tenham que ser corrigidos com um retrabalho ou mesmo com o uso de ferramentas computacionais específicas para essa função.

9.5.2 Defeitos decorrentes dos algoritmos de tesselação dos sistemas CAD

Os defeitos mais comuns que ocorrem na malha dos arquivos STL estão relacionados às falhas na geração dos triângulos decorrentes do fato de os algoritmos dos sistemas CAD serem pouco robustos ou ineficientes e a problemas originados na modelagem. Isso leva à necessidade de utilização de ferramentas de pré-processamento para o reparo dessas falhas e à melhoria da malha de triângulos. Normalmente, essas ferramentas de pré-processamento são executadas em um computador diferente do alocado para fazer o controle do equipamento de AM para um não interferir no processamento do outro. A seguir, são apresentadas as classes de problemas ou ocorrências mais comuns com arquivos STL.

Malha com falhas ou aberturas por falta de triângulos

Os triângulos do arquivo STL devem recobrir totalmente as superfícies do modelo. Se, por algum motivo, houver a falta de triângulos, essas superfícies passam a apresentar aberturas, não definindo de maneira precisa os seus limites e a forma do objeto modelado. No momento que o arquivo contendo a malha com falhas for fatiado pelos programas de planejamento de processo de AM, pela interseção de planos perpendiculares ao eixo Z de construção, serão obtidos contornos abertos nas camadas 2D. A Figura 9.10 ilustra um exemplo de uma esfera com uma abertura causada por falta de triângulos na malha (indicada pela seta).

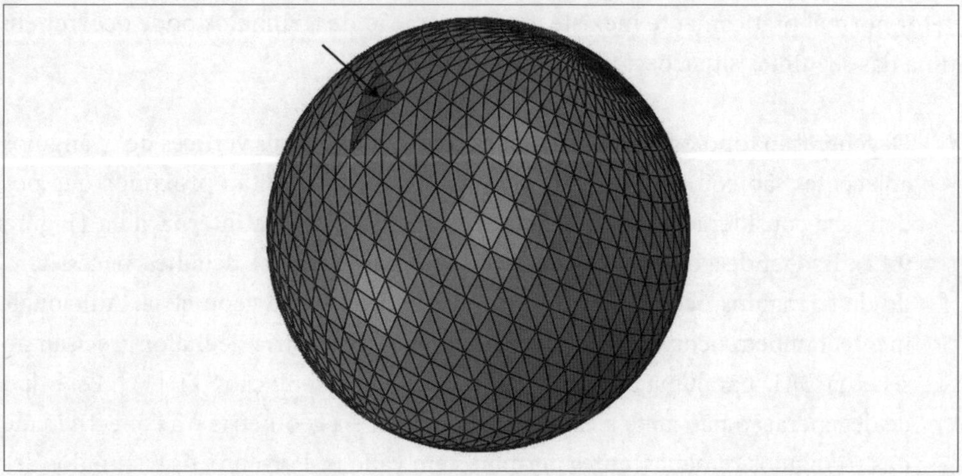

Figura 9.10 Malha STL de uma esfera em que faltam triângulos.

A Figura 9.11a ilustra o processo de fatiamento de uma seção em uma altura onde o plano de corte não intercepta nenhuma região com aberturas na malha. Essa seção 2D, formada por segmentos de reta compondo um contorno fechado, é considerada válida, podendo ser interpretada pelos equipamentos de AM. A Figura 9.11b ilustra a mesma esfera com uma seção a uma altura onde o plano de corte intercepta regiões com ausência de triângulos na malha. Pode-se observar que essa seção 2D não possui um contorno fechado, sendo considerada uma seção inválida para ser interpretada pelos equipamentos de AM.

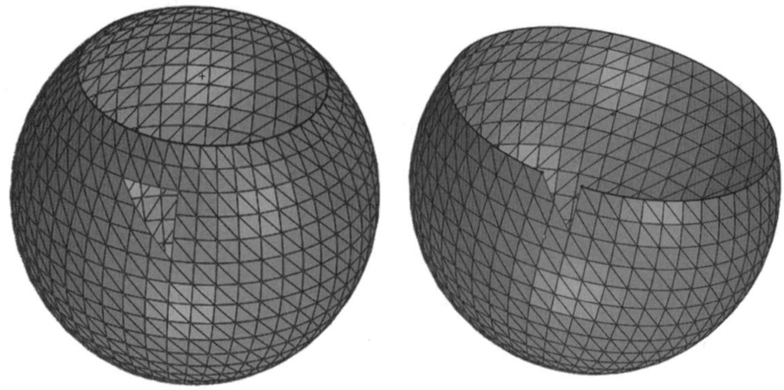

(a) (b)

Figura 9.11 Fatiamento da esfera facetada em altura de seção com contorno fechado (a) e com contorno aberto (b).

Malha STL com degeneração de triângulos

A degeneração ocorre quando a área interna dos triângulos é tão pequena que o vetor normal praticamente inexiste. A degeneração de triângulos pode ocorrer em uma das seguintes situações:

- Degeneração topológica: ocorre quando pelo menos dois vértices de triângulos adjacentes são coincidentes ou estão matematicamente tão próximos que podem ser considerados coincidentes, resultando em área interna nula (Figura 9.12). Isso tende a ocorrer em regiões da peça com muitos detalhes, necessitando de triângulos pequenos para reproduzir fielmente a geometria. Adicionalmente, também ocorre pela conversão de uma geometria de maior precisão no sistema CAD para uma de menor precisão na representação STL [11]. Esse tipo de degeneração não afeta a estrutura da malha, e a geometria e a conectividade dos triângulos remanescentes permanecem válidas. Portanto, os triângulos degenerados podem ser descartados, e o resultado continua a ser uma malha válida. Pode-se observar, na Figura 9.12, que o descarte do triângulo C degenerado (vértices 2 e 3 coincidentes) ainda mantém correta a estrutura da malha.

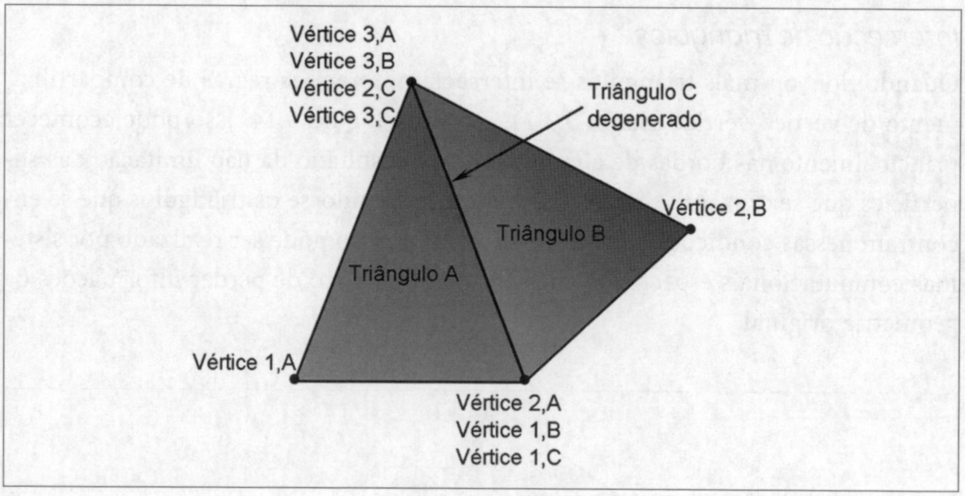

Figura 9.12 Degeneração topológica.

- Degeneração geométrica: ocorre quando os três vértices são pontos diferentes, porém colineares, ou seja, compartilham a mesma reta. Nesse caso, a área interna resultante também é nula. Observa-se, na Figura 9.13, que os vértices 1, 2 e 3 do triângulo C são colineares, e a eliminação desse triângulo gera uma malha inválida com um vértice no meio de uma aresta do triângulo B. A malha deve ser reconstruída com os vértices resultantes. O triângulo B pode ser dividido em dois para manter a consistência da malha, conectando-se os vértices 2,B e 3,A, que é o mesmo ponto de 2,D.

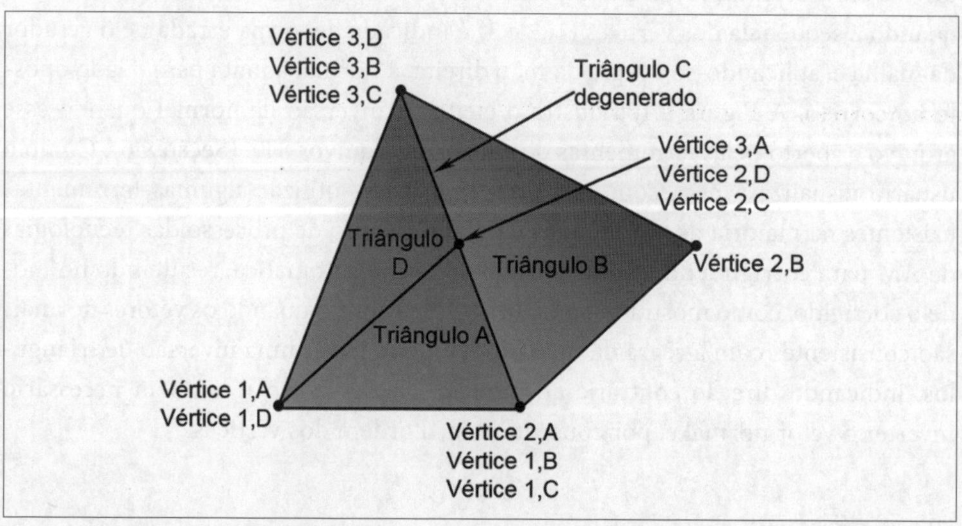

Figura 9.13 Degeneração geométrica.

Interseção de triângulos

Quando dois ou mais triângulos se intersectam, ferem as regras de compartilhamento de vértice-vértice (Seção 9.3.1), como na Figura 9.14. Isso pode acontecer principalmente nas bordas de alguns modelos, resultado da não limitação das superfícies que se cruzam. A correção é feita eliminando-se os triângulos que se encontram nessas condições, refazendo-se a malha. Isso pode ser realizado por sistemas computacionais específicos, mas há sempre o risco de perder informações da geometria original.

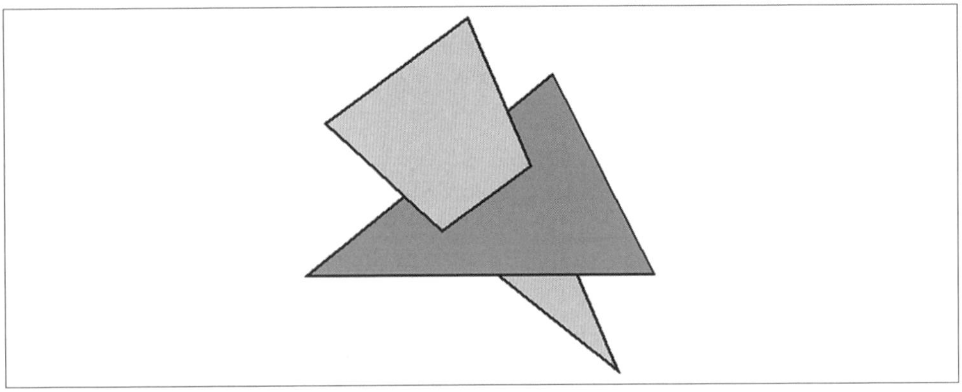

Figura 9.14 Interseção de triângulos.

Inversão dos vetores normais

A inversão de normais, ou normais inconsistentes, acontece quando a regra da mão direita para orientação da normal em relação ao triângulo não é respeitada ou quando a sequência dos vértices (1, 2 e 3) é indicada de forma errada pelo gerador da malha e, aplicando-se a regra da mão direita, a normal aponta para o lado oposto ao correto. A Figura 9.15a ilustra o efeito da inversão da normal quando esse arquivo é aberto pelas ferramentas de edição de arquivos STL (Seção 9.6). Como o usuário visualiza a peça com esse problema, basta utilizar algumas ferramentas existentes na maioria dos programas de planejamento de processo das tecnologias de AM para corrigir a direção da normal de forma automática, resultando no modelo corrigido, como mostrado na Figura 9.15b. Mesmo quando os vetores normais são consistentes com a regra da mão direita, pode haver uma inversão de triângulos, indicando direção contrária ao modelo. Nesses casos, é também necessário inverter o vetor normal e, por consequência, a ordem dos vértices.

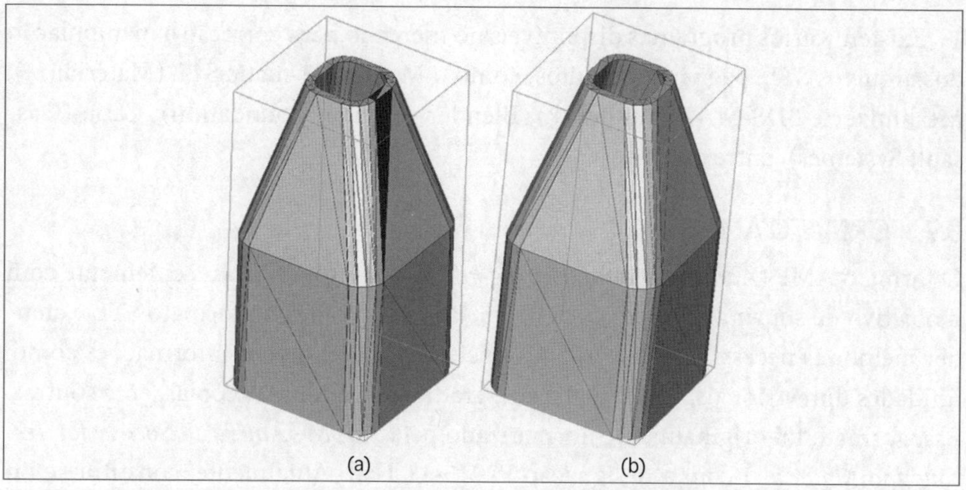

Figura 9.15 Correção automática com a inversão dos vetores normais (a) e modelo corrigido (b).

9.6 FERRAMENTAS PARA MANIPULAÇÃO E CORREÇÃO DE ARQUIVOS NO FORMATO STL

Apesar de cada tecnologia de AM possuir um sistema de processamento do arquivo STL próprio, as ferramentas especializadas ou os aplicativos para manipulação e visualização de arquivos STL podem ser importantes para o planejamento de processo de AM. Essas ferramentas podem ser úteis desde a importação e a verificação da consistência dos dados até a preparação específica para o equipamento de AM a ser utilizado, gerando suportes e simulando o processo de fatiamento. São ferramentas que se propõem a auxiliar, de forma eficiente, o planejamento de processo, nem sempre fácil, completo e rápido, quando são utilizados os programas que acompanham os equipamentos de AM.

Com esse tipo de ferramenta, é possível, além da avaliação da consistência da malha, implementar melhorias nos arquivos STL e montagem de volumes de construção para os processos de AM, considerando características do processo escolhido, requisitos de aplicação da peça e geometria dos modelos a serem fabricados. Essas ferramentas implementam algoritmos eficientes de melhoria da malha de triângulos e excelentes recursos para que o usuário possa planejar, simular e avaliar o tempo de construção da peça ou o conjunto delas.

Outra boa justificativa para utilizar essas ferramentas, independentemente do sistema de AM, é a possibilidade de executar o planejamento de processo enquanto o equipamento processa um outro planejamento realizado anteriormente. Isso torna as atividades de planejamento e construção do modelo independentes, liberando recursos computacionais da estação de trabalho dedicada para a função de controle.

Existem vários programas disponíveis no mercado para correção e manipulação dos arquivos STL, pagos ou gratuitos, como o Magics e 3-matic STL (Materialize), Meshmixer e 3DS-MAX (Autodesk), Blender (Blender Foundation), Catia (Dassault Systèmes), entre outros.

9.7 FORMATO AMF

O formato AMF (*Additive Manufacturing File Format*) foi criado recentemente com o objetivo de suprir as principais deficiências encontradas no formato STL e atender melhor às necessidades da AM. Com ele, é possível incluir informações como: unidades dimensionais, cores, materiais, gradientes, múltiplas cópias, entre outras. Esse formato foi originalmente normatizado pela ASTM (*American Society for Testing and Materials*) com a designação F2915-11 [12]. Atualmente, constitui-se no padrão internacional ISO/ASTM 52915, criado em 2013 [13]. Esse padrão preconiza os seguintes preceitos principais:

- Independência de tecnologias: o formato deve ser capaz de representar com fidelidade a geometria, de tal forma que qualquer tecnologia de AM seja capaz de fabricá-la, utilizando, quando necessárias, as informações com as propriedades de cor, textura, múltiplos materiais, entre outras.
- Simplicidade: o formato deve ser fácil de implementar, entender, editar e depurar para encorajar a sua adoção pelos programas de CAD e pelos fabricantes das tecnologias de AM. Ele não deve armazenar informações redundantes.
- Adaptabilidade: deve adaptar-se facilmente tanto ao aumento da complexidade ou do tamanho da peça como à melhoria da resolução e da precisão na fabricação, decorrentes da melhoria dos equipamentos de AM.
- Desempenho computacional: o formato deve ser capaz de garantir um tempo razoável nas operações de escrita e leitura nos computadores. Também deve ter um tamanho adequado mesmo para peças complexas geometricamente.
- Compatibilidade com versões anteriores: qualquer arquivo STL pode ser convertido para o formato AMF sem a perda de informações e sem a necessidade de incluir mais informações do modelo. Da mesma forma, os arquivos AMF deverão permitir a conversão para o formato STL, mesmo com a perda de algumas características avançadas peculiares do arquivo de origem.
- Compatibilidade com versões futuras: o formato deve ser versátil para permitir fácil adaptabilidade às evoluções das futuras tecnologias de AM sem perder a compatibilidade com as versões anteriores.

O formato AMF é armazenado no padrão XML (*extensible markup language*), que é um arquivo de texto editável e largamente utilizado na internet. Uma diferença significativa em relação ao formato STL é que o modelo pode ser representado não apenas por uma malha de triângulos planos como na Figura 9.16a, mas também por "triângulos" de lados curvos ou por superfícies curvas triangulares, como nas Figuras 9.16b e 9.16c, para diminuir o número de triângulos e o tamanho do arquivo, bem como representar com maior precisão algumas geometrias. Nesse caso, nos vértices, são usados vetores normais ou tangentes para aumentar a precisão da representação (curvas de Hermite de segundo grau) [14].

Paul e Anand [14] comentam que, embora o formato AMF possa utilizar "triângulos" curvos para representar melhor as geometrias curvas, no momento do fatiamento, eles são subdivididos em triângulos planares, o que leva ao mesmo erro de aproximação que ocorre no formato STL. Esses autores apresentam outra solução (*curved Steiner patches*) para representar melhor as geometrias curvas, que pode ser utilizada no fatiamento.

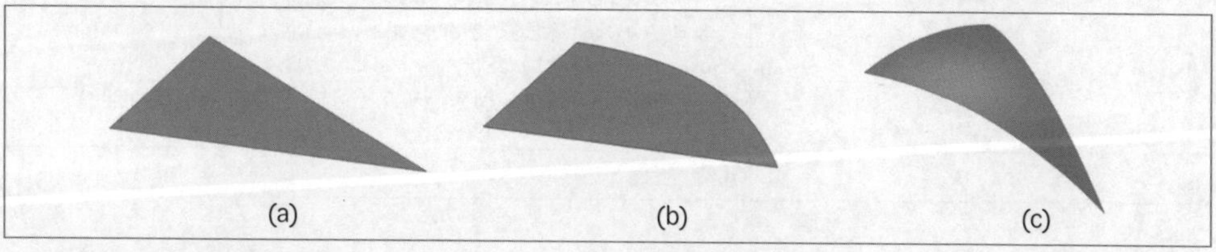

Figura 9.16 Triângulo plano (a), "triângulo" com uma aresta curva (b) e superfície curva triangular (c).

O cubo mostrado na Figura 9.17a foi modelado no programa CAD Solidworks 2022 com lado igual a 100 mm, faces coloridas e material Aço AISI 1020. O arquivo editável resultante salvo no formato AMF é mostrado na Figura 9.17b, em que se observam as seções do arquivo com as informações da versão em XML contendo unidade de medida, agrupamento de peças (*constellation*), cores, coordenadas dos vértices dos triângulos, mapeamento dos triângulos e material. O arquivo ainda permite que sejam identificados mais de um material para a mesma peça, propriedades mecânicas diferentes para regiões distintas da peça, como materiais com gradação funcional, entre outros.

(a)


```
<?xml version="1.0" encoding="UTF-8"?>
<amf unit="millimeter" version="1.1" xml:lang="en">
<constellation id="0"><instance objectid="276"/>
</constellation><object id="276" type="model" materialid="1">
<color><r>0.647059</r><g>0.619608</g><b>0.588235</b>
</color><mesh><vertices><vertex>
<coordinates><x>-50</x><y>-50</y><z>-50</z>
</coordinates></vertex><vertex><coordinates><x>50</x><y>-50</y><z>-50</z>
</coordinates></vertex><vertex><coordinates><x>-50</x><y>-50</y><z>50</z>
</coordinates></vertex><vertex><coordinates><x>50</x><y>-50</y><z>50</z>
</coordinates></vertex><vertex><coordinates><x>-50</x><y>50</y><z>50</z>
</coordinates></vertex><vertex><coordinates><x>50</x><y>50</y><z>-50</z>
</coordinates></vertex><vertex><coordinates><x>50</x><y>50</y><z>50</z>
</coordinates></vertex><vertex><coordinates><x>50</x><y>50</y><z>50</z>
</coordinates></vertex></vertices><volume>
<triangle><v1>2</v1><v2>6</v2><v3>0</v3></triangle>
<triangle><v1>6</v1><v2>4</v2><v3>0</v3></triangle>
<triangle><v1>1</v1><v2>2</v2><v3>0</v3></triangle>
<triangle><v1>4</v1><v2>1</v2><v3>0</v3></triangle>
<triangle><v1>5</v1><v2>3</v2><v3>1</v3></triangle>
<triangle><v1>3</v1><v2>2</v2><v3>1</v3></triangle>
<triangle><v1>4</v1><v2>5</v2><v3>1</v3></triangle>
<triangle><v1>7</v1><v2>6</v2><v3>2</v3></triangle>
<triangle><v1>3</v1><v2>7</v2><v3>2</v3></triangle>
<triangle><v1>5</v1><v2>7</v2><v3>3</v3></triangle>
<triangle><v1>6</v1><v2>7</v2><v3>4</v3></triangle>
<triangle><v1>7</v1><v2>5</v2><v3>4</v3></triangle>
</volume></mesh></object>
<material id="1"><metadata type="Name">AISI 1020</metadata></material>
</amf>
```


(b)

Figura 9.17 Cubo colorido de Aço AISI 2020 (a) e conteúdo do arquivo AMF (b).

Cabe ressaltar, no exemplo da Figura 9.17, que cada vértice do cubo aparece uma única vez no arquivo, e todas as faces que o utilizam indicam os três vértices correspondentes. Assim, um dos grandes problemas do formato STL, que é a redundância na representação dos vértices para cada triângulo, foi resolvido.

Os parâmetros relacionados na Tabela 9.3, utilizados para arquivos STL, são os mesmos para a geração de arquivos AMF, e os defeitos listados na Seção 9.5, relacionados a modelagem, desvios etc., também podem ser aplicados ao formato AMF.

O uso do formato AMF como padrão para as tecnologias de AM ainda não é uma realidade, no entanto, alguns sistemas CAD já possuem módulos de importação e exportação para o AMF. Havia a expectativa de que ele se tornasse o padrão para todas as tecnologias de AM, mas isso não foi observado.

9.8 FORMATO OBJ

O formato OBJ foi desenvolvido pela empresa americana Wavefront Technologies [15] e, inicialmente, seria utilizado para visualização de animações em aplicativos da própria empresa. Com o tempo, foi adotado por outros programas gráficos por sua simplicidade e, principalmente, por ser de código aberto.

A geometria é armazenada pelas coordenadas dos vértices das entidades geométricas, que são dispostas no sentido anti-horário, de forma que torna dispensável o armazenamento do vetor normal. O formato possibilita a representação de objetos poligonais usando pontos, linhas e faces. No caso de formas livres (*freeform*) utilizando curvas racionais e superfícies, é necessária uma quarta coordenada denominada peso. Da mesma forma que o formato STL, a representação OBJ pode ser armazenada nos formatos ASCII (extensão .obj) ou binário (extensão .mod). O formato OBJ permite armazenar informações adicionais, como textura e material.

9.9 FORMATO 3MF

O significado de 3MF é formato 3D para manufatura (do inglês, *3D Manufacturing Format*). Esse formato de arquivo foi desenvolvido pelo chamado Consórcio 3MF, cujos membros fundadores são as empresas Siemens, Dassault Systèmes, 3D Systems, Stratasys, SLM, HP, Materialise, Autodesk, Shapeways, NetFabb e Microsoft. O formato 3MF foi inicialmente encabeçado pela Microsoft, obtendo adesão de empresas importantes. A Microsoft tem trabalhado, desde o lançamento do Windows 8.1, na incorporação de soluções para impressão 3D em seu sistema operacional.

O objetivo principal do consórcio 3MF é prover uma representação capaz de ser:

- Completa, para representar integralmente um modelo com informações internas, materiais, cores e propriedades em um único arquivo.
- Legível, usando estruturas comuns como OPC, ZIP e XML para facilitar o desenvolvimento.
- Simples, com uma especificação curta e clara para facilitar o desenvolvimento e a validação.
- Extensível, de modo a suportar as inovações na área de AM com extensões públicas e privadas, mantendo a compatibilidade.
- Sem ambiguidade, para garantir que o arquivo seja consistente do digital ao físico.
- Gratuita, com acesso e especificação livres de *royalties* e patentes (http://3mf.io/).

Aparentemente, não há um conflito declarado entre esse consórcio e o padrão AMF, adotado em 2013 pela ISO, mas é claro que há interesses que aparentemente não estão atendidos neste último. É especificado e implementado sob forma de bibliotecas livres, de maneira que o código-fonte pode ser baixado e incorporado em qualquer outro produto.

Similarmente aos formatos STL e AMF, o modelo é representado por uma malha de elementos triangulares. Esse formato é gerado de forma compactada, mas, usando programas de descompactação de arquivos, é possível obter o arquivo texto com o código correspondente ao modelo 3D. A Figura 9.18 ilustra um comparativo entre o formato STL e o 3MF de um cubo de 100 mm de lado, ilustrado na Figura 9.17a, onde é possível verificar o quanto esse formato é mais otimizado. Não há redundância de dados, uma vez que os vértices são representados somente uma vez no início do arquivo e os triângulos que o utilizam simplesmente apontam para esse mesmo vértice.

O formato 3MF é uma especificação baseada em XML, o que permite interoperabilidade entre plataformas computacionais e aplicativos. Esse formato permite a inclusão de módulos para geração de estruturas treliçadas [16] ou fatiamentos nos modelos 3D. Há uma expectativa que esse formato ganhe cada vez mais espaço na área de AM em função das vantagens apresentadas.

Seu código-fonte pode ser baixado do site de compartilhamento GitHub (https://github.com/3mfconsortium). É prevista a disponibilização de versões multiplataforma. Mais informações podem ser livremente acessadas no site do Consórcio 3MF (http://3mf.io/), incluindo os guias de referência de materiais e suas propriedades [17][18].

```
solid Cubo Color
  facet normal 1.000000e+00 0.000000e+00 0.000000e+00
    outer loop
      vertex 1.000000e+02 1.000000e+02 1.000000e+02
      vertex 1.000000e+02 0.000000e+00 1.000000e+02
      vertex 1.000000e+02 1.000000e+02 0.000000e+00
    endloop
  endfacet
  facet normal 1.000000e+00 0.000000e+00 0.000000e+00
    outer loop
      vertex 1.000000e+02 1.000000e+02 0.000000e+00
      vertex 1.000000e+02 0.000000e+00 1.000000e+02
      vertex 1.000000e+02 0.000000e+00 0.000000e+00
    endloop
  endfacet
  facet normal -0.000000e+00 1.000000e+00 0.000000e+00
    outer loop
      vertex 0.000000e+00 1.000000e+02 1.000000e+02
      vertex 1.000000e+02 1.000000e+02 1.000000e+02
      vertex 0.000000e+00 1.000000e+02 0.000000e+00
    endloop
  endfacet
  facet normal 0.000000e+00 1.000000e+00 0.000000e+00
    outer loop
      vertex 0.000000e+00 1.000000e+02 0.000000e+00
      vertex 1.000000e+02 1.000000e+02 1.000000e+02
      vertex 1.000000e+02 1.000000e+02 0.000000e+00
    endloop
  endfacet
  facet normal -1.000000e+00 0.000000e+00 0.000000e+00
    outer loop
      vertex 0.000000e+00 0.000000e+00 1.000000e+02
      vertex 0.000000e+00 1.000000e+02 1.000000e+02
      vertex 0.000000e+00 0.000000e+00 0.000000e+00
    endloop
  endfacet
  facet normal -1.000000e+00 0.000000e+00 0.000000e+00
    outer loop
      vertex 0.000000e+00 0.000000e+00 0.000000e+00
      vertex 0.000000e+00 1.000000e+02 1.000000e+02
      vertex 0.000000e+00 1.000000e+02 0.000000e+00
    endloop
  endfacet
  facet normal -0.000000e+00 -1.000000e+00 -0.000000e+00
    outer loop
      vertex 1.000000e+02 0.000000e+00 1.000000e+02
      vertex 0.000000e+00 0.000000e+00 1.000000e+02
      vertex 1.000000e+02 0.000000e+00 0.000000e+00
    endloop
  endfacet
  facet normal 0.000000e+00 -1.000000e+00 0.000000e+00
    outer loop
      vertex 1.000000e+02 0.000000e+00 0.000000e+00
      vertex 0.000000e+00 0.000000e+00 1.000000e+02
      vertex 0.000000e+00 0.000000e+00 0.000000e+00
    endloop
  endfacet
  facet normal -0.000000e+00 0.000000e+00 1.000000e+00
    outer loop
      vertex 0.000000e+00 1.000000e+02 1.000000e+02
      vertex 0.000000e+00 0.000000e+00 1.000000e+02
      vertex 1.000000e+02 1.000000e+02 1.000000e+02
    endloop
  endfacet
  facet normal 0.000000e+00 0.000000e+00 1.000000e+00
    outer loop
      vertex 1.000000e+02 1.000000e+02 1.000000e+02
      vertex 0.000000e+00 0.000000e+00 1.000000e+02
      vertex 1.000000e+02 0.000000e+00 1.000000e+02
    endloop
  endfacet
  facet normal 0.000000e+00 0.000000e+00 -1.000000e+00
    outer loop
      vertex 0.000000e+00 0.000000e+00 0.000000e+00
      vertex 0.000000e+00 1.000000e+02 0.000000e+00
      vertex 1.000000e+02 0.000000e+00 0.000000e+00
    endloop
  endfacet
  facet normal 0.000000e+00 0.000000e+00 -1.000000e+00
    outer loop
      vertex 1.000000e+02 0.000000e+00 0.000000e+00
      vertex 0.000000e+00 1.000000e+02 0.000000e+00
      vertex 1.000000e+02 1.000000e+02 0.000000e+00
    endloop
  endfacet
endsolid
```

(a)

```
<?xml version="1.0"?>
<model xmlns="http://schemas.microsoft.com/3dmanufacturing/core/2015/02"
xmlns:m="http://schemas.microsoft.com/3dmanufacturing/material/2015/02"
unit="millimeter" xml:lang="en-US">
<metadata name="CreationDate">0000-00-00</metadata>
<metadata name="ModificationDate">0000-00-00</metadata>
<resources><m:colorgroup
id="2"><m:color color="#C6C1BC"/></m:colorgroup><basematerials
id="3"><base name="AISI 1020"
displaycolor="#C6C1BCFF"/></basematerials><m:colorgroup
id="5"><m:color color="#0000FF"/></m:colorgroup><m:colorgroup
id="6"><m:color color="#00FF00"/></m:colorgroup><m:colorgroup
id="7"><m:color color="#FF00FF"/></m:colorgroup><m:colorgroup
id="8"><m:color color="#FFFF00"/></m:colorgroup><m:colorgroup
id="9"><m:color color="#FF0000"/></m:colorgroup><m:colorgroup
id="10"><m:color color="#E87108"/></m:colorgroup><m:colorgroup
id="11"/><object
id="4" name="body276" type="model" pid="3"
pindex="0"><mesh>
<vertices>
<vertex x="-5.000000e+01" y="-5.000000e+01" z="-5.000000e+01"/>
<vertex x="5.000000e+01" y="-5.000000e+01" z="-5.000000e+01"/>
<vertex x="-5.000000e+01" y="-5.000000e+01" z="5.000000e+01"/>
<vertex x="5.000000e+01" y="-5.000000e+01" z="5.000000e+01"/>
<vertex x="-5.000000e+01" y="5.000000e+01" z="-5.000000e+01"/>
<vertex x="5.000000e+01" y="5.000000e+01" z="-5.000000e+01"/>
<vertex x="-5.000000e+01" y="5.000000e+01" z="5.000000e+01"/>
<vertex x="5.000000e+01" y="5.000000e+01" z="5.000000e+01"/>
</vertices>
<triangles>
<triangle v1="5" v2="3" v3="1" pid="5" p1="0"/>
<triangle v1="5" v2="7" v3="3" pid="5" p1="0"/>
<triangle v1="6" v2="7" v3="4" pid="6" p1="0"/>
<triangle v1="7" v2="5" v3="4" pid="6" p1="0"/>
<triangle v1="2" v2="6" v3="0" pid="7" p1="0"/>
<triangle v1="6" v2="4" v3="0" pid="7" p1="0"/>
<triangle v1="1" v2="2" v3="0" pid="8" p1="0"/>
<triangle v1="3" v2="2" v3="1" pid="8" p1="0"/>
<triangle v1="7" v2="6" v3="2" pid="9" p1="0"/>
<triangle v1="3" v2="7" v3="2" pid="9" p1="0"/>
<triangle v1="4" v2="1" v3="0" pid="10" p1="0"/>
<triangle v1="4" v2="5" v3="1" pid="10" p1="0"/>
</triangles>
</mesh></object><object id="1" type="model" name="Cubo
Color"><components><component
objectid="4"/></components></object></resources><build><item objectid="1"
transform="1.000000 0.000000 0.000000 0.000000 1.000000 0.000000
0.000000 0.000000 1.000000 1.000000 1.000000
1.000000"/></build></model>
```

(b)

Figura 9.18 Arquivo de um cubo de 100 mm de lado: formato STL (a) e formato 3MF (b).

9.10 CONSIDERAÇÕES FINAIS

Os modelos geométricos 3D gerados em sistemas CAD ou obtidos de sistemas de digitalização ou reconstrução 3D não são utilizados em seus formatos nativos em AM, precisando ser transformados em um formato adequado. Normalmente, esses formatos nativos passam por um processo de tesselação, no qual ocorre a geração de uma malha 3D que representa uma aproximação do modelo 3D original. O formato mais utilizado é o STL, mas vários outros se apresentam (AMF, 3MF, OBJ etc.).

Alguns problemas podem ser encontrados na malha 3D e podem comprometer o processo de fabricação por AM. O cuidado no momento da modelagem CAD pode evitar alguns defeitos geométricos na representação para AM. É importante que sejam difundidas técnicas de modelagem consistentes para evitar a necessidade de reparos nas malhas que dão origem aos arquivos utilizados na AM, em especial no formato STL.

Apesar das limitações apontadas do formato STL, essa representação ainda é a mais utilizada pelas tecnologias de AM. Há uma tendência de adoção de novos formatos, principalmente o 3MF, que vem crescendo. No entanto, os demais formatos discutidos neste capítulo também se apresentam como opções adicionais para representação de formatos 3D para AM. Espera-se que as inovações já presentes e as que serão incorporadas nos equipamentos de AM forcem a utilização de formatos mais completos, que contemplem informações como cores, texturas, composição e distribuição dos materiais na estrutura, entre outras.

REFERÊNCIAS

[1] Y. Qin, Q. Qi, P. J. Scott, X. Jiang, Status, comparison, and future of the representations of additive. *Computer-Aided Design*, v. 111, p. 44-64, 2019.

[2] S. N. Bernier, B. Luyt, T. Reinhard, *Design for 3D printing: scanning, creating, editing, remixing, and making in three dimensions*. San Francisco: Maker Media Inc., 2015.

[3] S. Jecić, N. Drvar, The assessment of structured light and laser scanning methods in 3D shape measurements. *In*: 4th ICCSM – International Congress of Croatian Society of Mechanics. Proceedings... Bizovac, 2003. p. 237-244.

[4] E. Amaro Jr., H. Yamashita, Aspectos básicos de tomografia computadorizada e ressonância magnética. *Revista Brasileira de Psiquiatria*, v. 23, Suplemento 2-3, 2001.

[5] M. A. Brown, R. C. Semelka, *MRI basic principles and applications*. New York: Wiley-Liss, 1995.

[6] H. Werner, *et al.* Additive manufacturing models of fetuses built from three-dimensional ultrasound, magnetic resonance imaging and computed tomography scan data. *Ultrasound in Obstetrics & Gynecology*, n. 36, p. 355-361, 2010.

[7] S. L. Cibull, G. R. Harris, D. M. Nell, Trends in diagnostic ultrasound acoustic output from data reported to the US food and drug administration for device indications that include fetal applications. *Journal of Ultrasound in Medicine*, n. 32, p. 1921-1932, 2013.

[8] Dicom Standard. Disponível em: https://www.dicomstandard.org. Acesso em: 23 dez. 2022.

[9] C. K. Chua, K. F. Leong, C. S. Lim, *Rapid prototyping: principles and applications*. 3. ed. New Jersey: World Scientific, 2010.

[10] D. T. Pham, S. S. Dimov, *Rapid manufacturing: the technologies & applications of rapid prototyping & rapid tooling*. London: Springer-Verlag, 2001.

[11] E. S. A. Nasr, A. Al-Ahmani, K. Moiduddin, CAD issues in additive manufacture. *In*: S. Hashmi, (ed.). *Comprehensive Materials Processing*. Amsterdam: Elsevier, 2014. v. 10, p. 375-399.

[12] American Society of The International Association for Testing and Materials (ASTM). *ASTM F 2915-11 Standard Specification for Additive Manufacturing File Format (AMF)*. Pennsylvania: ASTM International, 2011.

[13] International Organization for Standardization (ISO). *ISO/ASTM 52915 Standard specification for additive manufacturing file format (AMF) version 1.1*. Switzerland: ISO/ASTM International, 2013.

[14] R. Paul, S. Anand, A new Steiner patch-based file format for additive manufacturing processes. *Computer-Aided Design*, v. 63, p. 86-100, 2015.

[15] M. Frame, J. S. Huntley, Rapid prototyping in orthopaedic surgery: a user's guide. *The Scientific World Journal*, v. 12, 2012.

[16] D. Downing, M. McMillan, M. Brandt, M. Leary, Programmatic lattice generation tools for additive manufacture. *Software Impacts*, v. 12, 2022.

[17] 3MF Consortium. *3MF materials and properties extension specification & reference guide*. Disponível em: http://3mf.io/wp-content/uploads/2015/04/3MFmaterialsSpec_1.0.1.pdf. Acesso em: 15 set. 2015.

[18] 3MF Consortium. *3D manufacturing format core specification & reference guide*. Disponível em: http://3mf.io/wp-content/uploads/2015/04/3MFcoreSpec_1.0.1.pdf. Acesso em: 15 set. 2015.

CAPÍTULO 10
Planejamento de processo para AM

Neri Volpato
Jorge Vicente Lopes da Silva (in memoriam)

10.1 INTRODUÇÃO

A etapa de planejamento de processo para manufatura aditiva (*additive manufacturing* – AM) implica tomada de importantes decisões sobre como fabricar um componente. Essas decisões, que devem levar em consideração a finalidade do produto e as tecnologias disponíveis, afetam o resultado final em termos de precisão dimensional, acabamento superficial e propriedades mecânicas das peças, bem como o tempo e o custo de fabricação. Simplesmente aceitar os parâmetros predefinidos (*default*) pelos sistemas de planejamento de processo, não considerando as alternativas e ignorando as implicações das escolhas, significa perder a oportunidade de melhorar esses resultados. Apesar de algumas decisões serem específicas para cada tecnologia e material, grande parte delas é comum ao princípio de adição de camadas. Nesse contexto, este capítulo descreve o planejamento de processo de forma geral e destaca como cada uma de suas etapas e decisões pode influenciar na fabricação da peça. As características típicas das peças produzidas pela maioria das tecnologias de AM são discutidas inicialmente e, depois, são relacionadas com as etapas do planejamento do processo. Por serem diretamente afetadas pelas decisões do planejamento, aspectos comuns da fabricação por AM e seu pós-processamento são também apresentadas.

Adicionalmente, o capítulo apresenta uma visão geral sobre alguns métodos de cálculos utilizados pelo sistema de planejamento de processo para AM, pois, apesar de serem transparentes ao usuário, podem ajudar na identificação da origem de possíveis erros e problemas durante o planejamento ou a fabricação do componente.

10.2 PROCESSO E PLANEJAMENTO DE PROCESSO DE AM

As etapas principais do processo de fabricação por AM envolvem a obtenção do modelo geométrico 3D da peça, o planejamento do processo, a preparação (*setup*) e a fabricação propriamente dita no equipamento de AM e, por fim, o pós-processamento para a obtenção da peça acabada (Figura 10.1). De um modo geral, observa-se que essa sequência é similar à de outros processos, como o de usinagem com controle numérico computadorizado (CNC), por exemplo, apesar de possuírem princípios de fabricação bem distintos.

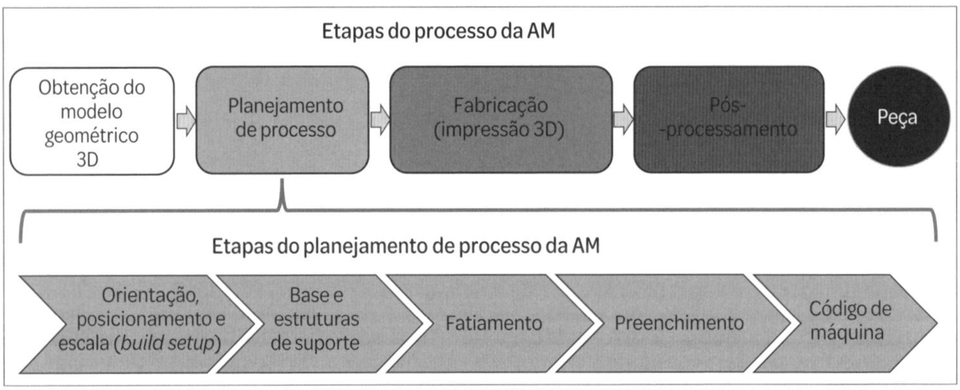

Figura 10.1 Etapas do processo e do planejamento de processo da AM.

A obtenção do modelo geométrico 3D pode ser realizada por diferentes meios. Entre eles, sistemas CAD (*computer-aided design*) ou ferramentas computacionais de reconstrução 3D por meio do tratamento de imagens provenientes de tomografia computadorizada (TC), ressonância magnética (RM) ou ultrassom, bem como do tratamento de nuvens de pontos obtidos na engenharia reversa, por meio de digitalizadores (*scanners*) 3D e fotogrametria, dentre outros. O modelo geométrico é normalmente transformado para um formato adequado para a AM, que pode ser o *STereoLithography* (STL), *Additive Manufacturing Format* (AMF), 3D *Manufacturing*

Format (3MF), ou outro aceito pela tecnologia específica. As formas de obtenção de modelos 3D e os formatos para AM são apresentadas no Capítulo 9.

A etapa do planejamento de processo é realizada com o auxílio de um sistema CAM (*computer-aided manufacturing*) para AM, de forma semelhante ao observado na programação de usinagem CNC assistida por computador [1]. O planejamento de processo compõe um conjunto de etapas que é comum a todas as tecnologias de AM (ver Figura 10.1) e que, a partir do modelo geométrico 3D, envolve:

- Preparação ou configuração do processo (*build setup*), que implica definição da orientação de fabricação, posicionamento na plataforma de construção e aplicação de fator de escala (se necessário).
- Cálculo da base e das estruturas de suporte (se necessárias).
- Fatiamento computacional do modelo 3D.
- Cálculo do preenchimento das camadas de acordo com a estratégia e os parâmetros do processo (obtenção das trajetórias e/ou geometria do contorno e preenchimento interno).
- Geração do código de máquina que representa a sequência de comandos a serem enviados ao equipamento de AM e que efetivamente o comandam.

A ordem de execução do fatiamento e do cálculo das estruturas de suporte pode ser invertida em função da abordagem empregada para cálculo das estruturas de suporte (ver Seção 10.5.4).

As etapas que mais exigem a intervenção do usuário são a preparação do processo (*build setup*), a escolha das estratégias (preenchimento e suporte) e a definição dos parâmetros do processo. Com essas definições, as demais etapas são realizadas de forma bastante automatizada pelo sistema de planejamento de processo para AM. As próximas seções detalham essas etapas e sistemas.

10.3 SISTEMAS DE PLANEJAMENTO DE PROCESSO PARA AM

Popularmente, os sistemas de planejamento de processo para AM, também denominados sistemas CAM para AM, são chamados de *softwares* de fatiamento ou, simplesmente, "fatiadores". No entanto, como observado na seção anterior e destacado ao longo deste capítulo, esses sistemas são responsáveis por várias outras tarefas além do fatiamento. Assim, essa denominação não é precisa e não reflete bem o papel dessas ferramentas, razão pela qual não é aqui adotada.

Em muitos dos fabricantes de tecnologias de AM, os sistemas de planejamento de processo são proprietários e específicos. Dessa forma, as informações geradas no processo são armazenadas em arquivos com formatos nativos fechados, que servem somente para o controle do equipamento para o qual foram desenvolvidos. Essa arquitetura proprietária faz com que o sistema de controle não aceite arquivos de dados de máquina gerados por terceiros. Essa abordagem limita as pesquisas relativas ao desenvolvimento de novas estratégias de planejamento de processo para essas tecnologias fechadas e também dificulta que usuários mais experientes possam intervir e testar variações em estratégias ou parâmetros de forma mais avançada, sendo que, para determinados casos, poderiam obter melhores resultados em termos de fabricação baseados em sua experiência prévia [2].

No caso de impressoras 3D de arquitetura aberta [3] e muitas de baixo custo (bancada), os desenvolvedores optaram por trabalhar com código de máquina aberto para comandar o equipamento (normalmente o código G – ver Seção 10.5.7). Assim, é possível executar os códigos gerados por diferentes sistemas de planejamento de processo e, com isso, o número de *softwares* não dedicados aumentou consideravelmente nos últimos anos. Existe, inclusive, sistemas CAM para AM de código-fonte aberto que podem ser modificados para fins de pesquisa ou aplicações específicas [4]. O Quadro 10.1 apresenta uma lista de sistemas populares disponíveis no mercado. Esses sistemas atendem, principalmente, as tecnologias de AM por extrusão de material (Capítulo 3), mas já existem os que trabalham com fotopolimerização em cuba de projeção (tecnologias *liquid crystal diode/digital light processing* – LCD/DLP; ver Capítulo 2) ou os adaptados para os processos por deposição a arco (ver Capítulo 8). Outros sistemas estão disponíveis e uma lista adicional com mais informações pode ser obtida em [5].

Quadro 10.1 Exemplos de sistemas de planejamento do processo para AM (CAM para AM)

Sistema	Tecnologia	Página na internet
Cura	Extrusão de material	https://ultimaker.com/en/products/cura-software
Slic3r	Extrusão de material (código aberto)	http://slic3r.org
Repetier	Extrusão de material	https://www.repetier.com
PrusaSlicer	Extrusão de material e fotopolimerização em cuba (LCD/DLP)	https://www.prusa3d.com
ChiTuBox Basic	Fotopolimerização em cuba (LCD/DLP)	https://www.chitubox.com
Octoprint	Extrusão de material	https://octoprint.org

No Brasil, o Núcleo de Manufatura Aditiva e Ferramental (NUFER), da Universidade Tecnológica Federal do Paraná (UTFPR), vem desenvolvendo um sistema de planejamento de processo denominado RP3 (*rapid prototyping process planning*). O sistema possui opções para o planejamento da maioria das tecnologias de AM, entre elas as de extrusão de material, fusão em leito de pó, fotopolimerização em cuba, jateamento de aglutinante e deposição com energia direcionada [2] [6]. O sistema RP3 pode ser definido como um arcabouço (*framework*) para a realização de pesquisas e desenvolvimento em todas as etapas de planejamento de processo das tecnologias abordadas. Os estudos envolvem métodos otimizados de fatiamento, otimização de estratégias de preenchimento, novas estratégias de preenchimento, estratégias específicas para obtenção de estruturas porosas, entre outros [7]-[13].

Assim como para outros processos de fabricação, os sistemas CAM para AM geralmente permitem realizar algumas simulações do processo, como o tempo de fabricação e volume de material da peça e do suporte. São, portanto, ferramentas indispensáveis na obtenção de estimativas de custo e na elaboração de orçamentos.

Recentemente, simulações computacionais mais avançadas, que podem prever o comportamento durante o processamento, estão sendo associadas aos sistemas de planejamento de processo, em modelos denominados "gêmeo digital" (*digital twin*). Por exemplo, por meio da aquisição de dados de sensores instalados nos equipamentos integrados a modelos computacionais físicos do processo, pode-se obter resultados bastante favoráveis quanto a distorções e outros resultados indesejáveis [14].

10.4 CARACTERÍSTICAS GERAIS DAS PEÇAS OBTIDAS POR AM

Antes de detalhar as etapas do planejamento do processo, é importante conhecer as principais características geométricas e físicas comuns às peças e aos materiais obtidos pelas tecnologias de AM. Dessa forma, é possível relacioná-las com as decisões a serem tomadas no planejamento.

10.4.1 Efeito degrau de escada

Uma característica inerente ao processo de construção em camadas é o efeito degrau de escada, que pode ser entendido como um desvio geométrico entre o modelo CAD 3D e a peça física obtida pela adição de camadas planas (Figura 10.2). Esse efeito aparece em todas as superfícies da peça (planas ou não planas) que estão inclinadas em relação ao eixo de fabricação (eixo Z).

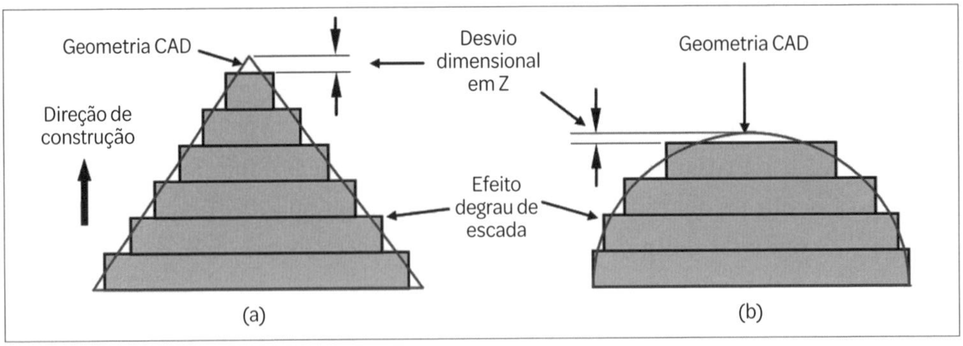

Figura 10.2 Efeito degrau de escada em superfícies planas (a) ou não planas (b), inerente às tecnologias de AM.

É natural perceber que, reduzindo a espessura da camada, reduz-se o efeito degrau de escada (Figura 10.3). Porém, na grande maioria dos processos de AM, existe uma limitação física para a espessura mínima de camada que pode ser selecionada, e, para algumas aplicações, esta pode ser considerada ainda de grandes dimensões.

Obviamente, o efeito degrau é observado quando se trata da adição de material em camadas planas, que é a mais comum nas tecnologias de AM. No entanto, algumas permitem adicionar material fora do plano XY, seguindo o relevo da peça e mitigando esse efeito. Esse é o caso das tecnologias de extrusão de material e deposição com energia direcionada, abordadas nos Capítulos 3, 7 e 8.

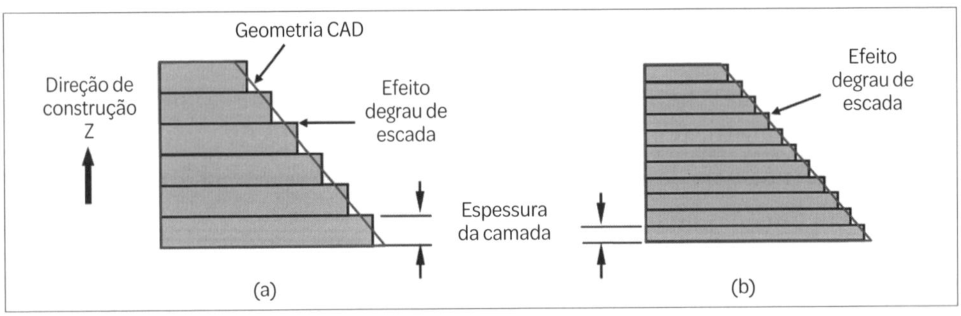

Figura 10.3 Efeito degrau de escada em função da espessura da camada.

10.4.2 Anisotropia do material

Outra característica peculiar da AM é a anisotropia do material obtido. As propriedades mecânicas do material obtido por adição de camadas, quando comparadas às do mesmo material processado da forma tradicional, podem ser significativamente diferentes. Na grande maioria das tecnologias de AM, a anisotropia é mais pronunciada na direção de fabricação Z (direção de adição), que possui uma resistência mecânica menor do que a observada no plano XY das camadas. Esse comportamento é diretamente dependente da qualidade da aderência entre as camadas depositadas e, no caso dos metais, da possível orientação preferencial na organização cristalina. Adicionalmente, podem existir também direções preferenciais de processamento do material no plano XY que afetam as suas características nessas direções. Nesse sentido, é normal que o material advindo da AM tenha propriedades diferentes em cada umas das direções características de fabricação (eixos X, Y e Z).

A Figura 10.4 ilustra, esquematicamente, um cilindro fabricado na orientação vertical (a) e horizontal (b). Os efeitos típicos da aplicação de esforços de tração, flexão, cisalhamento e torção em relação à direção de adição (transversal ou perpendicular a essa) são representados na Figura 10.5. Em função da facilidade de delaminação, a peça fabricada como na Figura 10.4a tende a ter uma resistência menor a tração, flexão, cisalhamento e torção (Figura 10.5a, b, c e d) do que a fabricada como na Figura 10.4b. Já para esforços de compressão, considerando a mesma orientação de aplicação dos esforços de tração, tende-se a observar um comportamento oposto do material.

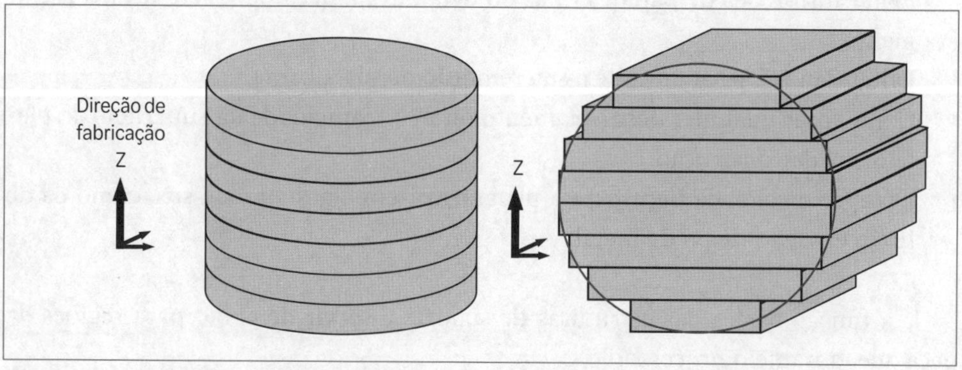

Figura 10.4 Componente cilíndrico fabricado na orientação vertical (a) e horizontal (b) em relação à direção de fabricação Z.

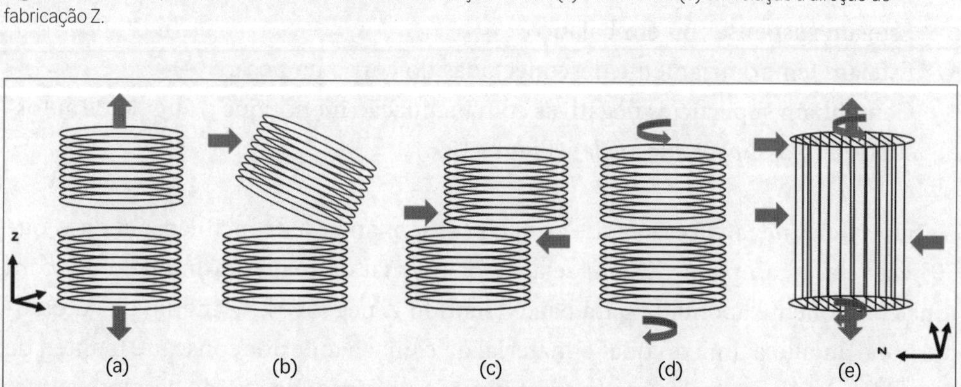

Figura 10.5 Representação da aplicação de esforços de tração (a), flexão (b), cisalhamento (c) e torção (d) na transversal à direção Z de adição de camada e na longitudinal (e), em função da anisotropia do material.

A anisotropia é dependente da tecnologia de AM, sendo algumas mais afetadas que outras. Além da orientação da peça, alguns parâmetros de processo podem ser utilizados para reduzir, até certo ponto, a anisotropia do material. Mais detalhes específicos de cada tecnologia de AM podem ser encontrados nos respectivos capítulos deste livro.

10.4.3 Base e estruturas de suporte e seus efeitos

Dependendo da geometria da peça, algumas tecnologias de AM necessitam depositar material adicional para atuar como base e/ou estruturas de suporte para a peça. A base é uma estrutura de material de interface entre a peça e a plataforma de construção, que se obtém posicionando a peça acima da plataforma na fase de preparação do processo. A base pode ter as seguintes funções principais:

- Fixar a peça na plataforma de construção, impedindo-a de se mover durante a fabricação e auxiliando na prevenção de deformação (empenamento) por contração do material.
- Evitar distorções de paredes finas ou detalhes na peça por meio de seu travamento.
- Evitar danos à peça durante a sua remoção da plataforma.
- Compensar qualquer desnivelamento ou não planicidade da superfície da plataforma de construção.
- Dissipar o calor da peça para a plataforma, em alguns processos, como os de fusão em leito de pó de metal.

Já a função básica das estruturas de suporte é servir de apoio para regiões da peça que, durante o processo:

- Estejam suspensas ou em balanço.
- Estejam temporariamente desconectadas do corpo da peça.
- Contenham superfícies negativas com inclinação menor que o ângulo de autossuporte (*self-supporting angle*) (Figura 10.6).

Superfícies negativas são aquelas que possuem ângulo de inclinação menor que 90° em relação ao plano XY, ou seja, vetor normal da malha do modelo 3D com uma componente apontada para baixo (sentido Z negativo). O ângulo de autossuporte é o ângulo acima do qual o material da camada anterior consegue manter, de maneira estável, a camada seguinte na posição desejada, dentro de desvios geométrico e dimensional aceitáveis.

No exemplo da Figura 10.6, as regiões indicadas como "desconectada da peça" e como "sem apoio" não poderiam ser construídas sem estruturas de suporte, pois as respectivas camadas de material da peça seriam adicionadas em um espaço vazio e sem apoio nessas regiões. Essa geometria também apresenta paredes com diferentes ângulos de inclinação, grande parte com superfícies negativas (menores que 90° em relação à direção de fabricação Z), sendo que somente o bico da jarra necessitaria de estrutura de suporte, por possuir inclinação menor do que o ângulo de autossuporte definido para a tecnologia em questão.

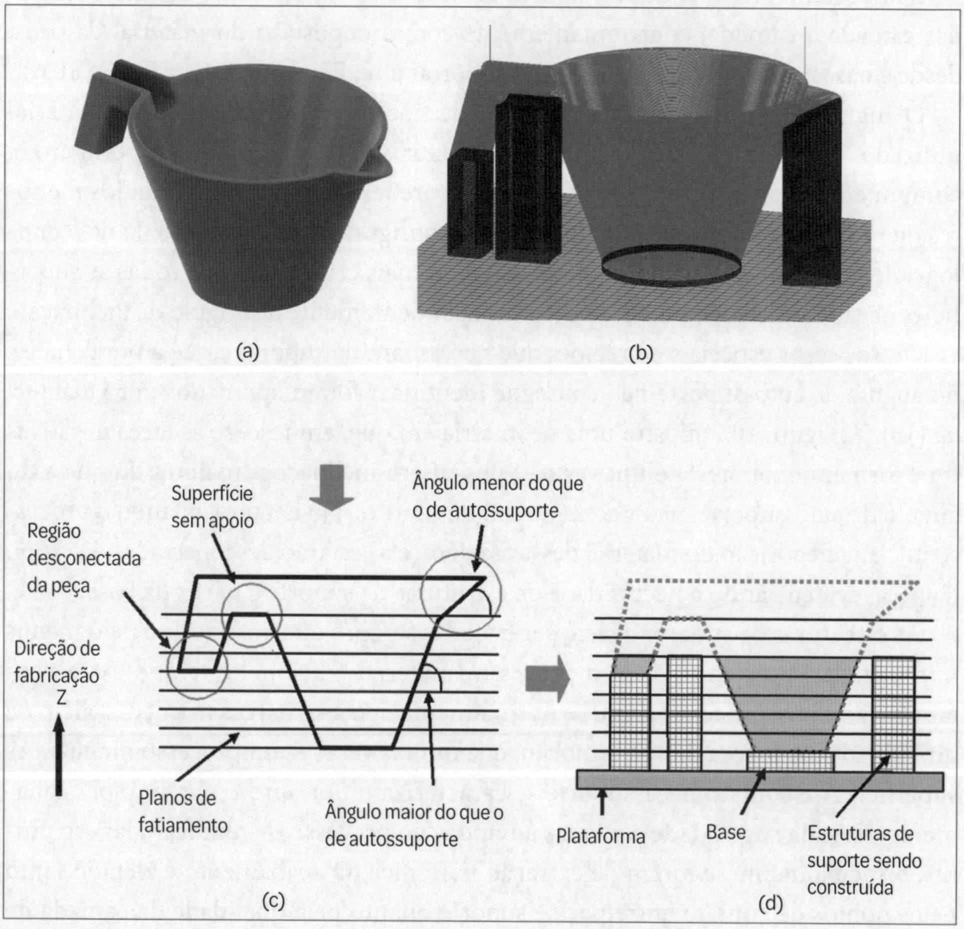

Figura 10.6 Exemplo de peça (jarra) que requer estruturas de suporte: modelo 3D (a); estruturas de suporte geradas (b); indicação das regiões que necessitam de suporte (c) e representação das camadas sendo adicionadas (d).

As estruturas de suporte são necessárias na maioria das tecnologias de AM, sendo elas as de extrusão de material, fotopolimerização em cuba, jateamento de material, fusão em leito de pó metálico e deposição com energia direcionada. As tecnologias de fusão em leito de pó não metálicos, jateamento de aglutinante e adição de lâminas normalmente não requerem estruturas de suporte, pois o material não processado serve como sustentação para todas as superfícies negativas da peça.

Além de permitir a fabricação das regiões apontadas, no caso específico da tecnologia de fusão em leito de pó metálico, a base e as estruturas de suporte são fundamentais para fixação da peça na plataforma da máquina, evitando distorções advindas das tensões internas geradas e para dissipação e distribuição do calor durante o processamento. Informações adicionais podem ser encontradas no Capítulo 6.

É importante ressaltar que a base e as estruturas de suporte são também construídas camada a camada, concomitantemente com a deposição do material da peça, desde a base até a altura necessária para suportar a região da peça (ver Figura 10.6).

O ângulo de autossuporte varia para cada tipo de tecnologia de AM e material utilizado. Por exemplo, nas tecnologias de extrusão de material com polímero, é comum empregar estruturas de suporte em paredes negativas com ângulos menores que 45°, sendo que esse ângulo pode ser configurado pelo usuário. Já na tecnologia de jateamento de material, tem-se o caso mais crítico, em que todas as superfícies negativas necessitam de suporte, independentemente do ângulo de inclinação.

Outros casos especiais de regiões que necessitam de suporte e que a pura análise do ângulo de autossuporte não consegue identificar foram apontados por Huang *et al.* [15]. A Figura 10.7 mostra uma geometria em que, em tese, se as faces negativas (que formam uma aresta e um vértice) possuírem inclinações maiores do que a do ângulo de autossuporte, não necessitariam de suporte. No entanto, quando o processo iniciar a deposição do material dessas regiões, elas estarão desconectadas do corpo da peça, evidenciando a necessidade de estruturas de suporte a partir da base.

As estruturas de suporte devem ser evitadas sempre que possível, ou pelo menos minimizadas, pois encarecem o processo (material adicional e tempo extra para fabricação e pós-processamento) e normalmente deixam marcas nas peças, além de dificuldade intrínseca de sua remoção, que muitas vezes é um processo manual. As superfícies de contato peça-suporte se caracterizam por apresentarem pior acabamento, elevada rugosidade e marcas advindas do processo de remoção das estruturas, principalmente se forem de extração mecânica. O acabamento é afetado tanto pelos pontos de contato entre peça e suporte quanto pela qualidade da camada de suporte ou da base em que a face da peça está apoiada (presença de ondulações e planicidade). Além disso, tem-se também efeito negativo no desvio dimensional, discutido na próxima seção.

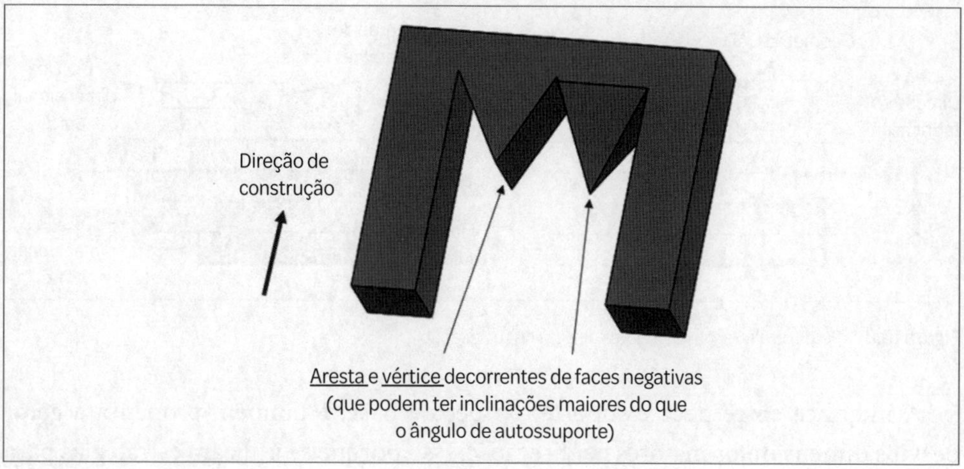

Figura 10.7 Representação de regiões especiais (aresta e vértice) que necessitam de estrutura de suporte independentemente do ângulo de autossuporte.
Fonte: baseado em Huang *et al.* [15].

10.4.4 Desvios e erros dimensionais

Em função da adição de camadas planas, que é a grande maioria das tecnologias, um desvio dimensional característico na direção de fabricação Z decorre do simples fato de a altura da peça (ou de detalhes) não ser exatamente um múltiplo da espessura de camada empregada no processo. Assim, o erro devido ao empilhamento pode chegar a um valor máximo equivalente à espessura de uma camada. Esse desvio dimensional é mostrado, esquematicamente, nas Figuras 10.2, 10.3 e 10.8. As espessuras de camada típicas variam muito de acordo com cada princípio de adição e tamanho de equipamento, partindo de alguns micrometros (por exemplo, 10 μm para fotopolimerização em cuba) a alguns milímetros, como no caso da extrusão de material e da deposição com energia direcionada por arco (mais detalhes nos respectivos capítulos).

Outros desvios da geometria que podem aparecer são associados à não fabricação (perda) ou à alteração da forma de detalhes da peça em função do seu tamanho reduzido e/ou da sua disposição em relação à direção de fabricação [16] [17]. A Figura 10.8a apresenta uma geometria com a indicação de detalhes que não serão fabricados (*i.e.*, serão perdidos) e de detalhes que serão alterados, seja pela falta ou pela adição de material em excesso (Figura 10.8b). A dimensão desses desvios tem relação direta com a espessura de camada utilizada para produzir a peça.

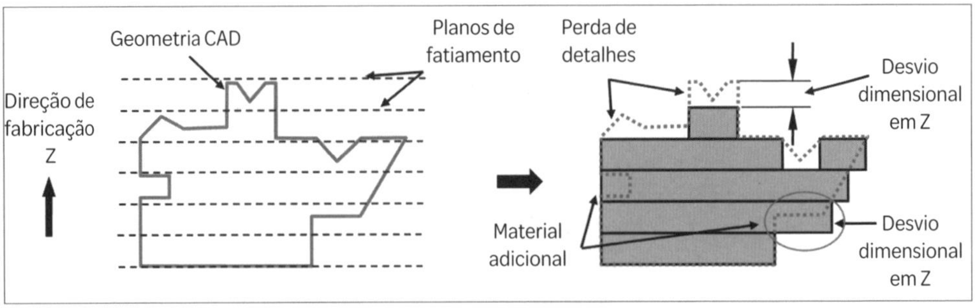

Figura 10.8 Perda ou alteração geométrica de detalhes na direção Z.

A interface entre peça e suporte, ou peça e base, é também propensa a gerar desvios dimensionais maiores na direção Z. Isso porque se utilizam estratégias para evitar uma aderência muito forte entre os materiais ou mesmo uma ligação muito forte entre as estruturas e a peça. Por exemplo, nas tecnologias de extrusão de material, que utilizam o mesmo material para peça e suporte (equipamento com um único extrusor), aumenta-se a fresta entre as superfícies da peça e do suporte para reduzir a aderência. No entanto, com essa solução, a precisão dimensional fica comprometida nessa região. Existem tecnologias que conseguem aplicar um material na base e nas estruturas de suporte um pouco menos aderente, mais fácil de remover e até mesmo solúvel, o que reduz o custo do pós-processamento. Essa alternativa reduz também o efeito negativo nos desvios dimensionais e acabamento superficiais das regiões de contato relatados na seção anterior.

Alguns desvios são também inerentes a algumas tecnologias de AM. Por exemplo, nos processos que utilizam feixe de *laser* para o processamento, a precisão dimensional do componente é afetada pela sua posição na plataforma de fabricação. Isso se deve à variação no diâmetro do foco do *laser* à medida que este se afasta do centro da plataforma (Figura 10.9). No caso específico da tecnologia de fotopolimerização em cuba com *laser* (estereolitografia – SL), além desse efeito no plano XY, há também uma cura lateral adicional nas camadas precedentes (abaixo do nível sendo processado), em função da penetração do *laser* [18]. Esses efeitos podem ser mensurados experimentalmente e lançados no sistema de planejamento de processo ou no sistema de controle na máquina que contém correção óptica dinâmica do foco do *laser*. Alguns equipamentos de maior dimensão empregam mais de um *laser* para, além do ganho de produtividade, reduzir a área de varredura e, por consequência, o efeito negativo de variação do diâmetro do foco do *laser*. Essas soluções minimizam esse tipo de problema, mas não o elimina por completo. Outras fontes de desvios dimensionais são apresentadas mais adiante neste capítulo.

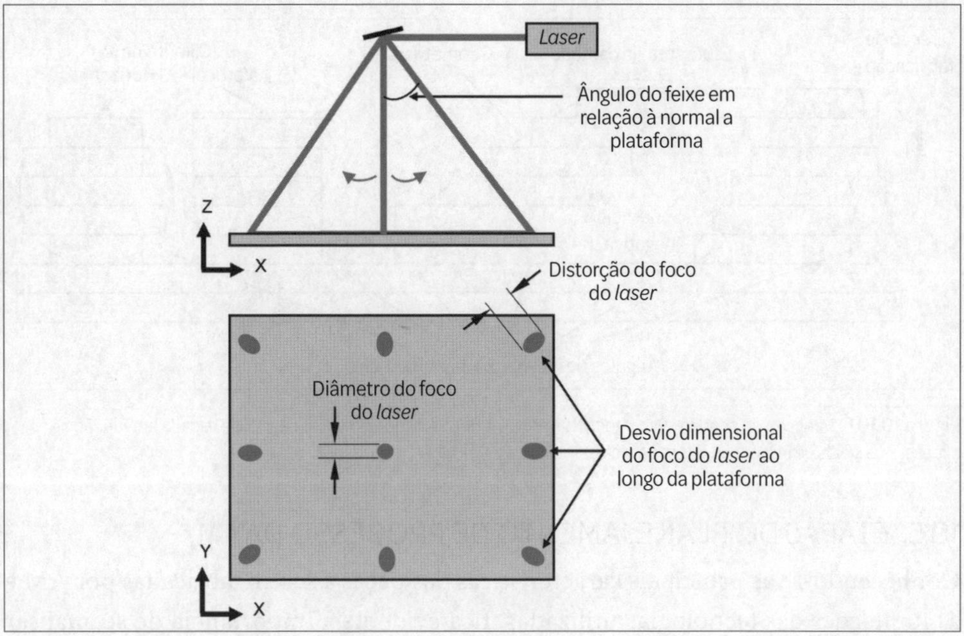

Figura 10.9 Desvio dimensional do foco do *laser* em função do seu ângulo em relação à normal a plataforma.

10.4.5 Anisotropia superficial

Outra característica das peças fabricadas por AM é a anisotropia superficial [19], ou seja, não é possível garantir o mesmo acabamento em todas as regiões da peça. Em grande parte, isso está diretamente ligado ao efeito degrau de escada, em que se observa a variação do acabamento de superfícies com diferentes ângulos de inclinação (Figura 10.10). Quanto menor o ângulo de inclinação, mais pronunciado é o efeito degrau de escada. Isso é bastante visível, por exemplo, no caso de uma peça que contenha uma superfície cilíndrica orientada nas posições vertical e horizontal (Figura 10.10). O problema é que uma peça pode ter superfícies inclinadas com diferentes ângulos, além de superfícies orientadas em várias direções, não sendo possível obter acabamento semelhante em todas elas.

Adicionalmente, variações no acabamento também ocorrem em função da disposição das superfícies. Por exemplo, duas superfícies com a mesma inclinação provavelmente terão acabamentos diferentes se uma for positiva e outra negativa (Figura 10.10). Essa variação é ainda mais evidente se a superfície negativa estiver em contato com uma estrutura de suporte. Como comentado anteriormente, as faces da peça que estão em contato com a base e estruturas de suporte possuem um acabamento superficial de pior qualidade.

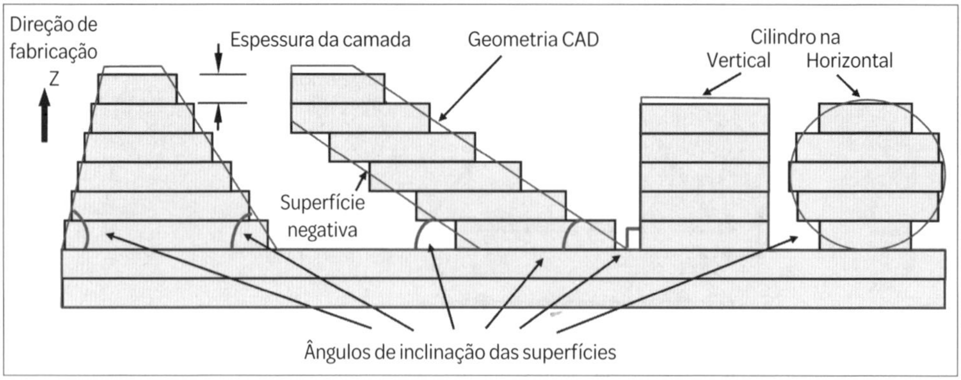

Figura 10.10 Variação do acabamento superficial em uma peça advinda do efeito degrau de escada em função de diferentes ângulos de inclinação das superfícies.

10.5 ETAPAS DO PLANEJAMENTO DE PROCESSO DA AM

Conhecendo-se as principais características das peças a serem fabricadas por AM e as limitações das tecnologias utilizadas, fica evidente a importância de se analisar as alternativas possíveis no planejamento do processo para se obter os melhores resultados para determinada aplicação. As seções a seguir definem as etapas do planejamento de processo e suas principais implicações. Alguns dos métodos de cálculos realizados pelo sistema CAM são também apresentados, pois podem ajudar o usuário a identificar a fonte de erros ou problemas que podem aparecer no sistema durante o planejamento, que podem decorrer de um modelo 3D com problemas ou de alguma definição de parâmetro ou escolha equivocada.

10.5.1 Orientação de fabricação

A primeira decisão na etapa de preparação do processo da AM é escolher como a peça será orientada em relação ao eixo principal de fabricação, ou seja, a direção Z. Conforme discutido na Seção 10.4, a direção de empilhamento das camadas define a maioria das características peculiares das peças fabricadas por AM. Assim, por meio da orientação, pode-se definir quais regiões ou detalhes serão mais ou menos afetados pelo efeito degrau de escada, pela anisotropia, terão maior ou menor precisão dimensional, qualidade na reprodução dos pequenos detalhes e serão ou não afetadas pelo contato com a base e as estruturas de suporte. Adicionalmente, a orientação determina o número de camadas e a quantidade de material de suporte necessário, fatores que afetam consideravelmente o tempo e o custo de fabricação.

A definição da melhor orientação é comumente realizada pelo usuário com base na sua experiência. Em geral, procura-se orientar o modelo da maneira mais estável possível, ou seja, com a maior base da peça apoiada na plataforma, com menos regiões que necessitam de suporte e com o menor número possível de camadas. Adicionalmente, deve-se ainda procurar atender aos requisitos de projeto do componente. Como isso nem sempre é possível, a orientação deve ser vista como uma solução de compromisso entre os diferentes requisitos de construção e finalidade da peça.

Se o objetivo do trabalho é obter peças para testes funcionais, que envolvam montagem e desmontagem, deve-se orientá-las de forma que as regiões que necessitam de maior resistência nesses testes não sejam fragilizadas pelo efeito da anisotropia do material. Por exemplo, os clipes de fixação da peça da Figura 10.11 terão baixa resistência à flexão se orientados na vertical, ao longo do eixo Z (posição a), e maior resistência se orientados na horizontal, ou seja, no plano XY (posição b ou c). Cabe aqui também o raciocínio anterior, ou seja, se a peça tiver detalhes, como esses clipes, orientados em várias direções, será difícil garantir a mesma resistência em todos eles. Portanto, é necessário escolher a região que ficará mais resistente e a que será sacrificada, com resistência mais baixa. Observa-se, no entanto, que os detalhes que ficarão menos resistentes por esse motivo, em alguns casos, podem ser redimensionados ou reprojetados para melhorar seu desempenho.

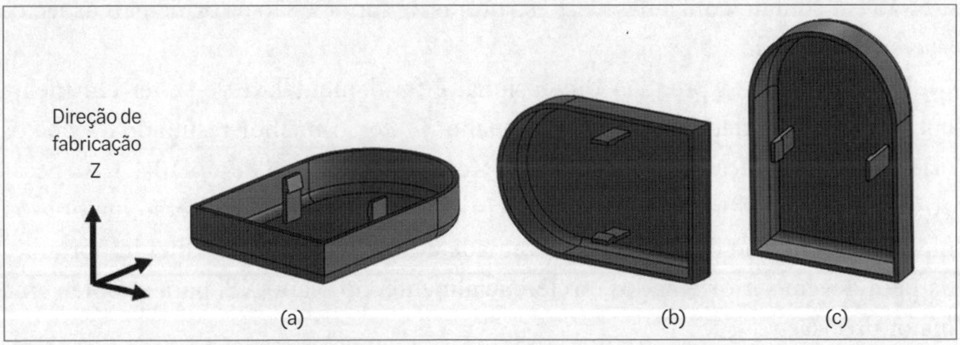

Figura 10.11 Efeito da orientação na resistência de detalhes construtivos: os clipes de fixação terão baixa resistência na orientação (a) e uma maior resistência nas orientações (b) ou (c).
Fonte: cortesia NUFER/UTFPR.

Se a preocupação principal é o tempo de fabricação, observa-se que quanto maior o número de camadas, maior será o tempo gasto para processar o mesmo volume de material da peça. Isso se deve aos tempos secundários necessários entre cada camada, como deslocamento da plataforma, processamento dos sinais de controle, espalhamento e nivelamento do material, aquecimento do material, entre outros. Dessa forma, orientar a maior dimensão de uma peça na direção de construção (eixo Z) implica despender mais tempo na sua fabricação. Analisando novamente a peça da Figura 10.11, é possível observar que a orientação (a) levaria menos tempo que a orientação (b), que, por sua vez, teria um tempo de fabricação menor que a orientação (c).

A orientação exerce também influência indireta no tempo e no custo de fabricação em função das estruturas de suporte e da quantidade de material utilizado. Muitas vezes, uma peça pode ser fabricada com menos estruturas de suporte, ou mesmo sem a necessidade dessas, simplesmente alterando a sua orientação. A peça da Figura 10.11 utilizaria muito pouco material de suporte na orientação (a) e uma maior quantidade nas orientações (b) ou (c) para suportar a parede superior e os pinos que ficariam como estruturas em balanço.

Se o objetivo é obter uma peça para aplicação como protótipo mais visual, ou seja, com pouca exigência funcional, cuja preocupação principal é com a forma e não com a resistência da peça, a escolha deve ser pela orientação com a menor altura da peça na direção Z (tipo Figura 10.11a).

Quando o acabamento superficial é primordial (obtenção de modelos para cópia ou moldagem, por exemplo), o efeito degrau de escada e as faces da peça que estarão em contato com a base e as estruturas de suporte são os principais aspectos a serem observados.

Se, no entanto, a precisão dimensional é fundamental, deve-se ter em mente que, em geral, os detalhes obtidos no plano XY terão melhor resultado do que os orientados na direção de fabricação Z. Conforme visto na Seção 10.4.4, as peças possuem desvios dimensionais característicos na direção Z, que serão maiores ou menores em função da espessura de camada utilizada. Assim, detalhes importantes da peça devem ser orientados, preferencialmente, no plano XY, para se obter uma maior precisão.

Percebe-se que a decisão da orientação de fabricação pode privilegiar determinada região ou característica de uma peça em detrimento de outra. No entanto, o problema a ser equacionado aumenta quando a peça tem superfícies inclinadas com diferentes ângulos, além de superfícies orientadas em várias direções (ver Figura 10.10), não sendo possível, então, garantir propriedades isotrópicas em todas as regiões. Adicionalmente, a orientação pode ser afetada por fatores específicos de cada tecnologia de AM, como empenamento ou contração (necessidade de aplicar fator de escala) de um componente. Por exemplo, nas tecnologias de fusão em leito de pó não metálico (tipo sinterização seletiva a *laser* – SLS), não é recomendável posicionar uma peça com grande área plana na posição horizontal, em virtude da maior possibilidade de ocorrer empenamentos. Isso se deve ao alto gradiente de temperaturas existente no leito de pó, significando que regiões distintas da peça terão diferenças significativas de temperaturas, promovendo empenamentos. Igualmente, é recomendável que peças que se destinam a testes de montagens sejam fabricadas juntas (no mesmo *build*) e na mesma orientação, para que os possíveis erros dimensionais e de forma sejam equivalentes em cada uma das peças, de acordo com cada direção de fabricação, o que possibilita uma montagem mais facilitada. A Figura 10.12 mostra esse caso, com duas peças posicionadas na mesma orientação em que serão montadas posteriormente e com a mesma inclinação em relação aos eixos de fabricação.

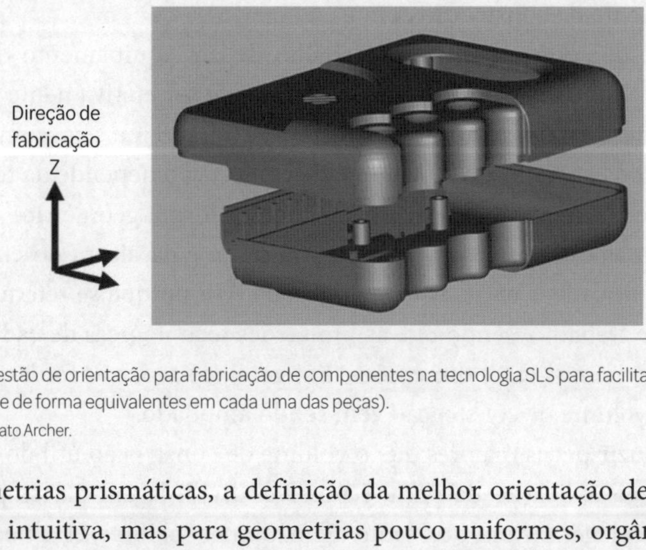

Figura 10.12 Sugestão de orientação para fabricação de componentes na tecnologia SLS para facilitar a montagem (erros dimensionais e de forma equivalentes em cada uma das peças).
Fonte: cortesia CTI Renato Archer.

Para geometrias prismáticas, a definição da melhor orientação de fabricação é relativamente intuitiva, mas para geometrias pouco uniformes, orgânicas e tendo que atender a vários requisitos conflitantes, essa decisão nem sempre é simples. Nesse sentido, existem estudos de otimização que buscam modelos matemáticos para definir a melhor orientação baseada em funções-objetivo [20] [21]. Um dos modelos propostos analisa a inclinação dos triângulos, percorrendo a malha STL, e identifica o número de triângulos que se enquadra em um determinado limite de inclinação. Com isso, pode-se encontrar uma posição com o número mínimo de facetas que comprometam o objetivo traçado [20]. Outra proposta define, para um modelo de características especiais, as seguintes possibilidades de orientação: máxima área de base, mínima área de contato com o suporte, mínima altura de construção do modelo, mínimo efeito degrau e mínimo volume do suporte; permitindo, então, otimizar um determinado parâmetro [22]. No entanto, esses modelos são custosos computacionalmente e ainda não estão disponíveis na maioria dos sistemas CAM de planejamento de processo para AM.

10.5.2 Posicionamento na plataforma ou volume de construção

De uma maneira geral, é importante observar que as tecnologias de AM possuem características de processos por batelada, ou seja, quanto maior o número de peças fabricadas em um mesmo ciclo de processamento do equipamento, menor o custo unitário das peças. Isso é bastante evidente em processos que envolvem um tempo maior de preparação do equipamento, ou mesmo ao final, para a retirada da peça, dentro de certos parâmetros de segurança, como nos casos de processamento por fusão em leito de pó, que envolvem elevações de temperatura, resfriamento e controle do ambiente de construção com gases inertes.

O volume de construção ou de trabalho de um equipamento de AM (*build*) pode ser definido como o maior volume que pode ser efetivamente utilizado para construir peças com um controle dimensional aceitável, ou seja, com erros do processo dentro do especificado. O volume de construção depende da tecnologia e do modelo do equipamento e, normalmente, possui forma geométrica de um paralelepípedo com as dimensões da base no plano XY e da altura no eixo Z. Existem variações significativas entre as tecnologias de AM no que se refere às dimensões do volume de trabalho, sendo que as limitações tecnológicas de cada uma podem afetar mais ou menos essas dimensões. Em geral, com o avanço das tecnologias, o tamanho do volume de construção vem sendo ampliado.

Para produzir peças maiores que o volume de construção útil do equipamento, dependendo da aplicação da peça, é possível dividi-la em partes para posterior montagem e colagem. Com o advento de máquinas maiores, essa necessidade vem sendo cada vez mais reduzida.

O posicionamento das peças no volume de construção pode ser limitado a uma distribuição no plano 2D, ou seja, na plataforma do equipamento (somente uma camada de peças), ou pode ocorrer no espaço 3D, onde é permitindo o "empilhamento" ou empacotamento das peças. Em geral, nas tecnologias de AM que utilizam estruturas de suporte, a alocação de peças é possível somente na plataforma (ocupação no plano 2D). As tecnologias que não requerem estruturas de suporte permitem uma disposição espacial, pois o material não processado serve como sustentação para as peças posicionadas em um nível mais alto no volume de construção.

Adicionalmente, como é de se esperar, cada tecnologia de AM possui considerações específicas que devem ser observadas no posicionamento das peças. Como exemplo, na ocupação 2D da tecnologia de jateamento de material PolyJet, da Stratasys, em função da largura do cabeçote de jateamento, é recomendado inserir as peças ordenadas da mais alta para a mais baixa, iniciando no canto superior esquerdo da bandeja e seguindo para a sua direita (Figuras 10.13a e 10.13b). Esse canto é a posição de referência (ou inicial) do cabeçote, e isso permite seu menor deslocamento no plano XY para cobrir todas as peças, reduzindo o tempo total de fabricação. Se as mesmas peças fossem posicionadas conforme as Figuras 10.13c e 10.13d, o tempo de fabricação seria maior e, como consequência, também o custo unitário. Se mais peças precisarem ser fabricadas no mesmo ciclo, as mais altas devem ser posicionadas na parte superior da bandeja, com as mais baixas se afastando do canto superior esquerdo para a parte inferior da bandeja (Figuras 10.13e e 10.13f).

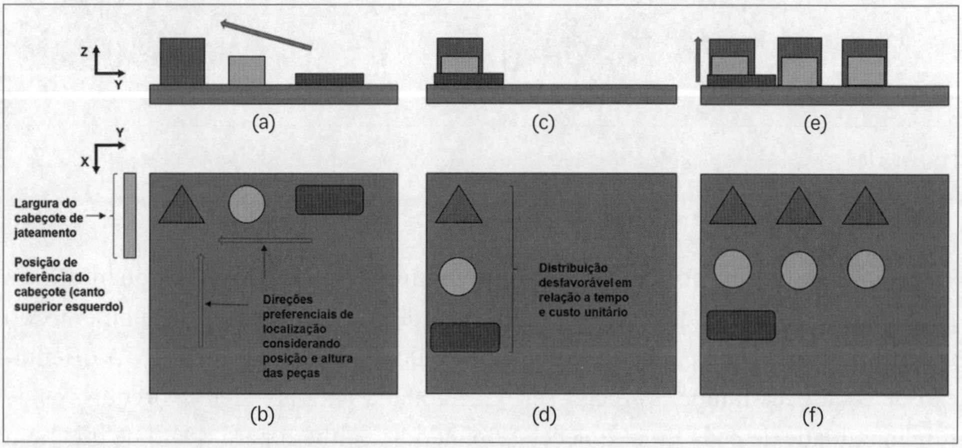

Figura 10.13 Posicionamentos de peças no plano XY na tecnologia de jateamento de material PolyJet para melhor resposta em relação ao tempo de fabricação (a, b, e, f) e menos favorável (c, d).

Se as mesmas peças forem fabricadas na tecnologia de extrusão de material, uma disposição com as peças mais altas próximas entre si resultaria em menor tempo de fabricação, pois, à medida que as peças mais baixas forem sendo finalizadas, haverá deslocamentos em vazio mais curtos para reposicionamento do extrusor. Por isso, a disposição 10.14a e 10.14b levaria mais tempo de fabricação do que a 10.14c e 10.14d. No entanto, é importante ressaltar que o tempo nem sempre é o aspecto mais relevante a ser considerado em AM. Isso porque, em alguns processos que utilizam calor, fabricar várias peças de uma vez implica aumentar o tempo entre camadas, o que reduz a temperatura de contato entre material sendo depositado e o da camada precedente. Por consequência, isso compromete a aderência entre camadas e a resistência do material [23].

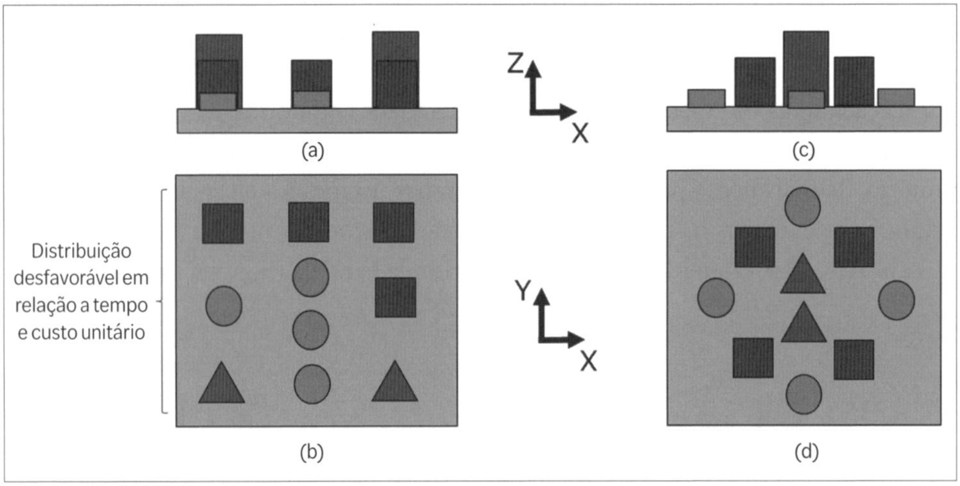

Figura 10.14 Posicionamento de peças no plano XY na tecnologia de extrusão de material menos favorável (a, b) e de melhor resposta em relação ao tempo de fabricação (c, d).

Já no caso de um posicionamento no volume de construção 3D, quanto mais peças forem empacotadas, melhor. Um exemplo de um bom aproveitamento do volume de construção para a tecnologia SLS é ilustrado na Figura 10.15. A orientação de cada peça também precisa ser equacionada para atender aos requisitos de funcionalidade de cada uma. É necessário atentar também para o fato de que nem sempre o volume máximo especificado pelo fabricante é o que pode ser efetivamente utilizado com segurança, como citado anteriormente. Nesse mesmo caso do processo SLS, deve-se manter uma distância especificada pelos fabricantes nas bordas do volume de construção, em que a temperatura tende a ser mais baixa, em virtude do gradiente de temperatura natural. Caso essas orientações não sejam seguidas, pode haver distorções ou processamento inadequado do material nas peças com áreas nessa região de fronteira. Menos restrições de distribuição de peças no volume de construção são encontradas em tecnologias de jateamento de aglutinante, por não envolver temperatura elevada.

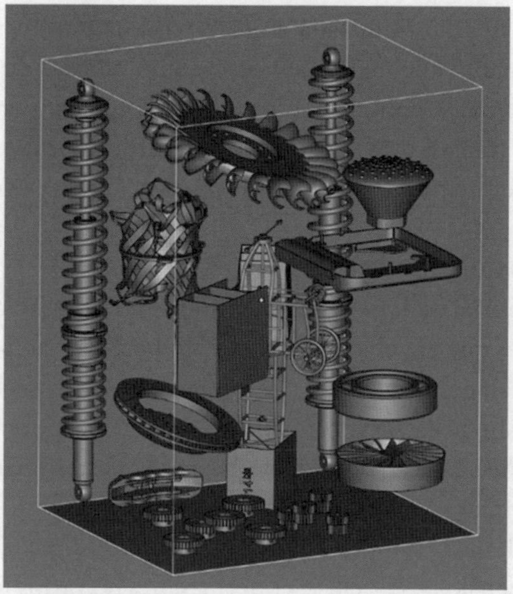

Figura 10.15 Empacotamento de várias peças no volume de construção para o processo SLS visando a um bom aproveitamento de um ciclo de processamento.
Fonte: cortesia CTI Renato Archer.

Como comentado na Seção 10.4.4, a questão de desvio dimensional afastado do centro da plataforma em tecnologias que empregam feixe de *laser* pode ser um ponto a ser considerado durante a decisão de posicionar as peças no volume de construção. Uma recomendação seria posicionar as peças que exigem melhor precisão dimensional mais centradas na plataforma.

Assim como para a orientação, a disposição das peças no volume de construção é tarefa do planejador de processos que deve visar sempre à melhor utilização possível desse volume. Essa etapa pode ser vista como uma função-objetivo da ocupação otimizada do volume para inserir o maior número de peças possível, considerando as restrições de dimensões do volume de construção, dimensões das peças, qualidade de peças e tempo de processo. Uma ocupação eficiente depende da geometria das peças e de suas dimensões, de modo a formar um conjunto mais compacto possível, porém guardando distanciamentos e concentrações de grandes massas de peças em locais específicos para evitar gradiente de temperatura no volume de construção. Dessa forma, o empacotamento 3D (*nesting/packing*) pode não ser trivial e o custo unitário dos componentes pode ser prejudicado se negligenciada. Esse problema tem sido um campo de pesquisa desde o início da aplicação das tecnologias de AM [22] [24] [25], e atualmente já se tem *softwares* desenvolvidos especificamente para otimizar essa etapa, por exemplo, Materialise Magics, Autodesk Netfabb, Fabpilot, Dimension 4, 4D aditive e Polydevs [26].

Estabelecer a ocupação otimizada é de extrema importância quando se pensa em fabricar uma quantidade maior de peças, como no caso de aplicação direta da AM na fabricação final (Capítulo 14), uma vez que o custo unitário diminui. No entanto, quando se trata da fabricação de peças únicas e variadas, a melhor ocupação vai depender da programação de produção para utilização do equipamento.

10.5.3 Aplicação de fator de escala

A contração do material está presente em grande parte dos processos de AM, principalmente naqueles que envolvem resfriamento posterior ao processamento, cristalização do material, polimerização, pós-processamento com sinterização em forno etc. Torna-se assim necessário compensar esses efeitos por meio da aplicação de um fator de escala de correção no modelo 3D para que as dimensões finais da peça sejam as mais próximas possíveis das nominais projetadas.

O fator de escala nem sempre é o mesmo nas três direções de fabricação por AM. Variações dimensionais podem ser decorrentes de vários fatores, como tecnologias de processamento do material (jateamento, fusão por *laser*, extrusão, deposição por arco etc.), gradiente de temperatura no interior da câmara do equipamento, empilhamento do material, entre outros. A definição do fator de escala depende, geralmente, de um processo experimental de calibragem, que determina a contração geral do material e permite obter um fator médio para cada eixo. Há, portanto, uma aproximação por um fator médio do erro, sendo que o desvio-padrão deve ser o menor possível para se ter um processo de melhor controle dimensional em todas as faixas de tamanho.

Nas tecnologias de fusão em leito de pó, esse é um ponto muito relevante, pois os fatores de escala devem ser regularmente calibrados e aplicados a todas as peças após terem sido posicionadas no volume de construção. Nesse processo, os valores do fator de escala nos três eixos dependem do tipo de material e da sua degradação pelo uso, das condições do processo, como potência do *laser* e temperatura na região em que se encontra a peça, bem como da calibração do feixe de *laser*, que deve ser realizada com periodicidade. A tarefa de identificar os fatores de escala deve ser perseguida sistematicamente pelo usuário para que a qualidade dimensional das peças seja satisfatória.

Em tecnologias que exigem um pós-processamento em forno de alta temperatura, como a de jateamento de aglutinante de material metálico e extrusão de material metálico (polímero mais pó metálico), a aplicação de fator de escala para compensar a contração do material no forno é capital. Alguns fornecedores dessa tecnologia oferecem, inclusive, *software* específico que prevê a contração diferenciada nas três direções com base na geometria da peça e realiza a compensação adequada diretamente no modelo geométrico 3D.

10.5.4 Definição da base e das estruturas de suporte

Uma vez que a base e as regiões que necessitaram de suporte dependem da orientação da peça, elas não estão presentes no modelo 3D (STL, 3MF, AMF) original da peça, precisando ser criadas durante o planejamento de processo (observa-se, no entanto, que o recente formato 3MF já permite que as estruturas de suporte estejam definidas junto com o modelo 3D da peça). Uma vez definida a orientação da peça, a base e as estruturas de suporte são geradas automaticamente pelo sistema de planejamento de processo específico de cada tecnologia de AM a partir de parâmetros e escolhas do usuário. Internamente no sistema, essa etapa é realizada em duas fases:

- Identificação das regiões da peça que necessitam de apoio ou fixação.
- Criação da geometria das estruturas de suporte.

10.5.4.1 Identificação das regiões que necessitam de apoio

Para a identificação das regiões que necessitam de apoio, podem ser usadas duas abordagens [7]: uma baseada na análise direta da inclinação de cada faceta (triângulo) do modelo 3D (STL, 3MF, AMF, outro) e a outra via operações booleanas entre fatias (polígonos 2D) de camadas adjacentes (Figura 10.16).

Quando se analisa a inclinação da faceta, a identificação automática da região que necessita de suporte pode usar o vetor normal unitário do modelo STL [22] (ver formato STL no Capítulo 9). Todas as facetas com o vetor normal negativo (apontado para baixo em relação à direção de construção) e com inclinação menor que o ângulo de autossuporte necessitam de estruturas de apoio (Figura 10.16a). Como resultado, as regiões de interesse serão aquelas obtidas pela união de todas as facetas individuais identificadas como as que necessitam de suporte [27]. Uma vez que as áreas tenham sido identificadas, o volume total que deve ser ocupado pelas estruturas de suporte pode ser obtido com a projeção dessas áreas na direção normal ao plano de construção.

Para o sucesso desse método, o vetor normal de cada faceta deve estar orientado corretamente, ou seja, apontando para o exterior do objeto sólido, onde não há material. Infelizmente, isso nem sempre é verdade, sobretudo em modelos geométricos complexos, com superfícies orgânicas e que não tenham sido obtidos por sistemas de modelagem CAD. Erros desse tipo são mais comuns em modelos obtidos por digitalização 3D ou a partir de imagens médicas.

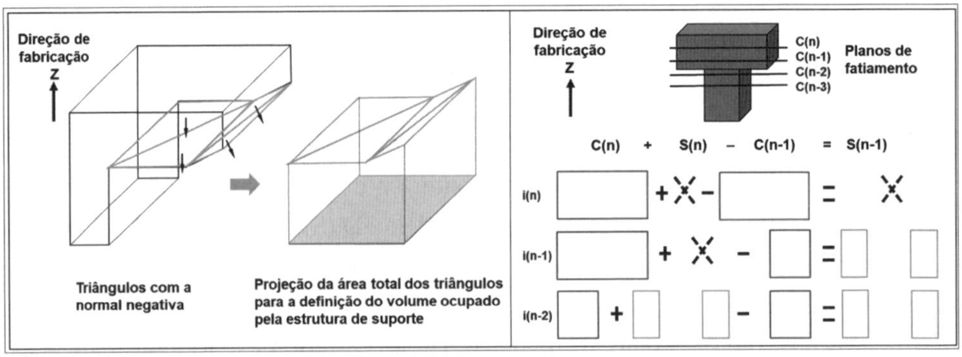

Figura 10.16 Métodos de cálculo de suporte: por projeção dos triângulos com normal negativa (a) e por operações booleanas (b).

No caso da abordagem que utiliza os polígonos 2D obtidos no fatiamento, o método implica calcular a diferença entre a área da fatia de uma camada C(n) e a da camada inferior C(n-1) (Figura 10.16b). Essa análise é realizada do topo da peça para a base. Seguindo essa proposta, o polígono que representa o contorno do volume a ser ocupado pela estrutura de suporte (S) para a camada (n-1) é obtido pela Equação (10.1) [28].

$$S(n\text{-}1) = [C(n) + S(n)] - C(n\text{-}1) \tag{10.1}$$

A Figura 10.16b mostra esquematicamente três iterações (i(n), i(n-1) e i(n-2)) desse método para determinar a geometria dos polígonos que contêm as estruturas de suporte de uma peça tipo “T”.

Para se ter sucesso com essa abordagem, uma implementação computacional adequada para lidar com operações booleanas 2D é necessária, principalmente para realizar operações de adição e subtração de polígonos. Como, nesse método, a inclinação da faceta não é considerada, evita-se qualquer problema de normal invertida com o modelo. No entanto, dependendo da geometria da peça, muitas iterações de cálculos podem ser processadas desnecessariamente. Por exemplo, na geometria da Figura 10.16b, várias camadas seriam processadas na parte superior da peça “T” sem gerar polígonos de suporte, pois não há mudança na geometria da camada C(n) para a C(n-1) nessa região. O mesmo ocorreria no corpo da peça, pois, uma vez que a primeira camada obtivesse a geometria do polígono do suporte, esta não mudaria mais até a base da peça. Existe a possibilidade de combinar os dois métodos citados para reduzir o tempo de processamento no cálculo do suporte [7].

10.5.4.2 Criação da geometria das estruturas de suporte

A segunda fase, referente à criação das geometrias das estruturas de suporte, é bastante dependente da tecnologia de AM utilizada. Em comum, tem-se sempre o objetivo de projetar as estruturas para que cumpram o seu papel utilizando-se da menor quantidade possível de material, pois implicam em tempo e custo de processamento e de pós-processamento para a sua remoção.

Como observado anteriormente, o volume das estruturas de suporte depende da orientação do modelo 3D, podendo variar bastante ou até mesmo ser eliminado em alguns casos. As Figuras 10.17a e 10.17b ilustram estruturas de suporte para o processo de extrusão de material, modelagem por fusão e deposição (FDM), para uma mesma peça construída nas posições horizontal e vertical, respectivamente. A título de informação, a orientação da Figura 10.17b possui uma base mais estável, utiliza menos material de suporte, tem menos superfícies afetadas pelo contato com as estruturas de suporte e, potencialmente, poderá ser produzida num tempo um pouco menor (apesar de o número de camadas ser maior, essa orientação utiliza menos volume de suporte).

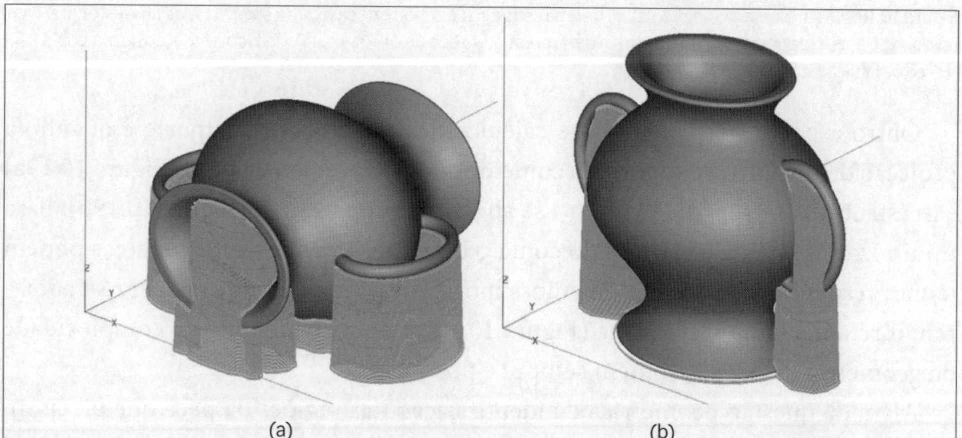

(a) (b)

Figura 10.17 Suportes para o processo de extrusão de material FDM com a peça a ser construída nas posições horizontal (a) e vertical (b).

Além da orientação da geometria, em cada tecnologia procuram-se soluções e estratégias para minimizar o volume de material nas estruturas de suporte. Por exemplo, nos processos de extrusão de material, é possível tirar vantagem do ângulo de autossuporte criando-se estruturas mais delgadas [15], como ilustra a Figura

10.18 (centro). Nessas tecnologias e nas de fotopolimerização em cuba (tipo LCD/DLP), por exemplo, estruturas de suporte do tipo árvore podem reduzir consideravelmente o volume de material necessário (Figura 10.18 à direita).

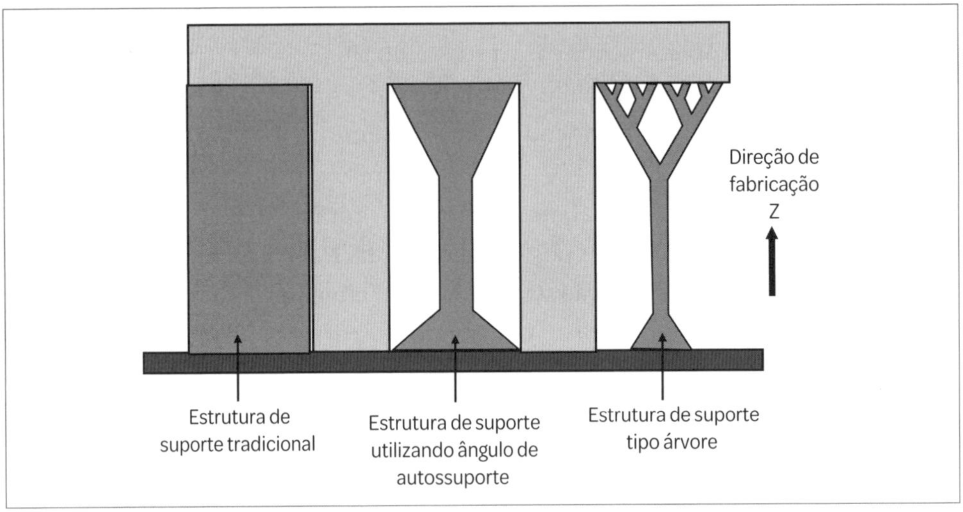

Figura 10.18 Representação esquemática de uma estrutura de suporte tradicional (à esquerda), de uma estrutura utilizando o ângulo de autossuporte (centro) e de uma estrutura tipo árvore (à direita), visando à redução de material e tempo de fabricação.

Outro aspecto particular sobre cálculos das estruturas de suporte é quando a projeção da região a ser suportada coincide com uma região da peça (Figura 10.19a) e as estruturas de suporte tendem a se apoiar na própria peça (Figura 10.19b). Para minimizar os efeitos negativos do contato entre peça e suporte, os sistemas podem tentar, respeitando o ângulo de autossuporte, desviar as estruturas para se apoiarem diretamente na plataforma (Figura 10.19c e d). Dependendo da complexidade da geometria da peça, isso nem sempre é possível.

Além da questão geométrica da identificação das regiões da peça que precisam de apoio, no caso específico das tecnologias de fusão em leito de pó metálico, é necessário calcular estruturas resistentes o suficiente para fixação da peça e com capacidade térmica suficiente para dissipar calor de forma adequada. Isso implica utilizar ferramentas de engenharia auxiliada por computador CAE (*computer-aided engeneering*) específicas para o projeto e dimensionamento dessas estruturas (por exemplo, a contida no sistema Materialise Magics).

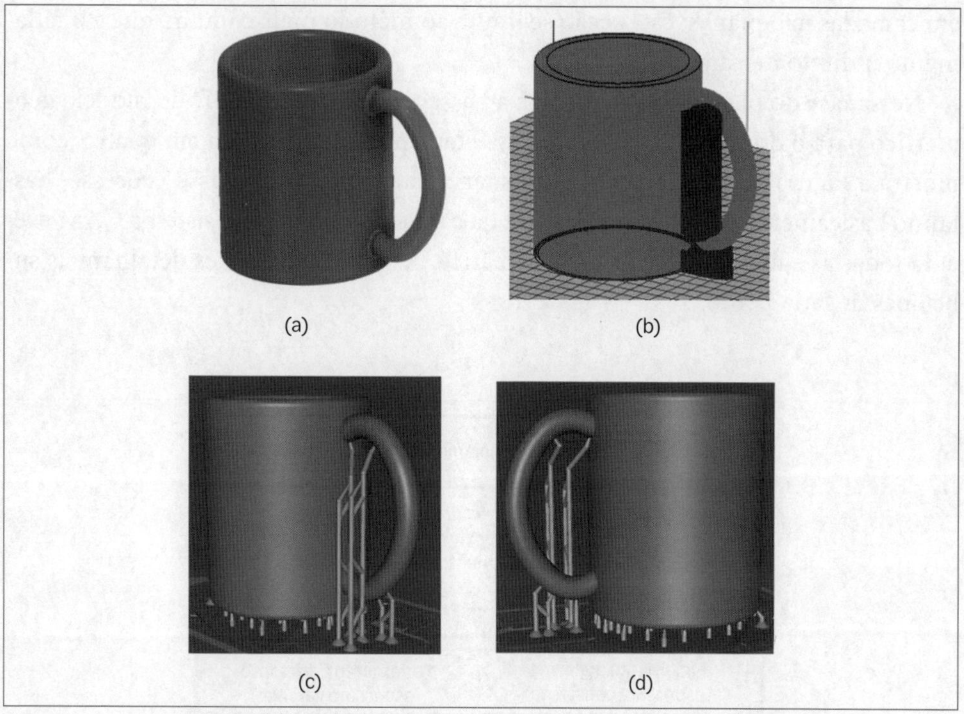

Figura 10.19 Exemplo de peça em que as estruturas de suporte tradicional podem se apoiar na própria peça (a e b) e alternativa para desviar e apoiar as estruturas na plataforma (Chitubox) (c e d).

10.5.5 Fatiamento

A etapa de fatiamento do modelo 3D ocorre geralmente sobre a malha de triângulos que representa o modelo 3D, mais especificamente, no formato STL, 3MF ou AMF. Em teoria, essa opção é denominada fatiamento indireto, pois processa malhas de triângulos, e não diretamente as superfícies matemáticas do modelo 3D (formato nativo CAD, padrão STEP – *standard for the exchange of product model data*, NURBS – *non-uniform rational b-spline* etc.). O fatiamento direto pode proporcionar resultados mais precisos, pois evitam-se os erros decorrentes da transformação de superfície em malha de triângulos [29]. No entanto, na prática, a maioria dos sistemas de planejamento processa malhas de triângulos.

Adicionalmente, o fatiamento pode ocorrer de forma plana ou não plana. Tecnologias como a de deposição com energia direcionada e a de extrusão de material permitem adicionar material seguindo a geometria da peça, não necessariamente no plano 2D. Isso exige gerar polígonos 3D que limitam o domínio da peça, muito semelhante aos necessários nos cálculos de trajetória em usinagem CNC de três ou mais eixos. Pela complexidade e especificidades das opções do fatiamento direto e em camadas não planas, esta seção se limita ao método mais comum, que é o fatiamento indireto de camadas planas.

Nessa fase do planejamento, ocorre a passagem do domínio 3D do modelo geométrico para o domínio 2D da fatia. Essa etapa pode ser dividida em quatro, como mostra a Figura 10.20. Na prática, o usuário participa pouco desse processo, bastando basicamente escolher a espessura da camada desejada, e o sistema CAM executa todas as subetapas de forma automática. As próximas seções detalham as subetapas de fatiamento.

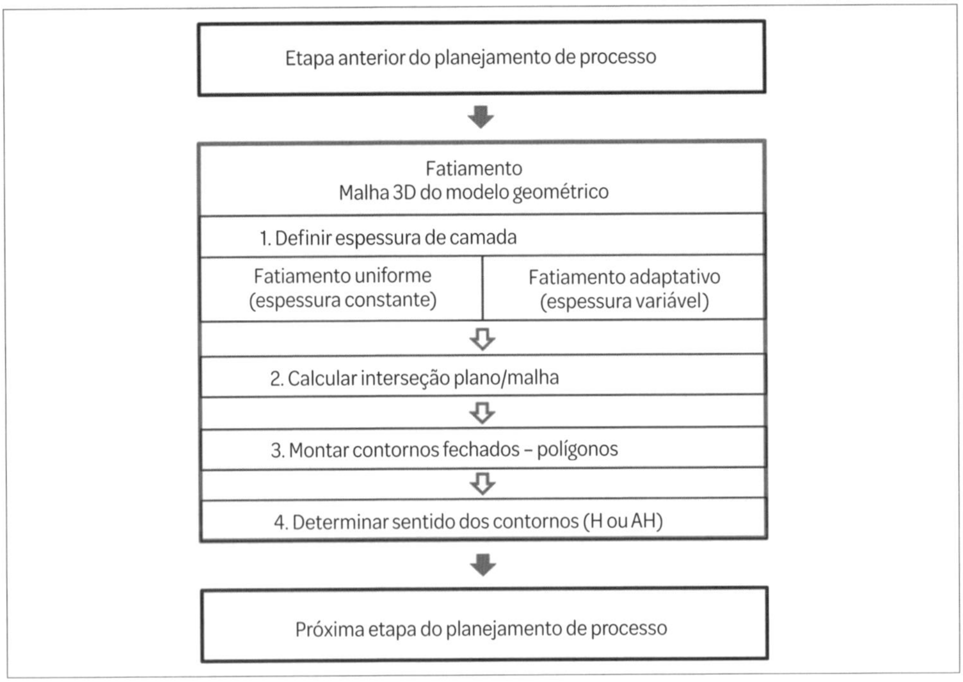

Figura 10.20 Detalhamento das subetapas do fatiamento indireto e em camadas planas.

10.5.5.1 Definição da espessura de camada

Conforme discutido na Seção 10.4, a redução da espessura de camada melhora a qualidade do acabamento superficial e a precisão dimensional da peça, mas aumenta o tempo de fabricação. A maioria dos sistemas de planejamento de processo oferece aos usuários uma faixa de espessuras que podem ser escolhidas para atender aos requisitos da aplicação da peça. Normalmente, tem-se espessuras predefinidas que estão associadas a um conjunto de parâmetros internos de processo previamente ajustados para se obter um resultado adequado. Isso porque, na maioria das tecnologias de AM, para cada espessura da camada, as configurações dos demais parâmetros de processo devem ser também selecionadas dentro de uma janela de processamento controlável e aceitável. Por exemplo, alterando a espessura da camada, são necessárias alterações na potência, na velocidade e no espaçamento do *laser* para fundir ou curar camadas mais espessas de material, ou alterações no volume de alimentação de material e nas velocidades de extrusão e de deslocamento linear do bico extrusor etc. Cada tecnologia tem seu conjunto de parâmetros a ser ajustado.

No que se refere à definição da espessura de camada, existem duas possibilidades de fatiamento: o uniforme e o adaptativo [17] [30] [31]. O fatiamento uniforme é o mais comum e consiste na obtenção de camadas de espessuras constantes ao longo de todo o eixo Z de construção. No fatiamento adaptativo, a espessura das camadas pode variar de acordo com a geometria de uma dada região da peça (ângulo de inclinação dos triângulos), para que o desvio geométrico do modelo seja minimizado. A Figura 10.21 apresenta, esquematicamente, a mesma geometria processada com camadas de espessuras constantes (Figura 10.21a) e com espessuras variáveis (Figura 10.21b), provenientes de um fatiamento adaptativo.

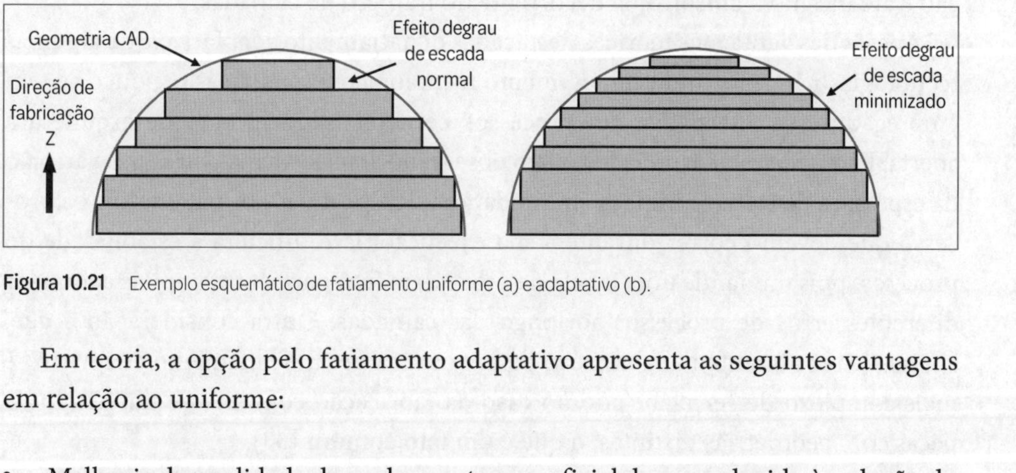

Figura 10.21 Exemplo esquemático de fatiamento uniforme (a) e adaptativo (b).

Em teoria, a opção pelo fatiamento adaptativo apresenta as seguintes vantagens em relação ao uniforme:

- Melhoria da qualidade do acabamento superficial da peça, devido à redução do efeito degrau de escada.
- Melhoria da precisão geométrica e dimensional, também pela amenização desse efeito e dos desvios dimensionais em Z.
- Redução do tempo de fabricação, pois é possível utilizar camadas mais espessas em regiões nas quais o efeito degrau de escada não é pronunciado, diminuindo, assim, o número de camadas necessárias [8].

Se várias peças distintas são fabricadas em conjunto, a análise deve ser mais criteriosa para que a variação da espessura não cause efeito oposto no tempo de fabricação. O fatiamento adaptativo deve ser tratado para cada peça de forma individual, levando em consideração as demais peças no processo.

Existe, ainda, a possibilidade de reduzir mais o tempo de fabricação por meio de um método alternativo de fatiamento adaptativo, que consiste em dividir o modelo geométrico em duas partes: uma casca externa e o seu interior [32]. Na parte interna, aplica-se a máxima altura de camada permitida pelo equipamento, e na casca externa, um refinamento das camadas, sendo que essas espessuras externas devem ser múltiplas (divisões exatas) da espessura interna. Esse tipo de estratégia só oferece vantagem para peças maciças ou de paredes espessas. Essa estratégia foi denominada "exterior acurado e interior rápido" (EAIR), sendo testada com a tecnologia de extrusão de material, que possui os requisitos necessários para tirar proveito dela [8]. A tecnologia de fusão em leito de pó metálico da SLM Solutions GmbH também oferece uma estratégia similar ao EAIR, fundindo por algumas camadas consecutivas somente a região externa (casca) da peça, e depois o *laser* atua nas partes internas para fundir todo o material, reduzindo, assim, o tempo de construção e até mesmo a anisotropia decorrente do número de camadas.

Apesar das vantagens teóricas destacadas do fatiamento adaptativo e de algumas tecnologias não possuírem impedimento tecnológico para aplicá-lo, pouco se tem empregado essa alternativa em processos comerciais ou mesmo de arquitetura aberta. Isso pode estar associado ao fato observado anteriormente, ou seja, a variação da espessura da camada implica em mudanças significativas nos parâmetros de processo que devem ocorrer durante a sua execução. Isso dificulta a estabilidade do processo, pois mudar de uma janela de processamento para outra implica acumular diferentes erros de processos ao longo das camadas. Outra consideração é que, apesar de ser atraente na fabricação de uma única peça, o fatiamento adaptativo é mais complexo de ser planejado no caso da fabricação conjunta de um grupo de peças com geometrias distintas, o que é um fato comum [33].

Outro aspecto relacionado ao fatiamento é o denominado efeito contenção da geometria [30]. A Figura 10.22a mostra que uma seção circular (cilindro na horizontal ou uma esfera) fatiada a partir da base, com o plano de fatiamento posicionado na altura correspondente à espessura da camada (t), resultará em uma geometria construída com desvio positivo (excesso de material) na parte inferior da seção e negativo (falta de material) na superior. Esse efeito causa alteração na geometria da peça e um erro similar a um deslocamento da peça para baixo. Dependendo da aplicação, pode-se, por meio da análise da geometria, optar por manter toda a geometria com desvio negativo (Figura 10.22b) ou positivo (Figura 10.22c). Uma solução comum para diminuir o efeito de contenção da geometria é posicionar o plano de fatiamento na metade da espessura da camada (Figura 10.22d). Assim, as partes inferior e superior ficam com o mesmo desvio (positivo e negativo).

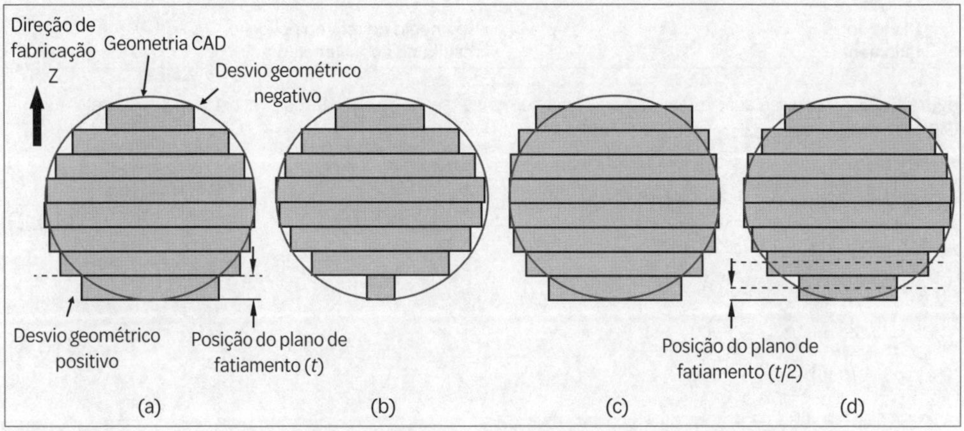

Figura 10.22 Representação esquemática do efeito contenção geométrica (a) e de uma solução corrigindo o desvio para o interior da geometria (b), para o seu exterior (c) e dividindo o desvio entre interno e externo (d).

10.5.5.2 Cálculo da intersecção entre plano e malha 3D

O principal cálculo a ser realizado pelo sistema de planejamento de processo é a interseção entre os planos paralelos ao eixo de construção e a malha de triângulos (Figura 10.23a), seja no formato STL, 3MF ou AMF. As entidades geométricas de interesse são o plano de fatiamento e a aresta (segmento de reta) de um lado do triângulo. A Equação (10.2) apresenta como obter o ponto de interseção I (x, y, z), considerando V1 ($x1$, $y1$, $z1$) e V2 ($x2$, $y2$, $z2$) como os vértices de um lado do triângulo. O parâmetro k é obtido pela proporção entre os vértices da aresta do triângulo na direção Z e a altura do plano de fatiamento. De posse do parâmetro k, as coordenadas x e y do ponto de interseção podem ser obtidas pela Equação (10.3).

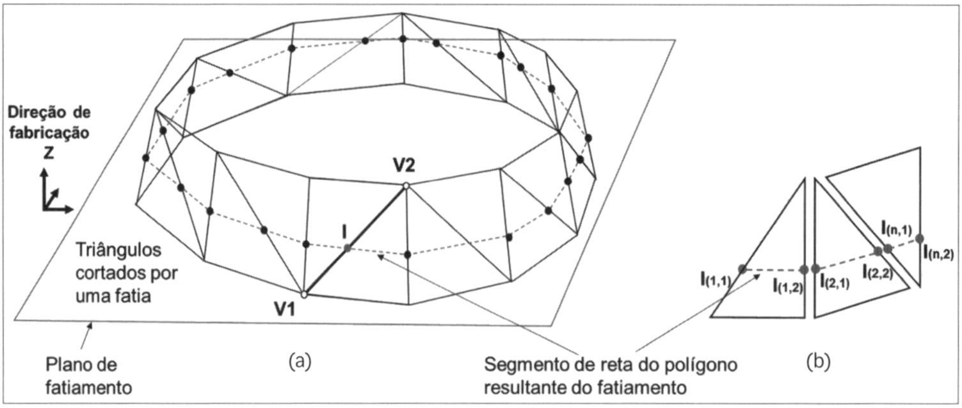

Figura 10.23 Representação esquemática do fatiamento: interseção do plano de corte com triângulos da malha (STL, 3MF, AMF) (a) e segmentos desconectados obtidos em malha sem topologia (b).

$$\frac{x-x_1}{x_2-x}=\frac{y-y_1}{y_2-y}=\frac{z-z_1}{z_2-z}=k \tag{10.2}$$

$$x=\frac{kx_2+x_1}{k+1},\ y=\frac{ky_2+y_1}{k+1} \tag{10.3}$$

O fatiamento completo da malha da peça é uma das etapas do planejamento de processo que mais consome tempo de processamento computacional. Dependendo do tamanho da malha e da lógica de percorrer planos e triângulos em busca das interseções, o tempo computacional necessário para executar essa operação pode variar bastante de algoritmo para algoritmo. Vários autores discutem e propõem algoritmos otimizados para realizar o fatiamento (uniforme ou adaptativo) [9] [34].

Se a malha sobre a qual se deve realizar os cálculos estiver degenerada de alguma forma (ver Capítulo 9), essa é a subetapa que mais pode originar problemas para os próximos passos do planejamento do processo. Modelos abertos, com triângulos duplicados ou que não respeitam a regras de formação da malha podem gerar pontos de intersecção duplicados ou muito próximos que dificultam a função subsequente de montagem de contornos fechados.

10.5.5.3 Montagem dos contornos fechados (polígonos 2D)

Malhas com problemas podem até ser fatiadas, mas complicarão ou até impossibilitarão a formação de contornos fechados em cada fatia, o que é capital para os processos de AM. O planejamento de processo não pode prosseguir se não se consegue formar contornos fechados com os pontos do fatiamento. No passo anterior, para cada triângulo, geram-se dois pontos de interseção, formando um segmento de reta (I(n,1) - I(n,2) na Figura 10.23b). Se estiver sendo processada uma malha STL sem informações topológicas, onde não existe informação de qual triângulo se conecta com outro, o resultado para cada fatia (altura em Z) é um conjunto de segmentos de reta totalmente desconectados (Figura 10.23b). Portanto, é necessário um passo de formação dos polígonos 2D fechados de cada fatia. Para isso, pode-se utilizar um algoritmo que liga o ponto final de um segmento com o início do próximo (algoritmo *head-to-tail*), até se fechar o contorno [9]. No entanto, em função de problemas na malha, como falta de triângulo, existência de triângulos muito pequenos com vários pontos muito próximos ou ainda com erros de arrendodamento das cooordenadas dos vértices dos triângulos, esse método pode dar um resultado incorreto.

Uma opção mais robusta para montar os contornos fechados no fatiamento faz uso de uma malha com topologia, em que um triângulo sabe exatamente quem são seus três vizinhos, o que não permite dúvidas sobre as ligações entre os segmentos obtidos. O êxito na montagem da topologia é um bom indicativo de que a malha está correta (fechada e sem problemas).

10.5.5.4 Determinação do sentido dos polígonos do fatiamento

Uma vez determinados os polígonos fechados de cada camada, é ainda necessário identificar o correto sentido de cada um para que a etapa de preenchimento seja executada corretamente. Por convenção, um polígono com os vértices orientados no sentido anti-horário indica um contorno externo, *i.e.*, que limita uma área com material no seu interior. O sentido horário indica um contorno interno, representando um vazio ou área sem material. A Figura 10.24 apresenta uma camada com três polígonos com a respectiva indicação de seus sentidos. Alguns métodos de identificação do sentido de polígonos são discutidos em Volpato *et al.* [10].

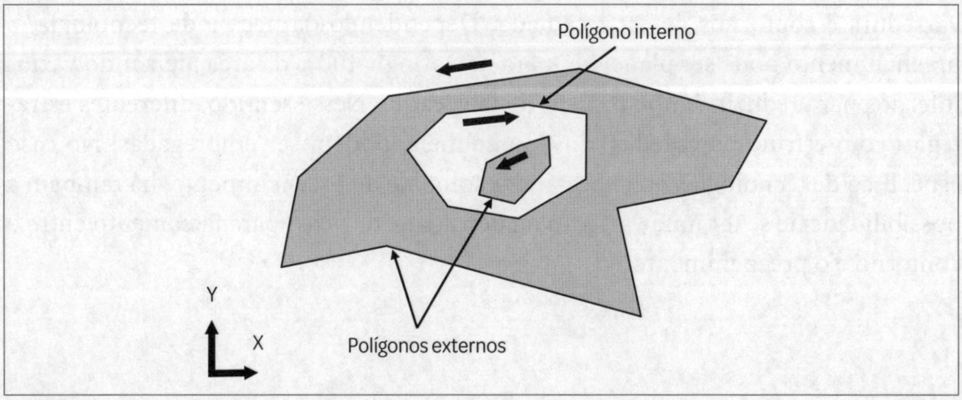

Figura 10.24 Representação esquemática dos sentidos dos contornos de uma camada em que as áreas mais escuras indicam as regiões que devem ser preenchidas com material da peça durante a impressão.

10.5.6 Cálculo do preenchimento

Somente com o sentido de cada polígono identificado é que o preenchimento de uma camada pode ser executado. O cálculo do preenchimento envolve o planejamento das trajetórias dos contornos e do preenchimento das regiões com material. Trajetórias de contorno (ou perímetro) são aquelas que delimitam as superfícies externas (visíveis) da peça. As trajetórias de preenchimento são planejadas para processar o material dentro dos limites dos contornos.

O planejamento do preenchimento está diretamente associado à tecnologia de AM considerada. Essa etapa implica definir as trajetórias de um feixe de *laser*, de um bico extrusor, de um cabeçote de jateamento (matriz de *pixels*, inclusive com diferentes densidades), ou mesmo definir a geometria de uma máscara que só permite a passagem de luz na área a ser projetada, impedindo essa passagem no restante da área. Essas trajetórias são necessárias também para delimitar as estruturas de suporte, quando elas são necessárias.

Algumas tecnologias utilizam somente trajetórias de contorno; outras, somente de preenchimento; e há outras que combinam essas duas. O Quadro 10.2 ilustra esquematicamente os requisitos gerais do planejamento da trajetória de contorno e/ou preenchimento de acordo com o princípio da tecnologia de AM. Esse quadro não deve ser visto como absoluto, pois, dentro dos princípios apontados, pode-se ter tecnologias que necessitam de dados adicionais aos do contorno e preenchimento.

Vários cálculos envolvendo geometrias 2D são necessários para a obtenção das trajetórias. Por exemplo, a trajetória do contorno é obtida por meio da geração de um polígono paralelo aos obtidos na etapa de fatiamento. A distância de deslocamento (*offset*) do polígono paralelo depende do processo em uso, podendo representar a compensação para o diâmetro do feixe de *laser*, do feixe de elétrons, do filamento extrudado, da microgota jateada, entre outros.

A trajetória de preenchimento requer cálculos de intersecção entre linhas de varredura e contornos de cada camada. Dependendo da peça e da tecnologia, o preenchimento pode ser planejado para não atingir 100% da área, deixando vazios internos para reduzir tempo e custo de fabricação. Nesse sentido, diferentes estratégias com estruturas vazadas, do tipo colmeia, podem ser empregadas. No caso específico de tecnologias que necessitam somente de preenchimento, há também a possibilidade de se ter uma variação na densidade de *pixels* para jateamento entre o contorno e o preenchimento.

Quadro 10.2 Representação esquemática do preenchimento (planejamento da trajetória de contorno e/ou preenchimento) de acordo com o princípio da tecnologia de AM

Tecnologias que necessitam somente do contorno	
	Adição de lâminas (ver Capítulo 7). Obs.: pode requerer trajetória fora do contorno da peça para recortar/picotar o material excedente
Tecnologias que necessitam somente de preenchimento	
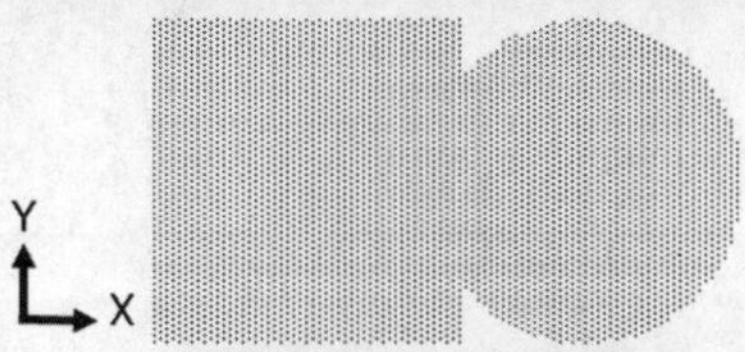	Jateamento de material (ver Capítulo 4)
	Fotopolimerização em cuba que utiliza projeção (ver Capítulo 2)
	Fotopolimerização em cuba que utiliza máscaras (ver Capítulo 2). Obs.: necessita de informação geométrica fora do contorno da peça para bloquear a passagem da luz
Tecnologias que combinam contorno e preenchimento	
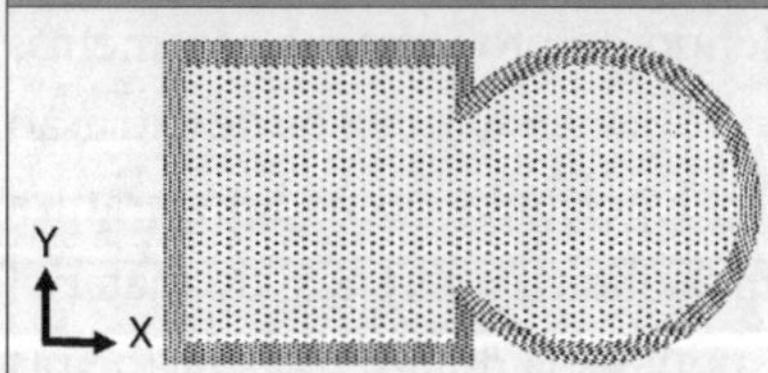	Jateamento de aglutinante (ver Capítulo 4)
	Extrusão de material (ver Capítulo 3)

(*continua*)

Quadro 10.2 Representação esquemática do preenchimento (planejamento da trajetória de contorno e/ou preenchimento) de acordo com o princípio da tecnologia de AM

Tecnologias que combinam contorno e preenchimento	
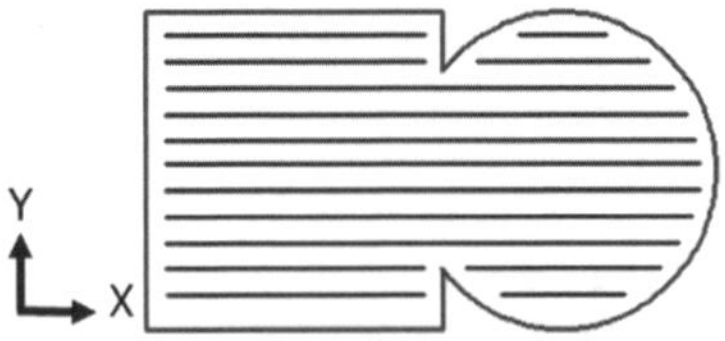 	Fusão em leito de pó não metálico (ver Capítulo 5) e metálico (ver Capítulo 6) Deposição com energia direcionada (ver Capítulos 7 e 8)
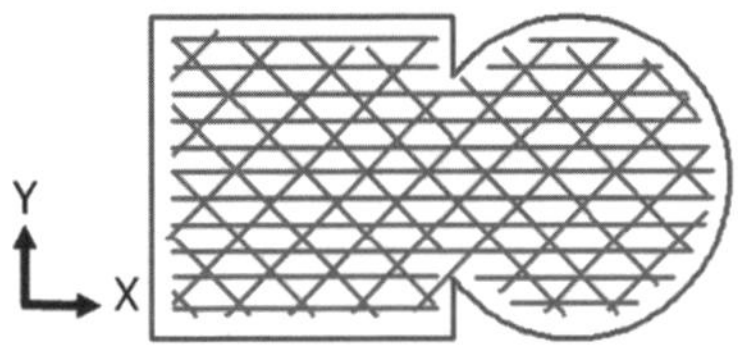	Fotopolimerização em cuba com *laser* (ver Capítulo 2)

A liberdade dada aos usuários para alterarem os vários parâmetros de processo que controlam essas trajetórias depende diretamente de cada tecnologia. Algumas são restritas, encapsulando um conjunto de parâmetros previamente estabelecidos em estratégias dos fabricantes; outras são mais abertas, requerendo um conhecimento mais profundo do processo. Essa última opção pode gerar maiores riscos, porém, com operadores experimentados, pode produzir peças de melhor qualidade que o definido como parâmetros predefinidos do fabricante.

Chama-se a atenção para o fato de que, dependendo do processo, os parâmetros podem variar de uma camada para outra. Por exemplo, para os processos de extrusão de material polimérico, a primeira camada pode ser depositada a uma temperatura mais alta e velocidade mais baixa que as demais para facilitar a aderência do material à plataforma. Nas tecnologias SLS para polímeros, a potência do *laser* das primeiras camadas é menor para minimizar o efeito chamado de bônus Z no leito de pó, que é o processamento de material na primeira camada além do previsto para a espessura definida. Um maior detalhamento das estratégias de preenchimento utilizadas é apresentado nos capítulos correspondentes a cada grupo de tecnologia.

10.5.7 Geração dos dados de máquina

Na última etapa do planejamento do processo, ocorre a transformação dos dados nativos do sistema CAM para um formato que as máquinas de AM possam ler e executar, ou seja, dados que vão efetivamente comandar o equipamento. Como comentado anteriormente, em grande parte das tecnologias, esse formato é proprietário e fechado, não sendo divulgada a sintaxe dos códigos. Isso implica que os equipamentos só conseguem executar um processo gerado no *software* de planejamento proprietário da empresa. Já nas tecnologias de extrusão de material de baixo custo ou de arquiteturas abertas (ver detalhes no Capítulo 3), é comum o uso do código G, da mesma forma que o utilizado em máquinas de CNC. Além das coordenadas X, Y e Z e da tradicional velocidade linear de deslocamento do cabeçote, estão presentes no código G alguns parâmetros específicos para extrusão, como a quantidade de alimentação do material, temperatura de extrusão, temperatura da mesa etc.

Outro formato aberto utilizado por algumas tecnologias de fusão em leito de pó é o CLI (*Common Layer Interface*). O formato CLI foi desenvolvido em um projeto europeu denominado Brite-EuRam financiado pela EARP (*European Action on Rapid Prototyping*) e a proposta é ser independente de um fornecedor específico [35]. Esse formato é organizado por polígonos (linhas poligonais – *polylines*) fechados e abertos, representando os contornos 2D e o preenchimento, respectivamente. As vantagens associadas ao formato CLI são: a simplicidade, por utilizar somente entidades simples (*polylines*), poder ser representado em ASCII ou binário e a facilidade relativa de manipulação (edição e correção de erros).

Tanto no código G quanto na representação CLI, a direção de construção é assumida como sendo o eixo Z positivo e, consequentemente, as camadas são construídas paralelas ao plano XY. Dessa forma, os dados das camadas estão organizados em ordem ascendente.

10.6 FABRICAÇÃO DA PEÇA

Após o planejamento, a próxima etapa do processo é a fabricação da peça na máquina de AM. Nessa etapa, é necessária a intervenção do operador para realizar a preparação (*setup*) da máquina, que varia com a tecnologia e pode envolver: limpeza e nivelamento da plataforma, calibrações, alimentação de material, entrada de parâmetros de processamento que não estejam nos dados de entrada etc. Após a preparação, a fabricação em AM é normalmente automática e desassistida, e, assim, pode-se deixar peças sendo fabricadas durante a noite para um melhor aproveitamento do tempo dos equipamentos. Infelizmente, não há garantia de que não haverá algum problema durante o processo. Para tanto, os equipamentos mais atuais estão empregando sistemas de monitoramento supervisionado para intervir no processo caso alguma anomalia seja detectada. Isso torna-se fundamental para peças com elevada exigência de qualidade, como, por exemplo, no setor aeroespacial e o da saúde.

Algumas tecnologias podem ser utilizadas em ambiente de escritório, pois geram pouco ruído e calor e operam com materiais não agressivos ou tóxicos ao ser humano. Outras, no entanto, exigem ambiente mais adequado, com controle de temperatura, umidade, exaustão de gases, contenção de materiais particulados, entre outros. Os detalhes de cada uma das categorias das tecnologias de AM, como parâmetros de processamento e outros, são apresentados nos capítulos específicos.

10.7 PÓS-PROCESSAMENTO

O pós-processamento é definido como uma etapa adicional após a fabricação/impressão necessária para se ter a peça com a qualidade final desejada, atendendo aos requisitos da aplicação pretendida. O pós-processamento pode envolver desde ações manuais, bastante dependentes de um operador, até a passagem por equipamentos e processos adicionais dos mais diversos. A necessidade varia bastante com a tecnologia e com o material utilizado e, como ressaltado em várias seções deste capítulo, das escolhas realizadas ao longo do planejamento de processo. Adicionalmente, níveis diferentes de acabamento podem ser necessários para regiões distintas, por exemplo: somente as regiões consideradas funcionais de um componente (superfícies de vedação, de montagem, deslizamento etc.) vão precisar de acabamento mais elaborado.

De uma maneira geral, o pós-processamento pode abranger, mas não se limitar a:

a. Limpeza da peça (necessária em todas as tecnologias) e retirada de material em excesso ou ligeiramente fixado à peça, recorrendo-se, por exemplo, a jateamento de areia ou esferas de vidro.
b. Retirada da base e/ou estruturas de suporte nas peças e tecnologias que as utilizam.
c. Cura final de uma resina em forno ultravioleta para finalizar algum processo iniciado durante a fabricação com AM (por exemplo, SL, LCD/DLP).
d. Infiltração com resina ou cera, para conferir maior resistência à peça ou melhorar o acabamento superficial, ou mesmo selar a peça (por exemplo, *ColorJet Printing*, VoxelJet).
e. Sinterização em forno em alta temperatura, sem ou com infiltração de metal de baixo ponto de fusão (por exemplo, processos de jateamento de aglutinante para metal, extrusão de filamento metálico, fusão em leito de pó de metal + polímero).

f. Tratamento térmico em forno em alta temperatura para alívio de tensões e/ou recozimento, comuns em processo de fusão em leito de pó metálico.
g. Usinagem para se obter o acabamento e a precisão dimensional necessários, principalmente nos processos que trabalham com materiais metálicos (por exemplo, para a obtenção de insertos para moldes etc.).
h. Prensagem isostática a quente para reduzir porosidade de peças metálicas.
i. Técnicas para melhoria do acabamento superficial, como lixamento ou processos especiais (químicos ou eletroquímicos).

O acabamento superficial visa conferir às peças características que são difíceis ou impossíveis de serem obtidas pelos processos de AM disponíveis atualmente. Assim, as etapas de acabamento podem variar bastante em função da finalidade da peça. Por exemplo, no caso específico de protótipos, podem-se utilizar processos convencionais, como colagem, usinagem, lixamento, pintura, revestimentos, texturização ou qualquer outro processo de acabamento necessário. Protótipos específicos para feiras ou para efeitos visuais e de *marketing* devem ter a aparência mais próxima possível do produto a ser comercializado e, dessa forma, são submetidos aos processos convencionais de revestimento para se obter cor, textura e aparência adequadas. Outro exemplo é o caso de peças que servem como modelos-mestre na produção de moldes de silicone ou resina epóxi, que devem ter superfícies e dimensões muito bem controladas para evitar transmitir ao ferramental as imperfeições do processo de AM. Por fim, peças a serem utilizadas para a aplicação final podem ser empregadas da maneira que saem da máquina ou podem passar por etapas de acabamento, dependendo das exigências da aplicação.

A presença de estruturas de suporte representa um custo adicional no pós-processamento, principalmente nas tecnologias que requerem remoção mecânica das estruturas de suporte, ou seja, não empregam material de suporte de "fácil" remoção (solúvel ou por derretimento). A remoção das estruturas pode ser, inclusive, um limitante à fabricação de peças de geometria complexa que possuam regiões de difícil acesso, como pequenas cavidades, canais etc.

Mais detalhes de etapas de pós-processamento são apresentados nos capítulos que tratam de cada processo.

10.8 CONSIDERAÇÕES FINAIS

Este capítulo apresentou uma visão geral das etapas envolvidas no planejamento de processo para AM. A influência de algumas decisões de processo sobre aspectos como acabamento superficial, propriedades mecânicas, precisão dimensional, tempo e custo de fabricação das peças foram destacadas. Uma série de considerações e recomendações gerais foram apresentadas para que o objetivo do processo seja alcançado mais rapidamente e com o melhor custo-benefício.

Conforme observado, o planejamento de processo é ainda muito dependente da experiência do usuário, do domínio dos sistemas de planejamento de processo, do conhecimento dos parâmetros de processo e do processo utilizado. Adicionalmente, no planejamento, deve-se levar em consideração os requisitos da aplicação da peça a ser produzida. Ainda não existe, mesmo em tecnologias já bastante desenvolvidas, um sistema de planejamento de processo capaz de realizar, de forma automática e eficaz, todas as ações necessárias. Em alguns casos, ainda há a aplicação do método de tentativa e erro como aproximação para se conseguir resultados satisfatórios. Assim, o tempo consumido no planejamento de processo é considerável no caso de uma peça com exigências mais criteriosas, mesmo para usuários experientes. Quanto mais aprofundados forem os conhecimentos do usuário, menor o tempo e o custo com esse processo, e isso é altamente dependente de sua imersão na tecnologia.

REFERÊNCIAS

[1] I. Zeid, *Mastering CAD/CAM*. Boston: McGraw-Hill, 2005.

[2] N. Volpato, J. A. Foggiatto, The development of a generic Rapid Prototyping process planning system. *In*: *Innovative developments in design and manufacturing – Advanced research in virtual and rapid prototyping*. Leiria: Taylor & Francis Group, 2009, p. 381-387.

[3] R. Jones *et al.*, RepRap -The Replicating Rapid Prototyper. *Robotica*, v. 29, n. 1, p. 177-191, 2011.

[4] G. Hodgson, A. Ranellucci, M. Jeff, Slic3r Manual. Disponível em: https://manual.slic3r.org/. Acesso em: 22 out. 2024.

[5] A. Locker, Top 20: Best 3D Printer Slicer Software. Disponível em: https://all3dp.com/1/best-3d-slicer-software-3d-printer/. Acesso em: 22 out. 2024.

[6] N. Volpato, F. Di Nisio, H. R. Ramalho, R. Minetto, R. D. Silva, RP3: A research framework for process planning in additive manufacturing. *In*: *International Congress of Mechanical Engineering – COBEM*. Florianópolis: ABCM, dez. 2023. p. 1-8.

[7] N. Volpato, A. Franzoni, L. M. T. Silva, A. A. Silva, An algorithm to obtain support structures for additive manufacturing. *In*: *Proceedings of the 1st International Conference on Design and PROcesses for MEdical Devices – PROMED*. Padenghe sul Garda: Neos Edizioni SRL, 2012. p. 1-4.

[8] N. Volpato, J. A. Foggiatto, A. L. Radigonda, Implementação de uma Variação do Fatiamento Adaptativo no Processo FDM. *In*: *Anais do 6º Congresso Brasileiro de Engenharia de Fabricação – COBEF*. Caxias do Sul: ABCM, 2011. p. 1-9.

[9] R. Minetto, N. Volpato, J. Stolfi, R. M. M. H. Gregori, M. V. G. da Silva, An optimal algorithm for 3D triangle mesh slicing. *Computer-Aided Design*, v. 92, p. 1-10, 2017.

[10] N. Volpato, A. Franzoni, D. C. Luvizon, J. M. Schramm, Identifying the directions of a set of 2D contours for additive manufacturing process planning. *The International Journal of Advanced Manufacturing Technology*, v. 68, n. 1-4, p. 33-43, 2013.

[11] N. Volpato, L. C. Galvão, L. F. Nunes, R. I. Souza, K. Oguido, Combining heuristics for tool-path optimisation in material extrusion additive manufacturing. *Journal of the Operational Research Society*, v. 71, n. 6, p. 867-877, 2020.

[12] M. O. Shigueoka, N. Volpato, Expanding manufacturing strategies to advance in porous media planning with material extrusion additive manufacturing. *Additive Manufacturing*, v. 38, p. 101760, 2021.

[13] F. G. Di Nisio, H. T. Ventura, R. Minetto, R. Dutra, N. Volpato, A variable bead width filling pattern to print porous media with material extrusion additive manufacturing. *The International Journal of Advanced Manufacturing Technology*, v. 121, n. 5-6, p. 3919--3933, 2022.

[14] Y. Koizumi, M. Okugawa, Digital twin science of metal powder bed fusion additive manufacturing: a selective review of simulations for integrated computational materials engineering and science. *ISIJ International*, v. 62, n. 11, p. 2183-2196, 2022.

[15] X. Huang, C. Ye, S. Wu, K. Guo, J. Mo, Sloping wall structure support generation for fused deposition modeling. *International Journal of Advanced Manufacturing Technology*, v. 42, n. 11-12, p. 1074-1081, 2009.

[16] A. Dolenc, I. Mäkelä, Rapid prototyping from a computer scientist's point of view. *Rapid Prototyping Journal*, v. 2, n. 2, p. 18-25, 1996.

[17] A. Dolenc, I. Mäkelä, Slicing procedures for layered manufacturing techniques. *Computer-Aided Design*, v. 26, n. 2, p. 119-126, 1994.

[18] Y. Chen, Non-uniform Offsetting and its Applications in Laser Path Planning of Stereolithography Machine. *In*: *Solid FreeForm Fabrication Symposium*. Texas: University of Texas, 2007, p. 1-13. [Online]. Disponível em: www.3dsystems.com. Acesso em: 22 out. 2024.

[19] T. R. Thomas, B.-G. Rosen, N. Aminí, Fractal characterisation of the anisotropy of rough surfaces. *Wear*, v. 232, p. 41-50, 1999. [Online]. Disponível em: www.elsevier.comrlocaterwear. Acesso em: 22 out. 2024.

[20] M. Ancau, C. Caizar, The computation of Pareto-optimal set in multicriterial optimization of rapid prototyping processes. *Comput Ind Eng*, v. 58, p. 696–708, 2010.

[21] L. Villalpando, H. Eiliat, R. J. Urbanic, An optimization approach for components built by fused deposition modeling with parametric internal structures. *In*: *Procedia CIRP*. Elsevier B.V., 2014, p. 800-805.

[22] P. Kulkarni, A. Marsan, D. Dutta, A review of process planning techniques in layered manufacturing. *Rapid Prototyping Journal*, v. 6, n. 1, p. 18-35, 2000.

[23] M. Faes, E. Ferraris, D. Moens, Influence of Inter-layer Cooling time on the Quasi-static Properties of ABS Components Produced via Fused Deposition Modelling. *Procedia CIRP*, v. 42, n. Isem Xviii, p. 748-753, 2016.

[24] S.-M. Hur, K.-H. Choi, S.-H. Lee, P.-K. Chang, Determination of fabricating orientation and packing in SLS process. *Journal of Materials Processing Technology*, v. 112, n. 2, p. 236-243, 2001.

[25] V. Canellidis, V. Dedoussis, N. Mantzouratos, S. Sofianopoulou, Pre-processing methodology for optimizing stereolithography apparatus build performance. *Computers in Industry*, v. 57, n. 5, p. 424-436, 2006.

[26] AMFG, The role of nesting in polymer 3D printing. Disponível em: https://amfg.ai/2020/07/03/the-role-of-nesting-in-polymer-3d-printing/. Acesso em: 22 out. 2024.

[27] P. K. Venuvinod, W. Ma, *Rapid prototyping: laser-based and other technologies*. Kluwer Academic Publishers, 2004.

[28] R.-S. Lin, Adaptive slicing for rapid prototyping. *In*: *Software Solutions for Rapid Prototyping*. Org. I. Gibson. London: Professional Engineering Publishing, 2002. p. 129-154.

[29] W. Ma, W. C. But, P. He, NURBS-based adaptive slicing for efficient rapid prototyping. *CAD Computer Aided Design*, v. 36, n. 13, p. 1309-1325, 2004.

[30] P. Kulkarni, D. Dutta, An accurate slicing procedure for layered manufacturing. *Compufer-Aided Design*, v. 28, n. 9, p. 683-697, 1996.

[31] J. Tyberg, J. H. Bøhn, Local adaptive slicing. *Rapid Prototyping Journal*, v. 4, n. 3, p. 118--127, 1998.

[32] E. Sabourin, S. A. Houser, J. H. Bøhn, Accurate exterior, fast interior layered manufacturing. *Rapid Prototyping Journal*, v. 3, n. 2, p. 44-52, 1997.

[33] V. Canellidis, J. Giannatsis, V. Dedoussis, Genetic-algorithm-based multi-objective optimization of the build orientation in stereolithography. *International Journal of Advanced Manufacturing Technology*, v. 45, n. 7-8, p. 714-730, 2009.

[34] P. M. Pandey, N. V. Reddy, S. G. Dhande, Slicing procedures in layered manufacturing: a review. *Rapid Prototyping Journal*, v. 9, n. 5, p. 274-288, 2003.

[35] R. Jamieson, H. Hacker, Direct slicing of CAD models for rapid prototyping. *Rapid Prototyping Journal*, v. 1, n. 2, p. 4-12, 1995.

CAPÍTULO 11
Prototipagem no desenvolvimento de produto

Carlos Alberto Costa
Neri Volpato

11.1 INTRODUÇÃO

Este capítulo trata da relação da manufatura aditiva (*additive manufacturing* – AM) com o processo de desenvolvimento de produtos (PDP). Em particular, foca em como a impressão do produto em desenvolvimento pode apoiar as diferentes fases e etapas do PDP, propiciando maior agilidade e precisão na validação de decisões e dos resultados intermediários e finais. Destaca-se que o advento da AM propicia um novo direcionador tecnológico que passa a ser parte do PDP atuando como uma ferramenta de apoio para a rápida convergência dos resultados. Alguns exemplos de utilização da AM no desenvolvimento de produtos foram incluídos ao final do capítulo como forma de ilustrar o seu potencial.

11.2 O PROCESSO DE DESENVOLVIMENTO DE PRODUTO

O PDP é um processo estratégico de negócio dentro das empresas, baseado em informações de mercado, requisitos e restrições, no qual ideias e conceitos são organizados e gerados, resultando em planejamento, projeto e manufatura de um produto.

Por essa razão, é tratado cada vez mais como um fenômeno multidimensional e multidisciplinar [1] [2]. Dentro do PDP, um conjunto de necessidades, requisitos e restrições deve guiar o desenvolvedor do produto para a solução mais próxima possível da ótima, em termos de mercado, projeto (forma e função do produto) e fabricação [3].

Uma atividade essencial no PDP é o projeto, que é composto por várias etapas, constituindo-se num processo sistemático capaz de solucionar um problema, ordenando as atividades sem restringir a criatividade [3]-[5]. Nessa atividade, são tomadas várias decisões que dependem de informações e conhecimento relacionados com o ciclo de vida do produto [6]. Como resultado dessas decisões, novas informações são geradas, dentro de um processo de amadurecimento e agregação de valor ao produto ou objeto projetado [7]. Para aprimorar e agilizar o processo decisório, as empresas passaram a adotar PDP colaborativos e, em alguns casos, distribuídos, nos quais diferentes agentes (pessoas e/ou sistemas) têm de cooperar para que possam compartilhar seu conhecimento em busca da melhor solução de um problema [8] [9]. Esse ambiente colaborativo torna-se evidente na medida em que os envolvidos – *marketing*, engenharia, manufatura, distribuição, vendas e outros – necessitam cooperar em todos os aspectos considerados no desenvolvimento do produto [10] [11]. Assim, observa-se que a inserção de novas tecnologias, como a AM, dentro do PDP, traz um desafio adicional para a nova geração de projetistas, pois estética, forma, função e fabricação não possuem mais fronteiras definidas [12] [13].

Tradicionalmente, o PDP foi discutido em torno de métodos e processos de trabalho, uma vez que deve ser um processo formal e eficiente para a empresa [14]-[16]. Com a utilização cada vez maior de conceitos, filosofias e tecnologias que aceleram as etapas do PDP, as práticas industriais passaram a focar em definir pontos de decisão nos quais se deve decidir entre prosseguir ou não com o desenvolvimento, definidos por Cooper [17] como uma abordagem baseada em pontos de decisão, chamada de *stage-gate*. Ou seja, o que passa a importar é atingir resultados intermediários que possam colaborar para a obtenção do produto final mais rápido, assertivo e com menor custo [18] [19], tornando, assim, o processo eficaz. Tal abordagem tem sido uma exigência no desenvolvimento de produtos de forma mais ágil. Isso porque se sabe que o tempo de desenvolvimento de um produto tem sido uma questão-chave para a competição entre as empresas, principalmente aquelas globalizadas. Como resultado, etapas para aprovação de decisões têm sido consideradas formalmente dentro do PDP, como a finalização das fases de projeto informacional, projeto conceitual, projeto detalhado e outras [4] [20]-[22].

A Figura 11.1 mostra duas visões do PDP quanto à sequência de suas etapas. Na parte superior, é apresentada uma visão tradicional do PDP, composta por uma sequência rígida de etapas formais, em que o início de uma etapa ocorre somente após o término da etapa anterior. Já na parte inferior, as etapas são apresentadas de maneira sobreposta ou simultânea, dentro do conceito de engenharia concorrente ou simultânea [23] [24]. Tal reestruturação resultou em tempos menores para todo o PDP, intensificando a troca de informação e antecipando a identificação de problemas associados ao produto final. Essa abordagem também implica na redução de custos, uma vez que o PDP, em suas etapas iniciais, e.g. projeto informacional e conceitual, é responsável pela determinação de mais de 60% dos custos envolvidos na manufatura do produto [25] [26].

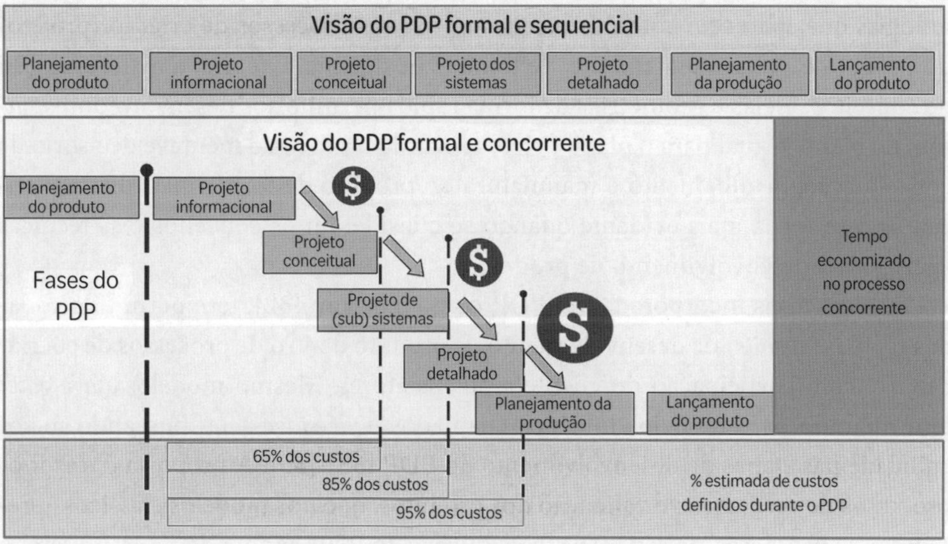

Figura 11.1 Comparativo das visões serial e concorrente do PDP sob a ótica de redução de custos e tempos.
Fonte: adaptada de Costa *et al.* [27].

Em paralelo à formalização das etapas do PDP, houve também o surgimento e a evolução de novas tecnologias. Ao longo do tempo, algumas tecnologias atuaram como "direcionadores tecnológicos" colaborando consideravelmente para o PDP e forçando mudanças no modo de trabalho [12] [13]. Exemplos dessas tecnologias são os sistemas CAD (*computer-aided design*) nas décadas de 1980/1990, seguidos pelos sistemas CAM/CAE (*computer-aided manufacturing/computer-aided engineering*), bem como por filosofias como a engenharia simultânea (ver Figura 11.1) e técnicas DFX (*design for excelence*, significando o X fabricação, montagem, manutenção etc.) [28]-[31]. Tais tecnologias, além de favorecerem melhores formalização e documentação, propiciaram também uma maior agilidade nos processos decisórios do PDP.

Por exemplo, a modelagem virtual, por meio de sistemas CAD e CAE, permitiram abreviar etapas de obtenção de um protótipo real para validar um conceito, antecipando a etapa de projeto detalhado. Atualmente, muitas empresas adotam a validação de uma etapa do PDP por meio da certificação de um modelo virtual, por exemplo, as indústrias automotiva ou aeronáutica. Da mesma forma, técnicas como DFX associadas à filosofia de engenharia simultânea têm permitido a otimização dos tempos envolvidos com a minimização dos recursos, menores ciclos de desenvolvimento e maior qualidade, em todo o PDP.

Mais recentemente, houve o surgimento e a consolidação da AM, e isso está fazendo com que as empresas mudem a forma de agir e o comportamento com relação ao seu PDP. Um aspecto diferenciado desse princípio de fabricação são as tecnologias que aparecem como um efetivo apoio aos processos de criação (projeto) do produto e, consequentemente, de tomada de decisão. Ou seja, a materialização de conceitos, ideias e geometrias de forma rápida permite aos desenvolvedores saírem do plano virtual para o plano físico, apoiando o processo mental e decisório de conceituação, detalhamento e manufatura do produto de forma mais direta e eficaz. Isso se torna mais evidente quando se consideram os conceitos e as técnicas ágeis para o desenvolvimento de produtos.

Técnicas ágeis incorporadas ao PDP, como o Scrum [32], têm permitido rodadas rápidas (*sprints*) de desenvolvimento de produto dentro de processos de cocriação, *i.e.* com participação do cliente e outros atores. Mesmo modelos *stage-gates* têm migrado para modelos híbridos chamados *agile-stage-gates* buscando maior agilidade nas etapas de desenvolvimento do PDP [33]-[35]. A proposta é trazer os processos de verificação e validação dos produtos, que nos modelos clássicos apresentam-se nas fases finais, para as fases iniciais do PDP, ganhando-se assim tempo e acertos do produto final [36]. A disponibilidade das tecnologias AM trouxe um impulso para esses tipos de aplicações, haja vista que, a cada rodada de ideias e *sprints* de entregas, a materialização do produto (protótipos) se dá em seus diferentes níveis de detalhamento, podendo atender a visões e percepções das diferentes áreas de conhecimento dentro das etapas e fases do PDP.

Assim, para compreender melhor a real contribuição da AM no PDP e seu papel como direcionador tecnológico, é importante resgatar que tipos de representações físicas de um produto ou componente podem ser utilizados nesse processo e a finalidade destes.

11.3 REPRESENTAÇÕES FÍSICAS DE PRODUTOS, SUAS FINALIDADES E VANTAGENS

Esta seção sumariza as possíveis formas de representação dos produtos ao longo do seu desenvolvimento, enfatizando sua materialização e suas finalidades. Com isso, além da importância de se utilizar essas representações, pretende-se reforçar a contribuição da AM nesse processo.

11.3.1 Tipos de representações físicas

A representação física de um produto ou um conceito pode ser realizada de diferentes formas, como: maquetes, modelos volumétricos, *mock-ups* e modelos de apresentação. Essas representações podem ser aplicadas em diferentes áreas e estágios do processo de criação e, normalmente, visam à validação ou à sedimentação de um conceito que não pode ser plenamente obtido apenas com ferramentas computacionais.

De um ponto de vista mais formal, as representações físicas são discutidas e apresentadas como protótipos ou modelos. Segundo Ulrich e Eppinger [37], o protótipo é definido como uma aproximação do produto ao longo de uma ou mais dimensões de interesse. Com base nessa definição, um protótipo pode ser visto como uma entidade que exibe um ou mais aspectos do produto de interesse para os profissionais envolvidos em seu desenvolvimento ou para os interessados. Dentro de uma visão mais simples e contemporânea, os protótipos são definidos como qualquer modelo tridimensional físico de uma peça, um componente, um mecanismo ou um produto, com a finalidade de validar todas ou algumas de suas características estabelecidas no projeto ou nas etapas anteriores [38].

Os protótipos podem ser classificados em diferentes tipos com base na sua finalidade ao longo do PDP, havendo diferentes denominações na literatura conforme o uso e a aplicação (Ulrich e Eppinger [37]; Wagner e Stager [39] e Krause *et al.* [40]). Contudo, esses conceitos e terminologias, apesar de importantes, não fazem parte do enfoque deste capítulo, podendo ser acessados em [41]. Isso porque, dentro do uso mais disseminado das tecnologias AM na atualidade, é comum que um mesmo protótipo possa servir para diferentes fins, como validação geométrica, validação funcional, validação de projeto e/ou validação ergonômica. Por essa razão, denominações como protótipos visuais, funcionais ou de percepção têm sido mais comumente utilizadas. Isso se torna mais comum quando se observa o uso de protótipos dentro de abordagens de PDP como *design thinking* [42]-[44] e, mais especificamente, em técnicas como *design* centrado no usuário [44].

Abordagens como *design thinking* vêm sendo incorporadas dentro da visão convencional mais formal do PDP fazendo uso de pontos como criação de produtos e solução de problemas de uma forma mais interativa e reflexiva e misturando os conceitos de teoria e prática [46] [47]. Dentro do *design thinking*, o *design* centrado no usuário (ou *user centered design*) ganha atenção e vem sendo comumente aplicado no desenvolvimento de produtos na área da saúde, abordado também pela ISO 9241-210 [48]. Nessa abordagem, em que as necessidades e os interesses dos usuários são colocados como ponto central do projeto, diferentes aspectos do projeto podem ser considerados, como a usabilidade, o significado de uso, a empatia e a emoção percebida. Garcia, Merino e Merino [45] abordam de forma mais objetiva três princípios básicos: foco inicial no usuário e suas tarefas, avaliação e medição do uso do produto em desenvolvimento e o *design* iterativo, que consiste em testes com os protótipos e modelos funcionais ao fim de cada estágio de projeto pelos usuários. Nesse sentido, a utilização de protótipos de forma mais intensa permite a convergência mais rápida do conceito desejado para o produto final.

As tecnologias AM vieram para aprimorar e consolidar esse processo de prototipação de produtos, podendo ocorrer na prototipação do produto inteiro ou em partes ao longo dos diferentes estágios de desenvolvimento, desde o conceitual até o estágio de produto final. Isso resulta em um alto grau de interação e aceitação por parte do usuário final, o que será mostrado na próxima seção, que aborda as finalidades e as vantagens da utilização de protótipos rápidos.

11.3.2 Finalidades e vantagens das representações de produtos no PDP

Conforme abordado na seção anterior, as representações (protótipos ou modelos) de produtos, ou suas características, são fundamentais no apoio e na convergência do PDP, propiciando sempre uma forte percepção de realidade, constituindo uma poderosa ferramenta de tomada de decisões. Os modelos físicos tridimensionais podem ser utilizados para diferentes finalidades, entre as quais se destacam aprendizagem, melhoria do produto, identificação de erros, usabilidade e estudos ergonômicos, *redesign*, comunicação, integração, *gates* de projeto, bem como publicidade e auxílio em vendas/pesquisas de mercado [37] [49]-[55]. Essas finalidades criam uma série de vantagens dentro do PDP, propiciando um ambiente de natureza multi e interdisciplinar para engenheiros e outros profissionais envolvidos no processo. As finalidades e suas vantagens são apresentadas e discutidas em mais detalhes a seguir.

1. Aprendizagem: nos vários estágios do PDP, constantemente, a equipe de desenvolvimento toma decisões e avalia o produto sendo desenvolvido. Assim, as representações físicas dos produtos são construídas sobretudo para responder a questões de projeto, funcionando como uma ferramenta de aprendizagem e de tomada de decisões a cada iteração em que são utilizadas, uma vez que os

protótipos permitem ganho de experiências relativas a emoção, empatia e usabilidade dos produtos em desenvolvimento. Em particular, ressalta-se a importância de estudos ergonômicos, em que os produtos são avaliados e modificados por meio da simulação das atividades de uso em um determinado contexto, como vem sendo preconizado pela ergonomia. Cada ciclo de prototipagem representa um ganho de experiência e se traduz em aprendizado para todos os envolvidos no PDP, pois novas informações são obtidas, ajudando a focar os esforços subsequentes na direção correta para melhoria do produto. A Figura 11.2 representa graficamente que um produto atinge o seu desenvolvimento pleno mais rápido quando o uso de protótipos é mais frequente, demorando mais em um cenário em que esse uso é limitado [49]. Isso se reflete no aumento da taxa de sucesso do PDP pela maior confiabilidade das informações que servirão de dados de entrada para as etapas seguintes do PDP. O emprego dessas representações, como mencionado, permite à equipe de projeto "visualizar e sentir" as necessidades, os requisitos e as restrições de cada campo de conhecimento envolvido no desenvolvimento, inclusive com o retorno (*feedback*) do usuário final, tornando o processo de tomada de decisão mais criterioso e fundamentado.

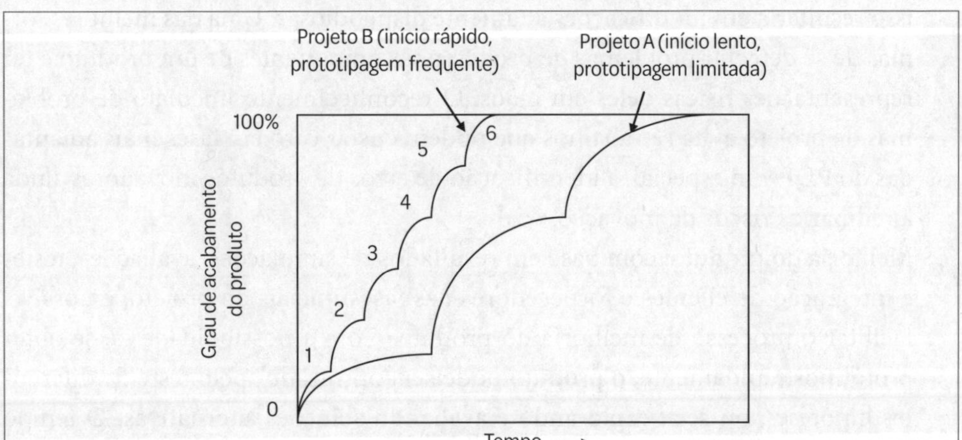

Figura 11.2 Menor tempo de desenvolvimento de produto devido a prototipagem mais frequente.
Fonte: adaptada de Barkan e Iansiti [49].

2. Comunicação: as representações físicas desempenham um papel principal no compartilhamento de ideias, atuando como catalisadores para troca de informações num ambiente de projeto composto por pessoas com diferentes habilidades e pontos de vista, incluindo usuários. A comunicação em todos os níveis fica facilitada, pois a representação física de um produto é muito mais fácil de

ser entendida que uma descrição verbal, um desenho técnico (2D) ou mesmo um modelo CAD 3D. Se uma figura vale mais que mil palavras, um protótipo físico vale mais que mil figuras [54]. A comunicação é particularmente importante quando há empresas terceirizadas na equipe, que podem ser responsáveis pela manufatura do produto.

3. Integração: por atuarem como um meio de comunicação e entendimento, e também como uma base de informações comuns, as representações promovem a integração entre os membros de uma organização multicultural e multifuncional no PDP. Por exemplo, a possibilidade de executar montagens nos estágios iniciais do PDP aumenta o nível de integração, em virtude da natureza interativa dessa etapa, e promove a solução de problemas de projeto, pois a montagem exige a interligação física de todos os componentes e submontagens. Os protótipos são um excelente auxílio para a aplicação de filosofias como a engenharia simultânea, porque contribuem para o aprendizado, a comunicação e a integração entre os membros da equipe e também porque atendem a diferentes áreas de aplicações.
4. Identificação de erros: é importante identificar os problemas do produto antes da fase de investimentos em ferramental e nos estágios mais avançados, pois isso resultaria em modificações altamente dispendiosas. Uma das melhores formas de se detectar problemas de projeto nos componentes de um produto é ter representações físicas deles em mãos. O reconhecimento imediato de problemas de projeto evita retrabalhos que podem custar caro em fases mais adiantadas do PDP. Em especial, a identificação de erros de produtos inovadores ajuda a reduzir os riscos da inovação.
5. Melhoria do produto: com base em resultados de simulações, avaliações, testes e integração de clientes e fornecedores nas fases iniciais do projeto, é possível facilitar o processo de melhoria do produto. Com a possibilidade de se obter protótipos rapidamente, o produto pode ser "otimizado" pelo teste de diferentes hipóteses, ou seja, explorando e avaliando soluções alternativas. O tempo despendido nessa etapa pode ser reduzido, inclusive na identificação de erros, muitas vezes não percebidos pela equipe de projeto, ou de inconsistências no alinhamento com características de fabricação e montagem do projeto, o que poderia gerar custos com ferramentais inadequados. Destaca-se que a disponibilidade e acessibilidade cada vez maior de tecnologias AM aplicadas à fabricação de protótipos funcionais, ou do produto final real, permitem inclusive antecipar etapas de validação e até homologação do produto final.
6. *Redesign*: no processo de reprojeto de produtos, torna-se necessária a elaboração de modelos de comparação e/ou modificação direta. Dessa forma, é possível

realizar e visualizar concretamente variações (dimensionais, funcionais etc.), acrescendo ou retirando partes de determinado produto e verificando diretamente as mudanças. O uso de representações físicas do produto auxilia em todo esse processo.

7. Etapas de validação (*gates*) de projeto: os protótipos podem ser usados como marcos no PDP, por meio do estabelecimento de objetivos a serem alcançados. Possibilitam, assim, a demonstração de progresso (evolução) do produto e reforçam o uso de cronogramas. Um cronograma que prevê protótipos serve como determinador do passo das atividades e como coordenador de atividades de subsistemas paralelos.
8. Publicidade/vendas/pesquisas de mercado: os protótipos permitem a realização de pesquisas de mercado, avaliando uma situação mais realística de retorno do investimento a ser implementado. Somente no caso de se obter uma resposta positiva aos resultados dessa pesquisa é que os recursos financeiros para o ferramental para a produção serão alocados. Em outra situação possível, modelos são utilizados para veiculação publicitária, em virtude do tempo de execução necessário para se produzir um produto industrialmente, ou seja, o produto está sendo veiculado em pesquisas e, consequentemente, trazendo retornos na forma de encomendas, contratos etc., antes mesmo de sua fabricação final.

Todas essas finalidades e vantagens dos protótipos foram potencializadas com a disponibilização e o uso das tecnologias AM, porque a criação de protótipos ou modelos pode ser muito custosa e demorada quando as técnicas de fabricação disponíveis se restringem às tradicionais (manuais, usinagem tradicional e/ou CNC, outras [55]). Limita-se assim o número de protótipos ao longo do PDP. O advento da AM permitiu uma aceleração no processo de geração de protótipos e modelos físicos, dos mais diversos tipos, em quaisquer fases do PDP, propiciando a convergência mais rápida e precisa para a solução final, seja nas fases iniciais, seja nas fases finais. Isso resulta, segundo alguns autores, em uma redução no tempo e nos custos de desenvolvimento, que pode chegar a mais de 50% [52] [56].

11.4 MUDANÇAS NO PDP COM A UTILIZAÇÃO DA AM

A AM não deve ser vista somente como uma tecnologia que acelera a fabricação de protótipos físicos, mas que pode mudar a forma/filosofia de trabalho dos profissionais relacionados ao PDP. Como já citado, um aspecto importante a se ressaltar é que a sua inclusão impacta na mudança da forma de pensar o produto, podendo afetar o próprio método e técnicas utilizadas no PDP. Isso contribui justamente nas atividades-fim do PDP, que são associadas à criação do produto, com ênfase em sua forma final, suas funções, seus meios de fabricação e, mais recentemente, na percepção mais forte por parte do usuário final.

11.4.1 Ambiente PDP-AM

Olhando sob a perspectiva formal de um modelo e/ou de uma sequência de atividades dentro do PDP, os momentos nos quais é necessário criar protótipos (peças, modelos etc.) não precisam ser incluídos, obrigatoriamente, como *milestones* ou *gates*. Ao contrário, esses momentos devem ser considerados como pontos de avaliação, verificação e testes. Isso pode ser realizado desde um nível mais abstrato de conceito até um nível mais técnico de detalhamento do produto. Dessa forma, cria-se, conjuntamente com o PDP, um ambiente de criação/geração de protótipos, não havendo um momento específico ou uma fase determinada para a utilização das tecnologias AM. Esse ambiente é chamado, aqui, de ambiente PDP-AM e traz a inserção orgânica do conceito de AM dentro do PDP.

Dentro do ambiente PDP-AM, as tecnologias AM ficam à disposição de engenheiros e técnicos envolvidos para serem utilizadas quando necessário e de forma ágil, como um elemento validador de ideias e decisões, visando à melhoria da qualidade do processo de tomada de decisão no PDP. Este ambiente tem sido um forte aliado na aplicação de abordagens como o Lean Design ou Lean-PDP [57]. Essas validações poderão, ou não, estar associadas a pontos de decisão (*gates*) diferentes daqueles vistos tradicionalmente no PDP, ou pontos onde se busca minimizar a intuição do desenvolvedor e maximizar a percepção de outros atores do processo, como já citado, o usuário [17]-[20].

Sob o ponto de vista de um processo de negócio apresentado na Figura 11.1, continuarão a existir os momentos de aprovação associados a suas etapas ou fases. Isso permitirá a evolução do PDP de uma fase para a próxima, consolidando os conceitos e as decisões do produto de uma forma mais precisa e realista, como a passagem do projeto informacional para o projeto detalhado, que caracteriza um momento crítico de aprovação dentro do PDP.

Sob a ótica da oferta e da utilização das tecnologias AM, surge um novo plano de fases ou *gates* com o foco mais direcionado para a comprovação das ideias desenvolvidas sobre o produto em si (parcial ou integralmente), considerando os aspectos de forma, função ou fabricação do produto. No entanto, agora com uma percepção e *feedback* mais próximos dos usuários finais (Figura 11.3). Muitas dessas fases/*gates* poderão estar dentro de uma das etapas do PDP formal. Por exemplo, poderão ser produzidos vários protótipos dentro da etapa de projeto detalhado do PDP, diminuindo, assim, o tempo necessário para essa etapa. A diferença é que, com esse novo ambiente, os usuários, sejam eles os clientes externos e usuários finais do produto, sejam eles os envolvidos nas etapas posteriores do PDP (clientes internos), começam a participar do processo de desenvolvimento com maior protagonismo e assertividade.

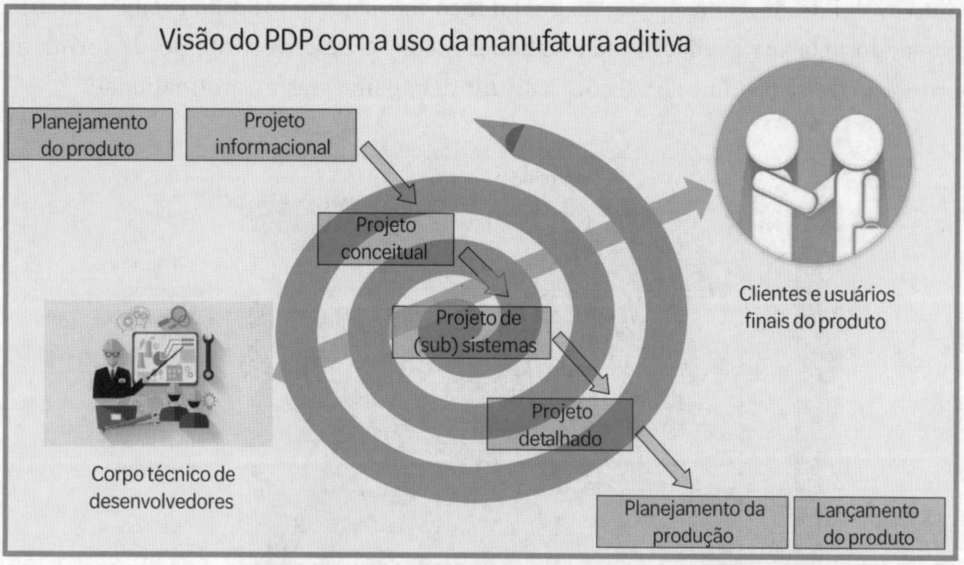

Figura 11.3 Visão do ambiente de PDP com a inserção da AM.

Dessa forma, o ambiente PDP-AM permite que, a qualquer momento, a validação de decisões por meio da materialização de uma peça ou produto seja possível. Não existirão, necessariamente, fases de validação formal do modelo 3D, mas fases em que essa tecnologia é utilizada para validação de conceitos.

11.4.2 O papel da AM na concepção, avaliação e validação no ambiente PDP-AM

No ambiente de mudanças dentro do processo do PDP, as vantagens apontadas em se dispor de representações físicas de produtos e discutidas na Seção 11.3.2 são potencializadas com a inserção das tecnologias AM, podendo-se destacar três grandes cenários: concepção, avaliação e validação do produto (Figura 11.4). Esses cenários não são necessariamente sequenciais, podendo um mesmo protótipo servir para os três ou apenas para um deles em específico. Isso dependerá, logicamente, do tipo e da aplicação do produto que está sendo desenvolvido.

Na Figura 11.4, são representadas duas dimensões de aplicação e uso dos protótipos dentro do PDP. Isso pode ser visto como se sobrepondo à Figura 11.3, acontecendo em paralelo com as etapas formais do PDP. A dimensão vertical trata do escopo de aplicações, que pode ser desde um foco nas características mais específicas do produto até uma visão mais voltada para o planejamento da produção desse produto. Já a dimensão horizontal varia desde aplicações mais visuais, e.g. estética e percepção, até puramente funcionais. Assim, o escopo de desenvolvimento do produto evolui desde a concepção, na qual o foco está sobre o produto exclusivamente, passando pela sua avaliação até a validação, com o desenvolvimento da forma de produção desse produto. As seções a seguir detalham essas macrofinalidades.

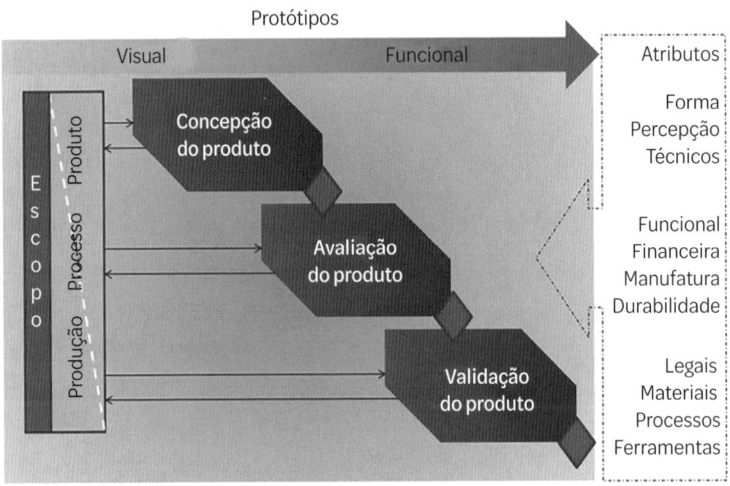

Figura 11.4 Dimensões de aplicação e uso dos protótipos com AM no PDP.

11.4.2.1 Concepção do produto

Nas fases do PDP associadas à concepção do produto, o foco primário do uso da AM é a geração de protótipos na forma de modelos e/ou conceitos, principalmente para análises visuais, tendo principalmente como atributos aspectos de forma, percepção visual e alguns técnicos (notadamente os geométricos). O escopo principal, nesse momento, é o produto que está sendo pensado (forma e, eventualmente, função).

Nessa fase do projeto, as necessidades, em sua maioria, são qualitativas, isto é, referem-se às características que o produto deve possuir e aos benefícios que deve oferecer, contudo, o projeto de engenharia necessita de características quantitativas, que, a partir de um modelo físico, podem ser visualizadas e/ou extraídas de modo mais direto. O protótipo, nessa fase, auxilia na definição de alguns objetivos e características geométricas, de forma ou até mesmo de desempenho, podendo haver, já nessa etapa, uma forte interação com o usuário final do produto ou cliente.

A análise geométrica pode envolver elementos dimensionais, características de posicionamento em montagens e encaixes. A análise da forma pode abranger a aceitação de uma nova "estética" para o produto, texturas e acabamentos, ou seja, aspectos mais subjetivos relacionados à percepção do usuário final, e.g. usabilidade do produto. Entretanto, nessa etapa, também podem ser realizadas avaliações técnicas (funcionais) que tenham relação direta com a geometria e a forma, por exemplo, avaliação do produto em um túnel de vento. O resultado esperado nessa fase é a definição da viabilidade de execução do projeto.

11.4.2.2 Avaliação do produto

Nas fases do PDP associadas à avaliação, o foco do uso da AM é a geração de protótipos/modelos cujo escopo principal é o produto e o seu processo de produção (função e eventualmente fabricação). De uma forma geral, as questões a serem respondidas nessa fase dizem respeito aos objetivos técnicos do projeto/produto, principalmente sobre a viabilidade funcional, podendo ser inclusive uma análise preliminar em relação aos concorrentes similares no mercado. Nessa etapa, o uso de protótipos normalmente ocorre após o uso de ferramentas CAE que auxiliam na percepção de possíveis pontos de falha.

Nesse momento, os protótipos servem para avaliar as escolhas feitas anteriormente. Conceitos aprovados na etapa anterior serão concretizados por meio dos diversos tipos de protótipos, contribuindo para o processo decisório inerente à seleção de diferentes concepções. Essa é a fase com maior potencial de otimização de retorno do investimento, representando baixo custo e alto benefício [11].

Devem ser verificadas e avaliadas as características do produto, destacando-se funcionalidade, manufaturabilidade, custos, durabilidade e confiabilidade. A possibilidade de reutilização de componentes já existentes, o tipo de processo previsto para a execução do produto, a especificação de materiais, a necessidade de desenvolvimento de novos materiais ou processos também podem ser avaliados nessa fase. É o momento de gerir a tecnologia sob o ponto de vista de processo, materiais, incorporação e absorção de novas tecnologias.

11.4.2.3 Validação do produto

Nas fases do PDP associadas à validação do produto e do processo produtivo, a utilização da AM pode englobar desde a homologação de um produto até a fabricação de um lote-piloto.

Algumas questões importantes dessa fase estão relacionadas à capabilidade do equipamento e dos processos de AM disponíveis para a execução e a definição das especificações técnicas, à avaliação da necessidade de treinamentos específicos na área em desenvolvimento e à análise de investimento em ferramentas e dispositivos para fabricação do produto.

Nessa etapa, o protótipo pode ser construído para a pré-certificação do produto (um produto eletrônico, por exemplo) com vistas a obter a aprovação da funcionalidade e a garantia de obtenção dos parâmetros técnicos funcionais e críticos do projeto. Também pode ser realizada a pré-certificação do processo de fabricação ou montagem, ou seja, testes que comprovem que os equipamentos manterão as características de qualidade obtidas na pré-certificação inicial do produto.

Por fim, dependendo do contexto, pode ser realizada a homologação final do produto, em organismos certificadores, atendendo à regulamentação exigida pelo mercado. Nessa etapa, os protótipos devem permitir que não existam mais incertezas tecnológicas e de mercado, devendo, nesse momento, já terem sido avaliadas as variáveis econômicas, regulatórias, ambientais e competitivas.

11.4.3 AM como direcionador tecnológico no PDP

Com base no que foi apresentado nas seções anteriores, observa-se que a tecnologia de AM pode ser considerada um novo direcionador tecnológico para o PDP.

A Figura 11.5 traz uma representação do direcionador tecnológico no ambiente PDP-AM, por meio de um funil, no qual as tecnologias AM, desde as mais direcionadas à prototipagem conceitual e funcional até as adequadas à fabricação final, podem ser utilizadas ao longo do desenvolvimento do produto. Os segmentos da Figura 11.5, *i.e.*, AM para avaliação conceitual, funcional e da fabricação, representam o afunilamento das alternativas de tecnologias AM que podem atender às fases e às etapas do ciclo de desenvolvimento do produto, conforme este vai avançando. Assim, observa-se um maior espectro de disponibilidade de tecnologias de impressão 3D que podem atender às fases iniciais do PDP, em que os protótipos visam a aspectos mais conceituais e abstratos. Conforme avançam as fases subsequentes do PDP, há uma diminuição desse espectro de tecnologias, pois são exigidos protótipos de cunho mais funcional, ou mesmo a produção do produto final e dispositivos de fabricação.

Deve-se ressaltar que a representação do PDP-AM que se estreita ao longo do PDP é uma visão atual. A evolução das tecnologias AM tem mostrado que há uma tendência de a forma de funil apresentada, cada vez mais, converter-se em um cilindro. Isso porque o avanço nas soluções em tecnologias AM tem permitido a sua aplicação inclusive como processos ordinários de fabricação.

Atualmente, a AM já é utilizada na fabricação de algumas peças de uso final, justamente por algumas das tecnologias permitirem fabricar peças com características de resistência mecânica similares e, eventualmente, iguais às obtidas por processos tradicionais. Logicamente isso implica uma nova forma de pensar, por parte de técnicos e engenheiros, considerando as características do processo de fabricação de AM, para o projeto do produto. Tal tema é discutido com mais detalhes no Capítulo 14.

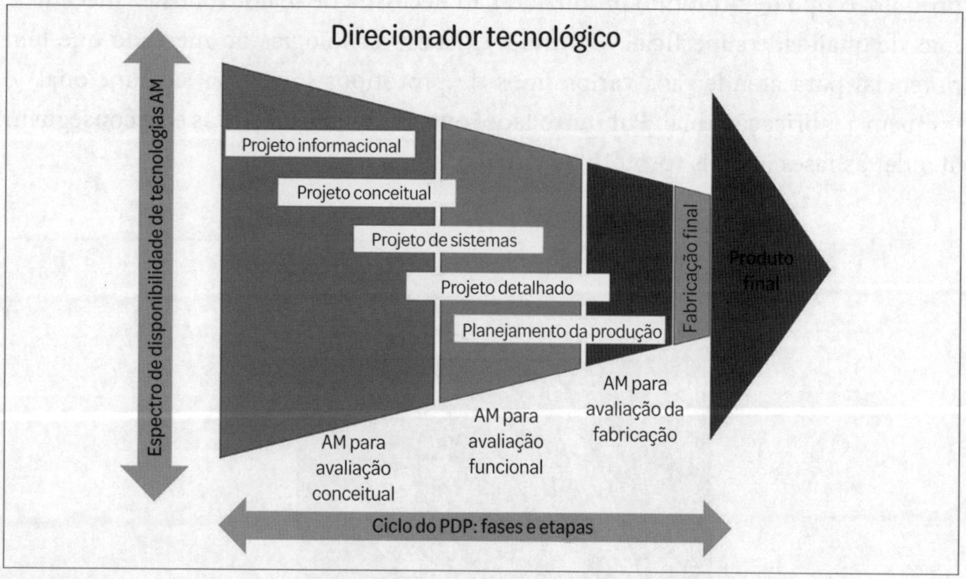

Figura 11.5 Ambiente PDP-AM como direcionador tecnológico no PDP.

11.4.4 Considerações sobre o uso das tecnologias AM no PDP

Conforme comentado, a maior contribuição das tecnologias AM em seus estágios iniciais é relativa a aspectos visuais do produto. Contudo, a evolução das tecnologias e dos processos de AM em conjunto com o desenvolvimento de novos materiais definiu que, além da forma geométrica do produto, sua validação funcional passou a ser incluída também como critério de aprovação para as etapas do PDP.

Dependendo das características dos protótipos produzidos, as diversas tecnologias AM disponíveis colaboram de forma diferenciada para o PDP. Assim, a finalidade de utilização dos protótipos influencia na escolha da tecnologia de AM. Após a leitura dos Capítulos 2 a 8, em que as diferentes tecnologias AM são apresentadas, incluindo as suas principais características, materiais e limitações, o leitor poderá perceber e relacionar como cada uma dessas tecnologias pode agilizar e atender ao processo de fabricação (materialização) das representações físicas destacadas anteriormente. Compreender as características e as propriedades das peças produzidas por essas tecnologias é importante para saber qual tecnologia poderá ser a mais adequada para a finalidade pretendida, uma vez que as tecnologias possuem limitações associadas aos seus processos e materiais.

Como representado na Figura 11.6, algumas tecnologias AM poderão permear diferentes quadrantes de análise, utilização e tipos de protótipos. Assim, em fases em que a análise almejada é mais visual, como a apresentação de um conceito de produto, o tipo de protótipo produzido não necessita de maior robustez mecânica, mas de qualidade superficial. Contudo, existem tecnologias no mercado que têm potencial para atender aos vários tipos de protótipos (do visual ao funcional) e também à fabricação final. Por outro lado, outras são mais restritas e só conseguem atender às fases iniciais (protótipos visuais).

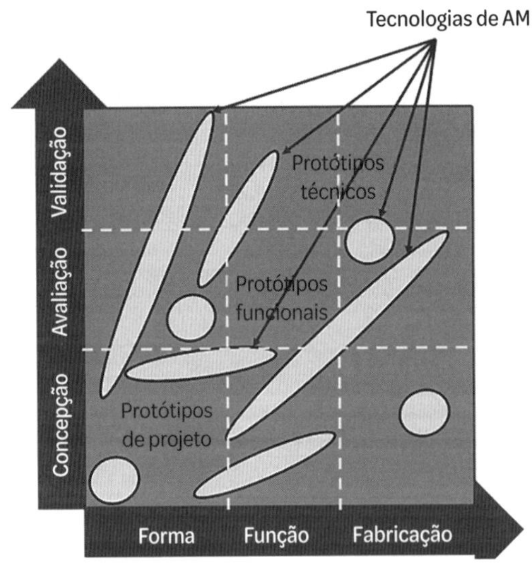

Figura 11.6 Área de aplicação das tecnologias AM em função do tipo de protótipo e finalidade de sua aplicação.

11.5 EXEMPLOS DE APLICAÇÃO DE PROTÓTIPOS NO PDP

A Figura 11.7 mostra um modelo em escala para a apresentação e a avaliação visual e dimensional de um *kit* de produção de cerveja caseira. Da esquerda para a direita [letras (a) até (d)], o *kit* é composto por uma panela, um refrigerador de contrafluxo, um fermentador e a garrafa da cerveja. O modelo representa um protótipo de projeto cuja função é apresentar o conceito do produto, para, então, iniciar as etapas seguintes do PDP e o detalhamento do produto. Para esse protótipo, foi utilizada a tecnologia PolyJet (Eden 360/Resina VeroWhitePus – RGD835).

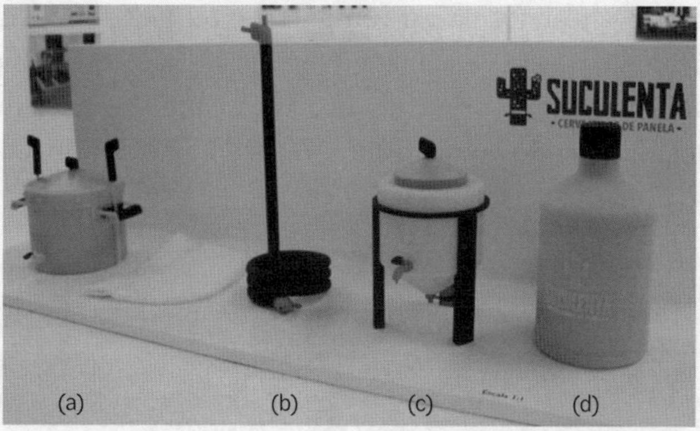

Figura 11.7 Protótipo para apresentação de um *kit* de produção de cerveja caseira/doméstica.
Fonte: Roberta Rech Mandelli.

Dentro da mesma linha, a Figura 11.8 mostra o protótipo de projeto para visualização de forma visando à concepção e à avaliação de coleções de botões para roupas. Os protótipos, nesse caso, recebem um pós-tratamento com pintura e metalização, para geração de imagens fotografadas que são utilizadas para representação em exposição do produto final. Nesse caso, existe a avaliação do modelo de conceito. Para esse protótipo, foi utilizada a tecnologia PolyJet (Eden 360/Resina VeroBlue – RGD840).

Figura 11.8 Exemplos de botões de roupas.
Fonte: Mundial SA – Divisão Eberle.

A Figura 11.9 apresenta os conjuntos em escala de um sistema conector para a indústria de petróleo e gás, denominado *Clamp Connector*. Esse conector é usado nas linhas flexíveis de injeção de água e gás do *manifold*, em poços de petróleo. Para aumentar a produção de óleo, no lado aposto das linhas de produção, é feita a injeção de água ou gás via plataforma para empurrar o óleo na direção da produção. A fabricação desse conjunto em escala visa à simulação das condições de manuseio e acoplamento do sistema. A empresa buscou, com tal protótipo, ter subsídios para o teste real de qualificação do equipamento. A tecnologia PolyJet Eden 250 com a resina FullCure 720 foi utilizada nessa aplicação.

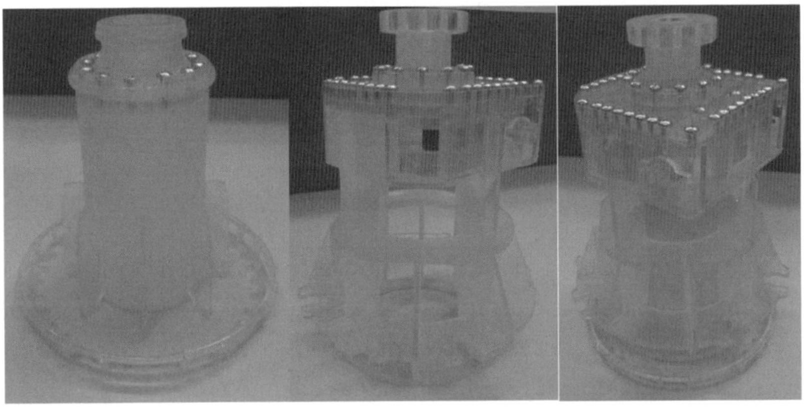

(a) (b) (c)

Figura 11.9 Protótipos físicos em escala dos subconjuntos interno (a), externo (b) e montagem completa (c) do *Clamp Connector* fabricado no Núcleo de Manufatura Aditiva e Ferramental (NUFER) da UTFPR.
Fonte: cortesia da Empresa Aker Solutions.

A Figura 11.10 apresenta a utilização da AM no desenvolvimento de conectores de cabos elétricos. Nesse caso, o conceito de um protótipo funcional foi utilizado para a validação da forma e do encaixe, além da montagem do produto na forma final definida como na Figura 11.10a. É mostrado, na Figura 11.10b, o produto final, depois de validadas todas as fases do PDP. Para esse protótipo, foi utilizada a tecnologia PolyJet (Eden 360/Resina FullCure 720 - RGD720).

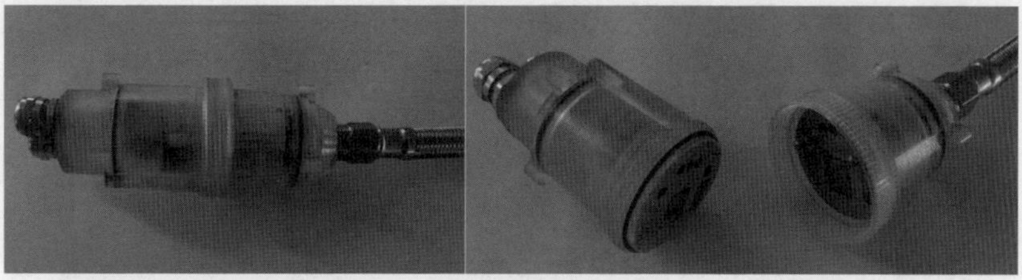

(a)

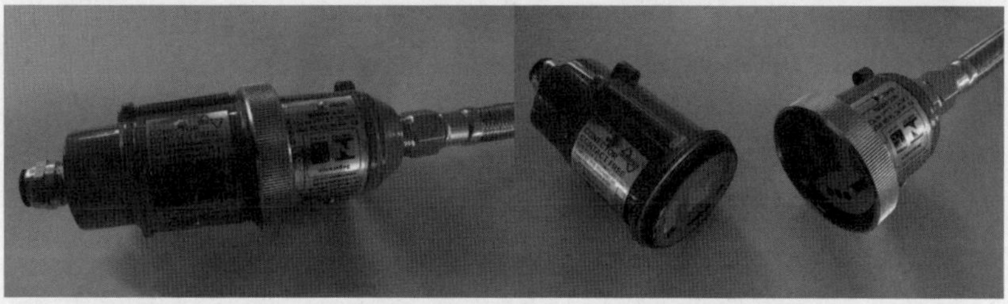

(b)

Figura 11.10 Protótipo funcional (a) e produto final (b) de conectores *Contact Free*.
Fonte: Coester Automação Ltda.

A Figura 11.11 mostra uma embalagem desenvolvida para auxiliar a prescrição diária de medicamento de manipulação. O objetivo do produto é permitir que a quantidade de medicamentos adequada seja alojada em espaços identificados com dia e horário para o consumo. O protótipo físico foi utilizado para análise dimensional, definição do selo de segurança e do lacre individual, estética, portabilidade, projeto do molde de injeção, entre outros, ou seja, características de forma, funcionais e associadas ao processo de montagem do produto final. A Figura 11.11a apresenta as vistas superior e inferior do protótipo, e a Figura 11.11b, o produto final injetado em plástico e com o teste do selo e do lacre de segurança. A tecnologia PolyJet Eden 250 com a resina FullCure 720 foi utilizada para esse desenvolvimento.

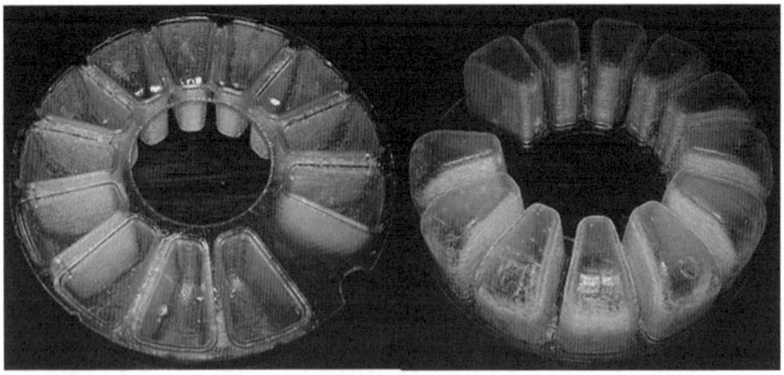

(a)

(b)

Figura 11.11 Protótipo físico (a) e produto final injetado (b) da embalagem desenvolvida no projeto Pharmaco no Núcleo de Manufatura Aditiva e Ferramental (NUFER) da UTFPR.

Fonte: cortesia da Empresa Conceptnova.

A Figura 11.12 apresenta um processo de avaliação em laboratório de um protótipo em escala de um prédio dentro de um túnel de vento. Nesse tipo de modelo, considerado como uma etapa formal do PDP da empresa, chamada memorial de cálculo, são feitas análises de determinação de cargas estática e dinâmica do prédio, além de aspectos relacionados ao conforto de pedestres. As avaliações são feitas por meio de sensores de pressão colocados no modelo do prédio, objeto do estudo, e nas áreas no entorno do prédio, como calçadas. Nesse caso, o tipo de tecnologia replica os detalhes de geometria, propiciando uma avaliação do produto final com alto nível de fidelidade. A Figura 11.12a representa o prédio avaliado em cor mais escura, enquanto todo o entorno (Figura 11.12b) é representado por construções em cores mais claras. Nesse caso, foi utilizada a tecnologia PolyJet, modelo Eden 360 com a resina VeroBlue (RGD840).

(a)

(b)

Figura 11.12 Análise de protótipos de prédios dentro de túnel de vento.

Fonte: Vento-S Consultoria em Engenharia do Vento.

A Figura 11.13 mostra um protótipo funcional para avaliação e validação de aneurisma toracoabdominal com ramificações, impresso com resina flexível (PolyJet, Eden 360/Resina TangoPlus – FLX930). O protótipo, obtido por meio de tomografia computadorizada de um paciente, visa a teste e simulação, por meio de uma bancada, de dispositivos implantáveis em artérias e veias. O modelo auxilia a simulação do fluxo sanguíneo permitindo o desenho de próteses customizadas para cada paciente em bancada. Outras aplicações na área da saúde são detalhadas no Capítulo 15. Nesse caso, o protótipo em si passa a ser o produto a ser testado, pela perfeição geométrica reproduzindo a anatomia, bem como pela aproximação do tipo de material ao material biológico.

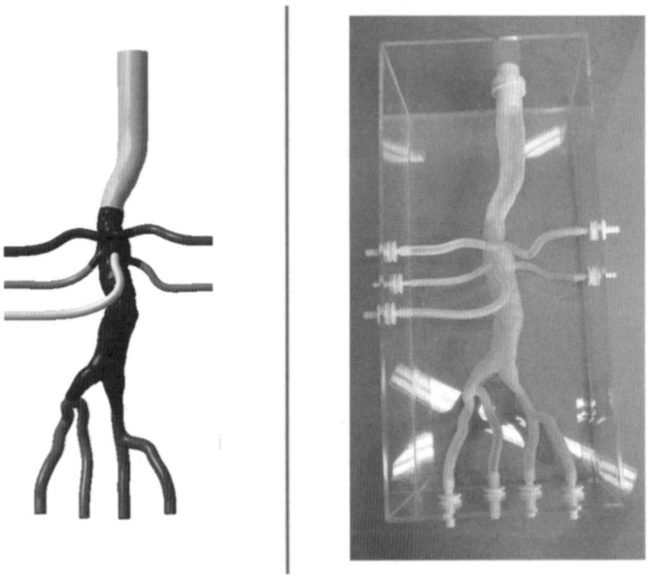

Figura 11.12 Protótipo funcional de um modelo de aneurisma toracoabdominal.
Fonte: Biokyra Pesquisa e Desenvolvimento.

11.6 CONSIDERAÇÕES FINAIS

Este capítulo apresentou as etapas do processo de desenvolvimento de produtos (PDP) e destacou as principais mudanças ocorridas nesse processo com o advento da manufatura aditiva (AM). Esse princípio de fabricação é considerado um marco na produção de protótipos e modelos físicos, pois a tornou mais fácil e rápida. Isso permite o uso mais frequente dessas representações físicas e, como decorrência, tem-se uma melhoria do projeto sob vários aspectos. Em especial, destaca-se o auxílio a escolhas e decisões tomadas pelos projetistas e ao exercício da criatividade. Todas as fases do PDP podem se beneficiar da AM, especialmente em ambientes com produtos complexos e em projetos considerados inovadores, tanto no seu desenvolvimento quanto na produção final.

Em função do impacto causado, a AM é considerada mais um direcionador tecnológico para auxiliar muito o PDP. Nesse sentido, essas tecnologias se tornaram fundamentais no PDP. Mesmo empresas de pequeno porte, como escritórios de desenvolvimento de produtos, passaram efetivamente a compreender a importância da AM na validação das várias etapas do PDP. A não incorporação dessa ferramenta no dia a dia das empresas pode resultar em perdas consideráveis no desenvolvimento de seus produtos.

REFERÊNCIAS

[1] S. Salomo, J. Wise, H. G. Gemünden, NPD planning activities and innovation performance: the mediating role of process management and moderating effect of product innovativeness. *Journal of Product Innovation Management*, v. 24, n. 4, p. 285-302, 2007.

[2] K. B. Clark, T. Fujimoto, *Product development performance: strategy, organization, and management in the world auto industry*. Boston: Harvard Business Scholl Press, 1991. p. 409.

[3] K. T. Ulrich, S. D. Eppinger, *Product design and development*. New York: McGraw Hill, 2004. p. 289.

[4] G. E. Pahl, W. Beitz, *Engineering design: a systematic approach*. 2. ed. Springer-Verlag, 1996. p. 544.

[5] B. S. Blanchard, W. J. W. Fabrycky, *Systems engineering and analysis*. 3. ed. New Jersey: Pretince Hall, 1998. p. 738.

[6] M. Yoshioka, T. Sekiya, T. Tomiyama, Design knowledge collection by modeling. *In*: *International Federation for Information Processing WG 5.2/5.3, 1998. Proceedings... Conference PROLAMAT 98*, 1998. p. 287-298.

[7] J. R. Dixon, Knowledge-based systems for design. *Transactions of the ASME*, v. 117, p. 11-16, 1995.

[8] M. Hanneghan, M. Merabti, G. Colquhoum, A viewpoint analysis reference model for concurrent engineering. *Computers in Industry*, v. 41, p. 35-49, 2000.

[9] M. Klein, Core service for coordination in concurrent engineering. *Computers in Industry*, v. 29, p. 105-115, 1998.

[10] B. Lei, T. Taura, J. Numata, *Representing the collaborative design process: a product model-oriented approach, advances in formal design methods for CAD*. Edited by J. S. Gero. London: Chapman & Hall, 1996. p. 267-285.

[11] J. P. T. Mo, Product modelling and rationale capture in design process. *In*: *International Conference on Concurrent Enterpriseng, 2000. Procedings of the ICE*, 2000. p. 306-312.

[12] R. Hague, I. Campbell, P. Dickens, Implications on design of rapid manufacturing. *Proceedings of the I MECH E Part C Journal of Mechanical. Engineering Science*, v. 217, n. 1, p. 25-30, 2003.

[13] R. Hague, S. Mansour, N. Saleh, Design opportunities with rapid manufacturing. *Assembly Automation*. v. 23, n. 4, p. 346-356, 2003.

[14] M. Baxter, *Projeto de produto: guia prático para o design de novos produtos*. 3. ed. São Paulo: Blucher, 2011. p. 324.

[15] O. M. Madureira, *Metodologia do projeto: planejamento, execução e gerenciamento*. 2. ed. São Paulo: Blucher, 2015. p. 358.

[16] N. F. O.Evbuomwan, S. Sivaloganathan, A. Jebb, A survey of design philosophies, models, methods and systems. *Proceedings of the Institution of Mechanical Engineers Part B, Journal of Engineering Manufacture*, v. 210, p. 301-320, 1996.

[17] R. G. Cooper, Stage-gate systems: a new tool for managing new products. *Business Horizons*, p. 44-54, 1990.

[18] G. Caloi, N. W. Hung, *Metodologia de gerenciamento de programas nas montadoras. Gestão de projeto e produto: a excelência da indústria automotiva*. Ed. H. A. R. Leite. São Paulo: Atlas, 2007. p. 311.

[19] J. M. Morgan, J. K. Liker, *Sistema Toyota de desenvolvimento de produtos: integrando pessoas, processo e tecnologia*. Porto Alegre: Bookmann, 2008. p. 391.

[20] H. Rozenfeld, F. A. Forcellini, D. C. Amaral, J. C. Toledo, S. L. Silva, D. H. Alliprandini, R. K. Scalice, *Gestão de desenvolvimento de produtos: uma referência para a melhoria do processo*. São Paulo: Saraiva, 2006. p. 542.

[21] N. Back, A. Ogliari, A. Dias, J. C. Da Silva, *Projeto integrado do produto: planejamento, concepção e modelagem*. Barueri: Manole, 2008. p. 601.

[22] G. Pahl, W. Beitz, J. Feldhusen, K.-H. Grote, *Projeto na engenharia: fundamentos do desenvolvimento eficaz de produtos, métodos e aplicações*, São Paulo: Blucher, 2005, 412p.

[23] C. S. Syan, U. Menon, (ed.), *Introduction to concurrent engineering. Concepts, implementation and practice*. Chapman & Hall, 1994. p. 3-23.

[24] R. P. Smith, The historical roots of concurrent engineering fundamentals. *IEEE Transactions on Engineering Management*, v. 44, n. 1, p. 67-68, 1997.

[25] A. R. Venkatachalam, J. M. Mellichamp, D. M. Miller, Automating design for manufacturability through expert systems approaches. *In*: *Concurrent engineering – Contemporary issues and modern design tools*, Chapman & Hall, 1993. p. 426-446.

[26] W. Hsu, I. M. Y. Woon, Current research in the conceptual design of mechanical products. *Computer Aided Design*, v. 30, n. 5, p. 377-389, 1998.

[27] C. A. Costa, J. L. Kalnin, S. R. Santos, Identification and modelling of product development process activities: time and cost analysis in SME's. *In*: *New world situation: new directions in concurrent engineering*. London: Springer Verlag, 2010. p. 291-301.

[28] H. H. Jo, H. R. Parsaei, W. G. Sullivan, *Principles of concurrent engineering. Concurrent engineering: contemporary issues and modern design tools*. Cambridge: Chapman & Hall, v. 3, n. 23, p. 497, 1993.

[29] J. G. Bralla, *Design for excellence*. New York: McGraw-Hill, 1996. p. 326.

[30] R. Holt, C. Barnes, Towards an integrated approach to 'Design for X': an agenda for decision-based DFX research. *Research in Engineering Design*, v. 21, p. 123-136, 2010.

[31] P. Ciechanowski, L. Malinowski, T. Nowak, DFX Platform for life-cycle aspects analysis. *In*: *ISPE International Conference on Concurrent Engineering, 14. (CE 2007), 2007, São José dos Campos. Proceedings...* São José dos Campos: INPE, 2007. p. 274-281.

[32] E. L. Cano, J. M. García-Camús, J. Garzás, J. M. Moguerza, N. N. Sánchez, A scrum-based framework for new product development in the non-software industry. *Journal of Engineering and Technology Management*, v. 61, 2021.

[33] R. G. Cooper, A. F. Sommer, The agile-stage-gate hybrid model: a promising new approach and a new research opportunity. *Journal of Product Innovation Management*, v. 33, n. 5, p. 513-526, 2016.

[34] E. C. Conforto, D. C. Amaral, Agile project management and stage-gate model – a hybrid framework for technology-based companies. *Journal of Engineering and Technology Management*, v. 40, n. 1, p. 1-14, 2016.

[35] T. Žužek, Z. Gosar, J. Kušar, T. Berlec, A new product development model for SMES: introducing agility to the plan-driven concurrent product development approach, *Sustainability*, v. 13, p. 12159, 2021.

[36] A. Perttula, J. Kukkamäki, Enabling rapid product development through improved verification and validation processes. *Technology Innovation Management Review*, v. 10, n. 3, 2020.

[37] K. T. Ulrich, S. D. Eppinger, *Product design and development*. McGraw-Hill, 1995. 289p.

[38] J. R. L. Santos, *Modelos tridimensionais físicos no desenvolvimento de produtos*. Dissertação (Mestrado) – COPPE, UFRJ, 1999.

[39] J. Wagner, W. Steger W. Rapid prototyping – An approach beyond manufacturing technology. *In*: J. Rix, S. Haas, J. Teixeira (eds.). *Virtual Prototyping: virtual environments and product design process*. Chapman & Hall, 1995. p. 33-47.

[40] F. L. Krause, M. Ciesla, C. Stiel, A. Ulbrich, Enhanced rapid prototyping for faster product development processes. *Annals of the CIRP*, v. 46/1, p. 93-96, 1997.

[41] C. A. Costa, M. A. Luciano, N. Volpato, Processo de desenvolvimento de produto auxiliado pela AM. *In*: N. Volpato (org.), *Manufatura aditiva – Tecnologias e aplicações da impressão 3D*. São Paulo: Blucher, 2017. p. 45-68.

[42] T. Brown, *How design thinking transforms organizations and inspires innovation*. New York: Harper Business, 2009.

[43] L. Carlgren, I. Rauth, M. Elmquist, Framing design thinking: the concept in idea and enactment. *Creativity and Innovation Management*, v. 25, n. 1, p. 38-57, 2016.

[44] R. Razzouk, V. Shute, What is design thinking and why is it important? *Review of Educational Research*, v. 82, n. 3, p. 330-348, 2012.

[45] L. J. Garcia, G. S. A. D. Merino, E. A. D. Merino, Design centrado no usuário: requisitos para avaliação de produtos durante o desenvolvimento de projetos com base na usabilidade e design universal. *Blucher Design Proceedings*, v. 3, n. 11, p. 910-920, 2017.

[46] U. Johansson-Sköldberg, J. Woodilla, M. Çetinkaya, Design thinking: past, present and possible futures. *Creativity and Innovation Management*, v. 22, n. 2, p. 121-146, 2013.

[47] R. Cooper, S. Junginger, T. Lockwood, Design thinking and design management: a research and practice perspective. *Design Management Review*, v. 20, n. 2, p. 46-55, 2009.

[48] Associação de Normas Técnicas Brasileiras (ABNT), *NBR ISO 9241-210: ergonomia da interação humano-sistema Parte 210 – projeto centrado no ser humano para sistemas interativos*. Rio de Janeiro, 2011.

[49] P. Barkan, M. Iansiti, Prototyping: a tool for rapid learning in product development. *Concurrent Engineering: Research and Applications*, v. 1, p. 125-134, 1993.

[50] P. Ehn, Scandinavian design: on participation and skill. *In*: P. S. Adler, T. A. Winograd, *Usability: turning technologies into tools*. New York: Oxford University Press, 1992. p. 96--132.

[51] M. B. Wall, K. T. Ulrich, W. C. Flowers, Evaluating prototyping technologies for product design. *Research in Engineering Design*, v. 3, p. 163-177, 1992.

[52] D. Kochan, C. K. Chua, State-of-the-art and future trends in advanced rapid prototyping and manufacturing. *International Journal of Information Technology*, v. 1, n. 2, p. 173-184, 1995.

[53] C. K. Chua, S. H. Teh, R. K. L. Gay, Rapid prototyping versus virtual prototyping in product design and manufacturing. *International Journal of Advanced Manufacturing Technology*, v. 15, p. 597-603, 1999.

[54] P. F. Jacobs, Rapid prototyping & manufacturing: fundamentals of stereolithography. *SME*, 1992. p. 434.

[55] N. Volpato, C. V. Ferreira, J. R. L. Santos, Integração da prototipagem rápida com o processo de desenvolvimento de produto. *In*: N. Volpato (ed.). *Prototipagem rápida: tecnologias e aplicações*. São Paulo: Edgard Blücher, 2007. p. 244.

[56] C. K. Chua, K. F. Leong, Rapid prototyping and manufacturing: the essential link between design and manufacturing. *In*: J. M. Usher, U. Roy, H. R Parsaei (eds.). *Integrated product and process development - Methods, tools, and technologies*. New York: John Wiley & Sons, 1998. p. 151-182.

[57] M. Gudem, M. Steinert, T. Welo, L. Leifer, Redefining customer value in lean product development design projects. *Journal of Engineering, Design and Technology*, v. 11, n. 1, p. 71-89.

CAPÍTULO 12
Manufatura aditiva no *design* de produtos

Jorge Roberto Lopes dos Santos

12.1 INTRODUÇÃO

Modelos tridimensionais físicos são fundamentais para o desenvolvimento de projetos. Apesar do interesse crescente em simulações 3D virtuais de produtos, a decisão de compra de um produto – um carro, por exemplo – depende fortemente de impressões como ruído, manuseio, aromas e percepção formal, fatores-chave para uma decisão. Essas propriedades só podem ser avaliadas por meio de exemplos físicos tridimensionais, razão pela qual o uso de modelos e protótipos é importante durante o processo de desenvolvimento de projetos.

Este capítulo apresenta, inicialmente, as formas de representação física de um produto e, então, destaca a utilização dos sistemas de manufatura aditiva ou impressão 3D, conhecidos anteriormente como "prototipagem rápida", na área de *design*. Essa tecnologia surgiu no final dos anos 1980, possibilitando que o modelo físico de um produto, desenvolvido em computador, pudesse ser fisicamente materializado com rapidez, economia e segurança. Nos anos 1990, com o avanço da capacidade de processamento computacional e a difusão de diversos *softwares* de modelagem 3D, inúmeras possibilidades são rapidamente disseminadas, como a liberdade geométrica de construção de praticamente qualquer estrutura física em escalas e materiais variados.

12.2 TIPOS DE REPRESENTAÇÃO FÍSICA

Várias formas de representação de uma ideia ou projeto podem ser utilizadas durante o desenvolvimento de um produto, sejam arquivos bidimensionais como simulações virtuais, *renderings*, animações e outras, ou tridimensionais físicos, como modelos e protótipos. O objetivo dessas representações é facilitar a comunicação entre a equipe de projeto, clientes, produção e *marketing*, integrar conhecimentos envolvidos no processo, auxiliar na tomada de decisões, enfim, facilitar e encurtar o tempo de desenvolvimento de um projeto [1].

Os diferentes tipos de representação variam conforme o meio de construção, fidelidade dos detalhes e processo de fabricação. Esta seção aborda os diferentes tipos de representações tridimensionais físicas utilizados no desenvolvimento do *design* de um produto.

12.2.1 Maquete

A palavra maquete é de uso recente, de origem francesa, derivada diretamente de *macchietta*, pequena mancha, do latim *macula*. A palavra também aparece no século XVIII, no vocabulário das belas artes, para designar o primeiro esboço, a primeira materialização da ideia e da intenção formal do artista, usada pelos escultores para a elaboração dos modelos preliminares em gesso. Atualmente, a palavra maquete é identificada como estudos em escala reduzida em projetos de arquitetura, atividade em que, mesmo não utilizando a denominação, já era aplicada para a aprovação de projetos no antigo Egito. Com o advento da impressão 3D, vários projetos de estruturas complexas são apresentados dessa forma. A Figura 12.1 mostra a fachada conceitual de um prédio idealizada pelo arquiteto alemão Tobias Klein e impressa em 3D em gesso pela tecnologia da jateamento de aglutinante da antiga Z-Corp (atualmente 3D Systems).

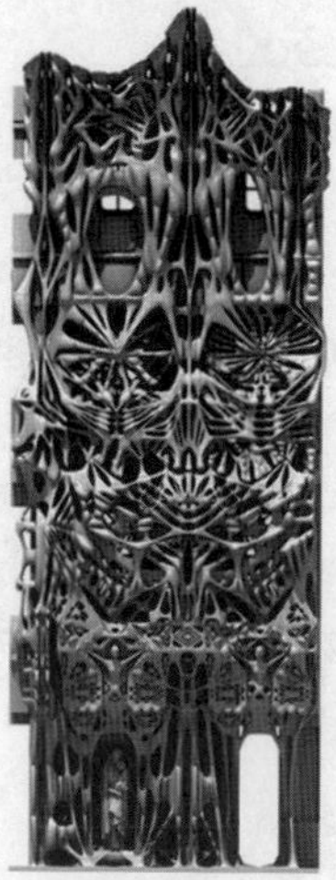

Figura 12.1 Maquete de fachada de prédio impressa em 3D pela tecnologia da Z Corp.
Fonte: cortesia do arquiteto Tobias Klein.

12.2.2 *Mock-ups*

Significa um modelo físico volumétrico construído em escala real ou reduzida, desenvolvido para reduzir o produto às suas dimensões básicas de volumetria, permitindo sua visualização de ocupação no espaço. São desenvolvidos em cores uniformes e neutras (pelo material ou pintado) para verificação de linhas de sombreamento, sombras e delineamento de forma, bem como podem apresentar detalhes específicos que devem ser destacados do volume como um todo. A Figura 12.2 mostra um exemplo de *mock-up* construído em escala reduzida por tecnologia de extrusão de material conhecida como FDM (*fused deposition modeling*) para definição de superfícies e comparativo com a escala humana.

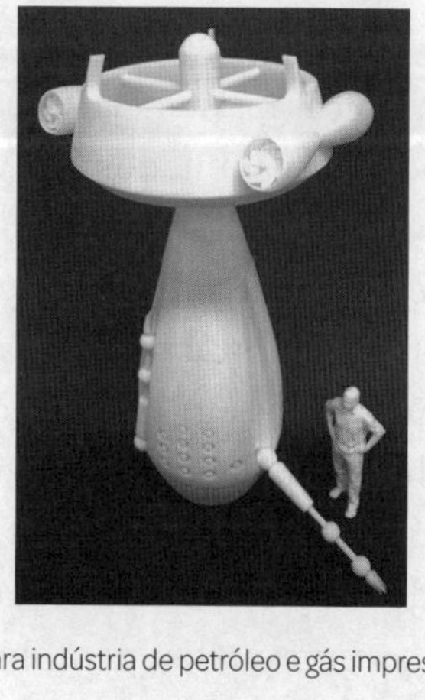

Figura 12.2 *Mock-up* de equipamento para indústria de petróleo e gás impresso em 3D em ABS pela tecnologia FDM – NEXT PUC Rio.

12.2.3 Modelos de apresentação

São representações físicas não funcionais de projetos que representam o máximo possível da aparência final de um produto, como acabamentos superficiais (pintura, texturas, adesivos etc.), para serem utilizados não somente pela equipe envolvida, mas por um público envolvido com outras fases do projeto, como pesquisa de mercado, *marketing* e publicidade. A Figura 12.3 apresenta três modelos de apresentação coloridos da marca das Olimpíadas 2016, impressos em 3D na tecnologia Z-Corp 510 color durante o processo de desenvolvimento final da marca 3D, criada pelo escritório Tátil Design e impressas em 3D no Laboratório de Modelos Tridimensionais do Instituto Nacional de Tecnologia no Rio de Janeiro.

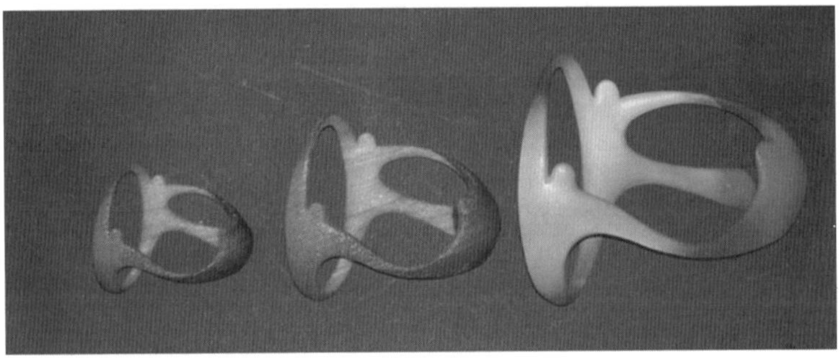

Figura 12.3 Modelos de apresentação da marca das Olimpíadas Rio 2016. *Design*: Tatil Design.

12.2.4 Protótipo

O termo protótipo, que vem do grego *prototypus* (*proto*: primeiro; *typus*: tipo), pode ser definido como qualquer modelo tridimensional físico de peça, componente, mecanismo ou produto que se realiza antes da sua industrialização seriada, com a finalidade de validar todas ou algumas de suas características estabelecidas no projeto idealizado. É importante ressaltar que os requisitos impostos aos protótipos com relação à estabilidade mecânica (resistência, elasticidade, dureza etc.), térmica e química do componente podem ser limitados àqueles necessários para o propósito de teste funcional. Com o avanço das tecnologias de manufatura aditiva, são inúmeras as possibilidades de desenvolvimento de protótipos para verificação de propriedades diversas de projetos de produtos. Atualmente, protótipos com geometria complexa podem ser impressos em 3D com características diversas, como transparência, flexibilidade, dimensionamento reduzido e outras. Nas Figuras 12.4 e 12.5, é possível ver um protótipo funcional impresso com a tecnologia SLS (*selective laser sintering*) e modelo de cabeça humana impressa em FDM para testes, durante o desenvolvimento do *design* e molde para injeção de um equipamento de proteção individual (protetor facial), em projeto apoiado pela CAPES, referente ao desenvolvimento de equipamentos de proteção individual no Laboratório Biodesign da PUC Rio.

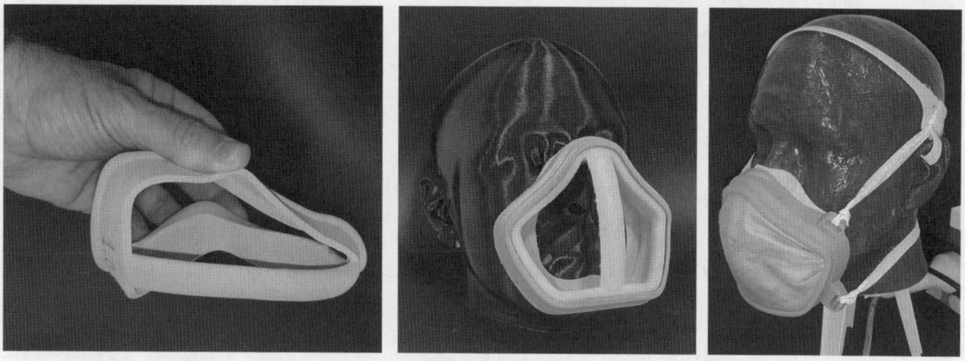

(a) (b) (c)

Figura 12.4 Protótipo funcional flexível de suporte para filtro impresso em poliamida em SLS (a e b) e modelo de cabeça humana impressa em FDM para testes (c).

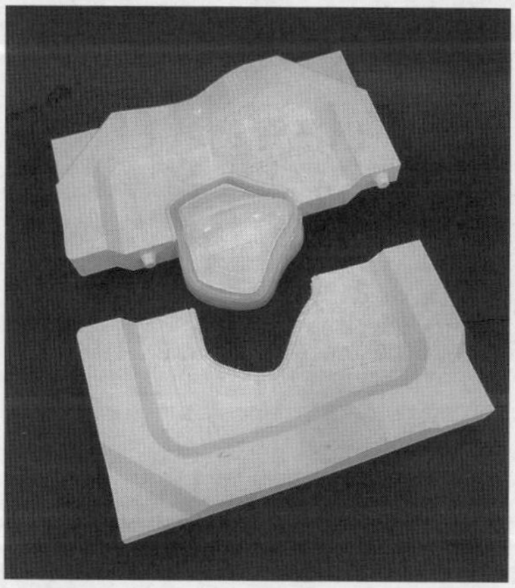

Figura 12.5 Modelo impresso em 3D em tecnologia FDM para estudo de construção de molde para injeção do produto final no Laboratório Biodesign da PUC Rio.

Outra possibilidade que se apresenta atualmente no desenvolvimento de protótipos funcionais está relacionada ao avanço das tecnologias de eletrônica de fácil customização (Arduino, *Raspberry Pi* e outros). Essas tecnologias propiciam a instalação de componentes eletrônicos em protótipos funcionais, permitindo que funções eletrônicas que anteriormente só seriam citadas ou simuladas possam ser demonstradas com fidelidade funcional igual ao produto a ser produzido industrialmente.

12.3 PIONEIROS NO DESENVOLVIMENTO DE MODELOS E PROTÓTIPOS EM *DESIGN*

Um importante nome na história do uso de protótipos físicos no desenvolvimento do *design* de produtos foi o italiano Giovanni Sacchi (1913-2005 - Figura 12.6), que, em 1945, começou a trabalhar executando modelos em madeira (construídos por processos convencionais, não automáticos) para o *designer* Marcello Nizzoli (um dos grandes *designers* italianos, responsável por vários projetos para a Olivetti) [2]. Em 1948, Sacchi estabeleceu sua própria oficina de construção de modelos em Milão, onde produziu cerca de 25 mil modelos para todos os principais *designers*, como Bellini, Sottsass, Zanuso, Richard Sapper, Castiglione e outros, e fabricantes do período (Fiat - Lancia, IBM, Philips, Renault, Alessi, Olivetti, Nava etc.), trabalhando efetivamente como um "tradutor" das ideias dos *designers* em desenhos 2D para o meio físico 3D.

Figura 12.6 Giovanni Sacchi em sua oficina de modelos em Milão, na Itália.

Atualmente, modelos físicos construídos por métodos convencionais ainda fazem parte do processo criativo de muitas escolas e *designers*, dando-lhes a liberdade de manipulação e interação direta com a representação física, porém esse panorama se altera cada vez mais, em virtude das facilidades que as tecnologias de fabricação digital oferecem aos *designers*.

A disseminação da utilização de tecnologias de manufatura aditiva aconteceu no final dos anos 1990, quando o arquiteto e *designer* israelense Ron Arad desenvolveu uma linha de produtos impressos em 3D que fez parte da exposição "*Not Made by Hand Not Made in China*", no renomado museu britânico Victoria and Albert Museum, em Londres (Figura 12.7). Em 1998, Ron visitou o Instituto Nacional de Tecnologia, no Rio de Janeiro, onde teve contato com a tecnologia de manufatura aditiva, e, retornando a Londres, iniciou vasta pesquisa sobre esse novo processo de fabricação de protótipos que culminaram na realização da famosa exposição em 2000.

A característica conceitual principal dos produtos da exposição era o fato de que estes não poderiam ser replicados por outra forma que não tecnologias de manufatura aditiva, uma vez que possuíam geometrias complexas, o que não permitia a replicação por processos de fabricação convencional, como o processo de injeção de plásticos. Os resultados da exposição tiveram um grande impacto na área de *design* na mídia mundial e, a partir daquele momento, *designers* ao redor do mundo começaram a experimentar com maior intensidade a liberdade geométrica que a nova tecnologia permitia.

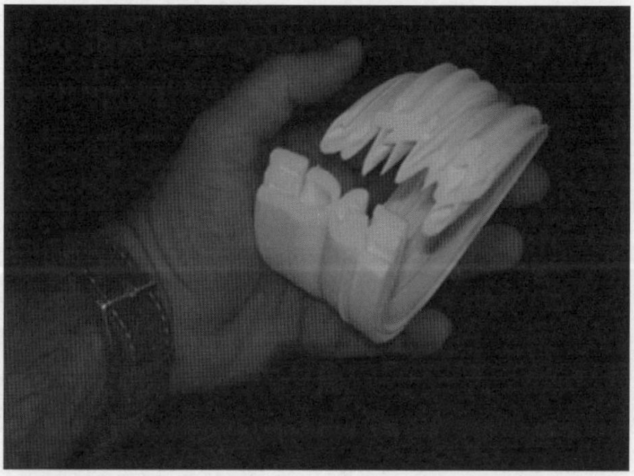

Figura 12.7 Protótipo impresso em 3D de projetos desenvolvidos digitalmente e materializados por meio de tecnologias de impressão SLS. *Design*: Ron Arad, 2000.

Outro *designer* que teve grande importância na disseminação da tecnologia de manufatura aditiva foi o holandês Marcel Wanders, que desenvolveu, em 2001, os "*Snooty vases*" – vasos impressos em poliamida pela tecnologia SLS. Marcel transformou arquivos de modelos matemáticos relacionados às variações de gripe, obtendo modelos matemáticos que, posteriormente, foram materializados em modelos físicos impressos em 3D (Figura 12.8).

A inusitada pesquisa desenvolvida por Marcel resultou em objetos de grande apelo estético e demonstrou ao mundo, além das possibilidades de desenvolvimento de produtos com liberdade geométrica completa, também a possibilidade de materialização física de arquivos digitais obtidos por tecnologias de imagens médicas, como a tomografia e a ressonância magnética, entre outras.

Figura 12.8 Vaso impresso em 3D, em poliamida, a partir dos arquivos de modelos matemáticos relacionados a variações de gripe. *Design*: Marcel Wanders, 2001.
Fonte: Marcel Wanders Design Studio.

12.4 A MANUFATURA ADITIVA NO *DESIGN* BRASILEIRO

No Brasil, especificamente na área de *design*, merece destaque Maurício Klabin, que pode ser considerado o *designer* brasileiro pioneiro no uso da impressão 3D. Em 1998, Maurício contatou o laboratório de modelos tridimensionais do Instituto Nacional de Tecnologia para utilizar tecnologias de escaneamento e impressão 3D. O protótipo da Figura 12.9 foi construído a partir do modelo original feito à mão pelo *designer* e, em sequência, digitalizado a *laser*, sem contato físico. Uma vez digitalizadas, as superfícies foram ajustadas e os resultados impressos em 3D em ABS, na tecnologia FDM da Stratasys. Essa técnica também permitiu o desenvolvimento de moldes negativos para posterior fundição de protótipos em metais como bronze e alumínio.

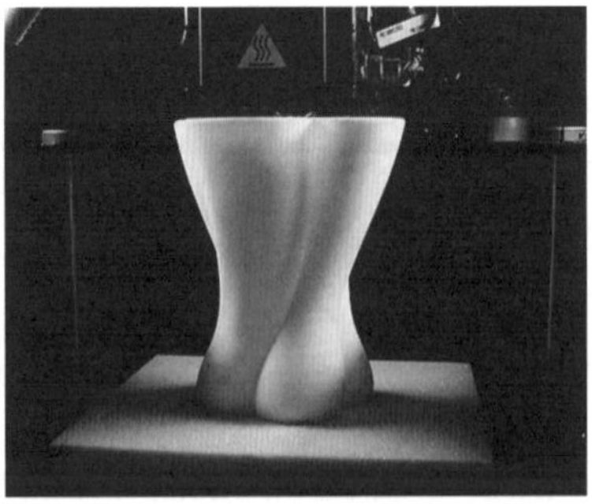

Figura 12.9 Processo de impressão 3D, na tecnologia FDM, de vaso desenvolvido pelo *designer* Maurício Klabin, 1998.

No setor joalheiro, Antônio Bernardo se destaca como um dos primeiros *designers* a trabalhar com desenvolvimento de joias por meio da manufatura aditiva ao desenvolver, em 2000, anéis impressos em 3D em cera para fundição.[1] Posteriormente, diversos outros estudos e protótipos foram realizados, como os modelos em escala ampliada do anel "Puzzle" (Figura 12.10), que permitiram os estudos de montagem do anel. Atualmente, o estúdio Antônio Bernardo possui tecnologias de alta resolução em impressão 3D em cera para produção *in house* de seus protótipos.

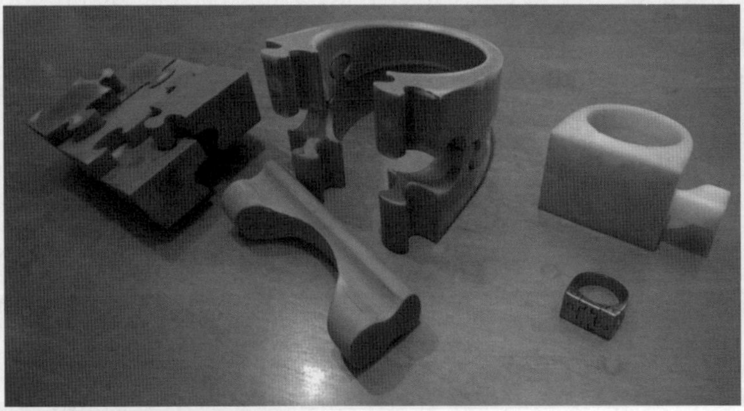

Figura 12.10 Modelos ampliados do anel "Puzzle" impressos em tecnologia de estereolitografia (*stereolitography* – SL) em resina fotossensível para estudo de encaixes expostos na exposição "Os *makers* e a materialização digital" da Bienal Brasileira de *Design* – Florianópolis 2015.

12.5 MANUFATURA ADITIVA NO DESENVOLVIMENTO E NA PRODUÇÃO DE PRODUTOS

Uma tendência apontada no final da década de 1990, chamada de manufatura rápida (*rapid manufacturing*) [3], hoje é realidade em diversos segmentos industriais, nos quais a produção de produtos impressos em 3D é realizada diretamente para o usuário – sem a necessidade de ferramental ou processo de produção convencional. Essa tendência ganha cada vez mais espaço, uma vez que proporciona aos *designers* de produto a possibilidade de desenvolver e imprimir em 3D tiragens do produto desenvolvido, com variações customizadas. Mais detalhes sobre essa opção de fabricação final estão contidos no Capítulo 14.

1 Em 2000, por meio de convênio firmado entre a Associação de Joalheiros do Rio de Janeiro (AJORIO) e o Instituto Nacional de Tecnologia (INT/MCTI), e com apoio da Fundação Carlos Chagas Filho de Amparo à Pesquisa do Estado do Rio de Janeiro (Faperj), foi possível adquirir a primeira tecnologia de manufatura aditiva para o setor de joias (Modelmaker II, da empresa estadunidense Sanders Prototype).

Na Figura 12.11, é possível ver a sequência de desenvolvimento de óculos de natação digitalmente customizado a partir de escaneamento a *laser* do rosto do atleta, que foi posteriormente impresso em 3D pela tecnologia da ZCorp (atualmente 3D Systems). Depois disso, foi desenvolvido o *design* para modelo virtual 3D. O protótipo final manteve as dimensões exatas da superfície do rosto e foi impresso em 3D na tecnologia multimaterial Objet Connex 350, em material rígido (cor branca) e flexível (cor preta) simultaneamente, tornando-se um objeto único (sem montagem). Esses óculos possuem propriedades semelhantes às de um produto industrializado, porém com características dimensionais do próprio usuário.

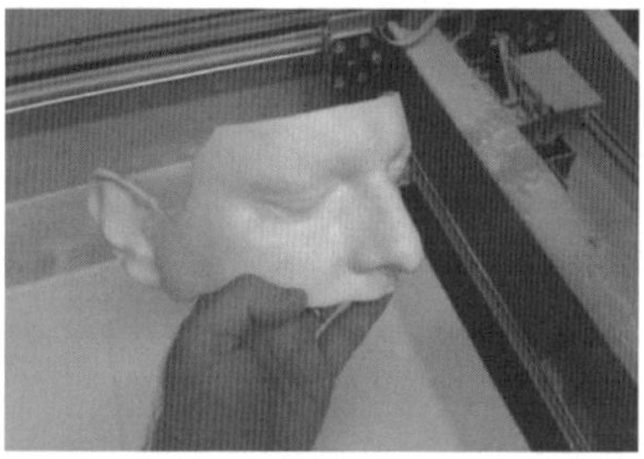

(a)

(b)

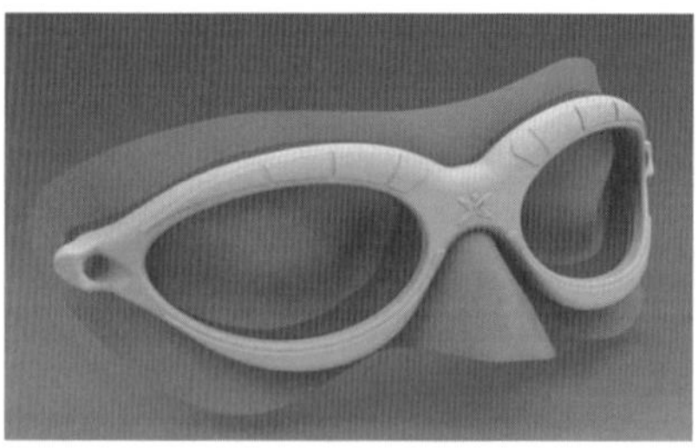

(c)

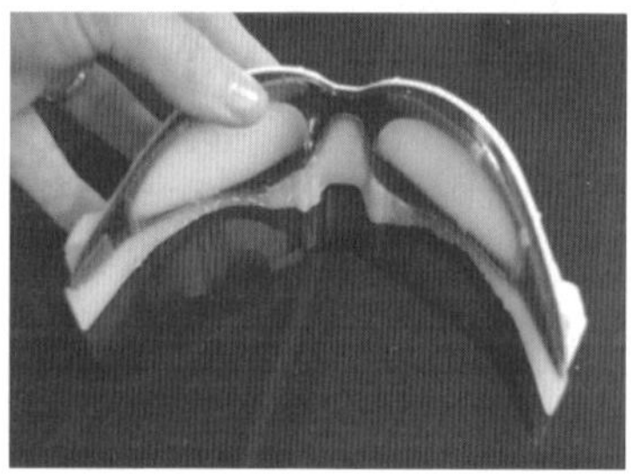

(d)

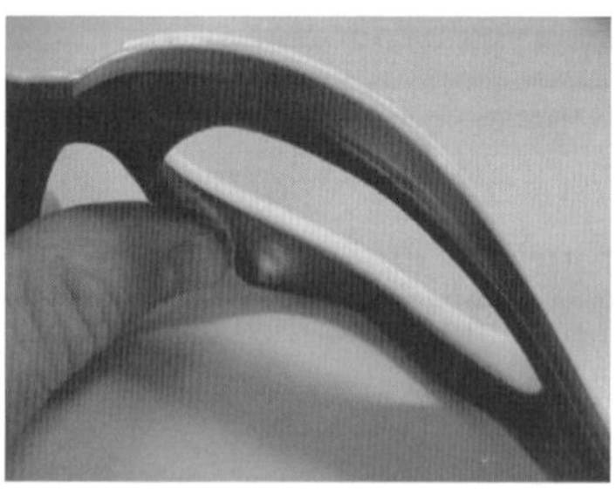

(e)

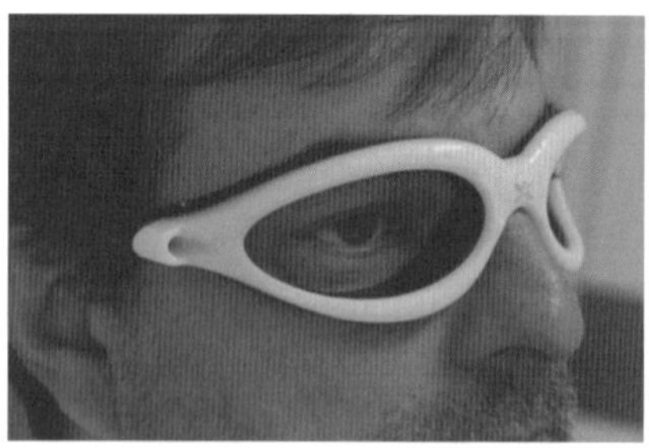

(f)

Figura 12.11 Sequência de desenvolvimento de óculos de natação digitalmente customizado (a até f). *Design*: Jorge Lopes e Ricardo Fontes.

Os arquivos tridimensionais digitalmente customizados são desenvolvidos a partir da obtenção da geometria/volumetria desejada, por meio de tecnologias não invasivas ou não destrutivas de obtenção de imagens. Podem ser relacionadas às superfícies externas (*scanner* 3D a *laser* e luz branca estruturada) e internas, como no caso de órgãos internos de pessoas ou animais (ultrassonografia, ressonância magnética e tomografia computadorizada) (mais detalhes no Capítulo 15).

O processo seguinte é a modelagem 3D dos produtos conforme os requisitos do projeto. Diversos produtos, como óculos de natação, caneleiras, capacetes e outros elementos, podem ser criados a partir das superfícies e dos dimensionamentos obtidos levando em consideração particularidades relacionadas às dimensões reais do usuário. A Figura 12.12 mostra um exemplo de caneleira de plástico digitalmente customizada a partir de escaneamento 3D do atleta. A partir do modelo virtual 3D, customizações específicas como *design* gráfico, texturas e outras podem também ser inseridas. Finalizando o processo, o produto é, então, materializado fisicamente por tecnologias digitais de manufatura aditiva.

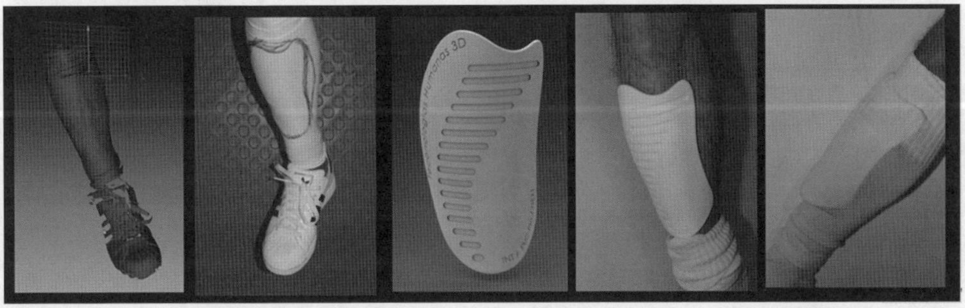

Figura 12.12 Sequência de desenvolvimento de caneleira de plástico digitalmente customizada a partir de escaneamento 3D do atleta até impressão 3D pelo processo FDM.

12.6 MANUFATURA ADITIVA PELO MUNDO: TENDÊNCIAS NO *DESIGN*

Um novo cenário se apresenta, em que projetistas do mundo inteiro compartilham experiências de como construir suas próprias máquinas e customizar materiais. Algumas iniciativas interessantes foram desenvolvidas em pesquisas experimentais por *designers* adotando e criando novas tecnologias baseadas no processo de adição de materiais. Um interessante exemplo vem dos *designers* Rodrigo Erthal e Arian Rayegani, da Pangeia Lab, que desenvolvem produtos com um equipamento que realiza a extrusão de plástico com um braço robótico, permitindo a construção de peças de grande proporção (Figura 12.13). Inspirada nas fluidas curvas dos morros cariocas, a poltrona Sinuosa é feita 100% de plástico reciclado. Ela pode ser personalizada com cores, texturas e pequenas adaptações de ergonomia para diferentes idades e alturas, por ser feita com impressão 3D de grande formato, podendo ser produzida sob demanda, não havendo necessidade de estoque.

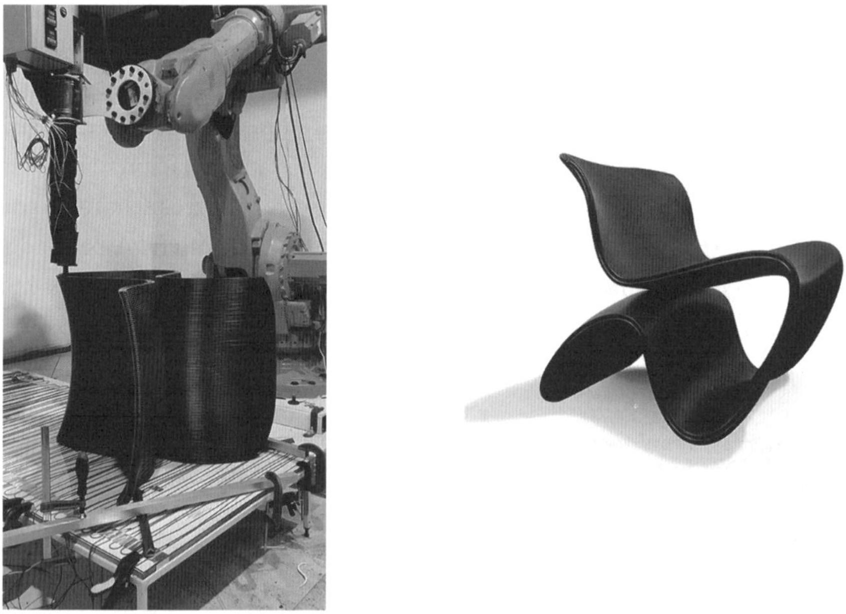

Figura 12.13 Poltrona Sinuosa impressa em 3D por braço robótico.
Fonte: cortesia de Rodrigo Erthal e Pangeia Lab.

Também no campo de tendências em manufatura aditiva em *design*, pode ser citada a impressão utilizando como matéria-prima o barro, que está sendo bastante explorada, sendo o próprio arquivo de construção do equipamento disponibilizado na internet. A Figura 12.14 mostra um vaso cerâmico impresso em 3D por um processo de extrusão de uma pasta cerâmica [4] através de equipamento construído pelo Núcleo de Experimentação Tridimensional da PUC Rio em parceria com o Atelier de Cerâmica Alice Felzenszwalb no Rio de Janeiro.

Figura 12.14 Vaso impresso em 3D em pasta cerâmica com esmalte na parte interna (Salão Internacional de Design – Milão 2017). Projeto NEXT PUC Rio e Alice Felzenszwalb.

12.7 O MOVIMENTO *MAKER*

O anglicismo *maker* é o nome dado pelas comunidades de *design*, tecnologia e inovação às pessoas que produzem artefatos, tendo elas formação técnica para tanto ou não [5]-[8]. Está associado ao crescimento da cultura "mão na massa", à possibilidade de criação, ao *design* e à inovação [9]. Uma marca registrada do movimento *maker* é a mentalidade "faça você mesmo" (*do it yourself*) que reúne indivíduos em torno de atividades diversas, incluindo artesanato têxtil, robótica, culinária, artesanato em madeira, eletrônica, fabricação digital, reparo mecânico ou criação e produção de quase tudo.

Em 2001, surgiu o conceito de FabLab (laboratórios de fabricação digital, em centros de pesquisa ou em escritórios e empresas), criado pelo pesquisador Neil Gershenfeld, no Massachusetts Institute of Technology (MIT), orientado para a disponibilização de tecnologias de fabricação digital para potencializar o desenvolvimento educacional. Essa proposta ganhou escala, em grande parte devido à redução dos custos de aquisição de equipamentos de manufatura aditiva, principalmente dos baseados em extrusão de material (tipo tecnologia FDM), em virtude da expiração de patentes da Stratasys em 2009 e da consequente ampliação no número de fabricantes e projetos abertos (*open source*). Atualmente, a ideia está bastante disseminada e conta com uma rede global, de modo a atender qualquer pessoa que queira desenvolver e materializar suas ideias utilizando tecnologias de fabricação digital, como impressoras 3D.

No Brasil, um exemplo interessante do uso das tecnologias de manufatura aditiva na lógica do movimento *maker* foi o desenvolvimento e a produção de equipamentos de proteção individual (EPI), durante a pandemia de covid-19. Nessa época, assim como em diversos países, inúmeros EPI, como máscaras, *face-shields*, peças de reposição de equipamentos hospitalares, laringoscópios (Figura 12.15) e outros diversos produtos, foram desenvolvidos e imediatamente produzidos por meio de tecnologias de manufatura aditiva. Um aspecto importante desse exemplo foi a rápida colaboração e distribuição, via internet, dos arquivos 3D para alteração/adaptação ou imediata produção, em localidades diversas do planeta e em um momento crítico para a humanidade.

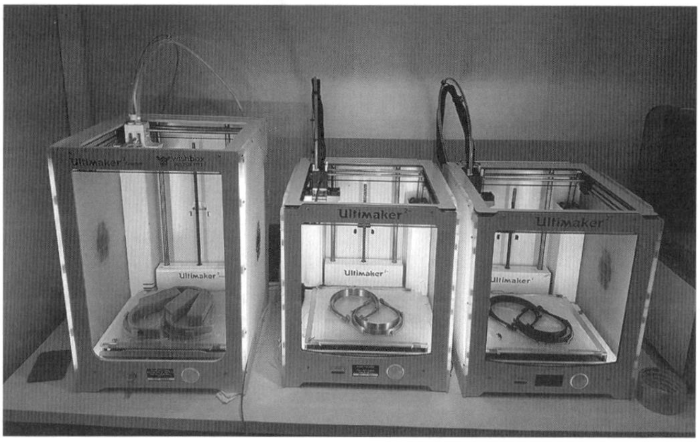

Figura 12.15 Três impressoras 3D de extrusão de filamento de plástico imprimindo laringoscópio, hastes para *face-shield* e coletores *swab*.
Fonte: foto de Jorge Lopes – Biodesign PUC Rio.

12.8 CONSIDERAÇÕES FINAIS

As tecnologias de manufatura aditiva atualmente adotadas no *design* trouxeram um grande avanço como ferramenta para pesquisadores, estudantes e profissionais visualizarem, testarem e até mesmo produzirem seus projetos em escalas e materiais diversos e com características físicas similares ao projeto idealizado. Sua utilização tem sido crescente nas fases de desenvolvimento, com grandes avanços em fatores como rapidez de construção, precisão dimensional e, principalmente, a possibilidade de materialização de geometrias complexas.

REFERÊNCIAS

[1] N. Volpato, C. V. Ferreira, J. R. L. Santos, Integração da prototipagem rápida com o processo de desenvolvimento de produto. *In*: N. Volpato (ed.), *Prototipagem rápida: tecnologias e aplicações*. São Paulo: Blucher, 2007.

[2] P. Polato, *Il modello nel design, la bottega di Giovanni Sacchi*. Milan: Hoepli, 1991.

[3] N. Hopkinson, R. Hague, P. Dickens (ed.), *Rapid manufacturing – an industrial revolution for the digital age*, London: John Wiley, 2005.

[4] F. L. Palombini, M. K. Cidade, Práticas projetuais de integração em biônica no curso de desenho industrial da UFSM. *In*: *Map research bionics transdisciplinary ecosystems in bionics, biodesign and biomimicry: scientific and technological aspects for a design culture*. São Paulo: Blucher, 2023. p. 340.

[5] J. Walter-Herrmann, C. Büching, (Ed.), *FabLab: of machines, makers and inventors*. Bielefeld: Transcript Publishers, 2013.

[6] D. M. Sperling, P. C. Herrera, R. Scheeren, Migratory movements of homo faber: mapping fab labs in Latin America. *In*: *Communications in computer and information science*. Heidelberg: Springer Berlin Heidelberg, 2015.

[7] K. Majcher, How to build 3-D printing. *MIT Technology Review Business Report Breakthrough Factories*, v. 117, n. 6, p. 10-11, 2014.

[8] M. Hatch, *The maker movement manifesto: rules for innovation in the new world of crafters, hackers, and thinkers*. New York: McGraw-Hill Education, 2013.

[9] G. C. A. Agustini, J. R. L. Santos, Espaços de fazer como geradores de uma cultura pautada pela antidisciplinaridade, tolerância ao erro e diversidade cognitiva. *PragMATIZES – Revista Latino-americana de Estudos em Cultura*, v. 10, n. 19, p. 30-50, 2020.

CAPÍTULO 13
Fabricação de ferramentais

Neri Volpato

Carlos Henrique Ahrens

13.1 INTRODUÇÃO

Desde o surgimento das primeiras tecnologias de manufatura aditiva (*additive manufacturing* – AM), a fabricação de ferramentais desperta particular interesse, principalmente em função de algumas características atribuídas à AM, em especial a de fabricação de componentes unitários ou de baixa tiragem, customizáveis e de elevada complexidade geométrica. Por ferramentais entendem-se os artefatos que executam ou apoiam, de alguma forma, o processo de fabricação de um produto, podendo englobar gabaritos e dispositivos, modelos para cópia e moldes de sacrifício ou permanentes para diferentes processos de fabricação.

Apesar de a denominação "ferramental rápido" (*rapid tooling*) ser encontrada na literatura como representação da aplicação da AM nessa área, optou-se por não a utilizar, pois entende-se que nem sempre o conceito de "rapidez" é bem contextualizado. Este capítulo apresenta as principais formas indiretas e diretas de empregar as tecnologias de AM para produzir os diversos tipos de ferramentais.

13.2 CLASSIFICAÇÃO QUANTO A FORMA E EXIGÊNCIAS DAS APLICAÇÕES

As tecnologias de AM podem auxiliar de forma indireta ou direta na fabricação de ferramental, e elas são agrupadas didaticamente nas alternativas apresentadas na Figura 13.1. Na forma indireta, o componente obtido por AM serve de modelo físico que é utilizado para transferir (copiar) a sua geometria para produzir um ferramental (geralmente um molde), que, por sua vez, será empregado na obtenção do(s) produto(s) desejado(s). Esse é o caso dos modelos-mestre e modelos de sacrifício usados para produzir moldes de silicone, epóxi, cerâmica, areia ou de outro material. Já na forma direta, o ferramental a ser empregado para fabricar ou auxiliar na fabricação do produto pretendido é obtido diretamente por AM, podendo ser gabaritos e dispositivos, ferramentais (moldes) de sacrifício e permanentes. Observa-se, no entanto, que, normalmente, gabaritos e dispositivos são fabricados diretamente por AM (Figura 13.1), mas também podem ser obtidos por uma rota indireta.

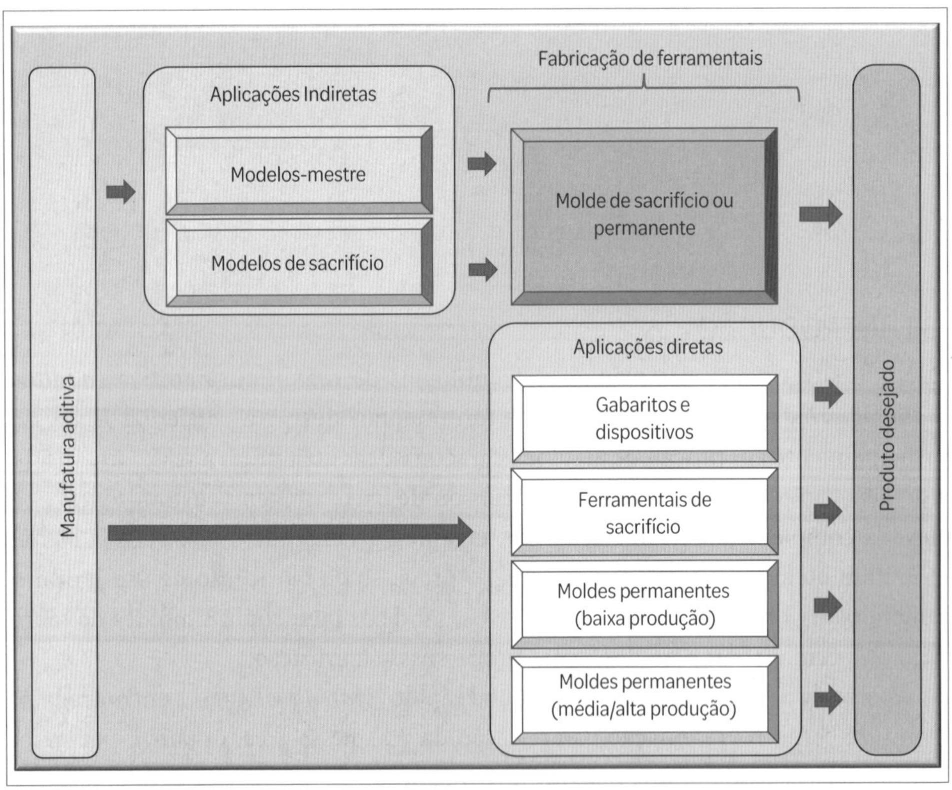

Figura 13.1 Aplicações indiretas e diretas da AM em ferramentais.

Normalmente, os ferramentais exigem precisão e bom acabamento superficial, e em função das características gerais da AM (Capítulo 10), algumas etapas adicionais de acabamento, com técnicas tradicionais, são necessárias após a fabricação, tanto na rota indireta quanto na direta.

Em particular, uma aplicação de grande interesse é na obtenção de moldes e matrizes para os diversos processos de moldagem (injeção, sopro, termoformagem, outros). Nessa área, a quantidade de peças pretendidas implicará diretamente nas exigências de durabilidade do molde; em outras palavras, na escolha do material empregado na fabricação do molde. Nesse contexto, os moldes obtidos direta ou indiretamente pela AM podem ser classificados, por exemplo, como ferramentas "moles" (*soft tooling*), quando são capazes de produzir, em média, até 20 peças; "de transição" (*bridge tooling*), quando a produção se situa na faixa de 20 a 1.000 peças; e "duras" (*hard tooling*), quando a produção é maior que 1.000 peças [1] [2]. Existem, assim, ferramentais para a produção de protótipos visuais, protótipos funcionais ou componentes finais. A fabricação de protótipos visuais consegue ser atendida por ferramental mole de baixa durabilidade. Os protótipos funcionais devem ser produzidos preferencialmente com o mesmo material do produto final e utilizando o mesmo processo de fabricação (moldagem). No entanto, como geralmente são necessários em número bem menor que no caso dos produtos finais, não é exigida alta durabilidade do molde. Por outro lado, no caso da produção de um elevado número de componentes finais, são necessários moldes com materiais que tenham elevadas propriedades mecânicas, como os metálicos. Como discutido ao longo deste capítulo, existem tecnologias de AM adequadas para atender a cada uma dessas exigências.

Devido à grande presença no setor produtivo, uma atenção especial é dada à fabricação de moldes para injeção de plástico. Normalmente, esses moldes são constituídos de insertos (macho e cavidade), que, juntos, formam o espaço vazio a ser ocupado pelo material da peça a ser moldado. Eventualmente, apenas os insertos podem ser suficientes para produzir as peças, mas é comum que sejam montados em um porta-molde. A Figura 13.2 apresenta, de forma simplificada, duas metades de um molde de injeção de plástico, destacando-se os insertos macho e cavidade montados em um porta-molde. O material desse tipo de molde deve resistir às temperaturas e às pressões de trabalho requeridas pelo polímero sendo moldado.

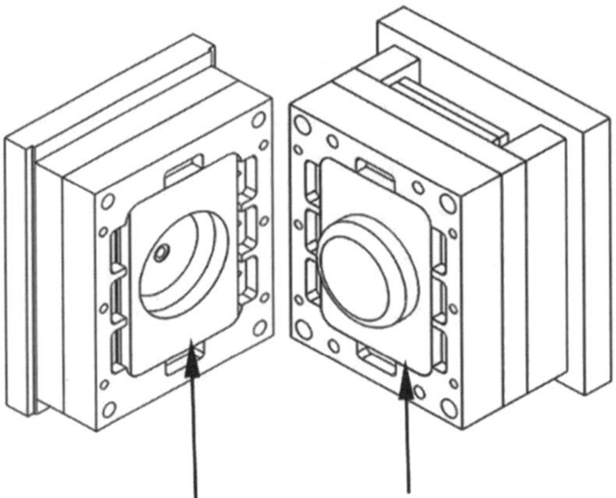

Figura 13.2 Exemplo de um molde de injeção, destacando-se os insertos (macho e cavidade) montados em um porta-molde.

As próximas seções descrevem em mais detalhes os ferramentais aqui mencionados, iniciando com aplicação direta em gabaritos e dispositivos, uma vez que são artefatos que não envolvem processos de moldagem, seguidos das demais aplicações indiretas e diretas.

13.3 APLICAÇÃO DIRETA EM GABARITOS E DISPOSITIVOS

A fabricação de gabaritos e dispositivos tem sido muito relevante para as empresas em geral, de todos os portes, pois eles desempenham uma variedade de funções auxiliares importantes no chão de fábrica. Essa é uma das aplicações que tem contribuído muito para a disseminação da AM em vários setores, tornando-se um grande campo de atuação. Normalmente, esses artefatos são customizados para atender diversas finalidades durante o processo de desenvolvimento e manufatura de componentes ou produtos. Por exemplo, podem ser utilizados para controlar a correta posição de um componente numa montagem, localizar e guiar uma ferramenta para realizar determinada operação e manter um componente fixo e orientado durante a realização de uma operação (medição, soldagem, colagem etc.) [3]. Além disso, podem desempenhar a função de proteger ou organizar componentes e/ou ferramentas ao longo do processo. Podem também atuar como ferramenta de braço robótico ou de ponta de braço (*end-of-arm tooling* – EOAT), como garras ou ferramentas para funções específicas. Portanto, são quaisquer tipos de artefatos empregados para auxiliar a fabricação, em atividades que envolvam montagem, inspeção, transporte, testes de engenharia, proteção durante movimentação de componentes etc.

Esses ferramentais possuem requisitos ou características comuns, como: baixa quantidade requerida (de uma a poucas dezenas), alta precisão dimensional em alguns casos, alterações frequentes de acordo com o produto, geometrias complexas (customização funcional) e resistência adequada à aplicação. Além destas, devem ser leves e projetados de modo a favorecer a ergonomia e, assim, o conforto do usuário. Esse conjunto de exigências pode ser atendido de forma bastante eficiente por várias tecnologias de AM, empregando-se, comumente, materiais poliméricos e metálicos.

As tecnologias de extrusão de material (*material extrusion* – MEX) têm se apresentado como alternativas mais econômicas (equipamentos mais simples) para a fabricação de ferramentais com materiais poliméricos, e, mais recentemente, com materiais metálicos, utilizando filamento de metal e polímero (ver Capítulo 3). No caso dos dispositivos metálicos, as principais tecnologias de AM que podem ser empregadas são as de jateamento de aglutinante (*binder jetting* – BJT), fusão em leito de pó (*powder bed fusion* – PBF) e deposição com energia direcionada (*directed energy deposition* – DED).

Como forma de ilustrar essa aplicação, alguns casos de gabaritos e dispositivos são relatados a seguir. A Figura 13.3 apresenta um exemplo de um gabarito utilizado para auxiliar um operador de linha de montagem a colar um adesivo num local-padrão na parte traseira de um automóvel. A Figura 13.4 mostra exemplos de dispositivos utilizados para fixação de peças durante a inspeção dimensional em uma máquina de medir por coordenadas. Esses ferramentais foram construídos pela tecnologia MEX da Stratasys, Ltd., denominada FDM (moldagem por fusão e deposição).

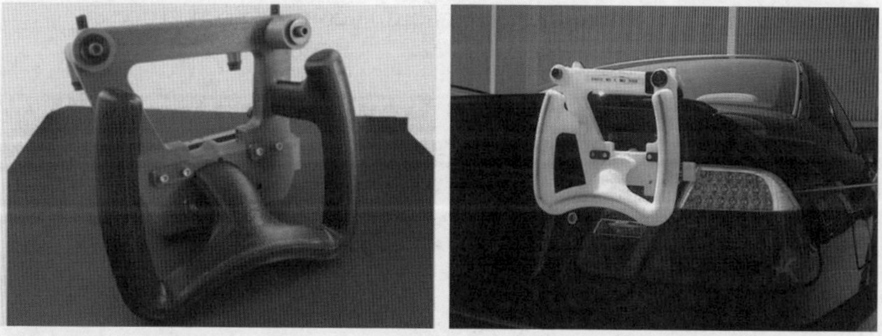

Figura 13.3 Exemplo de um gabarito construído em FDM utilizado para auxiliar o operador de uma linha de montagem.
Fonte: cortesia da empresa Stratasys, Ltd.

Figura 13.4 Exemplos de dispositivos de fixação construídos em FDM para inspeção dimensional.
Fonte: cortesia da empresa Stratasys, Ltd.

Um exemplo que demonstra o potencial oferecido pela AM aos engenheiros para resolver problemas práticos de fábrica é o emprego na fabricação de um coletor de peças dentro de um centro de torneamento CNC (controle numérico computadorizado) com dupla torre da empresa Gosiger (Figura 13.5). Na usinagem, a partir de uma barra, a peça é cortada e deve ser coletada; caso contrário, vai para o transportador de cavaco. O método tradicional implica em instalar na estrutura da máquina um coletor de peças que ocupa espaço e limita a ação da segunda torre. A solução encontrada foi projetar um coletor a ser montado em uma das posições da torre da máquina. O coletor foi fabricado com a tecnologia FDM, na impressora F370®CR, com material náilon com fibra de carbono CF10 para resistir ao desgaste da aplicação. Além de menor e de não limitar a movimentação da segunda torre, o coletor permite soltar a peça em uma calha coletora enquanto a máquina continua seu processo.

Figura 13.5 Coletor de peça em centro de usinagem CNC impresso em náilon-CF10 na impressora F370®CR.
Fonte: cortesia da Stratasys, Ltd.

Outros exemplos de ferramentais de apoio ao desenvolvimento de produtos na área de compressores herméticos utilizados em refrigeração são relatados pela empresa Vibroacustica Desenvolvimento e Pesquisa Ltda. Alguns componentes têm tolerâncias e folgas muito apertadas (cilindricidades na ordem de 2 μm e folgas na faixa de 8 μm a 10 μm); sendo assim, uma vez acabados, exigem um grande cuidado no manuseio e transporte, pois impactos podem gerar deformações e erros geométricos na ordem de 5 μm. A solução da empresa foi imprimir um dispositivo de proteção para transporte e armazenamento dos eixos de compressor apresentado na Figura 13.6a. Ainda, na montagem do *kit* de compressores recíprocos (bloco, eixo rotor e estator), não existe uma superfície de referência ou apoio que permita a montagem do restante dos componentes (biela, pistão, cabeçote e tubo de descarga). O dispositivo suporte mostrado na Figura 13.6b foi então desenvolvido, utilizando os pontos de apoio da suspensão como referência, permitindo não só a montagem, mas também a realização de testes de verificação, transporte e armazenamento, de forma a proteger a fiação do estator. Ambos dispositivos foram produzidos pela tecnologia MEX, em uma impressora Ultimaker 3, com material poli(ácido lático) (PLA).

(a) (b)

Figura 13.6 Dispositivo de proteção para transporte e armazenamento de eixos de compressor (a) e suporte para montagem do corpo de compressor (b) impressos em PLA por MEX.
Fonte: cortesia da Vibroacustica, Ltda.

13.4 APLICAÇÃO INDIRETA POR MEIO DE MODELOS-MESTRE

Modelo-mestre pode ser entendido como um componente físico utilizado para transferir (copiar) a sua forma geométrica para um molde. Assim, o molde é obtido copiando a forma do modelo-mestre. Por exemplo, um modelo-mestre pode ser utilizado para produzir um molde de silicone, um molde de areia ou de outro material. Esse modelo não é perdido nesse processo de cópia, ou seja, pode ser extraído do molde depois da sua obtenção e ser reutilizado para a fabricação de outros moldes.

Os vários processos de fabricação de ferramentais que envolvem a utilização de modelos-mestre já existiam bem antes do advento das tecnologias de AM. No entanto, a grande dificuldade era justamente a obtenção dos modelos-mestre com a precisão dimensional e o acabamento superficial desejados. As técnicas tradicionalmente utilizadas variam desde as puramente artesanais até a usinagem CNC (controle numérico computadorizado). Dessa forma, a grande contribuição da AM nessa área está na rapidez e na facilidade de obter esses modelos-mestre.

Diferentes tecnologias de AM podem ser empregadas para essa finalidade, mas os melhores resultados são obtidos por aquelas que oferecem melhor precisão dimensional e acabamento superficial, justamente pelo processo de cópia da geometria. A seguir, são apresentadas algumas alternativas de obtenção de moldes que utilizam modelos-mestre, destacando o papel destes nos processos.

13.4.1 Modelos para moldes de silicone

Moldes de silicone são obtidos num processo de vulcanização à temperatura ambiente (*room temperature vulcanizing* – RTV). Esses moldes são normalmente empregados para moldar material à base de poliuretano, sendo possível produzir, em média, de vinte a trinta peças por molde. Uma característica relevante desses moldes é a excelente reprodução de superfícies e detalhes das peças. Existe uma grande variedade de tipos de poliuretano disponíveis comercialmente que podem ser empregados nesse tipo de molde, com propriedades mecânicas bastante diversificadas, podendo apresentar comportamentos semelhantes a, por exemplo, elastômero, náilon, acrílico, polipropileno etc. [2].

Por ser um processo de ferramental indireto, o primeiro passo para a fabricação de um molde de silicone é a construção de um modelo-mestre da peça a ser moldada, que, a princípio, pode ser produzido por qualquer processo de fabricação. No entanto, o uso de moldes de silicone passou a ser mais facilitado após o surgimento da AM, principalmente pelo potencial de construir rapidamente o modelo-mestre. Geralmente, os modelos obtidos por AM necessitam de processos de acabamento, como infiltração, lixamento, polimento, entre outros, visando melhorar a sua qualidade superficial.

Os principais passos de um método tradicional de se obter um molde de silicone, bem como para a produção das peças de poliuretano, são apresentados na Figura 13.7. Nesse método, após a fabricação do modelo, com a geometria do futuro canal de alimentação já incorporada, ele é posicionado e fixado de modo que fique suspenso no interior de uma caixa de moldagem. O silicone, que deve ser misturado e desgaseificado, se possível em câmaras de vácuo para evitar bolhas, é derramado nessa caixa para preencher e envolver todo o modelo. Após sua cura (vulcanização), o conjunto é retirado da caixa de moldagem. O molde é, então, cortado manualmente, com uso de estilete ou bisturi, para que o modelo possa ser retirado. Posteriormente, o molde é fechado e, em seguida, ocorre a preparação da mistura de poliuretano líquido com um endurecedor; esta é, então, vazada para o interior do molde, por gravidade, com ou sem auxílio de vácuo. No caso do uso de vácuo para auxiliar o preenchimento do molde, o processo é conhecido como fundição a vácuo (*vacuum casting*). Após a cura do material, abre-se o molde de silicone e retira-se a peça. A Figura 13.8 mostra um molde de silicone e as respectivas peças por ele produzidas. Como pode ser observado, esse processo permite obter peças com excelente acabamento superficial. Apesar de ser basicamente manual, tem um bom custo-benefício para séries limitadas de protótipos. Salienta-se, no entanto, que os protótipos obtidos não possuem as mesmas propriedades da peça final de produção, pois não são obtidos no mesmo material nem no mesmo processo de moldagem que será utilizado na produção.

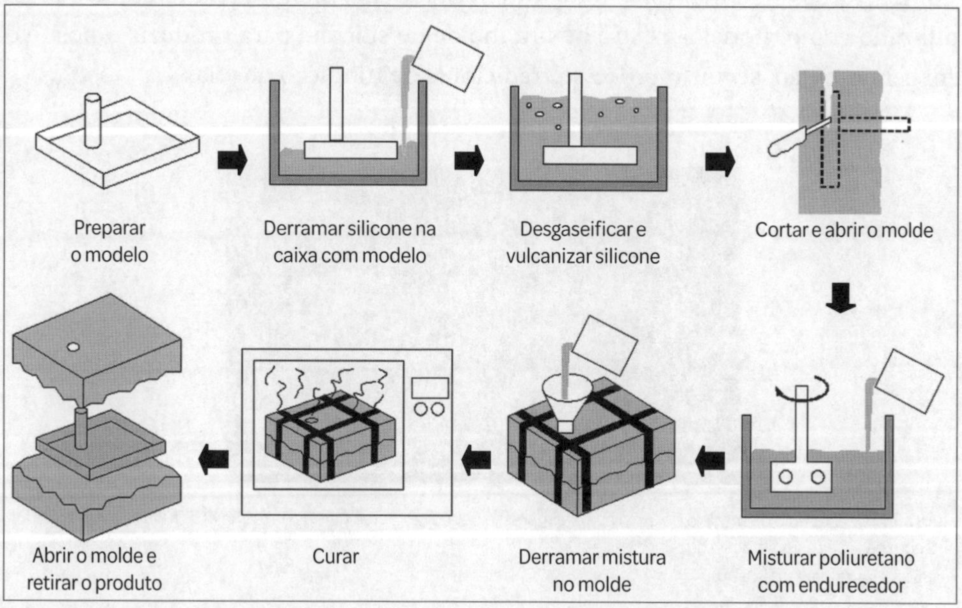

Figura 13.7 Etapas do processo de fabricação de peças com uso de moldes de silicone [4].

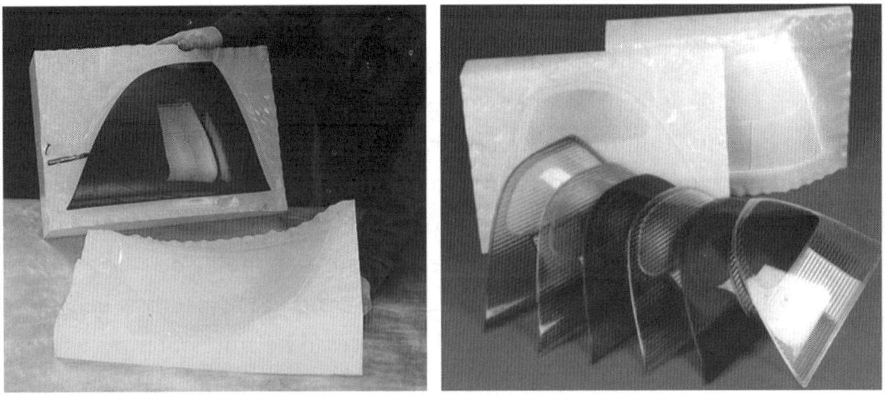

Figura 13.8 Molde de silicone e respectivas peças por ele produzidas.
Fonte: cortesia da antiga empresa Robtec, atual 3D Systems.

Moldes de silicone são bastante empregados também para produzir modelos em ceras no setor joalheiro. A Figura 13.9 apresenta um pingente fabricado pela Envisiontec Aureus em uma resina fotocurável, rígida e resistente à temperatura, que foi utilizado como modelo-mestre de um molde de silicone para produzir o positivo em cera e, então, seguir o processo tradicional de fundição de joias.

Figura 13.9 Exemplo de modelo de um pingente impresso pela Envisiontec Aureus na resina RCP30 e pingente em prata 950 com detalhes esmaltados e de resina poliéster.
Fonte: cortesia de Natascha Scagliusi.

13.4.2 Modelos para moldes de epóxi

O molde de epóxi, igualmente conhecido por ferramental de compósito à base de epóxi (*epoxy-based composite tooling*), também requer um modelo-mestre para sua obtenção. O composto à base de epóxi geralmente contém carga de alumínio e gera um molde rígido (Figura 13.10). Esses moldes podem ser utilizados em vários processos de moldagem, e, no caso da injeção, é possível obter pequenas séries de peças de termoplásticos (de 50 a 1.000 peças) [1].

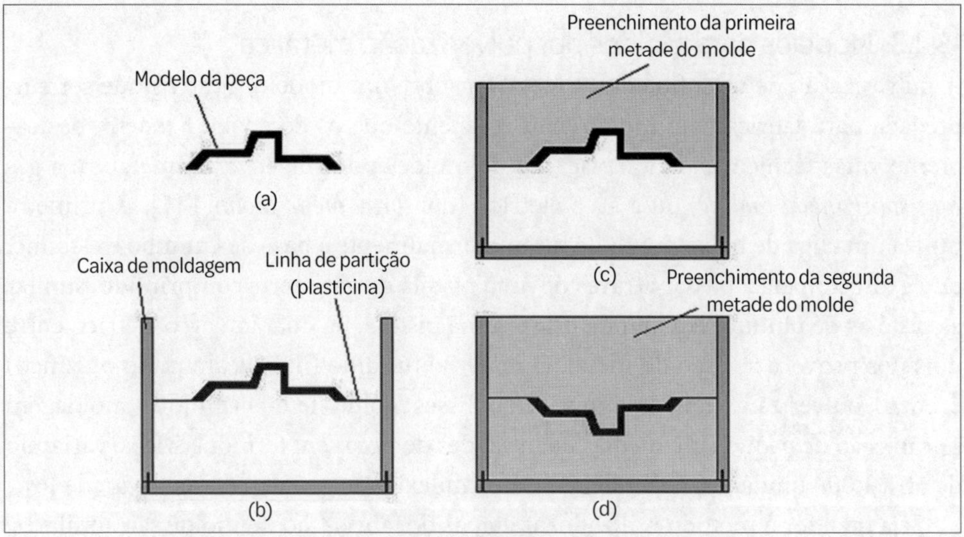

Figura 13.10 Principais passos para a fabricação de um molde de resina epóxi com carga de alumínio [5].

A fabricação desse tipo de molde se inicia a partir de um modelo-mestre. O processo requer pelo menos duas etapas para obtenção das duas metades do molde (macho e cavidade). O modelo-mestre é posicionado e fixado em uma caixa de moldagem, e a linha de partição do molde é definida com o auxílio de um material apropriado, normalmente plasticina [1]. As geometrias dos canais de alimentação e do ponto de injeção podem ser incorporadas nesse passo ou usinadas posteriormente. O modelo é recoberto com um desmoldante, e a primeira metade do molde é preenchida com a resina. Tubos de cobre podem ser posicionados dentro da caixa de moldagem, antes do preenchimento com a resina, para compor o sistema de refrigeração do molde e, assim, favorecer a remoção de calor do moldado durante o seu processamento. Após a cura do epóxi, a caixa de moldagem é invertida para se realizar o preenchimento da segunda metade do molde. Após a cura, o molde é aberto e o modelo é retirado, gerando a cavidade do molde. Moldes de epóxi também podem ser utilizados para vazar resinas de poliuretano, mas são geralmente usados em processos de moldagem por injeção, sendo muitas vezes necessário alojá-los em um porta-molde (Figura 13.2).

Uma limitação desse processo é que a cura da resina epóxi é uma reação exotérmica e, dependendo das propriedades do material do modelo-mestre gerado por AM, este pode ser danificado. Recomenda-se utilizar modelos fabricados em material com maior resistência à temperatura e com resistência mecânica adequada para essa aplicação.

13.4.3 Modelos para moldes por pulverização metálica

A pulverização de uma fina casca metálica sobre um modelo-mestre pode ser empregada para fabricar um molde mais resistente que os de epóxi. Existem, basicamente, duas técnicas para a fabricação de moldes por pulverização metálica: a gás (*gas spray metal tooling*) ou a arco elétrico (*arc spray metal tooling*) [1]. A primeira utiliza uma liga de baixo ponto de fusão, normalmente à base de chumbo e estanho, que é direcionada a passar através de uma pistola de gás inerte comprimido, similar às pistolas de pintura. A segunda utiliza uma pistola, na qual um arco elétrico entre dois fios provoca a fusão do metal. O material fundido (liga de alumínio ou zinco) é, então, pulverizado por gás comprimido. Esses moldes têm permitido a moldagem por injeção de pequenas e médias quantidades de peças em termoplásticos, variando de 50 a 1.000 unidades, dependendo da complexidade geométrica da cavidade [6].

Seja qual for o método utilizado, as etapas de fabricação do molde são similares, sendo os principais passos apresentados na Figura 13.11. O processo é iniciado com a confecção do modelo-mestre, que deverá incorporar ângulos de saída, sistema de alimentação (canal de alimentação e ponto de injeção) e bom acabamento superficial. O modelo é, então, posicionado e fixado em uma caixa emoldurada, estabelecendo a linha de abertura do molde [2]. Uma fina camada metálica, de aproximadamente 2 a 3 mm, é depositada sobre o modelo e a base. Uma vez que uma casca metálica foi criada, tubos de cobre (para refrigeração) podem ser posicionados na parte de trás, e esta é preenchida, em geral, com uma mistura de resina epóxi, com ou sem partículas de alumínio, ou com uma liga metálica de baixo ponto de fusão, para dar resistência ao molde. O processo é repetido para a outra face. Após a abertura da base emoldurada, o modelo é retirado, e a casca metálica, preenchida na parte de trás, torna-se o inserto para o molde. Uma desvantagem desses processos é que requerem uma posterior etapa de acabamento mediante operações de usinagem para ajustes no porta-molde.

A maior limitação da pulverização metálica é que o processo não é apropriado para geometrias que possuem detalhes finos e profundos, que impedem ou obstruem a passagem e a deposição uniforme do metal pulverizado. Por essa razão, esse processo é mais restrito à obtenção de moldes com superfícies grandes e ligeiramente curvas [1].

Um processo de pulverização metálica, que realiza a deposição sobre um substrato de cerâmica, é o Sprayform, e os materiais de revestimento comuns são o zinco, o alumínio, as ligas à base de níquel e muitos tipos de aço [7]. A empresa Ford Motor utiliza esse processo principalmente para obtenção de ferramentas de estampagem para prototipagem de chapas metálicas (trezentas a quatrocentas peças). As cascas metálicas obtidas são tipicamente de 19 mm de espessura [8].

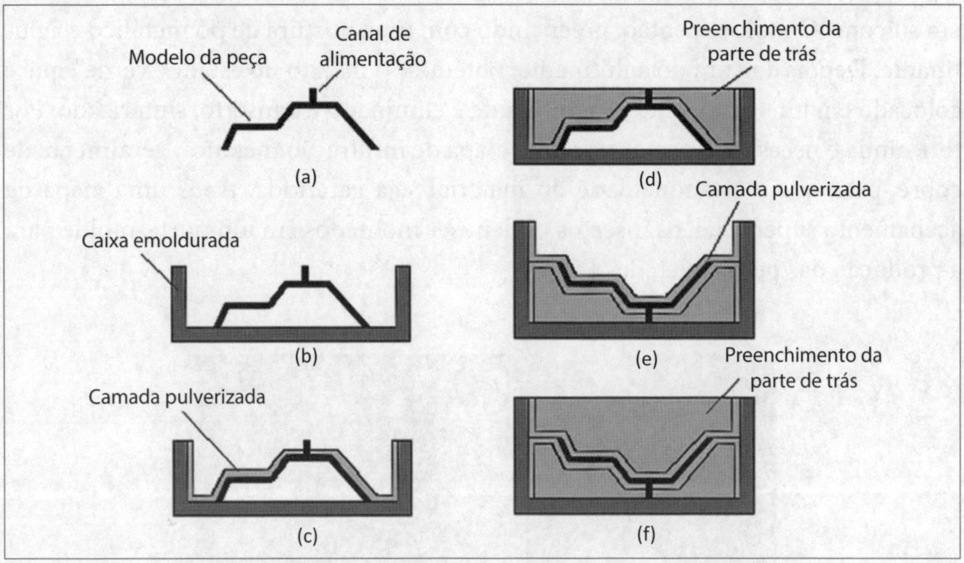

Figura 13.11 Etapas para a fabricação de um molde por pulverização metálica [5].

13.4.4 Modelos para moldes metálicos por eletrodeposição

Outra alternativa para produzir uma casca metálica nos insertos do molde é a eletrodeposição. O processo de fabricação do molde inicia-se com a obtenção dos insertos do molde por AM (por exemplo, em tecnologia de estereolitografia – SL) ou em cera. Cada parte do inserto é, então, alojada e montada em placas individuais (camisas). Cada conjunto, por sua vez, servirá de modelo para o processo de eletrodeposição, sendo inicialmente recoberto com uma tinta condutora de eletricidade para, em seguida, ser colocado num "banho ácido" contendo partículas de cobre e/ou níquel. Uma tensão elétrica é aplicada ao "banho", e o cobre ou níquel é atraído para a tinta condutora por eletrólise, formando uma casca ou camada metálica. Uma vez produzidas as camadas metalizadas, o processo segue as etapas similares às do processo de pulverização metálica para completar a fabricação dos insertos. Os insertos são, então, montados nas placas de um molde, conforme mostrado no exemplo da Figura 13.12, da empresa RePliForm Inc. [9]. Os moldes têm sido usados basicamente para moldagem por injeção de termoplásticos para uma produção de até 5 mil peças, quando a camada superficial for de cobre, e até 50.000 peças, quando for de níquel [6].

13.4.5 Modelos para outros tipos de moldes

Modelos-mestre também podem ser utilizados para gerar moldes metálicos a partir de pó metálico, que é posteriormente sinterizado. Nesse caso, um modelo negativo dos insertos é fabricado por AM e, a partir deste, é criado um molde positivo em silicone. O molde é, então, preenchido com uma mistura de pó metálico e aglutinante. Depois da cura do aglutinante, obtém-se o inserto no estado "verde", que é colocado em um forno, onde o aglutinante é eliminado e o inserto, sinterizado. Por fim, ainda é necessário passar por uma etapa de infiltração metálica, geralmente de cobre, para que a estanqueidade do material seja garantida. Após uma etapa de acabamento superficial, os insertos podem ser montados em um porta-molde para a produção das peças injetadas [4] [8].

Figura 13.12 Molde com inserto de cobre fabricado com auxílio da eletrodeposição.
Fonte: cortesia da empresa RePliForm, Inc.

Também os processos tradicionais de fundição, seja em areia compactada ou ligada quimicamente, ou em gesso, podem se beneficiar da AM. Tradicionalmente, os modelos-mestre empregados nesses processos são em madeira, mas podem ser construídos por meio de praticamente todos os processos de AM, desde que tenham resistência suficiente para suportar a preparação do molde. Nos anos iniciais da AM, os processos por adição de lâminas de papel eram anunciados como alternativa para produzir um modelo-mestre similar ao de madeira e, com isso, exigiriam menos alterações no processo tradicional de obtenção dos moldes de areia. Exemplos dessas tecnologias eram a manufatura laminar de objetos (*laminated object manufacturing* – LOM) e a deposição seletiva de laminados (*selective deposition lamination* – SDL), da empresa MCor Technologies Ltd. (todas já indisponíveis comercialmente). No entanto, pelas limitações desse princípio de adição (ver Capítulo 7), o fato de ser similar à madeira não se caracterizou como um diferencial competitivo.

13.5 APLICAÇÃO INDIRETA POR MEIO DE MODELOS DE SACRIFÍCIO

Como mencionado na Seção 13.2, modelos de "sacrifício" são também utilizados para transferir a sua forma para um molde, mas, diferentemente dos modelos-mestre, esses não podem ser reutilizados, ou seja, são perdidos durante o processo de produção do molde. Geralmente, os modelos de sacrifício são removidos do interior do molde pela queima ou por fusão durante a etapa de finalização do processo.

Um processo tradicional que utiliza modelo de sacrifício é o de microfusão (*investment casting*), também conhecido como fundição por cera perdida. A Figura 13.13 apresenta as principais etapas desse processo, que são:

a. Obtenção de um ou mais modelos de cera.
b. Montagem dos modelos em uma árvore, que corresponderá ao sistema de alimentação.
c. Revestimento da árvore com sucessivos banhos de cerâmica, formando um molde em forma de casca rígida ao seu redor.
d. Aquecimento desse molde cerâmico para a remoção da cera, sendo, posteriormente, levado a um forno a alta temperatura para a sinterização da casca cerâmica.
e. Ainda com o molde aquecido do forno, vazamento do metal fundido para o interior dessa casca, dando origem à peça desejada.
f. Após a solidificação do metal, quebra da casca cerâmica.
g. Retirada das peças metálicas da árvore formada.
h. Acabamentos posteriores podem ser necessários dependendo da aplicação, como jateamento de areia, usinagem e polimento [3].

As tecnologias de AM tiveram um grande impacto no processo de microfusão, pois algumas permitem fabricar diretamente modelos de sacrifício em cera ou em algum polímero que pode ser utilizado no processo. Isso acelera consideravelmente a obtenção de componentes metálicos, sejam eles protótipos ou peças de produção. As tecnologias de AM podem também contribuir indiretamente para a produção em escala por microfusão, uma vez que possibilitam fabricar moldes permanentes mediante o vazamento de muitos modelos de sacrifício em cera (Seção 13.7).

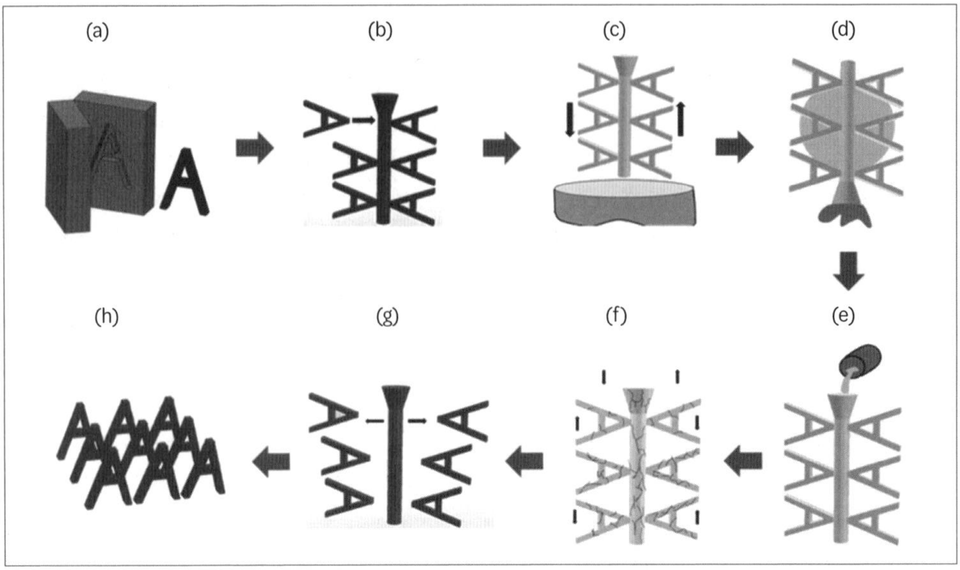

Figura 13.13 Figura esquemática das etapas do processo de microfusão.

13.5.1 Modelos tipo cera para microfusão

Conforme visto no Capítulo 4, que abordou os processos de jateamento de material (*material jetting* - MJT), algumas tecnologias permitem a fabricação de modelos de sacrifício diretamente em cera ou em materiais que possuem cera na sua composição ou que se comportam como tal. Dessa forma, os modelos obtidos podem ser utilizados diretamente nos processos de microfusão tradicional. Por exemplo, a impressão de cera da tecnologia da Solidscape garante, de acordo com o fabricante, modelos de alta precisão com nenhuma ou muito pouca necessidade de acabamento superficial [10]. Essa tecnologia permite que seja alcançada resolução de 5.000 dpi × 5.000 dpi (podendo chegar até 8.000 dpi) e espessura de camada de 6,3 μm, o que leva a um tempo curto entre a impressão e a utilização do modelo no processo de fundição. De especial interesse para a tecnologia MJT é o mercado de joias e peças precisas de pequenas dimensões. A Figura 13.14 mostra exemplos de modelos de anéis impressos em cera pelo equipamento Model Maker.

Também a tecnologia ProJet da 3D Systems pode ser aplicada na microfusão, com a possibilidade de chegar a uma resolução de até 694 dpi × 750 dpi (xyz) com uma espessura de camada de 16 μm. A Figura 13.15 mostra um exemplo de modelo de um pingente impresso no equipamento ProJet 1200 da PUC-Rio, em um material fotossensível tipo cera.

Na linha de tecnologias de fotopolimerização em cuba (*vat photopolymerization* – VPP), a empresa Envisiontec, atualmente parte do grupo Desktop Metal, desenvolveu várias resinas recomendadas para microfusão, incluindo algumas misturadas com cera, que, segundo o fabricante, produzem zero resíduo. Durante o ciclo de queima, a cera derrete primeiro, permitindo uma queima da resina sem expansão excessiva ou pressão da desgaseificação, problemas normalmente associados com os materiais de base polimérica durante o ciclo de queima [11].

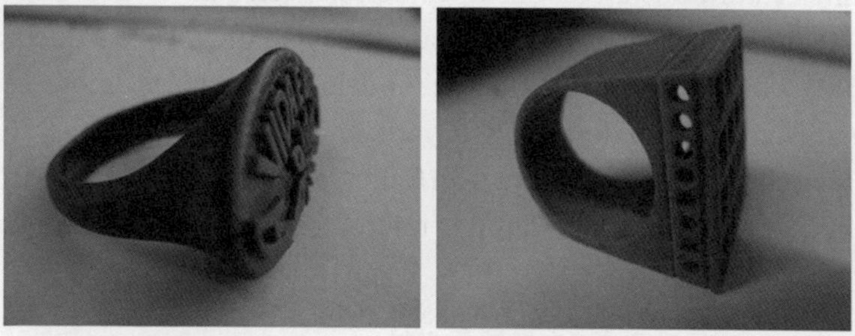

Figura 13.14 Exemplos de anéis impressos na Model Maker II com o plusCAST como material principal e o InduraFill como material de suporte.
Fonte: cortesia de Guilherme Lorenzoni de Almeida – INT.

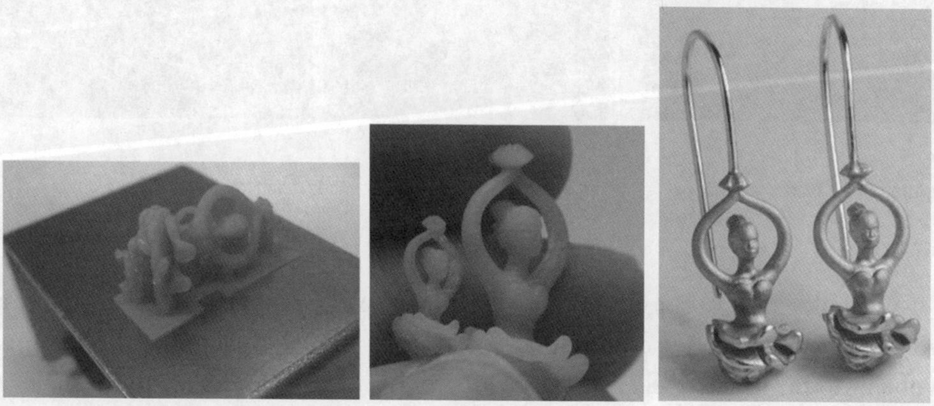

(a) (b) (c)

Figura 13.15 Exemplo de modelo de pingentes produzidos em resina Visijet Cast no equipamento ProJet 1200, ainda na plataforma da máquina (a), após remoção das estruturas de suporte (b) e peça final em prata (c).
Fonte: cortesia do Núcleo de Experimentação Tridimensional da PUC-Rio e de Natascha Scagliusi.

13.5.2 Modelos poliméricos para microfusão

Algumas tecnologias de AM que não trabalham com materiais tipo cera desenvolveram estratégias e materiais alternativos para prover modelos de sacrifício adequados ao processo de microfusão. Uma preocupação quando não se utiliza modelos de cera é justamente com a etapa de remoção destes do interior da casca cerâmica. Problemas relacionados à dilatação do modelo e à consequente ruptura da casca cerâmica, bem como à permanência de resíduos da remoção (queima) no interior da casca e à liberação de vapores tóxicos, podem ser observados nessa etapa.

Uma alternativa para a utilização dos modelos obtidos por SL para o processo de microfusão foi oferecida já em meados dos anos 1990, pela empresa 3D Systems Inc. O estilo de construção foi denominado QuickCast e consistia em fabricar o modelo em estrutura do tipo colmeia, contendo vazios na ordem de 88% a 92%. Durante a queima do modelo, este se colapsava e não provocava a quebra da casca cerâmica [12]. O uso eficaz desse tipo de modelo-mestre pelas empresas de fundição exigia uma adequação do processo tradicional e o desenvolvimento de *know-how* na etapa de queima. A Figura 13.16 ilustra algumas peças (insertos de um molde de injeção) sendo produzidas por microfusão, utilizando-se modelos de resina epóxi obtidos por SL.

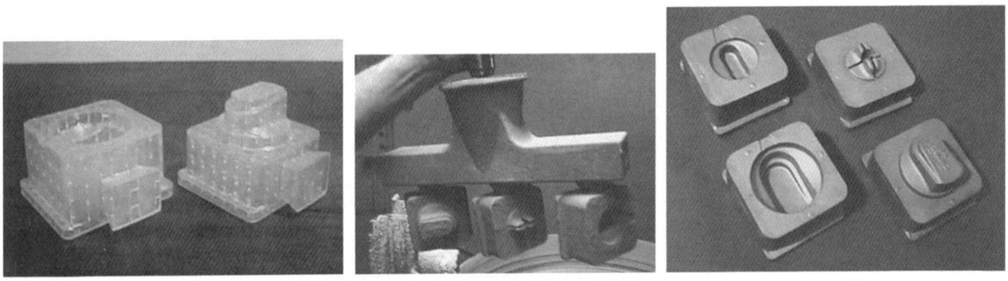

(a) (b) (c)

Figura 13.16 Etapas do processo de fabricação com modelos QuickCast: modelos fabricados por SL (a), etapa de produção do molde em casca cerâmica(b) e insertos metálicos fabricados por vazamento no molde cerâmico (c) [13].

A tecnologia de BJT utilizando pó de polimetilmetacrilato (PMMA) da empresa VoxelJet foi desenvolvida especialmente para obter modelos para microfusão. Após a obtenção do modelo, ele é impregnado com cera para fechar as porosidades e melhorar o acabamento superficial, alcançando um melhor resultado durante a obtenção do molde cerâmico. Segundo a empresa, o molde cerâmico pode ser queimado em forno tradicional, com baixa emissão de gases e teores de cinzas residuais menores que 0,02%, para um determinado tipo de ligante proprietário [14]. A Figura 13.17 apresenta os principais passos para obtenção de um modelo de sacrifício e posterior fundição do produto final. Após o modelo de PMMA ter sido impregnado com cera, um sistema de alimentação é montado para a posterior geração do molde de cerâmica de forma tradicional. O modelo em questão tem dimensões externas de 500 mm × 500 mm × 45 mm e foi impresso em 1,8 hora, com espessura de camada de 0,15 mm.

Figura 13.17 Exemplo de modelo de sacrifício obtido em PMMA e respectiva peça metálica obtida por microfusão.
Fonte: cortesia da empresa VoxelJet.

As tecnologias de PBF também oferecem soluções de materiais poliméricos nesse sentido. Por exemplo, um material à base de poliestireno denominado PrimeCast 101, da empresa EOS GmbH, foi disponibilizado para o seu processo de sinterização a *laser*. Precisão dimensional e baixo ponto de fusão são as características destacadas pelo fabricante. A temperatura de decomposição indicada é entre 229 °C e 555 °C, com resíduo de 0,002% após a queima [15]. Os parâmetros de sinterização são definidos de forma a deixar o modelo com uma densidade não muito alta, adequada para ser infiltrado com cera após a retirada da máquina. A Figura 13.18 apresenta um exemplo de uma carcaça de um turbo de motor à combustão fabricada em PrimeCast 101 para utilização no processo de microfusão.

Figura 13.18 Exemplo de modelo de sacrifício obtido em PrimeCast 101.
Fonte: cortesia da empresa EOS GmbH.

Outro exemplo de material para PBF é o pó à base de poliestireno denominado CastForm PS, da 3D Systems, para o seu processo de sinterização seletiva a *laser* (SLS). Segundo o fabricante, esse material funciona como cera de fundição, sendo que o resíduo de cinza após a queima é de menos de 0,02% (ASTM D482) [16]. A Figura 13.19 mostra um exemplo de modelo obtido nesse material e utilizado no processo de fundição.

Figura 13.19 Exemplo de modelo de poliestireno e peça final fundida obtida pela tecnologia SLS.
Fonte: cortesia da empresa 3D Systems, Inc.

13.6 APLICAÇÃO DIRETA EM FERRAMENTAIS DE SACRIFÍCIO

Um ferramental de sacrifício é aquele que se destina à obtenção de uma única peça, sendo destruído no final do processo para permitir a remoção da peça produzida. Moldes e machos de areia são exemplos comuns de ferramental de sacrifício utilizados para fundição de metais. Chama-se a atenção para o fato de os moldes de cerâmica obtidos no processo de microfusão também serem de sacrifício, mas estes não são obtidos diretamente pelos processos de AM, por isso, estão apresentados na seção anterior. Nesta seção, são apresentados somente os processos de AM que permitem obter diretamente ferramentais de sacrifício.

Os processos de AM que mais têm se destacado para o processamento de areia ou cerâmica são os da tecnologia BJT. Alguns pontos que contribuem para esse desempenho são: operam com baixo aporte térmico no processo (baixa temperatura, algumas até ambiente), minimizando problemas de contração e geração de estresse residual; permitem trabalhar com areias e aglutinantes muito similares aos tradicionais da área de fundição; oferecem elevada velocidade de impressão; e permitem fabricar peças de grandes dimensões.

Existem no mercado equipamentos de BJT específicos para fabricar moldes e machos para fundição metálica utilizando, por exemplo, areia de sílica (quartzo) e aglutinante inorgânico. Geralmente, o componente produzido está pronto para a utilização logo que é retirado do equipamento AM, possuindo resistência adequada para suportar o processo de fundição. A empresa VoxelJet AG oferece material aglutinante à base de resina fenólica, menos tóxica, que permite que as partículas de areia não impregnadas sejam 100% recicláveis. Esse aglutinante não requer que a areia de sílica seja pré-tratada, como exigido pelos aglutinantes convencionais, o que significa que ela pode ser novamente retornada para o processo. A Figura 13.20 mostra os principais passos na obtenção de um macho para um rotor de turbina Francis por esse processo. O tamanho do macho é de 426,3 mm × 426,3 mm × 227,4 mm e foi fabricado em 9,5 horas, com uma espessura de camada de 0,3 mm. O processo original exigia um macho em várias partes, o que aumentava a imprecisão da peça fundida [17].

Figura 13.20 Exemplo de um macho para molde de areia para fundição de aço.
Fonte: cortesia da empresa VoxelJet AG.

Outro exemplo da tecnologia BJT para obtenção de moldes e machos de areia de pequenas a grandes dimensões é oferecido pela empresa ExOne, atualmente do grupo Desktop Metal. Nesse, a areia é inicialmente misturada com um ativador e, depois que a camada é espalhada e nivelada, um cabeçote jateia seletivamente o aglutinante que vai formar a geometria do molde ou macho. Esse aglutinante reage com a areia ativada e confere a resistência desejada à peça sendo construída. Vários tipos de materiais estão disponíveis, entre eles areia de sílica, cerâmica esférica sintética composta de silicato de alumínio, areia natural que consiste de óxidos de cromo e de ferro e areia de zirconita, natural de praias. Alguns tipos de aglutinantes normalmente utilizados nas fundições, como resinas furânica e fenólica, podem ser usados nessa técnica de AM. Segundo o fabricante, também é possível utilizar um aglutinante à base de silicato, que é mais adequado ("amigável") ao meio ambiente, pois produz menos gases durante a fundição. Com a resina furânica, após o molde e o macho serem retirados do equipamento e o excesso de areia ser removido, eles já estão prontos para uso, não necessitando de etapas de pós-processamento. Com os outros aglutinantes, é necessária uma etapa posterior de cura por meio de micro-ondas para adquirirem a resistência final necessária [18]. A Figura 13.21 ilustra um exemplo de um macho de areia para fundição de um tambor de freio e a respectiva peça fundida em aço.

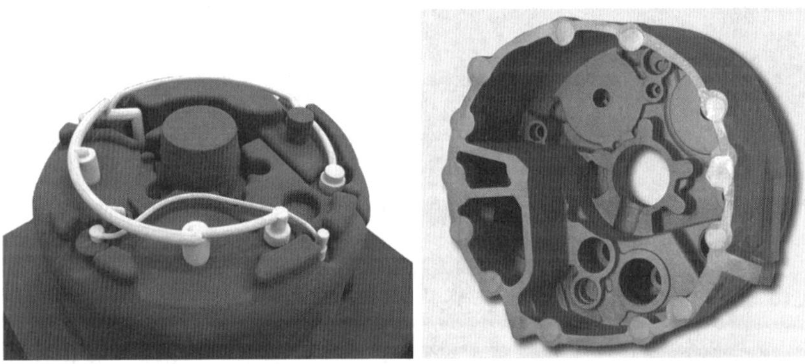

Figura 13.21 Exemplo de um macho de areia para fundição de um tambor de freio e peça final fundida.
Fonte: cortesia da empresa ExOne, atual Desktop Metal.

A Figura 13.22 apresenta um molde e macho de areia impresso em 3D por BJT e a fundição final de alumínio de uma conexão hidráulica. Esses componentes foram impressos no equipamento EASY3DP-S1200 da EasyMFG. O processo foi usado para produzir as peças finais.

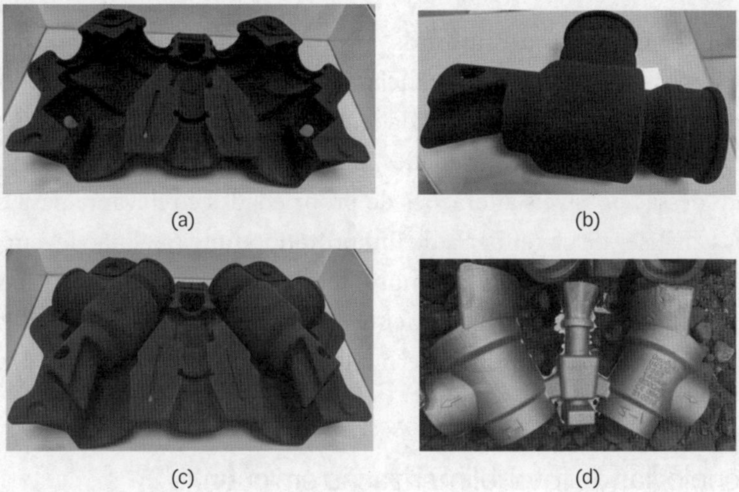

Figura 13.22 Molde e macho de areia impresso em 3D (a, b e c) usando BJT e as peças fundidas em alumínio (d).
Fonte: cortesia da empresa EasyMFG.

13.7 APLICAÇÃO DIRETA EM MOLDES PERMANENTES POLIMÉRICOS DE BAIXA PRODUÇÃO

As tecnologias de AM podem ser utilizadas para obter diretamente moldes para injeção, sopro, termoformagem e outros processos de moldagem de polímeros. Quando se deseja produzir um baixo número de peças, esses moldes são, geralmente, denominados moldes-protótipo, podendo ter como destino desde a obtenção de protótipos funcionais até a produção final em baixa tiragem (pequenos lotes). Adicionalmente, podem ser empregados para a fabricação de modelos de sacrifício. Como o objetivo é geralmente a moldagem de umas dezenas de peças, algumas tecnologias de AM oferecem opções de materiais poliméricos específicos para essa aplicação.

Uma das vantagens de produzir moldes permanentes poliméricos por AM é a rapidez de sua fabricação quando comparada aos processos de usinagem. Além disso, diversas análises podem ser realizadas durante e após a moldagem por injeção com esses moldes, como: a identificação do caminho percorrido pela frente de fluxo do polímero injetado, a posição de linhas de solda e locais de aprisionamento de gases na peça moldada, a necessidade de locais de posicionamento de pinos extratores etc. Essas informações podem contribuir para corrigir problemas que, caso contrário, poderiam ser levados ao projeto final do molde metálico usado na produção.

Uma preocupação comum quando se utilizam moldes poliméricos para produzir protótipos funcionais por injeção é o efeito do material do molde e dos parâmetros de processo no moldado. Em função da menor condutividade térmica do material do molde, que resulta em longos ciclos de injeção, e dos parâmetros de injeção mais brandos, para evitar danos nos insertos, as propriedades dos moldados podem ser afetadas. Esses efeitos exercem influência no percentual de contração do material injetado, na sua morfologia (cristalinidade, tamanho de esferulitos e características de formação da pele) e nas propriedades mecânicas dos polímeros [19] [20]. O conhecimento dessas possíveis alterações de propriedades é relevante para que os resultados das análises de engenharia de um protótipo funcional não levem à tomada de decisões de projeto que possam comprometer o funcionamento do produto final.

Entre as tecnologias de AM atualmente existentes empregadas na fabricação de insertos poliméricos para moldes permanentes de baixa produção destacam-se VPP, MJT e MEX, descritas a seguir.

13.7.1 Tecnologias de fotopolimerização em cuba

As tecnologias de VPP têm um potencial interessante para fabricação de insertos, principalmente devido à sua elevada precisão e acabamento superficial, quando comparadas às demais tecnologias de AM. Um exemplo é a fabricação de moldes por SL, da 3D Systems Inc., denominado no passado como Direct AIM. Nesse caso, o inserto pode ser fabricado de forma totalmente sólida (maciço) (Figura 13.23a) ou em forma de casca (Figura 13.23b), com espessura de 1,5 mm a 3 mm. No caso de casca, é necessário um preenchimento da parte interna do inserto com algum tipo de material capaz de propiciar resistência mecânica a ele. Para acelerar o processo de resfriamento da peça durante a injeção, um estudo propôs incluir pequenos orifícios na casca (denominados aletas), permitindo o contato do polímero injetado com o material utilizado no preenchimento de reforço do inserto, que possui uma melhor condutividade térmica (Figura 13.23c) [21].

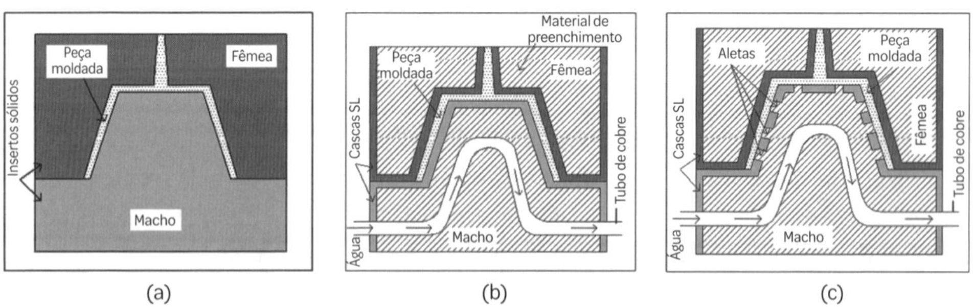

Figura 13.23 Tipos de insertos construídos por SL: fabricado no formato sólido (a), fabricado em forma de casca (b) e fabricado em forma de casca, com orifícios (aletas) (c) [21].

Uma das limitações do emprego desses moldes é a sua reduzida vida útil – entre cinquenta e quinhentos componentes injetados em polipropileno (PP) [22]. Uma das principais causas dessa limitação é a baixa resistência mecânica das resinas, pois a tensão de ruptura e o módulo de elasticidade diminuem significativamente com o aumento da temperatura [23]. Alternativas para aumentar a vida dos moldes foram pesquisadas, como utilizar o recobrimento da superfície da cavidade com uma fina camada de cobre ou níquel+fósforo, por um processo *electroless*. Resultados de pesquisa desenvolvida na Universidade Federal de Santa Catarina (UFSC) sugerem que moldes fabricados por essa técnica podem aumentar a quantidade de peças injetadas, se comparados a um molde sem o recobrimento metálico [24].

A empresa Envisiontec também oferece uma resina fotossensível, de base acrílica, especialmente desenvolvida para fabricar moldes para moldagem por injeção de termoplásticos, denominada E-Tool. O fabricante destaca que ela é ideal para um baixo volume de produção ou para a criação de múltiplas iterações de um molde durante a fase de protótipo [12].

Contudo, em função da baixa resistência dos materiais disponíveis para VPP, o uso desses moldes em processo de injeção não se tornou muito popular, restringindo-se mais aos processos de moldagem menos exigentes. Exemplo disso é a fabricação de molde por SL (metalizado) para a produção de machos para o processo de fundição em areia aglomerada por resinas de tipo caixa fria, como o ilustrado na Figura 13.24. Outra aplicação interessante é a fabricação de moldes para a obtenção de modelos de cera para o processo de microfusão, como citado anteriormente.

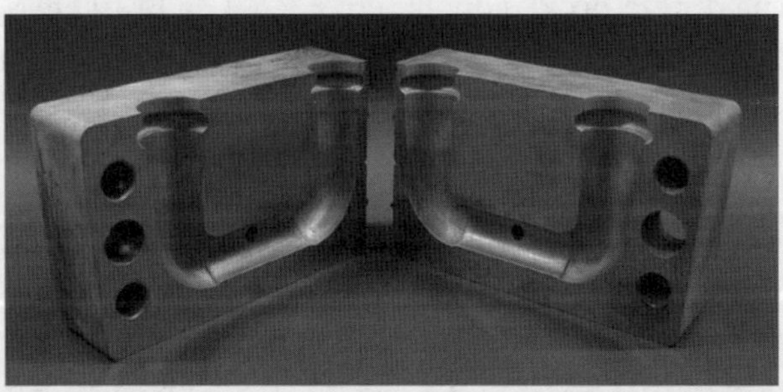

Figura 13.24 Moldes de SL recobertos com NiP usados na produção de machos de areia aglomerada com resina [24].

13.7.2 Tecnologias de jateamento de material

Pelas semelhanças com a VPP, em se tratando de resinas empregadas e precisão e acabamento, também as tecnologias de MJT são adequadas para fabricação de insertos para moldes. Por exemplo, um material específico à obtenção direta de molde-protótipo é o Digital ABS, para a tecnologia PolyJet, da empresa Stratasys. De acordo com o fabricante, esse material possui uma resistência à temperatura mais elevada que as resinas comerciais da sua família. Os seguintes polímeros são indicados no processo de injeção: polietileno (PE), polipropileno (PP), poliestireno (PS), acrilonitrila butadieno estireno (ABS), elastômero termoplástico (TPE), poliamida (PA), poliacetal (POM), mistura de policarbonato (PC) e ABS (PC-ABS) e resinas com fibra de vidro [25]. A Figura 13.25 apresenta um molde de injeção de um componente da indústria automotiva e uma das dez peças injetadas em polietileno de alta densidade (PEAD).

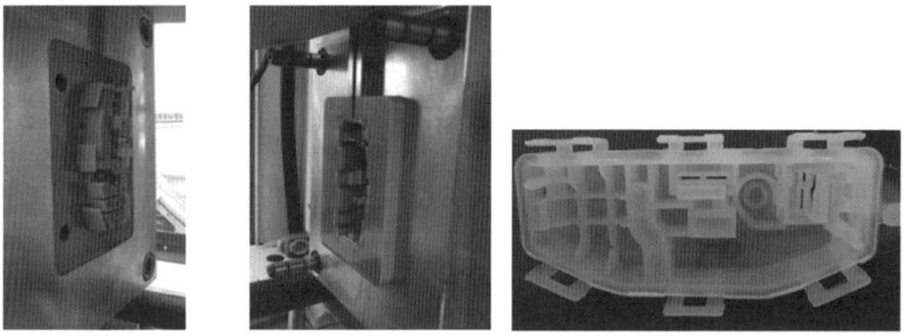

Figura 13.25 Exemplo de molde-protótipo para injeção obtido no material Digital ABS.
Fonte: cortesia da empresa Stratasys, Ltd.

Conforme ressaltado anteriormente, as propriedades dos moldados podem diferir das obtidas em moldes metálicos. Um estudo observou que houve um leve aumento no módulo de elasticidade e nas resistências à tração e à flexão e que não houve alteração na dureza do PP copolímero CP204 da Braskem S.A. quando injetado em insertos do material Digital ABS. No entanto, revelou ter havido um expressivo aumento de 30% na sua resistência ao impacto [20].

A Figura 13.26 mostra imagens da aplicação desse material em moldes de sopro. Entre os materiais já testados estão o PET, o PP e os PE de baixa e alta densidade [25].

Figura 13.26 Exemplo de molde-protótipo para sopro obtido em digital ABS.
Fonte: cortesia da empresa Stratasys Ltd.

13.7.3 Tecnologias de extrusão de material

As tecnologias de MEX possuem algumas limitações ao emprego na fabricação de moldes, em especial os de moldagem por injeção, atribuídas à baixa resolução, ao insuficiente acabamento superficial e à reduzida resistência mecânica de alguns materiais. Mesmo assim, foram realizadas algumas tentativas de produzir insertos para o processo de injeção de plástico com o processo FDM utilizando acrilonitrila butadieno estireno (ABS) P400, policarbonato e polifenilsulfona (PPSF) [26]. Houve, inclusive, um esforço no sentido de desenvolver um material termoplástico reforçado com partículas metálicas para a fabricação de moldes, processo denominado FDMet [27].

Apesar das deficiências, é possível encontrar aplicações dessas tecnologias para processos de moldagem, como sopro, termoformagem, moldagem de polpa de papel (como molde para forma de ovos) e até conformação metálica (Figura 13.27). O molde de conformação metálica da Figura 13.27b foi obtido em ULTEM 9085 pela tecnologia FDM e permite moldar chapas metálicas, como ligas de alumínio, aços, aços inoxidáveis, titânio e Inconel, de até 2,54 mm de espessura. Segundo o fabricante, esses moldes podem resistir de 400 a 600 ciclos, sem sinais de desgaste [25].

(a) (b)

Figura 13.27 Exemplo de molde-protótipo para termoformagem em ABS (a) e conformação metálica obtido em ULTEM 9085 (b).

Fonte: cortesia da empresa Stratasys Ltd.

13.8 APLICAÇÃO DIRETA EM MOLDES PERMANENTES DE MÉDIA E ALTA PRODUÇÃO

As principais tecnologias para fabricação de insertos para moldes de média e alta produção metálicos são as de BJT, PBF e DED. A tecnologia MEX com filamento metálico (ver Capítulo 3) pode ser empregada para alguns casos, mas geralmente resulta na fabricação de um molde com presença de poros (vazios), que pode afetar a sua estrutura, comprometer sistemas de refrigeração (quando houver) e o acabamento superficial.

Algumas dessas tecnologias de AM já conseguem competir diretamente com os moldes tradicionais usinados em relação à durabilidade dos materiais, mesmo para um elevado volume de produção. Em relação a custo, eles ainda tendem a ter um valor maior que os tradicionais, principalmente para os de maior dimensão. Nesse sentido, para reduzir custos, opta-se por um ferramental híbrido (molde híbrido), no qual só as partes mais críticas são fabricadas por AM (mais detalhes na Seção 13.8.3).

Cabe ressaltar, no entanto, que atualmente nenhum processo AM de metais consegue obter insertos que possam ser utilizados no processo de moldagem sem uma etapa posterior de acabamento. Normalmente, os insertos necessitam de usinagem e polimento para atender à qualidade dimensional e superficial dos processos de moldagem [28]. Assim, os insertos precisam ser fabricados com um sobrematerial a ser posteriormente removido na etapa de acabamento.

Algumas vantagens de se optar por moldes ou insertos de produção fabricados por AM envolvem questões estratégicas, de planejamento e custo. Uma vantagem mais geral é a possibilidade de se prever mais de um molde na vida do produto. Isso é possível em função do menor tempo de obtenção dos insertos. Assim, ao se utilizar uma alternativa de insertos de menor tiragem, abre-se a possibilidade de se prever alterações mais frequentes do produto, atendendo a possíveis readequações do projeto (*redesign*, *facelift*). Essa maior liberdade pode ser utilizada para agregar mais valor ao produto, aumentando a sua competitividade, mesmo dependendo de um ferramental. Essa observação está em consonância com o fato de que há, no mercado atual, uma tendência de customização dos produtos, adequando-os cada vez mais às exigências dos clientes, aumentando-se, assim, a variedade e diminuindo-se a quantidade a ser produzida. Nesses casos, é natural a opção por um ferramental adequado às séries cada vez menores, com menores prazos para a sua obtenção.

Uma das grandes vantagens atribuída aos processos de AM na obtenção de moldes de média e alta produção é a possibilidade de otimizar o sistema de refrigeração do molde, descrito a seguir.

13.8.1 Sistema de refrigeração conformado

A liberdade geométrica oferecida pela AM possibilita incorporar nos insertos dos moldes canais de refrigeração com geometria livre, que se adaptam à geometria da cavidade (Figura 13.28a). Esses sistemas são denominados canais de refrigeração conformados (*conformal cooling channels*), mas também podem ser na forma de uma malha ou rede de circulação de água mais complexa, para refrigeração conformada à superfície (*conformal surface cooling*) (Figura 13.28b). Esses canais ou malha podem ser direcionados para todos os cantos da cavidade, evitando elevados gradientes térmicos em regiões com deficiência de retirada de calor. Essa possibilidade permite que seja projetado um sistema de refrigeração bem mais balanceado e eficiente quando comparados aos obtidos pelos métodos tradicionais de usinagem (furação, por exemplo).

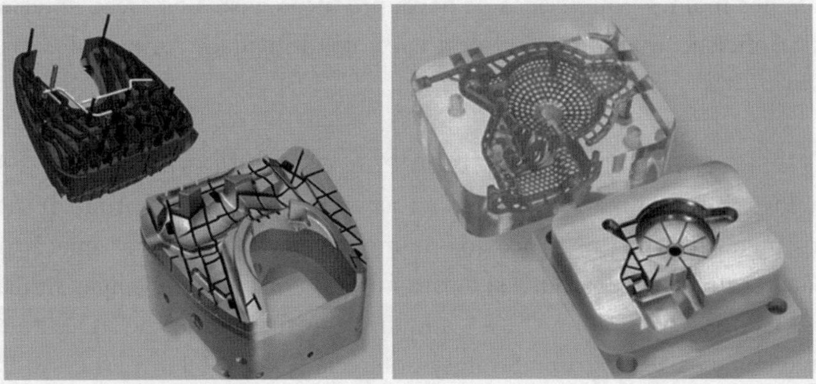

(a) (b)

Figura 13.28 Representação esquemática de canais de refrigeração com a forma da cavidade (a) e de malha de refrigeração conformada à superfície da cavidade (b).
Fonte: cortesia da empresa Concept Laser GmbH, atual GE Additive.

A fase de resfriamento do ciclo de moldagem por injeção é, normalmente, a mais demorada. Como o sistema de refrigeração conformado permite reduzir o tempo de resfriamento, ocorre uma redução do tempo total do ciclo. Relatos informam que essa redução pode ser na ordem de 15% a 50%, variando de acordo com a geometria da cavidade [29] [30]. Adicionalmente, como se tem um resfriamento mais uniforme do molde, produz-se menos defeitos de moldagem e menor empenamento da peça, o que resulta em peças de maior qualidade. Alguns defeitos de moldagem são causados por uma refrigeração, e consequente contração, desbalanceada. Por fim, ao se fabricar os insertos com o sistema de resfriamento conformado, usa-se menos matéria-prima do que fabricá-lo maciço, contribuindo para reduzir seu custo.

Conforme comentado anteriormente, no caso de moldes de grandes dimensões que tenham regiões não atendidas adequadamente pelo sistema convencional, a AM pode ser empregada na fabricação de postiços menores, em que canais de refrigeração seguindo a geometria do componente podem ser incorporados para resolver problemas causados por gradientes térmicos.

Para tirar vantagens desses sistemas de refrigeração, é necessário que os projetistas de moldes assimilem essa possibilidade e identifiquem seus limites e suas potencialidades. O projeto desses sistemas requer o auxílio de uma ferramenta computacional de análise numérica (CAE) do processo de moldagem por injeção que contenha módulo de refrigeração que contemple esse tipo de projeto [31] [32].

Existem três concepções de canais de refrigeração conformados: zigue-zague, paralela e em espiral. Mais detalhes e recomendações sobre essas opções podem ser encontrados em [33].

A opção de sistema de canais de refrigeração conformados pode também ser utilizada nos moldes poliméricos de baixa produção, vistos na seção anterior, mas com uma eficiência bem inferior, pela baixa condutividade térmica dos materiais poliméricos.

13.8.2 Insertos metálicos por jateamento de aglutinante

A tecnologia BJT foi uma das primeiras a ser empregada para se produzir moldes e insertos metálicos para os processos de moldagem de polímero (injeção, sopro, extrusão, termoformagem, outros) e para fundição de alumínio e ligas similares. A empresa ExOne Corporation (EUA), adquirida há alguns anos pela Desktop Metal e recentemente parte do grupo Stratasys, oferecia já em 1998 um processo BJT denominado ProMetal, que atualmente se chama X1 MetalTool. Nesse processo, um cabeçote jateia um aglutinante fotopolimérico, sensível à luz UV, sobre um leito de pó metálico, para construir os insertos do molde, em estado "verde". Os insertos passam então por um pós-processamento em forno a alta temperatura onde o ligante polimérico é removido e o pó é sinterizado, formando uma matriz porosa de aço, que posteriormente é infiltrada com bronze. Os moldes eram constituídos com cerca de 60% de aço e 40% de bronze. Atualmente, alguns materiais disponíveis são o 420i, uma liga de aço inox e bronze, aço inox 316L, aço ferramenta M2 e outros, sendo que os insertos precisam ser infiltrados somente para as aplicações que envolvem o uso de sistema de refrigeração com água. A Figura 13.29 mostra os insertos de um molde confeccionado por essa tecnologia com a liga de aço inox e bronze.

Em função de a retirada do pó que não foi processado no interior dos canais de refrigeração ter que ser feita com os insertos no estado verde, existem limitações com relação à área mínima da seção transversal desses canais.

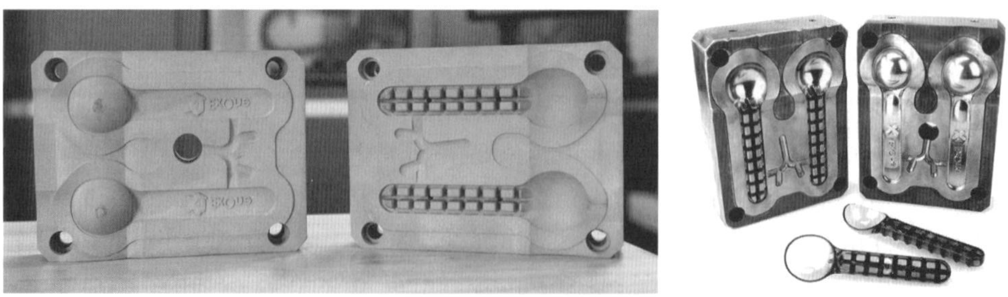

Figura 13.29 Molde de injeção fabricado pelo processo BJT X1 MetalTool.
Fonte: cortesia da empresa ExOne Corporation.

13.8.3 Insertos metálicos por fusão em leito de pó

A tecnologia PBF foi também uma das primeiras aplicações da AM na obtenção de moldes e insertos metálicos. A 3D Systems foi uma das empresas pioneiras ao lançar a primeira geração de materiais (RapidSteel), que envolvia partículas de aço misturadas com um material polimérico, sendo gerada uma peça verde no equipamento SLS. Os insertos eram, então, colocados num forno a alta temperatura e atmosfera controlada para a remoção do polímero e a completa sinterização do inserto metálico. Em virtude da porosidade resultante no inserto, era realizada uma infiltração de bronze e, posteriormente, uma etapa de polimento [1]. Outra empresa pioneira em dispor de materiais para fabricação de moldes metálicos é a EOS GmbH, por meio da sua tecnologia de sinterização a *laser* DMLS (*Direct Metal Laser Sintering*). Os primeiros materiais se baseavam em utilizar a mistura de um pó metálico de alto com um de baixo ponto de fusão. Durante o processamento com o *laser*, as partículas metálicas de baixo ponto de fusão se fundiam e envolviam as de maior ponto de fusão.

Com a evolução e o melhor domínio dos processos de PBF e a diversificação de materiais, hoje se trabalha diretamente com a fusão de pós metálicos, alguns indicados para o segmento de moldes. Por exemplo, o aço maraging possui um alto teor de níquel, cobalto e molibdênio e é muito recomendado para a produção direta de ferramentas e moldes, assim como para peças de alto desempenho que requerem alta resistência e dureza. A Figura 13.30 ilustra um molde fabricado com o aço maraging. De acordo com a empresa 3D Systems, componentes fabricados nesse material possuem uma densidade próxima de 100%, e uma das opções de material apresenta resistência à tração máxima de 1.220 ± 20 MPa (direção Z), resistência ao escoamento de 1090 ± 50 MPa e dureza de 35 ± 3 HRC. Após receberem tratamento térmico, a resistência à tração pode chegar a 2.120 ± 30 MPa e a dureza a 55 ± 3 HRC [34].

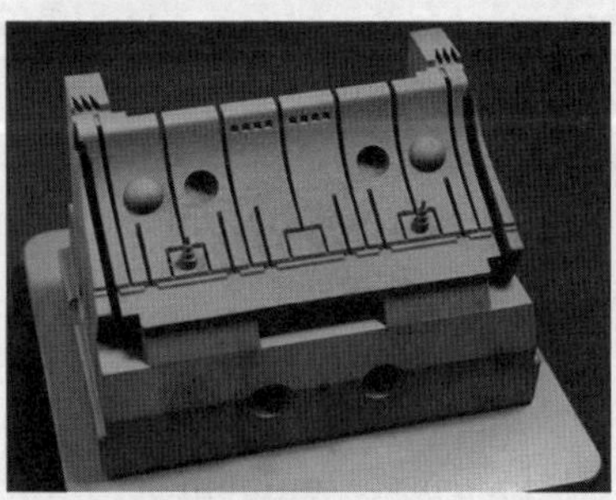

Figura 13.30 Inserto de molde fabricado em aço maraging.

Fonte: cortesia da empresa 3D Systems Inc.

O processo DMLS evoluiu consideravelmente nos últimos anos e, atualmente, oferece vários materiais metálicos particulados igualmente para a área de moldes, como é o caso do aço maraging MS1. Após a fabricação na máquina de AM, esse material alcança uma dureza entre 33 e 37 HRC, podendo chegar a mais de 50 HRC com um processo de envelhecimento em forno a 490 °C por 6 horas [35].

O processo de fusão direta de metal a *laser* (*direct metal laser melting* - DMLM) da Concept Laser, atualmente GE Additive, também atua nesse setor, apresentando, de acordo com o fabricante, um diferencial relativo à estratégia patenteada de varredura do *laser*, que reduz significativamente as tensões no interior do componente. Isso permite que componentes de volume sólido e grande sejam gerados com baixa deformação [36]. Também se destaca a possibilidade de se utilizar espessuras de camada, em alguns materiais, de até 20 μm, o que oferece um bom acabamento superficial. Vários metais estão disponíveis para a fabricação de moldes de injeção de produção; entre eles, estão aços de alta liga, aços para trabalho a quente, aços inox para trabalho a quente e ligas à base de níquel. Outras empresas oferecem processos de PBF semelhantes, geralmente denominados SLM (*selective laser melting*). Entre elas, estão a ReniShaw, da Inglaterra, a SLM Solution, da Alemanha, e a também alemã Realizer GmbH. Mais detalhes dos processos de PBF podem ser encontrados no Capítulo 6.

No caso de moldes metálicos de maior dimensão, em que haja dificuldade de controlar a temperatura em alguma região do moldado quando um sistema tradicional de refrigeração é empregado, a AM tem se tornado uma alternativa para fabricar suas partes. Essas partes podem ser pequenos insertos presentes em gavetas, mandíbulas ou mesmo postiços (partes de uma região do molde), contemplando um projeto de sistema de refrigeração mais eficiente. Nessa alternativa, os moldes são denominados híbridos, em que parte dos componentes são fabricados por meio de técnicas tradicionais e parte são obtidos por AM. É possível também empregar, em um mesmo componente (inserto, gaveta, mandíbula, postiço etc.), técnicas subtrativas e aditivas, em que a base do componente é obtida por usinagem e a parte final por PBF [37]. A base usinada com o formato do inserto é fixada por parafusos na plataforma da máquina, que identifica a altura desta, e, então, a preenche de pó metálico até essa altura. O processo de PBF começa depositando a primeira camada de pó cobrindo a base usinada com a espessura programada. A partir daí, o processo segue normalmente camada após camada. Essa alternativa é oferecida pela tecnologia DMLS e pode também ser utilizada para reparo de insertos, obviamente dependendo da geometria da região a ser reparada [38].

A utilização dos canais de refrigeração conformados é um dos principais destaques da tecnologia de PBF, permitindo reduzir a deformação dos moldados, diminuindo gradientes térmicos (pontos quentes), e o tempo de ciclo de injeção de plástico. Esse foi o caso do molde de injeção mostrado na Figura 13.31, em que o inserto do molde foi projetado com canais de refrigeração de 3 mm de diâmetro alcançando os pontos mais extremos do inserto. Nesse caso, além da melhor qualidade do moldado, o ciclo de injeção foi reduzido em 17% [39]. Em outro estudo de inserto híbrido, foi observada uma redução de 53% dos custos e 60% do tempo de impressão. Outras vantagens destacadas foram a diminuição de defeitos e de erros dimensionais no moldado, que foi associado à maior homogeneidade da temperatura no molde [37].

(a) (b) (c)

Figura 13.31 Inserto de molde para um descanso de braço da indústria automotiva fabricado pelo processo DMLS no aço maraging destacando a geometria dos canais de refrigeração no modelo CAD (a), o inserto após retirado da máquina (b) e a peça injetada (c).

Fonte: cortesia da empresa EOS GmbH.

Em todas as tecnologias, é necessário ter o cuidado de não empregar canais ou malhas de refrigeração com seções transversais muito pequenas, uma vez que irá dificultar a remoção do pó metálico do interior dos canais dos insertos, além de poder gerar, mais frequentemente, o seu entupimento em função de incrustação advinda do fluido de refrigeração (por exemplo, carbonato de cálcio).

A Figura 13.32 apresenta, à esquerda, um exemplo de um molde obtido pelo processo SLM e, à direita, um modelo CAD destacando a malha de refrigeração ao redor da cavidade. A empresa Concept Laser, atual GE Additive, chama esses dutos ou malhas de refrigeração de *close-contour cooling*. Em um caso de uso relatado por essa empresa, um inserto de um molde já tinha produzido, em sete anos, 2 milhões de peças injetadas, evidenciando a elevada qualidade do material do molde obtido pelo processo SLM.

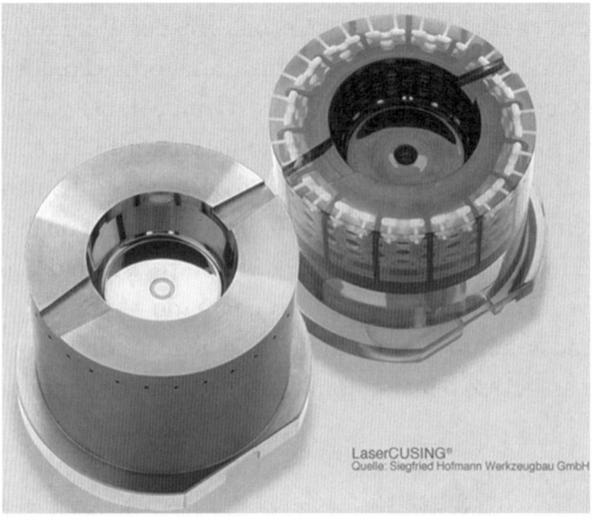

Figura 13.32 Inserto de molde de uma lente fabricado pelo processo SLM à esquerda e, à direita, um modelo CAD destacando a malha de refrigeração ao redor da cavidade.
Fonte: cortesia da empresa Concept Laser GmbH, atual GE Additive.

O processo fusão por feixe de elétrons (*electron beam melting* – EBM) também pode ser utilizado na fabricação de moldes metálicos, incluindo canais de refrigeração conformados, apesar de essa aplicação não ser o foco da empresa GE Additive [40] [41]. Rochman e Borg [41] chamam a atenção, no entanto, para a influência dos parâmetros do processo na facilidade de remoção do pó metálico do interior dos canais de refrigeração e para a possibilidade de utilizar ligas metálicas resistentes à corrosão causadas por alguns materiais poliméricos.

13.8.4 Insertos metálicos por deposição com energia direcionada

Em função do princípio de deposição das tecnologias desse grupo, duas características em comum se destacam: o acabamento superficial grosseiro e a sua baixa resolução. Isso exige o planejamento de um sobrematerial adicional nos modelos, sendo necessária uma etapa de usinagem e posterior acabamento superficial para a sua finalização. Em função disso, existem, inclusive, esforços no sentido de desenvolver tecnologias híbridas, combinando esses processos com a usinagem CNC [42]. Esta última alternativa é discutida no Capítulo 7.

O processo DED denominado de fabricação da forma final a *laser* (*laser engineered net shaping* – LENS), da empresa Optomec Inc., oferece a possibilidade de obtenção de insertos metálicos para moldes de produção, principalmente pela excelente propriedade do material obtido. Outro potencial interessante para esse processo é a capacidade para fabricar peças de grandes dimensões. No entanto, conforme exposto anteriormente, é necessária uma etapa de usinagem e posterior acabamento superficial. Observa-se, porém, que a aplicação específica na fabricação direta de insertos para moldes não é muito destacada pelo fabricante [43].

A tecnologia de deposição direta de metal (*direct metal deposition* – DMD), da empresa DM3D Technology LLC., é bastante similar à LENS e é recomendada para fabricação de moldes diretamente em metal, reparo de moldes e cobertura de superfícies com metais de alta resistência. A empresa destaca a aplicação em molde para moldagem por injeção de alta produtividade, molde metálico para fundição e também ferramental para forjamento de alta tenacidade. Em função do potencial do processo, a empresa sugere também a possibilidade de transformar um molde-protótipo feito em um aço de baixo carbono em um molde definitivo, cobrindo o inserto com um metal de alta resistência [44]. Outra tecnologia DED que tem despontado como opção para a impressão de moldes metálicos emprega *laser* e alimentação por arame, conforme oferecida pela empresa Meltio [45].

Em função da qualidade do acabamento e da resolução, o fabricante indica se tratar de um processo de fabricação que permite alcançar formas próximas à final (*near-net shape*), sendo recomendada a realização de um pós-processamento por usinagem CNC, eletroerosão, retífica e polimento.

13.9 CONSIDERAÇÕES FINAIS

Este capítulo apresentou uma visão geral sobre algumas das formas de aplicar as tecnologias de manufatura aditiva (AM) na obtenção indireta ou direta de ferramental, com destaque para dispositivos e gabaritos, modelos-mestre e de sacrifício, ferramental de sacrifício e fabricação de moldes permanentes, seja para obtenção de protótipos (molde-protótipo) ou para alta produção.

Para a aplicação em prototipagem no desenvolvimento de produtos, o uso de ferramentais pode complementar a AM, principalmente nos casos cujo objetivo é obter protótipos para testes funcionais de engenharia, bem como quando é requerido um maior número de protótipos.

As tecnologias de AM estão em constante evolução, procurando sobretudo melhorar a sua precisão e reduzir o tempo de fabricação, além de disponibilizar materiais novos e mais resistentes. É possível afirmar que a aplicação na área de ferramental tem ajudado a acelerar o desenvolvimento dos processos de AM como um todo. Nesse sentido, algumas tecnologias, principalmente as que utilizam materiais metálicos, procuram competir com os processos tradicionais de usinagem, apresentando-se como opção para o setor. As principais vantagens ao utilizar a AM na fabricação de moldes permanentes foram apresentadas, com destaque para a possibilidade de incorporar um sistema de refrigeração mais eficiente e a rapidez na fabricação dos insertos, mesmo considerando que operações de acabamento posterior são necessárias.

Por fim, é fundamental ressaltar que as empresas especializadas em fabricar ferramentais devem atentar para essa nova alternativa de fabricação, especialmente no caso de peças com formas geométricas de elevada complexidade e que apresentem dificuldades para o projeto de um sistema de refrigeração que possibilite manter um gradiente baixo de temperatura no molde. Apesar de os insertos apresentarem um custo mais elevado inicialmente, o seu emprego pode resultar em melhor qualidade do produto e em um menor custo final, considerando a redução de ciclos de moldagem. A possibilidade de imprimir somente as partes críticas de moldes que apresentam elevado gradiente de temperatura e inseri-las em um inserto tradicional é uma alternativa para reduzir os custos de aplicação da AM na fabricação de ferramentais. Também em relação a custos, observa-se que, quanto mais fatores como o impacto ambiental (pegada de carbono – *carbon footprint*) pesarem na decisão de adquirir um determinado produto injetado (tendência já observada do mercado europeu), mais o custo inicial do molde deixará de ser o principal fator de decisão na sua aquisição. O fato de serem oferecidos moldes mais eficientes a nível energético (menor ciclo de injeção, por exemplo) se tornará um diferencial competitivo e fundamental nesse cenário mais exigente.

REFERÊNCIAS

[1] D. T. Pham, S. Dimov, F. Lacan, Firm tooling, bridging the gap between hard and soft tooling. *Prototyping Technology International*, v. 98, p. 196-203, 1998.

[2] P. F. Jacobs, *Stereolithography and other RP&M technologies: from rapid prototyping to rapid tooling*. USA: Society of Manufacturing Engineers, 1995.

[3] E. P. DeGarmo, J. T. Black, R. A. Kohser, *Materials and processes in manufacturing*. 9. ed. John Wiley & Sons, 2003.

[4] C. H. Ahrens, N. Volpato, Ferramental rápido. *In*: N. Volpato (ed.). *Prototipagem rápida: tecnologias e aplicações*. São Paulo: Edgard Blücher, 2007, p. 163-193.

[5] R. B. Gomide, Fabricação de componentes injetados com uso de insertos de resina termofixa produzidos por estereolitografia. Dissertação (Mestrado) – Universidade Federal de Santa Catarina – UFSC, Florianópolis, 2000.

[6] I. Campbell, O. Diegel, R. Huff, J. Kowen, T. Wohlers, *Wholers Report 2023 3D Printing and Additive Manufacturing Global State of the Industry*. Washington, DC, 2023.

[7] S. Hoile, T. Rayment, P. S. Grant, A. D. Roche, Oxide formation in the Sprayform Tool Process. *Materials Science and Engineering: A*, v. 383, n. 1 SPEC. ISS., p. 50-57, 2004.

[8] T. Wohlers, *Tooling Options, Wohlers Report, 2015*. [Online]. Disponível em: https://wohlersassociates.com/wp-content/uploads/2022/08/tooling2015.pdf. Acesso em: 29 jul. 2023.

[9] RePliForm, Inc. Disponível em: https://repliforminc.com/. Acesso em: 31 jul. 2015.

[10] Solidscape, Inc. Disponível em: https://www.solidscape.com/. Acesso em: 31 jul. 2023.

[11] Envisiontec, LLC. Disponível em: https://etec.desktopmetal.com/. Acesso em: 31 jul. 2023.

[12] P. D. Hilton, P. F. Jacobs, *Rapid tooling: technologies and industrial applications*. CRC Press, 2000.

[13] D. A. Grellmann, *Utilização das tecnologias de estereolitografia e microfusão para aplicações em prototipagem rápida e ferramental rápido*. Dissertação (Mestrado) – Universidade Federal de Santa Catarina (UFSC), Florianópolis, 2001.

[14] VoxelJet AG. *White paper: high-precision models for lost-wax casting*, 2012. Disponível em: https://pdf.directindustry.com/pdf/voxeljet/investment-casting/71477-739963.html. Acesso em: 24 out. 2024.

[15] EOS GmbH. *PrimeCast 101 PS*, 2010. [Online]. Disponível em: www.materialdatacenter.com. Acesso em: 24 out. 2024.

[16] 3D Systems Inc. *CastFormTM PS plastic for use with all selective laser sintering (SLS) systems*, 2007. [Online]. Disponível em: www.3dsystems.com. Acesso em: 24 out. 2024.

[17] VoxelJet AG, Disponível em: https://www.voxeljet.com/. Acesso em: 31 jul. 2023.

[18] ExOne. Disponível em: https://www.exone.com/. Acesso em: 31 jul. 2015.

[19] P. G. Martinho, P. J. Bártolo, A. S. Pouzada, Hybrid moulds: effect of the moulding blocks on the morphology and dimensional properties. *Rapid Prototyping Journal*, v. 15, n. 1, p. 71-82, 2009.

[20] N. Volpato, D. M. Solis, C. A. Costa, An analysis of Digital ABS as a rapid tooling material for polymer injection moulding. *International Journal of Materials and Product Technology*, v. 52, n. 1-2, p. 3-16, 2016.

[21] A. S. Ribeiro Jr, N. Hopkinson, C. Henrique Ahrens, Thermal effects on stereolithography tools during injection moulding. *Rapid Prototyping Journal*, v. 10, n. 3, p. 176--180, 2004.

[22] P. M. Dickens, Rapid tooling techniques. *In*: *Proceedings of EuroMold*. Frankfurt, Germany, 1999.

[23] N. Hopkinson, P. Dickens, Predicting stereolithography injection mould tool behaviour using models to predict ejection force and tool strength. *International Journal of Production Research*, v. 38, n. 16, p. 3747-3757, 2000.

[24] D. C. Lencina, *Fabricação rápida de ferramentas produzidas por estereolitografia e recobertas com níquel-fósforo depositado por eletroless – com estudos de caso em moldagem de plásticos por injeção e fundição em areia aglomerada por resinas do tipo caixa fria*. Tese (Doutorado) – Universidade Federal de Santa Catarina (UFSC), Florianópolis, 2004.

[25] Stratasys Ltd. Disponível em: www.stratasys.com. Acesso em: 1 abr. 2023.

[26] J. A. Foggiatto, *Utilização do processo de modelagem por fusão e deposição (FDM) na fabricação rápida de insertos para injeção de termoplástico*. Tese (Doutorado) – Universidade Federal de Santa Catarina (UFSC), Florianópolis, 2005.

[27] G. Wu, N. A. Langrana, R. Sadanji, S. Danforth, Solid freeform fabrication of metal components using fused deposition of metals. *Materials & Design*, v. 23, p. 97-105, 2002.

[28] I. Ilyas, C. Taylor, K. Dalgarno, J. Gosden, Design and manufacture of injection mould tool inserts produced using indirect SLS and machining processes. *Rapid Prototyping Journal*, v. 16, n. 6, p. 429-440, 2010.

[29] W. Guilong, Z. Guoqun, L. Huiping, G. Yanjin, Analysis of thermal cycling efficiency and optimal design of heating/cooling systems for rapid heat cycle injection molding process. *Materials & Design*, v. 31, n. 7, p. 3426-3441, 2010.

[30] M. Hall, M. Krystofik, *White Paper Conformal Cooling*, 2015.

[31] Y. Wang, K. M. Yu, C. C. L. Wang, Y. Zhang, Automatic design of conformal cooling circuits for rapid tooling. *CAD Computer Aided Design*, v. 43, n. 8, p. 1001-1010, 2011.

[32] K. M. Au, K. M. Yu, W. K. Chiu, Visibility-based conformal cooling channel generation for rapid tooling. *CAD Computer Aided Design*, v. 43, n. 4, p. 356-373, 2011.

[33] H. S. Park, N. H. Pham, Design of conformal cooling channels for an automotive part. *International Journal of Automotive Technology*, v. 10, n. 1, p. 87-93, 2009.

[34] 3D Systems, *LaserForm® Maraging Steel (A), PN 10115A*, 2017. [Online]. Disponível em: https://www.3dsystems.com/sites/default/files/2017-11/3d-systems-laserform-maraging-steel-%28a%29-datasheet-en-a4-web-2017-11-03.pdf. Acesso em: 30 jul. 2023.

[35] EOS GmbH, *EOS MaragingSteel MS1, Material data sheet*, 2022. [Online]. Disponível em: https://www.eos.info/03_system-related-assets/material-related-contents/metal-materials-and-examples/metal-material-datasheet/werkzeugstahl_ms1_cx/ms1/ms-ms1-m280_m290_400w_material_data_sheet_07-22_en.pdf. Acesso em: 30 jul. 2023.

[36] GE Additive. Disponível em: https://www.ge.com/additive/. Acesso em: 31 jul. 2023.

[37] F. Marin, A. F. de Souza, C. H. Ahrens, L. N. L. de Lacalle, A new hybrid process combining machining and selective laser melting to manufacture an advanced concept of conformal cooling channels for plastic injection molds. *The International Journal of Advanced Manufacturing Technology*, v. 113, n. 5, p. 1561-1576, 2021.

[38] EOS GmbH. Disponível em: https://www.eos.info/en. Acesso em: 31 jul. 2023.

[39] EOS GmbH, *Accelerate production and reduce maintenance: Czech tool manufacturer relies on additive manufacturing for complex customer projects, success story tooling*, 2018. [Online]. Disponível em: https://www.eos.info/01_parts-and-applications/case_studies_applications_parts/_case_studies_pdf/en_cases/cs_m_tooling_innomia_en.pdf. Acesso em: 30 jul. 2023.

[40] G. J. Gibbons, R. G. Hansell, Direct tool steel injection mould inserts through the Arcam EBM free-form fabrication process. *Assembly Automation*, v. 25, n. 4, p. 300-305, 2005.

[41] A. Rochman, A. K. Borg, Rapid manufacturing of corrosion resistant tools using electron beam melting. *In*: *Proceedings of the 6th International PMI Conference*, Guimarães, Portugal, Sep. 2014, p. 317-322.

[42] Z. Zhu, V. G. Dhokia, A. Nassehi, S. T. Newman, A review of hybrid manufacturing processes - State of the art and future perspectives. *International Journal of Computer Integrated Manufacturing*, v. 26, n. 7, p. 596-615, 2013.

[43] Optomec Inc. Disponível em: www.optomec.com. Acesso em: 31 jul. 2023.

[44] DM3D Technology. Disponível em: https://www.dm3dtech.com/. Acesso em: 31 jul. 2023.

[45] Meltio. Disponível em: https://meltio3d.com/. Acesso em: 1 ago. 2023.

CAPÍTULO 14
Potenciais para fabricação final e considerações sobre projeto para AM

Neri Volpato

Jorge Vicente Lopes da Silva (in memoriam)

14.1 INTRODUÇÃO

Cada vez mais os fabricantes de tecnologias de manufatura aditiva (*additive manufacturing* – AM) vêm concentrando esforços no desenvolvimento de processos visando à produção final de produtos, principalmente em resposta às demandas de vários setores que já a incorporam na produção direta de alguns componentes. A utilização da AM na fabricação direta de produto de uso final, fabricação final para ser mais conciso, apresenta novas oportunidades e desafios para a manufatura, com grande potencial para agregar valor aos produtos e componentes, tornando-os mais eficientes, leves, ergonômicos, aptos a atender necessidades específicas etc. Dessa maneira, o aprimoramento e a criação de novos processos e materiais, incluindo os de aplicações estratégicas, têm andado *pari passu* com as aplicações finais. Apenas para se ter uma ideia, o número de materiais metálicos comercialmente disponíveis para os processos de AM cresceu de pouco mais de 400 em 2017 para quase 1.000 em 2021, e a indústria de AM aumentou quase que nove vezes nos últimos dez anos [1]. Esses são dados gerais, mas muito se deve ao alto valor agregado da tecnologia e das novas aplicações finais.

Alguns novos cenários da manufatura também se apresentam e devem ser considerados no processo de desenvolvimento de produtos a serem fabricados por AM. Assim, para as empresas assimilarem essa nova forma de produzir, primeiramente é preciso encorajar os atuais engenheiros e projetistas, bem como os novos técnicos e engenheiros em formação, a entenderem os benefícios estratégicos da AM, a conhecerem as alternativas de tecnologias e materiais, para então poderem projetar adequadamente para tirar proveito delas. Nesse sentido, este capítulo apresenta os principais potenciais da AM para a fabricação de peças de uso final, alguns campos de aplicação, as necessidades e as novas oportunidades em termos de projeto de produto (materiais celulares, otimização topológica etc.) e, então, oferece recomendações gerais sobre projeto para AM (*design for additive manufacturing* – DFAM). Alguns exemplos são apresentados, destacando-se o potencial de utilização de algumas tecnologias para a fabricação final.

14.2 CONSIDERAÇÕES INICIAIS

A utilização da AM na fabricação final chegou a ser chamada na literatura de manufatura rápida (*rapid manufacturing*). No entanto, o termo "rápido" não corresponde à velocidade de fabricação dessas tecnologias e reflete mais o fato de passar rapidamente do projeto (ideia, conceito) de um produto à sua materialização física. Os termos manufatura digital direta (*direct digital manufacturing*) [2] e tecnologia de fabricação direta [3] também são encontrados com esse sentido. Embora contemplem características relevantes como digital e direta, outros processos de fabricação, que não a AM, também se enquadrariam nessas denominações. Nesse sentido, neste capítulo, optou-se por não se utilizar uma nomenclatura específica, pois entende-se que se trata simplesmente da aplicação de um processo de fabricação, no caso a AM, para obter diretamente um componente ou produto que deve atender aos requisitos de projeto e desempenho durante toda a sua vida útil. Assim, resolveu-se tratar essa opção simplesmente como uma aplicação direta da AM na fabricação final de componentes e produtos. Algumas das aplicações em ferramental (Capítulo 13) e na área da saúde (Capítulos 15 e 16) também são consideradas como de uso final, mas foram tratadas separadamente neste livro por questões didáticas e pela relevância desses setores.

Desde o surgimento da AM, mesmo com muitas limitações relacionadas aos materiais e precisões dimensionais, já se cogitava que ela poderia ser utilizada também na produção final. Por exemplo, em 2001, um estudo apontou que o custo equivalente de uma determinada peça de plástico injetada comparada à mesma peça quando fabricada por fotopolimerização em cuba (*vat photopolymerization* – VPP), mais especificamente a estereolitografia (SL), foi atingido com 27 mil peças [4]. Outro estudo semelhante e mais recente comparou o custo entre uma peça (soquete de lâmpada) moldada por injeção e uma fabricada por fusão em leito de pó (*powder bed fusion* – PBF), mais especificamente o processo de sinterização seletiva a *laser* – SLS [5]. Nesse caso, o componente foi reprojetado para ser fabricado pelo processo SLS, e o custo equivalente foi atingido com 87 mil peças para um certo equipamento de AM. O estudo também mostrou que o custo do molde de injeção é responsável pela maior parcela do custo do moldado e, no caso da tecnologia SLS, um terço do custo do componente era atribuído ao material, enquanto o restante era principalmente devido à operação e depreciação do equipamento. Essa realidade não é muito diferente para outras tecnologias de AM. Assim, uma constatação simples desse tipo de estudos é que, abaixo do custo equivalente, a AM pode ser considerada como opção de processo de fabricação final, conforme apresentado esquematicamente na Figura 14.1a.

Cabe destacar também que, com os processos tradicionais, a complexidade geométrica tem um peso considerável nos custos de produção de componentes, pois observa-se que existe uma relação direta entre os dois (Figura 14.1a) [6]. Assim, conforme a complexidade aumenta, também existe um custo equivalente a partir do qual a AM passa a ser mais viável economicamente. A complexidade geométrica pode até levar à inviabilidade da aplicação das tecnologias tradicionais, tornando a AM a única alternativa viável de produção. Portanto, explorar de maneira adequada esse universo de novas possibilidades que a AM oferece passa a ser fator crucial na estratégia das empresas. Outro ponto a observar em casos de produção em baixa escala é que o custo inicial relativo ao refinamento do *design* e do processo para se atender a qualidade desejada do componente, presente tanto em um processo tradicional quanto por AM, deve ser diluído pelo número de peças pretendidas. Quanto menor a previsão de produção, maior é o impacto dessa parcela no custo unitário do componente. No entanto, o custo desse refinamento é bem menor com a AM, pois ocorre sem implicar em alteração de ferramental.

Vale ainda ressaltar que o gráfico da Figura 14.1a é válido se for assumido que a capacidade do equipamento de AM a ser utilizado atende a previsão de produção da empresa em determinado intervalo de tempo, caso contrário, mais máquinas devem ser adicionadas ao chão de fábrica. Nesse cenário, o custo unitário dos componentes produzidos vai subir a cada novo equipamento adquirido (Figura 14.1b).

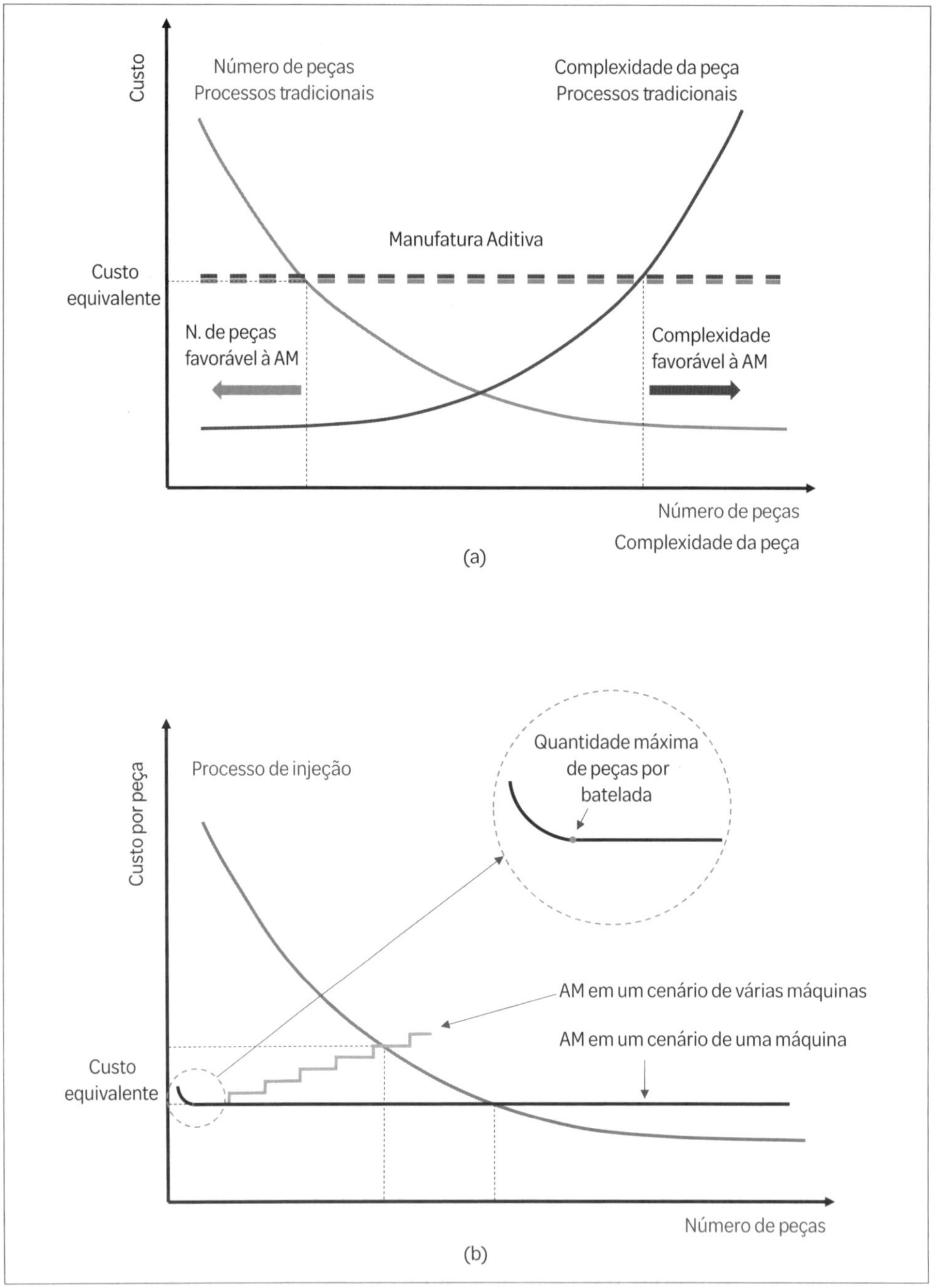

Figura 14.1 Representação do custo em função do número e da complexidade das peças de acordo com o processo de fabricação (AM e tradicional) [7] (a) e custo considerando a necessidade de aumentar o número de máquinas para atender a produção (b).

Ainda com relação ao custo de componentes fabricados por AM, apesar de a Figura 14.1a apresentar o custo como independente do número de peças a serem impressas, isso só é válido a partir de uma quantidade máxima que a tecnologia consegue acomodar em sua plataforma em um ciclo de fabricação (*i.e.*, uma batelada do processo). Na verdade, o custo unitário varia para se produzir de uma até essa quantidade máxima de peças por batelada, quando estabiliza (ver destaque da variação do custo por peça com a AM na Figura 14.1b para um número pequeno de peças). Isso porque quanto mais peças se consegue fabricar em uma única batelada, menor o custo unitário. Assim, alguns estudos chamam a atenção para o fato de que é possível reduzir o custo por meio de um planejamento de processo mais otimizado. Por exemplo, um melhor empacotamento das peças na plataforma (mais peças por ciclo do processo) e o ajuste de parâmetros específicos para determinados componentes (Capítulo 5) ajudam a aumentar a competitividade da AM [4] [5] [8] [9]. Obviamente, além do indicador custo, vários outros aspectos devem ser observados nessa análise, como algumas limitações em termos de materiais disponíveis e de características intrínsecas de alguns processos de AM, que serão abordados mais adiante.

Nesse contexto, uma questão inicial relevante é quando, ou em quais cenários, se deve considerar a AM como uma opção de processo para a fabricação final. Os potenciais e as considerações apresentadas nas seções a seguir podem auxiliar nesse entendimento.

14.3 POTENCIAIS DA AM

A AM como princípio de fabricação apresenta potenciais e características que a habilitam a ser empregada em vários setores produtivos, considerando aspectos técnicos, gerenciais, estratégicos, novos mercados etc. Esses potenciais fazem com que a AM tenha uma grande sinergia com os conceitos estabelecidos pela Indústria 4.0, sendo uma tecnologia facilitadora de sua implementação [10].

14.3.1 Agregar valor ao produto

Nem todas as peças são adequadas para serem fabricadas por AM, pois os custos e o tempo associado à fabricação não seriam competitivos [11]. Uma consideração inicial básica é não pensar em fazer as mesmas peças (projetos tradicionais) simplesmente empregando um novo processo de fabricação. Os produtos devem ser pensados ou repensados visando tirar o máximo de benefícios das tecnologias de AM, com a possibilidade de se projetar produtos altamente inovadores, de alto valor agregado, até então impossíveis de serem fabricados pelos processos convencionais. Para tanto, os projetistas devem ser mais imaginativos/criativos e conhecedores das tecnologias disponíveis, mudando de mentalidade (*mindset*) de modo a explorar as vantagens associadas a AM.

Quando se fala em AM, um dos principais potenciais ressaltados é a grande liberdade geométrica oferecida para se explorar formas complexas que, normalmente, eram inviáveis ou impossíveis de serem obtidas por processos tradicionais. No entanto, é claro que esse potencial se sobressai quando os desenvolvedores conseguem agregar valor aos produtos e componentes, tornando-os mais eficientes, mais leves, mais ergonômicos, mais atraentes etc. Ou seja, deve-se buscar a melhor funcionalidade e o melhor *design* estético. Dessa forma, a aplicação da AM na fabricação final pode ser mais facilmente justificada. Em outras palavras, a AM tende a ser vantajosa somente se adicionar valor ao produto [12]. Ressalta-se que novos limites de viabilidade de forma geométrica devem ser estabelecidos pelos projetistas. Alguns exemplos de agregação de valor são encontrados nas seções a seguir.

14.3.2 Manufatura de pequenos lotes

A AM tem grande potencial para competir com os processos tradicionais em setores que trabalham com lotes unitários ou pequenos e que estejam associados a produtos de alto valor agregado. Assim, se a previsão de produção for de lotes pequenos e se determinada tecnologia de AM atende aos requisitos de qualidade e propriedades do material, esta deve passar a ser analisada como uma opção potencial para a fabricação final. Quanto menor a previsão de volume de produção, mais vantajosa é a AM (Figura 14.1). Por outro lado, mesmo lotes maiores, mas de produtos de tamanho pequeno, que ocupam pouco espaço na máquina (permitindo um alto grau de empacotamento 3D na câmara de construção) e consomem pouco material podem se tornar vantajosos para fabricação com a AM.

De grande relevância nesse cenário de pequenos lotes é a vantagem de se ter um meio de produção flexível e independente de ferramental, ou seja, produção sem ferramental (*tool-less production*) [8] [13]. Por exemplo, para se obter retorno financeiro de um molde (injeção, sopro, conformação etc.), é preciso produzir um número elevado de peças. Isso implica que, durante o período de produção, a peça não deve sofrer alterações de projeto, a não ser que se possam assimilar os elevados custos e tempos relativos às alterações, ou mesmo fabricação de outro ferramental. Já com a AM, o projetista tem maior liberdade para realizar adequações mais frequentes dos produtos. As correções e/ou otimização de função, ou ainda de *design*, são facilitadas e, uma vez alterado o modelo geométrico 3D, a produção do novo componente pode ser iniciada imediatamente. Além disso, abre-se a possibilidade de se ter um portfólio com múltiplas versões de um produto.

Outro aspecto vantajoso da não dependência de ferramental é a possibilidade de aplicar o conceito de manufatura distribuída, que implica em produzir os componentes próximos dos clientes, reduzindo custos de logística de distribuição [14] [15]. A AM pode simplificar a cadeia de suprimentos, especialmente quando um processo de importação ou exportação é necessário para o produto chegar ao cliente. Em particular, se os materiais e insumos necessários puderem ser produzidos localmente de forma economicamente viável, reduz-se também o impacto ambiental associado ao não transporte de materiais e componentes manufaturados [14].

Mesmos em setores tradicionais, de alta produção, existem fases do ciclo de vida do produto que exigem produção de uma baixa quantidade de peças. Por exemplo, após descontinuada a produção de determinado produto, existe a necessidade de fornecimento de peças de reposição (*legacy spare parts*). Nesses casos, a armazenagem digital pode ser vista como uma verdadeira revolução oferecida pela AM, pois as peças poderão ser produzidas sob demanda. Isso elimina a necessidade de estoques físicos e os custos para manter o ferramental após cessada a produção normal. Pode-se, então, trabalhar com estoque mínimo (ou zero em alguns casos) para atender a essa demanda, que inclusive se reduz com o passar do tempo. A ideia de se adotar estoque zero ou mínimo pode ser aplicada não somente em peças descontinuadas, mas no caso de produção em pequenos lotes em geral, reduzindo custos de inventários. A produção sob demanda reduz a necessidade de investimento prévio em produção na expectativa de demanda futura.

Por esse conjunto de aspectos, não é exagero afirmar que a AM vem se consolidando como um processo de fabricação disruptivo na produção de pequenos lotes, principalmente na estratégia de empresas inovadoras.

14.3.3 Personalização em massa

Diretamente ligada à liberdade geométrica e à produção de pequenos lotes está a possibilidade de se personalizar produtos. A AM é uma ferramenta estratégica que permite projetar componentes que atendam às necessidades específicas de usuários ou de produtos particulares.

Na área da saúde, a personalização é fundamental para produtos paciente-específicos em que a anatomia e a ergonomia podem ser aplicadas para melhorar o resultado, inclusive com a participação do usuário no *design* do produto. Exemplos nessa linha são próteses e órteses personalizadas, alinhadores ortodônticos e aparelhos auditivos, cuja produção mundial por meio da AM já se tornou uma referência (ver Capítulo 15).

Na engenharia em geral, destaca-se a personalização funcional, com a incorporação de características específicas para um determinado componente ou produto, melhorando a sua funcionalidade e agregando um diferencial competitivo. Um exemplo que se destaca nesse sentido é a inclusão de canais de refrigeração conformais em molde de injeção (ver Capítulo 13), que só foi possível com a AM. Outro exemplo é a obtenção de trocadores de calor mais eficientes, com elevada superfície de troca térmica e projetados especificamente para se encaixar em certos produtos.

Um mercado em alta é a personalização estética, em que se procura atender as expectativas de um cliente em se diferenciar dos outros. Isso é possível criando *kits* de personalização para produtos, nos quais o usuário monta sua configuração particular. Um exemplo é o configurador digital oferecido pela BMW para o cliente personalizar componentes estéticos do modelo Mini, que são impressos, permitindo ao usuário colocar a sua estampa no produto [16]. A AM permite atender a esse mercado reduzindo os custos operacionais relacionados à personalização.

Com o maior envolvimento do usuário nas definições e escolhas, abre-se a possibilidade da customização em massa (*mass customization*) que visa entregar produtos sob medida com custo reduzido [2] [8] [13] [17]. Com a grande liberdade de alteração do *design* do produto e a adequação praticamente instantânea do meio de produção, a AM está contribuindo consideravelmente para viabilizar esse modelo de negócio.

Por fim, produtos que podem se diferenciar pela sua aparência estética, melhorando forma, relevo ou *design*, ou mesmo pela sua personalização, tendem a oferecer um bom resultado com a AM.

14.3.4 Redução de componentes na montagem

No projeto de um produto a ser fabricado por meios tradicionais, muitas vezes o projetista é obrigado a particionar um sistema ou módulo em vários componentes, em função das limitações do processo de fabricação (complexidade geométrica ou de processo). Com a liberdade geométrica oferecida pela AM, o caminho inverso pode ser vantajoso, ou seja, é possível repensar as montagens tradicionais dos produtos, visando reduzir o número de componentes, agrupando-os por meio da integração de suas funções. Essa redução traz vantagens para todo o ciclo de desenvolvimento (do *design* à produção) do produto, contribuindo para a redução geral do custo de manufatura, podendo, inclusive, agregar valor ao produto final. Isso pode ser observado em várias etapas e esferas, por exemplo: menos usinagem de superfícies de montagem; redução dos erros dos processos; redução ou eliminação dos custos com elementos de fixação, vedação, ferramental etc.; redução do tempo e de possíveis erros de montagem; redução de pontos de fragilidade como soldas e montagens; diminuição dos custos com inventário, relativos a gerenciamento da lista de peças, componentes em estoque, peças de reposição etc.; e abreviação de outras complexidades do chão de fábrica [8] [9].

Como um princípio geral, e de acordo com Rosen [9], uma peça pode ser unificada a uma vizinha se elas podem ser fabricadas a partir do mesmo material, se não houver necessidade de movimento relativo entre ambas e se não precisar ser removida para permitir o acesso a uma outra peça. As montagens também podem ser beneficiadas em função da liberdade de se projetar detalhes/alojamentos de mais fácil e rápido encaixe e fixação de outros componentes. Indo mais adiante, não bastaria apenas unir peças, mas repensar e otimizar o projeto, lançando mão da flexibilidade de produção com a AM. A redução do número de peças numa montagem deve, obviamente, considerar as restrições de pós-processamento para operações de acabamento dos componentes (incluindo usinagem, tratamentos térmicos, químicos etc.), que ainda são necessárias, não podendo resultar em uma geometria difícil ou impossível de ser acabada pelos métodos convencionais de produção.

Visando ainda à redução do número de componentes, existem também estudos de projeto e fabricação de mecanismos flexíveis, compostos de uma única peça, contendo regiões de seções mais delgadas que funcionam como dobradiças (deformações elásticas do material), eliminando os pinos de junção entre as barras [18] [19]. Adicionalmente, nos casos em que as aplicações não possuem maiores exigências dimensionais, a AM permite fabricar o conjunto todo montado. Com isso, elimina-se a necessidade de se realizar a própria montagem em uma etapa posterior.

14.3.5 Utilização de estruturas celulares

O custo de fabricação com AM é determinado principalmente pela quantidade de material empregado, que, por sua vez, tem relação direta com o tempo de processamento e a massa final da peça [20]. Nesse sentido, um dos grandes potenciais da AM é permitir fabricar componentes leves e eficientes, com relação ótima entre peso e resistência. Uma alternativa nessa direção é a utilização de estruturas celulares no interior da peça, com células unitárias das mais variadas formas geométricas (cúbicas, diamantes, colmeias, giroides, entre outras), formando estruturas treliçadas (*lattice*), periódicas ou não, baseadas em haste (*strut*), esqueleto (*skeletal*) ou lâmina (*sheet*) [21]. A grande vantagem da AM nessa área está na possibilidade de obter, de forma bastante precisa, a microarquitetura projetada para tais estruturas.

As estruturas celulares podem ser projetadas ou adaptadas para se obter características específicas (mecânicas, térmicas, fluidodinâmicas, acústicas etc.) e têm inúmeras vantagens devido a sua grande área de superfície, baixa massa, estrutura repetida e espaços de poros interconectados abertos. Isso é particularmente útil para vários produtos, como implantes médicos, componentes automotivos e aeroespaciais de elevada resistência mecânica e baixo peso. Além disso, podem proporcionar características positivas em muitas aplicações específicas, como na absorção de energia de maneira controlada (absorção de impactos). Nesse sentido, atualmente é possível projetar estruturas com características bastante peculiares, como as de coeficiente de Poisson negativo (estruturas auxéticas), que permitem uma elevada energia de absorção e resistência à fratura [22]. Estruturas complexas (como as aqui citadas e suas combinações) com diferentes níveis de rigidez podem ser projetadas para compor o material do componente como um todo de modo a se absorver impactos de forma mais distribuída ou, então, permitir diferentes graus de flexibilidade ao longo de um mesmo componente (mais detalhes na Seção 14.3.7). Isolamento térmico (radiadores para gerenciamento térmico) e acústico, filtragem (filtros ou materiais catalisadores), possibilidade de facilitar processos biológicos, como a osteointegração de componentes protéticos, são outras aplicações específicas importantes em que as estruturas celulares trazem inúmeras vantagens.

A Figura 14.2 apresenta exemplos de dois tipos de estruturas celulares em metal que podem ser utilizadas para fazer parte de um componente ou peça, oferecendo alta resistência combinada com redução de massa. A Figura 14.3 mostra um exemplo de geometria do componente que combina funcionalidade com redução de massa. Trata-se de um braço de suspensão de automóvel fabricado diretamente em metal com estruturas celulares variáveis, baseadas em restrição adaptativa. Essas estruturas foram obtidas com base em análise direta por elementos finitos e retorno (*feedback*) de simulação vinculada a parâmetros generativos dinâmicos [23].

(a) (b)

Figura 14.2 Exemplo de duas estruturas celulares em metal obtidas pela tecnologia de PBF da ConceptLaser GmbH.
Fonte: cortesia do CTI Renato Archer.

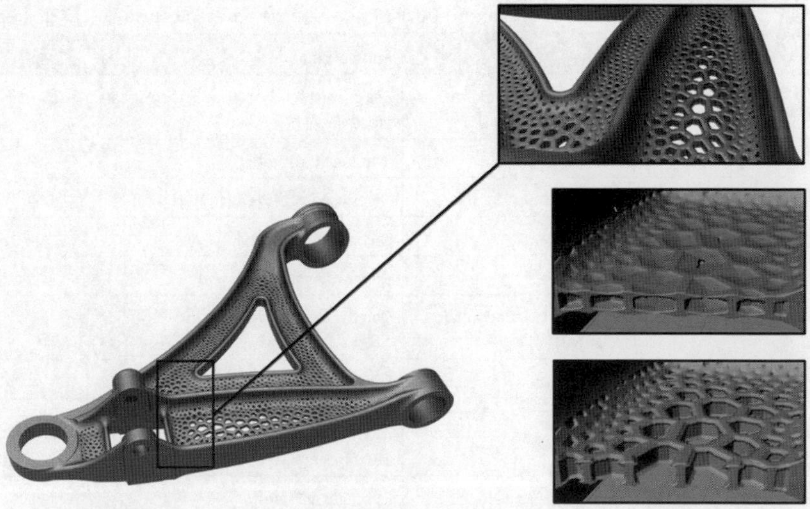

Figura 14.3 Exemplo de concepção estrutural funcional com redução de massa de um braço articulado projetado utilizando o Symvol.
Fonte: cortesia da empresa Uform.

A maioria dos sistemas CAD/CAE do mercado já dispõe de ferramentas que auxiliam o projeto de estruturas celulares, principalmente treliças, permitindo a otimização topológica e o projeto generativo de peças (ver Seção 14.3.6) em função dos carregamentos aos quais as peças estão submetidas (o Quadro 14.1 lista alguns sistemas disponíveis). Algumas estruturas celulares também podem ser obtidas por meio dos parâmetros de processo, isto é, sem a necessidade do seu modelo geométrico CAD. Por essa rota, é possível criar macroporos, controlar seu tamanho, conectividade e gradientes internos e, assim, por exemplo, facilitar ou restringir o fluxo de um fluido pelo interior de uma estrutura porosa (características de porosidade, tortuosidade e permeabilidade) [24] [25].

Quadro 14.1 Lista de alguns *softwares* que oferecem funcionalidades de projeto relevantes para AM [1] [12]

Empresa	Sistema	Funcionalidades
–	Intralattice (Grasshopper)	Estruturas celulares
–	Top3D (MatLab)	Otimização topológica
Altair	Inspire	*Design* generativo; otimização topológica
	OptiStruct	Otimização topológica
Ansys	Additive Suite	Otimização topológica; estruturas celulares
Autodesk	Inventor	Otimização topológica
	Fusion 360 + Netfabb	*Design* generativo; otimização topológica; estruturas celulares
	Autodesk Within	Otimização topológica; estruturas celulares

(continua)

Quadro 14.1 Lista de alguns *softwares* que oferecem funcionalidades de projeto relevantes para AM [1] [12] (*continuação*)

Empresa	Sistema	Funcionalidades
Carbon	ParaMatters CogniCAD	*Design* generativo; otimização topológica; simulação de processos AM
	Design Engine	Estruturas celulares
Dassault	Catia	Otimização topológica
Systèmes	SolidWorks	Otimização topológica
	Tosca	Otimização topológica
	Abaqus Topology Optimization Module (ATOM)	Otimização topológica
Desktop Metal	Live Parts	Design generativo; otimização topológica
Hexagon	MSC Nastran	Otimização topológica
	MSC Apex	*Design* generativo; otimização topológica
Materialise	3-Matic	Estruturas celulares
MathWorks	STL Lattice Generator (MatLab)	Estruturas celulares
nTopology	nTopology	*Design* generativo; otimização topológica; modelagem algorítmica/estruturas celulares
Oqton	3DXpert	*Design* generativo; otimização topológica; modelagem algorítmica/estruturas celulares
PTC	Creo	*Design* generativo; otimização topológica
Siemens	NX	Otimização topológica; estruturas celulares; geração de estruturas de suporte
	Solid Edge	*Design* generativo; otimização topológica
SIMRIGHT	SIMRIGHT (nuvem)	Otimização topológica
UFORM	Symvol (Rhino)	Estruturas celulares e microestruturas

Cada tecnologia de AM deve ser analisada para se avaliar as facilidades e as limitações de se produzir materiais celulares. Detalhes como a necessidade ou não de estruturas de suporte e a facilidade da remoção do material não processado do interior das células, na etapa de pós-processamento, são relevantes para a definição da tecnologia de AM a ser usada.

14.3.6 Aplicação de otimização topológica

Uma alternativa importante na linha de redução de material é buscar maximizar o desempenho de um componente ao mesmo tempo que se busca minimizar seu peso, empregando estruturas leves e com relação ótima entre peso e resistência. Esse problema é tratado como projeto para funcionalidade. Nesse processo, métodos matemáticos podem ser empregados para otimizar tamanho, forma e topologia, empregando-se técnicas de otimização topológica ou *design* generativo.

A otimização topológica tem ganhado muita atenção dos pesquisadores e desenvolvedores de *softwares* na área de projeto, em função do potencial de fabricação oferecido pela AM [9]. A otimização topológica consiste em um método computacional que visa otimizar a distribuição de material em um determinado espaço de projeto em relação às cargas e restrições, maximizando o desempenho do projeto [26] [27]. Ela é aplicada nas fases finais do projeto, quando já se tem uma definição, mesmo que preliminar, da geometria do componente, e visa otimizar a relação entre desempenho estrutural desejado e quantidade de material empregado.

Já o *design* generativo pode ser entendido como um método de criação de múltiplos *designs*, baseado na abordagem evolutiva da natureza, começando com um ou mais *designs* diferentes que evoluem com o tempo para formas mais adequadas às condições dadas. Esse método possui um certo grau de automação e autonomia na evolução das alternativas, que parte dos requisitos estabelecidos e vai desenvolvendo as alternativas com liberdade de forma. Assim, pode ser aplicado nas fases iniciais do projeto, fornecendo ao projetista várias alternativas de projeto, ou seja, não é necessário ter nenhuma geometria prévia para buscar alternativas para o desafio proposto [27].

Ao final do *design* generativo e da otimização topológica, tem-se, geralmente, formas geométricas complexas, orgânicas, podendo envolver também estruturas biomiméticas, similares às formas otimizadas pela natureza. Pode-se, inclusive, combinar o resultado da geometria obtida pela otimização topológica com material celular, visto na seção anterior. Em geral, essas formas geométricas são inviáveis de serem obtidas por processos convencionais de fabricação.

Atualmente, vários sistemas (*softwares*) comerciais (ver Quadro 14.1) já oferecem ferramentas para otimização topológica e *design* generativo. No entanto, é fundamental que os métodos de solução sejam abrangentes e integrem as capacidades e as limitações das tecnologias de AM em questão [9].

Um caso de aplicação que envolveu AM e otimização topológica foi realizado pela divisão espacial da empresa RUAG Space, de Zurique, na Suíça (RSSZ), em parceria com a divisão de desenvolvimento de produtos da Altair Engineering Inc. Desde 2013, a empresa RUAG vem realizando pesquisas sobre como fabricar seus componentes utilizando a AM. Como o peso é um fator determinante no custo do envio de estruturas ao espaço, a otimização topológica torna-se uma importante ferramenta. Esse estudo foi realizado em um suporte da antena de um satélite visando à eliminação de massa, mantendo elevada rigidez. A Figura 14.4 apresenta a geometria original do suporte (a), as etapas de otimização (b, c) e a geometria final otimizada fabricada em alumínio com o equipamento de sinterização direta de metal a *laser* (DMLS) EOS M 400 (d), da EOS GmbH. O componente tem uma altura de 400 mm e, nesse estudo, foram utilizadas sobretudo as ferramentas HyperWorks e OptiStruct da Altair. A principal vantagem foi produzir um componente equivalente ao original com a redução da metade do peso no componente final [28].

Acesse a versão colorida da figura pelo QR Code.

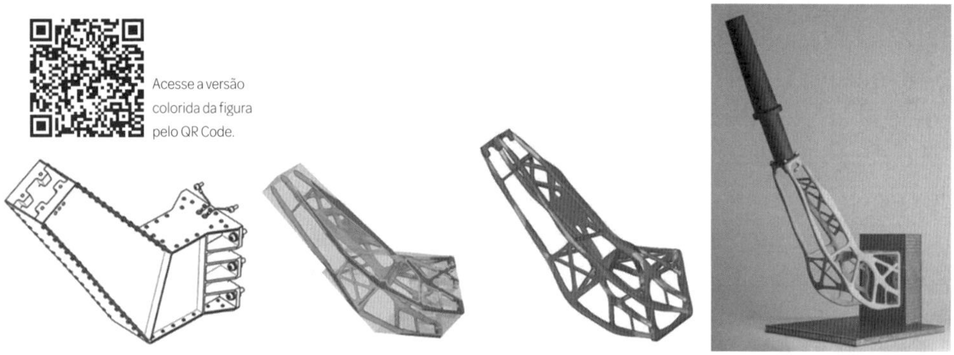

Figura 14.4 Exemplo de otimização topológica de uma antena de satélite – partindo da geometria tradicional e chegando à forma otimizada e fabricada.
Fonte: cortesia da empresa RUAG.

14.3.7 Aplicação do conceito de materiais com gradação funcional (FGM)

Alguns novos conceitos, que podem adicionar um grande diferencial para determinados componentes, surgiram com a AM. Algumas tecnologias de AM permitem o emprego de mais de um material na mesma peça. Uma aplicação básica é permitir que dois ou mais materiais sejam depositados em domínios distintos do componente. Isso permite, por exemplo, imprimir uma peça polimérica rígida contendo regiões específicas com elastômeros, mais flexíveis, para facilitar o manuseio.

Além disso, algumas tecnologias oferecem a possibilidade de misturar os materiais. Nesse sentido, torna-se necessário considerar no projeto a ideia do *maxel* (*material element*), que tem origem na analogia de um determinado tipo de material ao conceito de *voxel* (*volume element* – elemento de volume), que, por sua vez, corresponde à dimensão de profundidade ou espessura de um *pixel* (*picture element*, em 2D), utilizado nas tecnologias de computação gráfica [29]. O *maxel* permite a indicação de um material, ou propriedade específica, em cada região específica no interior de um modelo geométrico 3D, permitindo assim mapear o volume da peça e, com isso, planejar as propriedades ou características de determinadas regiões. Com isso, os modelos podem acomodar a indicação de cor, textura, multimateriais e o planejamento de propriedades em regiões específicas, como dureza, porosidade, resistência a tração etc. Surge, assim, o conceito de materiais com gradação funcional (*functionally graded materials* – FGM) [8] [30] [31]. A Figura 14.10

representa esquematicamente a ideia de um FGM em que se pode observar, no topo da figura, a presença de um material A (ou microestrutura A), uma transição gradativa entre os materiais (ou suas microestruturas), até se chegar ao material B (ou microestrutura B). Peças com gradação de materiais possibilitam o planejamento das suas propriedades mecânicas em suas diferentes regiões e direções.

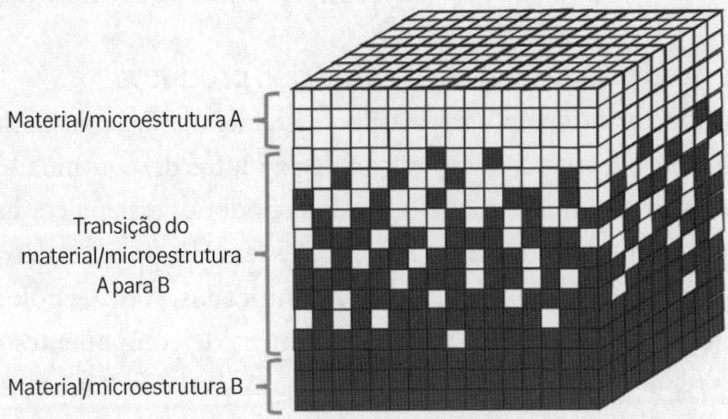

Figura 14.5 Conceito esquemático de material com gradação funcional (FGM).
Fonte: baseada em Erasenthiran e Beal [30].

Jateamento de material (*material jetting* – MJT), PBF e deposição com energia direcionada (*directed energy deposition* – DED) são algumas das tecnologias que podem utilizar o conceito de FGM. No caso de polímeros, as tecnologias de MJT, além de poderem imprimir materiais diferentes em domínios distintos, permitem alterar a composição (mistura) do seu material em todas as direções de fabricação, como apresentado no Capítulo 4. No caso dos metais, as tecnologias que permitem variar a composição do material ao longo da peça são as de DED (Capítulos 7 e 8). No entanto, a maioria das tecnologias de metais permite variar a microestrutura do material, principalmente pela modulação de parâmetros de processo (por exemplo, velocidade do *laser* ou feixe de elétrons, distâncias entre linhas de varredura etc.) e pelo rápido aquecimento e resfriamento do material [9], uma área extremamente promissora e foco de pesquisas atualmente.

Observa-se, então, que, para algumas tecnologias de AM, cada vez mais a configuração espacial do(s) material(is) que compõe(m) uma peça (detalhando a localização, sua composição e suas microestruturas) também deve fazer parte do desenvolvimento do seu projeto.

Por fim, ainda em estágios iniciais de desenvolvimento, estão os materiais que podem ser programados para, por meio de um estímulo externo (por exemplo, luz, calor, umidade, campo magnético, outro), se deformarem e assumirem uma forma geométrica previamente definida. Esses materiais possuem memória de forma. Essa área vem sendo denominada impressão 4D, em que a quarta dimensão é o tempo, quando o material é submetido ao estímulo externo. As aplicações práticas estão se concentrando em sensores, mecanismos e atuadores sem necessidade de motores elétricos ou outro tipo de energia, entre outras. A área da saúde vem impulsionando várias pesquisas nessa linha [32], como aplicações em *stents* vasculares.

14.3.8 Sustentabilidade do ciclo de vida dos produtos

A AM pode impactar também vários aspectos relacionados à sustentabilidade de um produto. No caso de peças de reposição de produtos descontinuados, comentado anteriormente, está implícito que o produto poderá permanecer em funcionamento por mais tempo, prolongando sua obsolescência e possível descarte. A possibilidade de reparar peças desgastadas ou danificadas com tecnologias do tipo DED, por exemplo, pode reduzir também o número de componentes descartados, uma vez que o reparo dessas peças pode tornar-se viável economicamente.

A redução de material para produzir um componente é também ressaltada como um dos impactos positivos da AM, quando comparado a um processo convencional, como os de remoção de material. Isso porque a AM adiciona a quantidade de material referente ao volume final da peça ou muito próxima desse (além das estruturas de suporte, se elas forem necessárias). Adicionalmente, por meio de técnicas de *design* generativo, otimização estrutural e do emprego de estruturas celulares, anteriormente apresentados, pode-se reduzir a quantidade de material utilizado nos componentes. A quantidade de energia utilizada nos processos é também um ponto positivo da AM quando comparada com as técnicas convencionais. Por exemplo, nos processos de usinagem de material metálico, é necessário fundir o material em lingotes (*blankets*), gerar as pré-formas (perfilados) e, então, retirar material (os cavacos) para se chegar na forma final da peça. Os cavacos são então refundidos para formar novos lingotes, e assim por diante, utilizando energia intensamente. No caso da AM, o material metálico é normalmente obtido a partir de pó ou arame e é utilizado no processo somente nos pontos onde é necessário, por uma ação seletiva, por exemplo, de um *laser*, o que reduz a utilização de energia e o impacto ambiental.

Além do menor impacto durante a fabricação, pode-se ter resultados positivos durante toda a vida do componente. É o caso, por exemplo, de peças de aeronaves projetadas com estruturas mais leves, que reduzem o consumo de combustíveis e, portanto, as emissões decorrentes de sua operação. Como já citado, a liberdade geométrica permite desenvolver projeto de componentes mais eficientes (por exemplo, os queimadores de combustíveis), gerando um menor impacto ambiental.

Por fim, algumas tecnologias de impressão 3D permitem utilizar matérias-primas recicladas, caso de alguns materiais poliméricos, contribuindo para a implementação de conceitos de economia circular.

14.4 RESTRIÇÕES, LIMITAÇÕES E DESAFIOS DA AM

Como visto, o potencial da AM é grande para fabricação final, mas é importante identificar restrições, limitações e desafios para que seja empregada da melhor forma. À visão geral aqui apresentada é fundamental somar os potenciais e as limitações de cada tecnologia de AM, a partir da leitura dos respectivos capítulos deste livro.

14.4.1 Materiais

Uma restrição importante a ser considerada é a disponibilidade de materiais na tecnologia de AM escolhida. O número de materiais oferecidos no mercado cresceu muito nos últimos dez anos, mas ainda não é comparável aos disponíveis para os processos tradicionais. Adicionalmente, os materiais podem apresentar propriedades inferiores àqueles disponibilizados para a manufatura convencional, decorrentes de sua própria composição ou do processamento por AM, que geralmente irá produzir um material anisotrópico.

Ainda nessa linha, um dos grandes desafios em cada tecnologia de AM é a necessidade de uma melhor caracterização dos materiais disponíveis. Por exemplo, na área automobilística, é geralmente necessário conhecer as propriedades mecânicas dos materiais numa faixa de –40 °C a 140 °C, em diferentes níveis de umidade e por um tempo prolongado (como testes de envelhecimento do material [6]). Dessa forma, torna-se necessário um grande esforço e investimento para se obter todas as informações relevantes dos materiais, para que haja um maior entendimento e facilite sua escolha pelos projetistas.

Nesse sentido, apesar de ter sido ressaltado o potencial para produzir peças de reposição (*spare parts*) em seção anterior, adequar um projeto tradicional ao processo de AM implica tempo e custo, envolvendo o desenvolvimento do processo e até a recertificação na área de uso, os quais são comuns, por exemplo, na aeroespacial, automobilística, petróleo e gás, médica etc. Na montagem de um armazém digital, é necessário guardar, além da geometria das peças, os materiais e equipamentos homologados, bem como todos os parâmetros de processo previamente definidos para a fabricação dos componentes. Essas informações devem fazer parte do que se tem denominado de passaporte digital do produto [33].

Na adequação das peças para a AM, o investimento no projeto e o custo unitário por peça vão variar de acordo com o grau de liberdade de alteração do projeto de cada caso. Se a geometria original da peça não pode ser alterada, o custo unitário deve ser maior, pois provavelmente mais material do que o necessário será empregado. Se houver liberdade de reprojetar o componente considerando a tecnologia de AM a ser empregada, isso permitirá reduzir a quantidade de material e o custo unitário, deixando a AM mais competitiva. Isso, no entanto, com potenciais maiores custos de reprojeto e recertificação. Se houver a liberdade funcional de repensar o produto como um todo (conjunto de peças), o custo unitário pode ser ainda mais reduzido, por exemplo, pela otimização e redução do número de componentes. Diegel [12] define esses três cenários para o uso da AM como sendo o de reposição direta de peça, adaptação para AM e DFAM. Em todos esses, serão necessários investimentos para validar e aprovar os componentes impressos (material e propriedades mecânicas obtidas), para que possa ser aplicado no produto original.

Ainda em relação à qualidade dos materiais processados, existe uma necessidade geral quanto à confiabilidade dos processos. Vários esforços estão sendo feitos nesse sentido, visando monitorar o processo em tempo real para garantir a reprodutibilidade e a repetibilidade dos componentes fabricados [34] [35]. Atualmente, padrões internacionais estão em processo de discussão, e os equipamentos mais modernos, em especial os de PBF metálico, já incorporam sistemas de monitoramento durante toda a produção por meio de vídeos e câmeras que detectam condições anormais de processo, como falhas na alimentação de materiais e qualidade da fusão do material.

No caso de se optar por empregar os materiais celulares fabricados por AM, uma das preocupações é com a sua integridade estrutural, garantindo que seu comportamento seja conforme o definido em projeto [21].

Somado a isso, vale lembrar que os materiais para tecnologias de AM possuem, em geral, um custo bem mais elevado do que os utilizados como matéria-prima nos processos convencionais, tanto para materiais de mesma composição química quanto para os similares. Com o advento de plataformas abertas, que não demandam materiais dedicados a um equipamento ou processo proprietário, o custo de alguns materiais para a AM reduziu consideravelmente, em função sobretudo da maior concorrência no setor.

14.4.2 Processo lento

A fabricação por AM é considerada lenta e, em geral, para lotes maiores, torna-se mais cara que os processos tradicionais, sendo, então, mais competitiva para lotes menores ou unitários (Figura 14.1). Nesse sentido, um dos desafios de algumas tecnologias tem sido procurar a redução do tempo de fabricação e, por consequência, o seu custo. Alguns processos das tecnologias de VPP por projeção de imagem (Capítulo 2), jateamento de aglutinante (*binder jetting* – BJT) para metais (Capítulo 4) e PBF, onde se funde a camada completa por irradiação (Capítulo 5), se concentraram na redução do tempo de fabricação para, assim, ampliar a viabilidade da fabricação final por AM.

14.4.3 Precisão e acabamento

A precisão e o acabamento superficiais das peças obtidas por processos de AM são inferiores aos de alguns processos tradicionais, como a injeção e a usinagem, por exemplo. Essas características variam não somente em função da tecnologia utilizada, dos materiais e dos parâmetros de processo, mas também diferem nas três direções de fabricação (X, Y e Z; mais detalhes no Capítulo 5). A precisão dimensional dos componentes também é afetada por distorções e empenamentos dos materiais que podem decorrer da natureza térmica/química/metalúrgica de alguns processos.

Assim, os requisitos de regiões críticas de um componente, consideradas funcionais (superfícies de vedação, de montagem, deslizamento etc.), geralmente não conseguem ser atendidos diretamente pela AM. Portanto, para essas regiões, pode-se afirmar que a AM é um processo de fabricação que entrega uma “pré-forma” de qualidade. Em outras palavras, é necessário prever o projeto de material adicional (sobrematerial, conceito de *near net shape*) para posterior acabamento nessas regiões. No entanto, este será em menor quantidade se comparado a processos tradicionais de fundição ou forjamento, por exemplo.

14.4.4 Sistemas CAD

Outro desafio para aproveitar plenamente as vantagens da AM como processo de fabricação é superar as limitações dos sistemas CAD 3D. A grande maioria dos modeladores CAD foi desenvolvida considerando processos convencionais de fabricação, optando por soluções mais fáceis para o usuário, por exemplo, com a utilização de modelagem por *features* (padronização das características ou detalhes de projeto) e o uso dos modeladores sólidos, em vez de superfícies. Essa abordagem facilita a modelagem de componentes prismáticos, mas dificulta a captura das intenções do projetista quando o objetivo é trabalhar com formas mais orgânicas. Existem sistemas CAD com modeladores geométricos com potenciais para oferecer essa liberdade, mas são geralmente mais caros e complicados de utilizar, exigindo muito mais horas de treinamento.

A maioria dos sistemas CAD tradicionais apresentam dificuldades em modelar materiais celulares em função da quantidade de entidades geométricas geradas, deixando os modelos nativos pesados computacionalmente e, às vezes, impraticáveis de serem manipulados em computadores de menor capacidade computacional. Nesse sentido, percebe-se um número crescente de ferramentas de modelagem específicas desenvolvidas para permitir a criação de estruturas celulares no interior das peças em diferentes níveis. Geralmente, elas possuem uma integração parcial com os CAD convencionais. Exemplos dessas ferramentas podem ser encontrados no Quadro 14.1. Novas alternativas, como a representação por funções implícitas, estão sendo desenvolvidas para esse fim e oferecem vantagens em relação às abordagens convencionais [36].

O desafio é ainda maior quando se trata de FGM, em que há a necessidade de projetar a configuração do material descrevendo a sua variação no interior de um componente. Os modeladores geométricos que utilizam *boundary representation* (B-Rep) ou *constructive solid geometry* (CSG) modelam somente a superfície do componente, ou seja, a sua casca, e não o seu interior [37].

As dificuldades apresentadas pelos sistemas de modelagem CAD tradicionais criam um gargalo para o processo de fabricação por AM, pois o tempo de modelagem 3D de algumas peças complexas pode exceder o tempo de fabricação do componente [6]. As empresas desenvolvedoras de ferramentas de modelagem CAD têm buscado se adequar às novas exigências, seja atualizando seus núcleos matemáticos ou adicionando programas específicos (*plug-in*) para complementar as suas potencialidades (ver Quadro 14.1).

14.4.5 Formatos de malha 3D

Apesar de o formato STL (*STereoLithography format*) ser amplamente utilizado como o padrão *de facto*, alguns problemas são observados. Um em particular é a impossibilidade de representar o material no seu modelo geométrico 3D, ou seja, configurar o material no interior do componente. Nesse sentido, houve um avanço com o advento do formato AMF (*additive manufacturing format* – ISO/ASTM 52915:2016(E) [38]) e, mais recentemente, com o formato 3MF (3D *manufacturing format*), descritos no Capítulo 9. Além de mais robustos e compactos, eles possibilitam incluir em sua estrutura de dados o projeto do material ao longo do interior da peça (incluindo variação de composição e estruturas celulares).

A adoção mais intensa dos novos formatos de malha 3D será uma questão de tempo e das necessidades específicas de cada tecnologia e cada projeto. Isso porque, para muitas aplicações e tecnologias, a simplicidade da representação STL atende perfeitamente, sem grandes restrições e limitações. Sendo assim, é provável a coexistência de mais de um formato de malha no mundo da AM.

14.4.6 Formação de profissionais em AM e normas internacionais

Grande parte dos profissionais de desenvolvimento de produtos (*designers* e engenheiros) atuando hoje nas empresas não possuem formação em AM e não estão habilitados para projetar um componente visando sua fabricação por AM. Esses profissionais foram formados em desenvolver projetos com uma série de restrições advindas dos processos de fabricação tradicionais, e isso leva à escolha de geometrias mais "simples", factíveis para esses processos.

Os currículos dos cursos de formação técnica estão se atualizando e incorporando cada vez mais as tecnologias de AM e as ferramentas de auxílio ao projeto, mas isso leva algum tempo para se disseminar nas empresas. Há, então, a necessidade de reciclar os profissionais mais experientes. Cursos de formação específicos ou de pós-graduação são possibilidades que podem agilizar esse processo.

A falta de normas que auxiliam o projeto de componentes para AM também é uma dificuldade na área, para dar mais segurança aos projetistas. Nesse sentido, a ASTM International (American Society for Testing and Materials) e a ISO (International Organization for Standardization) estabeleceram parceria para a definição de padrões e guias gerais para projeto para AM (DFAM) e também de projetos específicos para cada tecnologia. Segundo Rosen [9], as tecnologias de PBF seriam as primeiras a dispor de normas sobre DFAM. Nesse sentido, atualmente, algumas normas estão sendo propostas para atender o DFAM e algumas já foram publicadas e disponibilizadas como resultados do comitê ISO/TC 261/JG 54 – *Joint ISO/TC 261-ASTM F 42 Group*: *fundamentals of design*, coordenado pelo Dr. David Rosen. As seguintes normas já estão disponíveis mundialmente: *ISO/ASTM 52910:2018 – Additive manufacturing – Design – Requirements, guidelines and recommendations*; *ISO/ASTM 52911-1:2019 – Additive manufacturing – Design – Part 1: Laser-based powder bed fusion of metals*; *ISO/ASTM 52911-2:2019 Additive manufacturing – Design – Part 2: Laser-based powder bed fusion of polymers*; e *ISO/ASTM TR 52912:2020 – Additive manufacturing – Design – Functionally graded additive manufacturing.*

14.5 PROJETO PARA AM (DFAM)

Uma vez assimilado o grande potencial oferecido pela AM, suas limitações gerais e específicas (discutidas ao longo deste e dos demais capítulos), o desafio é projetar um componente que atenda todos os requisitos funcionais e tenha a forma mais apropriada para ser fabricado por AM.

Todo projeto de produto possui restrições impostas pelos meios de fabricação e, assim, os projetistas procuram sempre ajustar os componentes aos meios de fabricação disponíveis, de forma a torná-los viáveis, com o menor custo possível. Essa abordagem é conhecida como projeto para manufatura (*design for manufacturing* –

DFM) [4], e não é diferente em se tratando de AM. No entanto, como existem variações consideráveis entre as tecnologias de AM, a primeira grande recomendação é que o projeto de uma peça ou componente para aplicação final deve ser específico, levando em consideração as características de cada tecnologia e material utilizado. Deve-se, assim, pensar em projeto para tecnologia de extrusão de material (*material extrusion* – MEX: DF-MEX, DF-FDM etc.), projeto para PBF (DF-PBF, DF-SLS, DF-SLM etc.) e assim por diante para as demais tecnologias.

Nesse contexto, não é o objetivo deste capítulo tratar de recomendações específicas e pormenorizadas de projeto para cada tecnologia de AM. Optou-se, então, por apresentar recomendações de cunho geral, que envolvem considerações relativas a anisotropia, orientação de fabricação, redução da quantidade de material, liberdade geométrica, unificação visando reduzir o número de componentes etc. O Quadro 14.2 sumariza os princípios gerais para auxiliar na realização de um DFAM discutidos nesta seção, e o Quadro 14.3 apresenta as sete regras gerais de DFAM elaborada por Diegel [12]. No entanto, é altamente recomendável que as normas ISO, anteriormente mencionadas, possam ser estudadas e consultadas nos projetos para AM. Adicionalmente, em complementação às aqui ressaltadas, recomenda-se sempre seguir as orientações específicas de projeto de cada fabricante para determinada máquina e material.

Quadro 14.2 Sumário dos princípios gerais do DFAM

Princípios	Observações
Perguntar se a AM é o melhor processo para a peça em questão.	Produtos e componentes comuns ou ordinários normalmente são mais vantajosos por processos tradicionais.
Desconsiderar as restrições tradicionais de projeto mecânico.	Como a produção não irá envolver ferramental, pode-se, por exemplo, utilizar regiões negativas (*undercuts*) se estas forem úteis para a função do componente. Adicionalmente, não há restrição às mudanças geométricas nos produtos ao longo da sua vida; assim; mudanças e melhorias não são mais um problema.
Considerar características específicas e as restrições da tecnologia de AM escolhida (DF-MEX, DF-FDM, DF-PBF, DF-SLS, DF-SLM etc.).	Como as dimensões mínimas de paredes, furos e rasgos dependem da tecnologia, da orientação, do material e até do volume de material da região da peça, o dimensionamento deve ser adequado a cada tecnologia. Em geral, deve-se evitar variações de espessura de parede na maioria das tecnologias. Em regiões funcionais da peça que precisam ser acabadas (usinadas) posteriormente, é necessário adicionar sobrematerial para acabamento.
Considerar a anisotropia e as limitações quanto aos materiais disponíveis para a tecnologia de AM escolhida.	A anisotropia e as características específicas de cada material e processo devem ser consideradas, pois detalhes ou regiões da peça que suportarão maiores solicitações devem ser reforçados com um dimensionamento local específico.
Considerar a orientação de fabricação no projeto do componente (em um projeto novo, a orientação de fabricação não deve ser definida depois do produto projetado).	Além da anisotropia do material, a precisão e o acabamento superficial do processo de AM variam nas três direções de fabricação da peça. Assim, elas devem ser consideradas no dimensionamento do componente e de suas características (*features*) mais críticas. Adicionalmente, a necessidade ou não de estruturas de suporte pode ser definida por uma decisão mais apropriada sobre a orientação e por um projeto adequado do componente.

(*continua*)

Quadro 14.2 Sumário dos princípios gerais do DFAM *(continuação)*

Princípios	Observações
Tirar vantagem da liberdade geométrica oferecida pelas tecnologias de AM para agregar valor ao produto.	Deve-se aproveitar para criar produtos (*design*) com formas livres (*freeform*) e geometrias complexas que agreguem maior valor ao produto, como funcionalidade e estética, além de reduzir o peso e o custo de produção. Considerar individualização/customização do produto. Aumentar o portfólio de produtos. Não há aumento de custo em tornar o seu projeto/produto mais bonito e atraente.
Optar pela melhor solução de projeto combinando *design* e função.	Com menos limitações geométricas, é possível otimizar o *design* de um produto, levando em consideração a função e a aplicação dos componentes demandados. O objetivo pode ser o da máxima eficiência no funcionamento de cada componente.
Reduzir material da peça e das estruturas de suporte (se a tecnologia utilizada exigir).	É fundamental otimizar topologicamente o projeto para a máxima resistência e o mínimo peso, empregando quantidade mínima possível de matéria-prima. Do mesmo modo, definir geometrias da peça que eliminem ou minimizem a necessidade de estruturas de suporte. Ainda, recomenda-se reduzir a peça a somente aquelas *features* que tenham uma função.
Utilizar estruturas celulares para redução de peso, materiais e ganho estrutural.	As estruturas vazadas ou ocas (*hollow*), tipo colmeias, treliças, ou orgânicas podem ser utilizadas para reduzir a massa do componente projetado.
Reduzir o número de componentes na montagem de um produto por meio da integração das funções.	A redução de componentes apresenta várias vantagens, entre elas a diminuição do tempo de montagem e de possíveis erros e fragilidades dessa etapa.

Quadro 14.3 Regras gerais para DFAM [12]

1. As recomendações de *design* das *features* dependem da tecnologia de AM e de cada situação/característica geométrica da peça.	As dimensões mínimas de paredes, furos e rasgos dependem da orientação e do material, mas também do volume de material da peça na região em análise. O mesmo conceito serve para a folga projetada entre peças móveis. A definição adequada vem com a experiência do usuário com o processo.
2. É vantajoso utilizar a AM para a peça em análise?	A AM deve ser utilizada para produção final se a peça não puder ser fabricada facilmente (a um custo menor) por outra tecnologia.
3. Não há aumento de custo em tornar o seu projeto/produto mais bonito e atraente.	A liberdade geométrica oferecida pelas tecnologias de AM não aumenta o custo de fabricação e permite escolher praticamente qualquer forma. Isso deve ser utilizado para agregar valor ao produto e deixá-lo, por exemplo, mais atraente.
4. Arredonde todos os cantos da peça.	Os cantos vivos internos causam concentração de tensão, que podem afetar a resistência do componente. Os cantos vivos externos podem ser desconfortáveis e menos ergonômicos.
5. Não se pode projetar para AM sem pensar na orientação de impressão.	A qualidade de uma peça depende da orientação de fabricação. A direção da anisotropia do material está relacionada diretamente com a direção de fabricação. Assim, os detalhes ou regiões da peça que suportarão maiores solicitações devem ser posicionados na horizontal ou reforçados, se não for possível essa orientação. A orientação afeta o custo devido ao número de camadas.
6. Projete para minimizar grandes massas de material.	Mantenha as espessuras constantes, evitando grandes massas de material. Material desnecessário aumenta custo, gera tensões residuais – mais estruturas de suporte e tratamento térmico são necessárias e, geralmente, não agrega valor de engenharia. Reduzir a peça a somente àquelas *features* que tenham uma função estabelecida.
7. Projete para minimizar a quantidade de material de suporte.	As estruturas de suporte afetam a qualidade da peça e o custo de fabricação e de pós-processamento. Analise a quantidade de suporte necessária com *softwares* específicos. Considere substituir as estruturas de suportes por detalhes permanentes. Considere alterar o ângulo dos detalhes (*features*) que requerem suporte.

14.6 CASOS DE APLICAÇÃO

A aplicação direta na fabricação final já é realidade em alguns setores, com previsão de lotes pequenos e de alto valor agregado, como: aeroespacial, automobilístico (esportivo e veículos especiais, customizados), ferramental, saúde, artes, joalheria, museus/arquitetura, componentes de máquinas de AM, entre outros. Além dos exemplos apresentados ao final deste capítulo, vários outros podem ser encontrados nos demais capítulos deste livro que apresentam as tecnologias específicas. Alguns casos de aplicação de componentes produzidos diretamente por AM foram selecionados como forma de exemplificar a realidade atual.

Os fabricantes de máquinas e equipamentos sempre enfrentam o desafio de reduzir os custos decorrentes do emprego de vários componentes internos, que tradicionalmente exigem ferramental (por exemplo, moldes de injeção). A redução do custo desse ferramental pode ser atingida utilizando-se a AM para produzir esses componentes com qualidade e curto prazo. Um exemplo dessa aplicação é o caso da impressora 3D H350 da Stratasys, que contém trinta peças em PA11 na sua montagem (Figura 14.6). Para garantir as propriedades mecânicas e a repetibilidade necessárias, a empresa recorreu à tecnologia de PBF, denominada SAF™ (*Selective Absorption Fusion*), do próprio equipamento H350 para essa produção. A empresa destaca os benefícios das menores restrições de *design* e do menor prazo de fabricação. Como não houve o desenvolvimento de ferramental, a equipe teve mais tempo para trabalhar na otimização dos componentes. Assim, é possível incorporar diversas alterações e melhorias para maximizar o desempenho das suas funções. Outras empresas de equipamentos de AM também lançam mão desses recursos de projetar e produzir internamente as peças para seus equipamentos.

A caixa do console central do carro conceito LQ da Toyota foi projetada e fabricada pela FIT AG considerando os conceitos de projeto para manufatura para a tecnologia de PBF de material polimérico. O projeto aplicou a proposta de estruturas vazadas e com reforços internos por barras, de acordo com as cargas previstas para o componente (Figura 14.10). Em função do tamanho (1.200 mm × 250 mm × 480 mm), o console foi dividido em oito partes fabricadas em uma única batelada (processo único de impressão). O equipamento EOS P770 foi utilizado com o material PA 2241FR, contendo agente retardante de chama, uma vez que o LQ tem permissão para rodar nas estradas. Foram produzidos 32 consoles, sendo 20 para montagem dos carros e 12 para testes na Toyota. As partes foram soldadas e acabadas para obter a aparência desejada do interior do veículo. Segundo a empresa, o desafio particular nesse projeto foi desenvolver um *design* que atendesse às altas demandas da Toyota, nos aspectos estéticos e de segurança, mas que pudesse ser produzido a um custo razoável, e a AM foi a solução adequada para esse caso.

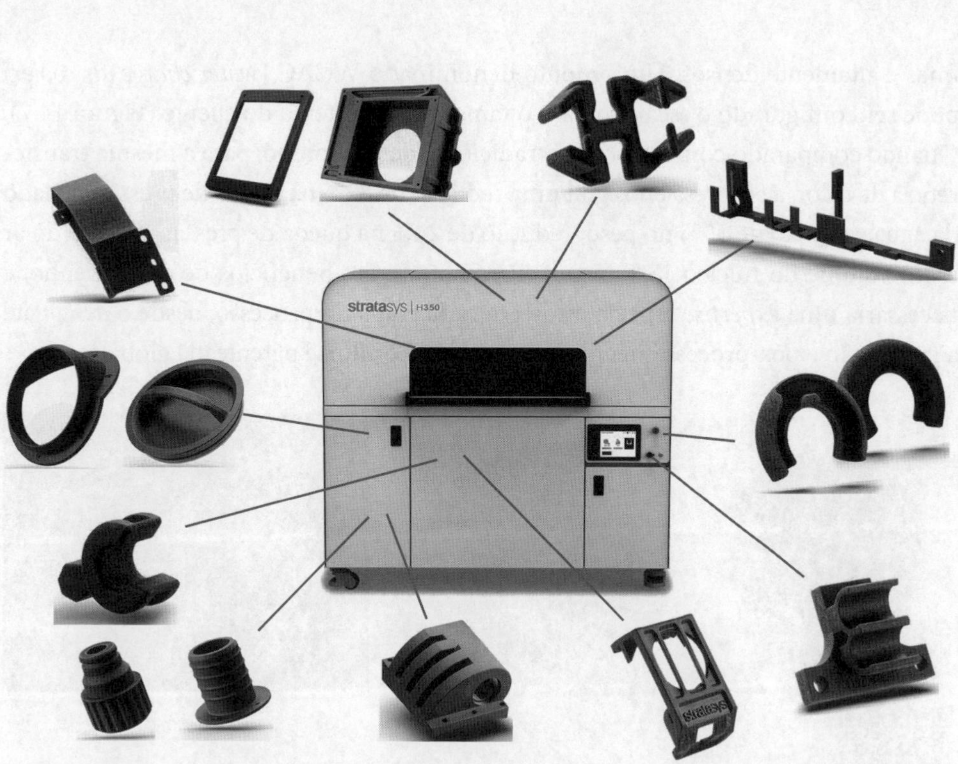

Figura 14.6 Componentes da máquina H350 fabricados pela tecnologia SAF da própria H350.
Fonte: cortesia da empresa Stratasys, Ltd.

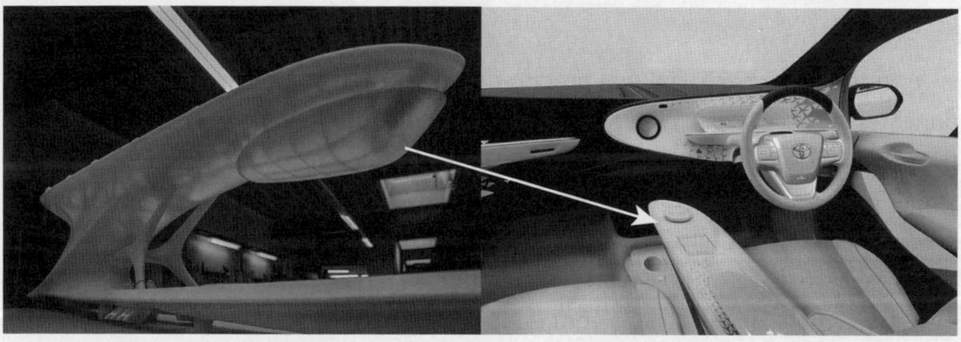

(a) (b)

Figura 14.7 Console do LQ da Toyota produzido pela FIT AG impresso com a tecnologia SLS da EOS (a) e produto acabado (b).
Fonte: cortesia das empresas: FIT, Lisa Kirk e Toyota.

A Conflux Technology é especializada em projeto e fabricação de trocadores de calor fabricados pela tecnologia de PBF de metal, sendo um dos seus equipamentos o M300-4 da EOS. Segundo a empresa, o que torna a AM uma escolha atraente para trocadores de calor é a capacidade de criar detalhes complexos, de paredes finas e altamente densos. Um produto denominado WCAC (*water charge air cooler*) pode ser configurado e escalado para o tamanho do sistema do cliente (Figura 14.7). Quando comparado com o trocador tradicional de microtubo, para a mesma transferência de calor, a empresa entregou uma redução de 82% na queda de pressão do lado da água; redução de 39% no peso; redução de 24% na queda de pressão do lado do ar e um volume do núcleo 15% menor. Para obter esses benefícios de desempenho, é necessária uma *expertise* especializada em cada etapa do processo, desde o *design* até a fabricação e pós-processamento. A tecnologia Conflux é patenteada globalmente.

Acesse a versão colorida da figura pelo QR Code.

Figura 14.8 Trocador de calor WCAC da Conflux impresso com a tecnologia M300-4 da EOS.
Fonte: cortesia da empresa Conflux Technology.

A indústria aeroespacial tem procurado meios efetivos e seguros de utilizar componentes fabricados por AM, tanto poliméricos quanto metálicos, em seus produtos finais, que são altamente exigentes em termos de regulamentação. A redução do custo de produção de baixa quantidade e do peso dos componentes implica diminuição do consumo de combustível ao longo da vida da aeronave ou no seu lançamento, como é o caso de satélites, e representa grande benefício para o setor.

Um exemplo de fabricação com AM na área aeroespacial é o da empresa Kelly Manufacturing Company, que fabrica instrumentos de aeronaves. A empresa utilizou a tecnologia de MEX, equipamento FDM Fortus 900mc da Stratasys, para a produção de um alojamento para um giroscópio no material ULTEM 9085. Esse equipamento permitiu a fabricação de quinhentos alojamentos de uma única vez (Figura 14.8). Uma das principais vantagens destacadas é que o tempo de produção das quinhentas unidades foi reduzido de seis semanas para três dias, desde o pedido até a entrega de peças. Além disso, o custo por peça foi reduzido em 5%, em grande parte pela eliminação dos custos de ferramental.

(a) (b)

Figura 14.9 Fabricação de quinhentos alojamentos para giroscópio da empresa Kelly Manufacturing Company utilizando a tecnologia FDM no material ULTEM 9085 (a) e componente já com a bobina montada (b).
Fonte: cortesia da empresa Stratasys, Ltd.

A Figura 14.10 mostra um exemplo de bloco de válvula hidráulica de alta pressão para trem de pouso do Airbus A380 reprojetado e fabricado pela empresa Liebherr-Aerospace Lindenberg GmbH com a tecnologia EOS M 290 em uma liga de titânio. No reprojeto, houve a integração de dez elementos em um único bloco que ficou 35% mais leve, com o mesmo desempenho do original. De acordo com a empresa, houve uma redução de 75% do tempo de fabricação com o bloco impresso, sendo que o sistema de monitoramento durante todo o processo oferecido pela tecnologia de AM garante a qualidade do componente para esse tipo de aplicação crítica. O componente é hoje um item de série, e o seu emprego varia conforme o pedido e a personalização da aeronave.

Figura 14.10 Bloco de válvula hidráulica de alta pressão para trem de pouso do Airbus A380 produzido pela Liebherr-Aerospace Lindenberg com a tecnologia EOS M 290.
Fonte: cortesia da empresa Liebherr-Aerospace Lindenberg GmbH.

A confirmação de que o setor tem adotado a AM como processo de fabricação é a informação de que a GE Aviation teve seu primeiro componente certificado pelo órgão regulador americano já em 2015. Trata-se de um bico injetor de combustível para a turbina LEAP que foi especialmente projetado para ser produzido por PBF em metal. Segundo a empresa, esses injetores são cinco vezes mais duráveis e 25% mais leves que os injetores usuais, reduzindo uma montagem de vinte peças para um conjunto de somente uma peça, com melhor geometria para a injeção. Até o momento, já foram fabricadas 100 mil unidades desse bico [39]. A empresa italiana Avio Aero, subsidiária da GE Aviation, fabrica componentes para o motor a jato GE9X, para a aeronave 777X da Boeing, com a tecnologia de PBF de feixe de elétron (*electron beam melting* – EBM). A empresa possui 35 máquinas e, de um único componente, pás para turbinas com 400 mm de comprimento, na liga de titânio alumínio, fabrica em torno de 60 mil unidades por ano [39].

14.7 CONSIDERAÇÕES FINAIS

A aplicação direta da AM na fabricação final é uma realidade em alguns setores da indústria, principalmente aqueles que trabalham com produção em baixa escala e componentes customizados e de alto valor agregado. Em particular, destacam-se a indústria aeroespacial e a médica; no entanto, vários outros setores devem se juntar no médio e longo prazos. Mesmo aqueles que tradicionalmente lidam com grandes lotes estão percebendo que a AM pode auxiliar na fabricação de acessórios para a produção, como gabaritos e dispositivos para montagem (vistos no Capítulo 13). Destaca-se aqui o papel fundamental dos profissionais desenvolvedores de produtos em identificarem as oportunidades de aplicação da AM como processo de fabricação final em cada setor produtivo.

A AM é uma tecnologia disruptiva, mas é importante ressaltar que os componentes devem ser projetados ou reprojetados especificamente para a fabricação por AM para torná-la mais competitiva. Isso implica incorporar no projeto as vantagens de se explorar a complexidade geométrica do componente, projetar sistemas ou subsistemas customizados e otimizados, reduzir o número de componentes e projetar visando à redução de massa das peças. Outros fatores relevantes são a possibilidade de configurar ou projetar o material desejado, oferecidas por algumas tecnologias (FGM), e a utilização de materiais celulares. As restrições de cada tecnologia de AM e seus materiais disponíveis também precisam ser consideradas no momento do projeto, pois cada uma apresenta características específicas.

Por ser ainda uma tecnologia em pleno desenvolvimento, algumas dificuldades tecnológicas apontadas (sistemas CAD, materiais, entre outras) precisam ser atendidas pelos desenvolvedores de tecnologias para AM visando facilitar o emprego desses processos na fabricação final de peças e componentes.

AGRADECIMENTOS

Os autores agradecem o professor Jonas de Carvalho pela revisão técnica detalhada do texto.

REFERÊNCIAS

[1] I. Campbell, O. Diegel, R. Huff, J. Kowen, T. Wohlers, wholers report 2023 3D printing and additive manufacturing global state of the industry. Washington, DC, 2023.

[2] I. Gibson, D. Rosen, B. Stucker, *Additive manufacturing technologies – 3D printing, rapid prototyping, and direct digital manufacturing*. 2. ed. Springer, 2015.

[3] Cotec, *Fabricación aditiva*. Madrid: Fundación Cotec, Gráficas Arias Montano, 2011.

[4] N. Hopkinson, P. Dickens, Rapid prototyping for direct manufacture. *Rapid Prototyping Journal*, v. 7, n. 4, p. 197-202, 2001.

[5] E. Atzeni, L. Iuliano, P. Minetola, A. Salmi, Redesign and cost estimation of rapid manufactured plastic parts. *Rapid Prototyping Journal*, v. 16, n. 5, p. 308-317, 2010.

[6] R. Hague, S. Mansour, N. Saleh, Design opportunities with rapid manufacturing. *Assembly Automation*, v. 23, n. 4, p. 346-356, 2003, [Online]. Disponível em: http://www.emeraldinsight.com/researchregisterhttp://www.emeraldinsight.com/0144-5154.htm

[7] F. Vitolo, M. Martorelli, S. Gerbino, S. Patalano, A. Lanzotti, Controlling form errors in 3D printed models associated to size and position on the working plane. *International Journal on Interactive Design and Manufacturing*, v. 12, n. 3, p. 969-977, 2018.

[8] N. Hopkinson, R. Hague, P. Dickens, *Rapid manufacturing: an industrial revolution for the digital age*. John Wiley & Sons, 2006.

[9] D. W. Rosen, Research supporting principles for design for additive manufacturing. *Virtual and Physical Prototyping*, v. 9, n. 4, p. 225-232, 2014.

[10] M. Khorasani *et al.*, A review of Industry 4.0 and additive manufacturing synergy. *Rapid Prototyping Journal*, v. 28, n. 8. p. 1462-1475, 2022.

[11] C. Klahn, B. Leutenecker, M. Meboldt, Design for additive manufacturing - Supporting the substitution of components in series products. *In*: *Procedia CIRP*. Elsevier B.V., 2014, p. 138-143.

[12] O. Diegel, A. Nordin, D. Motte, DFAM Strategic Design Considerations. *In*: *A Practical Guide to Design for Additive Manufacturing*, 2019, p. 41-70.

[13] D. Bak, Rapid prototyping or rapid production? 3D printing processes move industry towards the latter. *Assembly Automation*, v. 23, n. 4, p. 340-345, 2003.

[14] J. V. L. Silva, R. A. Rezende, Additive manufacturing and its future impacts in logistics. *In*: *Proceedings of The 6th Management and Control of Production and Logistics (MCPL/IFAC)*, Fortaleza, 2013, p. 277-282.

[15] E. Pei, M. Ressin, R. I. Campbell, B. Eynard, J. Xiao, Investigating the impact of additive manufacturing data exchange standards for re-distributed manufacturing. *Progress in Additive Manufacturing*, v. 4, n. 3, p. 331-344, 2019.

[16] Stratasys Ltd., *The Little Blue Book of 3D Printing*. Stratasys Inc., Blueprint, 2019.

[17] D. Eyers, K. Dotchev, Technology review for mass customisation using rapid manufacturing. *Assembly Automation*, v. 30, n. 1, p. 39-46, 2010.

[18] U. M. Namasivayam, C. C. Seepersad, Topology design and freeform fabrication of deployable structures with lattice skins. *Rapid Prototyping Journal*, v. 17, n. 1, p. 5-16, 2011.

[19] B. Zhu *et al.*, Design of compliant mechanisms using continuum topology optimization: a review. *Mechanism and Machine Theory*, v. 143, 2020.

[20] R. Becker, A. Grzesiak, A. Henning, Rethink assembly design. *Assembly Automation*, v. 25, n. 4. p. 262-266, 2005.

[21] M. Benedetti, A. du Plessis, R. O. Ritchie, M. Dallago, S. M. J. Razavi, F. Berto, Architected cellular materials: a review on their mechanical properties towards fatigue--tolerant design and fabrication. *Materials Science and Engineering R: Reports*, v. 144, p. 100606, 2021.

[22] M. S. Ebrahimi, R. Hashemi, E. Etemadi, In-plane energy absorption characteristics and mechanical properties of 3D printed novel hybrid cellular structures. *Journal of Materials Research and Technology*, v. 20, p. 3616-3632, 2022.

[23] UFORM. Disponível em: https://uform.co/. Acesso em: 25 out. 2024.

[24] M. O. Shigueoka, N. Volpato, Expanding manufacturing strategies to advance in porous media planning with material extrusion additive manufacturing. *Additive Manufacturing*, v. 38, p. 101760, 2021.

[25] F. G. Di Nisio, H. T. Ventura, R. Minetto, R. Dutra, N. Volpato, A variable bead width filling pattern to print porous media with material extrusion additive manufacturing. *The International Journal of Advanced Manufacturing Technology*, v. 121, n. 5-6, p. 3919--3933, 2022.

[26] M. P. Bendsøe, O. Sigmund, *Topology optimization: theory methods and applications*. Berlim: Springer Verlag, 2003.

[27] D. Vlah, R. Žavbi, N. Vukašinović, Evaluation of topology optimization and generative design tools as support for conceptual design. *In*: *Proceedings of the Design Society: DESIGN Conference*, Cambridge University Press, 2020, p. 451-460.

[28] V. Burt, 3D-Printed satellite component presents a lesson in rethinking design. Disponível em: https://www.altair.de/c2r/ws2016/3d-printed-satellite-component-presents-lesson-rethinking-design. Acesso em: 25 out. 2024.

[29] N. Oxman, Variable property rapid prototyping. *Virtual and Physical Prototyping*, v. 6, n. 1, p. 3-31, 2011.

[30] P. Erasenthiran, V. E. Beal, Functionally graded materials. *In*: N. Hopkinson, Hague R., Dickens P. (eds.), *Rapid manufacturing: an industrial revolution for the digital age*, John Wiley & Sons, 2006. p. 100-101.

[31] Y. Li *et al.*, A review on functionally graded materials and structures via additive manufacturing: from multi-scale design to versatile functional properties. *Advanced Materials Technologies*, v. 5, n. 6, 2020.

[32] H. A. Alshahrani, Review of 4D printing materials and reinforced composites: Behaviors, applications and challenges. *Journal of Science: Advanced Materials and Devices*, v. 6, n. 2,p. 167-185, 2021.

[33] V. Gallina, B. Gal, Á. Szaller, D. Bachlechner, E. Ilie-Zudor, and W. Sihn, Reducing Remanufacturing Uncertainties with the Digital Product Passport. *In*: *Manufacturing driving circular economy*. Cham: Springer International Publishing, 2023, p. 60-67.

[34] M. Yuan, D. Bourell, Efforts to reduce part bed thermal gradients during laser sintering processing. *In*: *Proceedings of the Solid Freeform Fabrication Symposium*. Austin, Texas: The University of Texas at Austin, 2012, p. 962-974.

[35] E. Rodriguez *et al.*, Integration of a thermal imaging feedback control system in electron beam melting. *In*: *Proceedings of the Solid Freeform Fabrication Symposium*. Austin, Texas: The University of Texas at Austin, 2012. p. 945-961.

[36] C. H. P. Nguyen, Y. Kim, Q. T. Do, Y. Choi, Implicit-based computer-aided design for additively manufactured functionally graded cellular structures. *Journal of Computational Design and Engineering*, v. 8, n. 3, p. 813-823, 2021.

[37] I. Zeid, *Mastering CAD/CAM*. Boston: McGraw-Hill, 2005.

[38] ISO/ASTM International, ISO/ASTM 52915:2016(E) Standard Specification for Additive Manufacturing File Format (AMF) Version 1.2. *ISO/ASTM International*, 2016.

[39] J. Ortner, S. Slusher, Path to production playbook – Planning a successful transition to serial additive production, 2022. Disponível em: https://3dprint.com/wp-content/uploads/2022/03/GE-Additive_PathtoProduction_Playbook.pdf, ace. Acesso em: 25 out. 2024.

CAPÍTULO 15
Aplicações na saúde

Jorge Vicente Lopes da Silva (in memoriam)

André Luiz Jardini Munhoz

Éder Sócrates Najar Lopes

Guilherme Arthur Longhitano

Fabio Sanches Sant'Ana

Maria Elizete Kunkel

15.1 INTRODUÇÃO

Provavelmente a história do uso da manufatura aditiva (*additive manufacturing* – AM) na área médica teve início com os trabalhos do neurocirurgião Paul Steven D'Urso, no Departamento de Cirurgia da Universidade de Queensland em Brisbane, Austrália. Os primeiros trabalhos registrados nessa área são do início da década de 1990 [1] e, a partir dessa época, o uso da AM, não somente na medicina, mas na saúde em geral, tomou grandes proporções, com potencial atual de revolucionar o futuro dessa área. Paul D'Urso foi o responsável por cunhar o termo biomodelo, bastante utilizado nas áreas médica e odontológica, entre outras relacionadas à saúde.

Este capítulo tem como objetivo apresentar resumidamente as formas de aquisição de imagens a partir de exames médicos e o tratamento dessas imagens para extrair delas informações precisas e importantes tanto para diagnósticos quanto para o tratamento de pacientes acometidos de alguma anomalia. Esse processo auxilia no planejamento cirúrgico preciso e na possibilidade de geração de dispositivos médicos personalizados.

O capítulo é ilustrado com aplicações dessas tecnologias à saúde e à qualidade de vida humana. As aplicações apresentadas têm o seu desenvolvimento tecnológico baseado na engenharia, mas a qualidade dessas aplicações depende das técnicas médicas e clínicas do profissional da área médica que as utiliza. Optou-se, a despeito da vasta literatura mundial no tema, por apresentar casos reais de aplicações desenvolvidas principalmente no Brasil pelo Centro de Tecnologia da Informação Renato Archer (CTI) e pelo Instituto Nacional de Ciência e Tecnologia de Biofabricação (INCT-Biofabris), em colaboração com inúmeros profissionais da área da saúde.

Finalmente, são apresentadas algumas questões relacionadas ao estágio atual da regulamentação do uso das tecnologias de AM para a saúde, tanto pelas agências estadunidense e europeia quanto pela agência brasileira.

15.2 MODALIDADES DE OBTENÇÃO DE IMAGENS MÉDICAS E ESCÂNERES

A aquisição e o pós-processamento de imagens a partir de exames médicos envolve, em grande proporção, o uso e a implementação de ferramentas matemáticas que tratam dados brutos originados por algum processo físico, como os exames pelas técnicas de raios X, ultrassom, infravermelho, emissão de prótons, ressonância magnética e, especialmente, tomografia computadorizada.

O grande avanço das tecnologias de aquisição e tratamento de imagens a partir de exames médicos tem sido alcançado mais recentemente com o aprimoramento dos equipamentos e ferramentas matemáticas implementadas sob forma de algoritmos em programas computacionais. No entanto, tais técnicas remetem à década de 1970, com a invenção da tomografia computadorizada pelo engenheiro eletricista inglês Godfrey Newbold Hounsfield e seu colega Allan Cormack, com quem dividiu o Prêmio Nobel em Medicina em 1979 [2]. Desde então, em especial com o avanço da tecnologia da informação, a evolução tem sido pujante, propiciando diagnósticos, tratamentos e intervenções cada vez mais precisos. São consideradas imagens médicas somente as que possuem caráter de aquisição de informações internas do paciente. Portanto, técnicas de escaneamento tridimensional, como as baseadas em *laser* e luz, não serão tratadas neste capítulo. No entanto, vale lembrar que essas formas de se copiar anatomias externas de um paciente têm sido cada vez mais aplicadas, em especial na área odontológica, como os escâneres intraorais [3].

O grande destaque das tecnologias de imagens obtidas de exames médicos é o seu caráter não invasivo, ou seja, as técnicas foram revolucionadas com a possibilidade de se obter informações sobre uma anatomia ou funcionalidade interna de um paciente sem a necessidade de submetê-lo a procedimentos cirúrgicos invasivos. Vantagens adicionais como a capacidade que algumas modalidades de exames de imagens possuem de revelar informações não observáveis ao olho humano, mesmo em procedimentos cirúrgicos, são de grande valia na prática médica. Por exemplo, alguns tumores cerebrais que são facilmente visualizados em imagens de exames de ressonância magnética não são, muitas vezes, nitidamente visualizados pelo cirurgião, pela semelhança dos tecidos. Além disso, a aplicação de filtros matemáticos nas imagens adquiridas pode prover uma visualização privilegiada de alguma estrutura. Além das aplicações clínicas, as imagens médicas podem ser utilizadas em uma grande gama de estudos científicos, propiciando melhor entendimento da anatomia e da fisiologia do ser humano. Em geral, tais informações são obtidas de modalidades de imagens anatômicas e funcionais. Para o contexto deste capítulo, serão consideradas apenas as imagens anatômicas. As imagens de exames médicos são igualmente úteis quando se empregam as tecnologias de processamento digital de imagens, computação gráfica e reconhecimento de padrões, o que permite o tratamento e a visualização privilegiada dessas imagens, a extração de informações e até alguns métodos automáticos ou semiautomáticos de diagnósticos específicos.

A seguir, são apresentadas resumidamente as principais técnicas de aquisição de imagens de exames médicos que têm sido mais úteis para a AM até o momento.

15.2.1 Tomografia computadorizada (TC)

A tomografia computadorizada (TC) é a modalidade de exame de imagens médicas mais utilizada atualmente em aplicações integradas com a AM, dada a sua facilidade de explicitar ossos e tumores, bem como estruturas vasculares quando aplicado radiocontraste.

A TC tem sua origem no efeito da passagem dos fótons de raios X nas estruturas internas do corpo. Esse efeito foi inicialmente estudado pelo físico alemão Wilhelm Conrad Roentgen, que descobriu e mostrou em 1895 que os raios X são um tipo de radiação eletromagnética capaz de atravessar diversos materiais com níveis de absorção diferentes, e que forma uma imagem se projetado em um anteparo com algum material sensível a tal radiação. Era então criada a primeira possibilidade de se ter informações anatômicas internas do corpo humano de maneira não invasiva, dando origem à radiografia, cujo anteparo é um filme sensível à radiação. Atualmente, as radiografias utilizam um sensor digital CCD (*charge-coupled device*), um semicondutor para captação das imagens. As imagens da radiografia deram origem à TC com os cálculos matemáticos e as modificações na forma de incidir e captar tais imagens já na década de 1970 por Hounsfield [4].

A TC foi a primeira modalidade de exame que permitiu obter imagem médica tridimensional e é considerada um marco importante no uso de imagens avançadas para diagnóstico na medicina. Também conhecido pela sigla CAT (*computerized axial tomography*), o tomógrafo é capaz de produzir imagens de cortes transversais consecutivos do corpo humano, compondo assim uma informação tridimensional da anatomia do paciente. As aquisições são realizadas pela incidência da radiação em uma direção, e a projeção é feita em uma série de sensores. Projeções seguidas e sistematizadas permitem, por meio de algoritmos matemáticos (*backprojection*), a reconstrução 3D do volume em estudo [4].

Atualmente, uma modalidade de TC dedicada à odontologia (região da cabeça), chamada de tomografia de feixe cônico (*cone-beam computerized tomography* – CBCT), utiliza menores doses de radiação, além de ter baixos custos de aquisição e operacional. Essa modalidade vem sendo muito difundida sobretudo na área odontológica, e grande parte dos biomodelos dessa região tem sido obtida com essa modalidade. No entanto, as imagens são significativamente mais ruidosas, apresentando menor contraste e resolução do que na TC convencional, porém oferece menores riscos de exposição do paciente, por utilizar menores doses de radiação.

Outra modalidade dentro da categoria de TC é a microtomografia. Essa modalidade permite a aquisição de imagens de amostras vivas (pequenos animais) e não vivas com alta resolução dimensional e tem sido muito utilizada na caracterização e no entendimento de estruturas biológicas, como a estrutura trabecular dos ossos.

15.2.2 Ressonância magnética (RM)

As imagens por exames de RM são de grande importância na medicina atual. Essa modalidade surgiu na década de 1970, passando a ter presença clínica a partir dos anos 1980. A RM apresenta duas vantagens significativas em relação à TC: não utiliza radiação ionizante e permite gerar imagens com grande contraste entre os diferentes tipos de tecidos moles.

A RM utiliza um forte campo magnético para alinhar os *spins* dos átomos de hidrogênio, e, por meio de uma bobina receptora, o decaimento desse alinhamento é medido. Como diferentes tecidos oferecem decaimentos distintos, a imagem irá refletir essa diferença de tecidos. Entretanto, esse fenômeno ocorre nas moléculas de água do corpo e, consequentemente, os tecidos rígidos com pouca ou nenhuma molécula de água, como os ossos, são pouco realçados.

A RM pode utilizar diversos protocolos que são variações na forma de realizar o exame e permitem capturar informações diferentes. Uma desvantagem das imagens de RM é a dificuldade de serem tratadas por *softwares* específicos de segmentação. No processo de segmentação, são necessárias ferramentas matemáticas mais complexas e/ou processos manuais interativos.

15.2.3 Ultrassonografia

Também conhecida por ecografia ou popularmente por ultrassom, essa modalidade de exame médico de imagem consegue obter imagens do interior de um paciente por meio do eco de ultrassom, isto é, sons de altíssima frequência (entre 2 e 18 MHz) e inaudíveis ao ouvido humano. O escâner sonográfico emite um arco de ultrassom que se propaga dentro do corpo, o som é parcialmente refletido pelas diferentes camadas de tecido e ecoa de volta para um receptor. O escâner recebe essas ondas sonoras que retornaram e, via processamento do sinal, consegue transformá-las em uma imagem digital a partir das informações de atraso e intensidade do eco. O ultrassom ainda permite estudo da hemodinâmica pela análise do efeito Doppler, pois o movimento sanguíneo é capaz de gerar alterações na frequência do som refletido.

Atualmente, essa modalidade prevê uma forma de aquisição de imagens de maneira sistemática e organizada, permitindo a reconstrução 3D de anatomias. Suas principais vantagens são: ser um método não invasivo que não apresenta efeitos somáticos por não utilizar radiação ionizante e ter relativo baixo custo, sendo tradicionalmente utilizado para acompanhamento pré-natal em gestantes. Uma desvantagem é a qualidade da imagem, com pouco contraste e definição, o que limita as aplicações clínicas e os processos de segmentação automática de imagens para gerar modelos 3D de ultrassonografia.

15.2.4 Padrão de imagem DICOM

É importante lembrar que todas essas modalidades de exames médicos, e outras não citadas, seguem um padrão internacional para serem registradas, denominado DICOM (*digital imaging and communication in medicine*). Esse padrão permite a interoperabilidade entre equipamentos de diversos fabricantes em ambiente hospitalar ou clínico. O padrão DICOM não é somente um formato de arquivos de imagens médicas. Foi desenvolvido pela American College of Radiology (ACR) e pela National Electrical Manufacturers Association (NEMA) e é composto por um extenso conjunto de normas para sistema de armazenamento, consultas, transmissão por rede, impressão e segurança. Hoje é o padrão utilizado largamente por fabricantes, desenvolvedores de *software*, hospitais e centros de radiologia.

15.3 TRATAMENTO DE IMAGENS DE EXAMES MÉDICOS

O tratamento de imagens médicas é feito utilizando-se sistemas computacionais especificamente desenvolvidos para esse fim. Para entender melhor como funcionam esses sistemas, alguns conceitos serão brevemente introduzidos nesta seção.

15.3.1 Conceito de imagens digitais e visualização

As imagens atuais utilizadas na medicina são representações digitais que podem ser processadas por sistemas computacionais modernos. Uma imagem digital é a representação de uma imagem real adquirida do paciente sob a forma de números binários (0 e 1). Uma imagem digital possui um número finito de pontos organizados em forma de grade (como uma matriz de pontos). Cada ponto nessa matriz é representado por um elemento bidimensional (2D) chamado de *pixel* (*picture element*), exatamente como acontece nas câmeras fotográficas digitais. O "empilhamento" de uma sequência de imagens 2D a uma certa distância entre elas forma um elemento denominado de *voxel* (*volume element*). De maneira simples, um *voxel* é um elemento volumétrico que define a unidade mínima de uma imagem tridimensional. O processamento de imagens é algo dispendioso computacionalmente porque exige aplicar cada operação computacional em todos os *voxels* individualmente. No entanto, são operações que, na maioria das vezes, podem ser executadas em paralelo, facilitando bastante esse processo. Portanto, em imagens de exames médicos, cada um dos *voxels* representa uma pequena região da anatomia 3D, e quanto menor esse elemento, melhor será a definição da anatomia.

Assim, a visualização das imagens pode ser feita por meio de monitores de vídeo em formatos 2D nos diferentes eixos (sagital, coronal, axial) e num plano inclinado, originados das imagens 3D, sendo possível passar por esse conjunto de imagens (ou cortes) na tela de maneira rápida. Da mesma forma, as imagens 3D podem ser representadas nos monitores por meio de visualizações 2D criando no cérebro a sensação de uma estrutura 3D, que é chamada de renderização volumétrica (proveniente do termo em inglês *volume rendering*). Por meio da renderização volumétrica, são definidas funções de cores e opacidade dos tecidos para cada *voxel*, que, em seguida, são projetadas na tela do monitor. Com a renderização volumétrica, pode-se ver estruturas internas, o que é fundamental para a área médica. Na renderização de superfície, em que uma estrutura é representada por uma malha de triângulos, a estrutura é vista somente como uma casca externa.

15.3.2 Processamento de imagens digitais

O processamento de imagens consiste na utilização de recursos computacionais e técnicas de processamento de sinais sobre uma imagem de entrada para se obter uma imagem modificada na saída e que atenda a determinados interesses. As principais operações no processamento de imagens são as que seguem e que podem ser entendidas como filtros aplicados conjuntamente para se obter os resultados desejados e com o mínimo de distorção da realidade:

1. A interpolação é utilizada para gerar informações intermediárias por meio dos valores dos elementos (*voxels*) ao redor, procurando, assim, inferir num valor mais provável para o *voxel* sendo interpolado. Normalmente, esse processo é feito para corrigir o espaçamento entre fatias, transformando cada *voxel* da imagem 3D em elementos cúbicos (de mesmas dimensões nos três eixos), evitando-se assim distorções geométricas. Normalmente, a interpolação mais utilizada é entre dois *voxels* de fatias subsequentes das imagens utilizando-se uma média para gerar o terceiro *voxel*, que é o intermediário.
2. A remoção de ruídos é uma tentativa de se eliminar efeitos indesejáveis nas imagens e não existentes na anatomia real. Utiliza-se para tal alguns filtros como o gaussiano ou a suavização de imagens, cujo efeito torna a imagem um pouco menos nítida ou mais "borrada". Outro filtro utilizado para esse fim é o filtro mediana, que, como resultado geral, apresenta-se mais robusto na remoção dos ruídos com menor "borramento". No entanto, pode apresentar efeitos como desaparecimento de pontos isolados ou pequenas estruturas como linhas muito finas. Normalmente, os artefatos são originados de restaurações metálicas (amálgama) dos dentes, de implantes metálicos ou mesmo de artefatos de obtenção da imagem, com a incidência de doses muito baixas de radiação que não consegue criar diferenças significativas nos tecidos.
3. A detecção de bordas é útil como ferramenta de análise que necessita de informação de bordas de um objeto na imagem. No filtro de detecção de borda, cálculos matemáticos são realizados na imagem ressaltando fronteiras entre tecidos diferentes. Um dos algoritmos mais difundidos para tal aplicação é o denominado operador de Sobel [5].
4. As transformações radiométricas permitem, por meio de histograma (gráfico com estatística da ocorrência de cada elemento da imagem), corrigir a distribuição dos elementos tornando a visualização muito mais facilitada ao olho humano, por exemplo. É possível também utilizar filtros que enriquecem a qualidade da imagem mudando o brilho e contraste.
5. A segmentação de imagens é um elemento crítico e permite a interpretação da imagem e a geração de uma correlação entre os seus elementos, possibilitando criar regiões com propriedades comuns (objetos diferentes) e, consequentemente, separar estruturas anatômicas ou tecidos com propriedades parecidas. A técnica mais comum para segmentação de imagens é baseada em limiar (*thresholding*), em que os elementos da imagem são separados em função de uma faixa de níveis de cinza com valores mínimos e máximos, utilizando-se, por exemplo, a escala de Hounsfield (HU). A segmentação por limiar pode apresentar resultados muito bons em imagens adquiridas com boa qualidade

em tomógrafos computadorizados, já que cada ponto da imagem tem um significado em termos de densidade do material. Existem vários outros filtros de segmentação de imagens baseados em algoritmos mais complexos de definição da pertinência de um elemento da imagem ao conjunto que está sendo segmentado, como o de crescimento de regiões, *watershed* (regiões inundadas) e até mesmo métodos manuais, que são extremamente trabalhosos e sujeitos a erros. A qualidade da segmentação é também altamente dependente da qualidade da aquisição das imagens. Esse é um elemento crítico na obtenção de modelos médicos para impressão por AM.

15.4 SOLUÇÕES DISPONÍVEIS PARA O PROCESSAMENTO DE IMAGENS MÉDICAS

Existem no mercado muitos sistemas computacionais para visualização e/ou tratamento de imagens médicas, tanto como soluções comerciais como soluções livres e de código fonte aberto. Dentre eles, destacam-se:

1. InVesalius: *software* gratuito e de código-fonte aberto, desenvolvido utilizando-se várias bibliotecas e linguagem de programação avançadas, bem como bibliotecas próprias. É desenvolvido desde 2001 no Centro de Tecnologia da Informação Renato Archer (CIT), no Brasil, e disponível para plataformas Windows, Linux e Mac com suporte para diversos idiomas. Já foi baixado por mais de 100 mil usuários em mais de 180 países, até junho de 2023. Permite visualizar dados em formato DICOM e Analyze, por meio de renderização de volume e superfícies, além de cortes 2D. Permite realizar segmentação de imagens por segmentação manual, *thresholding* e *watershed*, gerando superfícies que podem ser exportadas nos formatos STL (para representação de objetos por meio de malhas 3D para a AM) e OBJ (normalmente usado para animação gráfica). Também tem ferramentas de medições e de processamento de imagens. Foi o primeiro *software* livre no mundo a oferecer a integração entre imagens médicas e AM com geração de modelos em STL [6]-[8]. A Figura 15.1 apresenta uma tela do *software* InVesalius. O InVesalius é disponibilizado, desde 2007, na forma de *software* público com código fonte aberto (http://www.cti.gov.br/InVesalius).
2. 3D Slicer: *software* disponível gratuitamente para Windows, Linux e Mac com código-fonte aberto. Oferece recursos para visualização volumétrica e em cortes, registro de imagens, segmentação e módulos de análise específicos para certas modalidades.

3. Osirix: *software* também gratuito e de código aberto. Possui uma quantidade muito grande de recursos para visualização de imagens 3D, porém é compatível apenas com a plataforma Mac; versões mais sofisticadas estão sendo comercializadas, como a de 64 bits.

Outros *softwares*, não menos importantes, porém proprietários, como o 3D Doctor, Amira 3D, Analyze, Mimics, ScanIP, Vizua e Vitrea, estão disponíveis com variadas configurações e custos de aquisição.

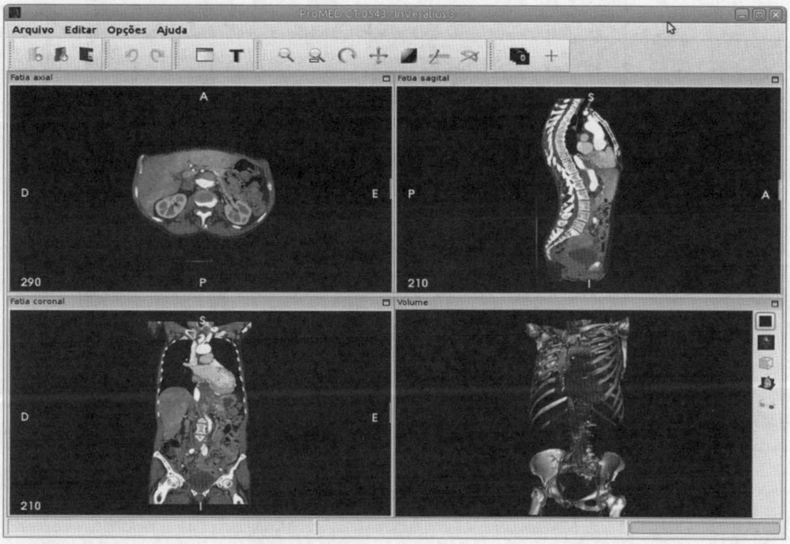

Acesse a versão colorida da figura pelo QR Code.

Figura 15.1 Tela de visualização com cortes axial, sagital, coronal e visualização volumétrica no *software* livre InVesalius desenvolvido pelo CTI Renato Archer, distribuído na forma *open-source*.
Fonte: disponível em http://www.cti.gov.br/InVesalius.

15.5 ALGUMAS APLICAÇÕES DE AM NA SAÚDE

A Figura 15.2 mostra um ciclo com as possibilidades de aplicação de modelos computacionais obtidos por escâneres médicos. Inicialmente, o paciente é submetido a exames médicos para aquisição de dados de imagens no formato padrão DICOM. Em seguida, os exames são processados por *softwares* de processamento de imagens médicas e os dados obtidos por esses *softwares* podem ser exportados em formatos apropriados, o que possibilita a confecção de próteses ou de guias cirúrgicas específicas para cada paciente, por meio de sistemas CAD (*computer-aided design*) ou mesmo simulações por *softwares* CAE (*computer-aided engineering*) específicos, que podem realizar análises de comportamentos estáticos e dinâmicos de estruturas utilizando, por exemplo, o método dos elementos finitos (*finite element method* – FEM).

Finalmente, os biomodelos ou guias cirúrgicas podem ser utilizados no planejamento cirúrgico, servindo como uma referência fidedigna e confiável durante a cirurgia. Futuramente, processos mais automáticos e integrados de projeto podem oferecer ritmo mais ágil à produção de dispositivos médicos.

Nas seções seguintes, as várias opções citadas são mostradas como exemplos de aplicação, tendo o ciclo da Figura 15.2 como referência da sequência de processos necessários. A etapa de simulação computacional não faz parte do escopo deste livro.

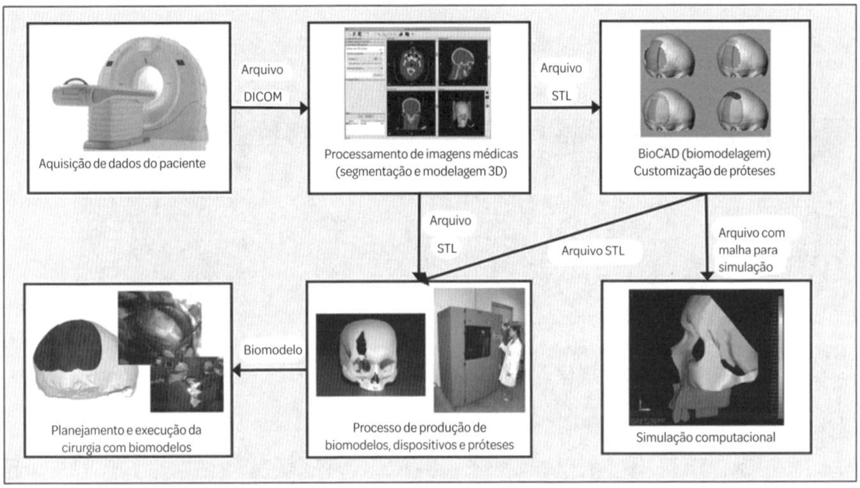

Acesse a versão colorida da figura pelo QR Code.

Figura 15.2 Diagrama com ciclo das aplicações utilizando a modelagem específica de pacientes a partir da utilização de imagens médicas.
Fonte: CTI Renato Archer.

15.5.1 Aplicações da AM com materiais não metálicos

As primeiras aplicações das tecnologias de AM surgiram no início dos anos 1990 e com forte expansão em diversas especialidades médicas [1] [9] [10]. O ponto de partida são imagens obtidas por equipamentos médicos de TC e RM segundo protocolos para reconstrução tridimensional [11]. Essas imagens são processadas em *softwares*, como os descritos na Seção 15.4. Assim, essa classe de *software* é a base para se gerar o modelo digital de uma estrutura anatômica ou anomalia de um paciente em formato tridimensional de malhas (STL), que é o requisito para a produção por AM do correspondente modelo físico, o biomodelo. Os biomodelos assim obtidos têm uma precisão altamente dependente da qualidade na aquisição das imagens, do seu processamento [11] e da tecnologia de AM utilizada [12].

Atualmente, é possível afirmar que a maioria das aplicações e especialidades médicas pode ser beneficiada com o uso dos biomodelos. Esses modelos apresentam acurácia suficiente para serem utilizados como uma referência precisa [12] [13]. Essas tecnologias têm demonstrado grande utilidade como modelo visual [14] [15] e na simulação de osteotomias e fixação de placas com grande precisão [10] [12] [16].

Esta seção mostra algumas aplicações da AM para a produção de biomodelos, guias cirúrgicas, moldes e dispositivos que auxiliam no planejamento cirúrgico, na sua transferência para o transoperatório e no projeto de dispositivos implantáveis.

A Figura 15.3 mostra biomodelos de crânios de pacientes, impressos em gesso e ligante (*binder*) monocromático, pelo processo *ColorJet Printing* (CJP) da 3D Systems, com diferentes síndromes: as Figuras 15.3a, 15.3c e 15.3e apresentam pacientes com síndrome de Crouzon; as Figuras 15.3b e 15.3d mostram pacientes com síndrome de Apert; e a Figura 15.3f mostra o biomodelo de um paciente com displasia frontonasal. Esses modelos foram marcados com as linhas do planejamento cirúrgico e utilizados como treinamento para médicos residentes, para discussão da equipe e como referência na transposição do planejamento no momento da cirurgia no Hospital Sobrapar em Campinas, São Paulo. Os biomodelos foram marcados pelo Dr. Henri Kawamoto da Universidade da Califórnia em Los Angeles (UCLA) em visita ao Sobrapar em 2008, e as cirurgias foram executadas sob a supervisão do Dr. Cássio Eduardo Adami Raposo do Amaral.

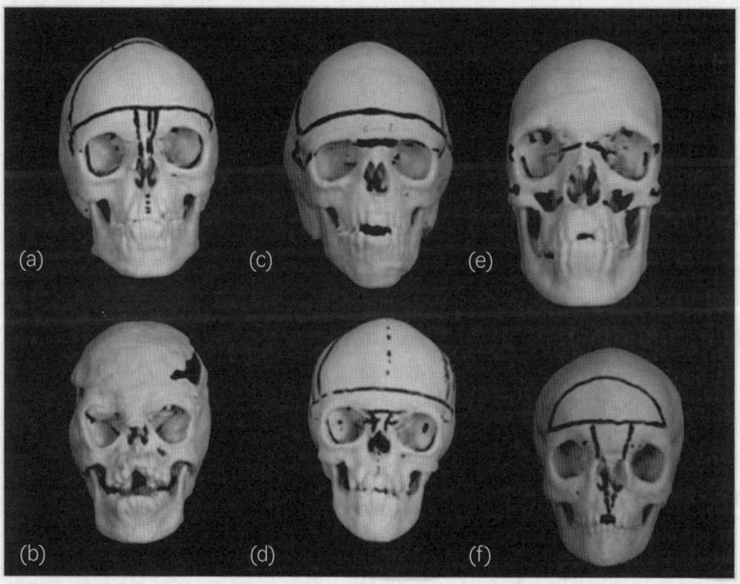

Acesse a versão colorida da figura pelo QR Code.

Figura 15.3 Biomodelos de crânios com diversas anomalias, marcados com linhas de planejamento cirúrgico e utilizados no Hospital da Face – Sobrapar [14].

A Figura 15.4a mostra as imagens da tela de geração de modelo 3D para AM utilizando o *software* InVesalius, baseado em imagens de TC. A Figura 15.4b mostra o biomodelo impresso em material poliamida, utilizando a técnica de sinterização seletiva a *laser* (SLS) em um equipamento HiQ (3D Systems), do crânio de um bebê com a síndrome do "crânio em folha de trevo", que é considerada uma anomalia rara e de difícil tratamento. Essa anomalia severa normalmente leva o recém-nascido a óbito, sendo caracterizada pela configuração anormal da calvária com ossificação prematura das suturas cranianas. Esse modelo foi utilizado pela equipe do neurocirurgião Anderson Rodrigo Souza da unidade de Neurocirurgia Pediátrica e da Cirurgia Plástica Craniofacial do Hospital Beneficência Portuguesa de São Paulo/SP, no planejamento para obter melhores entendimentos e tomada de decisões mais subsidiadas na intervenção. A cirurgia foi realizada como o planejado, e o paciente mostrou sinais de melhoria neurológica e fisiológica por meio de avaliações e exames de controle, após um ano do ato cirúrgico.

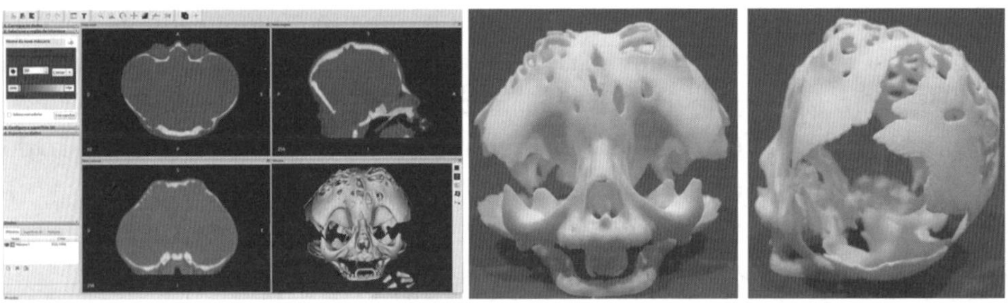

(a) (b)

Acesse a versão colorida da figura pelo QR Code.

Figura 15.4 Biomodelo para cirurgia de craniossinostose severa, denominada crânio em "folha de trevo".
Fonte: CTI Renato Archer.

A Figura 15.5 ilustra o desenvolvimento de uma prótese adaptável ao crescimento ósseo do crânio de um adolescente que sofreu um atropelamento por motocicleta. O cirurgião Francisco Galvão Roland, junto com a equipe de especialistas do CTI Renato Archer, projetou uma prótese que foi dividida em três folhas, cada uma delas fixada em um osso diferente do crânio, permitindo, assim, o livre deslocamento individual de cada folha, de modo a manter a região da falha óssea coberta. Uma quarta folha, na parte superior, é encarregada de manter as outras três no local desejado. Foi produzido o biomodelo em gesso monocromático pelo processo CJP (3D Systems) e as folhas em material ABS (acrilonitrila butadieno estireno) em impressora Vantage Si (Stratasys). As folhas foram utilizadas para produzir um molde em silicone que, em seguida, foi usado para moldar o material de grau médico denominado PMMA (polimetacrilato de metila), implantado no crânio do paciente. A espessura das folhas foi calculada para que o material, depois de moldado, pudesse ter as propriedades de rigidez mecânica mais próximas possíveis às do osso do crânio. Assim, foram realizadas simulações computacionais por FEM para se obter a espessura mais adequada das folhas da prótese adaptável [17]. A tela de uma das fases da simulação computacional é mostrada na Figura 15.5b. A cirurgia foi realizada com a implantação da prótese adaptável em 2007, e o paciente foi submetido a exames periódicos de controle durante um longo período. Atualmente, o paciente já está em idade adulta usufruindo de uma vida normal. Não houve a necessidade de nenhuma outra intervenção cirúrgica no período e a adaptação da prótese ao crescimento ocorreu como previsto.

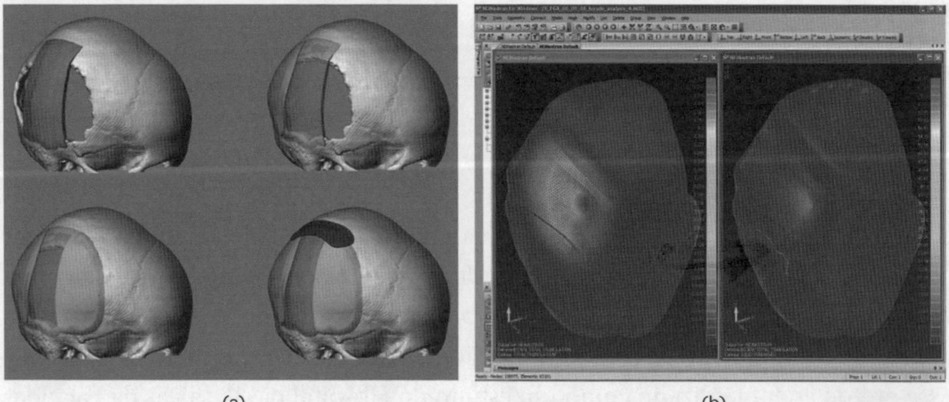

(a) (b)

Acesse a versão colorida da figura pelo QR Code.

Figura 15.5 Desenvolvimento de prótese adaptável para cranioplastia em paciente em fase de crescimento.
Fonte: CTI Renato Archer.

A Figura 15.6 ilustra o processo de produção de prótese para cranioplastia para correção de defeito pós-craniotomia descompressiva. A prótese final foi obtida tendo a falha óssea do paciente como referência, a produção de um molde virtual e sua fabricação por AM e posterior moldagem do material final da prótese. A prótese final foi moldada durante o ato cirúrgico, em PMMA, sobre o molde produzido em poliamida pelo processo de SLS, esterilizado antes da cirurgia. Alguns ajustes foram realizados com o teste da prótese moldada no biomodelo e, em seguida, implantada no paciente. A moldagem do material e a cirurgia foram realizadas pela equipe do cirurgião Pablo Maricevich do Hospital da Restauração do Recife/PE. Esse tipo de reconstrução craniana tem se mostrado extremamente eficaz e de custo muito acessível, em especial para o sistema público de saúde [18]. Detalhes da técnica estão disponíveis na forma de um protocolo de acesso livre publicado na *Protocol Exchange*, suportado pela *Nature Portfolio* [19].

Acesse a versão colorida da figura pelo QR Code.

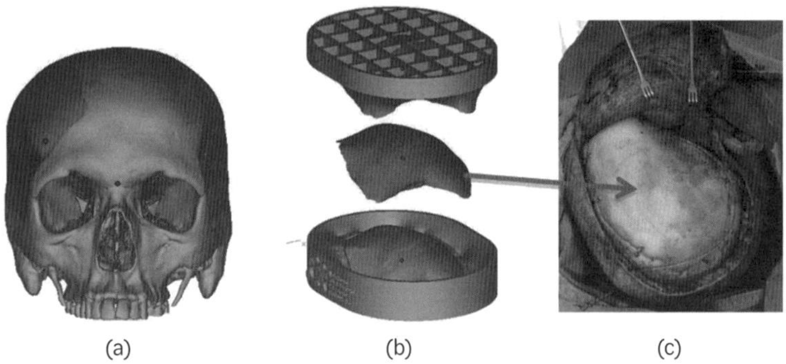

Figura 15.6 Prótese em PMMA personalizada para cranioplastia: biomodelo (a); molde virtual (b) e prótese final em PMMA (c) [19].

Os biomodelos apresentados na Figura 15.7 foram utilizados para realizar estudos e estabelecer procedimentos para a sua utilização em planejamentos cirúrgicos de pacientes com epilepsia na infância. Um paciente com 3 anos de idade com a síndrome de Sturge-Weber foi escolhido para a realização do estudo comparativo utilizando equipamento de neuronavegação e para estabelecer o fluxo de processo. Esse protocolo foi realizado como um estudo no Hospital das Clínicas da Faculdade de Medicina de Ribeirão Preto da Universidade de São Paulo. A síndrome de Sturge-Weber afeta normalmente um dos lados do cérebro, bem como a pele da vítima. Também pode estar associada a ataques epilépticos, deficiência intelectual, glaucoma, malformações cerebrais e tumores, sendo a presença de manchas vermelhas na face uma característica comum. As malformações dos vasos normalmente ocorrem em um dos lados do cérebro, causando calcificação do tecido cerebral e perda de células no córtex cerebral [20].

O modelo apresentado na Figura 15.7a foi produzido com resinas fotocuráveis transparente e de cor preta pela técnica de jateamento de material em equipamento Connex 350 (Stratasys). A Figura 15.7b ilustra o mesmo modelo em poliamida produzido em equipamento HiQ (3D Systems).

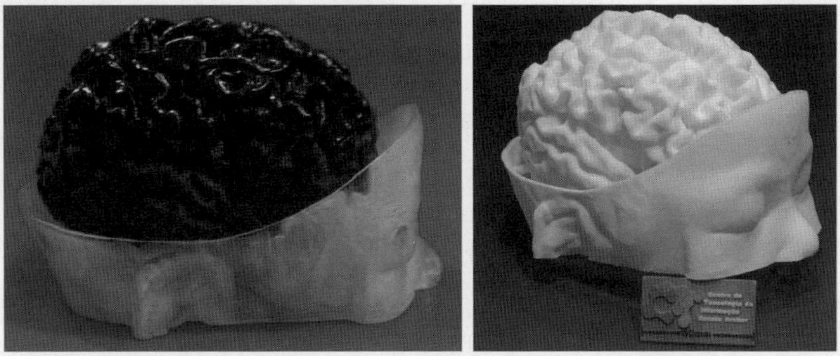

(a) (b)

Acesse a versão colorida da figura pelo QR Code.

Figura 15.7 Biomodelos utilizados em estudo (a) e estabelecimento de protocolo (b) [20].

A Figura 15.8a mostra o uso do biomodelo de paciente com sequela de trauma de face, para a pré-moldagem de telas e placas padrão, em cirurgia no Hospital Universitário da Universidade Federal do Piauí. A Figura 15.8b mostra a instalação das placas metálicas previamente conformadas no biomodelo sendo implantadas no paciente. Essas placas servem também de gabarito para o reposicionamento ósseo no intraoperatório. Esse procedimento foi realizado pelo cirurgião Carlos Eduardo Mendonça Batista. O biomodelo foi feito em poliamida pelo processo SLS em equipamento HiQ (3D Systems).

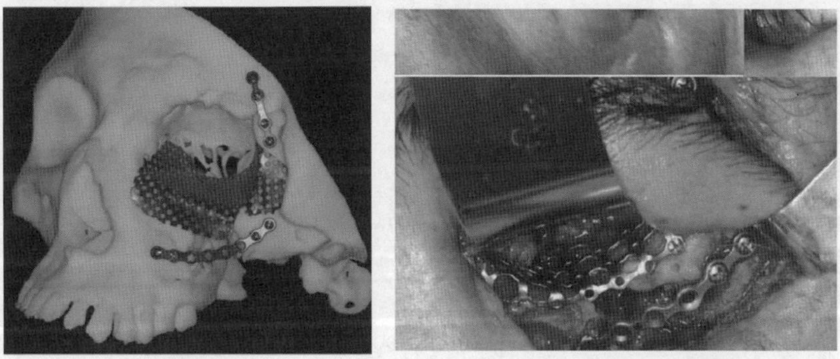

(a) (b)

Acesse a versão colorida da figura pelo QR Code.

Figura 15.8 Moldagem de placas metálicas utilizando biomodelo (a) e instalação e reposicionamento ósseo na cirurgia (b). Fonte: cortesia de Dr. Carlos Eduardo Mendonça Batista.

Casos de tumores de mandíbula, como o mostrado na Figura 15.9, podem ter diferentes abordagens, porém são altamente mutilantes e, na maioria das vezes, o paciente perde totalmente a funcionalidade ou ela fica extremamente dificultada. Nesse caso, realizado em 2007, foi utilizado osso autólogo para recompor a hemimandíbula [16]. Na Figura 15.9a, pode-se notar a região do tumor e um processo de comunicação intraoral já existente. Na Figura 15.9b, pode-se notar o biomodelo da mandíbula e o tumor ressecado. Percebe-se a precisão do biomodelo com relação ao espécime. O modelo 3D da mandíbula foi então espelhado por *software*, substituindo a parte lesada pela parte sadia da mandíbula, recriando o que seria a mandíbula original, como mostrado na Figura 15.9c. Com o biomodelo produzido em poliamida por processo SLS e esterilizado, foi possível definir a menor quantidade de osso, coletado na fíbula, para uma reconstrução anatômica utilizando também o biomodelo da mandíbula para conformar previamente a placa de reconstrução mandibular. Os blocos de osso retirados do sítio doador foram fixados na placa durante a cirurgia, como mostra a Figura 15.9c, o que permitiu uma reconstrução com a forma mais anatômica possível, devolvendo não somente a estética, mas também parte considerável da funcionalidade para a paciente.

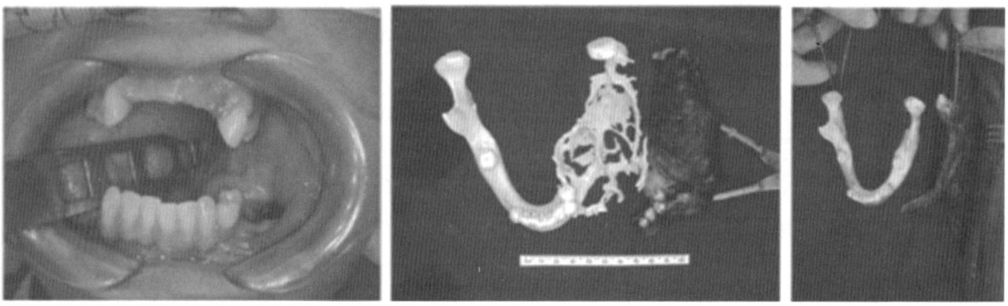

(a) (b) (c)

Acesse a versão colorida da figura pelo QR Code.

Figura 15.9 Reconstrução de hemimandíbula com osso autólogo, tendo como referência o biomodelo espelhado: região do tumor (a); biomodelo e tumor ressecado (b) e biomodelo espelhado em poliamida [16].

A Figura 15.10 ilustra a utilização de guias personalizadas para aplicação de toxina botulínica no músculo pterigoide lateral com finalidade de tratar casos severos de dor orofacial e disfunção temporomandibular em pacientes com diagnóstico de deslocamento de disco articular da articulação temporomandibular (ATM), decorrente de mioespasmo. Esse procedimento foi desenvolvido com a Faculdade de Odontologia da Universidade Federal do Rio de Janeiro, tendo como registro a patente número BR10201403177. O processo teve início com a aquisição de imagens tomográficas da cabeça do paciente com uma guia moldada em sulfato de bário na arcada dentária. Dessa maneira, houve o posicionamento estável do músculo pterigoide, que é de difícil localização. Por meio de tratamento das imagens, o músculo foi localizado e segmentado junto com a guia e a estrutura óssea do paciente. Foi gerado o modelo virtual 3D como mostrado na Figura 15.10a, que, complementado com as dimensões da seringa utilizada, permitiu a produção da guia completa em AM, como mostrado na simulação da Figura 15.10b. Observa-se a guia posicionada na arcada do paciente complementada com a estrutura da seringa utilizada, dando a exata profundidade e angulação para a aplicação precisa do medicamento no local desejado, com o mínimo de risco, já que o posicionamento do músculo é previamente conhecido. O biomodelo e o modelo da guia foram obtidos em poliamida pelo processo SLS em equipamento HiQ (3D Systems). Esse método, ainda em processo de testes e maior refinamento, tem mostrado grande potencial de substituir métodos mais invasivos para o mesmo tratamento [21].

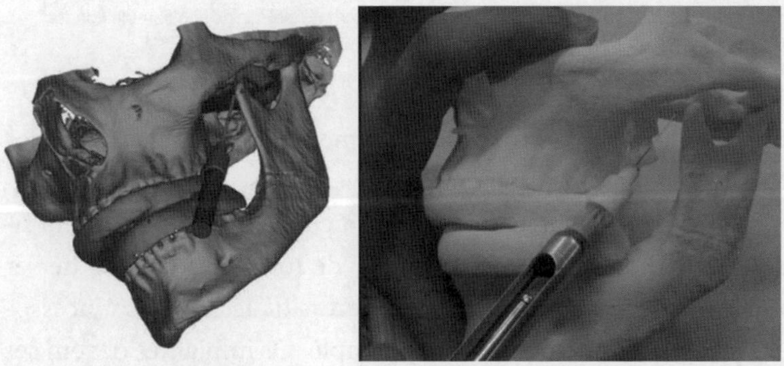

(a) (b)

Acesse a versão colorida da figura pelo QR Code.

Figura 15.10 Dispositivo personalizado ao paciente para aplicação de medicamento: modelo digital (a) e biomodelo impresso (b) [21].

A Figura 15.11a ilustra a segmentação de imagens de vários órgãos, artérias e veias, bem como de tumor na região lombar, seguida da fabricação do biomodelo por AM (Figura 15.11b). Esse modelo foi utilizado pelo cirurgião José Carlos Barbi Gonçalves no Centro Médico de Campinas/SP, como referência durante cirurgia de alta complexidade para remoção do tumor e algumas vértebras de uma paciente adolescente. O modelo foi útil para evitar ao máximo complicações em cirurgias de tal porte, com redução de mutilações, além de permitir uma redução no tempo de cirurgia com maior segurança. O modelo foi fabricado com a técnica de jateamento de aglutinante em equipamento 3DP (3D Systems) em material gesso com ligante colorido para diferenciar as estruturas de interesse.

Acesse a versão colorida da figura pelo QR Code.

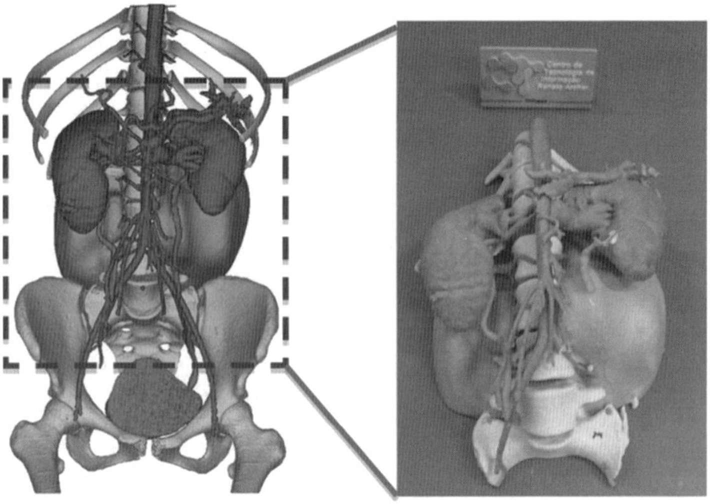

(a) (b)

Figura 15.11 Modelo com diferentes órgãos e tumor, usado como referência durante cirurgia de alta complexidade: modelo digital (a) e biomodelo impresso (b).
Fonte: CTI Renato Archer.

A Figura 15.12 mostra o uso da AM no desenvolvimento de guias para posicionamento de implantes osteointegrados para suporte de prótese auricular para suprir ausência de massa auricular decorrente de doença congênita. A prótese foi fixada nos implantes por meio de magnetos ou clipes, de forma que é fácil de ser retirada, possibilitando a higiene, bem como a não necessidade de se usar acessórios de suporte dessas próteses, como óculos, por exemplo. Os implantes devem ser precisamente posicionados na região do osso temporal para que o resultado possa ter a maior simetria possível com o lado oposto do paciente. Nesse caso, são utilizadas imagens de TC tanto para conhecer o posicionamento exato do osso como o formato da face do paciente e outras referências anatômicas para a definição da guia. A Figura 15.12a mostra o posicionamento da guia referenciada pela anatomia da face do paciente e locais de posicionamento dos implantes com a profundidade e angulação determinada. A Figura 15.12b mostra modelos 3D da guia e da prótese auricular posicionada no paciente. A Figura 15.12c mostra a anatomia do paciente, a guia e o modelo da prótese obtidos em poliamida pelo processo SLS em equipamento HiQ (3D Systems) que foram usados para simular previamente e, em seguida, posicionar a guia e os implantes no paciente. O caso ilustrado pela Figura 15.12 foi desenvolvido pela cirurgiã Elizabeth Rodrigues Alfenas da Faculdade de Odontologia da Universidade Federal de Juiz de Fora/MG.

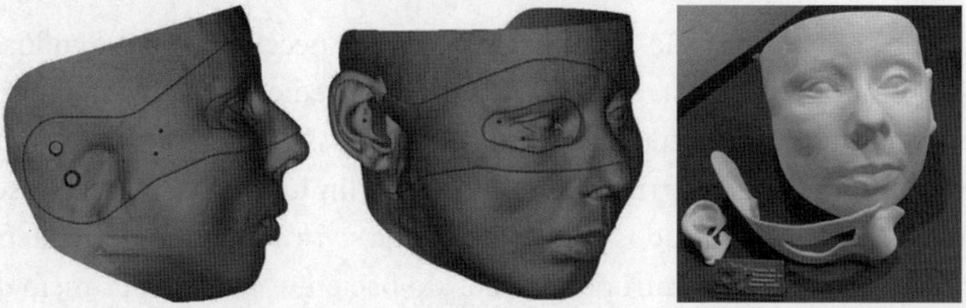

(a) (b) (c)

Acesse a versão colorida da figura pelo QR Code.

Figura 15.12 Guias para posicionamento de implantes osteointegrados para suportar prótese auricular: modelo digital (a e b) e biomodelo impresso (b).
Fonte: CTI Renato Archer.

A Figura 15.13 mostra uma guia para posicionamento de implantes odontológicos osteointegrados. Trata-se de uma guia dentomucossuportada que objetiva possibilitar maior estabilidade no processo de perfuração do osso mandibular para a instalação do implante. A estabilidade da guia nesse processo é fundamental para que a transferência do planejamento dos implantes seja o mais precisa possível, evitando riscos de atingir estruturas nobres e que tenham uma excelente osteointegração pós-cirúrgica. Portanto, a definição da geometria da guia em função dos pontos dos implantes, bem como de estruturas remanescentes, como dentes, é fundamental para que seja o mais estável possível durante a cirurgia. Foi usada a poliamida pelo processo SLS (3D Systems) como material para a produção de guias [22], visando à cirurgia guiada sem recorte e com carga imediata [23].

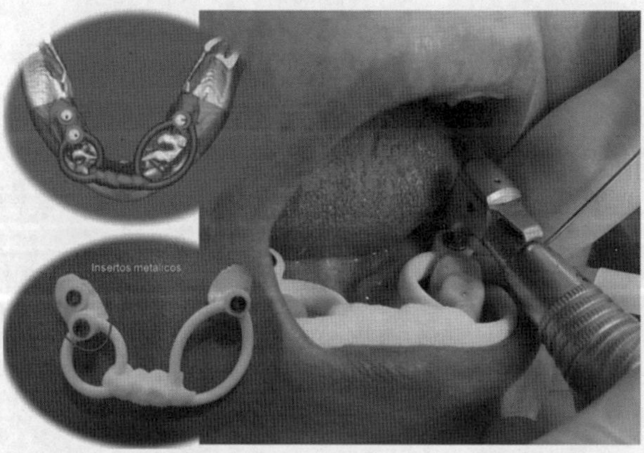

Acesse a versão colorida da figura pelo QR Code.

Figura 15.13 Guia para cirurgia de instalação de implantes odontológicos osteointegrados [22].

As vantagens do planejamento digital são inúmeras, principalmente na implantodontia, na realização de cirurgias guiadas e na criação de próteses faciais [24] [25].

Órteses e próteses externas são criadas para atender necessidades individuais específicas [26]. Embora a reconstrução 3D de imagens médicas seja utilizada para criar esses tipos de dispositivos ortopédicos, em certos casos, a obtenção das imagens pode ser inviável em razão de restrições financeiras ou limitações técnicas. Nesses casos, biomodelos podem ser criados com o auxílio de *softwares* como o Blender e MakeHuman, a partir de dados antropométricos do paciente, obtidos por meio de medições manuais ou técnicas de digitalização tridimensional. A Figura 15.14 mostra o uso de biomodelos de membro superior no Programa Mao3D da Universidade Federal de São Paulo (Unifesp) para criar uma órtese de mão para uma usuária com paralisia cerebral (Figura 15.14a) e dois modelos de prótese estética e mecânica para um caso de malformação congênita de membro superior (Figura 15.14b); os dispositivos foram manufaturados com o material poli(ácido lático) (PLA) (National 3D) pelo processo de extrusão de material com uma impressora Creality CR10 [27]. A Figura 15.14c mostra um biomodelo infantil na posição humana de Salter, requerida no tratamento da displasia do desenvolvimento do quadril (DDQ), e uma órtese abdutora de quadril que foi modelada e manufaturada para substituir o uso do gesso no tratamento da DDQ, proporcionando mais conforto ao usuário [28].

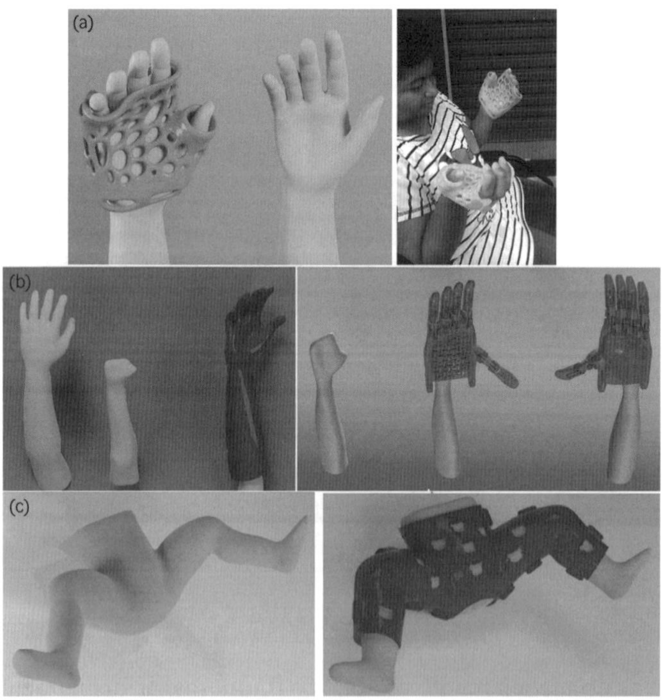

Figura 15.14 Biomodelos criados a partir de dados antropométricos para o desenvolvimento de órteses e próteses [26]-[28].

A pandemia de covid-19 expôs a fragilidade das cadeias de produção, e diversos setores, como o médico, ficaram desabastecidos. Nesse contexto, a AM ganhou notoriedade, pois diversos dispositivos de combate à pandemia estavam sendo produzidos de maneira compartilhada, global e proativa por instituições de pesquisa, indústrias e por pessoas do movimento *maker* (entusiastas da AM). A liberdade de fabricação, o fácil compartilhamento de arquivos via internet e a presença descentralizada de equipamentos foram fatores que contribuíram ao protagonismo da tecnologia. Em um caso notório, a companhia italiana ISINNOVA criou uma válvula conectora (denominada válvula *Charlotte*) que permitia transformar máscaras de *snorkeling* em máscaras de ventilação não invasiva, permitindo que pacientes que estivessem com dificuldades respiratórias, ao utilizarem o equipamento, pudessem obter taxas maiores de oxigenação no sangue [29]. No Brasil, o CTI Renato Archer, com apoio do INCT-Biofabris e em parceria com o Dr. Guilherme Mais e a ONG Expedicionários da Saúde, produziu mais de 2 mil válvulas pelo processo de SLS, que foram adaptadas a máscaras de *snorkeling* e doadas a diversos hospitais do país. Com o uso da AM, os pesquisadores foram capazes de rapidamente criar várias versões da válvula *Charlotte* inicial, adaptando-a e otimizando-a à produção por SLS, visto que o projeto original da válvula previa a produção por tecnologia de extrusão de material (MEX), conforme mostrado na Figura 15.15 [30]. Durante a pandemia, diversos outros dispositivos, como *swabs* nasais para testes, equipamentos de proteção individual, mecanismos para redução de contato físicos, entre outros, foram idealizados, compartilhados e produzidos. Esses acontecimentos também levantaram discussões sobre aspectos legais sobre a AM, como questões de engenharia reversa e aprovação de diretrizes quando à produção de equipamentos da saúde [31].

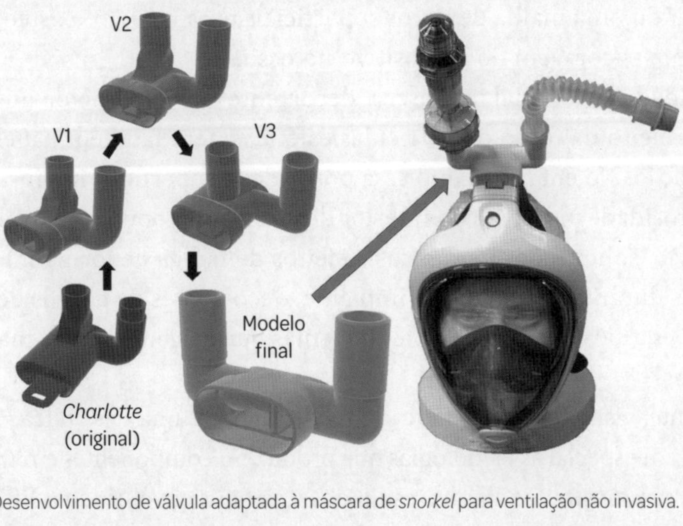

Figura 15.15 Desenvolvimento de válvula adaptada à máscara de *snorkel* para ventilação não invasiva.

15.5.2 Aplicações da AM com materiais metálicos

Vários estudos são realizados visando otimizar parâmetros de produção e ensaios para melhorar a qualidade dos dispositivos produzidos por AM de materiais metálicos [32]. Em geral, esses dispositivos são produzidos em titânio e suas ligas, cobalto-cromo e mesmo em aço inox. Eles devem atender requisitos rigorosos no que tange às exigências de propriedades mecânicas e químicas e de precisão geométrica para as aplicações a que se destinam. Dessa forma, os processos de AM em metal são vistos como de grande potencial econômico na produção eficiente de dispositivos para as aplicações médicas e odontológicas [33].

Os processos de fusão de leito de pó (PBF) metálico (Capítulo 6) têm um potencial de aportar soluções específicas ao paciente ou mesmo na personalização em massa de dispositivos implantáveis. Uma estratégia promissora no desenvolvimento de implantes ortopédicos está na possibilidade de se criar estruturas não maciças de modo que o implante possa oferecer propriedades mecânicas semelhantes às de ossos. Isso, potencialmente, poderia aumentar a sua vida útil e a osteointegração, evitando, assim, o carregamento integral no implante (efeito conhecido como *stress shielding*), deixando o osso sem função, o que acarreta em perda óssea e em uma possível falha prematura do implante [34]. Em estudo preliminar, Li *et al.* [35] demonstraram que é possível fabricar corpos porosos nas ligas de titânio e cobalto-cromo, muito utilizadas na área médica, associando diferentes geometrias de modo a se conseguir propriedades mecânicas desejáveis aos esforços de compressão, semelhantes ao do osso humano. No entanto, esses estudos ainda não têm caráter de aplicação imediata, visto que a vida em fadiga de componentes produzidos por AM ainda é um ponto que requer atenção. Outro elemento importante já em uso na AM é a criação de superfícies com textura controlada gerando uma malha de poros superficiais para facilitar a osteointegração e uma excelente ancoragem do dispositivo no osso.

A porosidade superficial intrínseca, decorrente da formação de uma superfície rugosa pelo efeito da fusão de partículas esféricas, tem também papel auxiliar na osteointegração. No entanto, tanto essa porosidade superficial intrínseca quanto a possível porosidade projetada do interior dos implantes devem ser avaliadas quanto a utilização, solicitações mecânicas e efeitos de fadiga de forma integrada, prevendo falhas durante a vida útil do implante, decorrentes de pontos de concentração de tensões e ciclo de carga. São ainda temas que exigem estudos mais refinados e conclusivos.

Atualmente, vislumbra-se o mercado médico como uma das aplicações mais nobres da AM, em especial as tecnologias que produzem componentes em metais e ligas. Nesta seção, são mostrados alguns resultados e estudos envolvendo a PBF metálico.

A Figura 15.16 ilustra a reconstrução craniana de um paciente jovem com trauma causado por acidente ciclístico. O extenso defeito ósseo foi resultado de uma craniotomia. Nesse caso, desenvolvido no INCT-Biofabris com sede na Faculdade de Engenharia Química da Universidade Estadual de Campinas (Unicamp), foi utilizado uma prótese personalizada da liga Ti-6Al-4V ELI (baixa em elementos intersticiais) com fixação por meio de parafusos de mesmo material. A cirurgia foi realizada no Hospital de Clínicas da Unicamp em 2012. Inicialmente, foram obtidas imagens tomográficas do paciente e processadas utilizando o *software* InVesalius, como mostrado na Figura 15.16a. Em seguida, foi realizado o projeto da prótese como na Figura 15.16b. O biomodelo do crânio, mostrado na Figura 15.16c com a prótese metálica alojada, foi produzido em poliamida utilizando o equipamento de PBF modelo Formiga (EOS GmbH). Após o devido planejamento e ajustes da prótese, junto com a equipe médica, foi confeccionada a prótese em liga metálica de titânio usando-se o sistema EOSINT M270 (EOS GmbH) localizado no INCT-Biofabris. Na Figura 15.16d, mostra-se o ajuste preciso da prótese durante a cirurgia.

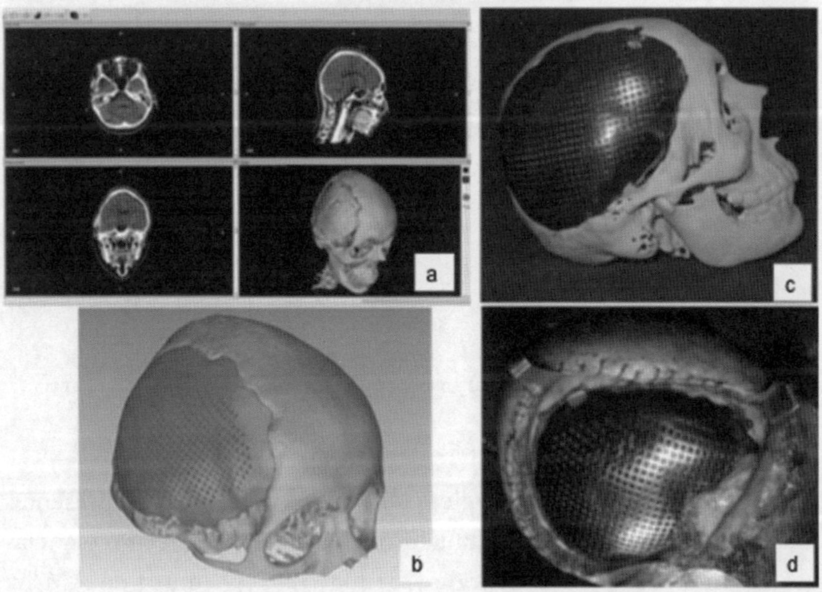

Acesse a versão colorida da figura pelo QR Code.

Figura 15.16 Projeto, produção e instalação de prótese em liga de titânio para cranioplastia [36].

A Figura 15.17 mostra um estudo exploratório para a produção de uma prótese de hemimandíbula desenvolvida durante o projeto de cooperação europeu IREBID (*International Research Exchange for Biomedical Devices Design and Prototyping*) financiado pela Comunidade Europeia para o intercâmbio de pesquisadores (*European Comission FP7-PEOPLE-IRSES*). Esse estudo foi desenvolvido no CTI Renato

Archer com a participação da Universidade de Girona (Espanha), resultando em tese de doutorado nessa universidade [37]. O propósito do estudo não foi a aplicação imediata do dispositivo, mas sim o entendimento dos problemas no seu desenvolvimento e possíveis restrições na aplicação. Para isso, foram integradas ferramentas de tratamento de imagens médicas, modelagem CAD, CAE e a produção em equipamento de PBF metálico. A Figura 15.17a mostra o modelo CAD da prótese e sua integração com o osso sadio do lado oposto da hemimandíbula. Observa-se também a modificação alguns detalhes anatômicos da prótese, como o processo coronoide, o ângulo e o corpo da mandíbula para uma melhor adaptação, redução de peso e funcionalidade. A Figura 15.17b mostra uma malha utilizada para a simulação pelo FEM da adaptação da prótese ao osso. Na Figura 15.17c, observa-se a prótese produzida em Ti-6Al-4V por PBF metálico. Outros estudos foram desenvolvidos entre o CTI Renato Archer e a Universidade de Girona para aplicações de metal por AM na saúde, como dispositivos para fusão de corpos intervertebrais.

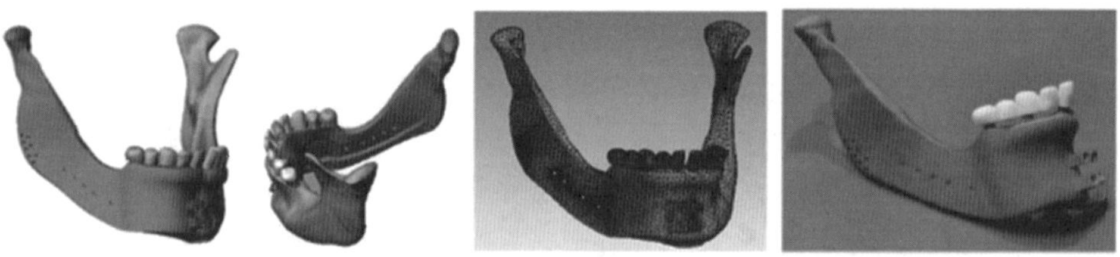

(a) (b) (c)

Acesse a versão colorida da figura pelo QR Code.

Figura 15.17 Estudo para produção em metal de prótese de hemimandíbula: modelo CAD da prótese (a), malha para a simulação pelo FEM (b) e prótese em Ti-6Al-4V (c) [37].

Na prática odontológica, as guias cirúrgicas têm estado cada vez mais presentes nas cirurgias de implante dentário como uma forma segura de transferir o planejamento virtual dos implantes para a cirurgia [23] [38] [39]. O futuro da AM na odontologia tem um amplo campo de aplicações se forem desenvolvidos materiais de custo acessível para que a prática venha a se consolidar no dia a dia de todos os profissionais dentistas da implantodontia [40].

A construção de pontes e coroas dentárias em metal é uma tarefa em que a geometria é dependente de cada paciente. Pelo processo tradicional, o metal é fundido por um protético de modo a copiar um modelo de cera moldado em modelos de gesso do paciente. O uso da AM transforma esse procedimento de moldagem odontológica em um serviço de alto valor agregado de restauração estética e funcional, já que centenas de pequenas peças anatômicas personalizadas podem ser produzidas simultaneamente em máquinas de AM. Além disso, o uso de escâneres odontológicos tem facilitado sobremaneira a obtenção de modelos 3D da arcada dentária. O mercado mundial é muito grande e com possibilidades de crescimento ainda mais rápido se países emergentes tiverem acesso facilitado às tecnologias de AM em metal na saúde. A produção de componentes e implantes metálicos, em especial os dentários, já é oferecida como um serviço em algumas regiões do mundo, em grande parte nos países desenvolvidos.

A Figura 15.18 mostra uma estrutura metálica produzida em liga de cobalto-cromo (Remanium da Concept Laser GmbH) em equipamento MLab dessa empresa, cedida ao CTI Renato Archer sob forma de comodato por sua representante no Brasil, a Tecnohow. A estrutura foi projetada para ser fixada em implantes osteointegrados e suportar uma prótese dentária para um paciente edêntulo. Esse trabalho aplicado na prática clínica faz parte de estudos desenvolvidos com o cirurgião e pesquisador associado Giovanni de Almeida Giacomo. Observa-se, na Figura 15.18a, a infraestrutura metálica produzida sob medida e projetada via computador para ser perfeitamente encaixada utilizando protocolo com cinco implantes. Também pode-se observar a distribuição de pequenos pinos na estrutura (Figura 15.18a) para maior aderência e integração aos componentes de resina da prótese. A Figura 15.18b ilustra a reconstrução dos dentes sobre a estrutura projetada e produzida por AM em metal.

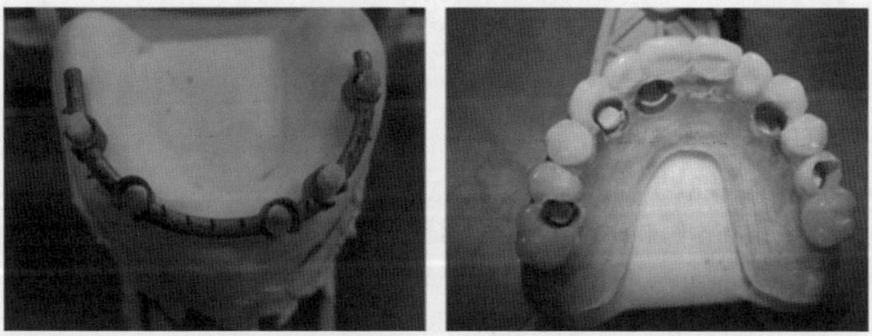

(a) (b)

Acesse a versão colorida da figura pelo QR Code.

Figura 15.18 Infraestrutura metálica produzida por AM em metal (a) e estrutura da prótese para paciente com ausência de todos os dentes (b).

Fonte: cortesia de Dr. Giovanni de Almeida Giacomo.

A Figura 15.19 mostra um conjunto de implantes produzidos em liga metálica Ti-6Al-4V ELI (AP&C Canadá) em equipamento de PBF por feixe de elétrons (PBF-EB) modelo Arcam Q10 plus da empresa GE Additive (Suécia) pela empresa

Ortosintese em São Paulo e utilizada em cirurgia realizada também em São Paulo por equipe médica local. A estrutura foi projetada para devolver o movimento do joelho do paciente com perda severa no fêmur e na tíbia. Ela foi executada e planejada de acordo com as necessidades de movimento, carga e integração óssea obtidas diretamente das imagens médicas do paciente e projetadas em sistemas computacionais de última geração, incluindo a simulação por elementos finitos levando em conta a marcha e o peso do paciente. A Figura 15.19 também mostra a acomodação da prótese na ortopedia do paciente e demonstra a integração e o planejamento cirúrgico pré-operatório.

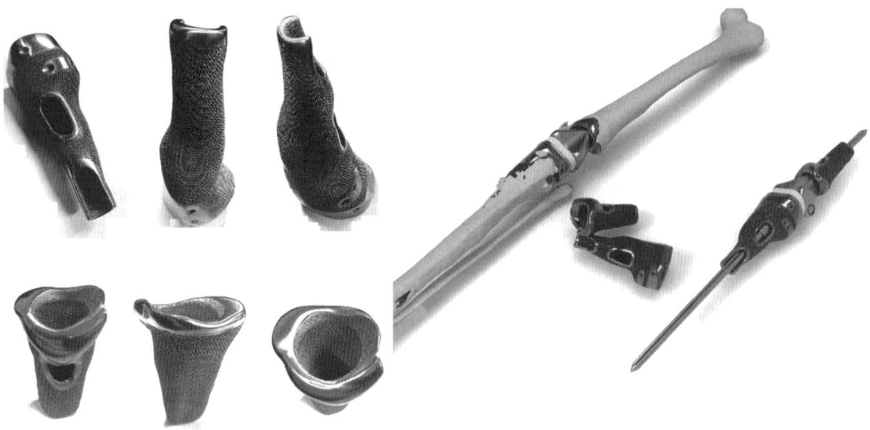

Figura 15.19 Infraestrutura metálica produzida por AM em metal e estrutura da prótese acoplada ao modelo ortopédico do paciente.

Fonte: Ortosintese.

15.6 OSTEOINTEGRAÇÃO

Uma das características mais interessantes da AM é a capacidade de produzir estruturas do tipo *lattice* ou em treliça que não poderiam ser fabricadas por processos convencionais de fabricação. Essa vantagem tem sido largamente explorada por meio da inserção de volumes com esse tipo de característica nos implantes que necessitam de osteointegração em determinadas áreas de contato ósseo.

A Figura 15.20 mostra um componente femoral produzido em liga de cromo-cobalto (AP&C Canadá) pela tecnologia de PBF-EB cujo projeto recebeu um volume de estrutura em treliça, na área médica chamado de trabeculado por se assemelhar à estrutura do osso, para que a área de assentamento na base do fêmur do paciente tenha uma integração completa. A geometria empregada dá à região hidrofilicidade e dimensões favoráveis para a proliferação celular. Além disso, o uso de volumes trabeculados em implantes mimetiza a estrutura e a resistência da estrutura óssea original, além de evitar o efeito de *stress shielding* ao transferir ao osso original a carga do movimento, o que mantém a renovação óssea estimulada por essa carga. O fácil controle do tamanho dos poros, a espessura das estruturas e o formato das células de implantes porosos permite um controle das propriedades mecânicas e biológicas do implante.

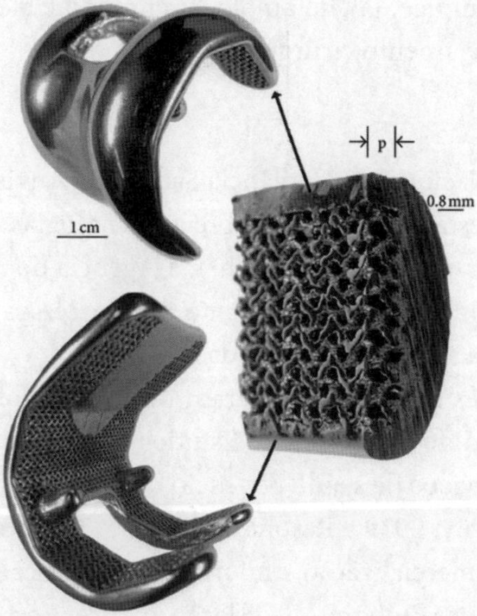

Figura 15.20 Componente femoral de prótese de joelho com estrutura trabeculada para facilitar a osteointegração [41].

15.7 QUESTÕES REGULATÓRIAS

A produção de dispositivos e instrumental médico personalizados em metal tem sido foco de estudo há cerca de trinta anos, em especial para a ortopedia [42]. Essa especialidade médica em particular apresenta grandes necessidades de dispositivos e instrumentais personalizados que podem ser integralmente atendidas pelas tecnologias de AM em metal ou polímeros de alto desempenho. Acreditava-se que, pelo potencial da tecnologia, o crescimento da sua utilização seria vertiginoso. Porém, na área médica, as legislações e as padronizações são extremamente rigorosas, objetivando a segurança e a eficácia dos dispositivos médicos. Muitas dessas exigências ainda não são totalmente cumpridas pelos processos disponíveis no mercado de AM, além de questões éticas para a aprovação experimental em seres humanos.

Os equipamentos de AM mais modernos contam com monitoramento durante o processamento para detectar falhas de adição de material nas camadas e da qualidade da fusão do material. Essa forma de monitoramento da estruturação interna somente é possível por meio da AM, o que abre novos campos e possibilidades para que a tecnologia seja ainda mais confiável para aplicações críticas, como a área de dispositivos médicos. Entretanto, a quantidade de dados gerados é enorme para cada processamento e, provavelmente, deverão ser mantidos por muitos anos após a produção.

De uma forma geral, muitos dispositivos, como guias para implantes dentários, aparelhos auditivos, placas para correção ortodôntica, alguns dispositivos específicos e instrumental cirúrgico, já têm amplo uso mundial, além dos já reconhecidos biomodelos para planejamento cirúrgico.

15.7.1 Anvisa

No Brasil, a Agência Nacional de Vigilância Sanitária (Anvisa), até 2015, ainda não havia realizado manifestações públicas sobre as tecnologias de AM, no entanto, em algumas reuniões com o CTI Renato Archer, a Agência demonstrou a necessidade de investir em conhecimento e entendimento dos processos e desafios na certificação de produtos para a saúde originados da AM.

Em 2017, servidores da Anvisa estiveram no INCT-Biofabris para capacitação sobre o assunto dentro do Programa de Estudos Experienciais no tema implantáveis fabricados em serviços de saúde por meio de tecnologia 3D.

A Anvisa publicou em 2019 a Resolução RDC nº 305, que dispõe sobre requisitos para fabricação, comercialização, importação e exposição ao uso de dispositivos médicos personalizados. Embora a legislação não seja específica sobre o uso da AM, ela impulsionou o uso da tecnologia na área médica, pois regulamentou a fabricação e o uso de dispositivos médicos implantáveis personalizados, sob medida e paciente-específicos.

15.7.2 FDA

A agência estadunidense *Food and Drug Administration* (FDA), que regulamenta o setor de dispositivos médicos, entre outros voltados à segurança na área da saúde, tem dado atenção especial à AM. Isso decorre não somente da visão de futuro, mas também dos vários pedidos de certificação de produtos originados dessa tecnologia moderna de produção. A FDA, reconhecendo todos os potenciais que a AM pode aportar para a área da saúde até 2025, considera essas tecnologias como "novas avenidas para a criatividade e inovação de dispositivos médicos", dentre elas a personalização ao paciente e a possibilidade de criar geometrias e estruturas internas impossíveis por processos tradicionais. Com foco estratégico, a FDA organizou um *workshop* público, em outubro de 2014, para colher informações que possam atender aos seguintes objetivos [43]:

1. Desenvolver um entendimento mais amplo dos desafios técnicos e soluções de AM incluindo uma variedade de materiais e processos que afetam a segurança e a efetividade dos dispositivos médicos.
2. Chamar a atenção para os desafios técnicos e as soluções colaborativas desenvolvidas, bem como as melhores práticas para assegurar o desempenho e a confiabilidade desses dispositivos, criando um fórum para o diálogo aberto entre os interessados para compartilhar lições aprendidas e melhores práticas que possam sobrepor os desafios apresentados pela AM.
3. Promover a inovação em tecnologia e processos para assegurar e melhorar o desempenho e a confiabilidade dos dispositivos.
4. Coordenar colaborações futuras no desenvolvimento de material educacional, padrões e guias.

Para isso, disponibilizou um questionário com vários tópicos, mas não limitados a eles, com considerações sobre:

- Pré-impressão – química do material, propriedades físicas, reciclabilidade, reprodutibilidade da peça e validação do processo.
- Impressão – caracterização do processo, *softwares* utilizados no processo, pós-processamentos e usinagem.
- Pós-impressão – limpeza e remoção de material, efeito da complexidade na esterilização e biocompatibilidade, mecânica final do dispositivo, envelope de projeto e verificação.

Em 2016, após a consulta citada no parágrafo anterior, a FDA disponibilizou o *Technical Considerations for Additive Manufactured Medical Devices – Guidance for Industry and Food and Drug Administration Staff* [44], que ajuda o mercado a usar a tecnologia no desenvolvimento e na aplicação da AM na indústria médica. Na mesma linha da consulta anterior, a FDA também iniciou uma consulta sobre o uso da AM no local de atendimento lançando o documento *Discussion Paper: 3D Printing Medical Devices at the Point of Care*, com o objetivo de orientar o uso da tecnologia em hospitais, clínicas e laboratórios.

Dispositivos não implantáveis, como guias para posicionamento de implantes dentários, coroas, infraestruturas metálicas para próteses dentárias e guias para osteotomia, fabricados por AM, já são amplamente comercializadas em todo o mundo. A produção de dispositivos implantáveis, produzidos indiretamente por meio da AM, começa a ser certificada em vários países. Um caso típico é a recente certificação pela FDA de dispositivo para artroplastia total de joelho cujas partes metálicas são feitas indiretamente por meio de processos de impressão de modelos de cera que, em seguida, são utilizados para microfundição dos componentes metálicos da prótese. Dispositivos implantáveis produzidos por AM já estão sendo certificados.

15.7.3 Regulamentação europeia (*CE marking of conformity*)

Ainda não há evidências de qualquer processo formal de se estabelecer uma regulamentação sobre a AM em específico e o seu uso para criar dispositivos médicos personalizados na Europa. No contexto europeu, pode ser ainda mais complicado que nos EUA, devido ao número de países e interesses envolvidos. Alguns casos específicos estão sendo devidamente explorados, por não incorrer em desatenção à legislação europeia pertinente. Por exemplo, a empresa Lima Corporate S.p.A. da Itália tem certificado a produção de componentes acetabulares da linha *trabecular Titanium* em várias dimensões produzidos com a liga Ti-6Al-4V e utilizando o processo de PBF-EB, como apresentado no Capítulo 6, para a personalização em massa de dispositivos médicos. No entanto, esses dispositivos não são produzidos, ainda, sob demanda de um paciente. Eles são produzidos em escala menor, ainda que padrão e testados para garantir a certificação. A vantagem do uso da tecnologia é a possibilidade de produzir a parte sólida do componente e a trabecular de sua superfície no mesmo processo.

15.8 CONSIDERAÇÕES FINAIS

A AM, em todos os seus processos já disponíveis, tem um amplo espectro de aplicações na área da saúde, a começar com os já consolidados biomodelos, obtidos por meio de imagens médicas, que são ferramentas de apoio de grande importância para o cirurgião antes e durante a cirurgia. Os biomodelos aumentam a capacidade dos cirurgiões de realizarem cirurgias mais precisas, no menor tempo e com maior precisão, proporcionando, muitas vezes, o planejamento de cirurgias menos invasivas e com menores custos e riscos ao paciente. Uma grande validade dos biomodelos está também na educação e no treinamento de pessoal especializado. Por outro lado, as aplicações atuais já demandam dispositivos e instrumentais específicos, o que potencializa o tratamento individualizado ou mesmo a personalização em massa desses produtos no médio prazo. A personalização de produtos na área médica, em especial com o uso da AM, estabelece um novo paradigma que já começa a oferecer opções mais adequadas para cada necessidade, criando soluções mais eficientes e potencialmente mais duradouras, reduzindo impactos negativos nos pacientes.

Diante das transformações em curso determinadas pela AM, será necessário, a curto, médio e longo prazos, a criação e a constante atualização de padrões e regulamentações para o setor, de maneira que o uso de produtos originados da AM possa ter segurança na área da saúde.

AGRADECIMENTOS

O autor Jorge V. L. Silva esclarece que este trabalho é uma compilação de resultados e ideias dos profissionais da Divisão de Tecnologias para a Saúde (DITPS) do Centro de Tecnologia da Informação Renato Archer (CTI) e de vários parceiros das áreas médica e odontológica. Agradece o Ministério da Saúde, que, de 2009 a 2018, apoiou diretamente o projeto com alocação de recursos, tornando possível o desenvolvimento e a aplicação dessas tecnologias em milhares de casos no Brasil, sob a forma de projeto-piloto. A Comunidade Europeia, por meio do Projeto IREBID no programa FP7, e o Conselho Nacional de Desenvolvimento Científico e Tecnológico (CNPq), por meio do Programa de Capacitação Institucional do CTI Renato Archer.

O autor Guilherme A. Longhitano agradece à Fundação de Amparo à Pesquisa do Estado de São Paulo (Fapesp) – processo n. 2020/05612-8 – e ao Programa de Pesquisador de Pós- doutorado (PPPD) da Unicamp.

REFERÊNCIAS

[1] P.S. D'Urso, R. L. Atkinson, I. J. Bruce, *et al.*, Stereolithographic (SL) biomodelling in craniofacial surgery. *British Journal of Plastic Surgery*, v. 51, p. 522-530, 1998.

[2] The Nobel Prize in Physiology or Medicine 1979. Disponível em: https://www.nobelprize.org/prizes/medicine/1979/summary/. Acesso em: 2 Jun 2023.

[3] A. Sales, M. E. Kunkel, M. Vasques, *Digital thinking: a odontologia digital na prática*. Napoleão Editora Quintessence, 2022.

[4] G. N. Hounsfield, Computed medical imaging. *Science*, v. 80, n. 210, p. 22-28, 1980.

[5] R. C. Gonzalez, R. E. Woods, *Digital image processing*. Prentice Hall, 2008.

[6] P. H. J. Amorim, T. F. de Moraes, F. S. Azevedo, J. V. L. da Silva, InVesalius: software livre de imagens médicas. *In*: *XXXI Congresso da Sociedade Brasileira de Computação XI WIM Work Informática Médica*, p. 17351740, 2011.

[7] A. S. Bárbara, *Processamento de imagens médicas tomográficas para modelagem virtual e física: o software Invesalius*. Tese (Doutorado) – Universidade Estadual de Campinas, Faculdade de Engenharia Mecânica, 2006.

[8] J. V. L. Silva, E. Meurer, A. S. Bárbara *et al.*, As tecnologias CAD-PR (prototipagem rápida) na reconstrução de traumas da face. *In*: *III Congresso Iberoamericano IBERDISCAP 2004 - Tecnologias de Apoyo a la Discapacidad*. San José, p. 128-134, 2004.

[9] P. D'Urso, Biomodelling. *In*: I. Gibson (ed.), *Advanced manufacturing technology for medical applications: reverse engineering, software conversion, and rapid prototyping*. Chichester: John Wiley & Sons, 2005.

[10] E. Meurer, M. G. Oliveira, M. I. Meurer, J. V. L. Silva, A. Santa Bárbara, C. Heitz, Biomodelos de prototipagem rápida em cirurgia e traumatologia bucomaxilofacial. *Revista Brasileira de Cirurgia e Periodontia*, v. 1, p. 172-180, 2003.

[11] M. I. Meurer, E. Meurer, J. V. L. Silva *et al.*, Aquisição e manipulação de imagens por tomografia computadorizada da região maxilofacial visando à obtenção de protótipos biomédicos. *Radiologia Brasileira*, v. 41, p. 49-54, 2008.

[12] D. N. Silva, M. Gerhardt de Oliveira, E. Meurer, *et al.*, Dimensional error in selective laser sintering and 3D-printing of models for craniomaxillary anatomy reconstruction. *Journal of Cranio-maxillo-facial Surgery*, v. 36, p. 443-449, 2008.

[13] M. Salmi, K.-S. Paloheimo, J. Tuomi, *et al.*, Accuracy of medical models made by additive manufacturing (rapid manufacturing). *J Cranio-Maxillofacial Surg*, v. 41, p. 603-609, 2013.

[14] J. V. L. Silva, A. B. Almeida, C. E. Raposo-do-Amaral, D. M. Ferreira, L. Hotta, C. A. Raposo-do-Amaral, M. C. Guidi, C. L. T. Buzzo, Three-dimensional virtual and physical technologies in the treatment of craniofacial anomalies. *In*: *11th International Congress on Cleft Lip and Palate Related Craniofacial Anomalies – CLEFT*. Fortaleza, p. 5-10, 2009.

[15] B. Sanghera, S. Naique, Y. Papaharilaou, A. Amis, Preliminary study of rapid prototype medical models. *Rapid Prototyping Journal*, v. 7, p. 275-284, 2001.

[16] E. K. Sannomiya, J. V. L. Silva, A. A. Brito, *et al.*, Surgical planning for resection of an ameloblastoma and reconstruction of the mandible using a selective laser sintering 3D biomodel. *Oral Surgery, Oral Medicine, Oral Pathology, Oral Radiology, and Endodontology*, v. 106, p. e36-e40, 2008.

[17] P. Noritomi, D. Kemmoku, F. Roland, J. V. L. Silva, Use of BioCAD in the development of a growth compliant prosthetic device for cranioplasty of growing patients. *In*: *Innovative developments in design and manufacturing*, CRC Press, 2009. p. 127-130.

[18] C. Ulbrich, C. Zavaglia, G. Paschoal, J. V. L. Silva, J. Zullo, Use of rapid prototype techniques for large prosthetic cranioplasty. *In*: *Innovative developments in virtual and physical prototyping*. CRC Press, 2011. p. 767-769.

[19] R. Bertani, C. Moreno Perret Novo, P. Henrique Freitas *et al.*, A comprehensive 3D-molded bone flap protocol for patient-specific cranioplasty. *Protocol Exchange*, p. 1-50, 2021.

[20] C. Rondinoni, V. H. Oliveira e Souza, R. H. Matsuda *et al.*, Inter-institutional protocol describing the use of three-dimensional printing for surgical planning in a patient with childhood epilepsy: from 3D modeling to neuronavigation. *In*: *2014 IEEE 16th International Conference on e-Health Networking, Applications and Services (Healthcom)*, 2014, p. 347-349.

[21] A. T. Oliveira, A. A. Camilo, P. R. V. Bahia *et al.*, A novel method for intraoral access to the superior head of the human lateral pterygoid muscle. *BioMed Research International*, p. 1-9, 2014.

[22] G. Di Giacomo, J. Silva, R. Martines, S. Ajzen, Computer-designed selective laser sintering surgical guide and immediate loading dental implants with definitive prosthesis in edentulous patient: a preliminary method. *European Journal of Dentistry*, v. 8, p. 100-106, 2014.

[23] G. A. Di Giacomo, J. V. da Silva, A. M. da Silva *et al.*, Accuracy and complications of computer-designed selective laser sintering surgical guides for flapless dental implant placement and immediate definitive prosthesis installation. *Journal of Periodontology*, v. 83, p. 410-419, 2012.

[24] M. T. Vasques, N. R. M. Zambrana, N. C. Soriani, Planejamento na odontologia digital. *In*: A. Sales, M. V. KME (eds.), *Digital thinking: a odontologia digital na prática*. Nova Odessa: Napoleão Editora Quintessence, 2022. p. 54-71.

[25] R. T. Stramandinoli-Zanicotti, P. F. Corso, M. E. Kunkel, Maxilofacial prostheses: assistive technology in multilated facial patients. *In*: O. C. Junior, M. D. Trajanovic (eds.), *Personalized orthopedics: contributions and applications of biomedical engineering*, New York: Springer International Publishing, 2022. p. 355-371.

[26] T. A. Bina, M. E. Kunkel, R. C. Ribeiro, T. V. Ribeiro, Produção de próteses mecânicas 3D de membro superior para um caso de amputação bilateral infantil: desafios da reabilitação. *In*: F. Ferrari (ed.), *Processos de intervenção em fisioterapia e terapia ocupacional 2*. Atena Editora, 2020. p. 185-198.

[27] L. H. Fazan, M. E. Kunkel, Development of an upper limb orthosis manufactured by 3D printing for a case of trichotillomania in cerebral palsy. *In*: *XX Congresso Brasileiro de Biomecânica*, 2023, p. 192.

[28] N. A. Santos, *Desenvolvimento de protótipos de órtese produzidos por manufatura aditiva para imobilização do quadril infantil*. Dissertação (Mestrado) – Universidade Federal de São Paulo, 2019.

[29] G. A. Longhitano, J. V. Lopes da Silva, COVID-19 and the worldwide actions to mitigate its effects using 3D printing. *Journal of 3D Printing in Medicine*, v. 5, p. 1-3, 2021.

[30] G. A. Longhitano, G. Candido, L. M. Ribeiro Machado *et al.*, 3D-printed valves to assist noninvasive ventilation procedures during the COVID-19 pandemic: a case study. *Journal of 3D Printing in Medicine*, v. 4, p. 193-202, 2020.

[31] G. A. Longhitano, G. B. Nunes, G. Candido, J. V. L. da Silva, The role of 3D printing during COVID-19 pandemic: a review. *Progress in Additive Manufacturing*, v. 6, p. 19-37, 2021.

[32] A. W. Hashmi, H. S. Mali, A. Meena *et al.*, Surface characteristics improvement methods for metal additively manufactured parts: a review. *Advances in Materials and Processing Technologies*, v. 8, p. 4524-4563, 2022.

[33] B. Vandenbroucke, J.-P. Kruth, Selective laser melting of biocompatible metals for rapid manufacturing of medical parts. *Rapid Prototyping Journal*, v. 13, p. 196-203, 2007.

[34] L. Giorleo, E. Ceretti, P. Y. Noritomi, J. V. L. Silva, U. Pazzaglia, Porous titanium implants: in vivo and in vitro preliminary bone ingrowths analysis. *In*: *2nd International Conference on Design and PROcesses for MEDical Devices - PROMED2014*, Monterrey, 2014, p. 115-120.

[35] X. Li, C. Wang, W. Zhang, Y. Li, Fabrication and compressive properties of Ti6Al4V implant with honeycomb-like structure for biomedical applications. *Rapid Prototyping Journal*, v. 16, p. 44-49, 2010.

[36] A. L. Jardini, M. A. Larosa, R. M. Filho *et al.*, Cranial reconstruction: 3D biomodel and custom-built implant created using additive manufacturing. *Journal of Cranio--maxillo-facial Surgery*, v. 42, p. 1877-84, 2014.

[37] J. Delgado, C. A. R. Lauretti, A. A. Camilo, J. V. L. Silva, L. Sereno, J. Ciurana, Mandible reconstruction using an additive manufacturing technology. *1st International Conference on Design and Processes for Medical Devices*, Brescia, 2012, p. 275-278.

[38] G. A. P. Giacomo, J. V. L. Silva, A. Santa Bárbara, B. C. Dal'Ava, C. M. Altran, R. T. Martines, G. C. Alonso, Cirurgia assistida por computador – Relato de caso clínico. *Implant News*, v. 4, p. 413-418, 2007.

[39] E. Dhoore, Software for medical data transfer. *In*: I. Gibson (ed.), *Advanced manufacturing technology for medical applications: reverse engineering, software conversion, and rapid prototyping*. Chichester: John Wiley & Sons, 2005. p. 79-103.

[40] A. Azari, S. Nikzad, The evolution of rapid prototyping in dentistry: a review. *Rapid Prototyping Journal*, v. 15, p. 216-225, 2009.

[41] A. Bandyopadhyay, S. Ciliveri, S. Bose, Metal additive manufacturing for load-bearing implants. *Journal of the Indian Institute of Science*, v. 102, p. 561-584, 2022.

[42] R. Jamieson, B. Holmer, A. Ashby, How rapid prototyping can assist in the development of new orthopaedic products – a case study. *Rapid Prototyping Journal*, v. 1, p. 38--41, 1995.

[43] Federal Drug Administration (FDA). *Additive manufacturing of medical devices: an interactive discussion on the technical considerations of 3D printing*. https://www.regulations.gov/#!documentDetail;D=FDA-2014-N-0432-0001. Acesso em: 2 jul. 2023.

[44] Center for Devices and Radiological Health, *Technical considerations for additive manufactured medical devices: guidance for industry and Food and Drug Administration staff*, 2017.

CAPÍTULO 16
Bioimpressão 3D

Janaina Dernowsek
Laura Rebouças
Leticia Charelli
Maria Malagutti
Frederico Sena

16.1 INTRODUÇÃO

A bioimpressão 3D é uma geração automatizada de produtos biologicamente funcionais com organização estrutural a partir de células vivas, moléculas bioativas, biomateriais, agregados celulares como microtecidos ou construtos híbridos de células e materiais e subsequentes processos de maturação tecidual [1]. Essa tecnologia possibilita a reconstrução de segmentos de tecidos e órgãos para estudos biomiméticos mais próximos dos sistemas biológicos do que os métodos convencionais e pode ser empregada para o desenvolvimento de estruturas anatômicas, alimentos, dispositivos e sistemas complexos a partir de células e micro-organismos. A médio e longo prazos, há o potencial para o desenvolvimento de órgãos e seu uso em tratamentos mais avançados, incluindo transplantes. Etapas cruciais da bioimpressão 3D envolvem a utilização de modelos digitais 3D, biomateriais, proteínas, células e fatores de sinalização celular. Com a ascensão da manufatura aditiva (*additive manufacturing* – AM) na área da saúde e alimentos, as estratégias mais versáteis de bioimpressão 3D, como os métodos baseados em extrusão e em jato de tinta/gotas, incluindo aqueles assistidos por *laser*, passaram por significativo desenvolvimento. Essas abordagens estão avançando para se tornarem linhas de biofabricação - área do conhecimento que engloba métodos da engenharia tecidual, medicina regenerativa e tecnologia da informação - em diversos setores da bioeconomia [2]. No entanto, ainda existem vários desafios que precisam ser superados para desbloquear todo o potencial de tecidos, órgãos e análogos alimentícios bioimpressos em 3D.

Tecnologias 3D de fronteira são de grande potencial para eliminar testes em animais e fornecer dados personalizados de pacientes. A cultura de células 3D obtida nesses novos processos imita a organização espacial das células de um organismo vivo, assim, estudos de doenças e testes de novos medicamentos tornam-se mais biomiméticos aos naturais. Neste capítulo, são abordados conceitos, métodos, aplicações e tendências mundiais sobre a tecnologia da bioimpressão 3D como uma ferramenta versátil e de grande potencial em áreas estratégicas da bioeconomia. O capítulo se restringe às técnicas que empregam a AM para desenvolver produtos biológicos vivos e não vivos.

16.2 FUNDAMENTOS DA BIOIMPRESSÃO 3D

O termo "impressão de órgãos" (*organ bioprinting*) apareceu pela primeira vez em 2003 e sofreu uma metamorfose conceitual durante as últimas décadas. Esse termo ainda é frequentemente usado, sobretudo na literatura popular, porém seu uso atual é muitas vezes mais amplo do que a definição original bastante restrita [2]. O termo bioimpressão 3D foi usado pela primeira vez no título do *Workshop on Bioprinting, Biopatterning and Bioassembly* realizado na Universidade de Manchester, Reino Unido, em 2004 [3]. É importante informar que os termos bioimpressão e bioimpressão 3D são utilizados como sinônimos neste capítulo.

De acordo com Groll *et al.* [2], o termo biofabricação, quando utilizado no campo da engenharia tecidual e medicina regenerativa, ocorreu em paralelo com a evolução do termo bioimpressão 3D e, possivelmente, isso levou a uma confusão e possível fusão dos dois termos, sobretudo no conceito popular e na mídia jornalística. Com o passar dos anos, o termo bioimpressão 3D foi usado para descrever especificamente

> *o uso de processos de transferência auxiliados por computador para padronizar e montar materiais vivos e não vivos com uma organização 2D ou 3D para produzir estruturas de bioengenharia que servem em medicina regenerativa, farmacocinética e estudos básicos de biologia celular [1].*

Consequentemente, a biofabricação foi definida pela primeira vez por Mironov *et al.* na edição inaugural da revista *Biofabrication* em 2009 como "a produção de produtos biológicos vivos e não vivos complexos a partir de matérias-primas como células vivas, moléculas, matrizes extracelulares (MEC) e biomateriais" [4] [5].

A metodologia principal da bioimpressão 3D envolve o uso de imagens 3D de biomodelos advindos de imagens médicas ou de modelagem 3D para orientar o processo de deposição do material principal, que é a biotinta. Biomodelo 3D é definido como o projeto 3D ou representação geométrica tridimensional (3D) do tecido ou órgão que se pretende produzir.

Para proporcionar uma compreensão mais aprofundada sobre um dos componentes principais da bioimpressão 3D, o termo "biotinta" é definido conforme a conceituação de Groll *et al.* [6], que a descrevem como "uma formulação de células adequadas para processamento por uma tecnologia de biofabricação automatizada que também pode conter componentes biologicamente ativos e biomateriais". Complementando esse conceito, as biotintas podem incluir células e micro-oganismos em diferentes formas, como: células-tronco, células primárias, células diferenciadas, células agregadas em esferoides, células organizadas em organoides, células semeadas em microcarreadores ou encapsuladas em sistemas coloidais personalizados [7]. Além disso, de acordo com Budharaju *et al.* [8], as biotintas podem também conter moléculas bioativas, como fatores de sinalização celular, DNA, miRNA, citocinas, exossomos e biomateriais, os quais são apresentados ao longo deste capítulo.

Sobre o processo de deposição do material principal, atualmente existem quatro categorias principais de bioimpressão 3D originadas da AM, baseadas em: extrusão de material (*material extrusion* – MEX), jateamento ou gotículas de material (*material jetting* – MJT) e fotopolimerização em cuba (*vat photopolymerization* – VPP) [7]. Uma distinção significativa em todas as categorias da bioimpressão 3D, em comparação com a AM, reside no componente primário da biotinta, que são as células, e no pós-processamento, em que podem ser empregados biorreatores e/ou incubadoras de CO_2. Esses dispositivos são essenciais para proporcionar um ambiente de cultura celular adequado, oferecendo nutrientes, oxigênio e removendo produtos residuais. Os biorreatores são particularmente indicados para a cultura de tecidos complexos, pois possibilitam a aplicação de estímulos mecânicos, como forças de tração e compressão, para promover a maturação e a funcionalidade dos tecidos bioimpressos.

Em suma, os fundamentos da bioimpressão 3D se relacionam com os três pilares da engenharia tecidual, células, fatores de crescimento (sinais regulatórios) e biomateriais, ampliando significativamente as possibilidades de criação de tecidos e órgãos funcionais em laboratório e de maneira automatizada [2] [9] (Figura 16.1). Essa abordagem permite um controle preciso da histoarquitetura tecidual, a inclusão de múltiplos tipos celulares e a incorporação de fatores de crescimento, resultando em tecidos mais complexos e com reprodutibilidade [9]. Os três pilares fundamentais da engenharia tecidual desempenham papéis cruciais na criação de tecidos funcionais e regeneração de órgãos. Com a integração da bioimpressão 3D, biomodelos 3D e a utilização de biorreatores, a engenharia tecidual alcançou progressos notáveis. A seguir, são examinados cada um desses componentes, que constituem os alicerces da bioimpressão 3D:

1. Células – As células são a unidade fundamental da vida e desempenham um papel crucial na engenharia tecidual. Na bioimpressão 3D, as células podem ser encapsuladas em hidrogéis ou outros biomateriais, agrupadas em esferoides ou organoides, permitindo que sejam depositadas em padrões precisos e reprodutivos, camada por camada. Essa abordagem permite a criação de estruturas 3D complexas, como órgãos, vasos sanguíneos, tecidos biológicos e análogos de cortes de carne.
2. Sinais regulatórios – Os fatores de crescimento e indutores são proteínas bioativas fundamentais no direcionamento do comportamento das células. Eles controlam a proliferação, a diferenciação e a migração celular, regulando o processo de regeneração tecidual. Na engenharia tecidual e na bioimpressão 3D de tecidos biológicos, os fatores de crescimento são frequentemente combinados com os biomateriais para fornecer sinais bioquímicos às células, orientando seu desenvolvimento e função.
3. Biomateriais – Os biomateriais também desempenham um papel crucial na engenharia tecidual e na bioimpressão 3D, fornecendo suporte estrutural, mimetizando o ambiente extracelular e fornecendo as propriedades necessárias para o crescimento celular e a regeneração tecidual. Uma ampla variedade de biomateriais pode ser utilizada, incluindo hidrogéis, polímeros biodegradáveis, cerâmicas e MEC. Esses materiais são projetados para serem biocompatíveis, biodegradáveis e capazes de interagir com as células de modo a promover a formação de tecidos funcionais.

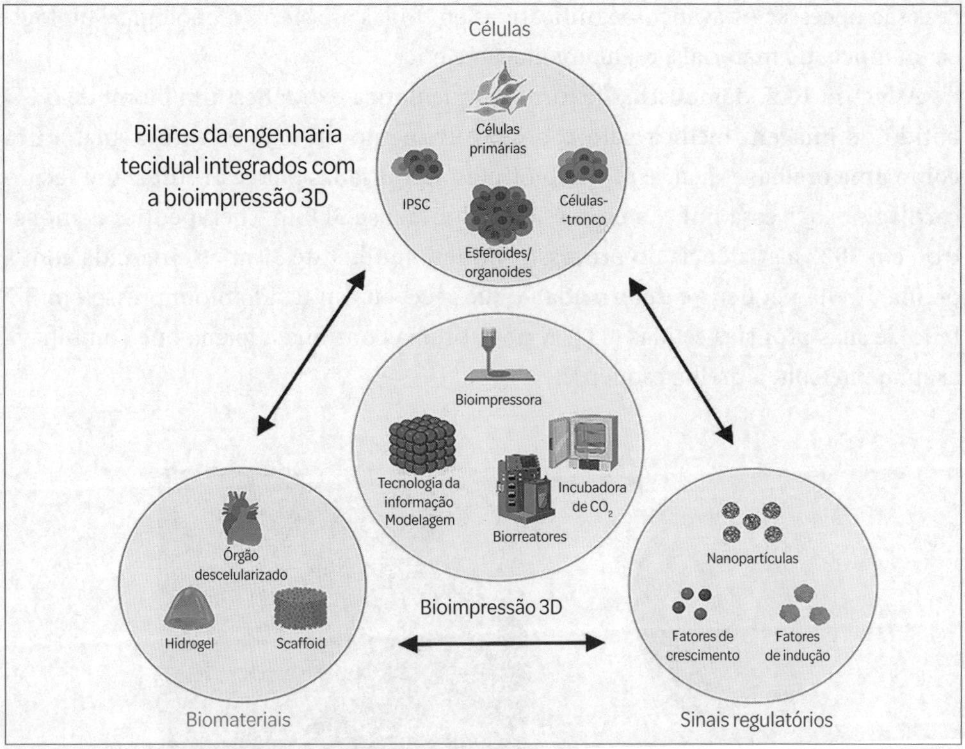

Figura 16.1 Integração relacional de métodos convencionais da engenharia tecidual com a bioimpressão 3D. Criado com BioRender.com, em 1º de outubro de 2023.

É importante informar que os modelos biológicos usados hoje funcionam muito bem para estudar certos tipos de células e sistemas; as células da pele, por exemplo, sobrevivem em uma camada plana, pois conseguem se reproduzir de forma semelhante ao que ocorre no corpo. Entretanto, muitos outros tipos de células não sobrevivem nesse contexto ou simplesmente não reproduzem fielmente suas funções biológicas. Assim, a bioimpressão 3D auxilia positivamente o estudo da verdadeira biologia em sistemas *in vitro* 3D, minimizando, e até evitando, o uso de modelos animais em vários setores da bioeconomia [10].

A bioimpressão 3D de um órgão é mais do que fazer camadas de células no formato apropriado de um coração, rim, fígado ou orelha. Sistemas biológicos complexos, como órgãos, e tecidos, como cartilagem, devem desempenhar funções distintas de suas contrapartes naturais e devem ter capacidade de integração aos sistemas biológicos existentes do corpo, que envolve sobretudo o desenvolvimento de nervos e vasos sanguíneos. Acredita-se que a bioimpressão 3D terá um impacto significativo nos estudos farmacológicos e cuidados de saúde em todo o mundo, mas são necessários avanços significativos em todas as esferas tecnológica, biológica, química, de materiais, regulamentação e ética.

A Figura 16.2, demonstra, de forma esquemática e didática, um biomodelo 3D obtido de imagem médica para o desenvolvimento de uma estrutura anatômica como uma orelha, a qual se utiliza biotintas apropriadas para estruturar um tecido cartilaginoso. Nessa linha, a empresa estadunidense 3DBio Therapeutics demonstrou em 2022 a eficiência do processo em uma mulher de 30 anos - nascida com a orelha direita pequena e deformada -, que recebeu um tecido bioimpresso em 3D feito de suas próprias células [11]. A nova orelha continha a forma que combinava exatamente com a orelha esquerda.

Figura 16.2 Exemplo da bioimpressão 3D de um tecido complexo (orelha) a partir da geometria 3D empregando biotinta com células funcionais da cartilagem.
Fonte: cortesia de Bioedtech.

No campo da engenharia tecidual, um caso que ganhou destaque em torno de 1996 e ficou conhecido como "a orelha de Vacanti" representa um marco inicial na exploração de técnicas para a criação de órgãos e tecidos. O camundongo, dotado de uma estrutura de cartilagem em formato de orelha nas costas, foi um exemplo pioneiro de como as células de cartilagem de vaca poderiam ser cultivadas em um molde biodegradável com forma específica de orelha [12].

Hoje em dia, a bioimpressão 3D revolucionou ainda mais essa abordagem, permitindo a fabricação de orelhas bioimpressas com precisão e personalização. O conjunto de técnicas e conhecimento envolvido tem contribuído com avanços nos desafios éticos associados à estrutura externa utilizada na experiência com o camundongo Vacanti, proporcionando uma alternativa mais avançada e biocompatível na produção de órgãos e tecidos. As orelhas bioimpressas desenvolvidas pela empresa 3DBio Therapeutics representam uma convergência entre os conhecimentos adquiridos com experimentos passados, como o de Vacanti, e as inovações atuais. Essa integração de técnicas e tecnologias promete avanços ainda mais significativos na criação de órgãos e tecidos sob medida para atender às necessidades médicas e estéticas.

16.3 ETAPAS E MÉTODOS DA BIOIMPRESSÃO 3D

A bioimpressão 3D possui três etapas principais, cada uma apresentando uma interdisciplinaridade de conhecimento. Na primeira etapa, chamada de pré-processamento, ocorre a seleção de células, do biomaterial adequado e do projeto 3D do tecido ou órgão que se pretende produzir, podendo ser nomeado de biomodelo 3D. O biomodelo 3D do segmento, tecido ou órgão é projetado por meio da associação de *softwares* para tratamento de imagens e modelagem 3D de geometrias [13], ou seja, dependem de uma representação geométrica tridimensional (3D) dos objetos a serem fabricados. Embora o formato denominado STL (*STereoLithography*) seja o mais utilizado nas tecnologias atuais, existem outras representações que podem ser empregadas (ver Capítulo 9). As geometrias podem ser geradas a partir da modelagem em sistemas CAD (*computer-aided design*) 3D, mas, principalmente no caso de biomodelo, estas são obtidas a partir de escâneres 3D, tomografia computadorizada, microtomografia, ressonância magnética, ultrassonografia 3D, fotogrametria etc. Normalmente, nesses casos, os modelos 3D resultantes são retrabalhados nos sistemas CAD para corrigir eventuais falhas. Na segunda etapa, chamada de processamento ou bioimpressão 3D, utilizam-se equipamentos nomeados de bioimpressoras e a formulação da biotinta. Enfim, na terceira etapa, chamada de pós-processamento, são utilizadas incubadoras e/ou biorreatores para a maturação dos tecidos bioimpressos, os quais são sistemas fechados e controlados que mimetizam o sistema fisiológico natural (Figura 16.3).

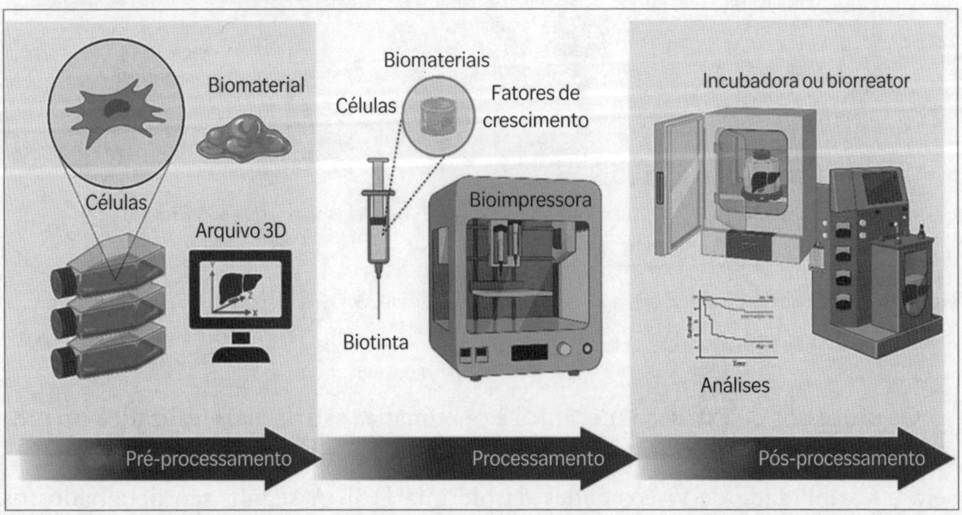

Figura 16.3 Principais etapas da bioimpressão 3D. Criado com BioRender.com, em 1º de fevereiro de 2024.

Basicamente, os processos englobam metodologias diferentes como ocorre na AM. De forma resumida, podem ser classificados amplamente em três modalidades principais, como a bioimpressão 3D com base em: (i) extrusão de material, (ii) jateamento de material, (iii) fotopolimerização em cuba [14]-[16]. Dessas modalidades principais, destacam-se na Figura 16.4 os métodos de deposição de biotinta atualmente empregados nessa área de fronteira.

(i) Extrusão de material:
- Mecânica.
- Pneumática.
- Por rosca.

(ii) Jateamento de material:
- Com cabeçote térmico.
- Com cabeçote piezoelétrico.
- Transferência direta induzida por *laser.*
- Microfluídica.

(iii) Fotopolimerização em cuba:
- Polimerização por dois fótons (2PP).
- Volumétrica.
- Intravital.

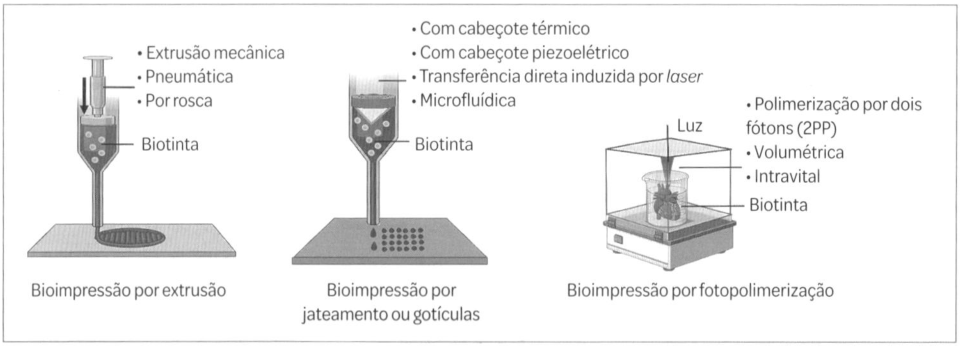

Figura 16.4 Métodos de deposição utilizados na bioimpressão 3D de tecidos. Criado com BioRender.com, em 1º de fevereiro de 2024.

Os processos de extrusão mecânica e pneumática são os mais utilizados no processamento de células devido a seu baixo custo, customização, facilidade de manuseio e flexibilidade de viscosidades da biotinta [16]. A seguir, são detalhados os principais métodos da bioimpressão 3D:

1. Por extrusão de material, mecânica ou pneumática: a biotinta é extrudada por uma agulha ou bico com pequeno orifício, criando filamentos que formarão as camadas para construir a estrutura desejada [17] [18]. O uso generalizado do *extrusion-based bioprinting* (EBB) se deve à sua capacidade de imprimir hidrogéis de viscosidades variadas (30 mPa s a > 6×10^7 mPa s) e realizar modelos 3D em escala centimétrica (considerada grande para a área) com altas densidades celulares (>10^8 células/mL) [19] [20]. É um método simples e de baixo custo, mas tem limitações em relação à resolução e à viabilidade celular[1] [21]. Para superar os desafios associados à baixa conformabilidade de biotintas com baixa viscosidade, foi concebido um método avançado de bioimpressão 3D, conhecido como *freeform reversible embedding of suspended hydrogels* (FRESH) [22]. Essa abordagem foi desenvolvida para mitigar as diversas limitações encontradas durante a utilização de biomateriais maleáveis em aplicações de engenharia de tecidos. No âmbito dessa técnica, a biotinta à base de hidrogel é depositada em um banho de suporte termorreversível, conferindo robustez mecânica à estrutura construída [23].
2. Por jateamento ou também chamado de gotejamento de tinta: esse método utiliza cabeçotes de jateamento com atuadores térmicos, piezoelétricos ou por transferência assistida por *laser* (LAB), que dispensam gotículas de biotintas, do tamanho de picolitros, em locais predefinidos com precisão. O cabeçote térmico aquece rapidamente a estrutura contento a biotinta e cria uma bolha. A bolha causa um aumento de pressão dentro do cabeçote, o que leva à deposição de uma gota. O elemento térmico pode atingir temperaturas entre 100 °C e 300 °C. Inicialmente, houve preocupações de que tais altas temperaturas danificariam as células [24], no entanto, pesquisas mostraram que as altas temperaturas são localizadas e estão presentes apenas por um curto período [25]. Os cabeçotes piezoelétricos geram as gotículas pela sua rápida mudança de forma quando excitados por corrente elétrica, e esse mecanismo limita o uso de hidrogéis de alta viscosidade [26]. A bioimpressão 3D por jateamento oferece alta resolução de até 50 μm [27]. A maioria das bioimpressoras com esse método fornece alta viabilidade celular e, embora haja potencial para tensões induzidas danificarem as células, a maioria das pesquisas indica que esse não é o caso [28]. As vanta-

1 Viabilidade celular refere-se à capacidade de as células sobreviverem e manterem suas funções após o processo de deposição. Esse parâmetro é essencial para o sucesso de tecidos funcionais e é influenciada por diversos fatores, incluindo propriedades da biotinta, método de deposição e condições de cultivo. A viabilidade celular pode ser avaliada por testes de integridade, proliferação e resposta a estímulos externos, sendo que a alta viabilidade celular é fundamental para aplicações médicas e de pesquisa.

gens desse método incluem a capacidade de imprimir em altas velocidades, custos reduzidos e ampla disponibilidade, porém os desafios englobam na disponibilidade de biotintas apropriadas e a confiabilidade comprometida no encapsulamento celular, devido à baixa concentração da tinta [29]. O cabeçote por transferência assistida por *laser* (LAB) consiste em três partes: uma camada/lâmina de biotinta, um pulso de *laser* e uma lâmina receptora [30]. A biotinta é transferida para a lâmina receptora quando a camada sob o hidrogel é vaporizada por um pulso de *laser* [31]. Essa técnica possui viabilidades celulares altas (> 95 [32]) e uma resolução entre 10 µm e 50 µm [33]. Alguns estudos usando LAB demonstraram a precisão de uma célula singular por gota [34].

3. Por fotopolimerização (ou baseada em luz): utiliza luz para reticular ou solidificar biomateriais fotorreativos, oferecendo controle espaço temporal sem precedentes sobre biomateriais e permitindo a criação de estruturas 3D com resolução e precisão extremamente altas [35] [36]. No entanto, a falta de biomateriais fotoativos adequados tem dificultado a aplicação dessa metodologia dentro da área de engenharia de tecidos. É importante observar que a bioimpressão 3D intravital, que utiliza o método baseado em luz, é também conhecida como *in vivo*, apresenta uma estratégia para reparar os tecidos dentro do organismo em tempo real e de forma ágil [37]-[40]. Seu potencial de aplicação tem se destacado na reparação de pele, ossos e cartilagens [41]-[44], aproveitando a acessibilidade simplificada desses tecidos biológicos.

As bioimpressoras de baixo custo e com dimensões menores, em especial as de *hardware* e *software* abertos que usam a extrusão por meio de seringas [16], podem ser facilmente adaptadas em fluxos laminares - equipamento de laboratório projetado para criar áreas de trabalho estéreis para a manipulação de materiais biológicos. Entretanto, bioimpressoras em um sistema fechado com ambiente estéril também já são disponibilizadas no mercado.

Atualmente, seguindo um fluxo de custo-benefício semelhante à jornada das impressoras 3D, há uma faixa grande de valores podendo variar de R$ 5.000,00 a aproximadamente R$ 800.000,00, dependendo do modelo. No Brasil, há um crescimento do mercado com relação a equipamentos para a área, e algumas empresas já se apresentam nesse segmento, como Bioedtech (www.bioedtech.com.br), 593iCAN (https://www.593ican.com.br), 3DBS (http://www.3dbiotechnologiessolutions.com/contato/) e Tissuelabs (https://www.tissuelabs.com/). Os custos desses equipamentos estão entre R$ 9.000,00 e R$ 90.000,00 e dependem das funcionalidades e acessórios de cada máquina. Existem bioimpressoras modulares que podem sofrer complementações após sua aquisição, otimizando suas funções com o desenvolvimento do projeto (Figura 16.5).

Figura 16.5 Bioimpressoras customizadas que utilizam o método de extrusão de material.
Fonte: cortesia da empresa Bioedtech.

Em resumo, os equipamentos de custo acessível ampliam a aplicação de tecnologias inovadoras, proporcionando portabilidade, personalização e eficiência de recursos. Isso representa uma nova abordagem de biofabricação acessível, abrindo caminho para uma rápida otimização e eficiência na utilização de recursos.

16.4 BIOTINTAS E BIOMATERIAIS NA BIOIMPRESSÃO 3D

Os biomateriais são essenciais para o desenvolvimento de várias tecnologias, pois auxiliam funcionalmente as culturas celulares 3D e, sobretudo, as formulações de biotintas, melhorando a viabilidade ou a atividade celular dos tecidos construídos.

Apesar de o termo biomaterial ter inúmeras definições ao longo dos anos, a definição padrão de biomateriais do Instituto Nacional Americano de Saúde (*National Institutes of Health – NIH*) é

> *qualquer substância ou combinação de substâncias, exceto drogas, de origem sintética ou natural, que pode ser usada por qualquer período de tempo, que aumenta ou substitui parcial ou totalmente qualquer tecido, função do órgão do corpo, a fim de manter ou melhorar a qualidade de vida do indivíduo [45].*

Na classificação de biomateriais, observam-se duas abordagens predominantes. A primeira se baseia na estrutura química, distinguindo entre metal, cerâmica, polímero e compósitos. A segunda considera o grau de interação com o ambiente biológico, classificando-os como inertes, bioativos ou bioabsorvíveis [46] [47].

Os biomateriais poliméricos desempenham um papel crucial nas formulações de biotintas e podem ser categorizados em duas principais classes: naturais e sintéticos. Os polímeros naturais englobam compostos como polissacarídeos (quitosana, alginato ou ácido hialurônico) e peptídeos (colágeno ou gelatina), enquanto os polímeros sintéticos incluem o polietilenoglicol, o poli(ácido lático) e o poli(ácido láctico-co-glicólico). A vantagem dos biomateriais naturais é a sua elevada biocompatibilidade, o que implica na capacidade de fornecer um microambiente semelhante a um tecido que suporta funções celulares (incluindo adesão, proliferação e diferenciação celular) e regeneração de tecidos [47] [48]. Em particular, biomateriais compostos por componentes da MEC (colágeno, fibronectina, ácido hialurônico, laminina) são úteis para aumentar a atividade celular [48], pois permitem uma maior adesão e viabilidade celular [49]. Por outro lado, os polímeros sintéticos têm flexibilidade em seu *design* estrutural para modificar facilmente as funções celulares [47]. Portanto, é essencial compreender as propriedades de cada biomaterial e selecioná-los adequadamente para a construção do tecido considerando o objetivo dos estudos.

De maneira geral, uma biotinta deve exibir propriedades mecânicas, reológicas e biológicas que se adequem de forma apropriada, garantindo uma funcionalidade adequada dos tecidos e órgãos bioimpressos. Sob o ponto de vista funcional, uma biotinta ideal deve satisfazer três critérios principais: ser passível de impressão por meio de uma das técnicas de bioimpressão 3D anteriormente mencionadas, manter a viabilidade celular e induzir uma resposta celular desejada prevenindo sinalizações intra e extracelulares indesejadas [50]. Para garantir a funcionalidade biológica e as propriedades mecânicas dos tecidos, é essencial uma minuciosa investigação dos fatores relacionados ao processo, como composição da biotinta, concentração, proporção de componentes, parâmetros de impressão, características dos bicos, temperatura e condições de reticulação [50]. A capacidade de impressão, ao ser modulada pela concentração da biotinta, deve evitar ultrapassar limites que restrinjam a propagação e a proliferação celular [50] [51]. No caso de se utilizar extrusão, a pressão e a velocidade excessivas durante a impressão podem induzir tensão de cisalhamento prejudicial à viabilidade celular [51]. Adicionalmente, a alta tensão de cisalhamento pode comprometer a capacidade de impressão devido ao afinamento da biotinta [51]. As biotintas, com todas essas características importantes, desempenham papel crucial ao fornecer suporte estrutural, adesão e diferenciação para as células nelas encapsuladas. A Figura 16.6 resume as características principais das biotintas, os biomateriais mais utilizados e os métodos de esterilização.

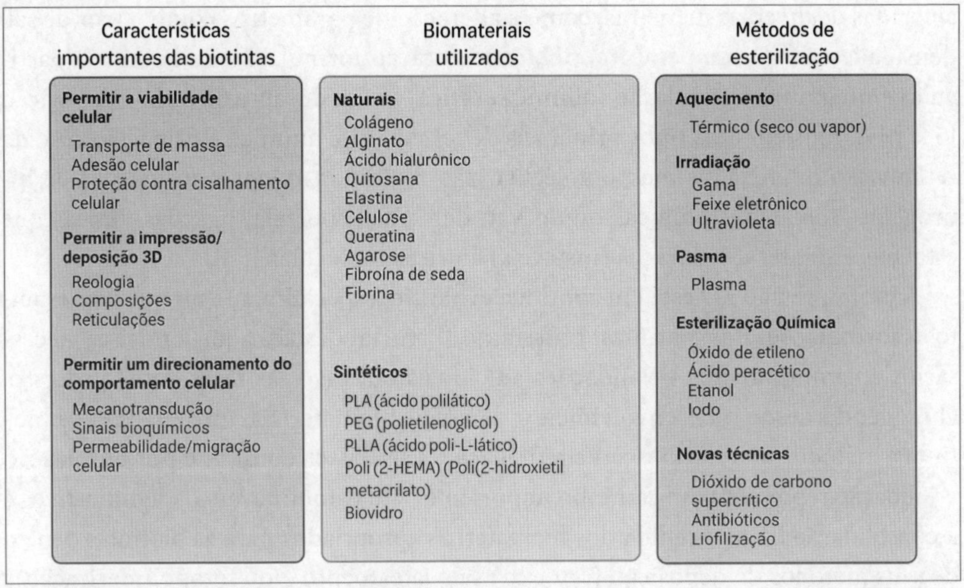

Figura 16.6 Biomateriais mais relevantes utilizados para formulações de biotintas e características das biotintas. Criado com BioRender.com, em 1º de fevereiro de 2024.

Um desafio que requer padronização e aprimoramento substancial nas formulações de biotintas é assegurar a esterilização tanto dos biomateriais precursores quanto do fluxo de manipulação das células, biomateriais e soluções nutritivas em um ambiente estéril. A esterilização, eliminando todas as formas de vida microbiana, é necessária para conformidade com regulamentações, como a ISO 11737 [52]. Estratégias eficazes devem ser adotadas para minimizar contaminações na transição de construções bioimpressas para configuração clínica. A esterilização de dispositivos médicos, como próteses e implantes, pode ocorrer na fase terminal ou antes da embalagem. Entretanto, as biotintas requerem esterilização anterior, impactando propriedades dos biomateriais e reológicas [53]. Atualmente, dispõe-se de uma variedade de métodos para alcançar esse objetivo, como esterilização por aquecimento, irradiação, plasma, utilização de antibióticos, processos químicos e liofilização [53] (ver Figura 16.6). Cada uma dessas técnicas apresenta características distintas e é selecionada com base na natureza específica dos materiais e nos requisitos exigidos para a bioimpressão 3D. O desafio é encontrar técnicas mais eficientes e não destrutivas que minimizem a influência nas propriedades das biotintas.

Como informado sobre os desafios da tecnologia, é importante detalhar que uma biotinta é largamente influenciada por suas propriedades físicas, incluindo viscosidade/rigidez, viscoelasticidade não linear (tixotropia/reopexia), tensão superficial e densidade, entre outras [54]. E que essas propriedades físicas podem ser ajustadas de diversas maneiras, como a alteração de parâmetros como o teor de sal, densidade celular, temperatura, pH, concentração/formulação de polímero/partículas e/ou grau de reticulação (química e física) antes, durante ou após a deposição [54] [55]. Existem dois tipos principais de reticulação: química e física. No caso da reticulação química, as macromoléculas são mantidas unidas por ligações de hidrogênio, forças hidrofóbicas ou de Van der Waals, ou seja, ligações iônicas que estabelecem interações fracas (instáveis) entre as moléculas [53].

A bioimpressão 3D está em contínua evolução, especialmente no que diz respeito às formulações das biotintas. Entretanto, é crucial destacar que ainda são necessários aprimoramentos e validações adicionais em diversas fases desse processo, abrangendo desde o desenvolvimento de novos biomateriais, formulações de biotintas, métodos de esterilização e reticulação. Essa busca constante por otimização e validação representa um caminho importante para garantir avanços significativos e a consolidação bem-sucedida dos biomateriais apropriados para as biotintas dentro de seus métodos de deposição (por extrusão, jateamento e/ou fotopolimerização).

16.5 REGULAMENTAÇÃO, APLICAÇÕES E POTENCIALIDADES DE MERCADO A MÉDIO E LONGO PRAZO

A bioimpressão 3D é versátil e tem encontrado aplicações em constante expansão, apresentando perspectivas promissoras em diversas áreas. Embora seja promissora, ela está atualmente em vários estágios de desenvolvimento, desde ensaios clínicos até disponibilidade comercial. Na medicina, por exemplo, as pesquisas avançam no sentido de utilizar essa técnica para a criação de estruturas biológicas complexas, embora órgãos ainda sejam uma promessa. No campo da engenharia de tecidos, a capacidade de criar modelos 3D de tecidos oferece oportunidades para avanços significativos em pesquisas e terapias personalizadas. Além disso, na indústria farmacêutica, a bioimpressão 3D pode ser uma ferramenta valiosa para testes de medicamentos e estudos de toxicidade, proporcionando métodos mais realistas e éticos. Também se destaca na área da biologia, possibilitando a criação de modelos de órgãos simplificados para estudos de doenças e processos biológicos.

A evolução contínua das tecnologias promete explorar novas fronteiras em diversas disciplinas, consolidando-se como uma ferramenta inovadora e transformadora em vários campos de pesquisa e aplicação prática. A seguir, encontram-se as principais potencialidades da tecnologia:

1. Testes de drogas – Pode ser usada para produzir modelos de tecidos ou órgãos humanos para testes de drogas, reduzindo a necessidade de testes em animais e

tornando o processo mais rápido e eficiente, além de serem modelos mais fidedignos do comportamento dos tecidos humanos.

2. Pesquisa científica – Pode ser usada para criar modelos 3D de tecidos e órgãos para estudos científicos, permitindo que os pesquisadores estudem a biologia normal, de doenças e a fisiologia humana de uma maneira mais precisa.
3. Produção de alimentos – Pode ser usada para produzir alimentos personalizados, como carne e peixe, reduzindo a necessidade de criar animais e melhorando a sustentabilidade da indústria alimentar.
4. Indústria cosmética – Pode ser usada para produzir tecidos humanos, em especial alguns tipos de peles, para testes de cosméticos, reduzindo a necessidade de testes em animais. É uma aplicação adotada em diversas indústrias de cosméticos devido às regulamentações restritivas que proíbem o uso de animais para esse propósito.
5. Bioprocessos de insumos biológicos – Processos que envolvem a utilização da bioimpressão 3D como uma abordagem inovadora para a produção de proteínas complexas. Esse método se destaca por ser mais disruptivo e seguro do que a abordagem tradicional que envolve células animais. As proteínas complexas geradas incluem aquelas de natureza estrutural, como colágeno, fibronectina e elastina, além de enzimas e hormônios. Isso contrasta com a abordagem da biologia sintética, que tende a produzir proteínas e enzimas de natureza mais simples. Essa aplicação promissora oferece uma alternativa robusta e eficaz para a obtenção de insumos biológicos de alta complexidade, contribuindo para avanços significativos na produção de biomoléculas.
6. Agricultura – Pode ser empregada para criar tecidos vegetais, como células de folhas, raízes e frutos, para a produção em massa de plantas. Isso pode ajudar a aumentar a eficiência da propagação de plantas, acelerando o processo de cultivo e permitindo o cultivo de plantas em ambientes controlados.
7. Educação – Permite a criação de modelos 3D precisos e biomiméticos de estruturas biológicas, proporcionando aos estudantes uma forma tangível e visualmente atraente de explorar e compreender a anatomia e a fisiologia do corpo humano, por exemplo. Os modelos bioimpressos em 3D podem ser usados como ferramentas educacionais interativas para melhorar a compreensão dos conceitos científicos e ser usados para treinamentos cirúrgicos complexos que envolvam sutura, transplantes e outros, evitando o uso de animais nesse setor.
8. Medicina personalizada humana e veterinária – Permite a recriação de tecidos e órgãos personalizados, modelos de doenças e testes de drogas, além de avanços na medicina regenerativa e pesquisa veterinária. Essa tecnologia oferece um

potencial significativo para um entendimento mais refinado do sistema biológico tanto dos seres humanos quanto dos animais (Figura 16.7).

Do ponto de vista translacional e regulatório, os produtos bioimpressos em 3D herdam todas as complexidades dos dispositivos impressos em 3D, além daquelas encontradas na medicina regenerativa, engenharia de tecidos, biomateriais e tecnologia de células-tronco [56]. Essa complexidade adicional significa que quaisquer novos regulamentos relativos aos produtos impressos em 3D podem não ser necessariamente aplicáveis aos produtos bioimpressos em 3D. Essa lacuna na rede regulatória é problemática, pois gera incerteza em torno da investigação translacional.

O primeiro ensaio clínico de um produto bioimpresso em 3D feito em humanos no mundo começou em 2022, com a orelha bioimpressa da empresa 3DBio Therapeutics [11], conforme relatado na Seção 16.2, acrescentando assim urgência à necessidade de adaptar ou retrabalhar os sistemas regulatórios atuais.

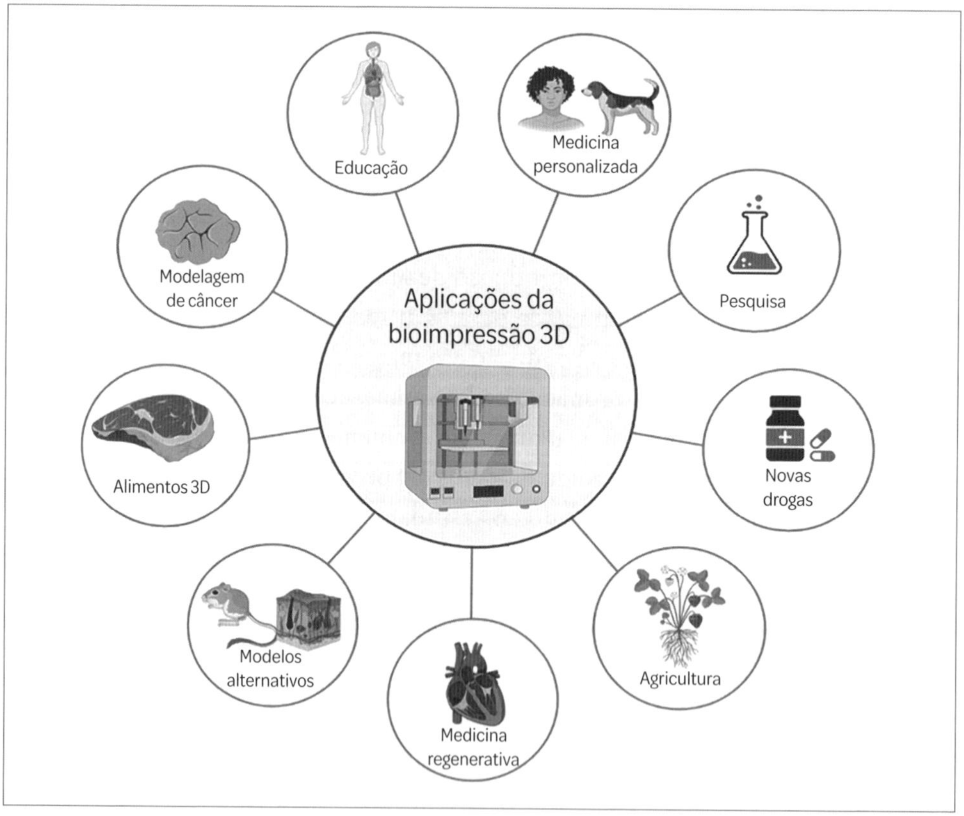

Figura 16.7 Potencialidade e versatilidade da bioimpressão 3D em diversas áreas da bioeconomia. Criado com BioRender.com, em 1º de outubro de 2023.

No Brasil, o Hospital Nove de Julho vem realizando, desde 2022, um novo procedimento com bioimpressão 3D em feridas dérmicas, por meio de células-tronco coletadas da região abdominal do paciente para a formulação da biotinta e a reconstrução em bioimpressora do tecido dérmico, que contribui para o tratamento e a cura acelerada de lesões graves de pele e outras feridas complexas. A técnica faz uso de uma bioimpressora InVivo da marca Rokit Healthcare revendida pela empresa brasileira 1000 Medic [57]. Em 30 minutos, o processo desenvolve o tecido 3D, útil para repor a região lesionada a partir das células-troncos do próprio paciente. O equipamento e o *kit* de tratamento usados são aprovados pela Anvisa e, no mundo, por órgãos como o *Food and Drug Administration* (FDA) dos Estados Unidos e a Agência Europeia de Medicamentos (*European Medicines Agency* – EMA).

Apesar do otimismo em torno da tecnologia, no momento não há produtos comercialmente disponíveis para uso clínico. Embora existam patentes e projetos promissores, por enquanto seis estudos clínicos estão em andamento e indicam potenciais tratamentos inovadores na área de medicina regenerativa e personalização de medicamentos oncológicos [58]. O estágio inicial de desenvolvimento de produtos e serviços que empregam essa tecnologia ressalta desafios significativos, os quais serão detalhados no próximo tópico do capítulo.

Os primeiros ensaios clínicos em humanos de uma terapia bioimpressa são promissores para o futuro, porém, é crucial superar a jornada regulatória. Essa complexidade, especialmente no campo dos biomateriais, é vista como uma grande barreira à comercialização, e a bioimpressão 3D adiciona complicações relacionadas à engenharia de tecidos, células-tronco e biomateriais [56]. A regulação precisa ser revisada de modo abrangente, considerando o processo e o produto, para lidar com as complexidades específicas do setor [56] [59]. A adaptação dos órgãos regulatórios atuais, mais centrados no produto, é essencial [59]. Uma abordagem baseada em processos, regulamentando a bioimpressora e o *software*, pode ser crucial para garantir a segurança e a eficácia da aplicação, antecipando e preparando os sistemas existentes para enfrentar esses desafios.

Independentemente dos desafios regulatórios, várias empresas iniciaram suas validações técnicas em diversas aplicações, visando introduzir novos produtos e serviços no mercado. A seguir, destacam-se algumas empresas nacionais e internacionais proeminentes no setor e suas respectivas soluções.

A empresa estadunidense Viscient Biosciences, Inc. anunciou em 2023 o primeiro medicamento do mundo descoberto usando modelos de tecidos bioimpressos em 3D de doenças formadas a partir de células humanas [60]. A Viscient espera desenvolver o medicamento para tratar a esteato-hepatite não alcoólica (*non-alcoholic steatohepatitis* – NASH), uma doença epidêmica crescente que afeta mais de 10% da população dos EUA. A NASH pode frequentemente causar carcinoma hepatocelular ou insuficiência hepática. Em virtude dos impactos devastadores da NASH nos pacientes e de sua abrangente prevalência, observa-se um aumento notável do interesse da indústria farmacêutica, resultando em investimentos financeiros significativos nesse setor.

Depois do pioneirismo no espaço da impressão 3D tradicional, a empresa 3D Systems está apostando na bioimpressão 3D e, em 2021, abriu a Systemic Bio [61]. A nova empresa de biotecnologia está impulsionando as tecnologias, incluindo aquela capaz de produzir modelos de órgãos totalmente vascularizados, para direcionar a descoberta e o desenvolvimento farmacêutico. A empresa usará sistemas de perfusão, bem como sua própria tecnologia, para criar tecidos altamente complexos, personalizados e vascularizados para uma plataforma proprietária de órgão em um chip (*organ-on-a-chip*), sistemas de órgãos integrados vascularizados humanos (h-VIOS). A tecnologia órgão em um *chip* possui placas tridimensionais vascularizadas conectadas a equipamentos auxiliares, como bombas, para alimentar biomateriais, compostos de drogas, no tecido e estudar seus efeitos. Ao contrário dos materiais sintéticos, como o silicone, geralmente usados para realizar pesquisas de descoberta de medicamentos, o h-VIOS é capaz de analisar com mais precisão a resposta do tecido humano.

A seguir, são elencadas mais algumas empresas nacionais e internacionais que possuem relevância na área:

1. Organovo – Pioneira e uma das principais empresas de bioimpressão 3D do mundo, tem como objetivo desenvolver tecidos humanos para aplicações em testes de drogas e medicina regenerativa [62].
2. CELLINK ou BICO – Desenvolve e produz materiais e sistemas de bioimpressão 3D para aplicações em medicina regenerativa, pesquisa científica e produção de alimentos [63].
3. Prellis Biologics – Desenvolve tecnologias de impressão 3D para a produção de tecidos humanos vascularizados em grande escala, visando aplicações em medicina regenerativa [64].
4. Aspect Biosystems – Utiliza a tecnologia para desenvolver tecidos humanos personalizados para aplicações em medicina regenerativa, testes de drogas e pesquisa científica [65].
5. Aleph Farms – Produz carne cultivada em laboratório, reduzindo a necessidade de criar animais e melhorando a sustentabilidade da indústria alimentar [66].

6. CollPlant – Desenvolve materiais biológicos para a bioimpressão 3D de tecidos e órgãos, visando aplicações em medicina regenerativa e produção de dispositivos médicos [67].
7. Bioedtech – Empresa brasileira que desenvolve e vende plataformas 3D (*hardware* e *software* customizado para indústria) e alimentos análogos à carne animal [68].
8. Quantis – Empresa brasileira que desenvolve e vende insumos biológicos utilizando a bioimpressão 3D como um novo bioprocesso [69].
9. 3DBS – Empresa brasileira que desenvolve e vende bioimpressoras customizadas e tecidos 3D como métodos alternativos ao uso de animais [70].
10. TissueLabs – Empresa brasileira que desenvolve e vende bioimpressoras, acessórios e insumos para os segmentos de engenharia tecidual [71].
11. 593iCAN – Desenvolve *hardware* e *software* para impressão e bioimpressão 3D de materiais avançados. Destaque para o *software* Bioscaffolds, que gera código G rapidamente, possibilitando impressões 3D precisas e eficientes em diversas aplicações [72].

É oportuno citar que crises globais podem acelerar tecnologias de fronteira, como impressão 3D, inteligência artificial, nanotecnologia, cultivo celular 3D, órgão em um chip e bioimpressão 3D de tecidos. A interrupção das respostas tradicionais com a inovação pode resultar em oportunidades inexploradas que se tornam ferramentas cruciais para a humanidade. A necessidade de acelerar as mudanças está no centro de muitas revoluções tecnológicas e, em momentos de pandemias e epidemias, parece imprescindível confiar em tecnologias disruptivas que podem acelerar resultados biológicos entregando processos mais biomiméticos aos tecidos biológicos humanos.

De acordo com o relatório publicado em outubro de 2023 pela MarketsandMarkets™, em 2021, as bioimpressoras 3D representaram a maior participação do mercado de engenharia tecidual [73]. Fatores como avanços tecnológicos e a crescente demanda por transplantes de órgãos estão impulsionando o crescimento desse segmento. Estima-se que o mercado global de bioimpressão 3D cresça de US$ 1,3 bilhão em 2022 para US$ 3,3 bilhões em 2027, com uma taxa de crescimento anual composto de 20,8% [73].

Diante do exposto, um crescimento expressivo no mercado está sendo impulsionado por esses avanços tecnológicos e pelo aumento da procura por novos processos 3D. Projetos de pesquisa e desenvolvimento estão recebendo mais financiamento público e privado, fortalecendo o setor e refletindo um futuro promissor para essa tecnologia.

16.6 DESAFIOS NA BIOIMPRESSÃO 3D DE TECIDOS

A bioimpressão 3D de tecidos apresenta uma série de desafios, uma vez que abrange a impressão de materiais biológicos complexos que demandam condições específicas para manterem-se vivos e funcionais. A Figura 16.8 esquematiza alguns dos principais desafios e alguns deles são abordados com maior detalhamento a seguir.

1. Escolha dos materiais: para a impressão de tecidos, é necessário escolher os materiais biológicos apropriados e desenvolver uma biotinta que seja compatível com as células a serem usadas e a área a ser implantada futuramente. Isso envolve a compreensão das propriedades mecânicas, químicas e biológicas dos diferentes tipos de tecidos.
2. Viabilidade celular: manter as células vivas durante todo o processo de impressão e depois, quando o tecido é implantado, é fundamental para que o tecido funcione corretamente e tenha todas as propriedades para que possa ser integrado de maneira eficaz no corpo humano. A viabilidade celular pode ser afetada pela falta de nutrientes, oxigênio e/ou condições de pressões e temperaturas inadequadas.
3. Vascularização: a criação de vasos sanguíneos é um dos maiores desafios do setor, pois é necessário fornecer oxigênio e nutrientes para as células no interior do tecido. Sem uma rede vascular eficiente, os tecidos maiores podem se tornar necróticos (com células mortas) no centro.
4. Inervação: a incorporação da inervação tecidual é um desafio técnico complexo, mas é uma área de pesquisa promissora. A capacidade de criar tecidos bioimpressos com inervação adequada é essencial para avançar na direção de tecidos e órgãos totalmente funcionais, capazes de responder e interagir com o sistema nervoso de maneira adequada.
5. Integração com o organismo: o tecido impresso deve ser capaz de se integrar com o organismo do paciente e de funcionar corretamente no seu ambiente biológico. A compatibilidade imunológica e a regulação do crescimento celular são fatores críticos que podem afetar a capacidade do tecido de se integrar com o organismo. Propriedades mecânicas serão exigidas para a integração do novo tecido/órgão ao organismo, por meio das intervenções clínicas.
6. Regulamentações: a regulamentação ainda se encontra em estágios iniciais de desenvolvimento em escala global e varia de acordo com as diferentes aplicações e contextos. No entanto, existem algumas considerações gerais que são relevantes para essa regulamentação:

a. Autorização para uso clínico: A utilização de tecidos e órgãos bioimpressos em seres humanos requer uma rigorosa avaliação de segurança e eficácia. Os órgãos reguladores, como a FDA nos Estados Unidos, a EMA na União Europeia e a Anvisa no Brasil, exigem ensaios pré-clínicos, clínicos e evidências científicas sólidas para aprovar o uso clínico desses produtos.
b. Regulamentação de materiais e impressoras: os biomateriais utilizados e as próprias impressoras 3D estão sujeitos a regulamentações específicas. Os materiais devem ser seguros, biocompatíveis e atender a padrões de qualidade e segurança estabelecidos pelas autoridades regulatórias. Além disso, as bioimpressoras 3D utilizadas devem ser certificadas para garantir que cumpram as normas de segurança e desempenho.
c. Ética e propriedade intelectual: a bioimpressão 3D de tecidos e órgãos levanta questões éticas e legais relacionadas à propriedade intelectual. A utilização de células e tecidos humanos, bem como a criação de modelos animais, deve ser realizada de acordo com diretrizes éticas e regulamentações específicas para garantir a proteção dos direitos e o bem-estar dos envolvidos.
d. Rótulos e rotulagem: produtos bioimpressos, especialmente aqueles destinados à área médica, podem estar sujeitos a requisitos de rotulagem que informem sobre sua origem, composição, instruções de uso e outras informações relevantes para os usuários finais e profissionais de saúde.
e. Monitoramento pós-comercialização: após a aprovação regulatória, os produtos bioimpressos podem ser monitorados quanto à segurança e ao desempenho contínuos por meio de vigilância pós-comercialização. Isso pode envolver a coleta de dados clínicos, relatórios de eventos adversos e atualizações regulatórias conforme necessário.

É importante ressaltar que as regulamentações específicas podem variar de país para país e estão em constante evolução à medida que a tecnologia avança e mais dados científicos são obtidos. É fundamental que os profissionais da área estejam atualizados e em conformidade com as regulamentações relevantes em suas respectivas regiões, para garantir a segurança e a qualidade dos produtos.

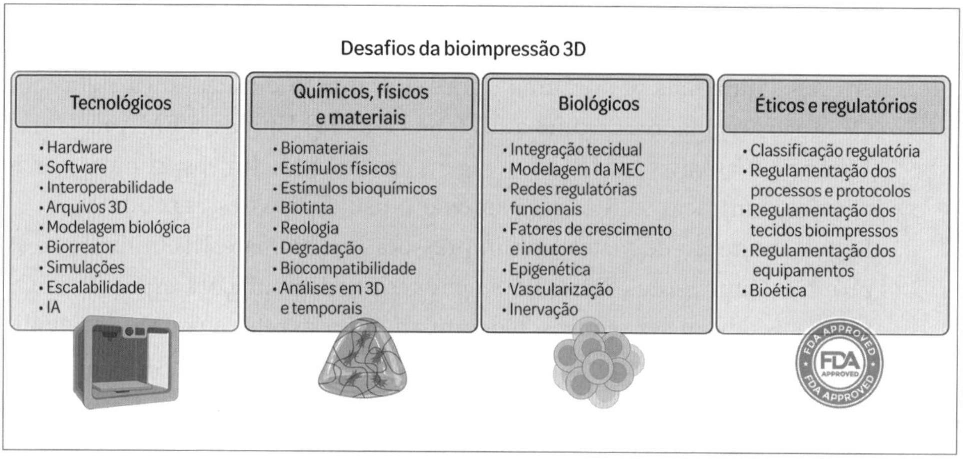

Figura 16.8 Os desafios podem ser divididos em quatro grandes setores: desafios tecnológicos, biofísicos, biológicos e regulatórios.

Fonte: baseada em [1] [7] [8] [10] [24] [52] [56] [59], e criada com o BioRender.com, em 1º de outubro de 2023.

Embora existam muitos desafios, avanços significativos estão sendo feitos na pesquisa e no desenvolvimento de novas técnicas, materiais e abordagens, buscando tornar a bioimpressão 3D de tecidos uma realidade clínica.

16.7 CONSIDERAÇÕES FINAIS

A bioimpressão 3D é uma tecnologia em constante evolução e apresenta várias tendências promissoras. Algumas considerações finais no setor mundial que estão alinhadas às tendências mais importantes incluem:

1. Os avanços na fabricação de biotintas permitem a impressão de uma variedade crescente de tecidos e órgãos, além de permitir a combinação de diferentes tipos de células em uma única impressão.
2. À medida que a bioimpressão 3D se torna mais avançada, é possível imprimir tecidos em larga escala para produzir órgãos completos ou sistemas de órgãos.
3. Uma das grandes tendências é a impressão de tecidos vascularizados. Ao incluir vasos sanguíneos na impressão, os tecidos podem ter um melhor suprimento de nutrientes e oxigênio, permitindo sua sobrevivência e crescimento.
4. Outra tendência importante é a impressão de tecidos personalizados, adaptados às necessidades de cada paciente. Isso pode envolver a coleta de células do próprio paciente para serem usadas na impressão, o que aumenta a compatibilidade imunológica e a probabilidade de sucesso do implante.
5. A bioimpressão 3D tem o potencial de transformar a medicina regenerativa e a terapia de substituição de órgãos. No futuro, a impressão 3D de tecidos e órgãos poderá ser usada para tratar várias doenças e lesões, como a regeneração óssea,

a produção de pele para transplantes, a produção de cartilagem para reconstruir lesões articulares, entre outros.

6. A bioimpressão 3D pode ser combinada com outras tecnologias, como a microfluídica, a inteligência artificial, a nanotecnologia e a biologia sintética, para criar tecidos e órgãos cada vez mais complexos e funcionais.

Essas tendências de grande potencial representam um campo de pesquisa, desenvolvimento e inovação em rápido desenvolvimento, que oferece a possibilidade de produtos e serviços personalizados para os pacientes, revolucionando a medicina regenerativa.

REFERÊNCIAS

[1] L. Moroni, T. Boland, J. A. Burdick, C. De Maria, B. Derby, G. Forgacs, J. Groll, Q. Li, J. Malda, V. A. Mironov, C. Mota, M. Nakamura, W. Shu, S. Takeuchi, T. B. F. Woodfield, T. Xu, J. J. Yoo, G. Vozzi, Biofabrication: a guide to technology and terminology. *Trends in Biotechnology*, v. 36, n. 4, p. 384-402, 2018.

[2] J. Groll, T. Boland, T. Blunk, J. A. Burdick, D. W. Cho, P. D. Dalton, B. Derby, G. Forgacs, Q. Li, V. A. Mironov, L. Moroni, M. Nakamura, W. Shu, S. Takeuchi, G. Vozzi, T. B. Woodfield, T. Xu, J. J. Yoo, J. Malda, Biofabrication: reappraising the definition of an evolving field. *Biofabrication*, v. 8, n. 1, p. 013001, 2016.

[3] V. Mironov, T. Boland, T. Trusk, G. Forgacs, R. R. Markwald, Organ printing: computer-aided jet-based 3D tissue engineering. *Trends in Biotechnology*, v. 21, p. 157-161, 2003.

[4] F. Guillemot, V. Mironov, M. Nakamura, Bioprinting is coming of age: report from the International Conference on Bioprinting and Biofabrication in Bordeaux (3B'09). *Biofabrication*, v. 2, p. 010201, 2010.

[5] V. Mironov, T. Trusk, V. Kasyanov, S. Little, R. Swaja, R. Markwald, Biofabrication: a 21st century manufacturing paradigm. *Biofabrication*, v. 1, n. 2, p. 022001, 2009.

[6] J. Groll, J. A. Burdick, D. W. Cho, B. Derby, M. Gelinsky, S. C. Heilshorn, T. Jüngst, J. Malda, V. A. Mironov, K. Nakayama, A. Ovsianikov, W. Sun, S. Takeuchi, J. J. Yoo, T. B. F. Woodfield, A definition of bioinks and their distinction from biomaterial inks. *Biofabrication*, v. 11, n. 1, p. 013001, 2018.

[7] P. S. Gungor-Ozkerim, I. Inci, Y. S. Zhang, A. Khademhosseini, M. R. Dokmeci, Bioinks for 3D bioprinting: an overview. *Biomaterials Science*, v. 1, n. 5, p. 915-946, 2018.

[8] H. Budharaju, A. Zennifer, S. Sethuraman, A. Paul, D. Sundaramurthi, Designer DNA biomolecules as a defined biomaterial for 3D bioprinting applications. *Materials Horizons*, v. 4, n. 4, p. 1141-1166, 2022.

[9] M. Dey, I. T. Ozbolat, 3D bioprinting of cells, tissues and organs. *Scientific Reports*, v. 18, n. 1, p. 14023, 2020.

[10] M. S. Kang, J. Jang, H. J. Jo, W. H. Kim, B. Kim, H. J. Chun, D. Lim, D. W. Han, Advances and innovations of 3D bioprinting skin. *Biomolecules*, v. 13, n. 1, p. 55, 2022.

[11] 3DBioCorp. (s.d.). Disponível em: https://3dbiocorp.com/. Acesso em: 20 mar. 2024.

[12] Y. Cao, J. P. Vacanti, K. T. Paige, J. Upton, C. A. Vacanti, Transplantation of chondrocytes utilizing a polymer-cell construct to produce tissue-engineered cartilage in the shape of a human ear. *Plastic and Reconstructive Surgery*, v. 100, n. 2, p. 297-304, 1997.

[13] J. A. Dernowsek, R. A. Rezende, J. V. L. Da Silva, The role of information technology in the future of 3D biofabrication. *Journal of 3D Printing in Medicine*, v. 1, n. 1, p. 63-74, 2017.

[14] J. Zhang, E. Wehrle, M. Roberto, R. Müller, 3D bioprinting of human tissues: biofabrication, bioinks, and bioreactors. *International Journal of Molecular Sciences*, v. 22, n. 8, p. 3971, 2021.

[15] M. Dey, I. T. Ozbolat, 3D bioprinting of cells, tissues and organs. *Scientific Reports*, v. 10, n. 1, p. 14023, 2020.

[16] M. Kahl, M. Gertig, P. Hoyer, O. Friedrich, D. F. Gilbert, Ultra-low-cost 3D bioprinting: modification and application of an off-the-shelf desktop 3D-printer for biofabrication. *Frontiers in Bioengineering and Biotechnology*, v. 7, p. 184, 2019.

[17] I. T. Ozbolat, M. Hospodiuk, Current advances and future perspectives in extrusion-based bioprinting. *Biomaterials*, v. 76, p. 321-343, 2016.

[18] S. Ramesh, O. L. A. Harrysson, P. K. Rao, A. Tamayol, D. R. Cormier, Y. Zhang, I. V. Rivero, Extrusion bioprinting: recent progress, challenges, and future opportunities. *Bioprinting*, v. 21, p. e00116, 2021.

[19] M. Kesti, M. Müller, J. Becher, M. Schnabelrauch, M. D'Este, D. Eglin, M. Zenobi-Wong, A versatile bioink for three-dimensional printing of cellular scaffolds based on thermally and photo-triggered tandem gelation. *Acta Biomaterialia*, v. 11, p. 162-172, 2015.

[20] G. Gillispie, P. Prim, J. Copus, J. Fisher, A. G. Mikos, J. J. Yoo, A. Atala, S. J. Lee, Assessment methodologies for extrusion-based bioink printability. *Biofabrication*, v. 12, n. 2, p. 022003, 2020.

[21] K. Hölzl, S. Lin, L. Tytgat, S. Van Vlierberghe, L. Gu, A. Ovsianikov, Bioink properties before, during and after 3D bioprinting. *Biofabrication*, v. 8, n. 3, p. 032002, 2016.

[22] A. Lee, A. R. Hudson, D. J. Shiwarski, J. W. Tashman, T. J. Hinton, S. Yerneni, J. M. Bliley, P. G. Campbell, A. W. Feinberg, 3D bioprinting of collagen to rebuild components of the human heart. *Science*, v. 365, n. 482-487, 2019.

[23] X. Zhang, X. Zhang, Y. Li, Y. Zhang, Applications of light-based 3D bioprinting and photoactive biomaterials for tissue engineering. *Materials*, v. 16, n. 23, p. 7461, 2023.

[24] U. Jammalamadaka, K. Tappa, Recent advances in biomaterials for 3D printing and tissue engineering, *Journal of Functional Biomaterials*, v. 9, n. 1, p. 22, 2018.

[25] X. Cui, T. Boland, D. D. D'Lima, M. K. Lotz, Thermal inkjet printing in tissue engineering and regenerative medicine. *Recent Patents on Drug Delivery & Formulation*, v. 6, n. 2, p. 149-155, 2012.

[26] J. L. Hoehne, R. Carlstron, J. Dernorwsek, P. C. Cristovam, H. L. Bachiega, S. I. Abensur, P. Schor, Piezoelectric 3D bioprinting for ophthalmological applications: process development and viability analysis of the technology. *Biomedical Physics & Engineering Express*, v. 6, n. 3, p. 035021, 2020.

[27] C. Mandrycky, Z. Wang, K. Kim, D. H. Kim, 3D bioprinting for engineering complex tissues. *Biotechnology Advances*, v. 34, n. 4, p. 422-434, 2016.

[28] T. Boland, T. Xu, B. Damon, X. Cui, Application of inkjet printing to tissue engineering. *Biotechnology Journal*, v. 1, n. 9, p. 910-917, 2006.

[29] S. V. Murphy, A. Atala, 3D bioprinting of tissues and organs. *Nature Biotechnology*, v. 32, n. 8, p. 773-785, 2014.

[30] F. Guillemot, A. Souquet, S. Catros, B. Guillotin, Laser-assisted cell printing: principle, physical parameters versus cell fate and perspectives in tissue engineering. *Nanomedicine*, v. 5, n. 3, p. 507-515, 2010.

[31] K. Nair, M. Gandhi, S. Khalil, K. C. Yan, M. Marcolongo, K. Barbee, W. Sun, Characterization of cell viability during bioprinting processes. *Biotechnology Journal*, v. 4, n. 8, p. 1168-1177, 2009.

[32] C. Mandrycky, Z. Wang, K. Kim, D. H. Kim, 3D bioprinting for engineering complex tissues. *Biotechnology Advances*, v. 34, n. 4, p. 422-434, 2016.

[33] B. Guillotin, A. Souquet, S. Catros, M. Duocastella, B. Pippenger, S. Bellance, J. Amédée, F. Guillemot, Laser assisted bioprinting of engineered tissue with high cell density and microscale organization. *Biomaterials*, v. 31, n. 28, p. 7250-6, 2010.

[34] R. D. Ventura, An overview of laser-assisted bioprinting (LAB) in tissue engineering applications. *Medical Lasers*, v. 10, p. 76-81, 2021.

[35] V. Keriquel, H. Oliveira, M. Rémy, S. Ziane, S. Delmond, B. Rousseau, S. Rey, S. Catros, J. Amédée, F. Guillemot, J. C. Fricain, In situ printing of mesenchymal stromal cells, by laser-assisted bioprinting, for in vivo bone regeneration applications. *Scientific Reports*, v. 7, n. 1, p. 1778, 2017.

[36] X. Zhang, X. Zhang, Y. Li, Y. Zhang, Applications of light-based 3D bioprinting and photoactive biomaterials for tissue engineering. *Materials* (Basel), v. 16, n. 23, p. 7461, 2023.

[37] Y. Chen, J. Zhang, X. Liu, S. Wang, J. Tao, Y. Huang, W. Wu, Y. Li, K. Zhou, X. Wei, S. Chen, X. Li, X. Xu, L. Cardon, Z. Qian, M. Gou, Noninvasive in vivo 3D bioprinting. *Science Advances*, v. 6, n. 23, p. eaba7406, 2020.

[38] A. Urciuolo, I. Poli, L. Brandolino, P. Raffa, V. Scattolini, C. Laterza, G. G. Giobbe, E. Zambaiti, G. Selmin, M. Magnussen, L. Brigo, P. De Coppi, S. Salmaso, M. Giomo, N. Elvassore, Intravital three-dimensional bioprinting. *Nature Biomedical Engineering*, v. 4, n. 9, p. 901-915, 2020.

[39] W. Zhao, C. Hu, T. Xu, In vivo bioprinting: broadening the therapeutic horizon for tissue injuries. *Bioactive Materials*, v. 6, n. 25, p. 201-222, 2023.

[40] S. Singh, D. Choudhury, F. Yu, V. Mironov, M. W. Naing, In situ bioprinting - Bioprinting from benchside to bedside? *Acta Biomaterialia*, v. 101, p. 14-25, 2020.

[41] M. Albanna, K. W. Binder, S. V. Murphy, J. Kim, S. A. Qasem, W. Zhao, J. Tan, I. B. El-Amin, D. D. Dice, J. Marco, J. Green, T. Xu, A. Skardal, J. H. Holmes, J. D. Jackson, A. Atala, J. J. Yoo, In situ bioprinting of autologous skin cells accelerates wound healing of extensive excisional full-thickness wounds. *Scientific Reports*, v. 9. n.1, p. 1856, 2019.

[42] O. Kérourédan, D. Hakobyan, M. Rémy, S. Ziane, N. Dusserre, J. C. Fricain, S. Delmond, N. B. Thébaud, R. Devillard, In situ prevascularization designed by laser-assisted bioprinting: effect on bone regeneration. *Biofabrication*, v. 11, n. 4, p. 045002, 2019.

[43] D. Hakobyan, O. Kerouredan, M. Remy, N. Dusserre, C. Medina, R. Devillard, H. Oliveira, Laser-assisted bioprinting for bone repair. *Methods in Molecular Biology*, v. 2140, p. 135-144, 2020.

[44] S. Duchi, C. Onofrillo, C. D. O'Connell, R. Blanchard, C. Augustine, A. F. Quigley, R. M. I. Kapsa, P. Pivonka, G. Wallace, C. Di Bella, P. F. M. Choong, Handheld co-axial bioprinting: application to in situ surgical cartilage repair. *Scientific Reports*, v. 7, n. 1, p. 5837, 2017.

[45] P. S. Bakshi, D. Selvakumar, K. Kadirvelu, N. S. Kumar, Chitosan as an environment friendly biomaterial – A review on recent modifications and applications. *International Journal of Biological Macromolecules*, v. 150, p. 1072-1083, 2020.

[46] M. S. B. Reddy, D. Ponnamma, R. Choudhary, K. K. Sadasivuni, A comparative review of natural and synthetic biopolymer composite scaffolds. *Polymers*, v. 13, p. 1105, 2021.

[47] X. B. Chen, A. Fazel, Anvari-Yazdi, X. Duan, A. Zimmerling, R. Gharraei, N. K. Sharma, S. Sweilem, L. Ning, Biomaterials/bioinks and extrusion bioprinting. *Bioactive Materials*, v. 28, p. 511-536, 2023.

[48] Y. B. Lee, E. M. Kim, H. Byun, H. K. Chang, K. Jeong, Z. M. Aman, Y. S. Choi, J. Park, H. Shin, Engineering spheroids potentiating cell-cell and cell-ECM interactions by self-assembly of stem cell microlayer. *Biomaterials*, v. 165, p. 105-120, 2018.

[49] A. Sainio, H. Järveläinen, Extracellular matrix-cell interactions: focus on therapeutic applications. *Cellular Signalling*, v. 66, p. 109487, 2020.

[50] F. L. C. Morgan, L. Moroni, M. B. Baker, Dynamic bioinks to advance bioprinting. *Advanced Healthcare Materials*, v. 9, n. 15, p. e1901798, 2020.

[51] S. Ji, M. Guvendiren, Recent advances in bioink design for 3D bioprinting of tissues and organs. *Frontiers in Bioengineering and Biotechnology*, v. 5, p. 23, 2017.

[52] R. Shyam, A. Palaniappan, Effect of sterilization techniques on biomaterial inks' properties and 3D bioprinting parameters. *Bioprinting*, v. 33, p. e00294, 2023.

[53] Z. Dai, J. Ronholm, Y. Tian, B. Sethi, X. Cao, Sterilization techniques for biodegradable scaffolds in tissue engineering applications. *Journal of Tissue Engineering*, v. 7, p. 2041731416648810, 2016.

[54] F. L. C. Morgan, L. Moroni, M. B. Baker, Dynamic bioinks to advance bioprinting. *Advanced Healthcare Materials*, v. 9, p. 1901798, 2020.

[55] F. E. Montero, R. A. Rezende, J. V. L. Da Silva, M. A. Sabino, Development of a smart bioink for bioprinting applications. *Frontiers in Mechanical Engineering*, v. 5, p. 1-12, 2019.

[56] T. Mladenovska, P. F. Choong, G. G. Wallace, C. D. O'Connell, The regulatory challenge of 3D bioprinting. *Regenerative Medicine*, v. 18, n. 8, p. 659-674, 2023.

[57] *A primeira bioimpressora para regeneração de órgãos a partir de células tronco*. Disponível em: https://drinvivo.1000medic.com.br/. Acesso em: 8 mar. 2024.

[58] ClinicalTrials.gov. Disponível em: https://clinicaltrials.gov/search?term=bioprinting&limit=50&viewType=Card. Acesso em: 18 mar. 2024.

[59] F. Gilbert, C. D. O'Connell, T. Mladenovska, S. Dodds, Print me an organ? Ethical and regulatory issues emerging from 3D bioprinting in medicine. *Science and Engineering Ethics*, v. 24, n. 1, p. 73-91, 2018.

[60] Viscient Bio Inc. Disponível em: https://www.viscientbiosciences.com/. Acesso em: 18 mar. 2024.

[61] Systemic Bio. Disponível em: https://systemic.bio/. Acesso em: 18 mar. 2024.

[62] Organovo. Disponível em: https://organovo.com/. Acesso em: 18 mar. 2024.

[63] Cellink. Disponível em: https://www.cellink.com/. Acesso em: 18 mar. 2024.

[64] Prellis Biologics. Disponível em: https://www.prellisbio.com/. Acesso em: 18 mar. 2024.

[65] Aspect Biosystems. Disponível em: https://www.aspectbiosystems.com/. Acesso em: 18 mar. 2024.

[66] Aleph Farm. Disponível em: https://aleph-farms.com/. Acesso em: 18 mar. 2014.

[67] Collplant. Disponível em: https://collplant.com/. Acesso em: 18 mar. 2014.

[68] Bioedtech. Disponível em: https://www.bioedtech.com.br/. Acesso em: 18 mar. 2014.

[69] Quantis. Disponível em: https://www.quantis.bio/. Acesso em: 18 mar. 2014.

[70] 3D Biotechnologies Solutions – 3DBS. Disponível em: https://www.3dbiotechnologiessolutions.com/. Acesso em: 18 mar. 2014.

[71] Tissue Labs. Disponível em: https://www.tissuelabs.com/. Acesso em: 18 mar. 2014.

[72] 593 ICAN. Disponível em: https://www.593ican.com.br/. Acesso em: 18 mar. 2014.

[73] 3D Cell Culture and 3D Bioprinting Market Report 2023-2033. Disponível em: https://www.asdreports.com/market-research-report-625547/d-cell-culture-d-bioprinting-market-report). Acesso em: 10 dez. 2023.

CAPÍTULO 17
Aplicações em áreas diversas

Jorge Vicente Lopes da Silva (in memoriam)
Marcelo Fernandes Oliveira
Alessandro Bezzi
Luca Bezzi
Cícero André da Costa Moraes
Paulo Eduardo Miamoto Dias
Clemente Maia da Silva Fernandes
Mônica da Costa Serra
David Moreno Sperling
Roberto Fecchio
Hellen Olympia da Rocha Tavares
Sandra Aparecida Simionato Tavares
Rodrigo Rabello
Janaina Dernowsek
Jorge Roberto Lopes dos Santos
Neri Volpato

17.1 INTRODUÇÃO

Este capítulo tem como objetivo mostrar a transversalidade de aplicações da manufatura aditiva (*additive manufacturing* – AM), ou impressão 3D, em diversas áreas da ciência, por meio de alguns casos de sucesso. Destacam-se áreas como paleontologia, arqueologia, museologia, ciências forenses, alimentos/gastronomia, biologia, medicina veterinária, tecnologia assistiva, arquitetura e construção civil. São textos produzidos pelos diversos autores deste capítulo e compilados na forma de estudos de casos.

17.2 APLICAÇÕES NA PALEONTOLOGIA

A paleontologia, parte das geociências, analisa vestígios de vida em eras geológicas passadas, destacando-se pela descoberta de espécies extintas, como os dinossauros, que capturam o interesse público [1] [2]. Museus, especialmente o Museu de Paleontologia "Prof. Antônio Celso de Arruda Campos" em Monte Alto/SP, colaboram com o Centro de Tecnologia da Informação Renato Archer - CTI, adotando uma abordagem inovadora. Modelos de fósseis são criados via tomografia computadorizada, processados pelo *software* InVesalius (CTI Renato Archer) e impressos usando AM. A AM é utilizada para imprimir fósseis locais e recriações realistas de animais extintos, visando tornar a paleontologia acessível a todos.

A impressão 3D tem várias aplicações na paleontologia, incluindo pesquisa acadêmica, exposições e projetos educacionais. Essa abordagem aumenta a segurança na manipulação de fósseis frágeis, permitindo visualização detalhada e validação dos resultados. Museus e exposições desempenham um papel crucial em compartilhar conquistas científicas, promovendo interesse em geociências e estimulando o pensamento científico. Réplicas produzidas por AM oferecem oportunidades únicas de interação tátil, revelando detalhes impossíveis de serem observados no material original raro.

As réplicas tridimensionais criadas são notáveis por sua resistência, realismo e facilidade de armazenamento e transporte (Figura 17.1). Essas réplicas são amplamente usadas em atividades educativas e de extensão, promovendo a interação e a curiosidade dos visitantes, apresentando o acervo de forma prática e atrativa. A tecnologia serve como uma conexão para transmitir conceitos científicos complexos de maneira educacional e informal, mantendo vínculos com a produção científica. No contexto da educação inclusiva, as réplicas impressas pela AM se destacam como ferramentas didáticas essenciais, proporcionando experiências visuais e sensoriais que estimulam o interesse e a aprendizagem de pessoas com deficiência.

É possível uma análise de paleovertebrados, auxiliando na descrição da morfologia dos elementos ósseos preservados dos animais e de seus aspectos biomecânicos e no estudo de seus hábitos, tanto alimentares como de locomoção. A marcação dos pontos facilita a localização de suas origens e suas inserções em modelos para análise por métodos de elementos finitos [3]. No que diz respeito ao estudo dos hábitos de locomoção, os modelos impressos de membros anteriores e posteriores (ossos das patas dianteiras e traseiras) permitem inferir sobre a posição geométrica mais plausível para a articulação dos ossos que compõem o seu esqueleto.

(a) (b) (c)

Acesse a versão colorida da figura pelo QR Code.

Figura 17.1 Aplicações da AM na paleontologia: uso no estudo científico do exemplar de *Montealtosuchus arrudacamposi* (a), ação educativa desenvolvida para alunos do Ensino Fundamental I (b) e aluna com surdocegueira manuseando uma réplica produzida por AM, em visita ao museu (c).

A Figura 17.2 ilustra o modelo de um fóssil impresso por AM em poliamida pelo processo de fusão em leito de pó, denominado sinterização seletiva a *laser* (SLS), equipamento HiQ (3D Systems) no CTI Renato Archer. Esse modelo é utilizado para identificar os ossos e as suturas do crânio do *Montealtosuchus arrudacamposi* e, posteriormente, para localizar os pontos de origem e inserção dos músculos adutores desse animal, identificados pelos diversos riscos no crânio impresso. Esse modelo foi utilizado pela autora Sandra Tavares durante seu doutorado na Universidade de Bristol, Inglaterra, para facilitar a definição de condições de contorno para análise pelo método dos elementos finitos, como os pontos de aplicação de forças.

Acesse a versão colorida da figura pelo QR Code.

Figura 17.2 Modelo impresso do crânio do fóssil *Montealtosuchus arrudacamposi* utilizado para marcações de pontos de inserção muscular.

A Figura 17.3 mostra dois modelos impressos de crânios de fósseis (à esquerda) e uma reconstrução de tecido mole sobre o crânio (à direita), expostos aos visitantes do museu de Monte Alto. A Figura 17.4 mostra ações educativas e exposições itinerantes de fósseis.

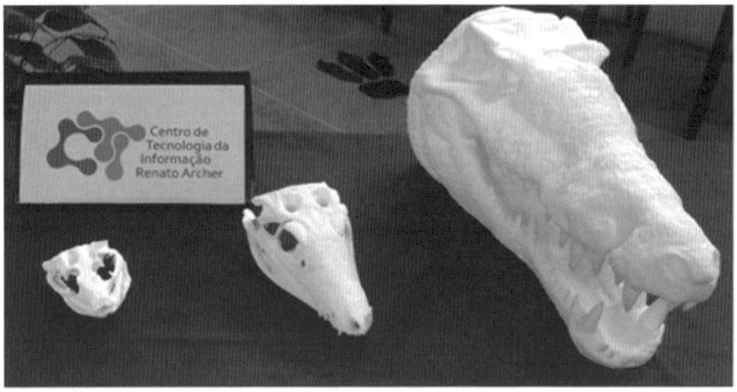

Figura 17.3 Impressões de crocodiliformes no museu de Monte Alto: crânios dos fósseis *Morrinhosuchus luziae, Montealtosuchus arrudacamposi* e *Barreirosuchus franciscoi.*

Acesse a versão colorida da figura pelo QR Code.

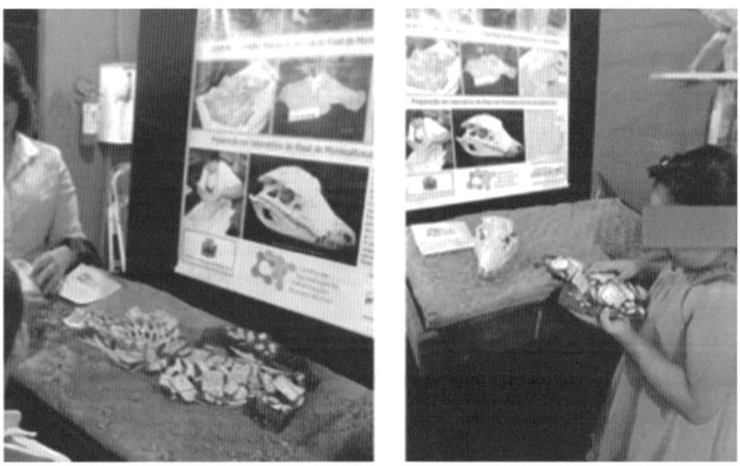

(a) (b)

Figura 17.4 Projeto de extensão utilizando impressão de fósseis por AM em ação educativa em praças e festas da cidade de Monte Alto, como exposição itinerante.

No estudo de vertebrados, a importância dos modelos impressos em 3D está no preenchimento de lacunas nas coleções didáticas, uma vez que muitos exemplos pertencem a grupos de animais raros ou até extintos, como mostra a Figura 17.5. Adicionalmente, auxiliam os alunos a interagirem com os objetos de estudo, uma vez que o manuseio de fósseis, principalmente os mais raros, não seria viável pelo risco de danos ao material. Já os modelos impressos podem ser facilmente substituídos.

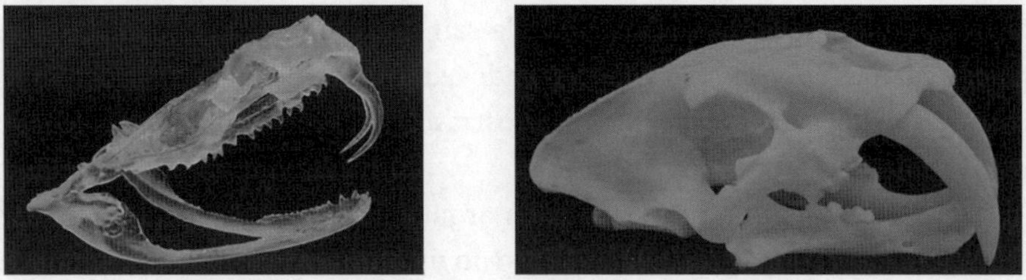

(a) (b)

Figura 17.5 Modelo impresso da Víbora-do-Gabão (nome popular), *Bitis gabonica* (científico), produzido em resina fotossensível no equipamento FORM 3, da Formlabs (a) e do crânio de Tigre-dentes-de-sabre (nome popular), *Smilodon populator* (científico), produzido em ABS no equipamento Ultimaker 3 (b), no Laboratório Biodesign PUC Rio.

17.3 AM NA MUSEOLOGIA

Inovando no acesso à cultura, o projeto "3 Dimensões", da Fundação Eva Klabin, em colaboração com o Núcleo de Experimentação Tridimensional (NEXT) da PUC Rio, desvenda aos visitantes o universo da arte sob uma nova perspectiva tridimensional. Ao permitir a observação em tempo real do detalhado processo de escaneamento 3D de peças selecionadas de seu vasto acervo, o projeto oferece uma viagem visual pela história, como no exemplo da Figura 17.6, abrangendo diversas culturas e períodos históricos, desde o Egito Antigo até a Europa Renascentista. A iniciativa, além de democratizar a arte, propõe um diálogo inovador entre tecnologia e educação, proporcionando uma experiência imersiva e educativa ao público.

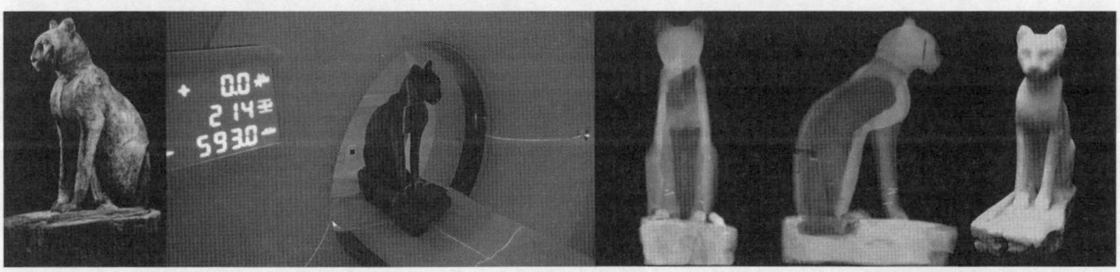

(a) (b) (c) (d)

Acesse a versão colorida da figura pelo QR Code.

Figura 17.6 Esquife de gato - *Ptolomaico ao Romano* (304 a.C. - 395 d.C.) (a), posicionamento no equipamento de tomografia computadorizada (b), visão interna da estrutura após tomografia (c) e reprodução do Esquife produzida em PMMA na tecnologia VoxelJet no Laboratório LAMOT do Instituto Nacional de Tecnologia – INT (d).

17.4 AM NA ARQUEOLOGIA

Com o advento das técnicas de digitalização por tomografia computadorizada, digitalização a *laser* e fotogrametria como tecnologias não invasivas, houve um grande avanço na criação de um banco de dados digital. Todavia, apenas com a popularização da AM é que essa evolução pôde sair do computador e se materializar novamente em um objeto físico, viabilizando a criação e a multiplicação de réplicas que, muitas vezes, se converteram em mostras, alcançando uma distribuição inimaginável até há poucos anos.

Pela própria estrutura de uma mostra arqueológica, em que peças físicas são distribuídas em um espaço para apreciação do público, a AM encontrou um campo fértil para a sua utilização. Dada a possibilidade de se materializar as peças, o resultado são réplicas muito mais precisas, utilizando técnicas que mantêm a peça original íntegra, aumentando sobremaneira sua durabilidade.

Mais que replicar peças, essa nova realidade digital também permite uma releitura das técnicas clássicas de recuperação, em que elementos manufaturados criados sob medida podem recuperar partes faltantes de uma peça original. Também se tem a reconstrução facial digital, que pode dar faces a crânios antigos, com o uso de técnicas clássicas de escultura e deformação anatômica numa interface virtual.

No ano de 2012, uma parceria entre o grupo de pesquisas arqueológicas Arc-Team, a associação de antropólogos Antrocom e o Museu de Antropologia da Universidade de Estudos de Pádua (Itália) deu início a um projeto denominado Taung. Esse projeto se resumia à reconstrução facial da Criança de Taung, o fóssil de um *Australopithecus africanus* descoberto na cidade de Taung, África do Sul, em 1924 [4]. Assim que o projeto foi finalizado, somaram-se à equipe o Museu de Arqueologia Ciro Flamarion Cardoso e o Museu Egípcio e Rosacruz para criarem a mostra "Faces da Evolução", com a exibição de treze reconstruções faciais de hominídeos e uma reconstrução facial de um tigre-dentes-de-sabre [5]. A partir desse trabalho, o Museu de Antropologia da Universidade de Pádua, na Itália, decidiu criar uma versão dessa mostra, que foi inaugurada em 2015 e denominada "FACCE. *I molti volti della storia humana*" (Faces, os muitos vultos da história humana). Essa mostra constituiu-se de um acervo de 27 reconstruções faciais, sendo 22 delas relacionadas à evolução humana e cinco relacionadas a humanos modernos, como a face de Santo Antônio de Pádua (Figura 17.7), do beato Luca Belludi, do poeta Francesco Petrarca, do cientista Gianbattista Morgagni e de uma múmia ptolomaica pertencente ao acervo do museu italiano [6].

Depois de realizada a impressão 3D do busto de Santo Antônio, este foi apresentado em Pádua, Itália, no dia 10 de junho de 2014. Diante do grande impacto nas imprensas italiana e mundial, os organizadores da mostra FACCE resolveram criar uma exibição temporária no Museu della Devozione Popolare, no interior da basílica onde estão os restos mortais de Santo Antônio. Em dez dias de exibição, mais de 10 mil pessoas compareceram ao museu para ver a face de Santo Antônio impressa por AM [7]. O busto de Santo Antônio foi retocado para que apresentasse cores mais vivas e mais coerentes com a sua versão digital (Figura 17.7). O busto de Gianbattista Morgagni foi totalmente pintado sobre uma impressão em poliamida produzida por SLS, equipamento HiQ (3D Systems), também no CTI Renato Archer. Os trabalhos de retoque e pintura foram realizados pela artista plástica Mari Bueno.

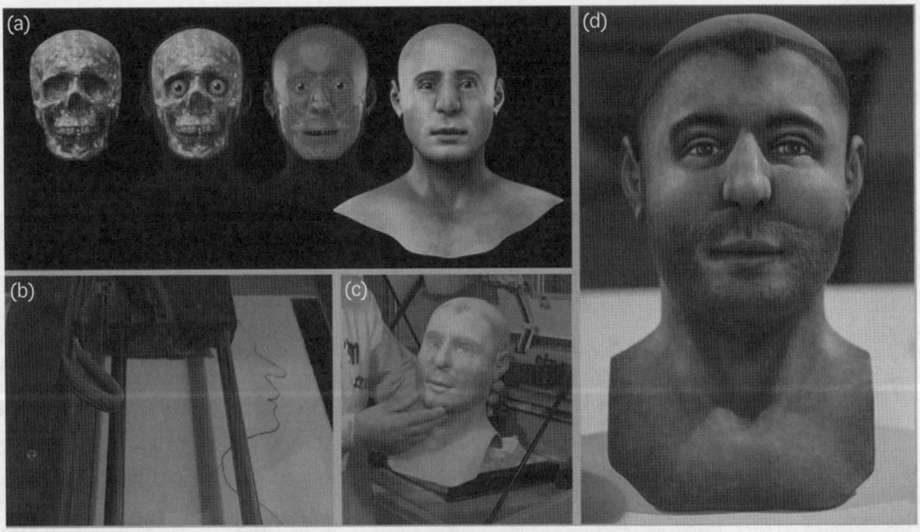

Acesse a versão colorida da figura pelo QR Code.

Figura 17.7 Reconstrução digital do busto de Santo Antônio de Pádua (a), impressão pelo processo de jateamento de aglutinante (*ColorJet Printing* – CJP) em gesso (b e c) e o busto impresso retocado com tinta a óleo (d).

17.5 AM NAS CIÊNCIAS FORENSES

As tecnologias tridimensionais têm impulsionado significativamente as ciências forenses, sobretudo em antropologia, medicina e odontologia legal. A integração das novas tecnologias da informação agiliza a perícia, permitindo o armazenamento digital e o compartilhamento online, reduzindo distâncias e economizando tempo, abrindo novas oportunidades de trabalho.

No cenário judicial, a exibição de réplicas 3D de ossos humanos, como crânios, desempenha um papel crucial em casos de julgamento criminal, oferecendo uma representação visual poderosa de traumas e lesões. Frequentemente, a recuperação dos ossos originais é impraticável por várias razões; por isso, as réplicas fabricadas por AM, com base em imagens de *scanners* de superfície ou tomografias computadorizadas, são de extrema importância [8]-[10]. A tecnologia não se limita a isso, permitindo até mesmo a digitalização e a impressão de tecidos moles em 3D para uso em tribunais.

A impressão 3D de crânios também é muito importante para a realização de reconstruções faciais forenses (RFF) tridimensionais. As RFF manuais ou plásticas são esculpidas sobre uma réplica do crânio, como ilustrado na Figura 17.8a. Nesses casos, a AM ajuda sobremaneira. No entanto, as RFF digitais ou computadorizadas são realizadas virtualmente, no computador, permitindo uma grande flexibilidade aos trabalhos e até mesmo a manutenção de uma base de documentação digital. Uma vez realizada a impressão 3D desses objetos, eles podem ser de grande valia para o reconhecimento do indivíduo, como na Figura 17.8b [11] [12].

Acesse a versão colorida da figura pelo QR Code.

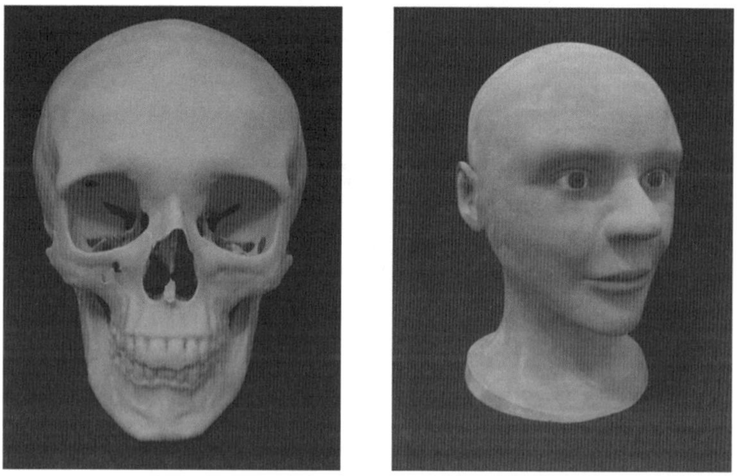

(a) (b)

Figura 17.8 Impressão 3D para reconstruções faciais forenses (RFF) tridimensionais: de um crânio humano (a) e de reconstrução facial forense digital (b). Impressões realizadas no CTI Renato Archer.
Fonte: foto do arquivo pessoal dos autores Fernandes e Serra.

As tecnologias tridimensionais também possibilitam, por exemplo, que um objeto, uma peça óssea ou outro elemento de importância para o esclarecimento de um crime seja copiado/escaneado em 3D e que os arquivos correspondentes sejam armazenados virtualmente, ou mesmo enviados digitalmente para alguma parte distante do planeta. Assim, um perito que esteja fisicamente distante pode imprimir em 3D e proceder à análise da réplica do objeto escaneado muito rapidamente. Trabalhos de pesquisa estão sendo desenvolvidos com vistas a validar tais possibilidades [13].

A análise das marcas de mordida deixadas em uma vítima de um crime, ou mesmo em um alimento, pode ajudar a esclarecer o autor do delito, quando comparadas aos arcos dentários de um suspeito. O emprego de um *scanner* de superfície 3D para cópia tanto das marcas deixadas como dos arcos dentários, e posterior obtenção das impressões tridimensionais respectivas, tem sido objeto de estudo [14] e pode auxiliar nesse tipo de perícia, como mostrado na Figura 17.9. É importante ressaltar que, muitas vezes, o objeto/alimento mordido é perecível, sendo vital a obtenção de sua réplica.

A realização de exames periciais em que os peritos estão fisicamente distantes, a apresentação de réplicas de objetos importantes em tribunais, a confecção de RFF (manuais ou digitais), entre outros, são exemplos da importante utilização de impressões 3D na seara das ciências forenses.

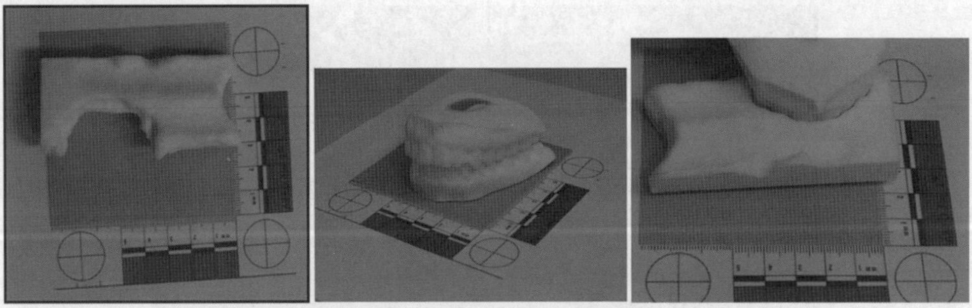

(a) (b) (c)

Figura 17.9 Impressão 3D de evidências criminais: alimento com marcas de mordida (a), modelos de arcos dentários (b) e modelo e alimento sendo comparados (c). Escaneamentos e impressões realizadas no CTI Renato Archer.

Fonte: foto do arquivo pessoal dos autores Fernandes e Serra.

17.6 AM NA MEDICINA VETERINÁRIA

Analogamente à medicina e à odontologia, a medicina veterinária tem também explorado os potenciais das tecnologias 3D, em especial a AM para aplicações em vários campos dessa ciência. De forma pioneira no Brasil, desde 2006, a Faculdade de Medicina Veterinária e Zootecnia da Unesp – *campus* de Botucatu – e o CTI Renato Archer têm explorado alguns desses potenciais [15] [16]. Exemplos dessas aplicações são: a avaliação do padrão normal da mandíbula de cães para diferentes tipos de crânio (dolicocefálico, mesaticefálico e braquicefálico); o tratamento ortopédico de malformações da região maxilofacial de animais silvestres; o desenvolvimento de placas para o tratamento de fraturas oblíquas do corpo mandibular de cães de grande porte; a criação de próteses para uma ave de rapina com amputação de pata, entre outros. Os três últimos estudos são descritos mais detalhadamente a seguir.

No primeiro caso, uma raposa (*Pseudalopex vetulus*) foi encaminhada ao hospital veterinário com diagnóstico de maloclusão classe II e mordida cruzada do lado direito, com lesão do palato provocada pelo canino maxilar direito. O animal foi submetido a tomografia computadorizada, e os dados, manipulados com o *software* InVesalius (CTI Renato Archer). O modelo 3D foi, então, produzido em AM pelo processo *ColorJet Printing* (CJP) da 3D Systems, para o planejamento cirúrgico. Foi utilizada a técnica de plano inclinado para a correção do desvio. O plano inclinado foi removido após três meses, e o animal foi submetido a novo exame de tomografia computadorizada, o qual mostrou resultados satisfatórios e cura da lesão palatal, permitindo a avaliação quantitativa por meio de medições e comparações dos modelos pré e pós-tratamento [17]. A Figura 17.10 ilustra as condições do animal antes e após o tratamento.

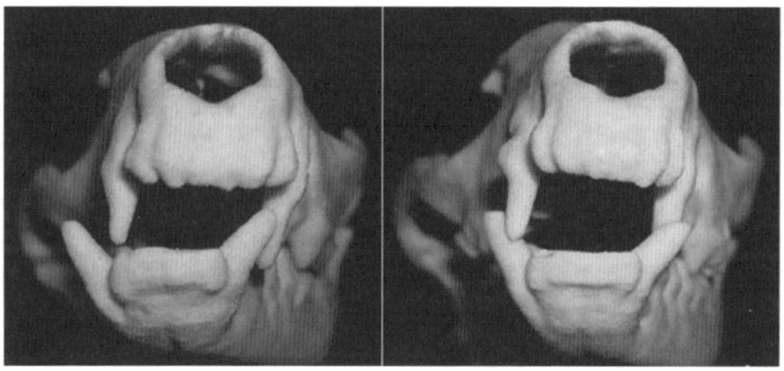

(a) (b)

Figura 17.10 Tratamento de maloclusão em animal silvestre com planejamento realizado utilizando modelo produzido por AM em gesso: antes do tratamento (a) e três meses após o tratamento (b).

A Figura 17.11 ilustra o ensaio mecânico de uma mandíbula obtida por meio de tomografia computadorizada para o estudo e o desenvolvimento de uma placa em duplo arco para a consolidação de fratura mandibular oblíqua em cães de grande porte. A placa, também ensaiada, foi construída em liga de titânio por processo convencional e fixada por parafusos monocorticais. Os testes foram utilizados para confrontar os dados do mesmo ensaio virtualmente realizado pelo método dos elementos finitos, utilizado para a otimização topológica da placa, validando, assim, de maneira preliminar, o seu desenvolvimento sem a utilização de ensaios *in vivo*. Como resultado, a placa em duplo arco fixada com parafusos blocantes monocorticais apresentou resistência suficiente para estabilizar a fratura do corpo mandibular, sem o risco de comprometer estruturas dentais e neurovasculares nobres do animal [18].

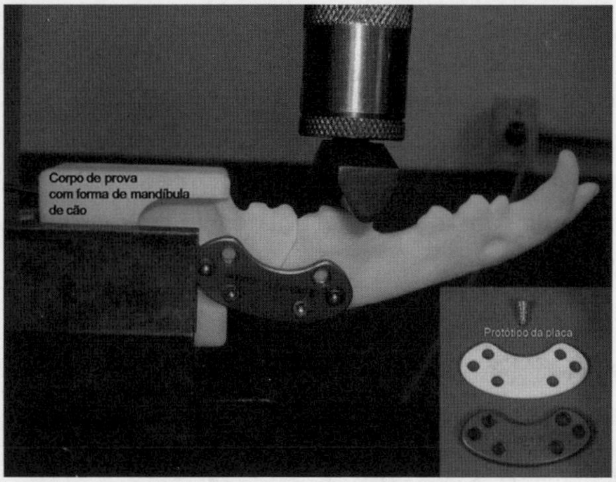

Acesse a versão colorida da figura pelo QR Code.

Figura 17.11 Ensaios mecânicos com amostras produzidas em poliamida pelo processo SLS, em equipamento HiQ, para estudo e validação de modelos de análise pelo método dos elementos finitos.

A Figura 17.12 mostra uma ave silvestre (*Caracara plancus*) com uma das patas amputadas e a tentativa de sua reabilitação por meio de prótese fixada no coto do animal. O projeto da prótese anatômica e ajustável para membro inferior foi gerada por *software* CAD (*computer-aided design*), com base na anatomia específica do animal e diretamente produzido por AM em poliamida, que é material leve, resistente e anticorrosivo. Infelizmente, não houve uma adaptação adequada do animal à prótese, o que sugeriu, na época, a evolução dos estudos nessa área para melhores resultados.

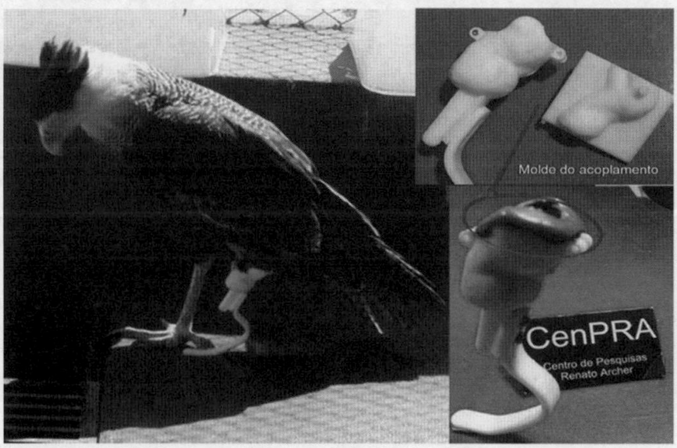

Acesse a versão colorida da figura pelo QR Code.

Figura 17.12 Prótese produzida em poliamida por tecnologia SLS para ave silvestre amputada.

As Figuras 17.13 e 17.14 mostram os resultados alcançados por veterinários do Laboratório de Odontologia Comparada (LOC), da Faculdade de Medicina Veterinária e Zootecnia da Universidade de São Paulo (FMVZ-USP), e da União Pioneira da Integração Social (Upis), de Brasília, DF, juntamente com a Equipe Brasileira de Antropologia Forense e Odontologia Legal (Ebrafol), utilizando técnicas de fotogrametria e tomografia computadorizada na reabilitação protética do bico de um tucano e da carapaça de um jabuti.

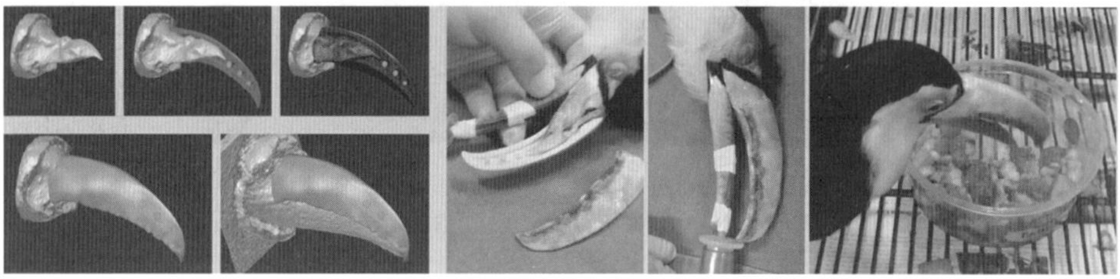

(a) (b) (c)

Acesse a versão colorida da figura pelo QR Code.

Figura 17.13 Modelagem 3D da prótese (a), instalação da prótese produzida por AM na ave (b) e o animal se alimentando logo após a cirurgia (c).

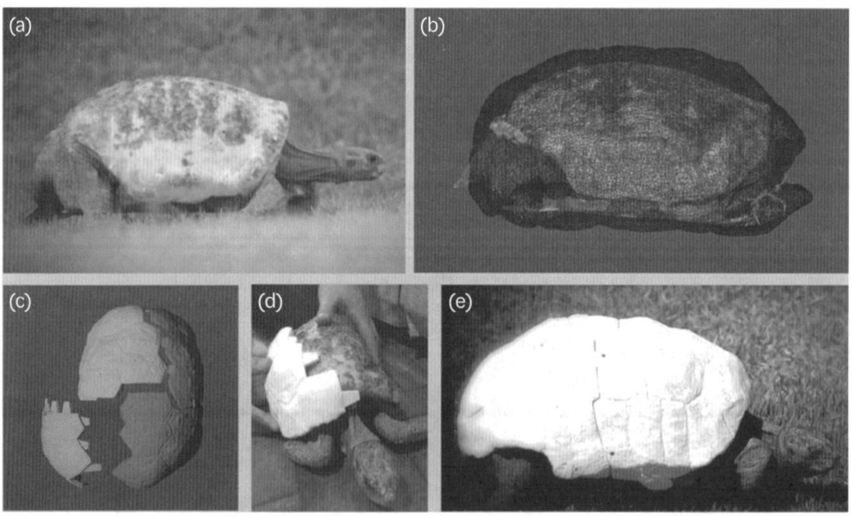

Acesse a versão colorida da figura pelo QR Code.

Figura 17.14 Jabuti sem o casco (a); sobreposição do casco saudável em preto sobre a pele fibrosada (b); modelo digital dividido em quatro partes (c) e o casco instalado no animal (d e e).

Para a recuperação do bico do tucano-de-bico-verde (*Ramphastos dicolorus*), foram tiradas várias fotografias das regiões afetadas do animal, que sofreu uma perda de estrutura por trauma. Também foram digitalizados, via fotogrametria, o bico de um cadáver de animal com bico normal. Dessa forma, os técnicos puderam criar uma prótese associando o bico saudável adaptado sobre as porções remanescentes. O modelo virtual foi produzido diretamente por AM e fixado na estrutura comprometida, de modo a devolver ao tucano a capacidade de se alimentar autonomamente, além de poder desempenhar outras funções fisiológicas.

A recuperação da carapaça do jabuti seguiu a mesma lógica do bico do tucano. Foram feitas várias fotografias do animal com a carapaça comprometida por uma queimada e também de uma carapaça de jabuti saudável. O modelo resultante foi um casco saudável que se encaixava na estrutura do animal doente. Logo após a cirurgia que fixou a prótese produzida em AM no animal, ele voltou a se alimentar e a andar sob o sol e recuperou a capacidade de se aproximar de elementos pontiagudos sem o risco de sofrer perfurações em sua pele acometida com fibrose, que estava exposta pela perda do casco original. Essas duas reconstruções tiveram grande repercussão na mídia de grande circulação nacional em 2015.

17.7 AM NA TECNOLOGIA ASSISTIVA

Uma das áreas também de grande potencial de uso da AM é a da tecnologia assistiva. Isso se deve à grande variedade de soluções e dispositivos que a tecnologia assistiva compreende e também ao alto fator de customização possível com as tecnologias de AM, tornando essa união um casamento perfeito [19]. Algumas das inúmeras possibilidades que a AM aporta para a tecnologia assistiva são apresentadas resumidamente a seguir.

A Figura 17.15 mostra a AM como uma solução para a construção direta de soquetes para amputados transtibiais. Nesse estudo, em um mestrado realizado no CTI Renato Archer em parceria com o Instituto Tecnológico de Monterrey, México, e a empresa Ottobock, que forneceu os componentes, foi desenvolvido um projeto para avaliar o uso das tecnologias 3D para a geração de uma metodologia para o projeto e a fabricação dos soquetes transtibiais [20]. O coto do paciente foi digitalizado por meio de *scanner* a *laser*, e foi utilizada a tomografia computadorizada da região para se obter informações externas e internas na região da amputação. Os dados obtidos foram processados por diversos *softwares* CAD para projeto e CAE (*computer-aided engineering*) para análise estrutural, objetivando a obtenção e a validação do projeto do soquete para ser produzido diretamente por AM em poliamida pelo processo SLS (3D Systems). O soquete resultante foi testado em um paciente que trabalha no desenvolvimento de dispositivos para a empresa Ottobock. Os resultados qualitativos demonstraram que a metodologia é viável e apresenta melhora parcial ou integral sobre os processos tradicionais de fabricação de órteses e próteses. Adicionalmente, foi verificado que a metodologia pode também ser adaptada nas diversas etapas dos processos convencionais de produção, reduzindo o número de iterações e ajustes.

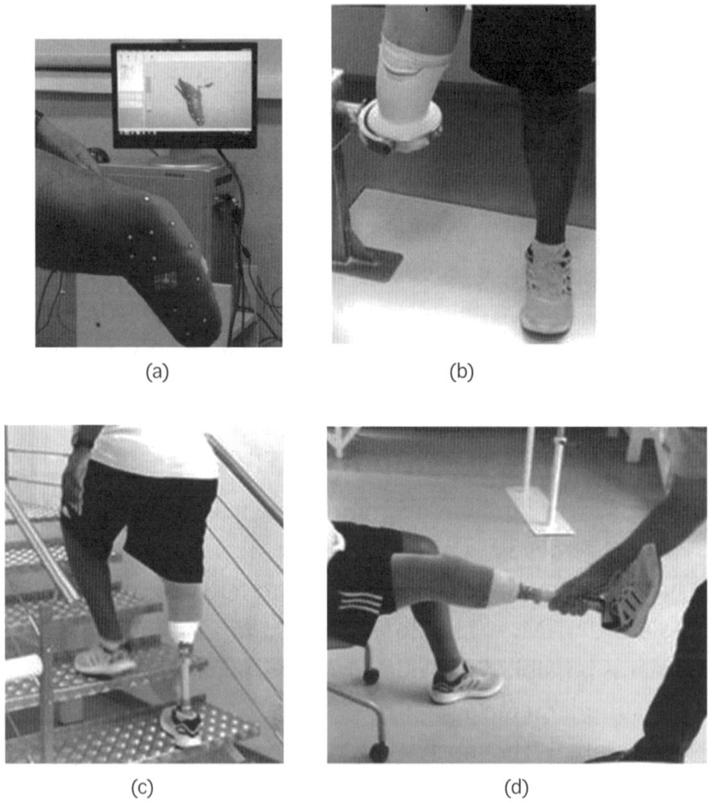

Acesse a versão colorida da figura pelo QR Code.

Figura 17.15 Realização do escaneamento 3D a *laser* do coto do paciente que trabalha para a empresa Ottobock (a), teste inicial do soquete (b), teste pelo paciente subindo escadas com prótese montada no soquete de poliamida produzido por AM em SLS (c) e teste de sucção do soquete (d).

O projeto de extensão Mao3D da Unifesp utiliza a AM para criar e doar próteses às pessoas com deficiência de membros superiores. Buscando se tornar uma iniciativa tecnológica de impacto social, o projeto enfrentou a crescente demanda por próteses no Brasil. A transformação envolveu a aplicação de gestão, criação de protocolos, um modelo de negócios e plano de ação. O estudo de caso qualitativo destacou a escolha de um modelo de projeto acadêmico de prestação de serviços

(PAPS) em uma universidade pública. Estratégias como essa permitirão a produção contínua de próteses, além de serviços como modelagem e impressão 3D, cursos e consultorias (Figura 17.16).

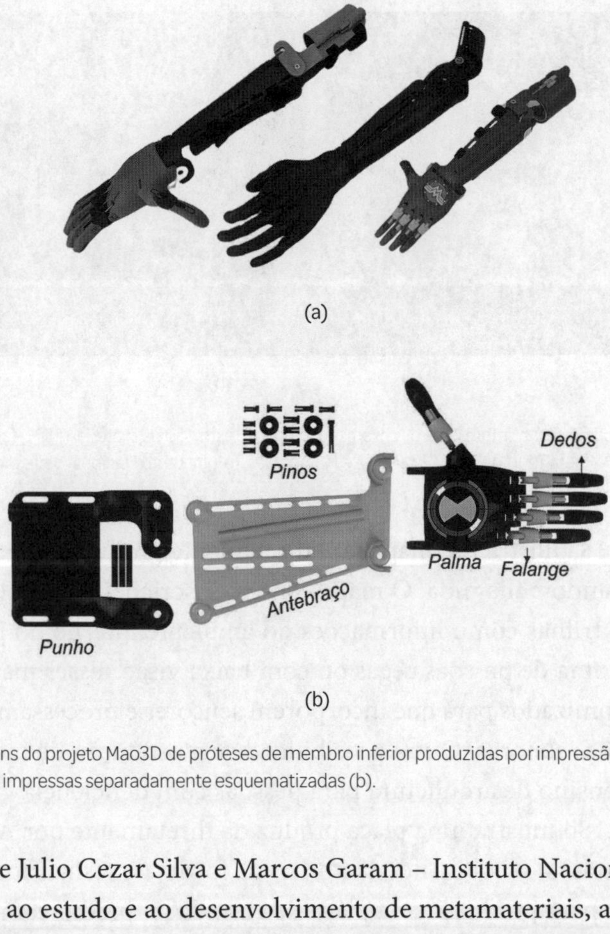

Acesse a versão colorida da figura pelo QR Code.

Figura 17.16 Imagens do projeto Mao3D de próteses de membro inferior produzidas por impressão 3D (a) e modelo do projeto com as partes impressas separadamente esquematizadas (b).

O projeto de Julio Cezar Silva e Marcos Garam – Instituto Nacional de Tecnologia – se dedica ao estudo e ao desenvolvimento de metamateriais, aplicando técnicas de impressão 3D, com foco na criação de soluções inovadoras para tecnologias assistivas. O objetivo é explorar, analisar e propor estruturas geométricas tanto em macro quanto em microescala para metamateriais, dando especial atenção às variações de densidade e mecanismos integrados, com o propósito de aplicá-los em próteses e órteses. A iniciativa de pesquisa foi realizada com o suporte financeiro do CNPq PCI. Ao mergulhar no *design* e na funcionalidade dos metamateriais, esse projeto busca não apenas aprimorar as capacidades estruturais e funcionais de próteses e órteses, mas também abrir novos caminhos que permitam mobilidade e acessibilidade aprimoradas para os usuários de tecnologias assistivas. A Figura 17.17 mostra o protótipo impresso do projeto "Muleta Tour", prêmio *A'Design Award & Competition 2021*, prêmio prata na categoria Differenty Abled and Seniors, destinado a idosos e pessoas com mobilidade reduzida.

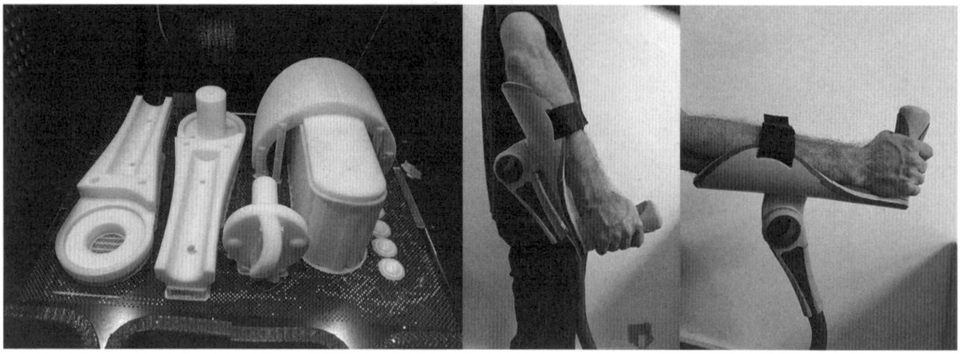

(a) (b) (c)

Figura 17.17 Protótipo funcional impresso em ABS em tecnologia de extrusão de material (FDM) (a) e testes com usuário (b e c). Projeto "Muleta Tour" de Julio Cezar Silva e Marcos Garam – Instituto Nacional de Tecnologia – Divisão de Desenho Industrial.

A Figura 17.18a ilustra um mapa tátil diretamente produzido por AM pelo processo SLS utilizando poliamida. O mapa contém inscrições em braille, alto-relevos e marcações de trilhas como informações do ambiente interno do prédio para locomoção autônoma de pessoas cegas ou com baixa visão. Esses mapas podem ser facilmente customizados para que incorporem sensores e processamento para produzir informações sonoras. Outra possibilidade é a produção de modelos arquitetônicos para o ensino de arquitetura para pessoas com deficiência visual [21].

A Figura 17.18b mostra uma placa produzida diretamente por AM na tecnologia PolyJet (Stratasys) combinando materiais na forma de resinas fotocuráveis com diferentes cores para produzir uma placa de entrada de prédio com duas camadas de informações. A primeira, interna, permite a leitura para pessoas com visão normal, e uma camada superficial escrita em braille permite a leitura para pessoas cegas ou com baixa visão. A placa está localizada no Centro Nacional de Referência em Tecnologia Assistiva (CNRTA), localizado no CTI Renato Archer.

(a) (b)

Figura 17.18 Mapa tátil produzido em AM (SLS) com informações em alto-relevo e braille para localização espacial de pessoas cegas (a), placa para entrada de prédio por AM (PolyJet) com duas camadas de informações: uma visível e interna para pessoas com visão normal e outra superficial, escrita braille, para deficientes visuais (b).

A Figura 17.19a mostra um dispositivo de sopro, e as Figuras 17.19b e 17.19c ilustram moldes para produção de componentes em silicone, projetados para servirem de interface mecânica entre pessoas com deficiências físicas e computadores. O objetivo é que essas pessoas possam produzir algum sinal fidedigno que possa ser captado e condicionado para interação com os computadores, tendo esses dispositivos como recursos para uma comunicação aumentada.

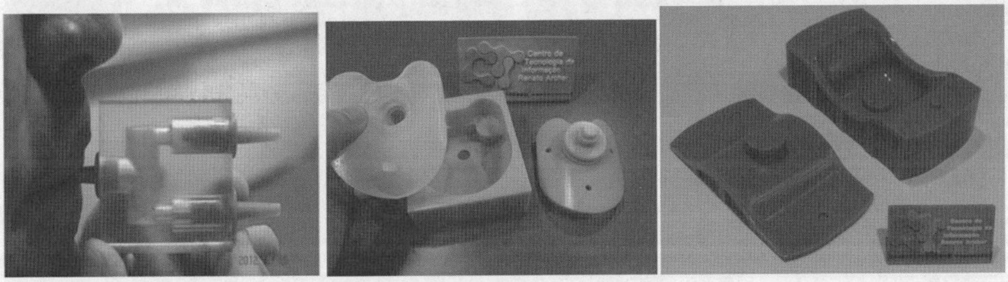

(a) (b) (c)

Figura 17.19 Dispositivo para interação entre paciente e computador via sopro (a) e moldes para a produção de interfaces mecânicas em silicone para comunicação aumentada (b e c).

Com o advento da AM, está sendo possível disponibilizar de maneira fácil e acessível informações táteis de estruturas fora de nossa capacidade de entendimento, em virtude de seu tamanho extremamente grande ou extremamente reduzido. Essas informações táteis por meio de modelos em escala podem ser muito úteis para pessoas com deficiência visual. Em 2007, o CTI Renato Archer iniciou um trabalho de produção de macromoléculas por AM, com a geração de arquivos de malha STL(*STereoLithography*) a partir de informações de estruturas macromoleculares do Protein Data Bank, que disponibiliza uma quantidade enorme dessas estruturas. A intenção seria facilitar o entendimento de micro/nanoestruturas de proteínas por estudantes em todos os níveis, por meio de *kits* de macromoléculas ou mesmo da impressão dessas estruturas para facilitar o seu entendimento, apoiando pesquisas científicas. Essa proposta foi apresentada na XXXVII Reunião Anual da Sociedade Brasileira de Bioquímica e Biologia Celular (SBBq), em 2008, sob forma de painel e enquete. A Figura 17.20a mostra a proteína fluorescente verde (GFP) impressa em gesso, em cores, pelo processo *ColorJet Printing* (CJP - 3D Systems). Por outro lado, um grupo de pesquisadores de quatro países, com participação da Nasa e da Universidade de São Paulo (USP), publicou um artigo com a impressão 3D da nebulosa de Homúnculo na região da Eta Carinae, a partir de observações do telescópio ESO [22]. Essa estrutura, formada por nuvens de poeira, tem aproximadamente 3 trilhões de quilômetros de um polo ao outro e foi impressa no CTI Renato Archer em material gesso pelo processo de CJP, como mostrado na Figura 17.20b.

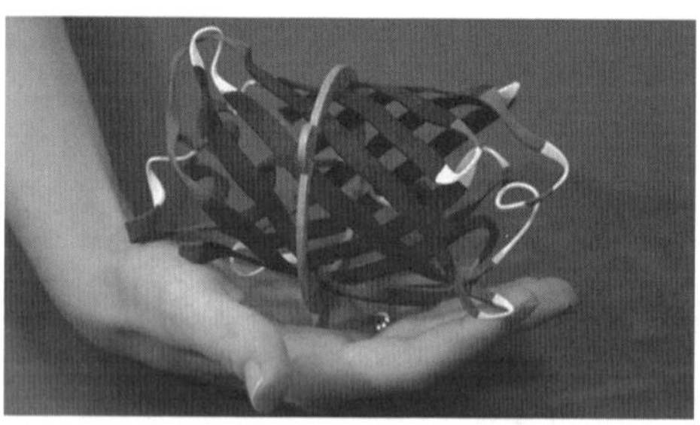

(a)

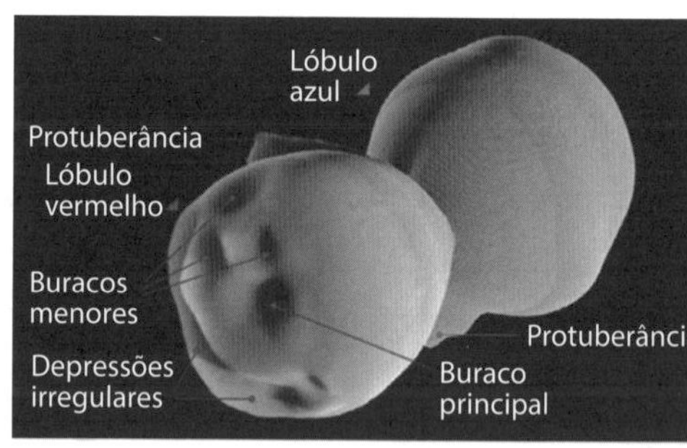

(b)

Figura 17.20 Extremos dimensionais: representação da proteína fluorescente verde com dimensões originais nanométricas (a) e Homúnculo da Eta Carinae com dimensões de 3 trilhões de quilômetros de polo a polo [23] impressos pelo processo CJP da 3D Systems (b).

17.8 AM NA GASTRONOMIA DO "FUTURO"

A AM tem desempenhado um papel crucial ao introduzir inovações significativas não apenas na gastronomia, mas também na área da engenharia de alimentos. Na gastronomia, a AM permite a criação de formas e texturas únicas para alimentos, levando a uma apresentação mais criativa e personalizada. Chefs de restaurantes podem projetar pratos complexos que antes eram difíceis de alcançar com métodos tradicionais. Além disso, pode ser usada para desenvolver moldes e utensílios culinários personalizados, aprimorando a eficiência e a precisão na produção.

Na engenharia de alimentos, a AM tem revolucionado a criação de produtos alimentícios funcionais e personalizados. Ingredientes podem ser impressos em camadas, permitindo a incorporação precisa de nutrientes e sabores. Nas Figuras 17.21a e 17.21b, pode-se visualizar alimentos 3D personalizados para necessidades dietéticas, como restrições alimentares ou necessidades nutricionais, podendo ser produzidos de forma eficaz e automatizada [24]. Além disso, a AM possibilita a experimentação de novas texturas, formas e combinações de ingredientes, abrindo a possibilidade de uma nova geração de produtos alimentícios análogos a carnes, como na Figura 17.21c e 17.21d.

Em ambos os domínios, a AM está revolucionando a convergência entre criatividade e tecnologia para aprimorar a experiência gastronômica, além de desenvolver alimentos inovadores e, sobretudo, personalizados.

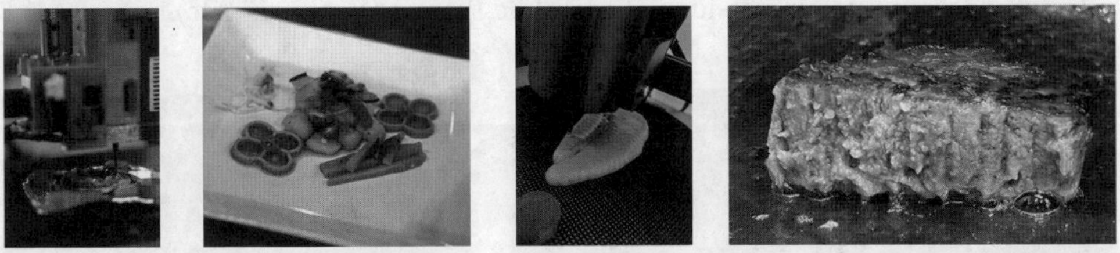

(a) (b) (c) (d)

Acesse a versão colorida da figura pelo QR Code.

Figura 17.21 Impressão 3D de alimentos utilizando estruturas com visual gastronômico personalizado, sendo um *snack* doce (a), macarrão 3D (b), e impressão de análogos de carne de frango (c) e de carne bovina (d).
Fonte: cortesia da empresa BioEdTech.

17.9 AM NA ARQUITETURA E NA CONSTRUÇÃO CIVIL

Ainda há uma histórica defasagem temporal da arquitetura e da indústria da construção em relação a outros campos da produção humana na introdução de novas tecnologias [25] [26]. Apesar disso, a AM já vem produzindo seus efeitos nesses setores, e o percentual do seu uso tende a crescer na arquitetura e na construção civil [26]. A associação entre fabricação digital (aqui identificada como um conjunto de tecnologias de manufatura, dentre as quais a aditiva, a subtrativa e a formativa via controle numérico) e ferramentas de modelagem paramétrica (projeto baseado em algoritmos que estabelecem relações entre elementos, as quais possibilitam o controle de formas e geometrias complexas) vem se configurando como uma das transformações mais significativas que emergem na arquitetura e na construção civil contemporânea.

Observa-se uma expansão do campo de pesquisa e disseminação dessas tecnologias no ensino e nas empresas mais tecnológicas. Já existem materiais adequados desenvolvidos, tem-se a oferta de novos equipamentos com a ampliação de dimensões de impressão, e até a vinculação de robôs que permitem o aumento da complexidade de construção [27].

Em um estudo que visava mapear os laboratórios de fabricação digital voltados à arquitetura na América Latina [28], alguns exemplos de objetos impressos interessantes foram relatados, como a realização de protótipos em escala de superfícies complexas, como as fachadas de alto desempenho térmico e lumínico desenvolvidas pelo escritório colombiano Frontis 3D (Figuras 17.22a), o arranha-céu Resilience, baseado nas formas de um coral, trabalho do Taller de Concursos da Universidade do Chile (Figuras 17.22b) e a fabricação de modelos em escala de edifícios históricos, como os modelos táteis para deficientes visuais realizados pelo grupo de pesquisa Gegradi, da Universidade Federal de Pelotas (Figura 17.22c).

(a) (b) (c)

Figura 17.22 Modelos arquitetônicos em escala: fachada de alto desempenho térmico e lumínico – Frontis3D (a), edifício Resilience – Taller de Concursos/Universidade de Chile (b) e modelos táteis de patrimônio histórico – Gegradi/ Universidade Federal de Pelotas (c).

Para a arquitetura contemporânea, pode-se apontar a relevância das pesquisas atuais não só sobre as possibilidades de materialização tridimensional de dados diversos (biológicos, climáticos etc.) e de formas complexas, mas igualmente sobre o uso de materiais responsivos, ou seja, que se adaptam ao meio no qual estão inseridos após a impressão – a qual vem sendo chamada de impressão 4D [29]. Destacam-se ainda as pesquisas focadas na ampliação das dimensões de impressão, como as do italiano Enrico Dini, inventor de um equipamento derivado do sistema de *binder jetting* que, com uso de areia e resina, fabrica estruturas de até dez metros de diâmetro extremamente rígidas. Destacam-se também os estudos do escritório inglês Softkill Design, que propõe utilizar equipamentos de sinterização seletiva a *laser* de grande porte da indústria automobilística para fabricação de casas. O escritório holandês

DUS desenvolve equipamento de modelagem por fusão e deposição (FDM) de grandes dimensões a partir do projeto da impressora Ultimaker, com possibilidade de imprimir uma casa inteira. Há, ainda, a empresa chinesa Winsun, que se propõe a fabricar casas em massa, a partir da AM, utilizando uma máquina extrusora de pasta composta de materiais cimentícios reciclados que, posteriormente, se solidificam [27].

A indústria da construção civil tem testemunhado uma revolução graças à tecnologia de impressão 3D. Esse avanço permite a criação de estruturas complexas de maneira eficiente e sustentável. A AM na construção oferece benefícios como redução de resíduos, diminuição do tempo de construção e flexibilidade no *design*. Materiais como concreto e argamassa são depositados camada por camada, resultando em edifícios duráveis, mais sustentáveis e inovadores [26]. Além de habitações, essa tecnologia também tem aplicações em projetos de infraestrutura, como pontes. Embora desafios técnicos persistam, a AM está posicionada para transformar o cenário da construção, criando soluções mais rápidas, acessíveis e sustentáveis. E esse cenário já é realidade em alguns mercados, a exemplo da notícia sobre a primeira casa impressa em 3D entregue a consumidor do mercado europeu, na Holanda, em 2021 [30].

No Brasil, tem-se como exemplo o projeto João de Barro, desenvolvido pelo empreendedor e engenheiro mecânico Lucas Vinicius de Oliveira Limas. O projeto desenvolveu uma impressora 3D para a impressão de casas utilizando cimento sustentável feito com resíduo de mineração da Ternium e desenvolvido pelo Dr. Everton Rangel Bispo. O modelo de impressora 3D foi um *benchmark* de tecnologia de vários países e baseado no projeto Deadelus da Universidade de Cornell. O protótipo funcional possui 20% da escala real e pode-se imprimir uma casa de até 60 m^2 em 48 horas. A dimensão da impressora é de 2,5 m × 5,5 m × 2,8 m (Figura 17.23).

(a) (b)

Figura 17.23 Impressora de casas de 60 m^2 com dimensões de 2,5 m × 5,5 m × 2,8 m (a) e protótipo impresso esquemático da casa (b).

Fonte: cortesia de Lucas Vinicius de Oliveira Limas.

17.10 CONSIDERAÇÕES FINAIS

Ao longo deste capítulo, foi mostrado como a AM tem rompido fronteiras, se estabelecendo como uma tecnologia versátil e integrativa, permeando diversos segmentos do saber e da prática e não se confinando apenas ao desenvolvimento de protótipos ou peças industriais. Destacou-se que a AM tem potencial de aplicação direta em áreas em que a customização é intensa, como a da tecnologia assistiva e medicina veterinária, e que o manuseio e o auxílio de um modelo 3D impresso agregam imenso valor aos trabalhos e estudos, como na paleontologia, arqueologia, museologia e ciências forenses. Em contextos museológicos, a AM oferece oportunidades inigualáveis para a preservação e a replicação de artefatos valiosos, proporcionando acessibilidade e interação inovadora para os visitantes. Área mais clássicas, como a arquitetura e a construção civil, estão aos poucos assimilando os benefícios da AM e desfrutando do seu potencial. Além disso, tem áreas de aplicações mais recentes e desafiadoras, com a de alimentos, permitindo criações culinárias complexas e personalizadas e introduzindo uma nova era de sustentabilidade alimentar com o advento de alimentos impressos.

Em suma, a manufatura aditiva emerge como uma força catalisadora que infunde inovação, personalização e eficiência por meio de uma ampla gama de disciplinas e práticas. Ela molda uma era na qual a materialização das ideias é tangível, acessível e ilimitadamente criativa, fundamentando uma revolução multidisciplinar que redefinirá incessantemente os horizontes do que é possível alcançar.

REFERÊNCIAS

[1] R. C. T. Cassab, Objetivos e princípios. *In*: I. S. Carvalho (ed.), *Paleontologia*. Rio de Janeiro: Interciência, 2004. v. 1. p. 3-11.

[2] I. S. Carvalho, A. A. Rosa, Paleontological tourism in Brazil: examples and discussion. *Arquivos do Museu Nacional*, v. 66, p. 271-283, 2008.

[3] E. Rayfield, Finite element analysis and understanding the biomechanics and evolution of living and fossil organisms. *Annual Review of Earth and Planetary Sciences*, v. 35, p. 541-576, 2007.

[4] Antrocom Onlus. Antrocom onlus e Arc-Team iniziano il progetto Taung. Antrocom Onlus. Oct. 2012. Disponível em: http://www.antrocom.org/2012/10/24/antrocom-onlus-e-arc-team-iniziano-il-progetto-taung/. Acesso em: 11 set. 2015.

[5] A. Mendes, D. Coelho, *Software desenvolvido pelo CTI recria rosto de ancestrais*. Centro de Tecnologia da Informação Renato Archer, ago. 2013. Disponível em: http://www.cenpra.gov.br/ultimas-noticias/238-software-desenvolvido-pelo-cti-recria-rosto-de-ancestrais. Acesso em: 14 set. 2015.

[6] CAM. Facce. I Molti Volti Della Storia Umana. Disponível em: http://www.unipd.it/musei/facce/. Acesso em: 12 set. 2015.

[7] Il Gazzetino. Il volto di Sant'antonio in 3D conquista tutti/Guarda. Padova: Il Gazzetino, 2014. Disponível em: http://www.ilgazzettino.it/NORDEST/PADOVA/sant_amp_39_antonio_padova_volto_3d_ricostruzione_basilica/notizie/771941.shtml. Acesso em: 13 set. 2015.

[8] S. França, O uso de novas tecnologias na Odontologia Legal. *Revista APCD*, v. 69, n. 2, p. 106-112, 2015.

[9] J. G. Clement, Odontology. *In*: J. A. Siegel, P. J. Saukko, (ed.), *Encyclopedia of forensic sciences*. 2. ed. Waltham: Academic Press, 2013. v. 1. p. 106-113.

[10] M. Kettner *et al.*, Reverse engineering-rapid prototyping of the skull in forensic trauma analysis. *Journal of Forensic Sciences*, v. 56, n. 4, p. 1.015-1.017, 2011.

[11] C. M. Fernandes *et al.*, Análise de reconstruções faciais forenses digitais: proposta de protocolo piloto baseado em evidências. *Revista da APCD*, v. 69, n. 2, p. 113-118, 2015a.

[12] C. M. S. Fernandes *et al.*, Reconstitution faciale tridimensionnelle assistée par ordinateur: validation et proposition de protocole pilote fondée sur des preuves en utilisant le logiciel 3ds Max. Abstracts. *In*: *49ème Congrès International Francophone de Médecine Légale, 2015, Toulouse. Procédure…* 2015b. v.1, p. 15.

[13] M. C. Serra *et al.*, Introducing the virtopsy project according to the Brazilian reality: initial proposal by means the use of 3D scanner. Abstract Book. *In*: *23rd Congress of The International Academy of Legal Medicine, 2005, Dubai. Proceedings…* 2015a. v. 1, p. 425-427.

[14] M. C. Serra *et al.*, Analyse tridimensionnelle des marques de morsure: proposition de protocole pilote avec l'utilisation des prototypes et de logiciel 3ds Max. Abstracts. *In*: *49ème Congrès International Francophone de Médicine Légale, 2015, Toulouse. Procédure…* 2015b. v. 1, p. 68.

[15] E. P. Freitas *et al.*, Rapid prototyping applied to surgical planning for correcting craniofacial malformations in wild animals. A case of a Brazilian fox. *In*: P. J. S. Bartolo (ed.), *Virtual and rapid manufacturing*. Londres: Taylor & Francis Group, 2008. v. 1, p. 167-170.

[16] E. P. Freitas, P. Y. Noritomi, J. V. L. Silva, Use of rapid prototyping and 3D reconstruction in veterinary medicine. Advanced applications of rapid prototyping technology in modern engineering. *InTech*, v. 1, p. 103-118, 2011.

[17] E. P. Freitas *et al.*, Rapid prototyping and inclined plane technique in the treatment of maxillofacial malformations in a fox. *Canadian Veterinary Journal*, v. 51, p. 267-270, 2010a.

[18] E. P. Freitas *et al.*, Finite element modeling for development and optimization of a bone plate for mandibular fracture in dogs. *Journal of Veterinary Dentistry*, v. 27, p. 212-222, 2010b.

[19] I. A. Maia *et al.*, Impressão 3D aplicada ao desenvolvimento de dispositivos de tecnologia assistiva. *In*: *1st International Workshop on Assistive Technology IWAT 2015, 2015, Vitória. Proceedings...* Vitória: Universidade Federal do Espírito Santo, 2015. v. 1, p. 295-298.

[20] L. L. Ojeda *et al.*, Uso de tecnologías tridimensionales para la generación de una nueva metodología de diseño y fabricación de sockets transtibiales. *In*: *Encontro Nacional de Engenharia Biomecânica – ENEBI, 2015, Uberlândia*, 2015. v. 1.

[21] G. Celani *et al.*, Seeing with the hands: teaching architecture for the visually- -impaired with digitally-fabricated scale models. *In*: *Communications in computer and information science*. Heidelberg: Springer Berlin Heidelberg, 2013. v. 1, p. 159-166.

[22] W. Steffen *et al.*, The three-dimensional structure of the Eta Carinae Homunculus. *Monthly Notices of the Royal Astronomical Society*, v. 442, n. 4, p. 3.316-3.328, 2014.

[23] M. Pivetta, Nebulosa em 3D. *Revista Pesquisa Fapesp*, jul. 2014. Disponível em: <http://revistapesquisa.fapesp.br/2014/07/08/nebulosa-em-3d/>. Acesso em: 12 abr. 2016.

[24] L. Charelli, *Alimento impresso: o que é?* Disponível em: https://www.bioedtech.com.br/post/alimento-impresso-o-que-%C3%A9. Acesso em: 29 mar. 2024.

[25] K. Majcher, How to build 3-D printing. *MIT Tecnhnology Review Business Report Breakthrough Factories*, v. 117, n. 6, p. 10-11, 2014.

[26] F. Simioni, B. Rangel, N. Campos, J. Teixeira, 3D printing for construction: a systematic review of its sustainability. *In*: F. Gaspar, A. Mateus (eds.), *Sustainable and digital building*. Springer, 2023. p. 103-113.

[27] F. Gaspar, A. Mateus (eds.). *Sustainable and digital building*. Springer, 2023.

[28] D. M. Sperling, P. C. Herrera, R. Scheeren, Migratory movements of homo faber: mapping fab labs in Latin America. *In*: *Communications in computer and information science*. Heidelberg: Springer Berlin Heidelberg, 2015.

[29] S. Tibbits, 4D printing: multi-material shape change. *Architectural Design Special Issue: High Definition: Zero Tolerance in Design and Production*, v. 84, n. 1, p. 116-121, 2014.

[30] D. Boffey, Dutch couple become Europe's first inhabitants of a 3D-printed house. *The Guardian*, 30 Apr. 2021. Disponível em: https://www.theguardian.com/technology/2021/apr/30/dutch-couple-move-into-europe-first-fully-3d-printed-house-eindhoven. Acesso em: abr. 2024.

Índice remissivo

B

C

D

E

F

Q

R

S

T

U

V

W/X/Z

GRÁFICA PAYM
Tel. [11] 4392-3344
paym@graficapaym.com.br